MINTUS – Beiträge zur mathematisch-naturwissenschaftlichen Bildung

Reihe herausgegeben von

Ingo Witzke, Mathematikdidaktik, Universität Siegen, Siegen, Deutschland

Oliver Schwarz, Didaktik der Physik, Universität Siegen, Siegen, Deutschland

MINTUS ist ein Forschungsverbund der **MINT** -Didaktiken an der **U**niversität **S**iegen. Ein besonderes Merkmal für diesen Verbund ist, dass die Zusammenarbeit der beteiligten Fachdidaktiken gefördert werden soll. Vorrangiges Ziel ist es, gemeinsame Projekte und Perspektiven zum Forschen und auf das Lehren und Lernen im MINT-Bereich zu entwickeln.
Ein Ausdruck dieser Zusammenarbeit ist die gemeinsam herausgegebene Schriftenreihe *MINTUS – Beiträge zur mathematisch-naturwissenschaftlichen Bildung*. Diese ermöglicht Nachwuchswissenschaftlerinnen und Nachwuchswissenschaftlern, genauso wie etablierten Forscherinnen und Forschern, ihre wissenschaftlichen Ergebnisse der Fachcommunity vorzustellen und zur Diskussion zu stellen. Sie profitiert dabei von dem weiten methodischen und inhaltlichen Spektrum, das MINTUS zugrunde liegt, sowie den vielfältigen fachspezifischen wie fächerverbindenden Perspektiven der beteiligten Fachdidaktiken auf den gemeinsamen Forschungsgegenstand: die mathematisch-naturwissenschaftliche Bildung.

Laura Graewert

Aus den eigenen Lösungen lernen

Empirische Untersuchung digital gestützter Selbst-Assessments im Bereich der Multiplikation

Springer Spektrum

Laura Graewert
Institut für die Erforschung und
Entwicklung des Mathematikunterrichts
Technische Universität Dortmund
Dortmund, Deutschland

Dissertation an der Naturwissenschaftlich-Technischen Fakultät der Universität Siegen
Erstgutachter: Prof. Dr. Daniel Thurm
Zweitgutachterin: Prof. Dr. Bärbel Barzel
Tag der Disputation: 27. März 2026

ISSN 2661-8060 ISSN 2661-8079 (electronic)
MINTUS – Beiträge zur mathematisch-naturwissenschaftlichen Bildung
ISBN 978-3-658-53094-5 ISBN 978-3-658-53095-2 (eBook)
https://doi.org/10.1007/978-3-658-53095-2

Die Deutsche Nationalbibliothek verzeichnet diese Publikation in der Deutschen Nationalbibliografie; detaillierte bibliografische Daten sind im Internet über https://portal.dnb.de abrufbar.

Planung/Lektorat: Deborah Priß
Springer Spektrum ist ein Imprint der eingetragenen Gesellschaft Springer Fachmedien Wiesbaden GmbH und ist ein Teil von Springer Nature.
Die Anschrift der Gesellschaft ist: Abraham-Lincoln-Str. 46, 65189 Wiesbaden, Germany

Für Opa (†)

Geleitwort

Die Förderung selbstregulierten Lernens gehört seit Langem zu den zentralen Zielsetzungen schulischer Bildung. Lernende sollen nicht allein mathematische Inhalte erwerben, sondern zunehmend befähigt werden, ihren eigenen Lernprozess wahrzunehmen, einzuschätzen und aktiv zu steuern. Eine besondere Rolle kommt dabei dem Selbst-Assessment zu: Es zielt darauf ab, Lernende zur Einschätzung der Qualität eigener Lösungen und Lösungswege, zur Reflexion fachlicher Vorstellungen sowie zur Ableitung von Konsequenzen für das weitere Lernen anzuregen.

Mit der zunehmenden Verbreitung digitaler Lernumgebungen haben sich auch die Möglichkeiten erweitert, Selbst-Assessment technologisch zu unterstützen. Digitale Selbst-Assessment-Umgebungen können Lernenden zum Beispiel automatisiert Rückmeldungen zu ihren Lösungen geben und interaktive Musterlösungen bereitstellen, die Lernende bei der strukturierten Reflexion ihrer Lösungen unterstützen. Damit eröffnen sie neue Möglichkeiten, die Auseinandersetzung mit den eigenen Denk- und Lösungswegen zu fördern. Bislang liegen jedoch nur wenige Untersuchungen dazu vor, welche kognitiven und metakognitiven Prozesse durch die Nutzung solcher Angebote angestoßen werden.

An dieser Forschungslücke setzt die Dissertation von Laura Graewert an. Im Zentrum steht die Frage, wie digitale Selbst-Assessment-Settings gestaltet werden können und welche kognitiven sowie metakognitiven Prozesse sie bei Lernenden anregen. Als fachlicher Kontext dient das Multiplikationsverständnis am Übergang von der Primar- in die Sekundarstufe – ein mathematischer Inhaltsbereich, dessen nachhaltige Entwicklung für das weitere Lernen von besonderer Bedeutung ist.

Hierfür entwickelt die Autorin zunächst eine fundierte theoretische Grundlage. Sie arbeitet die internationale Forschung zu Selbst-Assessment, Metakognition, Feedback und Musterlösungen umfassend auf und führt unterschiedliche Forschungsstränge zusammen. Dabei entwickelt sie unter anderem eine Definition und Typologie von Selbst-Assessment, ein Ebenen-Modell zur analytischen Unterscheidung von Settings und Prozessen sowie eine Typologie formaler Selbst-Assessment-Settings. Damit leistet sie einen wichtigen Beitrag zur begrifflichen Klärung und theoretischen Strukturierung eines Forschungsbereichs, der bislang durch unterschiedliche Begriffsverwendungen und Systematisierungen geprägt war.

Auf dieser Grundlage entwickelt Laura Graewert eine digitale Selbst-Assessment-App zum Multiplikationsverständnis, deren Gestaltung in mehreren Entwicklungszyklen erprobt und weiterentwickelt wird. Die App integriert Diagnoseaufgaben, Selbst-Assessment-Aussagen, interaktive und dynamische Musterlösungen sowie automatisches Feedback. Damit entsteht ein Selbst-Assessment-Setting, in dem Lernende eigene Lösungen zum Gegenstand der Reflexion machen können. Zugleich schafft sie die Grundlage für die empirische Untersuchung der dabei ablaufenden kognitiven und metakognitiven Prozesse.

Das Herzstück der Dissertation bildet die qualitative Untersuchung der Nutzung dieser App durch acht Lernende. In detaillierten Fallanalysen rekonstruiert die Autorin Veränderungen im Multiplikationsverständnis, metakognitive Aktivitäten sowie deren Wechselwirkungen. Dabei unterscheidet sie epistemische, reflexive und epistemisch-reflexive Mediationen und macht sichtbar, welche Rolle Selbst-Assessment-Aussagen, interaktive und dynamische Musterlösungen sowie automatisches Feedback in diesen Prozessen spielen. Darüber hinaus arbeitet sie heraus, wie unterschiedliche Ausprägungen des Multiplikationsverständnisses mit den Vorgehensweisen der Lernenden beim Selbst-Assessment zusammenwirken. Auf diese Weise entsteht ein differenziertes Bild des Zusammenspiels von Selbst-Assessment, metakognitiven Aktivitäten und fachlichem Lernen.

Insgesamt ergibt sich damit das Bild einer theoretisch sehr fundierten, methodisch sorgfältigen und inhaltlich innovativen Forschungsarbeit. Sie leistet einen wichtigen Beitrag zum Verständnis digital gestützter Selbst-Assessment-Prozesse und verbindet begriffliche Klärung, theoretische Weiterentwicklung und empirische Rekonstruktion in überzeugender Weise. Die entwickelten theoretischen Perspektiven und die gewonnenen empirischen Einsichten eröffnen wichtige Anknüpfungspunkte für die weitere Erforschung digital gestützter Selbst-Assessment-Prozesse und ihrer Bedeutung für fachliches Lernen. Zugleich liefert die Arbeit zentrale Impulse für die Gestaltung digitaler Selbst-Assessment-Settings.

Prof. Dr. Daniel Thurm

Danksagung

Ich möchte an dieser Stelle den Personen danken, ohne deren Unterstützung die Entstehung dieser Arbeit nicht möglich gewesen wäre.

An erster Stelle gilt mein Dank meinem Betreuer *Daniel Thurm.* Ich danke dir für dein Vertrauen, das du mir in Bezug auf meine Arbeit entgegengebracht hast. Durch deinen gründlichen Blick auf die Dinge hast du mich immer wieder zum Nachdenken angeregt und dadurch diese Arbeit mitgeformt. Durch deine Unterstützung konnte ich viele wertvolle Erfahrungen machen, die diese Arbeit und mich sehr geprägt haben.

Daneben möchte ich meiner Zweitbetreuerin *Bärbel Barzel* danken. Du hast den Entstehungsprozess von Beginn an mit begleitet und durch deine konkreten und konstruktiven Rückmeldungen zum Gelingen dieser Arbeit beigetragen. Deine Begeisterungsfähigkeit für mathematikdidaktische Fragestellungen und deine Motivation, Mathematikunterricht nachhaltig zu verbessern, schätze ich sehr.

Ich danke der Fachgruppe für Didaktik der Mathematik an der Universität Siegen und insbesondere der Arbeitsgruppe Thurm. Besonderer Dank gilt *Julian Plack.* Nicht nur haben wir uns in der Zeit meiner Promotion ein wunderschönes Büro geteilt, sondern du bist auch ein sehr guter Freund für mich geworden. Deine positive Art und die vielen gemeinsamen Gespräche haben mir immer wieder geholfen, mit Zuversicht auf meine Arbeit zu blicken. Zudem danke ich *Carina Tusche-Berghoff.* Ich bin sehr froh, dass wir viele erste Erfahrungen als wissenschaftlicher Nachwuchs gemeinsam machen durften. Vielen Dank für die vielzähligen fachlichen Diskussionen und die Zeit, die du in die Besprechung meiner Fallanalysen investiert hast. Ich danke *Marie Brehm.* Unsere langen gemeinsamen Schreibtage waren für mich eine große Unterstützung in der intensiven Endphase beim Anfertigen dieser Arbeit. Weiterer Dank gilt *Lisa Rühl.* Du hast mich nicht nur durch das Gegenlesen von Textentwürfen inhaltlich unterstützt, sondern mir mit unseren regelmäßigen Donnerstag-Abend-Gesprächen auch eine willkommene Ablenkung gegeben. Zuletzt danke ich *Hanna Eckhardt*. Indem du immer mal wieder die ein oder andere Aufgabe mehr übernommen hast, hast du mir den Rücken zum Schreiben dieser Arbeit freigehalten.

Mein Dank gilt zudem den *Schulleiter:innen*, *Lehrkräften* sowie *Schüler:innen*, ohne deren Engagement die Datenerhebung zu dieser Arbeit gar nicht möglich gewesen wäre.

Auch möchte ich meinen Freundinnen danken. *Viola*, *Michelle*, *Laura*, *Ida*, danke, dass ihr Verständnis dafür hattet, wenn ich mich zwischenzeitlich nur unregelmäßig bei euch gemeldet habe. Zudem möchte ich euch dafür danken, dass ihr es immer wieder geschafft habt, mich auf andere Gedanken zu bringen, wenn wir uns gesehen haben.

Ebenso danke ich meiner Familie. Besonderer Dank gilt meinen Eltern, *Wolfgang Hetzel* und *Petra Hetzel*. Ihr habt mich sehr intensiv durch den Entstehungsprozess dieser Arbeit begleitet. Ich danke euch für euer aufrichtiges Interesse an meiner Arbeit, euren Glauben an mich und die vielen Momente, in denen ihr mich abgelenkt, aufgemuntert und aufgebaut habt.

Zuletzt danke ich meinem Mann, *Timon Graewert*. Ohne dich hätte diese Arbeit nicht entstehen können. Du hast mich nicht nur immer wieder aufgefangen und ermutigt, weiterzumachen. Sondern du hast es auch nicht gescheut, dich inhaltlich in meine Arbeit einzudenken und immer wieder mit mir über meine Gedanken und Ideen zu diskutieren. Ich danke dir von Herzen!

Laura Graewert

Interessenkonflikte Der/die Autor*in hat keine relevanten Interessenskonflikte im Zusammenhang mit dieser Publikation.

Zusammenfassung

Ein zentraler Auftrag von Schule ist es, Kinder und Jugendliche zur aktiven Teilhabe am gesellschaftlichen Leben zu befähigen. Dazu gehört, Lernende als verantwortliche Akteur:innen ihres eigenen Lernprozesses zu stärken. Ein vielversprechender Ansatz besteht darin, *Selbst-Assessments* in den Unterricht zu integrieren und Lernende zur Selbsteinschätzung ihrer eigenen Fähigkeiten, Lernprozesse und Lernprodukte anzuregen. Zahlreiche Studien belegen, dass Selbst-Assessments selbstreguliertes Lernen fördern und sich positiv auf die Motivation, Selbstwirksamkeit und schulischen Leistungen auswirken können. Dennoch werden Lernende im Unterrichtsalltag bisher nur selten zu Selbst-Assessments angeregt. Dies ist vor allem in den begrenzten zeitlichen Ressourcen von Lehrkräften für die Entwicklung geeigneter Settings und die begleitende Unterstützung der Lernenden begründet. Der Einsatz *digitaler Technologien* bietet etwa durch multimediale Elemente und automatisches Feedback die Möglichkeit, diese praktischen Herausforderungen zu reduzieren und zugleich deren spezifische Potenziale systematisch für die Unterstützung von Selbst-Assessments nutzbar zu machen. Allerdings existieren bislang nur wenige Selbst-Assessment-Settings, die diese Potenziale nutzen. Entsprechend ist wenig darüber bekannt, wie und in welchem Umfang Lernende tatsächlich von solchen digitalen Unterstützungselementen profitieren. An dieser Forschungslücke setzt die vorliegende Arbeit an. Ziel der Arbeit ist es, die kognitiven und metakognitiven Aktivitäten von Lernenden zu untersuchen, die durch die Nutzung einer Selbst-Assessment-App mit interaktiven und dynamischen Musterlösungen sowie automatischem Feedback angeregt werden. Das *Multiplikationsverständnis* bildet dabei den fachlichen Schwerpunkt, vor dessen Hintergrund sowohl der Entwicklungs- als auch der

Forschungsbedarf zu Selbst-Assessment-Settings sowie zu Selbst-Assessments in dieser Arbeit thematisiert wird.

Um den Forschungsbedarf zu adressieren, wurde eine Fallstudie mit acht Lernenden der fünften Jahrgangsstufe eines Gymnasiums durchgeführt. Die Datenerhebung erfolgte mittels aufgabenbasierter Interviews in Kombination mit lautem Denken. Zur Analyse des Multiplikationsverständnisses wurde dieses mittels der Konstrukte der Konzepte- und Theoreme-in-Aktion operationalisiert. Auf dieser Grundlage erfolgte eine differenzierte Interpretation möglicher Veränderungen dieser Konstrukte in Bezug auf die verschiedenen App-Elemente. Diese Elemente wurden zudem im Kategoriensystem zur Erfassung metakognitiver Aktivitäten berücksichtigt. Nach der Erfassung dieser Aktivitäten wurden sie in einem weiteren Schritt im Hinblick auf die potenziellen Ursachen ihres Auftretens interpretiert.

Die Ergebnisse zeigen, dass sowohl das Auftreten als auch die Art und Ursache der durch die App-Nutzung angeregten metakognitiven Aktivitäten eng mit der Tragfähigkeit des Multiplikationsverständnisses der Lernenden verknüpft waren. Lernende mit eingeschränktem oder nicht tragfähigem Verständnis konnten beim Selbst-Assessment entweder kein korrektes Ergebnis erzeugen oder waren nicht in der Lage, Selbst-Assessments überhaupt durchzuführen. Im Umgang mit den interaktiven und dynamischen Musterlösungen sowie dem automatischen Feedback zeigte sich nur begrenzt eine vertiefte Auseinandersetzung der Lernenden mit ihren eigenen Lösungen sowie eine Weiterentwicklung ihres Multiplikationsverständnisses.

Die Ergebnisse deuten darauf hin, dass Lernende mit eingeschränktem oder nicht tragfähigem Verständnis zusätzliche oder alternative Unterstützungsstrukturen benötigen, um Selbst-Assessments erfolgreich durchzuführen zu können.

Abstract

A central mission of schools is to enable children and adolescents to participate in social life actively. This includes empowering learners to act as responsible agents in their own learning processes. One promising approach is to integrate *self-assessments* into classroom instruction and to encourage learners to assess their own abilities, learning processes, and learning products. Numerous studies show that self-assessments promote self-regulated learning and can positively affect motivation, self-efficacy, and academic achievement. Nevertheless, learners are still only rarely encouraged to engage in self-assessment in everyday classroom practice. This is primarily due to teachers' limited time to develop suitable settings and provide accompanying support to learners. Through multimedia elements and automatic feedback, *digital technologies* offer opportunities to reduce these practical challenges while systematically leveraging their specific potentials to support self-assessments. However, only a few self-assessment settings currently exploit these potentials. Accordingly, little is known about how and to what extent learners actually benefit from such digital support elements. The present study addresses this research gap. It aims to investigate learners' cognitive and metacognitive activities when using a self-assessment app featuring interactive, dynamic worked examples and automatic feedback. With *multiplication* as its subject-specific focus, the study addresses both developmental and research needs concerning self-assessment settings and self-assessment.

To address the research need, a case study was conducted with eight fifth-grade students at a German secondary school (Gymnasium). Data were collected through task-based interviews combined with think-aloud protocols. To analyze students' conceptual understanding of multiplication, this understanding was operationalized using the constructs of concepts-in-action and theorems-in-action. On this basis, a differentiated interpretation of possible changes in these constructs in relation to the various app elements was carried out. These elements were also considered in the category system used to capture metacognitive activities. After identifying these activities, they were interpreted in a subsequent step to determine the potential causes of their occurrence.

The results show that both the occurrence and the type and cause of the metacognitive activities stimulated by the app were closely linked to the robustness of learners' conceptual understanding of multiplication. Learners with a limited understanding were either unable to produce a correct result during self-assessment or were unable to carry out self-assessment at all. When working with the interactive, dynamic worked examples and automatic feedback, only limited evidence was found of learners engaging more deeply with their own solutions or further developing their understanding of multiplication.

The findings suggest that learners with limited understanding require additional or alternative support to successfully carry out self-assessments.

Inhaltsverzeichnis

Abbildungsverzeichnis

Tabellenverzeichnis

Einleitung 1

Motivation der Arbeit

In den von der Kultusministerkonferenz formulierten Bildungsstandards für das Fach Mathematik heißt es einleitend im Abschnitt zum Beitrag des Fachs Mathematik zur Bildung, dass der

> „Auftrag von Schule [...] die Entfaltung allgemeiner Bildung [ist], die es jedem Menschen ermöglichen soll, sich in der gegenwärtigen und zukünftigen Welt zu orientieren und am gesellschaftlichen Leben *aktiv* [Hervorhebung v. Verf.] teilzunehmen" (Kultusministerkonferenz, 2022a, S. 6).

Um diesem Auftrag gerecht zu werden und Kinder sowie Jugendliche auf eine aktive gesellschaftliche Teilhabe vorzubereiten, ist es von besonderer Relevanz, die Rolle von Lernenden

> „als verantwortliche Akteure ihres eigenen [...] Lernprozesses" (Kultusministerkonferenz, 2021, S. 11)

zu stärken.

Eine Möglichkeit, die Eigenverantwortung von Lernenden zu stärken besteht darin, sie zum *Selbst-Assessment*, also zur Selbsteinschätzung ihrer Lernleistung anzuregen.

> „Werden [...] Selbsteinschätzungsverfahren parallel zum Unterricht nach der Erarbeitung neuer Inhalte eingesetzt, können sie Lernende dabei unterstützen, allmählich Eigenverantwortung für die Nachhaltigkeit des eigenen Kompetenzerwerbs zu übernehmen. Im Sinne eines langfristigen Aufbaus selbstorganisierten Lernens beginnt dieser Prozess idealerweise bereits in der Sekundarstufe I" (Achilles, 2011, S. 17).

L. Graewert, *Aus den eigenen Lösungen lernen*, MINTUS – Beiträge zur mathematisch-naturwissenschaftlichen Bildung,
https://doi.org/10.1007/978-3-658-53095-2_1

So zeigen verschiedene Studien, dass Selbst-Assessments die Fähigkeiten von Schüler:innen zum selbstregulierten Lernen fördern und sich darüber hinaus auch positiv auf die schulischen Leistungen auswirken können. Dies gilt vor allem dann, wenn Lernende im Rahmen eines Settings mit formativer Zielsetzung zur Einschätzung ihrer Lernleistung angeregt werden, also das Selbst-Assessment auf eine Vertiefung und Verbesserung des Lernprozesses und der Leistung ausgerichtet ist (Andrade, 2019, S. 8–9; Brown & Harris, 2013, S. 381–383).

Obwohl Selbst-Assessments nachweislich das Potenzial besitzen, Lernprozesse positiv zu beeinflussen, werden Lernende im Unterricht nur selten zu solchen angeregt. Die geringe Förderung von Selbst-Assessment lässt sich vorrangig auf die unterrichtlichen Rahmenbedingungen zurückführen. Lehrkräften mangelt es an zeitlichen Kapazitäten, um Selbst-Assessment-Settings zu entwickeln und ihre Lernenden adäquat durch diese zu begleiten (Seifert & Feliks, 2019, S. 170). Der Einbezug digitaler Technologien eröffnet die Möglichkeit, diese praktischen Herausforderungen zu reduzieren und gleichzeitig die spezifischen Potenziale der Technologien systematisch zur Unterstützung von Selbst-Assessments einzusetzen (Seifert & Feliks, 2019, S. 170).

Erstens können durch die Gestaltung digitaler Selbst-Assessment-Settings beispielsweise multimediale Inhalte wie interaktive Hinweise oder dynamische Darstellungen zur Unterstützung von Selbst-Assessments bereitgestellt werden. Solche multimedialen Inhalte können Lernende zu einer vertieften Verarbeitung relevanter, aufgabenbezogener Informationen anregen und sich dadurch positiv auf die Qualität ihrer Selbst-Assessments auswirken (Ruchniewicz, 2022, S. 483–484). Für Lehrkräfte kann die Integration multimedialer Inhalte den Betreuungsaufwand bei der Begleitung von Selbst-Assessments reduzieren.

Zweitens besteht in einem digitalen Selbst-Assessment-Setting die Möglichkeit, die von Lernenden erzielten Ergebnisse automatisch auszuwerten. Für Lernende ergibt sich daraus der Vorteil, dass sie auf Grundlage der Auswertung unmittelbar Feedback etwa zur Korrektheit ihrer Aufgabenlösung oder ihres Selbst-Assessment-Ergebnisses erhalten und dadurch frühzeitig auf mögliche Fehlvorstellungen hingewiesen werden können (Anh et al., 2023, S. 23). Für Lehrkräfte entfällt durch die automatische Auswertung die Notwendigkeit einer manuellen Korrektur, wodurch sie sowohl organisatorisch als auch zeitlich entlastet werden.

Insgesamt lässt sich festhalten, dass digitale Technologien durch multimediale Inhalte und automatisches Feedback sowohl Lernende in ihrer Eigenverantwortung beim Selbst-Assessment stärken als auch Lehrkräfte bei der Bewältigung von praktischen Herausforderungen unterstützen können. Dennoch existieren bislang nur wenige Settings, die diese Potenziale für Selbst-Assessments nutzen. Hinsichtlich der Integration automatischen Feedbacks in digitalen Selbst-Assessment-Settings etwa hält Ruchniewicz (2022, S. 575) fest, dass es zur Nutzung dieses Vorteils

> „[...] die Entwicklung und Untersuchung digitaler Tools [bräuchte], welche sowohl Selbst- als auch Fremd-Feedbacks in den Diagnoseprozess einbinden“

und bei denen sich Lernende beispielsweise

> „[...] eigenständig einschätzen und ihr Selbst-Assessment anschließend mit einer externen Expertenrückmeldung abgleichen“

womit eine spannende Frage die wäre

> [...], ob sich ein solches Zusammenspiel interner und externer Feedbacks als förderlich für Lern- und Assessmentprozesse herausstellt“.

Wie Ruchniewicz (2022) bereits andeutet, bedarf es allerdings nicht nur der Entwicklung digitaler Selbst-Assessment-Settings, die die Potenziale digitaler Technologien ausschöpfen, sondern auch empirische Untersuchungen, die diese Potenziale im Kontext von Selbst-Assessment untersuchen. Der bisherige Mangel an entsprechenden Studien zeigt, dass das Wissen über die Prozesse digital gestützten Selbst-Assessments bislang begrenzt ist. Dies gilt nicht nur für digital gestütztes Selbst-Assessment im Besonderen, sondern ebenso für Selbst-Assessment im Allgemeinen:

> „A primary challenge to supporting student self-assessment is that researchers and educators do not fully understand the cognitive processes that comprise self-assessment […]. Research is needed that maps the cognitive processes of self-assessment, illuminating what students do when they are self-assessing, to actualize the benefits of student self-assessment in schools” (Rickey et al., 2025, S. 2).

Damit die potenziellen Vorteile digitaler Technologien für die Unterstützung von Selbst-Assessments wirksam werden können, bedarf es daher empirischer Untersuchungen, welche die spezifischen Prozesse digital gestützten Selbst-Assessments analysieren und prüfen, ob und in welchem Umfang sich tatsächlich ein Mehrwert für Lernende ergibt.

Ziele der Arbeit

Der Entwicklungs- und Forschungsbedarf im Bereich digital gestützter Selbst-Assessments wird in der vorliegenden Arbeit aufgegriffen. Die Arbeit ist in das Projekt BASE (Digitales formatives Selbst-Assessment arithmetischer Basiskompetenzen) eingebunden, in dessen Rahmen aufbauend auf dem Konzept des Rechenbausteine-Selbsttests der „mathewerkstatt“[1] eine Selbst-Assessment-App zur eigenständigen Überprüfung des Zahl- und Operationsverständnisses für Lernende am Übergang von der Primarstufe in die Sekundarstufe entwickelt wird. Da sich gezeigt hat, dass viele Lernende in dieser Übergangsphase nur ein oberflächliches Verständnis der Multiplikation besitzen (Prediger, 2019, S. 250; Prediger et al., 2025, S. 55) und somit Gefahr laufen, in den weiterführenden Schuljahren zunehmende Schwierigkeiten im Mathematikunterricht zu entwickeln (Moser Opitz, 2013, S. 220), bildet das Multiplikationsverständnis den inhaltlichen mathematischen Schwerpunkt, vor dessen Hintergrund der Entwicklungs- und Forschungsbedarf in dieser Arbeit adressiert wird.

Das Entwicklungsziel dieser Arbeit besteht in der Konzeption einer Selbst-Assessment-App, die Lernenden dabei helfen soll, ein tragfähiges Verständnis der Multiplikation zu entwickeln. Die App soll Lernende dazu anregen, ihr eigenes Multiplikationsverständnis einzuschätzen und sie durch interaktive und dynamische Musterlösungen sowie automatisches Feedback in ihrem Selbst-Assessment unterstützen. Die Entwicklung der App erfolgt auf der Grundlage eines Prototyps, der auf dem empirisch erprobten Rechenbausteine-Selbsttest basiert. Im Mittelpunkt steht folgende entwicklungsleitende Fragestellung:

(E) Welche Potenziale und Hindernisse ergeben sich für die Lernenden beim Arbeiten mit dem Prototyp der Selbst-Assessment-App und welche Schlussfolgerungen lassen sich daraus für die Gestaltung der App ableiten?

Die im Entwicklungsprozess erarbeitete finale App-Version dient als Grundlage für das anschließende Forschungsziel dieser Arbeit. Dieses besteht darin, zu untersuchen, wie sich die Nutzung einer Selbst-Assessment-App mit interaktiven und dynamischen Musterlösungen sowie automatischem Feedback auf Lernprozesse auswirkt und welche Rolle dabei den einzelnen App-Elementen zukommt. Dabei soll erstens das Multiplikationsverständnis von Lernenden fokussiert werden, sodass sich als erste Forschungsfrage ergibt:

(F1) Inwiefern wirkt sich die Nutzung einer Selbst-Assessment-App auf das Multiplikationsverständnis von Lernenden aus?

---

[1] https://www.cornelsen.de/produkte/mathewerkstatt-rechenbausteine-diagnose-und-foerdern-selbsttest-5-schuljahr-9783060402250.

Neben Veränderungen im Multiplikationsverständnis sollen auch die metakognitiven Aktivitäten analysiert werden, die durch die Nutzung der Selbst-Assessment-App bei den Lernenden angeregt werden. Die zugehörige, zweite Forschungsfrage lautet:

(F2) Inwiefern regt die Nutzung einer Selbst-Assessment-App Lernende zu metakognitiven Aktivitäten an?

Zuletzt soll untersucht werden, ob und wie Veränderungen im Multiplikationsverständnis und das Auftreten metakognitiver Aktivitäten zusammenwirken. Daraus ergibt sich die dritte und letzte Forschungsfrage für die vorliegende Arbeit:

(F3) Welche Wechselwirkungen bestehen zwischen Veränderungen im Multiplikationsverständnis und den metakognitiven Aktivitäten, die durch die Nutzung einer Selbst-Assessment-App angeregt werden?

Aufbau der Arbeit

Die vorliegende Arbeit gliedert sich in vier Teile.

Teil I legt den theoretischen Hintergrund der Arbeit dar. Hierbei führt Kapitel 1 in die Möglichkeiten des digital gestützten Selbst-Assessments ein. Daran anschließend behandelt Kapitel 3 den mathematisch-inhaltlichen Schwerpunkt der Arbeit, das Multiplikationsverständnis, und zeigt auf, welche Potenziale digitale Technologien in diesem Bereich bieten. Die in diesen beiden Kapiteln gewonnenen Erkenntnisse bilden die theoretische Grundlage für das Entwicklungsziel und die Forschungsziele dieser Arbeit. Um die Forschungsziele im Kontext technologisch vermittelter Lernprozesse theoretisch genauer zu verorten, widmet sich Kapitel 4 den Einflussmöglichkeiten digitaler Technologien auf Lernprozesse. Dabei wird argumentiert, dass die im Rahmen der Forschungsfragen untersuchten Prozesse als epistemische und reflexive Mediationen innerhalb einer Artefakt-vermittelten Tätigkeit zu verstehen sind.

Teil II beschreibt die Entwicklung der Selbst-Assessment-App. Diesbezüglich werden zunächst in Kapitel 5 die zugrunde liegenden Designprinzipien und die geplante Struktur erläutert, auf deren Basis ein erster Prototyp der App entstand. Kapitel 6 zeichnet die drei Entwicklungszyklen nach und stellt die finale Version der App vor.

Auf die empirische Untersuchung wird in Teil III der Arbeit eingegangen. Nach der Formulierung der Forschungsfragen dieser Arbeit in Kapitel 7 wird das methodische Vorgehen beschrieben. In Kapitel 8 werden die Ergebnisse in Bezug auf die Forschungsfragen präsentiert. Anhand mehrerer Fallanalysen wird aufgezeigt, inwiefern sich die App-Nutzung auf das Multiplikationsverständnis auswirkt, inwieweit die Nutzung metakognitive Aktivitäten anregt und inwiefern Wechselwirkungen zwischen diesen Prozessen bestehen.

Teil IV schließlich fasst in Kapitel 9 die Ergebnisse zusammen und diskutiert diese unter Einbezug bestehender Forschungsergebnisse. Nachdem Kapitel 10, in dem auf die Limitationen der Arbeit eingegangen wird, werden abschließend in Kapitel 11 Implikationen sowohl für die Weiterentwicklung als auch für den Einsatz der Selbst-Assessment-App im Mathematikunterricht abgeleitet.

Teil I
Theoretischer Hintergrund

Digital gestütztes Selbst-Assessment 2

Das Ziel dieser Arbeit besteht in der Entwicklung einer Selbst-Assessment-App für das Fach Mathematik sowie in der Untersuchung von mathematischen Lernprozessen, die durch ihre Nutzung angeregt werden. In diesem Kapitel wird das Konstrukt Selbst-Assessment theoretisch fundiert. Da der Begriff Selbst-Assessment in der Literatur uneinheitlich verwendet wird und unterschiedliche Aspekte umfasst, wird in Abschnitt 2.1 zunächst eine Definition und Typologie für Selbst-Assessment und Selbst-Assessment-Settings entwickelt. Mit Blick auf die spezifischen Potenziale digitaler Technologien für Selbst-Assessment werden in dieser Arbeit insbesondere dynamische und interaktive Musterlösungen sowie automatisches Feedback fokussiert. Abschnitt 2.2 behandelt daher Musterlösungen im Kontext von Selbst-Assessment und zeigt die Potenziale digitaler Technologien in diesem Zusammenhang auf. Abschnitt 2.3 widmet sich der Unterstützung von Selbst-Assessment durch automatisches Feedback. Abschnitt 2.4 führt schließlich in die Theorie der Metakognition ein, die als Bezugsrahmen dienen wird, um zu verstehen, ob und wie Lernende Selbst-Assessments durchführen.

2.1 Selbst-Assessment

„What is self-assessment, and what is not?" (Andrade, 2019, S. 1).

Sowohl in theoretischen als auch in empirischen Beiträgen zum Thema Selbst-Assessment werden viele verschiedene Definitionen verwendet. Diese Verschiedenheit lässt sich darauf zurückführen, dass die Definitionen oftmals von individuellen oder kulturellen Perspektiven geprägt sind.

L. Graewert, *Aus den eigenen Lösungen lernen*, MINTUS – Beiträge zur mathematisch-naturwissenschaftlichen Bildung,
https://doi.org/10.1007/978-3-658-53095-2_2

> „As with any social construct, we all introduce our own personal, professional, and cultural biases and perspectives and see self-assessment through our own unconsciously constructed lens" (Sargeant, 2008, S. 1).

Insbesondere im Hinblick auf die Ergebnisse empirischer Studien zum Selbst-Assessment stellen die unterschiedlichen Definitionen des Konzepts ein Problem dar. So vermutet Andrade (2019, S. 2), dass die teils widersprüchlichen Befunde, etwa zur Genauigkeit von Selbst-Assessments oder zu deren Einfluss auf den Lernprozess, auf die unterschiedlichen Weisen zurückzuführen sind, wie Selbst-Assessment konzeptualisiert wird.

Diesem Problem soll im Folgenden begegnet werden, indem eine Definition und eine Typologie für Selbst-Assessment entwickelt wird. Dabei soll die Definition auf den Gemeinsamkeiten bestehender Definitionen aufbauen und die Typologie die Unterschiede zwischen den Definitionen nutzen, um verschiedene Formen von Selbst-Assessment auszudifferenzieren. Die Differenzierung ist für diese Arbeit bedeutsam, da sie eine theoretische Grundlage schafft, um die im weiteren Verlauf zu analysierenden Selbst-Assessment-Prozesse von Lernenden einzuordnen. Zudem stellt sie selbst ein zentrales Ergebnis dieser Arbeit und einen wesentlichen Beitrag zur Theorie dar.

2.1.1 Definition und Typologie für Selbst-Assessment

Im Folgenden werden zentrale und häufig zitierte Definitionen von Selbst-Assessment verschiedener Autor:innen systematisch miteinander verglichen. Der Vergleich erfolgt anhand von drei Dimensionen: Handlungen, Bezug und Kriterien (Tabelle 2.1). Die Dimension der Handlung bezieht sich auf die mentalen Handlungen, die als Bestandteil von Selbst-Assessment betrachtet werden. Die Dimension Bezug gibt an, worauf sich diese mentalen Handlungen der Lernenden richten. Mit der Dimension Kriterien wird berücksichtigt, ob Selbst-Assessment als kriteriengeleiteter Prozess definiert wird.

Tabelle 2.1 Verschiedene Definitionen von Selbst-Assessment

Autor:innen	Definition	Handlungen	Bezug	Kriterien
Brown & Harris, 2013, S. 368	Selbst-Assessment als „(…) a descriptive and evaluative act carried out by the student concerning his or her own work and academic abilities."	beschreiben, einschätzen	eigene Arbeit, schulische Fähigkeiten	–
Panadero et al., 2016, S. 804	„Student self-assessment (SSA) most generally involves a wide variety of mechanisms and techniques through which students describe (i.e., assess) and possibly assign merit or worth to (i.e., evaluate) the qualities of their own learning processes and products."	beschreiben, einschätzen	Lernprozesse, Lernprodukte	–
Yan & Brown, 2017, S. 1248	Selbst-Assessment „(…) as a process during which students collect information about their own performance, evaluate and reflect on the quality of their learning process and outcomes according to selected criteria to identify their own strengths and weaknesses."	sammeln von Informationen über die eigene Leistung, einschätzen, reflektieren	Lernprozess, Lernprodukt	kriteriengeleitet

(Fortsetzung)

Tabelle 2.1 (Fortsetzung)

Autor:innen	Definition	Handlungen	Bezug	Kriterien
Andrade, 2010, S. 92	„(…) self-assessment is a process of formative assessment during which students reflect on the quality of their work, judge the degree to which it reflects explicitly stated goals or criteria, and revise accordingly."	reflektieren, einschätzen, überarbeiten	eigene Arbeit	kriteriengeleitet
(Boud, 1991, S. 5 zitiert nach Boud & Brew, 1995, S. 130)	Selbst-Assessment als „the involvement of students in identifying standards and/or criteria to apply to their work and making judgements about the extent to which they have met these criteria and standards."	bestimmen von Standards/ Kriterien, einschätzen	eigene Arbeit	kriteriengeleitet

Systematischer Vergleich von Definitionen von Selbst-Assessment
Eine häufig zitierte Definition von Selbst-Assessment geben Brown und Harris in ihrem Beitrag im „Handbook of Research on Classroom Assessment". Sie definieren Selbst-Assessment als

> „[…] a descriptive and evaluative act carried out by the student concerning his or her own work and academic abilities" (Brown & Harris, 2013, S. 368).

Nach dieser Definition umfasst Selbst-Assessment also mentale Handlungen beschreibender und einschätzender Art, die sich auf die eigene Arbeit und die eigenen schulischen Fähigkeiten beziehen (Tabelle 2.1, zweite Zeile).

Die mentalen Handlungen des Beschreibens und Einschätzens berücksichtigen auch Panadero und seine Kollegen in ihrer Definition. Im Vergleich zur Definition von Brown und Harris nennen sie hier Lernprozesse und Lernprodukte als die Objekte, auf welche sich das Selbst-Assessment bezieht (Tabelle 2.1, dritte Zeile):

> „Student self-assessment (SSA) most generally involves a wide variety of mechanisms and techniques through which students describe (i.e., assess) and possibly assign merit or worth to (i.e., evaluate) the qualities of their own learning processes and products“ (Panadero et al., 2016, S. 804).

Unter der Annahme, dass das, was Brown und Harris unter der „eigenen Arbeit“ und den „eigenen schulischen Fähigkeiten“ der Lernenden verstehen, durch die Begriffe „Lernprozesse“ und „Lernprodukte“ in der Definition von Panadero und Kollegen abgedeckt ist, ergeben sich zwischen den beiden Definitionen keine wesentlichen Unterschiede.

Yan und Brown definieren Selbst-Assessment

> „[...] as a process during which students collect information about their own performance, evaluate and reflect on the quality of their learning process and outcomes according to selected criteria to identify their own strengths and weaknesses“ (Yan & Brown, 2017, S. 1248).

Wie in den vorherigen beiden Definitionen werden in der Definition von Yan und Brown Lernprozesse und Lernprodukte als die Objekte benannt, auf die sich das Selbst-Assessment bezieht. Auch führen die beiden Autoren das Einschätzen als eine mentale Handlung im Rahmen von Selbst-Assessments auf. In Bezug auf die Einschätzung spezifizieren sie jedoch, dass diese kriteriengeleitet zu erfolgen hat, ebenso wie die Reflexion, die sie neben dem Sammeln von Informationen über die eigene Leistung als weitere Handlung des Selbst-Assessment-Prozesses ergänzend aufgreifen. Zudem formulieren die beiden Autoren als Ziel von Selbst-Assessment die Identifikation eigener Stärken und Schwächen (Tabelle 2.1, vierte Zeile).

Laut Andrade ist das Ziel von Selbst-Assessment formativ, also auf die Verbesserung des Lernprozesses ausgerichtet. Dies macht sie einerseits deutlich, indem sie Selbst-Assessment als Teil einer formative Assessmentpraktik definiert und andererseits, indem sie neben einer kriteriengeleiteten Einschätzung und Reflexion auch die Überarbeitung der eigenen Arbeit als Handlung in ihrer Definition aufnimmt (Tabelle 2.1, fünfte Zeile):

> „[…] self-assessment is a process of formative assessment during which students reflect on the quality of their work, judge the degree to which it reflects explicitly stated goals or criteria, and revise accordingly“ (Andrade, 2010, S. 92).

Wie Yan und Brown (2017) sowie Andrade (2010) definieren auch Boud und Brew Selbst-Assessment als einen Prozess, bei dem die eigene Arbeit anhand von Kriterien oder Standards eingeschätzt wird. Laut ihrer Definition müssen die Lernenden jedoch in die Identifikation der Kriterien oder Standards einbezogen werden, damit der Prozess als Selbst-Assessment-Prozess angesehen werden kann (Tabelle 2.1, sechste Zeile). Die wesentliche Eigenschaft von Selbst-Assessments beschreiben die beiden Autor:innen als

> „the involvement of students in identifying standards and/or criteria to apply to their work and making judgements about the extent to which they have met these criteria and standards“ (Boud 1991, S. 5 zitiert nach Boud & Brew, 1995, S. 130).

Mit ihrer Definition, die über die Beschreibung von Selbst-Assessment als kriteriengeleitete Einschätzung der eigenen Arbeit hinausgeht und zusätzlich festlegt, dass die Lernenden an der Entwicklung der Kriterien, anhand derer sie ihre Arbeit einschätzen, beteiligt werden müssen, heben sich die Autor:innen von den anderen Definitionen von Selbst-Assessment ab.

Gemeinsamkeiten der Definitionen

In Bezug auf die Gemeinsamkeiten der Definitionen lässt sich insgesamt festhalten, dass diese mehrheitlich die Prozesshaftigkeit von Selbst-Assessment betonen. Zudem haben alle Definitionen gemeinsam, dass sie die mentale Handlung des Einschätzens einschließen und dass sich das Selbst-Assessment immer auf die eigene Lernleistung bezieht. Als allgemeine, grundlegende Definition von Selbst-Assessment kann an dieser Stelle die folgende Definition formuliert werden:

> **Selbst-Assessment** bezeichnet allgemein einen Prozess, in dem Lernende ihre eigene Lernleistung selbst einschätzen.

Unterschiede zwischen den Definitionen

Während diese Definition den gemeinsamen Kern der verschiedenen Definitionen darstellt, sind jedoch auch die Unterschiede zu berücksichtigen. Unterschiede zwischen den Definitionen ergeben sich im Hinblick darauf

a) welche mentalen Handlungen das Selbst-Assessment neben dem Einschätzen umfasst (Spalte „Handlung" in Tabelle 2.1): Identifizieren von Kriterien, Sammeln von Informationen über eigene Leistung, Beschreiben, Reflektieren und/ oder Überarbeiten;
b) worauf sich die mentalen Handlungen im Rahmen des Selbst-Assessments konkret beziehen (Spalte „Bezug" in Tabelle 2.1): Schulische Fähigkeiten, Lernprozesse und/oder Lernprodukte;
c) ob die mentalen Handlungen im Rahmen des Selbst-Assessments kriteriengeleitet erfolgen oder nicht (Spalte „Kriterien" in Tabelle 2.1).

Auf Grundlage der Unterschiede zwischen den Definitionen in Bezug auf die Art der mentalen Handlungen, das Bezugselement dieser Handlungen und der Kriteriengeleitetheit lässt sich eine Typologie für Selbst-Assessment entwickeln, mit der unterschiedliche Formen von Selbst-Assessment differenziert werden können. Hierbei ist jedoch zu berücksichtigen, dass manche der mentalen Handlungen, die in den Definitionen als Bestandteil von Selbst-Assessment benannt werden, von anderen Dimensionen abhängig sind. So ist die Handlung des Identifizierens von expliziten Kriterien ausschließlich in Selbst-Assessments zu erwarten, die kriteriengeleitet durchgeführt werden. Zudem kann eine Überarbeitung im Rahmen von Selbst-Assessment etwa nur in Bezug auf ein Lernprodukt, nicht aber in Bezug auf die eigenen schulischen Fähigkeiten oder Lernprozesse stattfinden. Denn die eigenen schulischen Fähigkeiten und Lernprozesse können nicht überarbeitet, sondern lediglich weiterentwickelt oder verbessert werden. Um eine möglichst inklusive Typologie von Selbst-Assessment aufzustellen, werden die mentalen Handlungen des Identifizierens von Kriterien sowie des Überarbeitens im Folgenden außen vorgelassen. Zudem wird das Sammeln von Informationen zur eigenen Leistung als Voraussetzung für die Einschätzung der eigenen Leistung betrachtet und daher nicht als eigenständige mentale Handlung im Zusammenhang mit Selbst-Assessment einbezogen. Somit ergibt sich die folgende Typologie für Selbst-Assessment:

Je nach **Handlungsumfang, Bezug und Strukturiertheit** des Selbst-Assessments können verschiedene Formen von Selbst-Assessment unterschieden werden:

Handlungsumfang

- Beschreibendes Selbst-Assessment:
  Die Lernenden beschreiben ihre Lernleistung und schätzen diese ein.

- Reflektierendes Selbst-Assessment:
  Die Lernendenden reflektieren ihre Lernleistung und schätzen diese ein.

Bezug der Handlungen

- Fähigkeitsbezogenes Selbst-Assessment:
  Die Lernenden schätzen ihre eigenen schulischen Fähigkeiten ein.
- Prozessbezogenes Selbst-Assessment:
  Die Lernenden schätzen ihren eigenen Lernprozess ein.
- Produktbezogenes Selbst-Assessment:
  Die Lernenden schätzen ihr eigenes Lernprodukt ein.

Strukturiertheit der Handlungen

- Kriteriengeleitetes Selbst-Assessment:
  Die Lernenden schätzen ihre Lernleistung anhand von Kriterien ein.
- Intuitives Selbst-Assessment:
  Die Lernenden schätzen ihre Lernleistung intuitiv ein.

Auch wenn dies im Rahmen der obigen Vorstellung der verschiedenen Definitionen bereits beschrieben wurde, sei an dieser Stelle noch einmal hervorzuheben, dass die Handlungen, die im Rahmen von Selbst-Assessments von den Lernenden ausgeführt werden, in der Regel mentaler Art sind und als innerer Prozess verlaufen, der von außen nicht unmittelbar beobachtbar ist:

> „[...] SSA [student self-assessment] itself remains an inner process, not subject to direct inspection“ (Panadero et al., 2016, S. 809).

2.1.2 Unterscheidung zwischen Selbst-Assessment und Selbst-Assessment-Setting

Bei Sichtung der Literatur wird deutlich, dass nicht nur eine eindeutige Definition und Differenzierung von Selbst-Assessment fehlt, sondern auch eine klare Abgrenzung zwischen Selbst-Assessment und dem Selbst-Assessment-Setting, in dem Prozesse des Selbst-Assessments angestoßen werden sollen. Diese begriffliche Unschärfe erschwert nicht nur die Vergleichbarkeit von Studien. Sie ist auch deshalb problematisch, weil davon auszugehen ist, dass Merkmale eines

Settings eng mit den dadurch initiierten Selbst-Assessments verbunden sind. Für die vorliegende Arbeit, in der die durch ein spezifisches Selbst-Assessment-Setting initiierten mentalen Handlungen untersucht werden sollen, ist daher eine präzise Trennung beider Konzepte zentral. Nur wenn eindeutig zwischen Selbst-Assessment-Prozessen und den sie ermöglichenden Settings unterschieden wird, lässt sich analytisch nachvollziehen, wie bestimmte Gestaltungsmerkmale eines Settings spezifische mentale Handlungen hervorrufen.

Vermischung von Prozess- und Setting-Merkmalen

Es existieren bereits mehrere Ansätze, die eine Systematisierung von Selbst-Assessment vorgenommen haben. Dabei fällt einerseits auf, dass diese Ansätze Merkmale aufgreifen, die sich nicht ausschließlich auf Selbst-Assessment als inneren Prozess beziehen, sondern die auch als Gestaltungsmerkmale von Selbst-Assessment-Settings fungieren können. Andererseits werden zum Teil Merkmale als Unterscheidungsmerkmale für Selbst-Assessments deklariert, obwohl sie eher Settings als die Prozesse unterscheiden. Das bedeutet, Systematisierungsansätze unterscheiden nicht klar zwischen Selbst-Assessment-Prozessen und Gestaltungsmerkmalen von Selbst-Assessment-Settings.

So diskutieren Panadero et al. (2016) in ihrem Review verschiedene Typologien für Selbst-Assessment. Diese Typologien, so Panadero et al. (2016), unterscheiden verschiedene Formen von Selbst-Assessments danach a) welches Ziel sie verfolgen (Boud & Brew, 1995), b) in welchem Umfang Lehrende und Lernende in den Prozess involviert sind (Tan, 2001; Taras, 2010) sowie c) ob und welche Kriterien zum Selbst-Assessment zur Verfügung gestellt werden (Brown & Harris, 2013). Aufbauend auf dem Review von Panadero et al. (2016) entwickelte Andrade (2019) eine Typologie für Selbst-Assessment. Nach der Diskussion verschiedener Definitionen von Selbst-Assessment, die allesamt die Prozesshaftigkeit von Selbst-Assessment hervorheben, kommt Andrade zu dem Schluss, dass neben dem Bezug des Selbst-Assessments entweder auf die eigenen Fähigkeiten, den Lernprozess oder das Lernprodukt verschiedene Formen von Selbst-Assessment danach unterschieden werden können, ob das Selbst-Assessment kriteriengeleitet stattfindet oder nicht. Mit diesen Aspekten greift sie Unterscheidungsdimensionen auf, die sowohl die mentalen Handlungen der Lernenden betreffen, als auch die Rahmenbedingungen des Lernsettings, durch welches Selbst-Assessment initiiert werden soll. So können sich mentale Handlungen einerseits darin unterscheiden, worauf sie sich beziehen (Fähigkeiten, Lernprozess oder Lernprodukt) und ob sie entlang von Kriterien ausgeführt werden oder nicht (siehe Bezug der Handlungen und Strukturiertheit der Handlungen in der obigen Definition von Selbst-Assessment). Andererseits kann aber auch über Lernsettings ausgesagt werden, ob innerhalb dieser Kriterien zum

Selbst-Assessment bereitgestellt werden und ob sie auf das Selbst-Assessment von Fähigkeiten, Lernprozessen oder Lernprodukten ausgerichtet ist.

Ergänzend zu diesen beiden Unterscheidungsdimensionen führt Andrade auf, dass

> „[…] any definition of self-assessment must acknowledge and distinguish between formative and summative forms of it.“ (Andrade, 2019, S. 2)

und stellt nachfolgend eine Typologie von Selbst-Assessment vor,

> „[...] which focuses on the what (competence, process, or product), the why (formative or summative), and the how (methods, including whether or not they include standards, e.g., criteria) of self-assessment“ (Andrade, 2019, S. 3).

Eine Unterscheidung zwischen summativen und formativen Selbst-Assessment wird von vielen Autor:innen vorgenommen (z. B. Black, 2013; Boud, 1995; Panadero et al., 2016; Yan et al., 2020). Dabei werden summative Selbst-Assessments als Selbst-Assessments definiert, bei denen Lernende ihre Lernleistung am Ende einer Unterrichtseinheit abschließend einschätzen, indem sie sich beispielsweise selbst Noten geben (Mannion, 2022; Tejeiro et al., 2012). Bei formativen Selbst-Assessments erfolgt die Einschätzung der eigenen Lernleistung mit dem Ziel, den Lernprozess zu vertiefen und die Leistung zu verbessern (Andrade, 2010; Mannion, 2022). Der wesentliche Unterschied zwischen beiden Formen liegt somit im Ziel, mit dem Selbst-Assessments durchgeführt oder initiiert werden. Diese Unterscheidung bezieht sich jedoch nicht auf die Art der mentalen Handlungen selbst.

Im Folgenden wird dargelegt, dass nicht nur vermischt wird, welche Merkmale sich auf Selbst-Assessment-Prozesse und welche sich auf Selbst-Assessment-Settings beziehen. Es kommt auch in der Anwendung zu Unstimmigkeiten, indem beispielsweise Typologien, die eigentlich für Selbst-Assessment als Prozess entwickelt wurden, zur Unterscheidung von Settings herangezogen werden.

Missverständliche Nutzung von Prozess-Typologien zur Beschreibung von Settings

Die Typologien zum Selbst-Assessment, die ihrer Definition nach eine Unterscheidung unterschiedlicher Formen von Selbst-Assessment im Sinne eines inneren Prozesses von mentalen Handlungen leisten sollen, greifen, wie im vorangegangenen Abschnitt gezeigt, häufig auch Unterscheidungsdimensionen auf, die sich auf die Rahmenbedinungungen und Zielsetzungen der Lernsettings beziehen, in denen Lernende zum Selbst-Assessment angeregt werden sollen. Tatsächlich werden sie häufiger zur Beschreibung dieser Lernsettings verwendet, als zur Klassifikation mentaler Handlungen, die im Rahmen eines Selbst-Assessments auftreten.

Ihre Typologie zum Selbst-Assessment nutzt Andrade (2019) in ihrem Beitrag etwa

> „[...] as a framework for the [...] overview of current research on the subject“ (Andrade, 2019, S. 4).

Andrade verweist etwa im Abschnitt zur Wahrnehmung von Selbst-Assessments auf Studien von Huang und Gui (2015) sowie Wang (2017). In den Studien wird deutlich, dass positive Wahrnehmungen von Selbst-Assessments unter anderem bei Lernenden entstehen, die in einem Selbst-Assessment-Setting arbeiten, mit dem ein formatives Ziel verfolgt wird und innerhalb dessen Kriterien in Form einer Checkliste beziehungsweise eines Bewertungsrasters bereitgestellt werden (Andrade, 2019, S. 8). Das Ergebnis der positiven Wahrnehmung von Selbst-Assessments wird damit in Verbindung mit den strukturellen Eigenschaften des Settings gebracht, das mit Andrades Typologie als formativ und kriteriengeleitet klassifiziert werden kann. Nicht untersucht und systematisiert wird, ob und welche mentalen Handlungen bei den Lernenden durch das Lernsetting initiiert werden.

Entwicklung eines Ebenen-Modells zum Selbst-Assessment

Es lässt sich zusammenfassend festhalten, dass sowohl in Bezug auf die Typologien zum Selbst-Assessment als auch hinsichtlich ihrer Nutzung nicht hinreichend zwischen verschiedenen Formen von Selbst-Assessment, verstanden als innerer Prozess mentaler Handlungen, und den Gestaltungsmerkmalen von Settings differenziert wird, die Selbst-Assessment ermöglichen sollen. Da in dieser Arbeit die mentalen Handlungen lernender Personen untersucht werden, die im Rahmen eines Selbst-Assessment-Settings zur Einschätzung ihrer Lernleistung angeregt werden, ist eine solche Differenzierung erforderlich, um Ergebnisse systematisch erfassen und auf das Setting beziehen zu können, in dem sie entstanden sind. Vor diesem Hintergrund wird im Folgenden ein Ebenen-Modell vorgestellt, das einen eigenen theoretischen Beitrag dieser Arbeit darstellt. Es unterscheidet einerseits zwischen den Rahmenbedingungen, unter denen Selbst-Assessments initiiert werden und den mentalen Handlungen selbst. Zudem wird differenziert zwischen formalen und informalen Settings sowie Prozessen (Abbildung 2.1).

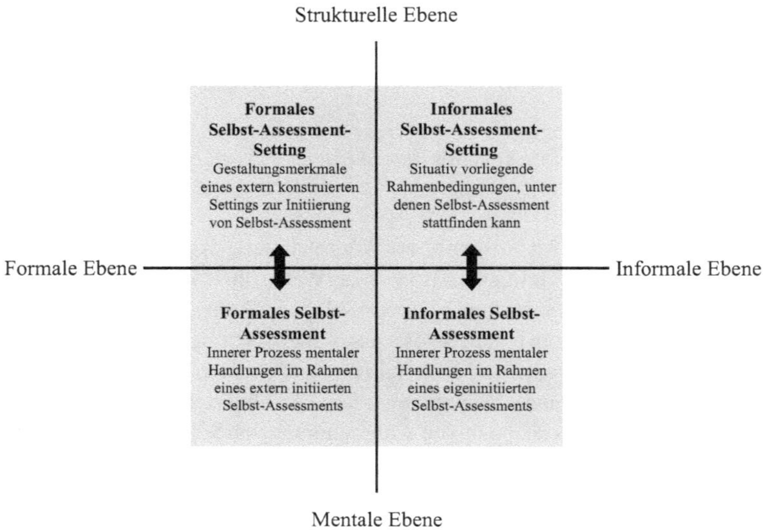

Abbildung 2.1 Ebenen von Selbst-Assessment. (Quelle: Eigene Darstellung)

Auf der strukturellen Ebene sind die Selbst-Assessment-Settings verortet. Ein formales Selbst-Assessment-Setting ist ein Setting, das intentional und zielgerichtet gestaltet wurde, um Prozesse des Selbst-Assessments zu initiieren. Ein informales Setting hingegen bezeichnet die situativ gegebenen, nicht intentional konstruierten Rahmenbedingungen, unter denen Selbst-Assessment stattfinden kann.

Die mentale Ebene umfasst die eigentlichen Selbst-Assessment-Prozesse, also die mentalen Handlungen der Lernenden zur Einschätzung ihrer Lernleistung. Werden diese mentalen Handlungen durch ein extern gestaltetes Setting ausgelöst, handelt es sich um formales Selbst-Assessment. Erfolgt die Initiierung durch die Lernenden selbst, liegt ein informales Selbst-Assessment vor.

Zwischen den strukturellen Settings und den entsprechenden Selbst-Assessment-Prozessen ist von Zusammenhängen auszugehen. Ob und welche mentalen Handlungen in einem Setting jedoch tatsächlich stattfinden, erfordert eine qualitative Rekonstruktion der Selbst-Assessment-Prozesse.

Eine Typologie für Selbst-Assessment, verstanden als innerer Prozess mentaler Handlungen, wurde bereits in Abschnitt 2.1.1 vorgestellt. Die Dimensionen, entlang derer verschiedene Formen von Selbst-Assessment in dieser Typologie voneinander unterschieden wurden, beziehen sich eindeutig auf die mentalen

Handlungen der Lernenden und können sowohl zur Unterscheidung formaler als auch informaler Formen von Selbst-Assessment herangezogen werden. So lässt sich je nach Handlungsumfang zwischen beschreibendem und reflektierendem Selbst-Assessment unterscheiden, je nach Bezug der Handlungen zwischen fähigkeitsbezogenem, prozessbezogenem und produktbezogenem Selbst-Assessment sowie je nach Strukturiertheit der Handlungen zwischen kriteriengeleitetem und intuitivem Selbst-Assessment. An dieser Stelle fehlt jedoch noch eine Typologie, die sich eindeutig auf das formale Setting bezieht, in dem Lernende zum Selbst-Assessment angeregt werden sollen. Eine Typologie für Selbst-Assessment-Settings kann auf bestehenden, ursprünglich für das Selbst-Assessment entwickelten Typologien aufbauen, da diese, wie oben beschrieben, bereits Dimensionen einbeziehen, die sich auch oder ausschließlich auf die Gestaltungsmerkmale der Settings beziehen, die Selbst-Assessment initiieren sollen.

2.1.3 Typologie für formale Selbst-Assessment-Settings

Als erste Unterscheidungsdimension hinsichtlich eines formalen Selbst-Assessment-Settings kann das *Ziel* benannt werden, welches mit dem jeweiligen Setting verfolgt wird. Dieses kann entweder in einer summativen, abschließenden Einschätzung der eigenen Lernleistung oder in einer formativen Einschätzung zur Leistungsverbesserung bestehen (Andrade, 2010; Mannion, 2022).

Harris und Brown (2018) weisen darauf hin, dass Selbst-Assessment in verschiedenen Phasen im Lernprozess initiiert werden kann: In der Vorbereitungsphase, in der die Lernenden vor der Bearbeitung der Aufgabe diese analysieren und einen Plan zu ihrer Bearbeitung aufstellen, in der Durchführungsphase, in der die Aufgabe bearbeitet wird und in der Einschätzungphase, in der die Lernenden ihre Lösung nach Bearbeitung der Aufgabe einschätzen und reflektieren können. Die zweite Unterscheidungsdimension in Bezug auf das formale Selbst-Assessment-Setting ist daher die *Verortung im Lernprozess*. Hierbei kann unterschieden werden, ob das Selbst-Assessment in dem Setting vor, während oder nach dem Bearbeiten einer Aufgabe initiiert wird.

Wie sich die Handlungen im Rahmen eines Selbst-Assessments auf verschiedene Aspekte der Lernleistung beziehen können, nämlich entweder auf die eigenen Fähigkeiten, den eigenen Lernprozess oder das eigene Lernprodukt (Andrade, 2019), können auch Selbst-Assessment-Settings gezielt so gestalten werden, dass sie den Fokus auf einen dieser Aspekte lenken. Der angestrebte *Bezug* kann daher als dritte Unterscheidungsdimension von Selbst-Assessment-Settings betrachtet werden.

Eine weitere Unterscheidungsdimension, die sowohl auf die mentalen Handlungen der Lernenden als auch auf die Gestaltung des Selbst-Assessment-Settings angewendet werden kann, ist der Grad der *Strukturiertheit*. So kann ein Setting beispielsweise völlig offen gestaltet sein, ohne dass konkrete Kriterien für das Selbst-Assessment vorgegeben werden. Alternativ kann das Setting gezielt auf ein kriteriengeleitetes Selbst-Assessment ausgerichtet sein und entsprechende Kriterien bereitstellen, anhand derer sich die Lernenden einschätzen sollen (Andrade, 2019). Diese Kriterien können entweder in Form eines Bewertungsrasters (rubric) zur Verfügung gestellt werden. Darin sind für eine konkrete Aufgabe verschiedene Bewertungskriterien festgelegt, denen jeweils unterschiedliche Leistungsstufen zugeordnet sind (Andrade & Valtcheva, 2009, S. 13). Ergänzend werden Beispiele angegeben, welche die Merkmale jeder Leistungsstufe beschreiben (Panadero et al., 2013, S. 126). Neben Bewertungsrastern gibt es Checklisten, die Fragen oder Aussagen enthalten, welche entweder auf bestimmte Schritte im Lösungsprozess hinweisen oder zentrale Eigenschaften einer korrekten Aufgabenlösung aufgreifen (Brown & Harris, 2013, S. 369; Panadero et al., 2013, S. 126; Zamora et al., 2018, S. 176). In der Regel können Lernende den Fragen beziehungsweise den Aussagen einer Checkliste lediglich zustimmen oder diese ablehnen. Abschließend sind im Hinblick auf Kriterien zum Selbst-Assessment noch Ratingskalen zu nennen, mittels derer Lernende ihre Lernleistung anhand einer vorgegebenen, meist ordinal skalierten Skala subjektiv einschätzen können:

> „Self-rating approaches normally do not involve answers which are right or wrong. Each student's responses are as legitimate as any other's, although in some situations, a particular range of responses might be regarded as more socially desirable than others“ (Boud & Brew, 1995, S. 131).

Als letzte Unterscheidungsdimension in Bezug auf das Selbst-Assessment-Setting ist, basierend auf Taras (2010), die *Involviertheit der Lernenden* in die Konstruktion des Selbst-Assessment-Settings zu nennen. In einem fremdbestimmten Selbst-Assessment-Setting werden die Gestaltungsmerkmale dieses Settings ausschließlich von außen (zum Beispiel durch Lehrkräfte, Autor:innen von Lehr-/Lernmaterialien, Entwickler:innen digitaler Lernumgebungen) vorgegeben. Im Gegensatz dazu werden die Lernenden bei einem ko-konstruierten Setting in die Gestaltung des gesamten Settings oder einzelner Gestaltungsmerkmale einbezogen.

Auf Grundlage der verschiedenen Unterscheidungsdimensionen Ziel, Verortung im Lernprozess, Bezug, Strukturiertheit und Involviertheit der Lernenden und ihrer jeweiligen Ausprägungen lässt sich eine Typologie für Selbst-Assessment-Settings aufstellen (Abbildung 2.2), die es ermöglicht, Gemeinsamkeiten und Unterschiede zwischen verschiedenen Settings systematisch zu erfassen. Durch die Typologie können formale Selbst-Assessment-Settings theoretisch fundiert eingeordnet werden. Dies erleichtert zum einen die Vergeichbarkeit zwischen Studien und ermöglicht zum anderen insbesondere bei der Analyse mentaler Handlungen eine Rückbindung an das jeweilige Setting, in dem diese entstanden sind. Die Typologie wird im weiteren Verlauf genutzt, um die in dieser Arbeit entwickelte Selbst-Assessment-App zu beschreiben.

Mit Blick auf Selbst-Assessment-Settings und die darin potenziell angestoßenen Selbst-Assessment-Prozesse ergibt sich die Frage nach der Wirksamkeit von Selbst-Assessment und nach der Bedeutung des jeweiligen Settings für die bobachtbaren Effekte. Im Folgenden werden entsprechende empirische Befunde zusammengefasst.

Dimensionen	**Ausprägungen**		
Ziel	summativ	formativ	
Verortung im Lernprozess	vor dem Bearbeiten einer Aufgabe	während dem Bearbeiten einer Aufgabe	nach dem Bearbeiten einer Aufgabe
Bezug	Fähigkeiten	Lernprozess	Lernprodukt
Strukturiertheit	keine Kriterien	Beurteilungsraster	Checkliste	Ratingskala
Involviertheit der Lernenden	fremdbestimmt	ko-konstruiert	

Abbildung 2.2 Typologie für Selbst-Assessment-Settings. (Quelle: Darstellung in Anlehnung an Gandenberger et al., S. 253, Abb. 2)

2.1.4 Empirische Studien im Zusammenhang mit Selbst-Assessment

Bei Sichtung der Studien zum Thema Selbst-Assessment zeigt sich, dass diese meist die Ergebnisse analysieren, die Lernende in einem entsprechenden Setting produzieren, nicht jedoch die Prozesse des Selbst-Assessments selbst. Damit wird häufig implizit angenommen, dass Selbst-Assessment tatsächlich stattgefunden hat. Um jedoch nachzuvollziehen zu können, ob und welche Form von Selbst-Assessment aufgetreten ist, müssten die mentalen Handlungen der Lernenden rekonstruiert werden. Bisher gibt es jedoch kaum Studien, die dies tun. Von den 76 Studien, die Andrade (2019) in ihrem Review zu Selbst-Assessment berücksichtigt, gibt es einzig zwei qualitative Studien, welche die mentalen Handlungen als Teil des Selbst-Assessments dokumentieren (Andrade, 2019, S. 5). Auch Panadero und seine Kollegen betonten bereits ein paar Jahre zuvor, dass es eines besseren Verständnisses unter anderem in Bezug auf die kognitiven und metakognitiven Prozesse bedarf, die im Rahmen von Selbst-Assessments stattfinden (Panadero et al., 2016, S. 811). Streng genommen untersuchen viele Arbeite daher weniger die Wirksamkeit von Selbst-Assessment selbst, sondern vielmehr die Effekte, die sich aus der Einbindung von Lernenden in formale Selbst-Assessment-Settings ergeben. Wenn im Folgenden von Selbst-Assessment die Rede ist, muss stets bedacht werden, dass die vorliegenden Befunde überwiegend nicht aus einer direkten Untersuchung der Selbst-Assessment-Prozesse stammen, sondern aus der Analyse der Selbst-Assessment-Ergebnisse, die die Lernenden in einem entsprechenden Setting erzielt haben.

Wie sich an bereits bestehenden Reviews zu Forschungsarbeiten zum Thema Selbst-Assessment feststellen lässt, fokussieren viele der Studien auf a) die Wahrnehmung von Lernenden in Bezug auf Selbst-Assessment, b) den Zusammenhang von Selbst-Assessments und selbstreguliertem Lernen, c) die Effekte von Selbst-Assessments auf schulische Leistungen sowie d) die Genauigkeit der Ergebnisse von Selbst-Assessments (Andrade, 2019; Brown & Harris, 2013).

Diese verschiedenen Forschungsschwerpunkte repräsentieren verschiedene Perspektiven auf Selbst-Assessment. Während bei der Betrachtung der individuellen Wahrnehmungen von Lernenden eine subjektbezogene Perspektive eingenommen wird, kann der Zusammenhang zwischen Selbst-Assessment und selbstreguliertem Lernen sowie die Effekte von Selbst-Assessment auf schulische Leistungen als relationale Perspektive verstanden werden. Letztlich stellt die Untersuchung der Genauigkeit der Ergebnisse von Selbst-Assessments eine validitätsorientierte Perspektive dar.

Subjektbezogene Perspektive: Wahrnehmung von Lernenden in Bezug auf Selbst-Assessments

Die Ergebnisse hinsichtlich der Wahrnehmung von Lernenden in Bezug auf Selbst-Assessments sind uneindeutig. Manche Studien zeigten auf, dass Lernende Freude daran haben, in Selbst-Assessment-Settings involviert zu werden (Brown & Harris, 2013, S. 383). Im Gegensatz dazu konnten andere Studien keine positive Wahrnehmung in Bezug auf Selbst-Assessments identifizieren und führten dieses Ergebnis darauf zurück, dass Lernenden sich unsicher über den Zweck von Selbst-Assessments waren (Brown & Harris, 2013, S. 383). Diese Unsicherheit in Bezug auf den Zweck von Selbst-Assessments birgt laut Andrade die Gefahr, dass Lernende, die zum Selbst-Assessment angeregt werden, keine tiefgehenden Selbst-Assessments durchführen (Andrade, 2019, S. 8).

Als Einflussvariable auf die Wahrnehmung in Bezug auf Selbst-Assessments identifizierte Andrade zunächst das Alter beziehungsweise die Bildungsstufe der Lernenden. Sie stellte dar, dass die Studien mit Kindern darauf hindeuten, dass Kinder oftmals nicht wissen, was mit der Durchführung von Selbst-Assessments erreicht werden soll. Hingegen scheinen Lernende im Hochschulbereich sich über den Zweck von Selbst-Assessments in der Regel bewusst zu sein und Selbst-Assessments tendenziell positiv wahrzunehmen (Andrade, 2019, S. 8). Neben diesen personenbezogenen Faktoren ergeben sich Unterschiede in der Wahrnehmung von Selbst-Assessment in Abhängigkeit von dem Ziel und der Strukturiertheit des Selbst-Assessment-Settings sowie der Involviertheit der Lernenden. So zeigte Andrade auf, dass sich positive Wahrnehmungen in Bezug auf Selbst-Assessments insbesondere bei Lernenden zeigten, die in Selbst-Assessment-Settings arbeiteten, deren Ziel ein formatives war und welches durch Checklisten oder Beurteilungsraster strukturiert wurde oder bei dem die Kriterien zum Selbst-Assessment mit den Lernenden ko-konstruiert wurden (Andrade, 2019, S. 8) (Abbildung 2.3).

<table>
<tr><th>Dimensionen</th><th colspan="6">Ausprägungen</th></tr>
<tr><td>Ziel</td><td colspan="3">summativ</td><td colspan="3">formativ</td></tr>
<tr><td>Verortung im Lernprozess</td><td colspan="2">vor dem Bearbeiten einer Aufgabe</td><td colspan="2">während dem Bearbeiten einer Aufgabe</td><td colspan="2">nach dem Bearbeiten einer Aufgabe</td></tr>
<tr><td>Bezug</td><td colspan="2">Fähigkeiten</td><td colspan="2">Lernprozess</td><td colspan="2">Lernprodukt</td></tr>
<tr><td>Strukturiertheit</td><td>keine Kriterien</td><td colspan="2">Beurteilungsraster</td><td colspan="2">Checkliste</td><td>Ratingskala</td></tr>
<tr><td>Involviertheit der Lernenden</td><td colspan="3">fremdbestimmt</td><td colspan="3">ko-konstruiert</td></tr>
</table>

Abbildung 2.3 Gestaltungsmerkmale eines Selbst-Assessment-Settings, das mit einer positiven Wahrnehmung assoziiert ist. (Quelle: Darstellung in Anlehnung an Gandenberger et al., S. 253, Abb. 2)

Hinsichtlich Selbst-Assessment-Settings mit summativer Zielsetzung zeigte Aflalo in Bezug auf Studierende, dass

> „[...] the students attending the courses with the summative evaluation expressed more negative than positive attitudes to self-assessment" (Aflalo, 2022, S. 43).

Für Lernende in der Schule gibt es bislang jedoch keine aussagekräftigen Ergebnisse in Bezug auf deren Wahrnehmung von Selbst-Assessment bei Selbst-Assessment-Settings mit summativer Zielsetzung.

Relationale Perspektive: Effekte von Selbst-Assessment auf selbstreguliertes Lernen

Selbstreguliertes Lernen beschreibt einen Prozess, im Rahmen dessen sich Lernende Lernziele setzen und versuchen, ihre kognitiven Prozesse, ihre Motivation sowie ihr Verhalten zu überwachen, zu regulieren und zu steuern, um diese Lernziele zu erreichen:

> „[...] a general working definition of self-regulated learning is that it is an active, constructive process whereby learners set goals for their learning and then attempt to monitor, regulate, and control their cognition, motivation, and behavior, guided and constrained by their goals and the contextual features in the environment" (Pintrich, 2000, S. 453).

Da ein Erreichen der Ziele nur gewährleistet werden kann, wenn Lernende in den verschiedenen Phasen ihres Lernprozesses ihre Lernleistung einschätzen und diese Einschätzung zur Steuerung ihres weiteren Vorgehens nutzen, kann Selbst-Assessment als Teilkomponente selbstregulierten Lernens betrachtet werden (Hosein & Harle, 2018, S. 32; Palm et al., 2017, S. 28). Vor diesem Hintergrund erscheint es nachvollziehbar, dass empirische Studien aufzeigen, dass Selbst-Assessments die Fähigkeit zum selbstregulierten Lernen fördern (Andrade, 2019, S. 9; Brown & Harris, 2013, S. 383), die wiederum als ein zentraler Faktor zur Verbesserung schulischer Leistungen gilt (Brown & Harris, 2013, S. 383). Auch zeigen Studien zum Selbst-Assessment dessen positive Wirkung auf die Motivation, das Engagement sowie die Selbstwirksamkeit von Lernenden auf (Brown & Harris, 2013, S. 368, 383).

Inwiefern der Zusammenhang zwischen Selbst-Assessment und selbstreguliertem Lernen durch das Selbst-Assessment-Setting beeinflusst wird, im Rahmen dessen Lernende zur Einschätzung ihrer Lösung angeregt werden, wurde bislang nur selten untersucht. Fraile et al. (2017) gingen in ihrer Studie unter anderem der Frage nach, ob das Ko-Konstruieren von Beurteilungsrastern das selbstregulierte Lernen stärker fördert im Vergleich zu einer Intervention, bei der den Lernenden das Beurteilungsraster zum Selbst-Assessment nur ausgehändigt wird. Die Hypothese, dass die Gruppe, welche das Beurteilungsraster mit ihrer Lehrkraft ko-konstruierte häufiger Strategien zum selbstregulierten Lernen zeigt als die Gruppe, die das Beurteilungsraster lediglich anwendete, konnte jedoch nicht vollständig bestätigt werden (Fraile et al., 2017, S. 73). Zwar ging aus den Lautdenkprotokollen der Lernenden einerseits hervor, dass

> „[…] the group which did not co-create the rubric group required additional clarification regarding the quality definitions. Therefore, the co-created rubric group understood and better internalized the assessment criteria and standards from the rubrics" (Fraile et al., 2017, S. 73).

Zudem konnte anhand der Protokolle festgestellt werden, dass die Lernenden, welche das Beurteilungsraster mit ihrer Lehrkraft ko-konstruierten, häufiger Aussagen tätigten, im Rahmen derer sie ihre eigene Leistung mit dem Raster verglichen, Erfolge und Fehler identifizierten und diese erklärten (Fraile et al., 2017, S. 72). Jedoch zeigten die anderen zwei von den insgesamt drei Messungen keine signifikanten Unterschiede in Bezug auf die Effekte der Selbst-Assessment-Intervention auf das selbstregulierte Lernen (Fraile et al., 2017, S. 73). Auch Panadero et al. (2017, S. 90) konnten keinen Einfluss der Art des Selbst-Assessment-Settings auf das selbstregulierte Lernen feststellen.

Relationale Perspektive: Effekte von Selbst-Assessment auf schulische Leistung

Viele Studien zeigen, dass Lernende, die an Selbst-Assessment-Interventionen teilnehmen, positive Lernerfolge erzielen (Brown & Harris, 2013, S. 381; Yan et al., 2022, S. 9). Diese Ergebnisse scheinen jedoch von dem Ziel der im Rahmen der Interventionen eingesetzten Selbst-Assessment-Settings abzuhängen. So zeigte Andrade (2019, S. 8), dass die Befunde zu summativen Selbst-Assessment-Settings uneinheitlich sind, während Studien, in denen Settings mit einem formativen Ziel eingesetzt wurden, durchweg einen positiven Zusammenhang zwischen Selbst-Assessment und der schulischen Leistung aufzeigen.

Eine Differenzierung zwischen summativen und formativen Selbst-Assessment-Settings nahm Karaman in ihrer Metaanalyse zum Einfluss von Selbst-Assessments auf die schulische Leistung nicht vor (Karaman, 2021). Sie zeigte, dass Selbst-Assessment allgemein einen kleinen positiven Effekt auf die schulischen Leistung haben (Karaman, 2021, S. 1157) und untersuchte, ob die Variablen Bildungsstufe, externes Feedback, Strukturiertheit des Selbst-Assessment-Settings sowie Selbst-Assessment-Training diesen Effekt beeinflussen. Hierbei erwies sich ausschließlich externes Feedback zur Leistung der Lernenden als statistisch signifikanter Moderationseffekt. Es zeigte sich, dass Selbst-Assessment-Interventionen ohne externes Feedback einen größeren positiven Einfluss auf die schulischen Leistungen haben als Interventionen mit externem Feedback (Karaman, 2021, S. 1158). In Bezug auf die Variablen Bildungsstufe und Selbst-Assessment-Training konnten keine signifikanten Moderationseffekte festgestellt werden, ebenso wenig in Bezug auf die Variable der Strukturiertheit des im Rahmen der Intervention eingesetzten Selbst-Assessment-Settings. Das heißt, zwischen strukturierten und unstrukturierten Selbst-Assessment-Settings zeigten sich hinsichtlich ihrer Wirkung auf die schulische Leistung keine statistisch signifikanten Unterschiede in den Effektgrößen (Karaman, 2021, S. 1158).

Neben Karaman führten auch Yan et al. (2022) eine Metaanalyse unter anderem zu den Effekten von Selbst-Assessment-Interventionen auf die schulische Leistung durch. Auch sie stellten fest, dass solche Interventionen zu einer signifikanten Leistungsverbesserung führen (Yan et al., 2022, S. 9). Sie untersuchten drei Gruppen von Variablen auf mögliche Moderationseffekte. Zur ersten Gruppe gehörten Variablen, die in Zusammenhang mit der Umsetzung des Selbst-Assessments stehen. Die erste Variable, quantitative oder qualitative Einschätzung, bezieht sich auf die Art der Einschätzung, die von den Lernenden vorgenommen werden musste und definiert indirekt das Ziel des Selbst-Assessment-Settings als summativ oder formativ:

> „Feedback research suggests that, when compare [sic!] against one another, quantitative scores tend to inhibit further learning because they are seen as summative, while qualitative comments are deemed to be more supportive of learning (Lipnevich et al., 2016)“ (Yan et al., 2022, S. 4).

Die weiteren Variablen, die Yan et al. (2022) in Bezug auf die Umsetzung des Selbst-Assessments betrachten, waren der Einsatz von Online-Technologien, das Training der Lernenden, das Training der Lehrkräfte, das Feedback durch die Lehrkraft sowie die Strukturiertheit des Selbst-Assessment-Settings (Yan et al., 2022, S. 4–5). Im Rahmen der zweiten Gruppe wurden Variablen berücksichtigt, welche sich auf die Merkmale der Stichprobe beziehen. Hierfür wurde das Geschlecht, das Durchschnittsalter, die Bildungsstufe und die Klassenstufe der Studienteilnehmenden erfasst (Yan et al., 2022, S. 5). Zuletzt wurden in der dritten Gruppe die methodischen Merkmale der untersuchten Studien als mögliche Moderatorvariablen identifiziert. Dazu gehörten die Art des Designs, die Art der Stichprobenziehung, die Quelle der Ergebnismessungen, die Berichterstattung und Kontrolle von Störfaktoren, die Art und Qualität des Erhebungsinstrumentes, die Rücklaufquote und die Ausfallquote (Yan et al., 2022, S. 5).

Mit Bezug auf die Ergebnisse von Andrade (2019) und Karaman (2021) wäre zu erwarten gewesen, dass die Variable quantitative oder qualitative Einschätzung aus der ersten Variablen-Gruppe einen moderierenden Effekt auf die schulische Leistung hat und quantitative Einschätzungen den positiven Effekt verringern oder sogar in einen negativen Effekt umkehren, während qualitative Einschätzungen den positiven Effekt verstärken. Auch erschien ein moderierender Effekt von Feedback durch die Lehrkraft vor dem Hintergrund der beiden Studien naheliegend. Jedoch konnten Yan et al. (2022) in ihrer Metanalyse keine signifikanten Moderatoren in Bezug auf die Umsetzung des Selbst-Assessments und auch nicht in Bezug auf Merkmale der Stichprobe feststellen. Lediglich hinsichtlich der methodischen Merkmale der Studien konnten sie einen signifikanten, moderierenden Effekt feststellen. Hierbei erwies sich die Art des Designs als moderierende Variable und es zeigte sich, dass Längsschnittstudien deutlich höhere Effektstärken ergeben als experimentelle oder quasi-experimentelle Studien (Yan et al., 2022, S. 10–11).

Validitätsorientierte Perspektive: Genauigkeit der Ergebnisse von Selbst-Assessments

Die Genauigkeit von Ergebnissen, die Lernende in einem Selbst-Assessment-Setting produzieren, wird anhand der Übereinstimmung mit anderen Messgrößen gemessen (Brown et al., 2015, S. 446). Daher wird oftmals statt von der „Genauigkeit“

(engl. „accuracy") auch von der „Konsistenz" (engl. „consistency") von Selbst-Assessment-Ergebnissen gesprochen (Andrade, 2019, S. 5). Insbesondere in Fällen, in denen Einschätzungen anderer Subjekte, wie etwa von Lehrkräften, Dozierenden oder Expert:innen als Vergleichsmaßstab herangezogen werden, muss immer kritisch geprüft werden, ob aus einer hohen Konsistenz tatsächlich auf die Genauigkeit von Selbst-Assessment-Ergebnissen geschlossen werden kann (Kirby & Downs, 2007, S. 486). Übereinstimmungen können nämlich auch auf sozialen geteilten, systematischen Fehlern beruhen (Brown et al., 2015, S. 445). Dennoch wird allgemein davon ausgegangen, dass die Genauigkeit der Ergebnisse von Selbst-Assessments durch den Vergleich mit den Einschätzungen qualifizierter Bewerter:innen oder mit den Leistungen in Tests ermittelt werden kann (Brown et al., 2015, S. 445). Die Genauigkeit von Selbst-Assessment-Ergebnissen spielen deshalb eine so wichtige Rolle, weil

> „[i]f self-assessment processes lead students to conclude wrongly that they are good or weak in some domain and they base personal decisions on such false interpretations, harm could be done even in classroom settings (e.g., task avoidance, not enrolling in future subjects) (Ramdass & Zimmerman, 2008)" (Brown & Harris, 2013, S. 370).

Aus diesem Grund konzentriert sich ein Großteil der empirischen Arbeiten zum Thema Selbst-Assessment auf die Genauigkeit der Ergebnisse, die Lernenden im Rahmen von Selbst-Assessment-Settings erzielen (Andrade, 2019, S. 5). In ihrem Review zu Selbst-Assessment stellten Brown und Harris (2013, S. 384) heraus, dass die Korrelation zwischen den Ergebnissen von Selbst-Assessments und anderen Messgrößen tendenziell positiv waren, wobei die Werte eine schwache bis moderate Übereinstimmung aufzeigen. Nur wenige Studien können eine hohe Übereinstimmung zwischen Selbst-Assessment-Ergebnissen und anderen Messgrößen aufzeigen (Brown & Harris, 2013, S. 384). In verschiedenen Studien wurden unterschiedliche Variablen danach untersucht, ob sie einen moderierenden Effekt auf die Genauigkeit von Selbst-Assessment-Ergebnissen haben. Diese Variablen lassen sich in Gruppen einteilen. Zu der ersten Gruppe sollen nachfolgend analog zu der oben zitierten Studie von Yan et al. (2022) die Variablen zusammengefasst werden, die sich auf die Merkmale der Stichprobe beziehen. Hinsichtlich der Stichproben-Merkmale ist ein Resultat, dass die Genauigkeit der Selbst-Assessment-Ergebnisse mit steigendem Alter und wachsender Schulerfahrung zunimmt (Andrade, 2019, S. 6; Brown et al., 2015, S. 447). Dies widerspricht jedoch dem Ergebnis der Metaanalyse von León et al. (2023), dass die Korrelation zwischen den Selbst-Assessment-Ergebnissen der Lernenden und externen Bewertungsmaßstäben in der

Primar- und Sekundarstufe sehr hoch ist, während sie bei Bachelor- und Masterstudierenden wesentlich schwächer ist (León et al., 2023, S. 92f). Als mögliche Gründe für die schwache Korrelation im Hochschulbereich führten León et al. (2023) einerseits an, dass für Studierende oftmals mehr auf dem Spiel steht als für Schüler:innen und sich für Studierende somit der Druck zur Überbewertung erhöht. Andererseits seien Aufgaben an der Hochschule oftmals wesentlich komplexer als Aufgaben in der Schule, sodass das Erreichen eines genauen Ergebnisses beim Selbst-Assessment tendenziell schwieriger wird (León et al., 2023, S. 93).

Während es in Bezug auf die Variablen Alter und Schulerfahrung also keine einheitlichen Erkenntnisse gibt, weisen verschiedene Studien überstimmend nach, dass eine gute schulische Leistung und ein umfassendes inhaltliches Wissen die Korrelation von Selbst-Assessment-Ergebnissen und externen Bewertungsmaßstäben erhöht (Barnett & Hixon, 1997 nach Brown et al., 2015, S. 447; León et al., 2023, S. 81). Auch scheinen Erfahrungen mit Selbst-Assessments die Konsistenz von Selbst-Assessment-Ergebnissen zu erhöhen (León et al., 2023, S. 81).

Neben Stichprobenmerkmalen untersuchen mehrere Studien auch mögliche Moderationseffekte von Variablen, welche die Umsetzung des Selbst-Assessments betreffen. Die Komplexität sowie die Konkretheit der Aufgabe, in Bezug auf welche die Lernenden sich einschätzen sollen, stellen zwei solcher Variablen dar. Hinsichtlich dieser beiden Variablen stellten Brown et al. (2015, S. 448) heraus, dass je einfacher und konkreter die Aufgabe ist, umso genauere Selbst-Assessment-Ergebnisse von den Lernenden erzielt werden konnten. Neben einfachen und konkreten Aufgaben kann zudem auch Feedback dazu beitragen, dass sich die Konsistenz erhöht (Brown et al., 2015, S. 448; León et al., 2023, S. 83; Thawabieh, 2017, S. 19). Insbesondere Feedback zum Selbst-Assessment scheint für die Genauigkeit von Selbst-Assessments förderlich zu sein:

> "Teachers who explicitly monitor SSA comments and considerately provide feedback that corrects any illusions of competence or incompetence may help develop greater SSA accuracy" (Panadero et al., 2016, S. 816).

In Bezug darauf, ob kriteriengeleitete Selbst-Assessment-Settings genauere Selbst-Assessment-Ergebnisse hervorrufen als solche, die keine Kriterien für das Selbst-Assessment zur Verfügung stellen, zeigen die betrachteten Studien widersprüchliche Ergebnisse auf. Unter der Voraussetzung, dass Selbst-Assessment-Kriterien zur Verfügung stehen, kamen Brown et al. (2015, S. 448) zu der Erkenntnis, dass je spezifischer und konkreter die Kriterien sind, desto genauer können Lernende ihre Lernleistung einschätzen. Dagegen stellten Leon et al. (León et al., 2023, S. 83) fest, dass die Verwendung von Kriterien in Form eines Bewertungsrasters keine signifikante Verbesserung hinsichtlich der Genauigkeit der Selbst-Assessment-Ergebnisse zeigt.

Ganz allgemein zeigt sich hinsichtlich der Genauigkeit von Selbst-Assessment-Ergebnissen eine Tendenz zur Überschätzung der eigenen Leistung (León et al., 2023, S. 88). Dies steht in Einklang mit dem Aspekt des „Unrealistic Optimism", den Dunning et al. (2004, S. 72) als eine Ursache für ungenaue Ergebnisse beim Selbst-Assessment identifizierten. Weitere Gründe für ungenaue beziehungsweise fehlerhafte Selbst-Assessment-Ergebnisse sehen Dunning et al. (2004, S. 73–75) in der Missachtung relevanter Informationen sowie in einem unzureichenden, inhaltlichen Wissen seitens der Personen, die zu Selbst-Assessments angeregt werden.

Zusammenfassung des Forschungsstandes und praktische Herausforderungen

Die Ergebnisse der Studien zum Selbst-Assessment, die eine relationale Perspektive einnehmen, zeigen einerseits, dass das selbstregulierte Lernen gefördert wird, wenn Lernende im Rahmen von Selbst-Assessment-Settings zur Einschätzung ihrer Lernleistung angeregt werden (Andrade, 2019, S. 9; Brown & Harris, 2013, S. 383). Zudem hat die Einbindung von Lernenden in Selbst-Assessment-Settings oftmals einen positiven Effekt auf die schulischen Leistungen – insbesondere dann, wenn mit dem Setting ein formatives Ziel verfolgt wird (Andrade, 2019, S. 8; Brown & Harris, 2013, S. 381; Yan et al., 2022, S. 9). Auch zeigen Studien, dass sich Selbst-Assessments positiv auf die Motivation sowie die Selbstwirksamkeit von Lernenden auswirken können (Brown & Harris, 2013, S. 368, 383).

Trotz dieser positiven Effekte, die sich in Bezug auf Selbst-Assessments zeigen, werden Lernende im Unterrichtsalltag nur selten zu diesen angeregt (Buholzer et al., 2020, S. 650; Kippers et al., 2018, S. 207; Nieminen & Boud, 2025, S. 641). Die Tatsache, dass Selbst-Assessments in aktuellen (Hoch-)schulsystemen trotz des weit verbreiteten Konsens über deren Bedeutung nach wie eine untergeordnete Rolle spielen (Nieminen & Boud, 2025, S. 641), lässt sich unter anderem auf die unterrichtlichen Rahmenbedingungen und den Zeitaufwand zurückführen, den Lehrkräfte aufbringen müssen, um Selbst-Assessment zu fördern und entsprechende Settings zu planen:

> „Although self-assessment [...] can save time for the teacher that they would otherwise invest in assessing assignments, teachers need time to organise and manage the assessment process" (Seifert & Feliks, 2019, S. 170).

Potenziale digitaler Technologien für Selbst-Assessment

Der Einsatz digitaler Technologien bei der Gestaltung von Selbst-Assessment-Settings kann dazu beitragen, die praktischen Herausforderungen hinsichtlich der Förderung von Selbst-Assessment zu überwinden und zugleich die verschiedenen Potenziale dieser Technologien zur Unterstützung von Selbst-Assessments auszuschöpfen (Seifert & Feliks, 2019, S. 170).

So ermöglichen es digitale Technologien erstens, Selbst-Assessment-Settings so zu gestalten, dass unabhängig von Ort und Zeit auf diese Settings zugegriffen werden kann. Damit wird für Lernende die Durchführung von Selbst-Assessments erleichtert und Lehrende erhalten die Möglichkeit, die Leistungen der Studierenden zu einem späteren Zeitpunkt nachzuverfolgen (Anh et al., 2023, S. 23; Martínez et al., 2020, S. 2; Seifert & Feliks, 2019, S. 170).

Zweitens wird eine automatische Auswertung der Selbst-Assessment-Ergebnisse möglich. Dadurch entfällt beziehungsweise reduziert sich für Lehrkräfte der Zeit- und Ressourcenaufwand, der für eine manuelle Auswertung aufgebracht werden müsste. Außerdem kann Lernenden in digitalen Selbst-Assessment-Settings unmittelbares Feedback bereitgestellt werden. Das bedeutet, die Lernleistung von Schüler:innen und deren Selbsteinschätzungen in Bezug auf diese können im Rahmen des Settings überprüft werden und Lernende sind nicht ausschließlich auf eine Überprüfung durch eine Lehrkraft oder durch Mitschüler:innen angewiesen. Dadurch können Fehlvorstellungen oder Schwächen schneller angegangen und im besten Fall überwunden werden (Anh et al., 2023, S. 23; Kasakowskij et al., 2023, S. 334; Martínez et al., 2020, S. 2; Seifert & Feliks, 2019, S. 170).

Drittens erlauben digitale Technologien die Integration multimedialer Elemente wie Videos, Audios und interaktiver Aktivitäten, die in analoge Selbst-Assessment-Settings nicht eingebunden werden können. Dadurch kann eine visuell ansprechendere und interaktive Gestaltung von Selbst-Assessment-Settings erreicht werden, die sich positiv auf die Motivation von Lernenden auswirken kann (Anh et al., 2023, S. 23–24; Timmis et al., 2016, S. 459). Auf einer inhaltlichen Ebene können interaktive und dynamische Elemente insbesondere dazu beitragen, dass eine vertiefte Auseinandersetzung mit mathematischen Inhalten angeregt und deren Verständnis erleichtert wird (Atkinson & Renkl, 2007, S. 384; Rolfes et al., 2020a, S. 2).

Viertens können Lernwege in digitalen Selbst-Assessment-Settings adaptiv gestaltet werden. Das bedeutet, dass Lernende abhängig von ihrer Leistung passende Folgeaufgaben zur Verfügung gestellt bekommen, die zu ihren individuellen Lernbedarfen passen:

> „During the administration of a digital test, [...] the type and level of subsequent assignments can be adapted to the student's results so far. If the digital assessment system

keeps track of the student's progress through an automated evaluation and an updated student model, the adaptive test can focus efficiently on the appropriate level for the student [...]" (Drijvers et al., 2016, S. 13).

Zusammenfassend lässt sich festhalten, dass digitale Technologien vielfältige Potenziale bieten, Lehrende bei der Initiierung und Lernende bei der Durchführung von Selbst-Assessments zu unterstützen. Für den empirischen Teil der vorliegenden Arbeit sind insbesondere die Potenziale der Integration dynamischer und interaktiver Elemente in Musterlösungen sowie die Generierung automatischen Feedbacks von Bedeutung. Die folgenden beiden Kapitel behandeln daher interaktive und dynamische Musterlösungen (Abschnitt 2.2) sowie automatisches Feedback zum Selbst-Assessment (Abschnitt 2.3).

2.2 Interaktive und dynamische Musterlösungen zum Selbst-Assessment

Dieses Kapitel befasst sich mit der Möglichkeit, Musterlösungen zum Selbst-Assessment durch den Einsatz digitaler Technologien um interaktive und dynamische Elemente zu erweitern. Zunächst wird jedoch allgemein auf die Rolle von Musterlösungen beim Selbst-Assessment eingegangen (Abschnitt 2.2.1), bevor anschließend die spezifischen Potenziale digitaler Technologien für Musterlösungen zum Selbst-Assessment erläutert werden (Abschnitt 2.2.2).

2.2.1 Musterlösungen zum Selbst-Assessment

Selbst wenn Lernende im Rahmen von Aufgaben, in denen sie zum Selbst-Assessment angeregt werden, Beurteilungskriterien zur Verfügung gestellt bekommen, sind diese Kriterien allein im Falle eines Fehlers nicht zwangsläufig selbsterklärend, sodass es zusätzlicher Unterstützung für das Selbst-Assessment bedarf (Kasakowskij et al., 2023, S. 334). Eine solche Unterstützung kann beispielsweise in der Form von Musterlösungen angeboten werden.

Definition Musterlösung
In Anlehnung an (Gehrke, 2016, S. xiii) sowie (Herrmann & Ableitinger, 2013, S. 468) kann eine Musterlösung folgendermaßen definiert werden:

Eine **Musterlösung** ist eine mögliche, korrekte Lösung für eine Aufgabe, die den Lernenden in der Regel nach Abschluss der Aufgabenbearbeitung zur Verfügung gestellt wird. Sie soll Lernenden eine Orientierung für zukünftige Aufgabenbearbeitungen geben und es ihnen ermöglichen, die eigene Aufgabenbearbeitung selbstständig zu kontrollieren.

Wie von Schworm (2004, S. 9) angemerkt, können Musterlösungen verschiedene Darstellungsformen annehmen. In Bezug auf Musterlösungen zu mathematischen Aufgaben scheint es sinnvoll, hierbei zwischen a) bildlichen Darstellungen, b) mathematisch-symbolischen Darstellungen und c) sprachlich-symbolischen Darstellungen zu unterscheiden (Kuhnke, 2013, S. 9). Wird eine Musterlösung in einer dieser Darstellungsformen repräsentiert, kann in Anlehnung an Bauer (2014, S. 129) von einer isolierten Darstellung gesprochen werden. Im Fall einer multiplen Darstellung werden verschiedene Darstellungsformen innerhalb der Musterlösung aufgegriffen (Bauer, 2014, S. 129). Welche Darstellungsform oder Darstellungsformen eine Musterlösung annimmt, hängt mitunter von der Aufgabe ab, auf die sie sich bezieht.

Ebenso bestimmt die Aufgabe, für die die Musterlösung einen „Lösungsvorschlag" (Gehrke, 2016, S. xiii) darstellt, die Komplexität der zugehörigen Musterlösung. Im Zusammenhang mit Problemlöseaufgaben werden Musterlösungen oft als „ausgearbeitete Lösungsbeispiele" oder, im englischsprachigen Kontext, als „worked examples" beziehungsweise „worked-out examples" bezeichnet. Das Lösen von Problem erfordert in der Regel mehrere Schritte und die Definitionen von ausgearbeiteten Lösungsbeispielen heben diesen schrittweisen Ansatz ausdrücklich hervor. Beispielsweise definiert Ambrus (2016, S. 16) ausgearbeitete Lösungsbeispiele wie folgt:

> „A worked-out example is a step-by-step demonstration of how to perform a task or how to solve a problem".

Ausgearbeitete Lösungsbeispiele sind also strukturierte, mehrschrittige Lösungen für komplexe Aufgaben. Da sie unter die weiter gefasste, oben aufgeführte Definition von Musterlösungen fallen, wird in dieser Arbeit der Begriff „Musterlösung" für alle möglichen Lösungen verwendet, einschließlich ausgearbeiteter Lösungsbeispiele.

Empirische Studien zu Musterlösungen zum Selbst-Assessment

Insgesamt gibt es nur wenige Studien, welche die Rolle von Musterlösungen als unterstützendes Element in Selbst-Assessment-Settings in den Blick nehmen.

Eine dieser Studien wurde von Hana Ruchniewicz durchgeführt. Im Rahmen ihrer Dissertation entwickelte und beforschte sie ein digitales Tool zur Selbstdiagnose und -förderung im Bereich des funktionalen Denkens (Ruchniewicz, 2022). Im Zuge des ersten Entwicklungszyklus ihrer Design-Based-Research-Studie untersuchte sie zunächst eine analoge Version des Tools. Dabei rekonstruierte sie die formativen Selbst-Assessment-Prozesse von Lernenden einer achten Jahrgangsstufe, während sie eine sogenannte „Überprüfen-Aufgabe" bearbeiteten. Im Rahmen dieser Aufgabe wurden die Lernenden zu einem situativ-grafischen Darstellungswechsel aufgefordert. Nach der Zeichnung eines Graphens zu einer gegebenen Situationsbeschreibung erhielten die Lernenden eine Musterlösung, die sie mit ihrer Lösung abgleichen sollten, bevor ihnen anschließend im „Check" Beurteilungskriterien zur Einschätzung ihrer Lösung zur Verfügung gestellt wurden. Bei der Musterlösung handelte es sich um eine multiple Darstellung, in der bildliche und sprachlich-symbolische Darstellungen kombiniert auftraten. Neben zwei möglichen Lösungsgraphen enthielt die Musterlösung verschiedene Erfolgskriterien, die eine korrekte Lösung beschrieben (Ruchniewicz, 2022, S. 247–253).

Anhand von Ruchniewiczs Rekonstruktion formativer Selbst-Assessment-Prozesse im ersten Entwicklungszyklus lassen sich zunächst einmal drei verschiedene Nutzungsweisen hinsichtlich der Musterlösung identifizieren. Erstens gibt es den Fall, dass zuerst die eigene Lösung mit der Musterlösung verglichen wird und anschließend die Beurteilungskriterien beantwortet werden, ohne dass hierbei noch einmal die Musterlösung herangezogen wird. Ein zweiter Fall ist der, dass die Musterlösung erst während der Beantwortung der Beurteilungskriterien berücksichtigt und genutzt wird, um die eigene Lösung mit dieser abzugleichen. Zuletzt kommt es vor, dass Lernende der Musterlösung keine Beachtung schenken oder auf Grundlage einer sehr oberflächlichen und kurzen Betrachtung feststellen, dass die eigene Lösung fehlerhaft ist. Unabhängig davon, zu welchem Zeitpunkt beim Bearbeiten der Selbst-Assessment-Aufgabe die Lernenden die Musterlösung herangezogen hatten, zeigte sich, dass die Musterlösung häufig nicht dazu beitragen konnte, Fehlvorstellungen zu überwinden. Unterschiede zwischen der eigenen Lösung und der Musterlösung, die für eine korrekte Lösung von Relevanz sind, wurden in der Regel nicht erkannt (Ruchniewicz, 2022, S. 293–297).

Ähnliche Ergebnisse erlangten Safadi und Yerushalmi (2009, 2013) bei der Untersuchung von 180 Physikschüler:innen in der zehnten und elften Klasse in Israel. In ihrer Studie regten sie die Lernenden im Rahmen einer Selbst-Diagnose-Aufgabe, welche sie analog auch als „Selbst-Assessment-Aufgabe" bezeichneten (2013, S. 206), dazu an, möglicherweise vorhandene Fehler in ihrer selbst generierten Lösung zu identifizieren und zu erklären. Zur Unterstützung der Selbst-Diagnose wurde den Lernenden eine Musterlösung zur Verfügung gestellt. Die Musterlösung, so die Autor:innen, repräsentiere das akzeptierte wissenschaftliche Modell, während die Lösung der Lernenden das jeweilige mentale Modell und damit das jeweilige Verständnis in Bezug auf die zu bearbeitende Aufgabe widerspiegele:

> „The sample solution conveys the accepted scientific model and the student solution conveys his/her mental model“ (Safadi & Yerushalmi, 2009, S. 257).

Ergänzend hielten die Autor:innen fest, dass zum Lernen aus Musterlösungen drei Schritte notwendig sind: Zuerst müssen die Lernenden die eigene Lösung und die Musterlösung vergleichen und Unterschiede identifizieren, die für die Ermittlung einer richtigen Lösung von Bedeutung sind. Diese Unterschiede bezeichnen sie als „signifikante Unterschiede“ (Safadi & Yerushalmi, 2013, S. 207). Zweitens müssen die Lernenden erkennen, dass es einen Konflikt zwischen dem eigenen Verständnis und dem durch die Musterlösung vermittelten, wissenschaftlichen Modell besteht bevor sie drittens den Versuch unternehmen können, diesen Konflikt zu lösen (Safadi & Yerushalmi, 2013, S. 207). Für den Prozess des Lösens eines Konfliktes zwischen dem eigenen Verständnis und dem wissenschaftlichen Modell nutzten Safadi und Yerushalmi den von Chi (2000, S. 204) verwendeten Begriff der Selbstreparatur („self-repair“). In Anlehnung an ihren Dreischritt gingen Safadi und Yerushalmi den beiden Fragen nach, a) inwiefern die Lernenden signifikante beziehungsweise nicht-signifikante Unterschiede zwischen ihren eigenen Lösungen und der Musterlösung identifizieren und b) inwieweit sie Selbstreparatur betreiben, also Konflikte zwischen ihrem eigenen Verständnis und dem der Musterlösung zugrundeliegenden, wissenschaftlichen Modell erkennen und versuchen, diese Konflikte zu lösen (2009, S. 257–258, 2013, S. 207). Hinsichtlich dieser Fragen zeigen die Ergebnisse ihrer Studie, dass alle Lernenden mindestens einen signifikanten Fehler machten und somit hätten signifikante Unterschiede zwischen der eigenen Lösung und der Musterlösung identifizieren können. Mit insgesamt 90 % konnte auch ein Großteil der Lernenden mindestens einen signifikanten Unterschied zwischen den Lösungen feststellen (Safadi & Yerushalmi, 2009, S. 258, 2013, S. 208). Analog zu den Ergebnissen von Ruchniewicz (2022) zeigte sich aber auch, dass viele signifikante Unterschiede nicht erkannt wurden. Nur ein Drittel der von Safadi und Yerushalmi untersuchten Lernenden konnte mehr als die Hälfte der signifikanten Unterschiede zwischen der eigenen Lösung und der Musterlösung identifizieren (2013, S. 209). Zudem identifizierten 40 % und damit knapp die Hälfte der Lernenden nicht-signifikante Unterschiede, die für die Korrektheit der eigenen Lösung keine Rolle spielten (Safadi & Yerushalmi, 2009, S. 258, 2013, S. 209). Daraus schlussfolgerten Safadi und Yerushalmi (2009, S. 259), dass die Lernenden die Musterlösung als ultimative Vorlage betrachteten, hauptsächlich auf die Oberfläche sowie die visuell dominanten Elemente der Musterlösung fokussierten und jegliche Abweichung von dieser als Mangel oder Schwäche ihrer Lösung wahrnahmen.

Hinsichtlich der Frage, inwieweit die Lernenden eine Selbstreparatur ihres eigenen Verständnisses betreiben, stellten Safadi und Yerushalmi fest, dass bei den meisten Lernenden auf die Identifikation signifikanter Unterschiede zwischen den Lösungen kein Erkennen und keine Lösung von Konflikten folgte:

> „Moreover, most students did not accompany their self-diagnoses with ARCs—Acknowledgment, and in the best case Resolution of Conflict; hence their self-diagnosis did not indicate engagement in self-repair" (Safadi & Yerushalmi, 2013, S. 209).

Aus diesem Ergebnis zogen die beiden Autor:innen den Schluss, dass die Lernenden die Selbst-Diagnose-Aufgabe inklusive der Musterlösung offenbar eher als ein Artefakt zum Vergleichen und Identifizieren von Unterschieden zwischen der eigenen Lösung und der Musterlösung wahrgenommen hatten anstatt als Mittel zur Reflexion ihrer eigenen Lösung und zur Umstrukturierung ihres Verständnisses (Safadi & Yerushalmi, 2013, S. 214).

Auch jüngere Lernende scheinen Musterlösungen, die als Unterstützung zur Selbst-Diagnose angeboten werden, selten zur Reflexion ihrer eigenen Lösung zu nutzen. Darauf weisen die Ergebnisse einer Prä-Post-Interventionsstudie mit zwei fünften Klassen von Safadi (2018) hin. In der Studie wurde untersucht, inwiefern eine Selbst-Diagnose-Aktivität im Vergleich zu einer traditionellen Aktivität Fünftklässler:innen zur Selbstreparatur anregt und inwiefern sich die beiden Aktivitäten auf die mathematischen Leistungen der Lernenden auswirken (Safadi, 2018, S. 929). Dabei erforderte die Selbst-Diagnose-Aktivität, dass die Lernenden mithilfe eines Bewertungsrasters, welches sowohl Musterlösungen der im Prä-Test zu bearbeitenden Bruchrechenaufgaben als auch Informationen zur Bepunktung der Lösungen beinhaltete, ihre Lösungen auf Fehler prüfen und die Ursache der vorhandenen Fehler erklären. Die Klasse, welche der traditionellen Aktivität zugeordnet wurde, löste im Rahmen einer Klassendiskussion zusammen mit der Lehrkraft die Bruchrechenaufgaben, die im Prä-Test von den Lernenden individuell bearbeitet wurden (Safadi, 2018, S. 933–934).

Hinsichtlich der Frage, wie gut die Selbst-Diagnose-Aktivität die Fünftklässler:innen in Selbstreparatur-Prozesse einbindet, konnte Safadi (2018) fast die gleichen Ergebnisse produzieren, wie schon einige Jahre zuvor in der Studie, die er in Bezug auf die Zehn- und Elftklässler:innen im Fach Physik zusammen mit Yerushalmi durchgeführt hatte (Safadi & Yerushalmi, 2009, 2013). Alle Lernenden, die in die Selbst-Diagnose-Aktivität involviert wurden und Fehler in ihren Lösungen hatten, stellten fest, dass ihre Aufgabenbearbeitung falsch war. Jedoch konnte nur knapp die Hälfte dieser Lernenden ihren spezifischen Fehler lokalisieren. Von den Lernenden, die ihren Fehler lokalisieren konnten, konnte wiederum nur knapp die Hälfte den gemachten Fehler erklären und entsprechend Konflikte zwischen dem eigenen Verständnis und dem wissenschaftlichen Modell, welches durch die Musterlösung vermittelt wurde, lösen (Safadi, 2018, S. 940). Insgesamt war also nur ein Viertel der Lernenden mit einer fehlerhaften Lösung in Selbstreparatur-Prozesse eingebunden. Dennoch deuten die Ergebnisse in Bezug auf den Einfluss der beiden Interventionen darauf hin, dass die Selbst-Diagnose-Aktivität im Gegensatz zur traditionellen Aktivität die mathematischen Leistungen der Schüler:innen erheblich verbessern konnte (Safadi, 2018, S. 940). Hierbei schienen insbesondere leistungsschwächere Lernende mehr von der Selbst-Diagnose-Aktivität zu profitieren als leistungsstärkere (Safadi, 2018, S. 942–943).

Auch wenn Safadi dies in der Diskussion seiner Studie nicht explizit aufgreift, erscheint das Ergebnis, dass nur wenige der Lernenden, die in die Selbst-Diagnose-Aktivität involviert wurden, Selbstreparaturprozesse zeigen und sich dennoch positive Effekte dieser Aktivität auf die mathematischen Leistungen feststellen lassen, zunächst widersprüchlich. Daher sollen an dieser Stelle potenzielle Erläuterungen für diesen Befund kurz diskutiert werden. Eine mögliche Begründung für dieses zunächst widersprüchlich erscheinende Ergebnis könnte die Unvollständigkeit oder Ungenauigkeit der schriftlichen Eigenproduktionen sein, die die Lernenden in der Studie im Rahmen der Selbst-Diagnose-Aktivität anzufertigen hatten und die von Safadi zur Rekonstruktion der Selbstreparaturprozesse qualitativ ausgewertet wurden (Safadi, 2018, S. 935). Möglicherweise hatten die Lernenden Schwierigkeiten damit, ihre Fehler schriftlich zu erläutern und zu beschreiben, wie sich ihre eigene Lösung von der Musterlösung unterscheidet. In dem Fall wäre es denkbar, dass zwar Selbstreparaturprozesse stattgefunden haben, diese aber durch die Lernenden nicht adäquat schriftlich beschrieben werden und somit auch nicht aus den Erläuterungen und Beschreibungen rekonstruiert werden konnten. Eine weitere mögliche Erklärung könnte sein, dass Lernen aus Musterlösungen grundsätzlich auch ohne Selbstreparatur stattfinden kann. Wenn Lernende beim Vergleich der eigenen Lösung mit der Musterlösung einen signifikanten Unterschied feststellen und dadurch erkennen, dass ihre Lösung fehlerhaft ist, bearbeiten sie gegebenenfalls zukünftig analoge Aufgabe aufmerksamer. Auch wenn sie die Art und Ursache des Fehlers in ihrer Aufgabe nicht genau bestimmen können, gehen sie die Bearbeitung einer analogen Aufgabe unter Umständen bedachter an und vermeiden dadurch Flüchtigkeitsfehler.

2.2.2 Potenziale digitaler Technologien für Musterlösungen zum Selbst-Assessment

Auch wenn die Studie von Safadi (2018) das lernförderliche Potenzial aufzeigt, das sich ergibt, wenn Lernende in ein Selbst-Diagnose- beziehungsweise Selbst-Assessment-Setting mit Musterlösung eingebunden werden, machen sowohl er als auch die Studien von Ruchniewicz (2022) sowie Safadi und Yerushalmi (2009, 2013) deutlich, dass sich Lernende häufig nur oberflächlich mit Musterlösungen auseinandersetzen. Dadurch bleiben Fehler und Verständnisschwierigkeiten oftmals unerkannt, was nicht nur zu ungenauen Selbst-Assessment-Ergebnissen führen kann, sondern auch bedeutet, dass Lernen aus Fehlern gehemmt wird. Daraus lässt sich ableiten, dass ein größerer positiver Effekt auf die Lernleistung zu erwarten wäre, wenn sich Lernende im Rahmen von Selbst-Assessment-Settings intensiv mit den Musterlösungen beschäftigen würden, die zur Unterstützung in diese Settings integriert werden. Damit stellt sich die Frage, wie Lernende dazu angeregt werden können, sich in Selbst-Assessment-Settings intensiver mit Musterlösungen auseinanderzusetzen. Hierfür scheinen insbesondere digitale Technologien Potenziale bereitzuhalten, etwa die Einbindung von interaktiven und dynamischen Elementen.

Interaktive Hinweise in Musterlösungen
Auch wenn Atkinson und Renkl in ihrem Review zu beispielbasierten Lernumgebungen nicht auf Musterlösungen speziell im Kontext von Selbst-Assessments eingehen, verfolgen sie allgemein das Ziel, Elemente zu identifizieren, die eine effektive Auseinandersetzung mit Musterlösungen fördern (Atkinson & Renkl, 2007, S. 375). Es ist davon auszugehen, dass diese Elemente auch in anderen Kontexten, in denen eine tiefe Auseinandersetzung mit Musterlösungen anvisiert wird, eine fördernde Wirkung haben können – also auch in Selbst-Assessment-Settings.

Neben lückenhaften Musterlösungen und Aufforderungen zur Erklärung der Musterlösungen benennen die beiden Autoren Hinweise, die auf Anfrage der Lernenden interaktiv bereitgestellt werden, als ein Element zur Förderung der aktiven Auseinandersetzung mit Musterlösungen in computergestützten Lernumgebungen (Atkinson & Renkl, 2007, S. 383). Interaktive Hinweise können dadurch charakterisiert werden, dass sie in Folge einer Handlung der lernenden Person eine gewisse Veränderung der Musterlösung bewirken. Eine solche Veränderung kann beispielsweise die farbige Hervorhebung von Elementen oder eine Ergänzung der Musterlösung um neue Informationen sein. Auf die Veränderung der Musterlösung können die Lernenden dann wieder reagieren. Das bedeutet, es findet eine Interaktion zwischen der lernenden Person und der Musterlösung statt (in Anlehnung an Ruchniewicz, 2022, S. 167).

Empirische Studien zu interaktiven Hinweisen in Musterlösungen

Auch wenn die Effekte von interaktiven Hinweisen davon abhängig sind, wie die Hinweise gestaltet sind und inwiefern Lernende diese wahrnehmen, interpretieren und nutzen, deuten empirische Ergebnisse darauf hin, dass sich diese oftmals positiv auf das Lernen mit Musterlösungen auswirken (Atkinson & Renkl, 2007, S. 383). Denn indem interaktive Hinweise in Musterlösungen eingebunden werden, wird es den Lernenden ermöglicht, die Musterlösung zu einem gewissen Grad zu kontrollieren. Dadurch werden sie in die Arbeit mit der Musterlösung einbezogen, anstatt Informationen nur passiv zu empfangen (Song, 2015, S. 46). Allerdings ist es nicht die Interaktivität als solche, die sich positiv auf das Lernen auswirkt, sondern es ist die Verarbeitung relevanter Informationen in der Musterlösung, die durch die interaktiven Hinweise angeregt wird:

> [...] [I]t is not interactivity per se that is effective. [...] Interactive features are only effective when they induce learning processes that are directly relevant for reaching the central learning goals. It is not the 'action' in inter-activity that is relevant but the processing induced by the 'action' [...]" (Atkinson & Renkl, 2007, S. 384).

Interaktive Hinweise in Musterlösungen, die auf Anfrage der Lernenden zur Unterstützung des Selbst-Assessments bereitgestellt werden, müssen also vor dem Hintergrund der zu erreichenden Lernziele sorgfältig gestaltet werden, um sicherzustellen, dass bei Nutzung dieser Hinweise Denkprozesse angestoßen werden, die zum Verstehen der in der Musterlösung dargestellten Informationen beitragen. Im Kontext kriteriengeleiteter Selbst-Assessment-Settings sollte zudem die Passung zwischen der interaktiven Musterlösung und den Beurteilungskriterien sichergestellt werden, damit die Musterlösung tatsächlich eine Unterstützung für das Selbst-Assessment darstellen kann.

Dynamische Gestaltung von Musterlösungen

Digitale Technologien halten nicht nur das Potenzial bereit, durch interaktive Hinweise zu einer vertieften Auseinandersetzung mit den der Musterlösung zugrundeliegenden mathematischen Konzepten anzuregen. Sie ermöglichen es Lernenden zudem, bestimmte mathematische Situationen und Zusammenhänge besser nachzuvollziehen, indem sie eine dynamische Gestaltung von Musterlösungen erlauben:

> „Different from traditional learning with pencil and paper, one unique affordance provided by educational technologies is the ability to create worked examples with dynamic perceptual features for online viewing. [...] [W]ith new technology and interactive tools, we posit that there may be ways to leverage the affordances of technology in order to present worked examples that help students learn effectively in online environments" (Smith et al., 2022, S. 365).

Die dynamische Gestaltung von Musterlösungen erscheint insbesondere in solchen Situationen sinnvoll, in denen Lernenden ein Verständnis für Prozesse vermittelt werden soll, also für Vorgänge, die sich über einen bestimmten Zeitraum erstrecken und zu Veränderungen führen (in Anlehnung an Rolfes et al., 2020b, S. 1). Ebenso erscheint es denkbar, dass Musterlösungen mit dynamischen Repräsentationen dabei helfen können, verschiedene räumliche Perspektiven auf eine ansonsten statische Situation einzunehmen. Sowohl im Hinblick auf die Darstellung von Prozessen als auch auf den Perspektivenwechsel kann eine dynamische Musterlösung das Verständnis mathematischer Inhalte und damit auch das Selbst-Assessment in Bezug auf diese Inhalte erleichtern. Denn im Gegensatz zu einer statischen Musterlösung nimmt sie Lernenden die kognitive Anforderung ab, dynamische Veränderungen mental konstruieren zu müssen (in Anlehnung an Rolfes et al., 2020b, S. 2).

Empirische Studien zu dynamischen Musterlösungen

Dazu, ob dieses angenommene Potenzial digitaler Technologien für das Lernen mit Musterlösungen bestätigt werden kann, gibt es bislang nur wenig Erkenntnisse. Insbesondere zur Nutzung und Wirkung dynamischer Musterlösungen in Selbst-Assessment-Settings gibt es kaum Befunde.

Hinsichtlich des Lernens mit dynamischen Musterlösungen im Allgemeinen untersuchten Smith et al. (2022) in einer Prä-Post-Interventionsstudie mit Schüler:innen verschiedener Jahrgangsstufen, inwiefern sich verschiedene Darstellungsarten von Musterlösungen zu Aufgaben, die das Lösen algebraischer Gleichungen erforderten, auf das Lernen auswirken. Die verschiedenen Darstellungsarten variierten einerseits in Bezug auf die Länge und Detailliertheit (knapp vs. ausführlich) und andererseits in Bezug auf den Grad der Dynamik (statisch, sequentiell, dynamisch) (Smith et al., 2022, S. 367–368). Die Ergebnisse der Studie zeigen auf, dass sich die Leistung der Lernenden im Nachtest im Vergleich zum Vortest verbesserte, aber sowohl die Detailliertheit der Musterlösungen als auch der Grad ihrer Dynamik keine Auswirkung auf die Verbesserung der Leistung hatte. Alle Musterlösungen führten zu vergleichbaren Ergebnissen (Smith et al., 2022, S. 370–371). Als mögliche Erklärungen für den Befund in Bezug auf den Grad der Dynamik führten die Autor:innen an, dass aufgrund der Dominanz von statischen Musterlösungen in Lernmaterialien das Lernen mit dynamischen Musterlösungen für die Lernenden ungewohnt gewesen sein könnte und die Neuartigkeit der dynamischen Musterlösungen die positive Wirkung dieser somit verringert haben könnte. Als eine weitere Erklärungsmöglichkeit nennen sie zudem, dass sich aufgrund der fehlenden Möglichkeit für die Lernenden, die Repräsentation der dynamischen Musterlösung zu pausieren oder die Animation zu verlangsamen, die kognitive Belastung für die Lernenden erhöht und dies folglich verhindert haben könnte, dass sich die dynamischen Musterlösungen gegenüber den statischen Musterlösungen als hilfreicher für das Lernen herausstellen (Smith et al., 2022, S. 372).

Den Nullbefund ihrer Studie nahmen die Autor:innen zum Anlass, um in einer Folgestudie zu untersuchen, wie sich die sechs verschiedenen Musterlösungen über den reinen Lernerfolg hinaus auf Lernende auswirken (Closser et al., 2022) und untersuchten die Wahrnehmung von Studierenden in Bezug auf diese Musterlösungen. Die Ergebnisse der Studie zeigen, dass die Nützlichkeit der statischen, knappen Musterlösung signifikant höher eingeschätzt wurde als die der dynamischen, knappen sowie der dynamischen, ausführlichen Musterlösung. Die Erläuterungen der Studierenden zu ihren eigenen Einschätzungen bestätigten dabei genau die Gründe, die Smith et al. (2022) in ihrer Studie bereits im Hinblick auf den festgestellten homogenen Effekt der verschiedenen Musterlösungen auf das Lernen vermutet hatten. Hinsichtlich der statischen, knappen Musterlösung stellten die Studierenden positiv heraus, dass ihnen diese Darstellungsart vertraut war und die statische Musterlösung es ihnen erlaubte, sich in ihrem eigenen Tempo mit der Musterlösung auseinanderzusetzen. Als Störfaktoren in Bezug auf die dynamischen Musterlösungen wurde benannt, dass die Geschwindigkeit und die Überblendung einzelner Lösungsschritte es erschwerte, den einzelnen Schritten zu folgen und diese nachzuvollziehen (Closser et al., 2022, S. 1603). Die Autor:innen folgerten daher, dass bei einer Einbindung dynamischer Musterlösungen darauf geachtet werden sollte, den Lernenden Kontrolle über die Geschwindigkeit der dynamischen Darstellung zu geben und ihnen die Möglichkeit einzuräumen, die Darstellung zu pausieren (Closser et al., 2022, S. 1605).

Wie Smith et al. (2022) untersuchten auch Morphew et al. (2020), inwiefern verschiedene Darstellungsarten von Musterlösungen das Lernen beeinflussen, allerdings im physikalischen und nicht im mathematischen Kontext. In ihrer Studie berücksichtigten sie ausschließlich dynamische Musterlösungen und unterschieden zwischen verschiedenen Arten animierter Darstellungen in Abhängigkeit von ihrem Inhalt und ihrer Präsentationsform. Morphew et al. (2020, S. 8–9) beobachteten in ihrer Studie einen Lernzuwachs bei den untersuchten Studierenden, stellten jedoch keine Unterschiede in Abhängigkeit von der Darstellungsart der dynamischen Musterlösungen fest. Trotz des abweichenden Inhaltsbereiches und des ausschließlichen Fokus auf dynamische Musterlösungen gelangen sie somit zu einem ähnlichen Ergebnis wie Smith et al. (2022).

Zwar zeigen die bislang genannten Studien insgesamt einen positiven Effekt von Musterlösungen auf das Lernen, konnten jedoch keine verstärkte Wirkung bestimmter Arten dynamischer Musterlösungen oder einen Vorteil dynamischer gegenüber statischer Musterlösungen nachweisen. Es existieren jedoch auch Studien, die das Potenzial dynamischer Musterlösungen im Vergleich zu statischen herausstellen konnten. Eine dieser Studien wurde von Belski (2011) durchgeführt. Im Verlauf eines Semesters stellte er Studierenden im Fach Elektrotechnik im Rahmen einer Fachveranstaltung sowohl statische als auch dynamische Musterlösungen zum Lernen zur Verfügung und ließ die verschiedenen Musterlösungen im Rahmen einer Online-Umfrage gegen Ende des Semesters von den Studierenden bewerten (Belski, 2011, S. 397). Die Ergebnisse dieser Online-Umfrage zeigten, dass die Studierenden die dynamischen Musterlösungen hilfreicher empfanden als die statischen Musterlösungen und zudem auch das Gefühl hatten, dass sie beim Lernen mit den dynamischen Musterlösungen ihr Wissen stärker verbessern konnten als beim Lernen mit den statischen Musterlösungen (Belski, 2011, S. 399). Diese subjektiven Einschätzungen schlugen sich auch in den Leistungen der Studierenden in der Abschlussprüfung nieder. Die Studierenden, die sowohl mit statischen als auch mit dynamischen Musterlösungen im Laufe des Semesters lernten, schnitten signifikant besser ab als die Studierenden in den beiden Jahrgängen zuvor, die dieselbe Veranstaltungen besuchten und denen zum Lernen ausschließlich statische Musterlösungen zur Verfügung standen (Belski, 2011, S. 400).

Zu einem ähnlichen Ergebnis kamen auch Lusk und Atkinson (2007), die in ihrer Interventionsstudie mit Studierenden unter anderem herausfinden wollten, ob eine statische oder eine animierte Musterlösung besser zur Förderung des Lernens geeignet ist. Dabei verglichen sie Musterlösungen zu mathematischen Textaufgaben, bei denen die einzelnen Lösungsschritte entweder gleichzeitig oder sequenziell und zeitlich nacheinander dargestellt wurden. Das Tempo der Anzeige konnte im Fall der animierten, sequenziellen Musterlösungen von den Lernenden selbst bestimmt werden (Lusk & Atkinson, 2007, S. 754). Die Ergebnisse des Post-Tests zeigten, dass die Lernenden, die mit animierten Musterlösungen arbeiteten, sowohl beim Bearbeiten strukturgleicher als auch strukturverschiedener Textaufgaben bessere Ergebnisse erzielten als die Lernenden, die mit den statischen Musterlösungen gearbeitet hatten (Lusk & Atkinson, 2007, S. 760).

Insgesamt deuten die Ergebnisse darauf hin, dass sich Musterlösungen, die dynamische Repräsentationen enthalten, grundsätzlich positiv auf Lernergebnisse auswirken. Ihr Potenzial gegenüber statischen Musterlösungen scheint jedoch von verschiedenen Faktoren abzuhängen. Eine wichtige Rolle spielt dabei beispielsweise, wie schnell die Geschwindigkeit der dynamischen Repräsentation ist sowie die Frage, ob Lernende die Geschwindigkeit kontrollieren beziehungsweise die Animation pausieren oder fortsetzen können.

In Bezug auf die Frage, wie sich die Situation darstellt, wenn dynamische Musterlösungen in Selbst-Assessment-Settings eingebunden werden und welche Rolle sie beim Selbst-Assessment von Lernenden spielen, konnte nur eine relevante Studie von Ruchniewicz (2022) identifiziert werden. Wie bereits in Abschnitt 2.2.1 dargelegt, entwickelte und beforschte Ruchniewicz im Rahmen ihrer Dissertation ein digitales Tool zur Selbstdiagnose und -förderung im Bereich des funktionalen Denkens. Im ersten Zyklus ihrer Design-Based-Research-Studie arbeiteten die Lernenden mit einer analogen Version des Tools und erhielten zu der „Überprüfen-Aufgabe", im Rahmen derer Lernende einen Graphen zu einer vorgegebenen Situation zeichnen sollten, eine statische Musterlösung. Im dritten Zyklus wurde das Tool hingegen als iPad-Applikation angeboten und die statische Musterlösung zur „Überprüfen-Aufgabe", die dann im dritten Designzyklus als „Test-Aufgabe" bezeichnet wurde, durch eine dynamische Musterlösung ersetzt. Diese Musterlösung zeigte eine dynamische Simulation der vorgegebenen Situation, die mit einem möglichen Lösungsgraphen verlinkt ist (Ruchniewicz, 2022, S. 417). Bei der Rekonstruktion formativer Selbst-Assessmentprozesse im Rahmen der Test-Aufgabe im dritten Designzyklus kam Ruchniewicz zu der Erkenntnis, dass die Selbstdiagnosen der Schüler:innen in Bezug auf die Aufgabe sehr unterschiedlich verlaufen und identifizierte insgesamt sechs Typen formativen Selbst-Assessments. Diese Typen dienen nicht der Beschreibung der Lernenden, sondern charakterisieren die verschiedenen metakognitiven Aktivitäten, die im Rahmen des Selbst-Assessments aufgetreten sind (Ruchniewicz, 2022, S. 466). Das heißt, während des Selbst-Assessments einer lernenden Person konnten mehrere Selbst-Assessment-Typen vorkommen (Ruchniewicz, 2022, S. 482). Die Analyse dieser Typen zeigte, dass in knapp einem Drittel aller insgesamt 127 Fälle, in denen Lernende ihre eigene Lösung bezüglich eines Beurteilungskriteriums einschätzten, die Musterlösung reflektiert wurde. Rund die Hälfte der Lernenden, die die dynamische Musterlösung reflektierten, konnte auf diese Weise Fehler in ihrer eigenen Lösung identifizieren. Die übrige Hälfte erkannte mithilfe der Musterlösung darüber hinaus zumindest teilweise die Ursachen ihrer Fehler (Ruchniewicz, 2022, S. 483–484). Auch wenn in einer überwiegenden Anzahl an Fällen die dynamische Musterlösung zur Test-Aufgabe nicht reflektiert wurde, konnte sie zumindest in einem Drittel der Fälle zur Identifikation von Fehlern und Fehlerursachen beitragen und schien somit im dritten Designzyklus häufiger zur Überwindung von Fehlvorstellungen beitragen zu können als die analoge Variante im ersten Designzyklus, in Bezug auf welchen Ruchniewicz festhielt:

> „In sechs von sieben Interviews wurde die Musterlösung zur Überprüfen-Aufgabe von den Schüler:innen unkommentiert gelesen“ (Ruchniewicz, 2022, S. 297).

2.3 Automatisches Feedback zum Selbst-Assessment

Neben der Möglichkeit, interaktive Hinweise in Musterlösungen zu integrieren oder diese dynamisch darzustellen kann Lernenden in digitalen Selbst-Assessments-Settings auch automatisch Feedback bereitgestellt werden. Dieses Kapitel befasst sich mit automatischem Feedback im Kontext von Selbst-Assessment. Dazu wird zunächst allgemein auf die Rolle von Feedback zur Unterstützung von Selbst-Assessments eingegangen (Abschnitt 2.3.1), bevor anschließend auf die besonderen Potenziale digitaler Technologien in diesem Zusammenhang erläutert werden (Abschnitt 2.3.2).

2.3.1 Feedback zum Selbst-Assessment

Hinsichtlich Selbst-Assessments wird externem Feedback ein großes Potenzial zugesprochen. Denn bei entsprechender Verarbeitung durch die Lernenden kann dieses dazu beitragen, dass die eigene Lernleistung oder die Einschätzung der eigenen Lernleistung mit der Einschätzung durch andere, etwa Lehrkräfte oder Peers, verglichen wird (Panadero et al., 2016, S. 815; Raaijmakers et al., 2019, S. 24).

> „This form of feedback [external feedback] is essential for offering perspectives and insights that the student might not independently realise, serving as a crucial component in the learning and self-assessment process“ (Panadero et al., 2024, S. 224).

Indem Lernenden neue Perspektiven auf die eigenen Lernleistungen oder Einschätzungen ermöglicht werden, kann externes Feedback dazu beitragen, dass Lernende Fehler in Bezug auf jene erkennen und korrigieren, sodass beispielsweise genauere Selbst-Assessment-Ergebnisse erreicht werden (Panadero et al., 2016, S. 815, 2019, S. 150). Wie bereits in Abschnitt 2.1.4 aufgezeigt, spielt die

Genauigkeit von Selbst-Assessment-Ergebnissen eine wichtige Rolle, insbesondere wenn diese im Sinne einer formativen Zielsetzung zur Planung der weiteren Lernschritte im Lernprozess herangezogen werden. Denn positive Effekte von Selbst-Assessment-Interventionen auf schulische Leistungen sind nur dann zu erwarten, wenn die Entscheidungen über das Weiterlernen auf Grundlage von genauen Selbsteinschätzungen erfolgen.

Definition Feedback

Feedback gilt als einer der stärksten Einflussfaktoren auf Lernen und Leistung (Hattie & Timperley, 2007, S. 81). Viele wissenschaftliche Beiträge haben sich in den letzten Jahren mit der Bedeutung und der Wirksamkeit von Feedback auseinandergesetzt. In diesen Beiträgen lassen sich insbesondere zwei Auffassungen von Feedback identifizieren. Beiträge aus früheren Jahrgängen fassen Feedback als Informationen auf, die von einer externen Instanz oder in manchen Fällen auch von der lernenden Person selbst zu bestimmten Aspekten des eigenen Lernens oder der eigenen Leistung zur Verfügung gestellt werden (Hattie & Timperley, 2007; Kluger & DeNisi, 1996).

Aktuellere Beiträge konzeptualisieren Feedback als einen Prozess, in dem Lernende eine aktive Rolle einnehmen und die extern oder intern bereitgestellten Informationen verarbeiten mit dem Ziel, ihr Lernen oder ihre Leistung zu verbessern (Henderson et al., 2019; Leighton, 2019; Winstone et al., 2022).

Es erscheint sinnvoll, bezüglich dieser zwei Auffassungen zu Feedback eine integrative Sichtweise einzunehmen und von einer wechselseitigen Beziehung zwischen der Formulierung und Bereitstellung von Informationen auf der einen Seite sowie der Verarbeitung von Feedback-Informationen im Rahmen eines Feedback-Prozesses auf der anderen Seite auszugehen. Entsprechend werden in dieser Arbeit sowohl die extern oder intern formulierten und bereitgestellten Feedback-Informationen als auch der Feedbackprozess, im Rahmen dessen diese Informationen verarbeitet werden, unter der Definition von Feedback zusammengefasst (in Anlehnung an Boud & Molloy, 2013, S. 703–704; Hattie & Timperley, 2007, S. 81; Henderson et al., 2019, S. 17; Kluger & DeNisi, 1996, S. 255; Leighton, 2019, S. 797; Narciss 2006, 2008 zitiert nach Narciss, 2018, S. 4):

> Der Begriff **Feedback** bezieht sich einerseits auf die Feedback-Informationen und andererseits auf den Feedback-Prozess. Als **Feedback-Informationen** werden alle Informationen bezeichnet, die Lernenden während oder nach der Bearbeitung einer Lernaufgabe entweder von einer externen Instanz (zum

Beispiel Lehrkräften, Peers oder digitalen Technologien) oder von den Lernenden selbst bereitgestellt werden. Diese Informationen dienen dazu, die Lernenden über ihren aktuellen Lernstand in Bezug auf zu erreichende Lernziele zu informieren, mit dem Ziel, dass die Informationen zur Regulation des Lernprozesses genutzt werden. Als **Feedback-Prozess** wird der Prozess bezeichnet, der auf die Bereitstellung von Feedback-Informationen folgt. Er umfasst die Verarbeitung dieser Informationen durch die Lernenden, das heißt deren Wahrnehmung, Interpretation und Nutzung zur Förderung des Lernens im Hinblick auf die angestrebten Lernziele.

Wie Hattie und Timperley (2007, S. 82) anmerken, findet die Bereitstellung und Verarbeitung von Feedback-Informationen nicht in einem „Vakuum" statt, sondern diese Prozesse sind stets in einen Lernkontext eingebettet. Voraussetzung für die Formulierung und Bereitstellung von Feedback-Informationen ist, dass den Lernenden Aufgaben vorgelegt wurden, die in Bezug auf die angestrebten Lernziele konstruiert wurden und die zur Erfassung der Lernstände geeignet sind. Zudem müssen die Lernenden auf diese Aufgaben reagiert haben, sodass diagnostische Informationen zu ihren Lernständen vorliegen (Pellegrino et al., 2016, S. 66–67) (Abbildung 2.4 „Lernstand" / „Lernziele").

Es existieren zahlreiche Modelle, die verschiedene Arten von Feedback-Informationen in Abhängigkeit von ihrem Inhalt unterscheiden. Eine ausführliche Erläuterung und Diskussion dieser Modelle würde jedoch den Rahmen der vorliegenden Arbeit überschreiten und erscheint auch nicht zielführend. Daher wird an dieser Stelle vorrangig auf das Feedback-Modell von Hattie und Timperley (2007, S. 87) eingegangen, auf das in theoretischen und empirischen Arbeiten zum Thema Feedback häufig Bezug genommen wird. Hattie und Timperley differenzieren in ihrem „model of feedback" (Hattie & Timperley, 2007, S. 86–87) zunächst verschiedene *Komponenten* von Feedback-Informationen danach, ob sie Auskunft über die Lernziele der zu bearbeitenden Aufgabe, die Fortschritte, die in Richtung der Lernziele gemacht werden oder die Aktivitäten geben, die von der lernenden Person durchgeführt werden müssen, damit bessere Fortschritte erzielt werden. Feedback-Informationen, die sich auf die Lernziele beziehen, bezeichnen die Autor:innen als „Feed Up", solche zum Lernfortschritt als „Feed Back" und solche zu den durchzuführenden Lernaktivitäten als „Feed Forward" (Abbildung 2.4 „Formulierung und Bereitstellung von Feedback-Informationen").

Neben den verschiedenen Komponenten von Feedback-Informationen unterscheiden die Autor:innen vier *Ebenen*, auf denen Feedback-Informationen wirksam werden können. Die erste Ebene, die Aufgabenebene, umfasst Feedback-Informationen, die sich auf eine Aufgabe beziehen und beispielsweise Auskunft darüber geben, ob eine gegebene Antwort richtig oder falsch ist (Hattie & Timperley, 2007, S. 90–91). Zwei Beispiele für entsprechende Feedback-Informationen wären: „Du hast die Aufgabe falsch gelöst" oder „Ergänze auch das Ergebnis zur Rechnung". Zweitens können sich Feedback-Informationen auf den Prozess der Bearbeitung einer Aufgabe beziehen. Feedback-Informationen auf der Prozessebene zielen auf ebendiese Prozesse ab, die dem Verstehen und Bearbeiten von Aufgaben zugrunde liegen (Hattie & Timperley, 2007, S. 90, 93). „Beachte die Regel ‚Punktrechnung vor Strichrechnung'" oder „Lies dir noch einmal die Aufgabenstellung durch und schaue, ob du beim Aufstellen der Rechnung alle Informationen berücksichtigt hast" sind zwei mögliche Feedback-Informationen, die auf die Prozessebene ausgerichtet sind. Auf der Selbstregulationsebene werden Feedback-Informationen bereitgestellt, die sich auf die Art und Weise beziehen, wie eine lernende Person ihre Handlungen in Bezug auf die zu erreichenden Lernziele überwacht und reguliert. Diese Informationen zielen darauf ab, das Engagement der lernenden Person zu erhöhen, die Fähigkeiten zur Selbsteinschätzung zu verbessern sowie das Selbstvertrauen zu stärken (Hattie & Timperley, 2007, S. 90, 93–94). Sowohl der Hinweis, die eigene Aufgabenbearbeitung auf das Vorhandensein lösungsrelevanter Merkmale hin zu überprüfen (Hattie & Timperley, 2007, S. 90) als auch die Rückmeldung, dass bei der Einschätzung der eigenen Lösung ein Fehler unterlaufen ist, stellen Beispiele für Feedback-Informationen auf der Selbstregulationsebene dar. Die letzte Ebene stellt die Selbstebene dar. Feedback-Informationen auf dieser Ebene beziehen sich auf die lernende Person selbst und hängen in der Regel nicht unmittelbar mit der Leistung dieser Person in Bezug auf eine spezifische Aufgabe zusammen. Beispiele für entsprechende Informationen sind „Du bist eine tolle Schülerin" oder „Das ist eine kluge Antwort" (Hattie & Timperley, 2007, S. 90, 96).

Bei der Bereitstellung von Feedback-Informationen durch eine externe Instanz können nach Shute (2008, S. 157) zwei verschiedene *Funktionen* unterschieden werden. Feedback-Informationen mit einer richtungsweisenden Funktion geben den Lernenden Auskunft darüber, wie die eigene Lösung im Hinblick auf die zu erreichenden Lernziele überarbeitet oder verbessert werden kann. Das ist beispielsweise dann der Fall, wenn im Rahmen einer Feedback-Information gemachte Fehler aufgegriffen und diskutiert werden (Shute, 2008, S. 158). Konstruktiv ausgerichtete Feedback-Informationen zielen darauf ab, die Eigenverantwortung der Lernenden bei der Überarbeitung ihrer Lösung zu stärken und bieten dafür Vorschläge oder

Hinweise an. Unter anderem zählen Musterlösungen, die zur selbstständigen Kontrolle der Aufgabenbearbeitung zur Verfügung gestellt werden, als konstruktive Feedback-Information (Shute, 2008, S. 158).[1] Sowohl Feedback-Informationen, die eine richtungsweisende Funktion erfüllen als auch solche, die eine konstruktive Funktion erfüllen, gelten als elaborierte Feedback-Informationen (EF). Eine elaborierte Feedback-Information ist eine

> „[…] provision of an explanation about why a specific response was correct or not and may allow the learner to review part of the instruction. It may or may not present the correct answer" (Shute, 2008, S. 160).

In Abgrenzung zu elaborierten Feedback-Informationen werden verifizierende Feedback-Informationen betrachtet. Verifizierende Feedback-Informationen beziehen sich auf das erzielte Lernergebnis einer Aufgabe und geben Auskunft über den aktuellen Lernstand in Bezug auf die Lernziele (Narciss, 2008, S. 135). Narciss (2008, S. 132) unterscheidet fünf verschiedene *Typen* verifizierender Feedback-Informationen, die teilweise auch von Shute (2008, S. 160) aufgegriffen und definiert werden. „Knowledge of Performance" (KP) liefert den Lernenden eine zusammenfassende Rückmeldung, nachdem sie mehrere Aufgaben bearbeitet haben, etwa in Form eines Prozentsatzes der richtig gelösten Aufgaben. „Knowledge of result/response" (KR) bietet den Lernenden Informationen über die Korrektheit ihrer Antwort oder Aufgabenlösung an. Die korrekte Lösung einer zu bearbeitenden Aufgabe wird im Rahmen von Feedback-Informationen des Typs „Knowledge of the correct response" (KCR) zur Verfügung gestellt. Beim „Answer-until-correct feedback" (AUC) werden die Lernenden darüber informiert, ob ihre Lösung richtig oder falsch ist und sie erhalten die Möglichkeit, die Aufgabe so oft zu wiederholen, bis sie eine richtige Lösung generiert haben. Beim „Multiple-try feedback" (MTF) gibt es im Vergleich dazu nur eine begrenzte Anzahl an Möglichkeiten, die Aufgabe zu wiederholen.

Viele Studien beschäftigten sich mit der Frage, wie sich verschiedene Feedback-Informationen auf das Lernen auswirken. Bis heute sind die empirischen Befunde jedoch häufig inkonsistent und teils sogar widersprüchlich (Narciss, 2018, S. 2). Zudem lassen sie oftmals außer Acht,

[1] Shute (2008, S. 157) führt diese Unterscheidung zwischen richtungsweisenden und konstruktiven Ansätzen bei der Bereitstellung von Feedback-Informationen (im Original als „directive ad facilitative functions of feedback" bezeichnet) auf Black und Wiliam (1998) zurück. Allerdings lässt sich diese Differenzierung in deren Originaltext nicht nachweisen.

> „for feedback to have its intended effect, it must be correctly processed by the student, which means their mental models must accurately reflect the meaning of the feedback or as close as possible“ (Leighton, 2019, S. 800).

Wichtig in Bezug auf Feedback ist also nicht nur der Inhalt der bereitgestellten Informationen, sondern auch, ob und wie diese Informationen intern von den Lernenden verarbeitet werden (Leighton, 2019, S. 801). Vorausgesetzt, dass Lernende bestimmte Feedback-Informationen wahrgenommen haben, stellt sich somit die Frage, inwiefern sie diese wahrgenommenen Informationen interpretieren und zur Regulation ihres Lernprozesses nutzen (Leighton, 2019, S. 797). (Abbildung 2.4 „Wahrnehmung“ / „Interpretation“ / „Nutzung“)

Lassen sich in Abhängigkeit von den übermittelten Feedback-Informationen oder deren Verarbeitung im Rahmen des Feedback-Prozesses bei den Lernenden Veränderungen in Bezug auf den Lernstand feststellen, gilt es, die Effizienz der Informationen beziehungsweise des Prozesses zur Erreichung der Lernziele zu beurteilen (Abbildung 2.4 „Lernziele“). Sofern keine gewünschte Wirkung eingetreten ist, sind die Feedback-Informationen anzupassen oder die Lernenden in der Verarbeitung der Feedback-Informationen zu unterstützen, sodass sie Maßnahmen ergreifen können, die dazu führen, die Lücke zwischen ihrem aktuellen Lernstand und den zu erreichenden Lernzielen zu schließen (Sadler, 1989, S. 121). Das bedeutet insbesondere, dass die Bereitstellung und Verarbeitung von Feedback-Informationen in einer Reihe von Feedback-Schleifen erfolgen kann, die miteinander interagieren und sich auf die lernende Person auswirken (Henderson et al., 2019, S. 26).

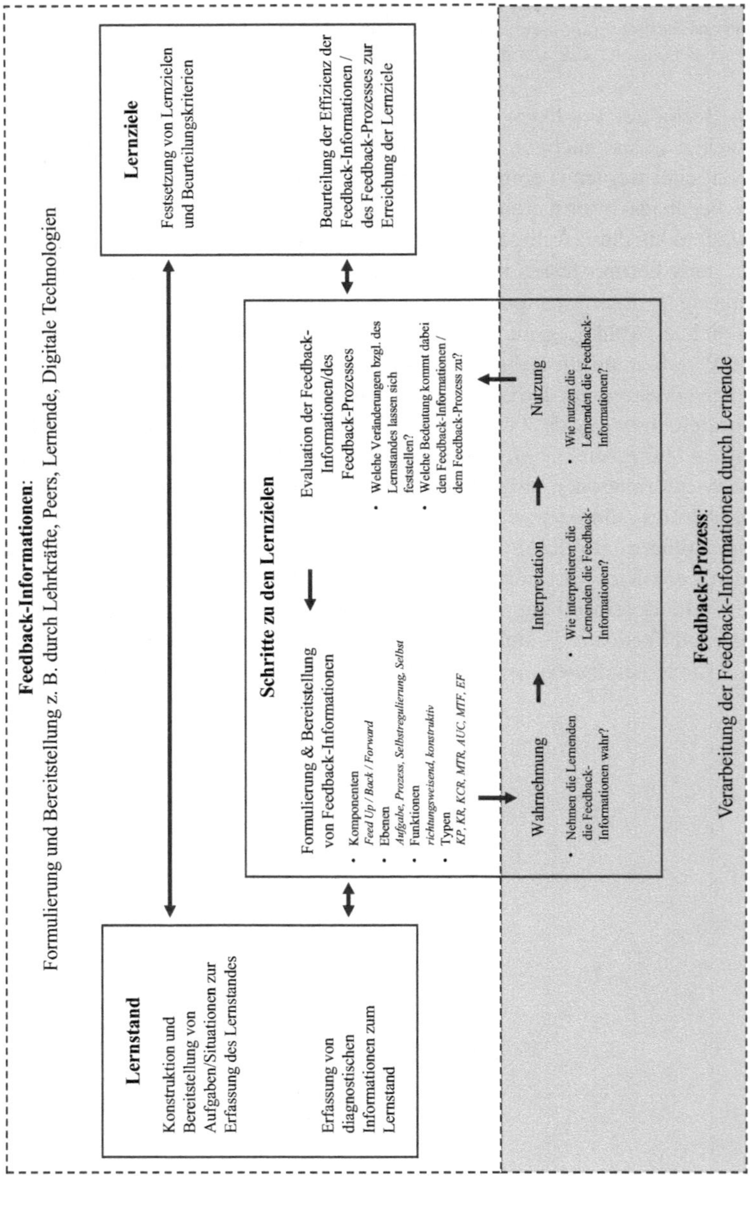

Abbildung 2.4 Feedback-Zyklus. (Quelle: Eigene Darstellung)

Empirische Studien zu Feedback zum Selbst-Assessment

Trotz des theoretisch angenommen Potenzials von externem Feedback[2] wird dieses nur selten in Selbst-Assessment-Settings eingebunden (Panadero et al., 2023, S. 1033) und dessen Auswirkungen kaum untersucht:

> „However, the field of self-assessment has in general not explored the effects of external feedback, probably because self-assessment has been conceptualised as an internal process […]" (Panadero et al., 2024, S. 224).

Trotz der begrenzten Forschungslage lassen sich einzelne Studien identifizieren, die sich mit den Auswirkungen von externem Feedback im Kontext von Selbst-Assessments beschäftigen. Diese Studien lassen sich danach unterscheiden, ob sie sich mit Effekten von Feedback zur Aufgabenlösung (Aufgabenebene) oder mit Effekten von Feedback zum Selbst-Assessment (Selbstregulationsebene) auseinandersetzen. Andererseits lassen sie sich danach differenzieren, ob sie die Auswirkungen des Feedbacks auf die Genauigkeit von Selbst-Assessment-Ergebnissen, auf das Selbst-Assessment verstanden als Prozess, auf die Leistung oder auf die Motivation und Selbstwirksamkeit von Lernenden untersuchen. Effekte auf die Motivation und Selbstwirksamkeit werden jedoch in keiner der Studien isoliert untersucht, sondern entweder in Zusammenhang mit den Selbst-Assessment-Prozessen oder mit der Leistung.

Mit der Art des Feedbacks als eine Unterscheidungsdimension und den Zielobjekten für die Effekte als zweite Dimension lässt sich eine Matrix aufstellen, in welche die Studien zu externem Feedback in analogen Selbst-Assessment-Settings im Bildungsbereich eingeordnet werden können (Tabelle 2.2).

Tabelle 2.2 Studien zu Effekten externen Feedbacks im Kontext von analogen Selbst-Assessment-Settings

	Genauigkeit	**Prozess**	**Leistung**
Feedback zur Aufgabenlösung	León et al., 2023 (*Metaanalyse*)	Panadero et al., 2024; Panadero et al., 2023; Panadero et al., 2020	Yan et al., 2023 (*Metaanalyse*)
Feedback zum Selbst-Assessment	Thawabieh, 2017		

[2] Zur besseren Lesbarkeit und in Anlehnung an gängige Terminologien wird im Folgenden der Begriff „Feedback" synonym für „Feedback-Informationen" verwendet. Wird hingegen die Verarbeitung dieser Informationen durch die Lernenden thematisiert, wird explizit vom „Feedback-Prozess" gesprochen.

Effekte von Feedback zur Aufgabenlösung auf die Genauigkeit von Selbst-Assessment-Ergebnissen

Bezüglich der Genauigkeit von Ergebnissen, die Lernende in einem analogen Selbst-Assessment-Setting produzieren, führten León et al. (2023) eine Metaanalyse durch. In ihrer Analyse benannten sie insgesamt neun Faktoren als mögliche Moderatoren, darunter auch Feedback. Konkret berücksichtigten sie Feedback, das durch einen Experten oder eine Expertin vermittelt wurde und das sich auf die Aufgabenlösung bezog (León et al., 2023, S. 9). Die Autor:innen konnten einen signifikanten Überschätzungseffekt nachweisen, wenn Lernenden im Rahmen der Selbst-Assessment-Interventionen kein externes Feedback bereitgestellt wurde. Bei einem Angebot von Feedback stimmten die Selbst-Assessment-Ergebnisse der Lernenden nahezu mit externen Messgrößen überein (León et al., 2023, S. 83).

Effekte von Feedback zum Selbst-Assessment auf die Genauigkeit von Selbst-Assessment-Ergebnissen

Die Genauigkeit von Selbst-Assessment-Ergebnissen bei der Übermittlung von Feedback zum Selbst-Assessment adressierte Thawabieh (2017) in seiner Studie, die er im Hochschulkontext durchführte. Im Rahmen der Studie forderte er Psychologie-Studierende dazu auf, zunächst einen Multiple-Choice-Test zu Inhalten aus dem ersten und zweiten Fachsemester zu bearbeiten. Anschließend erhielten die Studierenden eine Auflistung der zu erreichenden Lernziele und sollten einschätzen, ob sie diese Lernziele in ihrem Test erreicht haben. Nach ihrer Einschätzung wurde den Studierenden ein schriftliches Feedback von der Lehrperson gegeben, sodass sie ihre Selbsteinschätzungen mit den externen Einschätzungen abgleichen konnten. Nach mehreren Tagen wurden die Studierenden dazu aufgefordert, einen zum ersten Multiple-Choice-Test analogen Test zu bearbeiten und sich mithilfe einer Auflistung der erwarteten Lernerziele erneut selbst einzuschätzen. Auch hier erfolgte im Nachgang ein Abgleich der Selbsteinschätzungen mit den Einschätzungen der Lehrperson (Thawabieh, 2017, S. 16–18). Aus dem Ergebnis, dass die Korrelation zwischen den Selbsteinschätzungen der Studierenden und den Einschätzungen durch die Lehrperson im zweiten Durchgang höher war als im ersten, schlussfolgerte Thawabieh, dass Feedback zum Selbst-Assessment die Genauigkeit von Selbst-Assessment-Ergebnissen erhöhen kann (Thawabieh, 2017, S. 19).

Während in der Studie von Thawabieh (2017) sowie in der Metaanalyse von León et al. (2023) zumindest erste Hinweise auf moderierende Effekte von Feedback sowohl in Bezug auf die Aufgabenlösung als auch auf das Selbst-Assessment für die Genauigkeit von Selbst-Assessment-Ergebnissen gefunden wurden, scheinen bislang hinsichtlich der Selbst-Assessment-Prozesse ausschließlich Effekte von Feedback auf Aufgabenebene berücksichtigt worden zu sein.

Effekte von Feedback zur Aufgabenlösung auf Selbst-Assessment-Prozesse
In diesem Zusammenhang untersuchte Panadero gemeinsam mit Kolleg:innen in mehreren Beiträgen (2020, 2023, 2024) unter anderem, wie sich externes Feedback zu zuvor bearbeiteten Aufgaben auf Selbst-Assessments auswirkt.

Dabei stellt nicht nur der Zusammenhang zwischen Feedback und Selbst-Assessment ein bislang wenig erforschtes Feld dar, auch insgesamt liegen nur wenige Studien vor, die den Selbst-Assessment-Prozess überhaupt in den Blick nehmen und versuchen, die mentalen Handlungen der Lernenden zu erfassen (siehe Abschnitt 2.1.1). Darauf weisen auch Panadero et al. in der Einleitung ihres ersten Beitrages hin:

> „[...] [T]his study will try to capture the students *online* [hier im Sinne von Echtzeit] self-assessment by recording their thinking aloud protocols and actions while self-assessing, which is an empirical approach almost never employed" (Panadero et al., 2020, S. 607, Herv. im Original).

Das Setting der Studie, über die im ersten Beitrag (Panadero et al., 2020) berichtet wird, war so gestaltet, dass Lernende in der Sekundarstufe I und II sowohl im Fach Spanisch und als auch im Fach Mathematik dazu aufgefordert wurden, eine Aufgabe zu bearbeiten. Das Anforderungsniveau dieser Aufgaben wurde dabei an die jeweilige Jahrgangsstufe angepasst (Panadero et al., 2020, S. 611–612). Einige Tage nach der Korrektur der Aufgaben durch die Lehrperson und das Forschungsteam ist mit jeder lernenden Person ein Interview im Einzelsetting durchgeführt worden. Im Rahmen dieses Interviews wurden die Lernenden zunächst dazu aufgefordert, eine Selbsteinschätzung der Spanischaufgabe vorzunehmen, ohne dass ihnen dabei weitere Anweisungen oder Hilfsmittel zur Verfügung gestellt wurden. In einem zweiten Schritt wurden die Lernenden erneut dazu aufgefordert, die Spanischaufgabe selbst einzuschätzen. Diesmal erhielten sie für die Selbsteinschätzung das Feedback, welches im Rahmen der Aufgabenkorrektur formuliert wurde. Dieser Zweischritt aus Selbst-Assessment zunächst ohne und anschließend mit Feedback wurde nachfolgend analog bei der Mathematikaufgabe wiederholt (Panadero et al., 2020, S. 612–613). Um Veränderungen der Selbst-Assessment-Prozesse infolge des Feedbacks identifizieren zu können, erfassten Panadero et al. (2020) diese Prozesse, indem sie die Anzahl und Art der von den Lernenden angewandten Strategien sowie der genutzten Kriterien bestimmten. Beispiele für Selbst-Assessment-Strategien im Rahmen dieser Studie sind das Lesen der Aufgabenstellung oder das Bewerten der eigenen Vorgehensweise. Bei den Selbst-Assessment-Kriterien unterschieden die Autor:innen beispielsweise zwischen Kriterien, die auf Intuition basierten und solchen, die von der Lehrkraft vorgegeben wurden (Panadero et al., 2020, S. 612,

632–634). In den Ergebnissen der Studie zeigte sich ein signifikanter Effekt für das Feedback, wobei beim Selbst-Assessment mit Feedback weniger Strategien verwendet wurden als ohne Feedback (Panadero et al., 2020, S. 614) und die Häufigkeit der meisten Strategietypen durch die Bereitstellung des Feedbacks abnahm (Panadero et al., 2020, S. 616). Das gleiche Ergebnis zeigte sich auch in Bezug auf die Anzahl und Art der Kriterien, die für das Selbst-Assessment herangezogen wurden (Panadero et al., 2020, S. 618).

Von einer ähnlichen Studie berichteten Panadero et al. (2023) in ihrem zweiten Beitrag. Diese Studie unterschied sich von der ersten Studie in Bezug auf den Kontext, die Stichprobe sowie die Unterstützungsmaßnahmen beim Selbst-Assessment, stimmte aber hinsichtlich des Ablaufes weitestgehend überein. So wurden im Rahmen der zweiten Studie Psychologiestudierende im ersten bis dritten Studienjahr ihres Bachelorstudiums zunächst darum gebeten, einen Aufsatz zu einem vorgegebenen Thema zu formulieren (Panadero et al., 2023, S. 1034, 1038). Nachdem die Ergebnisse der Studierenden korrigiert wurden, wurde mit ihnen ein Einzelinterview geführt. In dem Einzelinterview sollte der eigene Aufsatz zuerst ohne Hilfsmittel oder konkretere Anweisung selbstständig eingeschätzt werden. Anschließend sollte erneut eine Selbsteinschätzung des Aufsatzes vorgenommen werden, wobei dies unter drei verschiedenen Versuchsbedingungen zu erfolgen hatte. Je nachdem, welcher Versuchsbedingung die Studierenden zugewiesen wurde, wurde der Aufsatz entweder mithilfe eines Bewertungsrasters, mithilfe von Feedback der Lehrperson beziehungsweise des Forschungsteams oder mithilfe einer Kombination aus beiden Elementen eingeschätzt (Panadero et al., 2023, S. 1038). Bei der Auswertung der Daten wurden die Selbst-Assessment-Prozesse anhand von Strategien und Kriterien erfasst (Panadero et al., 2023, S. 1036–1037), die denen aus der Studie von Panadero et al. (2020) ähnelten und sich lediglich in Aspekten unterschieden, die auf Unterschiede in den zugrunde liegenden Aufgaben zurückzuführen sind. Die Ergebnisse zeigen auch hier einen Rückgang der Häufigkeiten der überwiegenden Anzahl an Strategien und Kriterien nach Erhalt des Bewertungsrasters, des Feedbacks oder einer Kombination aus beidem (Panadero et al., 2023, S. 1040–1041). Es ließ sich aber ein signifikanter Unterschied zwischen den verschiedenen Versuchsbedingungen feststellen. Die Versuchsgruppen, die zum Selbst-Assessment das Bewertungsraster oder das Bewertungsraster mit dem externen Feedback erhielten, nutzten signifikant mehr Kriterien für ihre Einschätzung als die Gruppe, die ausschließlich das externe Feedback bereitgestellt bekommen hatte (Panadero et al., 2023, S. 1042).

Sowohl die Ergebnisse zur Nutzung der Kriterien in den verschiedenen Versuchsgruppen als auch die Ergebnisse bezüglich der sinkenden Nutzungshäufigkeit der Strategien und Kriterien in dieser (Panadero et al., 2023) und der zuvor beschrieben

Studie (Panadero et al., 2020) müssen allerdings kritisch vor dem Hintergrund des Studienablaufs eingeordnet werden. So erscheint es einerseits wenig überraschend, dass Lernende, wenn sie ein Beurteilungsraster zum Selbst-Assessment erhalten, mehr Kriterien während des Selbst-Assessments nutzen:

> „This result might seem logical, as rubrics contain clear criteria and performance levels to which performance can be anchored“ (Panadero et al., 2023, S. 1044).

Auch die Tatsache, dass beim zweiten Selbst-Assessment Strategien und Kriterien seltener genutzt wurden, ist nachvollziehbar. Dadurch, dass die Lernenden in beiden Studien dieselbe Aufgabe erst ohne und anschließend mithilfe von Feedback oder eines Bewertungsrasters kurz hintereinander einschätzen sollten, war es nicht notwendig, bestimmte Strategien wie das Lesen der Aufgabenstellung noch einmal zu vollziehen, da dies erst kurz zuvor erfolgt war (Panadero et al., 2023, S. 1040). Zudem hatten die Lernenden durch den spezifischen Versuchsablauf möglicherweise das Gefühl, sich beim zweiten Mal nicht mehr so sorgfältig einschätzen zu müssen, weil sie dies beim ersten Mal schon getan hatten:

> „It is important to emphasise that our study might suffer from a recency bias as our participants first self-assessed without feedback and then with feedback. Therefore, as they had just self-assessed most likely they felt they did not need to be so thorough a second time“ (Panadero et al., 2020, S. 624).

Diese Limitationen sollten auch im Hinblick auf die Ergebnisse der Studie berücksichtigt werden, die im dritten Beitrag von Panadero et al. (2024) vorgestellt wird, da in dieser Studie die beiden Datenerhebungen aus den vorhergehenden Arbeiten zusammengeführt werden. Das Ziel dieser Studie war es, ein integriertes und ganzheitliches Bild davon zu erhalten wie Selbst-Assessment-Prozesse ablaufen (Panadero et al., 2024, S. 229). Mittels der Daten aus den beiden vorangegangenen Studien wurden insgesamt sechs verschiedene Teilprozesse von Selbst-Assessment identifiziert: Lesen (Read), Abrufen (Recall), Vergleichen (Compare), Bewerten (Rate), Einschätzen (Assess) – Level 1 und 2 sowie Wiederholen (Redo) – Level 1und Level 2 (Panadero et al., 2024, S. 230). Auf Grundlage des Vorhandenseins und der Komplexität dieser Teilprozesse arbeiteten die Autor:innen vier Selbst-Assessment-Profile heraus: Kein Selbst-Assessment (No Self-Assessment), Oberflächliches Selbst-Assessment (Superficial Self-Assessment), Mittleres Selbst-Assessment (Intermediate Self-Assessment) und Fortgeschrittenes Selbst-Assessment (Advanced Self-Assessment) (Panadero et al., 2024, S. 231). Bezüglich der Frage, welche Effekte externes Feedback und ein Bewertungsraster auf die Selbst-Assessment-Prozesse haben, zeigte sich, dass sich das Profil der Lernenden durch die Bereitstellung dieser verschlechtert hat. Einzig bei Lernenden im Kein Selbst-Assessment-Profil konnten das Feedback und das Bewertungsraster zu einer Verbesserung des Selbst-Assessments beitragen (Panadero et al., 2024, S. 241–242).

Effekte von Feedback zur Aufgabenlösung auf schulische Leistungen

Während Panadero et al. (2020, 2023, 2024) in ihren Studien als eine der Ersten versuchten, „die Blackbox des Selbst-Assessments zu öffnen" (Panadero et al., 2024, S. 223), indem sie unter anderem die Auswirkungen externen Feedbacks zur Aufgabenlösung auf Selbst-Assessment untersuchten, fokussierten sich Yan und Kolleg:innen (2023a) in ihrer Metaanalyse auf die Effekte solchen Feedbacks im Rahmen von Selbst-Assessment-Interventionen auf schulische Leistungen. Die Ergebnisse ihrer Analyse zeigen, dass von den untersuchten Variablen ausschließlich Feedback einen signifikanten Moderationseffekt hat. Selbst-Assessment-Interventionen mit Feedback zur Aufgabenlösung hatten deutlich größere positive Effekte auf die Leistung der Lernenden als Interventionen ohne solches Feedback (Yan et al., 2023a, S. 8).

Nach der Betrachtung der verschiedenen Studien zu den Effekten externen Feedbacks beim Selbst-Assessment lässt sich im Hinblick auf die beiden Unterscheidungsdimensionen der Art des Feedbacks auf der einen Seite und dem Zielobjekt der untersuchten Effekte auf der anderen Seite (Tabelle 2.2) zusammenfassend festhalten, dass bislang vorrangig die Effekte von Feedback auf Aufgabenebene untersucht wurden. Bis auf die Studie von Thawabieh (2017) konnten keine Studien ausgemacht werden, die sich den Effekten von Feedback zum Selbst-Assessment gewidmet haben. Insbesondere mangelt es an Studien, die die Effekte externen Feedbacks zum Selbst-Assessment sowohl auf die Selbst-Assessment-Prozesse als auch auf die Leistungen von Lernenden untersuchen. Auch Studien, in denen im Rahmen einer Selbst-Assessment-Intervention sowohl Feedback zur Aufgabenlösung als auch zum Selbst-Assessment bereitgestellt und dessen Effekte analysiert wird, konnten – zumindest für Interventionen mit analogen Selbst-Assessment-Settings – nicht identifiziert werden. Mit Blick auf die Einbindung von automatischem Feedback in digitalen Selbst-Assessment-Settings lässt sich hingegen eine Studie von Cao (2025) hervorheben, in der Lernenden sowohl Feedback auf Aufgaben- als auch auf Selbstregulationsebene bereitgestellt wurde. Diese Studie stellt neben den Studien von Narciss et al. (2022) und Raaijmakers et al. (2019) eine von drei identifizierten Studien dar, in denen die Effekte von automatischem Feedback untersucht wurden, das in ein digitales Selbst-Assessment-Setting integriert wurde.

2.3.2 Potenziale digitaler Technologien für Feedback zum Selbst-Assessment

Wie bereits dargelegt, erlauben digitale Technologien die automatische Auswertung der von Lernenden in einem digitalen Selbst-Assessment-Setting produzierten Ergebnisse. Dadurch kann einerseits der Zeit- und Ressourcenaufwand für Lehrende reduziert werden, der bei einer manuellen Korrektur dieser Ergebnisse anfallen würde. Andererseits hat die automatische Auswertung für Lernende den Vorteil, dass ihnen unmittelbar nach einer Bearbeitung einer Aufgabe Feedback zur Aufgabenlösung oder auch zum Selbst-Assessment zur Verfügung gestellt werden kann:

> „One of the clearest advantages of this [online] self-assessment system is that the exercises are corrected automatically and instantaneously, allowing immediate, precise and impartial feedback to the student's responses“ (Ibabe & Jauregizar, 2009, S. 244).

Dadurch können bestehende Fehlvorstellungen oder Fehleinschätzungen zeitnah erkannt und gezielt korrigiert werden. Wie Cao (2025) aufzeigt, wird dieses Potenzial in bestehenden digitalen Selbst-Assessment-Tools jedoch in der Regel nicht genutzt:

> „However, these [existing digital self-assessment] tools lack automated feedback on the quality of self-assessments and are unable to provide personalized follow-up resources aligned with students' self-regulation goals“ (Cao, 2025, S. 1489).

Effekte von automatischem Feedback zur Aufgabenlösung und zum Selbst-Assessment auf schulische Leistungen

Den oben genannten Befund griff Cao (2025) auf, in dem sie in ihrer Studie mit Lernenden der siebten Jahrgangsstufe ein herkömmliches digitales Selbst-Assessment-Tool um automatisches Feedback erweiterte. Im Rahmen des automatischen Feedbacks erhielten die Lernenden Informationen zur Korrektheit ihrer Selbsteinschätzung und Aufgabenlösung sowie weiterführende Hinweise zu den gemachten Fehlern. Während eine Gruppe von Lernenden dazu angehalten wurde, mit dem herkömmlichen Selbst-Assessment-Tool ohne Feedback zu arbeiten, erhielt die andere Gruppe das neue Selbst-Assessment-Tool, bei dem im letzten Schritt automatisch die entsprechenden Feedback-Informationen bereitgestellt wurden (Cao, 2025, S. 1490). Ein Vergleich der Ergebnisse der in den beiden Gruppen durchgeführten Prä- und Posttests zeigte, dass der Lernzuwachs der Gruppe, die mit dem neuen Selbst-Assessment-Tool arbeiteten, signifikant höher war als der Lernzuwachs der Gruppe, die das herkömmliche Selbst-Assessment-Tool verwendete. Insbesondere die Lernenden mit geringerem Vorwissen profitierten von dem automatischem Feedback (Cao, 2025, S. 1491).

Effekte von automatischem Feedback zur Aufgabenlösung auf schulische Leistungen

Narciss et al. (2022) untersuchten Effekte von automatischem Feedback zur Aufgabenlösung auf die schulische Leistung von Lernenden. Die digitale Lernumgebung in der Studie von Narciss et al. (2022), in der die Lernenden arbeiteten, war allerdings nicht als reines Selbst-Assessment-Setting konstruiert. Vielmehr wurden die Lernenden dazu aufgefordert, selbstständig zu erklären, warum eine Aufgabenlösung richtig oder falsch ist. Zudem wurde die Studie nicht mit Schüler:innen, sondern mit Lehramtsstudierenden durchgeführt und folgte einem 2 × 3-faktoriellen Design. Dabei wurden in Bezug auf den ersten Faktor zwischen einer Aufforderung zur Selbsterklärung und keiner solchen Aufforderung differenziert. Bezüglich des zweiten Faktors wurden drei verschiedene Typen von Feedback unterschieden, die allesamt auf die Aufgaben-Ebene abzielten: Entweder wurde kein externes Feedback, Informationen zur Korrektheit der Lösung („Knowledge of result/ response-Feedback") oder Informationen zur Korrektheit der Lösung sowie zur Anzahl, Art und Ursache von Fehlern automatisch in der Lernumgebung bereitgestellt (Narciss et al., 2022, S. 4). Die Ergebnisse der Studie zeigen, dass die Kombination aus automatisch bereitgestelltem externem Feedback und der Aufforderung zur Selbsterklärung stärkere positive Effekte auf die Leistung der Lernenden hat als die alleinige Formulierung von Selbsterklärungen ohne externe Unterstützung. Dabei machte es keinen Unterschied, ob die Lernenden Informationen zur Korrektheit ihrer Lösung oder differenzierte Hinweise zu Fehlern und deren Ursachen erhielten (Narciss et al., 2022, S. 9).

Effekte von automatischem Feedback zur Aufgabenlösung und zum Selbst-Assessment auf die Genauigkeit von Selbst-Assessment-Ergebnissen

Während die beiden Studien von Cao (2025) und Narciss et al. (2022) von positiven Effekten automatischen Feedbacks im Kontext von Selbst-Assessments berichten, lässt sich das Potenzial automatisch bereitgestellter Feedback-Information in der Studie von Raaijmakers et al. (2019) nicht bestätigen. Raaijmakers et al. (2019, S. 24–25) untersuchten im Rahmen von zwei Experimenten, ob sich die Genauigkeit von Selbst-Assessment-Ergebnissen erhöht, wenn Lernenden nach dem Bearbeiten einer Aufgabe und einer darauf folgenden Selbsteinschätzung automatisch Feedback zur Aufgabenlösung und zum Selbst-Assessment zur Verfügung gestellt wird. Im ersten Experiment verglichen die Autor:innen dabei drei verschiedene Feedback-Bedingungen. In der ersten Bedingung erhielten die Lernenden kein Feedback. In der zweiten Bedingung erhielten die Lernenden ein Feedback mit Informationen darüber, wie viele Schritte sie beim Lösen der Aufgabe korrekt durchgeführt hatten und ob die im Selbst-Assessment angegebene Anzahl richtig ausgeführter Schritte zutreffend oder fehlerhaft war (allgemeines Feedback). Den Lernenden in der dritten Bedingung wurde darüber hinaus mitgeteilt, welche der Lösungsschritte korrekt oder inkorrekt gelöst wurden (spezifisches Feedback) (Raaijmakers et al., 2019, S. 25). Nach Erhalt des Feedbacks wurden die Lernenden gebeten, ähnliche Aufgaben zu bearbeiten und sich erneut selbst einzuschätzen. Die Ergebnisse des ersten Experiments zeigten, dass die Lernenden, die unmittelbar nach der Aufgabenbearbeitung ein Feedback zu ihrer Lösung erhielten, im zweiten Durchgang keine genaueren Selbst-Assessment-Ergebnisse erzielen konnten als die, die kein Feedback erhielten. Auch unterschieden sich die Selbst-Assessment-Ergebnisse derjenigen, die ein spezifisches Feedback bekommen hatten, in ihrer Genauigkeit nicht von denen, denen lediglich ein allgemeines Feedback angezeigt wurde (Raaijmakers et al., 2019, S. 31). Im zweiten Experiment wurde in der zweiten Feedback-Bedingung das Feedback um die Anzeige der korrekten Lösung ergänzt, während die dritte Bedingung zusätzlich eine Darstellung der eigenen Lösung sowie eine Aufforderung zum Vergleich mit der korrekten Lösung umfasste. Doch auch hierbei zeigte sich keine Verbesserung der Genauigkeit der Selbst-Assessment-Ergebnisse bei den Lernenden in der zweiten und dritten Feedback-Bedingung im Vergleich zu den Lernenden in der ersten Bedingung, die kein Feedback erhielten (Raaijmakers et al., 2019, S. 35).

Insgesamt lässt sich festhalten, dass die beiden Studien von Narciss et al. (2022) und Cao (2025), in denen automatisches Feedback in Verbindung mit Aufforderungen zur Selbsteinschätzung und Selbsterklärung bereitgestellt wurde, von positiven Effekten externen Feedbacks zur Aufgabenlösung beziehungsweise zum Selbst-Assessment auf die Leistung der Lernenden berichten. Demgegenüber zeigen Raaijmakers et al. (2019), dass eine Kombination von automatischem Feedback auf Aufgaben- und Selbstregulations-Ebene die Genauigkeit von Selbst-Assessment-Ergebnissen negativ beeinflussen kann. Es bleibt somit detaillierter zu untersuchen, unter welchen Bedingungen automatisches Feedback positive Effekte auf die Genauigkeit von Selbst-Assessment-Ergebnissen, auf Selbst-Assessment-Prozesse sowie auf die Leistung von Lernenden erzielt. Insbesondere bedarf es aber solcher Studien, die die Selbst-Assessment-Prozesse in den Blick nehmen, die beim Arbeiten in digitalen Selbst-Assessment-Settings mit automatischem Feedback ablaufen. Bislang fehlen entsprechende Studien, die automatisches Feedback zur Aufgabenlösung, zum Selbst-Assessment oder deren Kombination im Kontext digitaler Selbst-Assessment-Settings untersuchen (Tabelle 2.3).

Tabelle 2.3 Studien zu Effekten externer Feedbacks im Kontext von analogen (grau) und digitalen (schwarz) Selbst-Assessment-Settings

<table>
<tr><th></th><th>Genauigkeit</th><th>Prozess</th><th>Leistung</th></tr>
<tr><td rowspan="2">Feedback zur Aufgabenlösung</td><td>León et al., 2023</td><td rowspan="2">Panadero et al., 2024; Panadero et al., 2023; Panadero et al., 2020</td><td>Narciss et al., 2022
Yan et al., 2023</td></tr>
<tr><td rowspan="2">Raaijmakers et al., 2019</td><td rowspan="2">Cao 2025</td></tr>
<tr><td rowspan="2">Feedback- zum Selbst-Assessment</td><td rowspan="2"></td></tr>
<tr><td>Thawabieh, 2017</td><td></td></tr>
</table>

2.4 Metakognition

Wie bereits in den vorangegangenen Abschnitten festgestellt, mangelt es an Studien, die die Prozesse digital gestützter Selbst-Assessments von Lernenden in den Blick nehmen. Neben den unterrichtspraktischen Herausforderungen trägt auch das mangelnde Verständnis sowohl von Forschenden als auch von Lehrenden über die mentalen Handlungen, die das Selbst-Assessment ausmachen, dazu bei, dass Selbst-Assessment bislang nur selten gefördert wird (Andrade, 2019, S. 5; Panadero et al., 2016, S. 811; Rickey et al., 2025, S. 2). Um die Möglichkeiten digital gestützten Selbst-Assessments einschätzen und nutzbar machen zu können, bedarf es daher empirischer Forschung, die untersucht, was Lernende tatsächlich tun und denken, wenn sie sich selbst einschätzen (Rickey et al., 2025, S. 7). Insgesamt gibt es jedoch kaum Studien, die diese Prozesse in den Blick nehmen und die versuchen, diese mentalen Handlungen der Lernenden zu erfassen (Panadero et al., 2020, S. 607).

Die Metakognitionstheorie bietet hierfür einen geeigneten Rahmen, um zu verstehen, was Lernende tun, wenn sie dazu angeregt werden, ihre Lernleistung selbst einzuschätzen. Sie ermöglicht ein tiefes Verständnis der mentalen Handlungen, die dem Selbst-Assessment zugrunde liegen (Rickey et al., 2025, S. 2). In der vorliegenden Arbeit wird die Theorie der Metakognition daher herangezogen, um mathematische Selbst-Assessment-Prozesse von Lernenden zu analysieren. Um sie empirisch nutzbar zu machen, ist es jedoch zunächst erforderlich, die Theorie zu erläutern, was in diesem Kapitel erfolgen wird. Dabei wird zunächst die deklarative und prozedurale Komponente der Metakognition vorgestellt (Abschnitt 2.4.1). Anschließend wird konkreter auf die prozedurale Komponente eingegangen, auf die allgemein auch als metakognitive Aktivitäten verwiesen wird (Abschnitt 2.4.2).

2.4.1 Deklarative und prozedurale Komponente der Metakognition

Das Konzept der Metakognition wurde erstmalig in den 1970er-Jahren in Studien der beiden Entwicklungspsycholog:innen John Flavell und Ann Brown aufgegriffen. Seitdem wurden viele verschiedene Definitionen und Typologisierungen von Metakognition formuliert. Ganz allgemein wird Metakognition häufig als „das Nachdenken über das Denken“ gefasst, wie beispielsweise auch bei Kuhn und Dean (2004, S. 270):

> „Metacognition, a construct that is assuming an increasingly central place in cognitive development research, is defined [...] as awareness and management of one's own thought, or 'thinking about thinking'“.

Was die beiden Autor:innen in ihrer Definition mit den Begriffen des „Bewusstseins“ und der „Steuerung“ bereits andeuten, wird in der Definition von Schneider und Artelt (2010, S. 149) weiter konkretisiert, indem sie unter dem Begriff der Metakognition einerseits das Wissen über eigene Fähigkeiten, kognitive Aufgaben und Strategien sowie andererseits exekutive Fähigkeiten zur Überwachung und Regulierung der eigenen kognitiven Aktivitäten zusammenfassen:

> „[...] metacognition refers to people's knowledge of their own information-processing skills, as well as knowledge about the nature of cognitive tasks, and of strategies for coping with such tasks. Moreover, it also includes executive skills related to monitoring and self-regulation of one's own cognitive activities“.

Diese Zweiteilung des Konzeptes der Metakognition wird in den meisten Arbeiten zu diesem Thema aufgegriffen und es wird unterschieden zwischen a) metakognitivem Wissen als deklarative Komponente der Metakognition sowie b) metakognitiven Aktivitäten als prozedurale Komponente der Metakognition (z. B. Kuhn & Dean, Jr., 2004; Pintrich, 2002, S. 220). Diese Unterscheidung zwischen deklarativer und prozeduraler Metakognition gilt nicht nur theoretisch als weitgehend akzeptiert (Schneider & Artelt, 2010, S. 150), sondern wurde auch empirisch durch eine Studie von Scott und Levy (2013) bestätigt. Da Selbst-Assessment der prozeduralen Komponente der Metakognition zugeordnet werden kann, wird im Folgenden näher auf diese Komponente eingegangen.

2.4.2 Metakognitive Aktivitäten

Zunächst sei zu erwähnen, dass es viele verschiedene Ausdrücke gibt, mit denen auf die prozedurale Komponente der Metakognition Bezug genommen wird. In dieser Arbeit wird der Ausdruck der „metakognitiven Aktivitäten" für die prozedurale Komponente von Metakognition genutzt, wie er beispielsweise von Schraw und Moshman (1995) sowie Cohors-Fresenborg und Kaune (2007a, 2007b) verwendet wird. Weitere Ausdrücke, die in theoretischen sowie empirischen Arbeiten zu Metakognition genutzt werden, lauten u. a. „metacognitive behavior" (Baumanns & Rott, 2023), „metacognitive control", „self-regulatory processes" (Pintrich, 2002), „metacognitive skills" (Schneider & Artelt, 2010), „exekutive Prozesse" (Hasselhorn, 1992) oder „metacognitive processes" (Gourgey, 1998). Diese Ausdrücke werden in der vorliegenden Arbeit als synonym zueinander betrachtet.

Unter Berücksichtigung häufig zitierter Arbeiten zum Thema metakognitive Aktivitäten zeigt sich, dass es nicht nur Unterschiede hinsichtlich der Bezeichnung der prozeduralen Komponente der Metakognition gibt, sondern auch in Bezug darauf, in welche Unterkomponenten diese gegliedert wird (Tabelle 2.4). In der vorliegenden Arbeit wird sich für die Definition und Unterscheidung metakognitiver Aktivitäten an der Differenzierung von Sjuts (2022, S. 9) orientiert. Aufbauend auf der Differenzierung metakognitiver Aktivitäten von Scott und Levy (2013) unterscheidet Sjuts (2022, S. 9) die drei Unterkomponenten Planung, Steuerung und Überwachung sowie Überprüfung voneinander. Zur Planung zählt er das Verstehen einer zu bewältigenden Herausforderung in Form einer Aufgabe sowie die Auswahl von Strategien, die zu deren Bewältigung geeignet sind. Mit Steuerung und Überwachung bezieht er sich auf die Kontrolle des eigenen Fortschritts und die Regulation des Vorgehens bei der Bearbeitung einer Aufgabe. Die Überprüfung definiert Sjuts (2022, S. 9) als die Rekapitulation und Reflexion der Vorgehensweise und des Ergebnisses. Damit schließt er durch den Begriff der Rekapitulation die Evaluation im Sinne von Scott und Levy (2013) als auch die Reflexion, die Cohors-Fresenborg & Kaune (2007a) in ihrer Differenzierung benennen, ein.

Tabelle 2.4 Verschiedene Differenzierungen metakognitiver Aktivitäten

Autor:innen	Unterkomponenten	Beschreibung / Definition
(Hasselhorn, 1992, S. 42)	Planung	Keine Beschreibung vorhanden
	Überwachung	
	Steuerung	
(Schneider & Artelt, 2010, S. 150–151)	Überwachung	Die Bewertung des eigenen Fortschritts in Bezug auf die Bearbeitung einer Aufgabe
	Selbststeuerung	Keine Beschreibung vorhanden
(Cohors-Fresenborg & Kaune, 2007a, S. 233–234, 2007b, S. 1180)	Planung	Die Auswahl von mathematischen Werkzeugen, die zur Lösung einer Problemlöseaufgabe geeignet sind
	Monitoring	Die während der Bearbeitung eines Problems stattfindende Kontrolle des Werkzeugeinsatzes, die Analyse des aktuellen Standes und dessen Abgleich mit festgelegten (Teil-)Zielen
	Reflexion	Das auf Zwischen- oder Endergebnisse aufbauende Nachdenken über die gestellten Probleme und das eigene Begriffsverständnis
(Van der Stel et al., 2010, S. 220)	Orientierung	Aktivitäten, die zu Beginn eines Problemlöseprozesses stattfinden, zum Beispiel das Setzen von Teilzielen oder das Anfertigen einer Skizze
	Planung	Aktivitäten, die während eines Problemlöseprozesses stattfinden, zum Beispiel Zeitmanagement oder das schrittweise Aufschreiben von Berechnungen (Planung) sowie das Kommentieren der eigenen Aktivitäten oder das Überprüfen einer Antwort (Evaluation)
	Evaluation	
	Elaboration	Aktivitäten, die am Ende eines Problemlöseprozesses stattfinden, zum Beispiel Schlussfolgerungen ziehen oder das Problem umschreiben

(Fortsetzung)

Tabelle 2.4 (Fortsetzung)

Autor:innen	Unterkomponenten	Beschreibung / Definition
(Scott & Levy, 2013, S. 123)	Planung	Die vor der Aufgabenbearbeitung stattfindende Definition der Art des zu bearbeitenden Problems sowie die Festlegung einer Strategie zur Lösung des Problems
	Überwachung	Die während der Aufgabenbearbeitung stattfindende Bewertung des Fortschritts des eigenen Denkens und Arbeitens
	Steuerung	Die bewussten und unbewussten Entscheidungen, die auf Grundlage des Überwachungsprozesses während der Bearbeitung einer Aufgabe getroffen werden
	Evaluation	Die nach der Aufgabenbearbeitung stattfindende Einschätzung der eigenen Arbeit
(Sjuts, 2022, S. 9)	Planung	Erkennen der Existenz und der Art der Herausforderung und Entscheidung über eine Strategie zur Bewältigung
	Steuerung und Überwachung	Regulation im Vorgehen bei der Bearbeitung einer bestimmten Aufgabe Kontrolle auf der Grundlage des aktuellen Fortschritts des eigenen Denkens
	Überprüfung	Rekapitulation und Reflexion der Vorgehensweise und des Ergebnisses

Aufbauend auf Sjuts (2022, S. 9) wird somit für diese Arbeit die folgende Definition metakognitiver Aktivitäten vorgenommen:

Metakognitive Aktivitäten
Als prozedurale Komponente der Metakognition sind mentale Handlungen, die die eigenen kognitiven Aktivitäten koordinieren. Unterkomponenten metakognitiver Aktivitäten können danach unterschieden werden, welchem Zweck sie in der jeweiligen Phase der Aufgabenbearbeitung dienen:

Planung

- Umfasst alle metakognitiven Aktivitäten, die vorausschauend vor Beginn der Bearbeitung einer Aufgabe ausgeführt werden, um deren Lösung zu planen.

Überwachung und Regulation

- Umfasst alle metakognitiven Aktivitäten, die während der Bearbeitung einer Aufgabe ausgeführt werden, um den aktuellen Fortschritt zu überwachen und bei Bedarf das eigene Vorgehen zu regulieren.

Überprüfung

- Umfasst alle metakognitiven Aktivitäten, die rückblickend nach der Bearbeitung einer Aufgabe ausgeführt werden, um die eigene Lösung abschließend zu überprüfen.

Zusammenhang zwischen metakognitiven Aktivitäten und Selbst-Assessment
Selbst-Assessment als Prozess, in dem Lernende ihre schulischen Fähigkeiten, Lernprozesse oder Lernprodukte selbst einschätzen, umfasst genau solche mentalen Handlungen, die der Planung zukünftiger, der Überwachung und Regulation aktueller sowie der Überprüfung abgeschlossener kognitiver Aktivitäten dienen. Damit sind die im Rahmen von Selbst-Assessments auftretenden mentalen Handlungen als metakognitive Aktivitäten zu verstehen (Rickey et al., 2025, S. 5).

Die Einschätzung der Angemessenheit zu erreichender Lernziele oder ausgewählter Strategien zur Lösung einer Aufgabe (Yan, 2020, S. 233) im Rahmen eines fähigkeits- oder prozessbezogenen Selbst-Assessments stellen Beispiele für metakognitive Aktivitäten dar, die vorausschauend vor Beginn der Bearbeitung einer Aufgabe ausgeführt werden können und der Planung der Lösung dienen. Ein Beispiel für eine metakognitive Aktivität zur Überwachung des aktuellen Fortschritts während der Bearbeitung einer Aufgabe wäre die Einschätzung der Korrektheit bereits erreichter Zwischenergebnisse im Sinne eines prozessbezogenen Selbst-Assessments. Hierbei könnte eine negative Einschätzung beispielsweise metakognitive Aktivitäten zur Regulation des Vorgehens zur Folge haben. Die Einschätzung eines selbst erstellten Lernproduktes entspräche einem produkbezogenen

Selbst-Assessment und stellt eine metakognitive Aktivität da, die nach der Bearbeitung einer Aufgabe ausgeführt werden würde mit dem Ziel, das eigene Lernprodukt abschließend zu überprüfen. Wenn die Selbsteinschätzung der eigenen Fähigkeiten, des eigenen Lernprozesses oder -produktes mit einer Reflexion verbunden ist, handelt es sich um ein reflektierendes Selbst-Assessment.

Zusammenhang zwischen metakognitiven Aktivitäten und kognitiven Aktivitäten

Aus der Definition metakognitiver Aktivitäten geht hervor, dass diese eng mit kognitiven Aktivitäten verknüpft sind. Sjuts (2003, S. 33) erläutert in diesem Zusammenhang, dass metakognitive Aktivitäten die kognitiven Aktivitäten steuern, die mit dem Erwerb, der Organisation und dem Gebrauch von inhaltsbezogenen Kenntnissen und Fertigkeiten verbunden sind. Damit geht er auf die koordinierende Funktion ein, die metakognitive Aktivitäten für kognitive Aktivitäten übernehmen. Gleichzeitig ist zu betonen, dass kognitive Aktivitäten die Grundlage für metakognitive Aktivitäten bilden und ohne sie metakognitive Aktivitäten nicht möglich wären. Dieser zirkuläre Zusammenhang zwischen kognitiven und metakognitiven Aktivitäten wird von Veenman et al. (2006) hervorgehoben. Die Autor:innen führen einerseits auf, dass metakognitive Aktivitäten, die sie als „metacognitive skills“ bezeichnen, auf kognitive Aktivitäten aufbauen. Sie erklären:

> „In terms of metacognitive skills, one cannot engage in planning without carrying out cognitive activities, such as generating problem-solving steps and sequencing those steps. Similarly, one cannot check one's outcome of a calculation without comparing the outcome with an estimation of it, or recalculating the outcome in another way“ (Veenman et al., 2006, S. 5).

Andererseits geben sie an, dass kognitive Aktivitäten den metakognitiven Aktivitäten unterliegen, da, wie auch Sjuts (2003) darlegt, letztere erstere koordinieren:

> „These cognitive activities in turn are subject to metacognition, for instance, to ongoing monitoring and evaluation processes“ (Veenman et al., 2006, S. 6).

Es lässt sich festhalten, dass kognitive Aktivitäten die metakognitiven Aktivitäten ermöglichen, während metakognitive Aktivitäten die kognitiven Aktivitäten koordinieren (Abbildung 2.5).

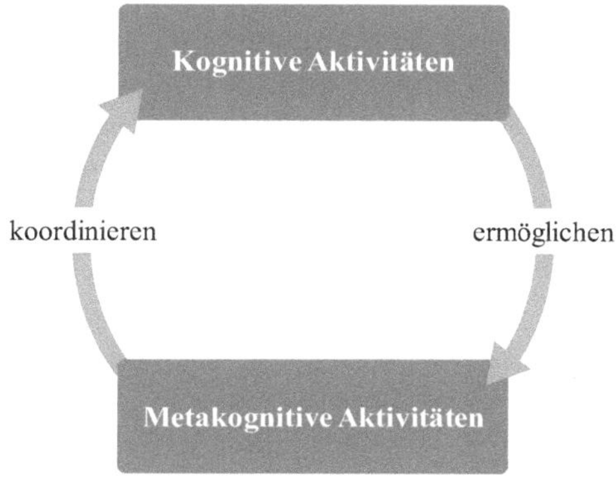

Abbildung 2.5 Zirkulärer Zusammenhang zwischen kognitiven und metakognitiven Aktivitäten. (Quelle: Eigene Darstellung)

Aus diesem Zusammenhang ergibt sich, dass metakognitive Aktivitäten eine zentrale Bedeutung für die Effektivität kognitiver Aktivitäten haben. Während kognitive Aktivitäten dem Erwerb inhaltsbezogener Kenntnisse und Fertigkeiten dienen und somit Lernfortschritt ermöglichen, planen, überwachen, regulieren und überprüfen metakognitive Aktivitäten diesen Forschritt. Dadurch tragen sie wesentlich dazu bei, die Qualität und Zielgerichtetheit des Lernens zu verbessern (Gourgey, 1998, S. 82).

In Bezug auf Selbst-Assessments bedeutet dies, dass sie ausschließlich auf der Grundlage eigener kognitiver Aktivitäten durchgeführt werden können. Ohne kognitive Aktivitäten, das heißt ohne spezifische Lernleistungen, die eingeschätzt werden können, fehlt die Grundlage für ein Selbst-Assessment. Umgekehrt übernehmen Selbst-Assessments eine koordinierende Funktion für die eigenen kognitiven Aktivitäten.

Domänenspezifität metakognitiver Aktivitäten

Unter der Annahme, dass kognitive Aktivitäten sich auf den Erwerb, die Organisation und den Gebrauch von inhaltsbezogenen Kenntnissen und Fertigkeiten beziehen (Sjuts, 2003), stellt sich die Frage nach der Domänenspezifität von metakognitiven Aktivitäten und damit von Selbst-Assessments. Diesbezüglich sagt Sjuts (2003, S. 20), dass es

> „[...] weder eine inhaltsfreie noch eine unverbindliche Entwicklung von Metakognition [...]“

gibt. Wie oben bereits angemerkt, bauen metakognitive Aktivitäten immer auf kognitive Aktivitäten auf. Entsprechend können diese nur in Bezug auf eine spezifische Aufgabe durchgeführt werden, die innerhalb eines bestimmten Fach- und Themenbereiches zu absolvieren ist. Das bedeutet jedoch nicht, dass sich die metakognitiven Aktivitäten, welche eine Koordinationsfunktion für die kognitiven Aktivitäten übernehmen, abhängig vom Fach, Thema oder der Aufgabe grundlegend unterscheiden müssen. Dies lässt sich anhand des folgenden Beispiels zum Textverstehen und Problemlösen veranschaulichen:

> „At first glance, metacognitive activities may differ from one task to the other, say text studying vs. problem solving. Orienting activities for text studying include reading the title and subheadings, scanning the text to get an overview, activating prior knowledge, and getting hold of test expectations. Orientation during problem solving, on the other hand, encompasses reading the problem statement, activating prior knowledge, and establishing what is given and what is asked for. Although specific overt activities are evoked by different learning tasks, these divergent activities may spring from similar metacognitive grounds and their occurrence and quality may still be correlated across tasks and domains" (Veenman et al., 2006, S. 7).

Wie oben festgestellt, kann das Einschätzen der eigenen Lernleistung je nach Zeitpunkt im Lernprozess und abhängig vom Gegenstand der Einschätzung der Planung, der Überwachung und Regulierung sowie der Überprüfung dienen. Folglich lassen sich Selbst-Assessments in allen Unterkomponenten metakognitiver Aktivitäten verorten. Durch die Spezifizierung, wann das Selbst-Assessment ausgeführt wird und worauf es sich bezieht, ergeben sich weitere Ausdifferenzierungen, die in der Regel allgemeiner Natur sind. Die Einschätzung der Angemessenheit gesetzter Lernziele oder ausgewählter Lösungsstrategien, die Einschätzung der Korrektheit bereits erreichter Zwischenergebnisse oder die abschließende Einschätzung eines Lernproduktes sind allesamt Beispiele für metakognitive Aktivitäten, die an sich domänenübergreifend sind und unter anderem im Kontext von texbezogenen Aufgaben im Fach Deutsch oder in Zusammenhang mit Problemlöseaufgaben im Fach Mathematik ausgeführt werden könnten. Genau wie sich bei der metakognitiven Aktivität der Aktivierung des Vorwissens im Beispiel von Veenman et al. (2006) das Vorwissen auf das konkrete Thema beziehungsweise die zu bearbeitende Aufgabe bezieht, sind auch die Lernleistungen, die im Rahmen von Selbst-Assessments eingeschätzt werden, themen- beziehungsweise aufgabengebunden. Das bedeutet, dass metakognitive Aktivitäten und damit Selbst-Assessments grundsätzlich domänenübergreifend sind, während die kognitiven Aktivitäten, auf die sie aufbauen und die sie koordinieren, stets an ein bestimmtes Thema oder eine bestimmte Aufgabe gebunden sind.

Erwerb von Fähigkeiten zur Ausführung metakognitiver Aktivitäten

In Bezug auf den Erwerb von Fähigkeiten zur Ausführung metakognitiver Aktivitäten, worunter auch Selbst-Assessments gezählt werden können, geben Kuhn und Dean (2004, S. 270) an, dass diese entstehen können, sobald Kinder sich über ihre eigenen Gedanken bewusst werden. Dies ist schon in jungen Jahren der Fall, etwa ab einem Alter von vier Jahren (Lohmann-Weiß, 2015, S. 9). Zudem deuten mehrere Studien darauf hin, dass die Fähigkeiten zur Ausführung metakognitiver Aktivitäten auch schon bei Kindern gefördert werden können (Schraw, 1998, S. 114), indem sie beispielsweise explizit dazu angeregt werden, ihre Lernprodukte zu reflektieren und einzuschätzen (Kuhn & Dean, Jr., 2004, S. 270).

Erforschung metakognitiver Aktivitäten

Um die Fähigkeit von Lernenden zur Ausführung metakognitiver Aktivitäten im Allgemeinen und von Selbst-Assessments im Besonderen sowie die Wirksamkeit entsprechender Settings, die diese Aktivitäten anregen sollen, einschätzen zu können, stellt sich die Frage nach der Untersuchung des Auftretens metakognitiver Aktivitäten. Da metakognitive Aktivitäten in der Regel an die Bearbeitung einer spezifischen Aufgabe gebunden sind, werden diese überlicherweise während der Aufgabenbearbeitung erfasst (Hasselhorn & Artelt, 2018, S. 521; Schneider & Artelt, 2010, S. 151). Veenman et al. (2006, S. 10) sprechen in diesem Zusammenhang auch von „on-line methods". Allerdings handelt es sich bei metakognitiven Aktivitäten um Handlungen mentaler Art, die von außen nicht immer unmittelbar beobachtbar sind. Indem Lernende dazu angehalten werden, ihre Gedanken beim Bearbeiten einer Aufgabe laut auszusprechen, kann das Auftreten metakognitiver Aktivitäten gelegentlich aus deren Verhalten oder Äußerungen abgeleitet werden (Van der Stel et al., 2010, S. 220). Oftmals ist es aber auch so, dass metakognitive Aktivitäten nicht explizit am Verhalten oder den Äußerungen der Lernenden festgemacht werden können. In diesem Fall müssen sie dann aus bestimmten kognitiven Aktivitäten abgeleitet werden (Veenman et al., 2006, S. 6).

> „However, it is not uncommon to infer metacognitive activity from cognitive activity. For example, rereading a certain part of a text is not a metacognitive activity as such, but the decision to do so because that particular part was not completely understood, is. Thus, overt cognitive activities are sometimes taken to represent covert metacognitive activities" (Meijer et al., 2006, S. 210–211).

Wie bereits aufgezeigt, nehmen allerdings nur wenige empirische Arbeiten zum Thema Selbst-Assessment die metakognitiven und kognitiven Aktivitäten in den Blick, die auftreten, wenn Lernende zum Selbst-Assessment angeregt werden.

3 Multiplikationsverständnis

In dieser Arbeit liegt der mathematisch-inhaltliche Fokus auf dem Multiplikationsverständnis. Eine Fokussierung auf die Operation der Multiplikation ist insbesondere deshalb von Relevanz, weil viele Lernende am Übergang von der Primarstufe in die Sekundarstufe oftmals nur ein oberflächliches Wissen über die Multiplikation verfügen und kein tiefgehendes Multiplikationsverständnis aufweisen (Prediger, 2019, S. 250; Prediger et al., 2025, S. 55). Die Folge eines fehlenden tragfähigen Verständnisses der Multiplikation sind Schwierigkeiten in den weiterführenden Schuljahren (Moser Opitz, 2013, S. 220). Das Vorhandensein eines tragfähigen Multiplikationsverständnisses, also das Wissen um die Bedeutung der Multiplikation, wird in der Regel dadurch überprüft, dass Lernende mathematisch-symbolische Darstellungen der Multiplikation in bildliche Darstellungen übersetzen und umgekehrt. Dabei wird vorrangig zwischen zwei zentralen Bedeutungen der Multiplikation unterschieden: Der Grundvorstellung der Multiplikation als zeitlich-sukzessive Handlung sowie derjenigen als räumlich-simultane Anordnung (Prediger, 2019, S. 249).

Die Grundvorstellungen der Multiplikation und der Wechsel zwischen verschiedenen Darstellungsformen stellen zwei zentrale Inhalte dieses Kapitels dar, dessen Struktur im Folgenden kurz dargestellt wird. Im ersten Teilkapitel werden zunächst sachanalytische Aspekte der Multiplikation natürlicher Zahlen behandelt und die Multiplikation als Mengenvereinigung sowie als Kreuzprodukt zweier Mengen beschrieben (Abschnitt 3.1). Daran anschließend werden die Grundvorstellungen der Multiplikation als zeitlich-sukzessive Handlung und als räumlich-simultane Anordnung als zwei inhaltliche Interpretationen der Mengenvereinigung dargestellt (Abschnitt 3.2). Diese Grundvorstellungen lassen sich durch verschiedene Darstellungsformen repräsentieren. Abschnitt 3.3 zeigt diese

L. Graewert, *Aus den eigenen Lösungen lernen*, MINTUS – Beiträge zur mathematisch-naturwissenschaftlichen Bildung,
https://doi.org/10.1007/978-3-658-53095-2_3

Darstellungsformen auf und richtet den Fokus insbesondere auf bildliche Darstellungen sowie auf mathematisch-symbolische Darstellungen. Der Wechsel innerhalb und zwischen diesen Darstellungsformen ist Gegenstand des vierten Teilkapitels. Da die Aufträge zum Wechsel zwischen Darstellungen und Darstellungsformen im Rahmen dieser Arbeit in ein digitales (Selbst-Assessment-)Setting integriert sind, widmet sich der abschließende Abschnitt 3.5 den Potenzialen digitaler Technologien für den Wechsel zwischen bildlichen und mathematisch-symbolischen Darstellungen der Multiplikation.

3.1 Multiplikation natürlicher Zahlen

Die Multiplikation natürlicher Zahlen kann durch den Rückgriff auf Mengenoperationen auf zwei verschiedene Weisen im Mathematikunterricht der Grundschule eingeführt werden: Erstens als Vereinigung paarweise disjunkter, gleichmächtiger Mengen oder zweitens als Kreuzprodukt zweier Mengen (Padberg & Büchter, 2015, S. 204–205). Zunächst soll konkreter auf die Mengenvereinigung eingegangen werden, bevor anschließend das Kreuzprodukt thematisiert wird.

Mengenvereinigung

Bezogen auf die Vereinigung paarweise disjunkter, gleichmächtiger Mengen bedeutet der Ausdruck „paarweise disjunkt“, dass jeweils zwei der Mengen niemals ein gemeinsames Element besitzen. Mit „gleichmächtig“ ist gemeint, dass jede der Mengen die gleiche Anzahl an Elementen enthält. Es wird also eine Vereinigungsmenge aus zwei oder mehr Mengen gebildet, die bei einem paarweisen Vergleich kein gemeinsames Element besitzen und die jeweils gleich viele Elemente umfassen (Padberg & Büchter, 2015, S. 205). Vor diesem Hintergrund kann nach Padberg und Büchter (2015, S. 206) die Multiplikation wie folgt definiert werden:

> Definition 1
> Das **Produkt** $a \cdot b$ zweier natürlicher Zahlen a und b (mit $a \neq 0$ und $a \neq 1$) erhalten wir folgendermaßen:
> Wir wählen a paarweise disjunkte Mengen B_1, B_2, ..., B_a als Repräsentanten der Zahl b, also mit Kardinalzahl der Menge B_1 = Kardinalzahl der Menge $B_2 = \ldots =$ Kardinalzahl der Menge $B_a = b$. Dann ist das Produkt $a \cdot b$ die Kardinalzahl der Vereinigungsmenge $B_1 \cup B_2 \cup \ldots \cup B_a$.
> Außerdem setzen wir $0 \cdot a := 0$ und $1 \cdot a := a$.

Bezüglich der Definition 1 ist zu berücksichtigen, dass in dem Produkt $a \cdot b$ die Zahl a als Multiplikator die Anzahl der gleichmächtigen Mengen angibt, während die Zahl b als Multiplikand die Anzahl der Elemente in den gleichmächtigen Mengen festlegt. Diese Unterscheidung der beiden Faktoren als Multiplikator und Multiplikand ist bei der Einführung der Multiplikation wichtig. Aufgrund der Gültigkeit des Kommutativgesetzes, nach dem für alle natürlichen Zahlen a, b gilt, dass $a \cdot b = b \cdot a$, ist die Unterscheidung später hingegen nicht mehr von Bedeutung und beide Faktoren werden gleich behandelt (Padberg & Büchter, 2015, S. 207).

Kreuzprodukt

Eine zweite Möglichkeit, die Multiplikation natürlicher Zahlen auf Grundlage von Mengenoperationen einzuführen, besteht im Rückgriff auf das Kreuzprodukt zweier Mengen und entstammt dem kombinatorischen Kontext. In diesem Kontext werden sämtliche geordnete Paare gebildet, deren erste Komponente aus einer gegebenen Menge A und deren zweite Komponente aus einer gegebenen Menge B stammt. Anschließend werden alle geordneten Paare zu einer Menge, dem Kreuzprodukt der Mengen A und B ($A \times B$), zusammengefasst. Das Kreuzprodukt lässt sich in Form von Tabellen oder Matrizen übersichtlich darstellen (Padberg & Büchter, 2015, S. 210–211). Die Definition der Multiplikation im kombinatorischen Kontext lautet (Padberg & Büchter, 2015, S. 211):

> Definition 2
> Das **Produkt** $a \cdot b$ zweier natürlicher Zahlen a und b erhalten wir folgendermaßen:
> Wir wählen einen Repräsentanten A von a und einen Repräsentanten B von b. Das Produkt $a \cdot b$ ist dann die Kardinalzahl von $A \times B$.

Im Vergleich zur Mengenvereinigung weist die Einführung der Multiplikation über kombinatorische Kontexte Nachteile auf, die gegen die Verwendung des Kreuzproduktes als Einführungsweg im Grundschulunterricht sprechen. Erstens kann Material hier nur eingeschränkt genutzt werden, da sich die Gesamtheit der Kombinationen nicht gleichzeitig legen lässt und somit hypothetische Kombinationen von den Lernenden gebildet werden müssen. Dies ist in der Regel mit großen Schwierigkeiten verbunden. Zweitens haben die Kinder nur wenig Vorerfahrungen mit kombinatorischen Kontexten, auf welche bei der Einführung der Multiplikation über das Kreuzprodukt zurückgegriffen werden kann. Drittens ist der Anwendungsbezug sehr einseitig und nur auf den mathematischen Bereich der Kombinatorik bezogen. Viertens kann nicht auf Umgangssprache, zum Beispiel „zweimal", „dreimal", zurückgegriffen werden und fünftens lässt sich der Zusammenhang zwischen Multiplikation und Division als Umkehroperation nur schwer herausstellen (Padberg & Benz, 2021, S. 152; Padberg & Büchter, 2015, S. 214).

Es lässt sich festhalten, dass die Multiplikation zweier natürlicher Zahlen im Mathematikunterricht sowohl als Vereinigung paarweise disjunkter, gleichmächtiger Teilmengen als auch als Kreuzprodukt zweier Mengen thematisiert werden kann. Eine Einführung der Multiplikation als Kreuzprodukt weist jedoch mehrere Nachteile auf. Insbesondere ist der Anwendungsbezug sehr einseitig. Daher wird nachfolgend ausschließlich auf die Multiplikation als Mengenvereinigung näher eingegangen.

3.2 Grundvorstellungen zur Multiplikation

Die Einführung der Multiplikation über die Mengenvereinigung basiert auf der Zahlenebene auf der wiederholten Addition gleicher Summanden. In diesem Zusammenhangen lassen sich zwei inhaltliche Interpretationen, sogenannte Grundvorstellungen unterscheiden, die es möglich machen, Situationen zu mathematisieren oder umgekehrt mathematische Situationen lebensweltlich zu interpretieren (Prediger, 2010, S. 11). Diese beiden Grundvorstellungen werden im Folgenden vorgestellt. Sie werden in Anlehnung an Kuhnke (2013, S. 38) und Kaun (2023, S. 26) in dieser Arbeit als normativ aufzubauende Vorstellungen der Multiplikation verstanden, die die Grundlage für ein tragfähiges Multiplikationsverständnis bilden.

3.2.1 Zeitlich-sukzessive Handlung

Bei der Vorstellung der Multiplikation als zeitlich-sukzessive Handlung entsteht die Gesamtmenge durch eine mehrmalige Wiederholung der gleichen Handlung im Zeitablauf (Götze et al., 2020, S. 53; Padberg & Benz, 2021, S. 149). Der Fokus liegt bei dieser Grundvorstellung somit auf dem Prozess, durch den die Gesamtmenge entsteht. Nachfolgend werden drei Situationen aufgeführt, die beispielhaft solche Prozesse der wiederholten Ausführung gleicher Handlungen darstellen:

(1) Laura und Ida bauen ein Hochbeet. Sie gehen sechsmal in das Gartenhaus. Jedes Mal holen sie insgesamt zwei Steine. Wie viele Steine haben Laura und Ida geholt?
(2) Viola schreibt ein Buch. Jeden Tag schreibt sie drei Seiten. Wie viele Seiten hat Viola nach sieben Tagen geschrieben?
(3) Michelle backt Muffins für ihren Geburtstag. Sie stellt viermal fünf Muffinförmchen in eine Reihe auf das Backblech. Wie viele Muffinförmchen hat Michelle auf das Blech gestellt?

Götze et al. (2020, S. 52) bringen an, dass Kinder die Multiplikation häufig mit zeitlich-sukzessiven Handlungen in Verbindung bringen. Dies ist darin begründet, dass viele Kinder solche oder ähnliche Prozesse, wie sie in den drei Beispielen oben beschrieben werden, entweder selbst schon ausgeführt oder bei Personen in ihrem Umfeld miterlebt haben. Aufgrund der vorhandenen Vorerfahrungen der Kinder im Hinblick auf diese dynamische Vorstellung der Multiplikation erscheint es daher sinnvoll, die Multiplikation im Mathematikunterricht als zeitlich-sukzessive Handlung einzuführen. Das ist sowohl in Deutschland als auch in vielen anderen Ländern gängige Praxis (Fetzer & Tiedemann, 2022, S. 374).

3.2.2 Räumlich-simultane Anordnung

Während die Grundvorstellung der Multiplikation als zeitlich-sukzessive Handlung den Fokus auf den Entstehungsprozess der Gesamtmenge legt, wird bei der räumlich-simultanen Anordnung die Gesamtmenge selbst in den Blick genommen. Die Gesamtmenge liegt bereits vor und durch Gruppierung der paarweise disjunkten, gleichmächtigen Teilmengen kann die Anzahl der Elemente in der Gesamtmenge leicht ermittelt werden (Götze et al., 2020, S. 53; Padberg & Benz, 2021, S. 150). Zur Herleitung und Begründung von Rechengesetzen, speziell dem Kommutativgesetz, dem Assoziativgesetz sowie dem Distributivgesetz, ist die Grundvorstellung der räumlich-simultanen Anordnung besser geeignet als die der zeitlich sukzessiven Handlung. Dies gilt insbesondere dann, wenn Elemente strukturiert angeordnet werden, etwa in Form eines Rechteckes (Kaun, 2023, S. 15–19; Padberg & Benz, 2021, S. 150).

Auch wenn in bestimmten Situationen die Aktivierung einer der beiden Grundvorstellungen vorzuziehen ist, lässt sich insgesamt feststellen, dass zwischen der Grundvorstellung der Multiplikation als zeitlich-sukzessive Handlung und der Grundvorstellung der Multiplikation als räumlich-simultane Anordnung ein enger Zusammenhang besteht.

> „Jede zeitlich-sukzessiv durchgeführte Handlung führt zu einer räumlich- simultan darzustellenden Anordnung. Umgekehrt kann man sich jede räumlich-simultane Anordnung zeitlich-sukzessiv entstanden denken. Daher sollten im Unterricht *beide* Vorstellungen zugrunde gelegt werden und *nicht einseitig* nur eine von beiden – wie es früher zeitweise der Fall war“ (Padberg & Büchter, 2015, S. 209–210, Herv. im Original).

So kann auch jede dynamische Situation aus dem vorangegangenen Abschnitt als statische Situation gedacht werden:

(1) Auf dem Boden liegen sechs Reihen mit jeweils zwei Steinen,
nachdem Laura und Ida sechsmal in das Gartenhaus gegangen sind und jedes Mal zwei Steine geholt haben.
(2) Auf dem Tisch liegen sieben Reihen mit jeweils drei Seiten,
nachdem Viola sieben Tage lang jeweils drei Seiten geschrieben hat.
(3) Auf dem Backblech stehen vier Reihen mit jeweils fünf Muffinförmchen,
nachdem Michelle viermal fünf Muffinförmchen auf das Backblech gestellt hat.

Während Lehrende bei der Einführung und Thematisierung der Multiplikation durchaus die beiden verschiedenen Grundvorstellungen im Blick haben sollten, müssen Lernende keine explizite Unterscheidung zwischen diesen Vorstellungen vornehmen können (Padberg & Benz, 2021, S. 150). Entscheidend ist vielmehr, dass Lernende in der Lage sind, beide Grundvorstellungen in diversen Kontexten zu aktivieren.

3.3 Darstellungsformen der Multiplikation

Schulz (2023, S. 12) unterscheidet im Hinblick auf Darstellungsformen von Rechenoperationen allgemein zwischen konkret-anschaulichen Darstellungen, die an spezifische Kontexte gebunden sind und abstrakt-symbolischen Darstellungen, die unabhängig von spezifischen Kontexten sind. Zu den Darstellungsformen auf der konkret-anschaulichen Ebene zählt er Handlungen mit Material, bildliche

Darstellungen und Situationen oder Geschichten. Auf der abstrakt-symbolischen Ebene differenziert er zwischen sprachlich-symbolischen und mathematisch-symbolischen Darstellungen (Abbildung 3.1). Analoge Differenzierungen zwischen verschiedenen Darstellungsformen werden etwa auch von Götze et al. (2020, S. 44), Kuhnke (2013, S. 9) sowie Wartha und Schulz (2011, S. 6) vorgenommen.[1]

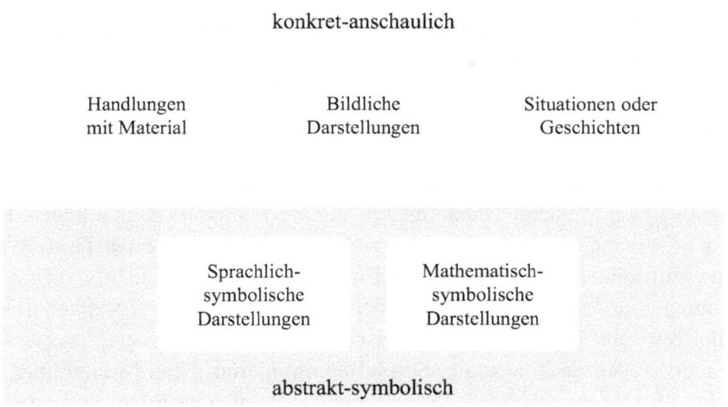

Abbildung 3.1 Darstellungsformen von Rechenoperationen. (Quelle: In Anlehnung an Schulz, 2023, S. 12, Abb. 2)

Werden diese Darstellungsformen auf die beiden Grundvorstellungen der Multiplikation als zeitlich-sukzessive Handlung und räumlich-simultane Anordnung bezogen, lassen sich verschiedene Darstellungen finden, die die jeweilige Grundvorstellung beispielhaft repräsentieren (Abbildung 3.2).

[1] Bei den genannten Autor:innen werden die unterschiedlichen Darstellungsformen nicht einheitlich benannt. Die oben verwendeten Begriffe „Handlungen mit Material", „Bildliche Darstellungen", „Situationen oder Geschichten", „Sprachlich-symbolische Darstellungen" und „Mathematisch-symbolische Darstellungen" entsprechen daher nicht exakt den Bezeichnungen bei Schulz (2023, S. 12). Sie wurden aus Gründen der Einheitlichkeit in Anlehnung an mehrere der aufgeführten Autor:innen gewählt, insbesondere weil bestimmte Begrifflichkeiten bereits in vorangegangenen Kapiteln verwendet wurden und konsistent beibehalten werden sollen.

Die Darstellungen auf der abstrakt-symbolischen Ebene sind kontextfrei und somit unabhängig von den Grundvorstellungen. Erst die Grundvorstellungen verleihen der Multiplikation in sprachlich-symbolischer und mathematisch-symbolischer Darstellungsform inhaltliche Bedeutung. Diese Bedeutung variiert in Abhängigkeit davon, welche der beiden Grundvorstellungen aktiviert wird, und entsprechend unterscheiden sich auch die auf der konkret-anschaulichen Ebene angesiedelten Darstellungen zwischen den Grundvorstellungen. So kann der Term $6 \cdot 2$, interpretiert als zeitlich-sukzessive Handlung, beispielsweise handelnd mithilfe einer Rechenkette, bildlich mit Sprüngen am Zahlenstrahl oder durch eine dynamische Situation dargestellt werden. Auf diese Weise wird der Term mit Bedeutung gefüllt (Schulz, 2023, S. 12). Wird derselbe Term hingegen als räumlich-simultane Anordnung aufgefasst, kann er mithilfe von Bauklötzen nachgelegt, als Rechteckbild dargestellt oder durch eine statische Situation repräsentiert werden. Einer abstrakt-symbolischen Darstellung können also verschiedene Darstellungen auf der konkret-anschaulichen Ebene zugeordnet werden, die sich in Abhängigkeit von der aktivierten Grundvorstellung zur Multiplikation unterscheiden. Umgekehrt kann aber auch verschiedenen Darstellungen auf der konkret-anschaulichen Ebene, die unterschiedliche Grundvorstellungen zur Multiplikation repräsentieren, dieselbe abstrakt-symbolische Darstellung zugeordnet werden. Somit determinieren Grundvorstellungen, ob und wie abstrakt-symbolische Darstellungen gedeutet werden und inwiefern bestimmte Kontexte auf solche Darstellungen zurückgeführt werden können. Kurz gesagt:

> „Grundvorstellungen können verstanden werden als die Voraussetzung dafür, zwischen verschiedenen Darstellungsformen zu übersetzen [...]“ (Schulz & Wartha, 2021, S. 128).

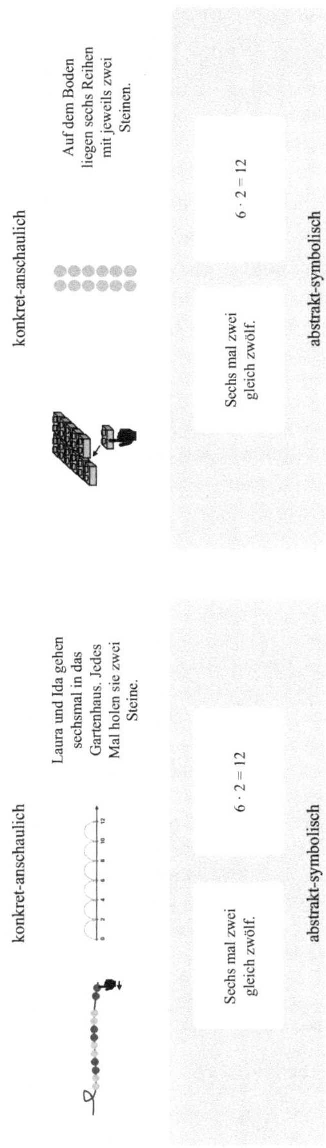

Abbildung 3.2 Darstellungen der Multiplikation als zeitlich-sukzessive Handlung (links) und räumlich-simultane Anordnung (rechts). (Quelle: Eigene Darstellung)

Da in dieser Arbeit der Wechsel zwischen bildlichen und mathematisch-symbolischen Darstellungen der Multiplikation fokussiert wird, werden diese beiden Darstellungsformen in den folgenden beiden Kapiteln näher betrachtet.

3.3.1 Bildliche Darstellungen

In Bezug auf bildliche Darstellungen der Multiplikation kann zwischen lebenswirklichen und didaktischen Darstellungen unterschieden werden.

Lebenswirkliche Darstellungen sind Fotos oder Zeichnungen von Situationen, die Kinder vermutlich in gleicher oder ähnlicher Weise bereits in ihrem Alltag erfahren haben (Abbildung 3.3). Sie zielen darauf ab Verknüpfungen zwischen der Mathematik und der Lebenswelt der Lernenden herzustellen (Kuhnke, 2013, S. 42; Schulz & Wartha, 2021, S. 140). Ein Rechteckbild mit Punkten oder die Darstellungen eines Zahlenstrahles sind hingegen Beispiele für didaktische Darstellungen. Solche Darstellungen werden meistens erst im schulischen Kontext für Lernende relevant und zielen auf Abstraktion und Verallgemeinerung ab (Schulz & Wartha, 2021, S. 140).

Abbildung 3.3 Beispiel für eine lebenswirkliche Darstellung zur Multiplikation. (Quelle: Adobe Firefly)

Nicht immer ist die Abgrenzung zwischen lebenswirklichen und didaktischen Darstellungen trennscharf. Denn in der Regel sind auch lebenswirkliche Darstellungen in Unterrichtsmaterialien didaktisch aufbereitet. Das heißt, Alltagssituationen werden beispielsweise vereinfacht dargestellt oder es wird nur ein bestimmter Ausschnitt einer Situation gezeigt (Kuhnke, 2013, S. 42). Doch auch bei der didaktischen Aufbereitung lebenswirklicher Darstellungen sind diese meist merkmalsreicher als rein didaktische Darstellungen. Folglich müssen Lernende bei lebenswirklichen Darstellungen stärker von irrelevanten Merkmalen abstrahieren als bei didaktischen Darstellungen, die zumeist nur die wesentlichen Merkmale enthalten (Kaun, 2023, S. 13; Kuhnke, 2013, S. 42–43; Schulz & Wartha, 2021, S. 140).

Didaktische Darstellungen lassen sich in Abhängigkeit von ihrer Struktur in lineare, gebündelte und flächige Darstellungen unterteilen (Kaun, 2023, S. 13–14; Schulz & Wartha, 2021, S. 141; Selter, 2002, S. 14). Aufbauend darauf lassen sich jeweils drei Ausprägungen unterscheiden (Abbildung 3.4).

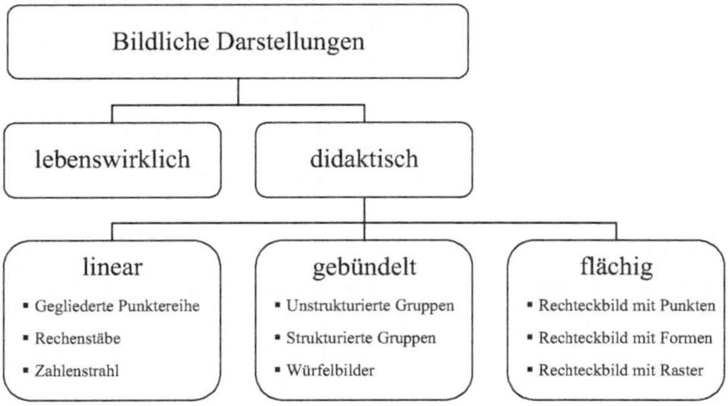

Abbildung 3.4 Arten bildlicher Darstellungen der Multiplikation. (Quelle: Eigene Darstellung)

In linearen Darstellungen wird die Multiplikation sequenziell durch eine gegliederte Punktereihe, Rechenstäbe oder gleich große Sprünge am Zahlenstrahl repräsentiert (Abbildung 3.5). Mit Ausnahme der gegliederten Punktereihe, der der Kardinalzahlaspekt zugrunde liegt, betonen lineare Darstellungen eher den Ordinalzahlaspekt (Steinweg, 2013, S. 132; Transchel, 2020, S. 42). Das bedeutet, dass die natürlichen Zahlen in linearen Darstellungen eine Reihenfolge innerhalb einer geordneten Reihe beschreiben. Bei der gegliederten Punktereihe hingegen werden die natürlichen Zahlen als Anzahl von Elementen einer Menge aufgefasst (Padberg & Büchter, 2015, S. 182).

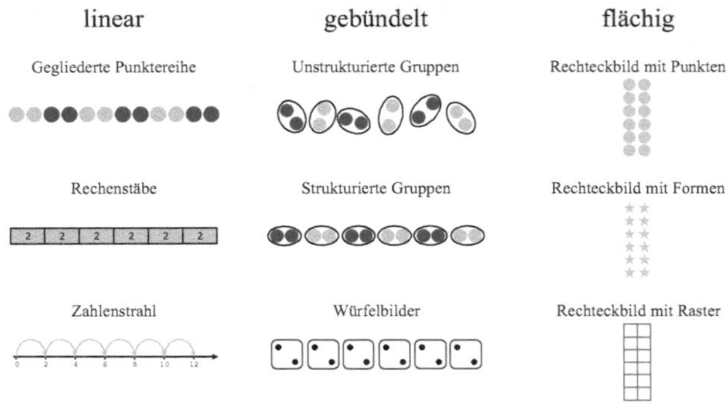

Abbildung 3.5 Arten von didaktischen Darstellungen der Multiplikation. (Quelle: Eigene Darstellung)

Gebündelte Darstellungen zeichnen sich dadurch aus, dass ein Faktor der Multiplikation in Gruppen angeordnet ist (Schulz & Wartha, 2021, S. 142). Diese Gruppen können unstrukturiert oder strukturiert vorliegen oder als Augenzahlen von Würfeln in Form von Würfelbildern dargestellt werden (Abbildung 3.5). Wie bei den linearen Darstellungen ist bei den gebündelten Darstellungen die Rolle der Faktoren festgelegt, was

> „[...] einen guten ersten Zugang für die multiplikative Deutung [...]“ (Schulz & Wartha, 2021, S. 142)

bietet.

Bei flächigen Darstellungen werden beide Faktoren gruppiert, wodurch ein zweidimensionales Feld aufgespannt und eine flexible Betrachtung der Multiplikation ermöglicht wird (Kaun, 2023, S. 14; Schulz & Wartha, 2021, S. 142; Steinweg, 2013, S. 132). Dieses zweidimensionale Feld kann als Rechteckbild mit Punkten, mit Formen oder Gegenständen oder als Raster dargestellt werden (Abbildung 3.5). Allen flächigen Darstellungen gemeinsam ist, dass sie den Kardinalzahlaspekt fokussieren (Steinweg, 2013, S. 132) und die natürlichen Zahlen verwenden, um Anzahlen zu beschreiben (Padberg & Büchter, 2015, S. 182).

Wie bereits in Abbildung 3.2 angedeutet, entsprechen gebündelte und flächige Darstellungen eher der Grundvorstellung der Multiplikation als räumlich-simultane Anordnung, während lineare Darstellungen vorrangig die der Multiplikation als zeitlich-sukzessive Handlung repräsentieren (Transchel, 2020, S. 42). Genauso wie es wichtig ist, dass beide Grundvorstellungen in diversen Kontexten von Lernenden aktiviert werden können, haben

> „[i]m Sinne eines beziehungsreichen Lernens und Weiterlernens [...] sowohl lineare als auch flächige Anordnungen ihren Platz im Unterricht“ (Schulz & Wartha, 2021, S. 141).

Für die Weiterentwicklung des Multiplikationsverständnisses sind insbesondere sind Zahlenstrahl- und Rechteckbilddarstellungen von Bedeutung, da sie sich gut auf andere Zahlenräume und Zahlbereiche übertragen lassen (Kuhnke, 2013, S. 46; Schulz & Wartha, 2021, S. 144).

Zusammenfassend lässt sich festhalten, dass bildliche Darstellungen der Multiplikation als lebenswirkliche Darstellungen vorliegen können, die darauf abzielen, einen Bezug zwischen der Mathematik und der Lebenswelt der Lernenden herzustellen. Von den lebenswirklichen Darstellungen sind die didaktischen Darstellungen abzugrenzen, die auf Abstraktion und Verallgemeinerung ausgerichtet sind und in Form linearer, gebündelter oder flächiger Darstellungen in jeweils drei Ausprägungen auftreten können. Gebündelte und flächige Darstellungen entsprechen eher der Grundvorstellung der Multiplikation als räumlich-simultaner Anordnung, während lineare Darstellungen der Grundvorstellung der Multiplikation als zeitlich-sukzessive Handlung zugeordnet werden können. Besonders die Darstellungen der Multiplikation am Zahlenstrahl und als Rechteckbild sind aufgrund ihrer Erweiterbarkeit auf andere Zahlenbereiche für das Weiterlernen in der Sekundarstufe von Bedeutung.

3.3.2 Mathematisch-symbolische Darstellungen

Wie bei den bildlichen Darstellungen können auch im Hinblick auf mathematisch-symbolische Darstellungen verschiedene Arten von Darstellungen der Multiplikation unterschieden werden. Symbolisch-algebraische Darstellungen repräsentieren einen allgemeinen Ausdruck und werden in Bezug auf die Multiplikation als Produkt zweier Variablen dargestellt (Prediger & Wessel, 2011, S. 166). Ein Beispiel für eine solche Darstellung ist der Term $a \cdot b$, der für beliebige Werte von a und b steht. Wird das konkrete Produkt von zwei spezifischen Zahlen repräsentiert, handelt es sich um eine symbolisch-numerische Darstellung (Prediger & Wessel, 2011, S. 166). Der Term 6 · 2 ist ein Beispiel für eine symbolisch-numerische Darstellung und repräsentiert das Produkt der Zahlen sechs und zwei, also 12. Während symbolisch-numerische Darstellungen vor allem in den niedrigeren Jahrgängen, in der Primarstufe sowie den ersten Jahren der Sekundarstufe I von Bedeutung sind, werden ab der 7. Klasse zunehmend und in der Sekundarstufe II fast ausschließlich symbolisch-algebraische Ausdrücke verwendet (Prediger & Wessel, 2011, S. 167; Wessel, 2015, S. 79).

Die Unterscheidung zwischen symbolisch-algebraischen sowie symbolisch-numerischen Darstellungen erfolgt auf Grundlage der diesen Darstellungen inhärenten Eigenschaften. Unabhängig von ihren Eigenschaften lassen sich mathematisch-symbolische Darstellungen jedoch auch aus zwei verschiedenen Perspektiven deuten, die den individuellen Interpretationen der Lernenden entstammen (Kuhnke, 2013, S. 46). Der folgende Absatz soll in diesem Zusammenhang in die sogenannte „Prozess-Objekt-Dualität" einführen.

> Wenn Sie einen symbolischen Ausdruck wie beispielsweise 6 · 2 betrachten, was sehen Sie dann?
>
> In bestimmten Situationen werden Sie wahrscheinlich sagen, dass dies eine prägnante Beschreibung eines Rechenprozesses ist. 6 · 2 wird als ein Prozess wiederholter Addition gesehen: Es wird sechsmal die Zwei addiert („sechs 2er") oder es wird zweimal die Sechs addiert („zwei 6er"). In einem anderen Zusammenhang sehen Sie das vielleicht anders: 6 · 2 steht für eine bestimmte Zahl, das Produkt von Sechs und Zwei, welches gleich 12 ist. Der Ausdruck stellt in dem Falle das Ergebnis eines Prozesses dar und nicht den Prozess selbst (in Anlehnung an Sfard & Linchevski, 1994, S. 191).

Auch wenn in dieser Ausführung aufgrund der größeren Relevanz für die vorliegende Arbeit spezifisch auf die symbolisch-numerische Darstellung eingegangen wurde, gilt diese Feststellung für symbolisch-algebraische Darstellungen gleichermaßen: Mathematische Symbole können zum einen aus einer operativen Perspektive betrachtet und als Prozess verstanden werden. Zum anderen können diese Symbole als Objekt beziehungsweise Produkt eines Prozesses im Rahmen einer strukturellen Perspektive gedeutet werden (Gray & Tall, 1994, S. 119; Sfard, 1991, S. 4). Für die Verschmelzung von Prozess und Objekt nutzen Gray und Tall das Wort „elementary procept" und definieren dieses wie folgt:

> „An *elementary procept* is the amalgam of three components: a *process* that produces a mathematical *object*, and a *symbol* that represents either the process or the object" (Gray & Tall, 1994, S. 121, Herv. im Original).

Es sind also nicht die mathematischen Symbole per se, die eine bestimmte Deutung nahelegen, sondern es sind die individuellen und impliziten Interpretationen der Lernenden, durch die Symbole als Prozess oder Objekt konzeptualisiert werden (Sfard, 1991, S. 5). Hinsichtlich der Interpretationsmöglichkeiten eines mathematischen Symbols ist es wichtig zu betonen, dass sich die operative und strukturelle Perspektive nicht ausschließen, sondern sich die beiden Perspektiven vielmehr gegenseitig ergänzen (Sfard, 1991, S. 4). Gray und Tall (1994, S. 120) sehen die flexible Betrachtungsweise sogar als eine Voraussetzung für erfolgreiches mathematisches Denken:

> „We believe that the ambiguity in interpreting symbolism in this flexible way is at the root of successful mathematical thinking".

Diesbezüglich geht Sfard (1991, S. 10) davon aus, dass zum Erlernen einer flexiblen Betrachtungsweise zunächst Symbole aus einer operativen Perspektive heraus kennengelernt und gedeutet werden müssen, bevor sie aus einer strukturellen Perspektive betrachtet werden können.

Insgesamt zeigt sich, dass mathematisch-symbolische Darstellung entweder in symbolisch-algebraischer Form einen allgemeinen Ausdruck repräsentieren und als Produkt zweier Variablen dargestellt werden können oder in symbolisch-numerischer Form ein konkretes Produkt zweier spezifischer Zahlen aufzeigen. Beide Arten mathematisch-symbolischer Darstellungen lassen sich sowohl als Prozess als auch als Produkt eines Prozesses interpretieren. Eine flexible Betrachtungsweise gilt dabei als wesentlicher Faktor für erfolgreiches mathematisches Denken.

3.4 Wechsel zwischen bildlichen und mathematisch-symbolischen Darstellungen

Der Wechsel zwischen Darstellungen und Darstellungsformen ist für die Ausbildung von Grundvorstellungen von großer Relevanz. Entsprechend wurde das mathematische Darstellen als prozessbezogene Kompetenz in die Bildungsstandards für das Fach Mathematik integriert und die besondere Bedeutung der Vernetzung von mathematischen Darstellungen hervorgehoben (Kultusministerkonferenz, 2022a, 2022b). In den Bildungsstandards für den Primarbereich wird diesbezüglich die folgende Anforderung formuliert:

> „Die Schülerinnen und Schüler übertragen eine Darstellungsform in eine andere" (Kultusministerkonferenz, 2022b, S. 11–12).

Auch über die Primarstufe hinaus bleibt das Wechseln zwischen Darstellungen eine wesentliche Kompetenz. Diese Kompetenz wird in den Bildungsstandards für den ersten und mittleren Schulabschluss folgendermaßen ausgeführt:

> „Die Schülerinnen und Schüler wechseln sachgerecht zwischen mathematischen Darstellungen und erklären, wie sie vernetzt sind" (Kultusministerkonferenz, 2022a, S. 12).

Treatments und Conversions

Grundsätzlich können zwei verschiedene Arten von Darstellungswechseln unterschieden werden. Erstens kann ein Wechsel innerhalb einer Darstellungsform stattfinden. Ein Wechsel innerhalb einer Darstellungsform stellt beispielsweise die Übersetzung einer bildlichen Darstellung in eine andere bildliche Darstellung dar. Zweitens kann zwischen verschiedenen Darstellungsformen gewechselt werden, etwa wenn eine bildliche Darstellung in eine mathematisch-symbolische Darstellung übersetzt wird (Kaun, 2023, S. 22). Auf die zwei Arten von Darstellungswechseln wird in der Literatur häufig mit verschiedenen Bezeichnern Bezug genommen. Aufbauend auf Bauersfeld (1972) und Bruner (1966) bezeichnen Kuhnke (2013, S. 24) und Kaun (2023, S. 22) den Wechsel innerhalb einer Darstellungsform als „Intramodalen Transfer", sowie den Wechsel zwischen verschiedenen Darstellungsformen als „Intermodalen Transfer". Für den Intramodalen Transfer verwendet Duval synonym den Begriff „treatments":

> „Treatments […] are transformations of representations that happen within the same register: for example, carrying out a calculation while remaining strictly in the same notation system for representing the numbers, solving an equation or system of equations, completing a figure using perceptual criteria of connectivity or symmetry, etc." (Duval, 2006, S. 111).

Die Intermodalen Transfers definiert Duval als „conversions":

> „Conversions [...] are transformations of representation that consist of changing a register without changing the objects being denoted: for example, passing from the algebraic notation for an equation to its graphic representation, passing from the natural language statement of a relationship to its notation using letters, etc." (Duval, 2006, S. 112).

Für den Wechsel innerhalb und zwischen bildlichen sowie mathematisch-symbolischen Darstellungsformen ergeben sich somit insgesamt vier Möglichkeiten (Abbildung 3.6):

1. Von einer bildlichen Darstellung in eine andere bildliche Darstellung (treatments),
2. von einer mathematisch-symbolischen Darstellung in eine andere mathematisch-symbolische Darstellung (treatments),
3. von einer bildlichen Darstellung zu einer mathematisch-symbolischen Darstellung (conversions) und
4. von einer mathematisch-symbolischen zu einer bildlichen Darstellung (conversions).

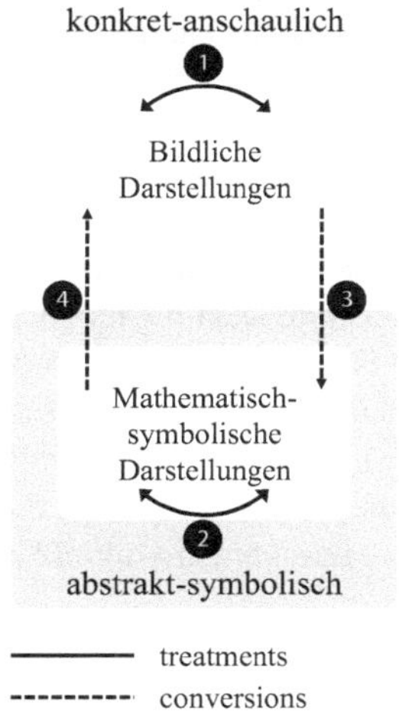

Abbildung 3.6 Wechsel innerhalb und zwischen bildlichen und mathematisch-symbolischen Darstellungen. (Quelle: Eigene Darstellung)

Für diese Arbeit besonders relevant sind conversions, die zwischen bildlichen und mathematisch-symbolischen Darstellungen stattfinden. Konkret werden hinsichtlich der bildlichen Darstellungen didaktische Darstellungen in den Blick genommen, in denen eine Multiplikation entweder linear durch Sprünge am Zahlenstrahl oder flächig durch ein Rechteckbild mit Punkten (im Folgenden nur „Rechteckbild") repräsentiert wird. Die mathematisch-symbolischen Darstellungen, die im Kontext dieser Arbeit im Fokus stehen, sind symbolisch-numerische Darstellungen in Form eines Terms oder einer Gleichung einer Multiplikation.

Wechsel zwischen Darstellungen desselben mathematischen Objektes
Damit conversions, also Darstellungswechsel zwischen verschiedenen Darstellungsformen, erfolgreich vonstattengehen können, ist es wichtig, dass die Elemente der Zahlenstrahl- und Rechteckbilddarstellung mit den Elementen der mathematisch-symbolischen Darstellung numerisch und relational verknüpft werden (Kuhnke, 2013, S. 50). Aufgrund der Kommutativität der Multiplikation sind die beiden Faktoren in der mathematisch-symbolischen Darstellung nicht auf eine bestimmte Rolle festgelegt, sondern ihre Rollen können beliebig getauscht werden (Hüser, 2024, S. 49). Für den Fall der Zahlenstrahldarstellung bedeutet dies, dass einerseits der erste Faktor (auch Multiplikator genannt) als Sprunganzahl und der zweite Faktor (Multiplikand) als Sprunglänge interpretiert werden kann. Andererseits ist es ebenso möglich, den ersten Faktor als Sprunglänge und den zweiten Faktor als Sprunganzahl zu deuten. Das Ergebnis der Multiplikation (Produkt) kann in beiden Fällen als Gesamtlänge aller Sprünge oder als Endpunkt des letzten Sprunges verstanden werden (Abbildung 3.7). Bei der Rechteckbilddarstellung lässt sich der erste Faktor als Anzahl der Gruppen im Sinne von Zeilen oder Spalten und der zweite Faktor als Größe der Gruppen im Sinne der Punktanzahl pro Zeile oder Spalte auffassen. Ebenso ist die umgekehrte Deutung möglich, bei der der erste Faktor die Gruppengröße und der zweite Faktor die Gruppenanzahl angibt. Die Gesamtanzahl der Punkte im Rechteckbild entspricht immer dem Ergebnis der Rechnung.

Erst wenn Lernende in der Lage sind, die beiden Faktoren einer Multiplikation flexibel zu interpretieren und die Fähigkeit besitzen, die Rolle der Faktoren beliebig zu vertauschen, kann von einem tragfähigen Multiplikationsverständnis gesprochen werden.

> „Denn verharren die Lernenden bei einer stets einseitig-fixierten Interpretation von Multiplikand und Multiplikator, kann nicht von einem tragfähigen Operationsverständnis gesprochen werden, da das Wissen um mathematische Eigenschaften wie der Kommutativität ein wesentliches Merkmal für ein tragfähiges Operationsverständnis zur Multiplikation darstellt [...] (Hüser, 2024, S. 49).

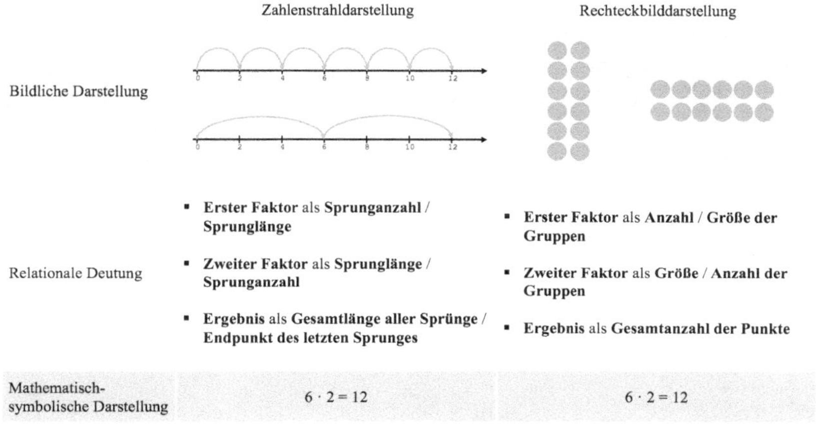

Abbildung 3.7 Tragfähiger Darstellungswechsel zwischen mathematisch-symbolischer und der Zahlenstrahl- sowie Rechteckbilddarstellung. (Quelle: In Anlehnung an Kuhnke (2013, S. 51, Tabelle 2.3))

Wechsel zwischen Darstellungen von Veränderungen eines mathematischen Objektes

Für das Herstellen von Zusammenhängen im Kontext der Multiplikation, reicht es allerdings nicht aus, lediglich zwischen Darstellungen zu wechseln, in denen dasselbe mathematische Objekt in unterschiedlichen Formen repräsentiert wird. Es müssen auch systematische Veränderungen an mathematischen Objekten innerhalb und zwischen Darstellungsformen nachvollzogen und vorgenommen werden können. Prozesse, in denen ein mathematisches Objekt innerhalb einer Darstellungsform systematisch verändert und diese Veränderung zugleich in eine andere Darstellungsform übersetzt wird, bezeichnet Abraham (2025, S. 69) in Anlehnung an Duval (2006) als „conversion of treatments bei systematic variation". Wie die Bezeichnung bereits andeutet, handelt es sich um eine Kombination aus einem Wechsel innerhalb von Darstellungsformen (treatments) und zwischen Darstellungsformen (conversions) bei Veränderung des mathematischen Objekts. Ein derartiger Prozess wird etwa dann durchlaufen, wenn Lernende die Veränderung des Terms $6 \cdot 2$ zu $7 \cdot 2$ mit dem Hinzufügen einer zusätzlichen Zeile oder Spalte im Rechteckbild verknüpfen (Abbildung 3.8).

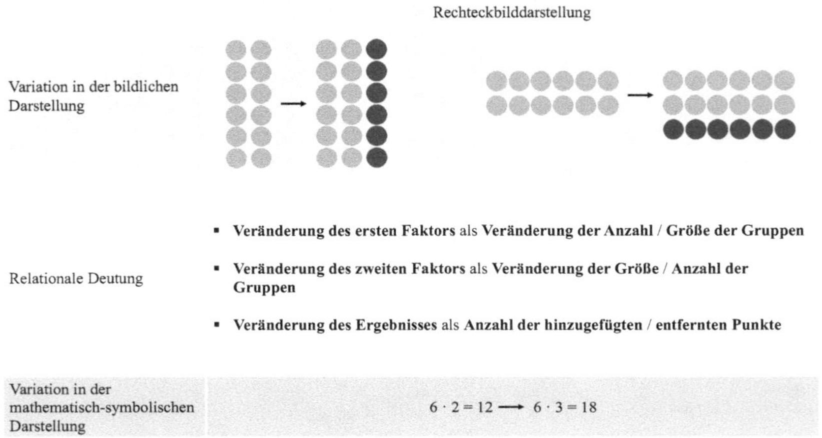

Abbildung 3.8 Tragfähiger Darstellungswechsel zwischen mathematisch-symbolischer und der Rechteckbilddarstellung bei Variation. (Quelle: Eigene Darstellung)

In Bezug auf die Veränderung eines Faktors in der mathematisch-symbolischen Darstellung und deren Auswirkungen auf die Rechteckbilddarstellung zeichnet sich ein erfolgreicher Darstellungswechsel dieser „Variation“ (Kuhnke, 2013) zunächst dadurch aus, dass eine Erhöhung beziehungsweise Verringerung des ersten Faktors mit einer Veränderung der Gruppenanzahl und eine Erhöhung beziehungsweise Verringerung des zweiten Faktors mit einer Veränderung der Gruppengröße in Verbindung gebracht wird. Ebenso ist eine alternative Interpretation möglich, bei der die Veränderung des ersten Faktors als Veränderung der Gruppengröße und die des zweiten Faktors als Veränderung der Gruppenanzahl gedeutet wird. Die numerische Veränderung zwischen den beiden Termen entspricht der Anzahl der Punkte, die im Rechteckbild hinzugefügt oder entfernt werden (Abbildung 3.8). Besonders anspruchsvoll erweist sich bei solchen Variationen, dass eine Erhöhung oder Verringerung eines Faktors um eins zwar die Ziffernebene um eins verändert, die Gesamtmenge jedoch um den Wert des konstant bleibenden Faktors verändert wird, der in der Regel größer als eins ist (Kuhnke, 2013, S. 211).

Empirische Studien zum Darstellungswechsel bei der Multiplikation
Kuhnke (2013) führte eine Studie zum Darstellungswechsel bei der Multiplikation durch, die wichtige Erkenntnisse für die Forschung in diesem Bereich liefert. Sie untersuchte aus einer prozessorientierten Perspektive im Rahmen von 15 Einzelinterviews unter anderem, welche Kriterien Kinder beim Darstellungswechsel heranziehen und konnte diesbezüglich drei Fokussierungen herausarbeiten (Kuhnke, 2013, S. 156–188). Erstens fokussierten Kinder beim Darstellungswechsel auf das Ergebnis und betrachteten zwei Darstellungen als passend zueinander, wenn sie das gleiche Ergebnis abbildeten. Zweitens kam es vor, dass sich die Kinder auf einzelne Elemente konzentrierten. In diesen Fällen wurden Darstellungen als passend zueinander empfunden, wenn diese einzelnen Elemente in beiden Darstellungen vorkamen, etwa einzelne Zahlen des Multiplikationsterms oder das Malzeichen. Drittens passten für die Lernenden Darstellungen dann gut zusammen, wenn in beiden Darstellungen dieselbe Relation der Elemente zu finden war. Insgesamt handelte es sich bei den Fokussierungen jedoch nicht um stabile Deutungsmuster, sondern innerhalb jedes Einzelinterviews kamen immer verschiedene Fokussierungen vor. Zudem traten innerhalb eines Darstellungswechsels teils mehrere Fokussierungen gleichzeitig auf, die entweder konkurrierten, nebeneinander bestanden oder wechselten (Kuhnke, 2013, S. 209).

Neben dem Vorgehen beim Wechseln zwischen Darstellungen, in denen dasselbe mathematische Objekt in unterschiedlichen Formen repräsentiert wird, untersuchte Kuhnke (2013) auch die Vorgehensweisen von Kindern bei der Variation von Darstellungen. Dafür forderte sie die Lernenden im Rahmen der Interviews auf, zu einer variierten Ausgangsdarstellung eine neue, passende Zieldarstellung aus einer gegebenen Darstellung zu konstruieren (Kuhnke, 2013, S. 210). Analog zu den Darstellungswechseln, die in Bezug auf gleichbleibende mathematische Objekte durchgeführt wurden, fokussierten die Lernenden hierbei entweder die Veränderung des Ergebnisses, die Veränderung einzelner Elemente oder die Veränderung der Relation der Elemente. Außerdem zeigte sich, dass die Veränderung in der Ausgangsdarstellung von den meisten Lernenden zwar berücksichtigt wurde, diese jedoch nicht immer auf die Zieldarstellung übertragen werden konnte beziehungsweise den Lernenden nicht bewusst war, dass eine Veränderung der Ausgangsdarstellung auch eine Veränderung der Zieldarstellung erfordert (Kuhnke, 2013, S. 260).

Götze et al. (2020, S. 54) und Akinwunmi et al. (2025, S. 5) sowie die auf kira.dzlm.de bereitgestellten Materialien (*kira.dzlm.de/180*, 2025; *kira.dzlm.de/*

node/671, 2025) verdeutlichen anhand von Schülerdokumenten, wie der Wechsel zwischen einer bildlichen Darstellung und einer mathematisch-symbolischen Darstellung vollzogen werden kann. Aufbauend auf den in diesen Quellen aufgeführten Dokumenten und den dazugehörigen Interpretationsvorschlägen lassen sich verschiedene Vorgehensweisen voneinander abgrenzen. Im Mittelpunkt der folgenden Ausführungen stehen der Wechsel von der Zahlenstrahl- zur mathematisch-symbolischen Darstellung, von der mathematisch-symbolischen Darstellung zur Zahlenstrahldarstellung sowie der Wechsel von der mathematisch-symbolischen zur Rechteckbilddarstellung. Diese Darstellungswechsel wurden ausgewählt, da sie für den weiteren Verlauf dieser Arbeit von besonderer Bedeutung sind.

Auch der Darstellungswechsel zwischen mathematisch-symbolischer Darstellung und Rechteckbilddarstellung bei Variation ist für diese Arbeit relevant. Da hierzu jedoch keine Arbeiten identifiziert werden konnten, auf deren Grundlage verschiedene Vorgehensweisen differenziert werden könnten, wird dieser Darstellungswechsel im Folgenden nicht weiter vertieft.

Wechsel von der Zahlenstrahldarstellung zur mathematisch-symbolischen Darstellung (Abbildung 3.9):

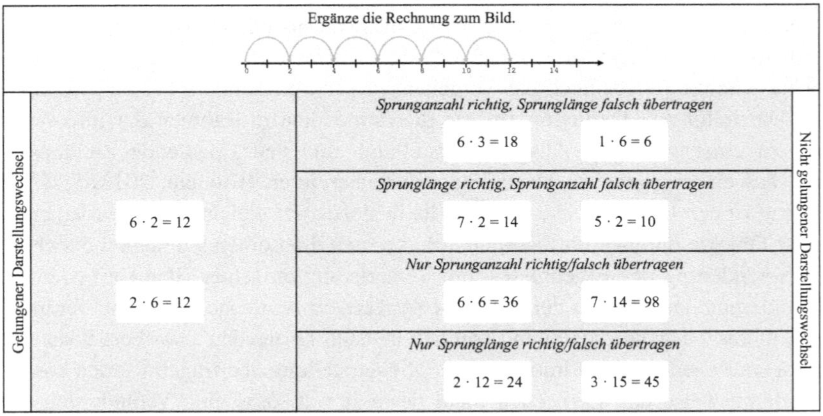

Abbildung 3.9 Beispiele für Wechsel von der Zahlenstrahldarstellung zur mathematisch-symbolischen Darstellung. (Quelle: Eigene Darstellung)

1. Gelungener Darstellungswechsel
   Beide Faktoren sowie das Ergebnis werden im intendierten Sinn in der Zahlenstrahl abgelesen. Die Sprunganzahl und Sprunglänge werden als erster beziehungsweise zweiter Faktor notiert sowie die Gesamtlänge aller Sprünge als Ergebnis.
2. Nicht gelungener Darstellungswechsel
   - Übertragung von Sprunganzahl und Sprunglänge
     Es werden sowohl die Sprunganzahl als auch die Sprunglänge übersetzt, jedoch wird nur eines der beiden Elemente korrekt in die mathematisch-symbolische Darstellung übertragen.
     - *Sprunganzahl richtig, Sprunglänge falsch übertragen*
       Die Sprunganzahl wird korrekt als einer der beiden Faktoren in der mathematisch-symbolischen Darstellung notiert. Die Sprunglänge wird jedoch falsch übertragen. Die Ursache dieses Fehlers ist oftmals, dass die Messstriche doppelt gezählt werden, bei denen ein Sprung aufhört und ein neuer beginnt.
     - *Sprunglänge richtig, Sprunganzahl falsch übertragen*
       Die Sprunglänge wird korrekt als einer der beiden Faktoren in der mathematisch-symbolischen Darstellung notiert. Die Sprunganzahl wird jedoch falsch übertragen. Die Ursache dafür liegt oftmals in einen Plus-Eins-Fehler oder Minus-Eins-Fehler, sodass die ermittelte Anzahl um Eins zu hoch oder zu niedrig ist.
   - Übertragung entweder von Sprunganzahl oder Sprunglänge
     Es wird entweder nur die Sprunganzahl oder nur die Sprunglänge in die mathematisch-symbolisch Darstellung übersetzt. Für den jeweils anderen Faktor in dieser Darstellung wird eine Zahl notiert, die nicht zur Zahlenstrahldarstellung passt.
     - *Nur Sprunganzahl richtig/falsch übertragen*
       Die Sprunganzahl wird richtig oder falsch als einer der beiden Faktoren in der mathematisch-symbolischen Darstellung notiert. Für den anderen Faktor wird anstatt der Sprunglänge ein unpassendes Element aus der Zahlenstrahldarstellung herangezogen, etwa die Anzahl der übriggebliebenen Messstriche.

- *Nur Sprunglänge richtig/falsch übertragen*
  Die Sprunglänge wird richtig oder falsch als einer der beiden Faktoren in der mathematisch-symbolischen Darstellung notiert. Für den anderen Faktor wird anstatt der Sprunganzahl ein unpassendes Element aus der Zahlenstrahldarstellung herangezogen, etwa die nächste sichtbare Zahl am Zahlenstrahl.

Wechsel von der mathematisch-symbolischen Darstellung zur Zahlenstrahldarstellung (Abbildung 3.10):

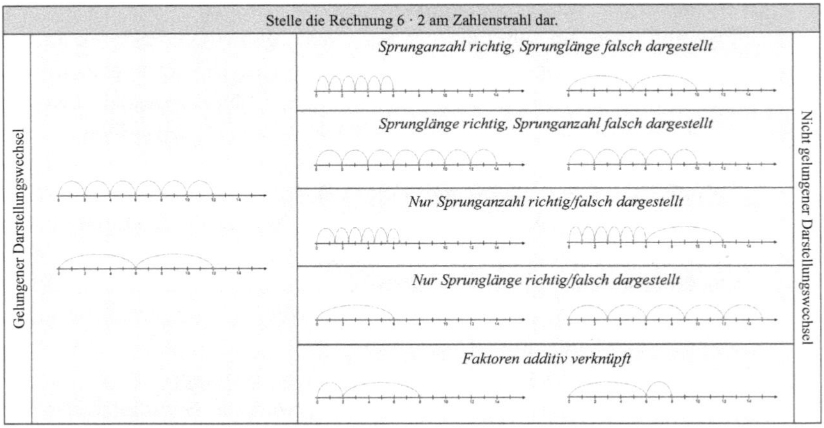

Abbildung 3.10 Beispiele für Wechsel von der mathematisch-symbolischen Darstellung zur Zahlenstrahldarstellung. (Quelle: Eigene Darstellung)

1. Gelungener Darstellungswechsel
   Beide Faktoren sowie das Ergebnis werden im intendierten Sinn durch Sprünge am Zahlenstrahl dargestellt. Der erste und zweite Faktor werden als Sprunganzahl beziehungsweise Sprunglänge repräsentiert und das Ergebnis als Gesamtlänge aller Sprünge.

2. Nicht gelungener Darstellungswechsel
   - Übertragung von erstem und zweitem Faktor
     Es werden sowohl der erste als auch der zweite Faktor übersetzt, jedoch wird nur einer der beiden Faktoren korrekt in die Zahlenstrahldarstellung übertragen.
     - *Sprunganzahl richtig, Sprunglänge falsch dargestellt*
       Einer der beiden Faktoren wird korrekt als Sprunganzahl in der Zahlenstrahldarstellung abgebildet. Allerdings wird für den anderen Faktor, der die Sprunglänge repräsentieren soll, eine falsche Darstellung gewählt. Die Ursache dieses Fehlers ist oftmals, dass die Messstriche doppelt gezählt werden, bei denen ein Sprung aufhört und ein neuer beginnt.
     - *Sprunglänge richtig, Sprunganzahl falsch dargestellt*
       Einer der beiden Faktoren wird korrekt als Sprunglänge in der Zahlenstrahldarstellung abgebildet. Allerdings wird für den anderen Faktor, der die Sprunganzahl repräsentieren soll, eine falsche Darstellung gewählt. Die Ursache dafür liegt oftmals in einen Plus-Eins-Fehler oder Minus-Eins-Fehler, sodass Anzahl der Sprünge in Bezug auf den abzubildenden Faktor um Eins zu hoch oder zu niedrig ist.
   - Übertragung entweder von erstem oder von zweitem Faktor
     Es wird entweder nur der erste oder nur der zweite Faktor in der Zahlenstrahldarstellung abgebildet. Der jeweils andere Faktor lässt sich aus der Darstellung nicht ablesen.
     - *Nur Sprunganzahl richtig/falsch dargestellt*
       Nur einer der beiden Faktoren wird richtig oder falsch als Sprunganzahl in der Zahlenstrahldarstellung abgebildet. Der andere Faktor, der entsprechend durch die Sprunglänge dargestellt werden müsste, ist in der Zahlenstrahldarstellung nicht repräsentiert.
     - *Nur Sprunglänge richtig/falsch dargestellt*
       Nur einer der beiden Faktoren wird richtig oder falsch als Sprunglänge in der Zahlenstrahldarstellung abgebildet. Der andere Faktor, der entsprechend durch die Sprunganzahl dargestellt werden müsste, ist in der Zahlenstrahldarstellung nicht repräsentiert.
   - *Faktoren additiv verknüpft*
     Die Multiplikation wird additiv interpretiert, indem die beiden Faktoren jeweils als Sprünge am Zahlenstrahl dargestellt werden, deren Länge dem ersten beziehungsweise zweiten Faktor entspricht.

Wechsel von der mathematisch-symbolischen Darstellung zur Rechteckbilddarstellung (Abbildung 3.11):

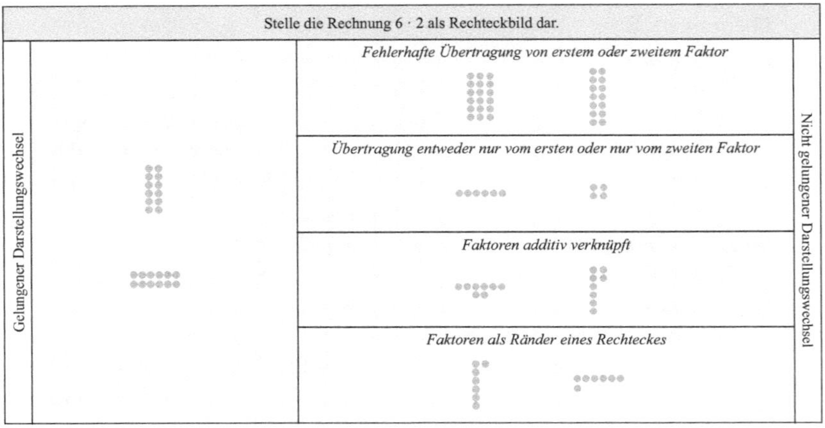

Abbildung 3.11 Beispiele für Wechsel von der mathematisch-symbolischen Darstellung zur Rechteckbilddarstellung. (Quelle: Eigene Darstellung)

1. Gelungener Darstellungswechsel
   Beide Faktoren sowie das Ergebnis werden im intendierten Sinn durch Gruppen im Rechteckbild dargestellt. Der erste und zweite Faktor werden als Gruppenanzahl beziehungsweise Gruppengröße repräsentiert und das Ergebnis als Gesamtzahl der Punkte.
2. Nicht gelungener Darstellungswechsel
   - *Fehlerhafte Übertragung von erstem oder zweitem Faktor*
     Es werden sowohl der erste als auch der zweite Faktor übersetzt, jedoch wird nur einer der beiden Faktoren korrekt in die Rechteckbilddarstellung übertragen. Die Ursache dieses Fehlers ist oftmals, dass die zuerst eingezeichnete Gruppe bei der Bestimmung der Gruppenanzahl nicht berücksichtigt wird, sodass im Rechteckbild eine Gruppe mehr dargestellt ist, als es den Faktoren entspricht.
   - *Übertragung entweder nur vom ersten oder nur vom zweiten Faktor*
     Es wird entweder nur der erste oder nur der zweite Faktor in der Rechteckbilddarstellung abgebildet. Der jeweils andere Faktor lässt sich aus der Darstellung nicht ablesen.

- *Faktoren additiv verknüpft*
  Die Multiplikation wird additiv interpretiert, indem die beiden Faktoren jeweils als Gruppen dargestellt werden, deren Größe dem ersten beziehungsweise zweiten Faktor entspricht.
- *Faktoren als Ränder eines Rechteckes*
  Die beiden Faktoren werden als Ränder eines Rechtecks dargestellt, deren Länge jeweils dem ersten beziehungsweise zweiten Faktor entspricht.

Zusammenfassend kann festgehalten werden, dass in Bezug auf die Wechsel zwischen Darstellungen, die dasselbe mathematische Objekt repräsentieren, zwischen „treatments", Wechseln innerhalb einer Darstellungsform, und „conversions", Wechseln zwischen verschiedenen Darstellungsformen, unterschieden wird. Ein gelungener Darstellungswechsel ist dadurch gekennzeichnet, dass die Elemente der Ausgangsdarstellung numerisch und relational mit den Elementen der Zieldarstellung verknüpft werden können.

Für den Wechsel zwischen bildlichen Darstellungen in Form von Zahlenstrahl- und Rechteckbilddarstellungen sowie mathematisch-symbolischen Darstellungen in Form symbolisch-numerischer Darstellungen bedeutet dies, dass der erste und der zweite Faktor als Sprunganzahl oder Sprunglänge beziehungsweise als Anzahl oder Größe der Gruppen im Sinne von Zeilen und Spalten eines Rechteckbildes interpretiert werden können. Das Ergebnis sollte als Gesamtlänge aller Sprünge oder als Gesamtanzahl der Punkte gedeutet werden.

Bei Wechseln, in denen ein mathematisches Objekt innerhalb einer Darstellungsform verändert und die Veränderung in eine andere Darstellungsform übertragen wird, sogenannte „conversion of treatments bei systematic variation", zeigt sich ein gelungener Darstellungswechsel darin, dass die Veränderungen in der Ausgangsdarstellung mit den Veränderungen in der Zieldarstellung verknüpft werden. Bezüglich Rechteckbilddarstellungen und symbolisch-numerischer Darstellungen bedeutet dies, dass Veränderungen der Faktoren als Veränderungen der Gruppenanzahl oder -größe gedeutet werden, während die Veränderung des Ergebnisses als die Anzahl der hinzugefügten oder entfernten Punkte zu interpretieren ist.

Studien zum Wechsel zwischen verschiedenen Darstellungsformen der Multiplikation im Allgemeinen und zum Wechsel zwischen Zahlenstrahl-, Rechteckbild- und symbolisch-numerischen Darstellungen im Besonderen zeigen, dass Lernende auf das Ergebnis, auf einzelne Elemente oder auf Relationen zwischen den Elementen fokussieren. Zudem können verschiedene Vorgehensweisen zu gelungenen oder misslungenen Darstellungswechseln führen. Bei Letzteren können etwa fehlerhafte oder ausbleibende Übersetzungen von Elementen der Ausgangsdarstellung in die Zieldarstellung auftreten.

3.5 Potenziale digitaler Technologien für den Wechsel zwischen bildlichen und mathematisch-symbolischen Darstellungen

Speziell für den Wechsel zwischen bildlichen und mathematisch-symbolischen Darstellung lassen sich im Hinblick auf Aufgabenformate und Unterstützungselemente Potenziale von digitalen Technologien identifizieren. Darüber hinaus ergeben sich mit der automatischen Auswertung und der damit verbundenen Option der Bereitstellung unmittelbaren Feedbacks sowie mit der adaptiven Gestaltung von Lernwegen weitere Potenziale. Diese sind jedoch inhalts- und fachübergreifend und damit allgemeiner Art. Sie beziehen sich nicht spezifisch auf den Darstellungswechsel bei der Multiplikation und werden daher im Folgenden nicht weiter ausgeführt.

Potenziale für Aufgabenformate

Im Hinblick auf die Aufgabenformate ermöglichen es digitale Technologien erstens, Multirepräsentationstools für den Darstellungswechsel zu verwenden. Solche digitalen Tools können zwei oder mehr Darstellungen verlinkt darstellen. Das bedeutet, dass Variationen einer Darstellung in einer anderen, gleichzeitig sichtbaren Darstellung betrachtet werden können (Kaput, 1986, S. 12). Dadurch wird Lernenden der aktive Wechsel zwischen verschiedenen Darstellungen abgenommen und sie können sich (zunächst) darauf fokussieren, Verknüpfungen zwischen diesen Darstellungen herzustellen und Zusammenhänge zu erkennen (Abraham & Prediger, 2025, S. 221).

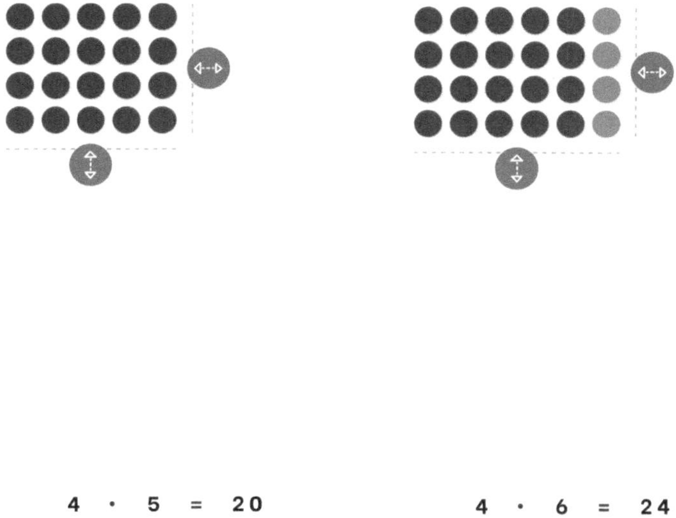

Abbildung 3.12 Multirepräsentationstool mit verlinkter Rechteckbild- und mathematisch-symbolischer Darstellung. (Quelle: https://app.divomath-nrw.de)

Ein solches Multirepräsentationstool in Bezug auf den bildlich-symbolischen Darstellungswechsel stellen Abraham (2025, S. 70–71) sowie Abraham und Prediger (2025, S. 223) vor. In dem vorgestellten Tool wird, ähnlich wie in Abbildung 3.12 dargestellt, eine Rechteckbilddarstellung mit einer mathematisch-symbolischen Darstellung in Form eines Terms zusammenhängend dargestellt. Die Rechteckbilddarstellung kann durch Ziehen an den entsprechenden Pfeiltasten manipuliert werden. Simultan mit der Manipulation des Rechteckbildes verändert sich auch der Term, sodass dieselbe Multiplikation in beiden Darstellungen abgebildet wird. Die Ergebnisse der Design-Research-Studie von Abraham und Prediger (2025), in der 30 Lernende der fünften Jahrgangsstufe mit dem Multirepräsentationstool arbeiteten, verdeutlichen, dass das Erkunden von Zusammenhängen durch strukturierte Aufgabenstellungen und Formulierungshilfen unterstützt werden sollte. Auf diese Weise werde die Aufmerksamkeit gezielt auf bestimmte Zusammenhänge gelenkt und die Formulierung von Begründungen erleichtert (Abraham & Prediger, 2025, S. 242).

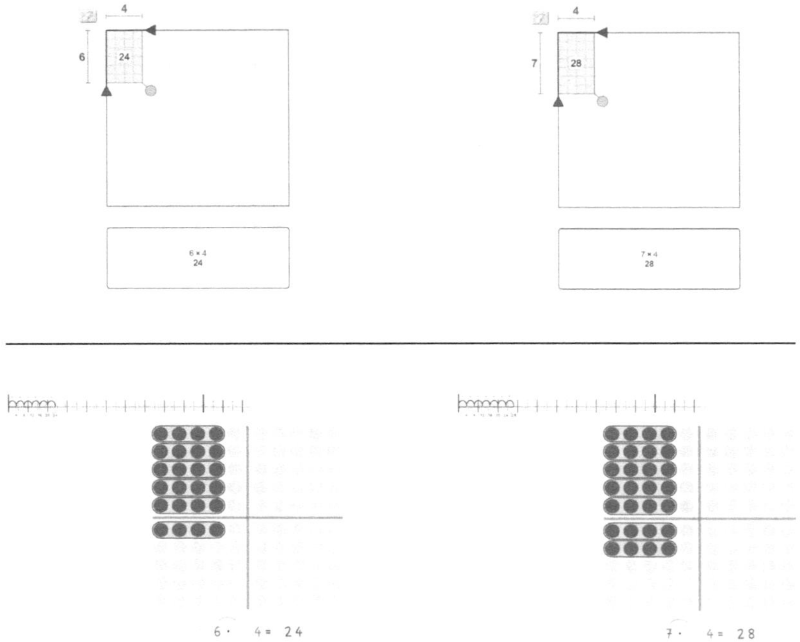

Abbildung 3.13 Multirepräsentationstools in dem PhET Interactive Simulations Project der Universität Colorado Boulder (oben) und in der App „Malrechnen" (unten). (Quelle: https://phet.colorado.edu/en/simulations/area-model-multiplication; App „Malrechnen" © Dr. Christian Urff)

Ähnliche Tools wie das von Abraham und Prediger beschriebene wurden auch in anderen Projekten entwickelt. Beispielsweise gibt es das „Flächenmodell Multiplikation", welches im PhET Interactive-Simulations-Projekt entwickelt wurde (Abbildung 3.13 oben). Eine Verknüpfung von Zahlenstrahl-, Rechteckbild- und mathematisch-symbolischer Darstellung bietet die App „Malrechnen" von Christian Urff (Abbildung 3.13 unten).

Ein weiteres Potenzial digitaler Technologien im Kontext von Aufgabenformaten zum Darstellungswechsel besteht in der Verknüpfung bildlicher- und mathematisch-symbolischer Darstellungen mit haptisch-enaktiven Handlungen. Dieses Potenzial wird in der von Anne Rahn entwickelten App „1·1tool" genutzt, indem analoges

Handeln mit Material mit einer digitalen Verarbeitung dieser Handlungen kombiniert wird (Rahn & Götze, 2023, S. 75). Um die App zu verwenden, muss ein Spiegel an die Frontkamera eines aufrechtstehenden Tablets angebracht werden, sodass Fotos von der Spielfläche vor dem Tablet gemacht werden können. Auf dieser Spielfläche müssen die Lernenden Punktestreifen passend zur auf dem Tablet angezeigten Aufgabe ablegen und fotografieren (Abbildung 3.14). Das Foto mit den abgelegten Punktestreifen wird dann in der App verarbeitet und in Abhängigkeit vom Aufgabenmodus in eine bildliche, mathematisch-symbolische oder sprachlich-symbolische Darstellung überführt (Rahn & Götze, 2022, S. 121).

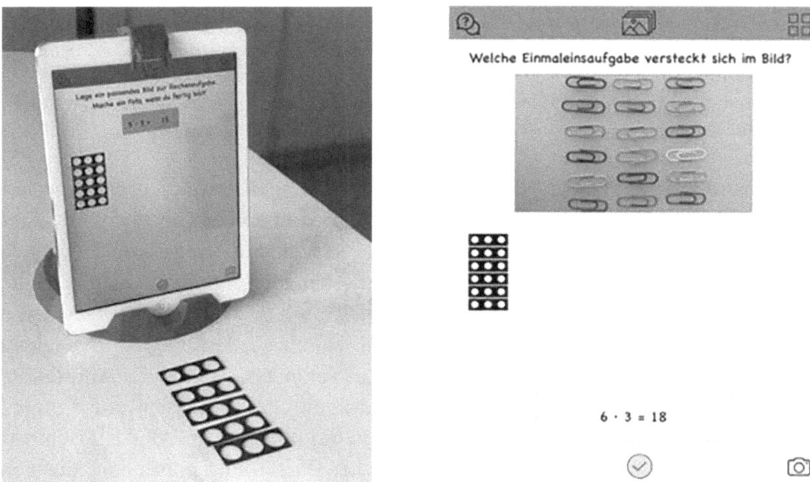

Abbildung 3.14 Nutzung und Aufgabe in der App 1·1tool. (Quelle: Rahn & Götze, 2022, S. 121, Abbildungen 1 und 2)

Einblicke in die Lernprozesse zweier Kinder, die mit der App arbeiteten, verdeutlichen, dass die unterschiedlichen Gestaltungselemente der App Kinder beim Aufbau eines multiplikativen Verständnisses unterstützen können. Besonders durch die Auseinandersetzung mit den Darstellungswechseln kann die App Kindern, die das Einmaleins lediglich auswendig gelernt haben, helfen, multiplikativ zu denken (Rahn & Götze, 2022, S. 130).

Neben der Verbindung analoger Materialhandlungen mit deren digitalen Repräsentationen ermöglichen digitale Technologien durch Multi-Touch-Funktionen es auch, bildliche Darstellungen der Multiplikation auf einer Benutzeroberfläche mit Fingern und Berührungsgesten zu konstruieren und zu manipulieren. Auf der Grundlage von Theorien der embodied cognition wurde im Rahmen des „Tangible Mathematics"-Projektes an der Simon-Fraser-Universität unter Leitung von Dr. Nathalie Sinclair die App „TouchTimes" (Tangible Mathematics Project, 2019) entwickelt, die genau diese Funktion, die Generierung bildlicher Darstellungen der Multiplikation durch Gesten, integriert:

> „*TouchTimes* [...] is a gesture-based, multi-touch environment for multiplication designed to improve children's flexible and relational understanding of multiplication. [...] Children can produce and transform objects directly on an iPad screen, using new gestural experiences of multiplication that provide direct feedback through both symbolic and visual representations" (Bakos & Sinclair, 2019, S. 2210, Herv. im Original).

Die Konstruktion bildlicher Multiplikationsdarstellungen erfolgt in der App auf einem zweigeteilten Bildschirm. Auf einer Hälfte können die Lernenden die Finger einer Hand platzieren und halten, wodurch verschiedenfarbige Kreise („Pips") entstehen (Abbildung 3.15). Wird nun mit einem Finger der anderen Hand auf die zweite Bildschirmhälfte getippt, wird eine Einheit aus Kreisen („Pods") erzeugt, die in Farbe und Anordnung den Pips entsprechen. Durch wiederholtes Tippen lassen sich weitere Pods hinzufügen, die sich simultan verändern, sobald die Anordnung oder Anzahl der Pips durch Bewegen, Hinzufügen oder Entfernen von Fingern variiert wird. Gleichzeitig wird den Lernenden am oberen Rand des Bildschirms die Multiplikation in mathematisch-symbolischer Darstellung präsentiert, die sich ebenfalls in Echtzeit an die Veränderung der Pips oder Pods anpasst (Bakos & Sinclair, 2019, S. 2210).

Abbildung 3.15 Nutzung der App TouchTimes. (Quelle: App „TouchTimes")

Die Ergebnisse eines Design-Experimentes mit der App zeigten, dass die untersuchten Lernenden bestimmte Bewegungsabläufe ihrer Hände entwickelten und beibehielten. Nach Annahme der beiden Autorinnen sind diese für die Ausbildung eines Multiplikationsverständnisses relevant und halfen den Kindern, die Beziehungen zwischen den Pips, den Pops und der mathematisch-symbolischen Darstellung zu erkennen (Bakos & Sinclair, 2019, S. 2214).

Es lässt sich festhalten, dass digitale Technologien im Vergleich zu rein analogen Lehr-Lernmaterialien, die den Darstellungswechsel zwischen bildlichen und mathematisch-symbolischen Darstellungen der Multiplikation fokussieren, neue Möglichkeiten für die Gestaltung von Aufgabenformaten eröffnen. So können Aufgabenstellungen an verlinkte Darstellungen gebunden, reale Materialhandlungen gefordert und anschließend digital verarbeitet sowie mit anderen bildlichen sowie symbolischen Darstellungen verknüpft werden. Zudem lassen sich bildliche Darstellungen der Multiplikation durch Gesten auf Multi-Touch-Oberflächen erzeugen und mit mathematisch-symbolischen Darstellungen verbinden.

Potenziale für Unterstützungselemente

Wie Abraham und Prediger (2025, S. 242) anmerken, sollte beim Darstellungswechsel die Aufmerksamkeit der Lernenden auf die Zusammenhänge zwischen bildlichen und mathematisch-symbolischen Darstellungen gelenkt werden. Dies kann laut der beiden Autorinnen einerseits über strukturierte Aufgabenstellungen und Formulierungshilfen erfolgen. Eine weitere Möglichkeit, die Lernenden diesbezüglich zu unterstützen, besteht in der Bereitstellung von Unterstützungselementen in Form von interaktiven Hinweisen (Abschnitt 2.2.2), die Lernenden etwa nach der Durchführung eines Darstellungswechsels für die (Weiter-)Entwicklung ihres Multiplikationsverständnisses anfordern können.

Wie bei PIKAS (2025a, S. 1, 2025b, S. 1)[2] aufgezeigt, lassen sich diese Zusammenhänge beispielsweise durch farbliche Kodierungen hervorheben, indem Faktoren und Ergebnis in der mathematisch-symbolischen Darstellung markiert und die jeweiligen Rollen dieser Elemente in derselben Farbe am Zahlenstrahl oder im Rechteckbild sichtbar gemacht werden. Ergänzend zu den farblichen Kodierungen können den Lernenden kurze Verschriftlichungen angeboten werden, die die Zusammenhänge zwischen den Darstellungen schriftsprachlich erläutern und die Rolle der

[2] https://pikas.dzlm.de/pikasfiles/uploads/upload/Material/unterricht_neu/zahlen_und_operationen/zr_100/multiplikation_verstehen/unterricht_zr100_multiplikationverstehen_zahlenstrahl.pdf [zuletzt abgerufen am 30.11.2025],

https://pikas.dzlm.de/pikasfiles/uploads/upload/Material/unterricht_neu/zahlen_und_operationen/zr_100/multiplikation_verstehen/unterricht_zr100_multiplikationverstehen_punktebilder.pdf [zuletzt abgerufen am 30.11.2025].

Faktoren der mathematisch-symbolischen Darstellung in der bildlichen Darstellung explizieren. Bezüglich der Multiplikation sollte dabei insbesondere das

> „[...] Denken in gleich großen Einheiten beziehungsweise Bündeln [...]“ (Lamon 1994 nach Rahn & Götze, 2023, S. 75),

auch *unitizing* genannt (Hankeln & Prediger, 2025, S. 59), gefördert werden.

Beim Wechsel zwischen einer Zahlenstrahldarstellung und einer mathematisch-symbolischen Darstellung lässt sich die Rolle des Faktors, der die Anzahl der Sprünge angibt, veranschaulichen, indem über jedem Sprung „1-mal“ notiert und zusätzlich die Anzahl der Sprünge in Textform angegeben wird, zum Beispiel „insgesamt 6 Sprünge“. Die Rolle des Faktors, welcher die Länge der Sprünge repräsentiert, kann verdeutlicht werden, indem die entsprechenden Abschnitte am Zahlenstrahl markiert und mit Formulierungen wie „immer 3er-Sprünge“ versehen werden. Schließlich kann auch die Gesamtlänge aller Sprünge, die dem Ergebnis der Multiplikation entspricht, hervorgehoben werden, indem der Abschnitt zwischen dem Startpunkt des ersten Sprunges und dem Endpunkt des letzten Sprunges markiert wird. Eine mögliche Erklärung in Textform wäre „Gesamtlänge gleich 18“ (in Anlehnung an PIKAS, 2025b).

Für Rechteckbilddarstellungen bietet es sich an, hinsichtlich interaktiver Hinweise auf die Anzahl und Größe der Gruppen zu verweisen, um so das flexible Lesen des Rechteckbildes in zeilen- oder spaltenweiser Form zu unterstützen. Die Rolle des einen Faktors lässt sich verdeutlichen, indem die Gruppen nummeriert und die Gesamtanzahl in Textform angegeben wird, beispielsweise „insgesamt 6 Gruppen“. Die Rolle des anderen Faktors kann sichtbar gemacht werden, indem die Gruppen zeilen- oder spaltenweise eingekreist werden, sodass ihre Größe hervorgehoben wird. Eine ergänzende schriftliche Erklärung könnte „immer 3er-Gruppen“ lauten. Schließlich lässt sich auch die Gesamtzahl der Punkte markieren und etwa durch „insgesamt 18 Punkte“ verschriftlicht angeben (in Anlehnung an PIKAS, 2025a).

Hinsichtlich der Zahlenstrahldarstellung, die den zeitlich-sukzessiven Aspekt der Multiplikation betont, weisen Schulz und Wartha (2021, S. 130) darauf hin, dass dynamische Situationen auch in dynamischer Form dargestellt werden sollten. Eine solche dynamische Darstellung der Sprünge, bei der diese nacheinander am Zahlenstrahl erscheinen, lässt sich durch digitale Technologien umsetzen. Bei der Rechteckbilddarstellung kann ein Wechsel der Perspektiven erleichtert werden, indem die Option zur Drehung des Rechteckbildes angeboten wird, sodass eine zeilenweise Strukturierung der Punkte in eine spaltenweise überführt werden kann.

Es lässt sich zusammenfassend festhalten, dass digitale Technologien es ermöglichen, Unterstützungselemente in Form interaktiver Hinweise bereitzustellen. Um den Fokus der Lernenden auf die Zusammenhänge zwischen bildlichen und mathematisch-symbolischen Darstellungen zu lenken, können diese durch farbliche Kodierungen, Explikationen und erläuternde Verschriftlichungen verdeutlicht werden.

4 Der Einfluss digitaler Technologien auf Lernprozesse

Seit jeher werden Medien zu Lehr-Lernzwecken im Unterricht eingesetzt. In den letzten Jahren haben dabei immer mehr digitale Technologien Einzug in das Bildungswesen erhalten (Zumbach, 2021, S. 11). Dabei ermöglicht

> „[i]nsbesondere die Kombination von (fach-)didaktisch und mediendidaktisch aufbereiteten Inhalten [...] Lernerfahrungen, die ohne die Digitalisierung kaum oder gar nicht denkbar wären" (Zumbach, 2021, S. 12).

Aus mathematikdidaktischer Perspektive ergibt sich hierbei die Frage nach dem Einfluss, den digitale Technologien auf die Lernprozesse von Schüler:innen haben. Für die vorliegende Arbeit sind konkret die Interaktionsprozesse zwischen Lernenden, der Selbst-Assessment-App und dem mathematischen Inhalt der Multiplikation von Interesse. Um diese Prozesse besser einordnen und verstehen, kann auf die Tätigkeitstheorie zurückgegriffen werden (Ladel et al., 2018, S. 174). Die Grundlage dieser Theorie lieferte der sowjetische Psychologe Lev Semenovič Vygotskij mit der Einführung der instrumentellen Methode, die im ersten Teil dieses Kapitels (Abschnitt 4.1) vorgestellt wird. Während Vygotskij diese Methode ursprünglich als Erweiterung einfacher Reiz-Reaktions-Schemata konzipierte, lassen sich seine Ideen auch auf komplexere Prozesse übertragen. In der heutigen Interpretation wird die instrumentelle Methode als Beziehung zwischen einem handelnden Subjekt, einem Objekt und einem vermittelnden Artefakt verstanden (Rezat, 2009, S. 22). Diese Beziehung wird im weiteren Verlauf dieser Arbeit als Artefakt-vermittelte Tätigkeit bezeichnet und in Abschnitt 4.2 hinsichtlich ihrer drei Komponenten näher ausgeführt. Innerhalb solcher Artefakt-vermittelten Tätigkeiten lassen sich verschiedene Interaktionen unterscheiden. Abschnitt 4.3 widmet sich ausgewählten Interaktionsprozessen und begründet,

L. Graewert, *Aus den eigenen Lösungen lernen*, MINTUS – Beiträge zur mathematisch-naturwissenschaftlichen Bildung,
https://doi.org/10.1007/978-3-658-53095-2_4

dass die epistemischen und reflexiven Mediationen die Prozesse darstellen, die in den Forschungsfragen dieser Arbeit fokussiert werden.

4.1 Von der instrumentellen Methode zur Artefakt-vermittelten Tätigkeit

Mit der Einführung der instrumentellen Methode erweiterte Vygotskij den Blick auf menschliches Handeln und erschuf eine theoretische Grundlage, die international in vielen Disziplinen aufgegriffen und weiterentwickelt wurde (Wertsch, 1997, S. 9–11). Das Kernelement der instrumentellen Methode stellen künstliche Hilfsmittel dar, die Vygotskij allgemein auch als Artefakte bezeichnet (Vygotskij, 1992, S. 152). Zu den Artefakten zählt er neben technischen Werkzeugen, die auf die Beherrschung von Arbeitsvorgängen abzielen, die sogenannten psychologischen Werkzeuge, welche auf die Beeinflussung mentaler Prozesse und Handlungen ausgerichtet sind (Vygotskij, 1992, S. 150, 1997, S. 85). Handlungen, die unter Nutzung solcher Artefakte durchgeführt werden, bezeichnet Vygotskij als instrumentelle Handlungen und unterscheidet diese von natürlichen Handlungen, die nicht durch Artefakte vermittelt werden:

> „In addition to natural acts and processes of behavior we must distinguish artificial, or instrumental, functions and forms of behavior. The former emerged and developed into special mechanisms in the process of evolutionary development and are shared by man and higher animals. The latter represent later acquisitions of mankind" (Vygotskij, 1997, S. 85).

Somit können natürliche Handlungen als grundlegende Handlungen verstanden werden, die sich im Zuge der Evolution herausgebildet haben und sowohl Menschen als auch Tieren gemeinsam sind. Sie stellen reflexartige Reaktionen dar, die oft unmittelbar auf Reize ohne tiefe Verarbeitung erfolgen (Vygotskij, 1992, S. 192–193). Instrumentelle Handlungen hingegen sind wesentlich komplexer und erfordern in der Regel eine bewusste kognitive Anstrengung. Die Verarbeitung von Reizen und die Generierung von Reaktionen verläuft bei instrumentellen Handlungen nicht so direkt, wie bei natürlichen:

> „Zwischen den Reiz, auf den das Verhalten gerichtet ist, und die Reaktion des Menschen tritt ein neues Zwischenglied [...]" (Vygotskij, 1992, S. 193).

Sowohl technische als auch psychologische Werkzeuge können als solches Zwischenglied fungieren und als „Mittler-Reize" die Struktur von Handlungen bestimmen und verändern. Dies wird deutlich, wenn das Verhältnis von natürlichen zu instrumentellen Handlungen genauer betrachtet wird (Abbildung 4.1). In natürlichen Handlungen löst ein Reiz *A* direkt eine bestimmte Reaktion *B* aus: $A \rightarrow B$. Hingegen werden Reaktionen in instrumentellen Handlungen durch ein Artefakt, einen Mittler-Reiz *X*, vermittelt. Das bedeutet, ein Reiz *A* bewirkt, dass ein weiterer Reiz *X* aktiviert wird, der dann wiederum eine bestimmte Reaktion *B* auslöst: $A \rightarrow X \rightarrow B$. Dabei führen beide Handlungen $A \rightarrow B$ sowie $A \rightarrow X \rightarrow B$ zum gleichen Ergebnis, nämlich zur Reaktion *B* (Vygotskij, 1997, S. 86). Im ersten Fall ist die Reaktion *B* das Ergebnis einer unmittelbaren natürlichen Handlung. Im zweiten Fall wiederum ist sie das Ergebnis einer vermittelten instrumentellen Handlung.

Abbildung 4.1 Instrumentelle Methode nach Vygotskij. (Quelle: In Anlehnung an Vygotskij, 1997, S. 86)

Die Artefakte werden bei instrumentellen Handlungen bewusst als Mittler-Reize eingesetzt, um Veränderungen in Arbeitsvorgängen oder mentalen Prozessen zu bewirken und das eigene Handeln oder Denken (Vygotskij, 1992, S. 197) oder das einer anderen Person gezielt zu beeinflussen. Dies gilt vor allem dann, wenn ein Reiz *A* nicht unmittelbar eine gewünschte Reaktion *B* hervorruft. Technische Werkzeuge sind dabei nach außen gerichtet und agieren als Mittler äußerer Tätigkeiten, wohingegen psychologische Werkzeuge nach innen gerichtet und als Mittler innerer Tätigkeiten anzusehen sind (Vygotskij, 1992, S. 154).

Für die Frage, wie das Verhältnis zwischen natürlichen und instrumentellen Handlungen in der Praxis ganz konkret gestaltet sein kann, soll ein Versuch aufgegriffen werden, der von Vygotskij und seinen Kolleg:innen vermutlich in den 1930er-Jahren durchgeführt wurde (Vygotskij, 1992, S. 183–184). Der Versuch konzentrierte sich auf ein Kleinkind, welches zum Versuchszeitpunkt zweieinhalb

Jahre alt war. Das Kind hatte die Aufgabe erhalten, auf verschiedene Reize auf eine bestimmte Art und Weise zu reagieren. Wurde dem Kind beispielsweise ein Bleistift gezeigt, so sollte es die rechte Hand heben. Wurde eine Uhr gezeigt, dann sollte das Kind die linke Hand heben.[1] Im Sinne natürlicher Handlungen sollte also auf einen einfachen Reiz *A* eine unmittelbare Reaktion *B* erfolgen. Im Versuch liefen diese Handlungen überwiegend erfolgreich ab, sodass die gewünschte Reaktion vom Kind gezeigt wurde. Unterlief dem Kind allerdings ein Fehler oder war es sich unsicher, wie es reagieren sollte, dann wurde zu Beginn des Versuchs auf die möglicherweise schon angedeutete Reaktion eingegangen oder die Instruktion wurde vom Versuchsleiter wiederholt. Das Vorgehen bei fehlerhaften oder unsicheren Reaktionen des Kindes wurde jedoch im weiteren Versuchsdurchlauf geändert. Statt auf die angedeuteten Reaktionen des Kindes einzugehen oder die Instruktion zu wiederholen, wurden Gegenstände vor dem Kind platziert. Diese Gegenstände stellten psychologische Werkzeuge da, die gezielt von dem Versuchsleiter als Mittler-Reize mit dem Ziel eingesetzt wurden, überhaupt oder schneller die gewünschte Reaktion hervorzurufen als mit dem ursprünglichen Vorgehen. Es wurde davon ausgegangen, dass das Kind die Mittler-Reize mit dem ursprünglichen Reiz, also zum Beispiel mit dem Bleistift, gut in Verbindung bringen kann. Um bei dem Beispiel mit dem Bleistift zu bleiben, wurde bei einer ausbleibenden Reaktion auf diesen vor das Kind ein leeres Blatt Papier gelegt, um ihm in Erinnerung zu rufen, dass es auf den Bleistift mit der rechten Hand reagieren soll. Insgesamt fiel auf, dass die Verbindungen zwischen den ursprünglichen Reizen *A* und dem Mittler-Reizen *X* für das Kind einfach nachzuvollziehen waren und die Mittler-Reize dazu beitragen konnten, dass das Kind die gewünschte Reaktion *B* zeigt.

Das Beispiel verdeutlicht, wie Vygotskij instrumentelles Handeln im Verhältnis zum natürlichen Handeln definierte und welche Beziehungen sich für ihn zwischen den beiden Handlungsformen im Rahmen der instrumentellen Methode ergaben. Zwar beschränkte Vygotskij die instrumentelle Methode theoretisch und empirisch auf einfache Reiz-Reaktions-Schemata, seine Überlegungen lassen sich jedoch grundsätzlich auch auf die Interaktionen von Menschen mit komplexeren Aufgaben und Artefakten übertragen, wie sie nach Verillon und Rabardel

[1] Angesichts des historischen Kontextes, in dem der Versuch durchgeführt wurde, wird an dieser Stelle davon ausgegangen, dass das Schreiben zu jener Zeit in der Regel mit der rechten Hand erfolgte und dass Uhren grundsätzlich am linken Handgelenk getragen wurden. Es wird angenommen, dass die Zuordnung der Reize zur linken oder rechten Hand im gesellschaftlichen und historischen Kontext so eindeutig war, dass seitens des Versuchsleiters erwartet wurde, dass das Kind die präsentierten Reize automatisch, ohne bewusste Verarbeitung, der linken oder rechten Hand zuordnen konnte.

(1995, S. 79) im Bereich der Arbeit und Bildung vorkommen. So wird heute die instrumentelle Methode als Beziehung zwischen einem handelnden Subjekt, einem Objekt der Handlung sowie einem vermittelten Artefakt dargestellt (Cole, 1996, S. 119; Rezat, 2009, S. 22). Diese Beziehung wird im weiteren Verlauf der vorliegenden Arbeit als Artefakt-vermittelte Tätigkeit bezeichnet.

4.2 Komponenten Artefakt-vermittelter Tätigkeit

In Anlehnung an die instrumentelle Methode nach Vygotskij wird in dieser Arbeit die Beziehung zwischen Subjekt, Objekt und vermittelndem Artefakt im Rahmen einer Artefakt-vermittelten Tätigkeit untersucht. Bevor jedoch die verschiedenen Interaktionen innerhalb dieser Beziehung betrachtet werden können, ist zunächst eine Auseinandersetzung mit ihren einzelnen Komponenten erforderlich. Daher wird im Folgenden für jede der drei Komponenten – Subjekt, Objekt und Artefakt – erläutert, wie diese allgemein in Artefakt-vermittelten Tätigkeiten und speziell in mathematischen Lehr-Lern-Prozessen zu verstehen sind.

Das Subjekt

Allgemein stellt das Subjekt in dieser Beziehung die an der Tätigkeit beteiligte Person dar (Batiibwe, 2019, S. 5). Im schulischen Kontext ist mit dem Subjekt in der Regel eine Schülerin oder ein Schüler gemeint (Etzold et al., 2018, S. 91; Gregersen, 2024, S. 51). Dies trifft auch für die vorliegende Arbeit zu. Die Tätigkeit des Subjekts beziehungsweise der lernenden Person ergibt sich entweder aus den eigenen, individuellen Bedürfnissen (Ladel & Kortenkamp, 2014, S. 151) oder aus von außen herangetragenen Anforderungen. Diese Bedürfnisse oder Anforderungen werden in Interaktion mit einem Objekt erfüllt, auf welches die Tätigkeit ausgerichtet ist (Engeström & Sannino, 2021, S. 5).

Das Objekt

Ladel und Kortenkamp (2016, S. 26–27) definieren das Objekt als objektiv existierende Materie, die unabhängig von der menschlichen Wahrnehmung existiert. Allerdings können Subjekte ein Bild des Objekts als Produkt psychologischer Reflexion herstellen und diese Reflexion kann ungleich der objektiven Bedeutung sein. Das bedeutet, die subjektive Bedeutung muss nicht mit der objektiven Bedeutung des Objekts übereinstimmen (Ladel & Kortenkamp, 2016, S. 26–27). Im schulischen Kontext, in dem das Objekt den mathematischen Unterrichtsinhalt beziehungsweise Lerngegenstand darstellt, den sich die Lernenden aneignen wollen oder sollen (Etzold et al., 2018, S. 91), lässt sich dies exemplarisch an der Multiplikation verdeutlichen. Wie in Kapitel 3 dieser Arbeit dargelegt, gibt es eine objektive Bedeutung der Multiplikation als Vereinigung paarweise disjunkter, gleichmächtiger Mengen. Diese Vereinigung kann von den Lernenden auf unterschiedliche Art und Weise inhaltlich interpretiert werden, etwa als zeitlich-sukzessive Handlung oder als räumlich-simultane Anordnung. Es ist aber auch möglich, dass eine lernende Person ein ganz anderes Konzept der Multiplikation hat, das nicht oder nur teilweise diesen beiden Grundvorstellungen entspricht.

> „Thus the meaning attributed to an object can differ depending on the perception of the individual" (Ladel & Kortenkamp, 2016, S. 27).

Das Artefakt

Wie die Bezeichnung nahelegt, werden in Artefakt-vermittelten Tätigkeiten die Handlungen des Subjekts in Bezug auf das Objekt durch ein Artefakt mediiert (Ladel & Kortenkamp, 2014, S. 151). Artefakte stellen künstliche, von Menschen hergestellte Produkte dar, die durch gezieltes und absichtliches Handeln entstanden sind (Böhme-Dürr, 1997, S. 358). Somit fallen insbesondere Lern-Apps wie diese, die im Rahmen der vorliegenden Arbeit fokussiert wird, unter die Definition eines Artefaktes. Denn solche Apps sind von Menschen im Rahmen institutionalisierter Lehre zum Vermitteln von Wissen entwickelt worden (in Anlehnung an Rezat, 2009, S. 23). Weitere Beispiele für Artefakte im Mathematikunterricht sind Computeralgebrasysteme, Dynamische Geometriesoftware, Lernroboter sowie analoge Gegenstände wie Lineal, Zirkel, Wendeplättchen oder Dienes-Material.

Auch wenn das Ergebnis einer direkten Interaktion des Subjekts mit dem Objekt dasselbe sein kann wie unter Nutzung eines Artefaktes, ändert sich der Weg zu diesem Ergebnis. Die Nutzung des Artefakts führt zu Veränderungen in der Interaktion und bedarf daher einer besonderen Aufmerksamkeit (Ladel & Kortenkamp, 2014, S. 151–152).

In dieser Arbeit setzen sich Lernende mittels einer Selbst-Assessment-App mit dem mathematischen Inhalt der Multiplikation auseinander. Mit den Schüler:innen als Subjekten, der Multiplikation als Objekt und der Selbst-Assessment-App als vermittelndes Artefakt lässt sich die Artefakt-vermittelte Tätigkeit folgendermaßen darstellen (Abbildung 4.2):

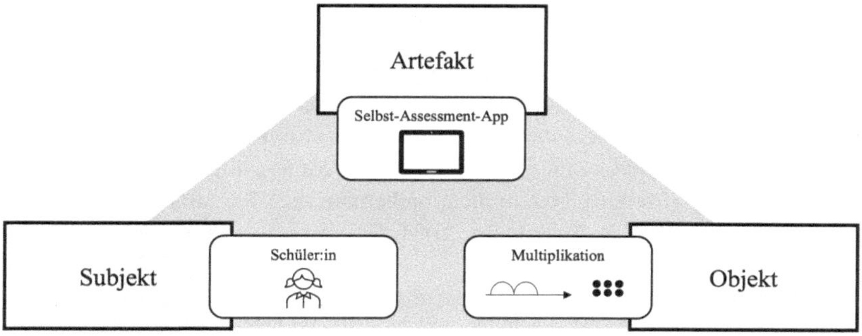

Abbildung 4.2 Nutzung der Selbst-Assessment-App als Artefakt-vermittelte Tätigkeit. (Quelle: Eigene Darstellung)

Innerhalb dieses Beziehungsgefüges lassen sich vielfältige Interaktionen zwischen den drei verschiedenen Komponenten unterscheiden (Rabardel, 2002, S. 42). Einige dieser Interaktionen werden im folgenden Kapitel dargestellt.

4.3 Interaktionen innerhalb einer Artefakt-vermittelten Tätigkeit

In diesem Kapitel wird zunächst die Interaktion zwischen Subjekt und Artefakt betrachtet, die allgemein als instrumentelle Genese bezeichnet wird (Abschnitt 4.3.1). Diese Interaktion wurde im Kontext mathematischer Lehr-Lern-Prozesse bereits vielfach untersucht. Es wird im Folgenden jedoch deutlich werden, dass die instrumentelle Genese aufgrund ihres spezifischen Fokus nicht den Prozessen entspricht, die in den Forschungsfragen dieser Arbeit im Mittelpunkt stehen.

Im weiteren Verlauf des Kapitels werden daher zwei alternative theoretische Perspektiven eingeführt: Die epistemische Mediation (Abschnitt 4.3.2) sowie die reflexive Mediation (Abschnitt 4.3.3). Diese Formen Artefakt-vermittelter Interaktionen zwischen Subjekt und Objekt entsprechen den Prozessen, die in den Forschungsfragen adressiert werden und bieten damit den theoretischen Rahmen, auf den sich der empirische Teil dieser Arbeit stützt.

4.3.1 Instrumentelle Genese: Subjekt ↔ Artefakt

In dem Beziehungsgefüge von Subjekt, Objekt und vermittelnden Artefakt wird am häufigsten die wechselseitige Interaktion zwischen dem Subjekt und dem Artefakt untersucht. Diese Interaktion wird als instrumentelle Genese bezeichnet. Die instrumentelle Genese beschreibt einen Prozess, in dem das Artefakt zu einem Instrument für eine bestimmte (mathematische) Situation oder Aufgabe wird (Gregersen, 2024, S. 5; Trouche, 2004, S. 285).

> „The *artifact* is the 'bare tool,' the material or abstract object, which is available to the user to sustain a certain kind of activity, but which may be a meaningless object to the user as long as that person does not know what kinds of tasks the 'thing' can support in which ways. Only after the user has become aware of how the artifact can extend one's capacities for a given kind of relevant task, and after the user has developed means of using the artifact for this specific purpose, does the artifact become part of a valuable and useful instrument that mediates the activity" (Drijvers & Trouche, 2008, S. 367, Herv. im Original).

Damit aus einem verfügbaren Artefakt ein Instrument werden kann, muss das handelnde Subjekt mentale Gebrauchsschemata entwickeln, die sowohl Wissen über kompetente Nutzungsweisen des Artefakts als auch Kenntnisse über die Rahmenbedingungen enthalten, unter denen es nützlich ist (Drijvers & Trouche, 2008, S. 368). Der Prozess der Entwicklung neuer und der Anpassung bestehender Gebrauchsschemata wird als Instrumentierung („instrumentation“) bezeichnet (Rabardel, 2002, S. 103; Rezat, 2009, S. 31). Voraussetzung für die Instrumentierung ist der Prozess der Instrumentalisierung („instrumentalization“), bei dem das Subjekt in der Auseinandersetzung mit dem Artefakt dessen Möglichkeiten erkundet und ihm Funktionen zuschreibt, die es im Gebrauch haben kann (Rabardel, 2002, S. 103; Rezat, 2009, S. 31).

Ein Beispiel für ein Gebrauchsschema im Umgang mit einem grafikfähigen Taschenrechner ist die Skalierung des Anzeigefensters. Dazu gehört das Auffinden des Menüs für die Fenstereinstellungen, das Wissen über die Bedeutung der dort auszufüllenden Felder sowie das Bewusstsein, dass der Bildschirm des Taschenrechners lediglich einen kleinen Ausschnitt einer unendlichen Ebene darstellt. Nur wenn dieses Wissen in Bezug auf den Taschenrechner vorhanden ist, können geeignete Fenstereinstellungen vorgenommen werden (Drijvers & Trouche, 2008, S. 370).

Wie das Beispiel verdeutlicht, ist der Prozess der instrumentellen Genese, der sich aus den Teilprozessen der Instrumentalisierung und Instrumentierung zusammensetzt, komplex und erfordert Zeit (Trouche, 2004, S. 285). Da in der vorliegenden Arbeit die erstmalige Nutzung der Selbst-Assessment-App über einen kurzen Zeitraum betrachtet wird, ist nicht davon auszugehen, dass ein Prozess der instrumentellen Genese beobachtet werden kann.

Insbesondere aber aufgrund der Tatsache, dass in der vorliegenden Arbeit nicht die Interaktion zwischen Subjekt und Artefakt, sondern die durch das Artefakt vermittelte Interaktion zwischen Subjekt und Objekt analysiert werden soll, ist die instrumentelle Genese als theoretischer Rahmen ungeeignet. Ziel ist es nicht, die kognitive Struktur des Verständnisses der Nutzung der Selbst-Assessment-App als Instrument zum Lernen von Mathematik zu beschreiben, sondern zu untersuchen, inwiefern sich das mathematische Verständnis von Schüler:innen durch die Nutzung der App verändert. Es geht somit nicht um das Verständnis der Nutzungsweisen der Selbst-Assessment-App, sondern um das Multiplikationsverständnis, das durch die App vermittelt wird (in Anlehnung an Rezat, 2009, S. 36).

Neben Veränderungen des Multiplikationsverständnisses durch die Nutzung der Selbst-Assessment-App soll auch die durch die App vermittelte Interaktion der Schüler:innen mit sich selbst in Bezug auf die Multiplikation untersucht werden. Dabei geht es um die Frage, inwiefern die Nutzung der Selbst-Assessment-App zur Koordination eigener kognitiver Aktivitäten anregt. Die durch die App vermittelte Interaktion des Subjekts mit sich selbst in Bezug auf das Objekt entspricht, ebenso wie die vermittelte Interaktion zwischen Subjekt und Objekt, nicht der Interaktion, die im Rahmen der instrumentellen Genese im Mittelpunkt steht.

4.3.2 Epistemische Mediation: Objekt → Artefakt → Subjekt

Hinsichtlich der Interaktion zwischen Subjekt und dem durch das Artefakt vermittelten Objekt wird zwischen zwei Formen von Interaktionen unterschieden, die sich jeweils in ihrer Wirkrichtung unterscheiden. Die sogenannten pragmatischen Mediationen stellen Vermittlungen vom Subjekt zum Objekt dar. Hierbei wirkt das Subjekt mit Hilfe des Artefakts auf das Objekt ein (Rabardel, 2002, S. 63; Rieß, 2018, S. 29).

Bei epistemischen Mediationen handelt es sich um Vermittlungen, die ihren Ursprung im Objekt haben und auf das Subjekt wirken. Sie sind darauf ausgerichtet, dass sich das Subjekt mit dem Objekt der Tätigkeit vertraut macht:

> „mediations aiming mainly at getting to know the object (its properties, its evolutions in line with the subject's actions, etc.) that we call *epistemic mediations* […]" (Rabardel & Bourmaud, 2003, S. 668, Herv. im Original).

Hinsichtlich mathematischer Tätigkeiten konkretisieren Misfeldt et al. (2018, S. 90), dass

> „[a]n epistemic mediation is directed towards the user's cognitive system; the tool is used to create a different understanding or to support learning."

Auf der Grundlage von diesen beiden Definitionen sowie in Anlehnung an weitere Arbeiten zu diesem Thema lassen sich drei zentrale Eigenschaften epistemischer Mediationen in mathematischen Lehr-Lern-Prozessen herausarbeiten:

(1) In epistemischen Mediationen werden Informationen über einen mathematischen Lerngegenstand einer lernenden Person vermittelt (Rabardel, 2002, S. 63; Rabardel & Bourmaud, 2003, S. 668).
(2) Die Vermittlung der Informationen erfolgt durch ein Artefakt (Béguin & Rabardel, 2000, S. 180; Rieß, 2018, S. 29).
(3) Epistemische Mediationen beeinflussen die Kognition, also das Verständnis einer lernenden Person in Bezug auf den Lerngegenstand (Misfeldt et al., 2018, S. 90; Rabardel & Béguin, 2005, S. 433).

Bezugnehmend auf diese Eigenschaften werden für die vorliegende Arbeit epistemische Mediationen hinsichtlich mathematischer Lehr-Lern-Prozesse folgendermaßen definiert:

> **Epistemische Mediationen** sind Prozesse, in denen Informationen über einen mathematischen Lerngegenstand durch ein Artefakt einer lernenden Person vermittelt werden. Sie beeinflussen das Verständnis der lernenden Person in Bezug auf diesen Lerngegenstand.

Es ist davon auszugehen, dass das Auftreten und die Ausprägung epistemischer Mediationen von der Art und Gestaltung des Artefakts (Rabardel & Béguin, 2005, S. 433), dem Vorwissen und den Vorerfahrungen der lernenden Person (Kalyuga et al., 1998, S. 3), sowie vom zu vermittelnden Lerngegenstand abhängen.

So ist beispielsweise anzunehmen, dass epistemische Mediationen, die bei der Verwendung von Wendeplättchen auftreten, das Zahlverständnis anders beeinflussen als solche, die durch den Einsatz von Rechenstäben entstehen. Vermutlich führen Wendeplättchen zu einer anderen Kenntnis von Zahlen als die, die erlangt wird, wenn Zahlen mit Rechenstäben dargestellt werden sollen (in Anlehnung an Rabardel & Béguin, 2005, S. 433).

Wird dasselbe Artefakt in Bezug auf denselben Lerngegenstand genutzt, können epistemische Mediationen je nach lernender Person, die an der Artefakt-vermittelten Tätigkeit beteiligt ist, unterschiedlich ausfallen. Dabei scheint es insbesondere von dem Vorwissen der lernenden Person abzuhängen, ob epistemische Mediationen auftreten und, falls ja, in welcher Weise sie das Verständnis beeinflussen. Dieses Phänomen wird in Theorien zur kognitiven Belastung als Expertise-Effekt bezeichnet. Der Effekt beschreibt, dass Informationen, die etwa durch Artefakte vermittelt werden, das Verständnis von Lernenden mit geringem Kenntnisstand positiv beeinflussen, während dieselben Informationen bei Lernenden mit höherem Kenntnisstand, für die sie häufig redundant sind, keinen oder sogar einen negativen Einfluss auf das Verständnis haben können (Kalyuga, 2007, S. 513; Kalyuga et al., 1998).

Um ähnliche oder anderweitige Effekte bei der Interaktion mit Artefakten zu erfassen, ist eine Analyse epistemischer Mediationen erforderlich. Da diese auf das Verständnis ausgerichtet sind, muss für ihre Analyse das mathematische Verständnis der Lernenden operationalisiert werden. Die Konstrukte Konzepte-in-Aktion („concepts-in-action") und Theoreme-in-Aktion („theorems-in-action") aus Vergnauds Theorie der konzeptuellen Felder stellen einen theoretischen Rahmen zur Operationalisierung des individuellen, mathematischen Verständnisses von Lernenden dar, der bereits in vielen mathematikdidaktischen Arbeiten genutzt wurde (z. B. Elkjær & Hodgen, 2022; Prediger & Zindel, 2017; Rezat, 2021; Zwetzschler & Prediger, 2013). Konzepte-in-Aktion definiert Vergnaud als mathematische Gegenstände, die ein Subjekt im Rahmen einer Tätigkeit für relevant oder auch nicht relevant hält. Sie sind bedeutend für die Identifikation und Auswahl von Informationen:

> „In every action, we select a very small part of the information available. Nevertheless we need a wide variety of categories for this selection to take place, if one takes the word 'category' to figure the wide meaning of object, class, predicate, condition, etc. Concepts-in-action are relevant, or not relevant, or more or less relevant, to identifying and selecting information. But relevance and non-relevance are different from truth and falsehood: there is no meaning in saying that the concepts of triangle, or number, or symmetry or scalar operator, or transformation are, in themselves, true

> or false; and still these concepts are relevant mathematical concepts to characterizing representation and action in mathematical tasks“ (Vergnaud, 1998, S. 173).

Als Beispiele für Konzepte-in-Aktion nennt Vergnaud in seinem Zitat die mathematischen Gegenstände Dreieck, Zahl, Symmetrie, Skalaroperator und Abbildung. Im Hinblick auf den Wechsel zwischen bildlichen und mathematisch-symbolischen Darstellungen der Multiplikation können der erste Faktor, der zweite Faktor sowie das Ergebnis als mögliche Konzepte-in-Aktion in Bezug auf die mathematisch-symbolische Darstellung betrachtet werden. Bei Zahlenstrahl-Darstellungen lassen sich etwa die Sprunganzahl, die Sprunglänge oder die Gesamtlänge aller Sprünge als Konzepte-in-Aktion auffassen, die für relevant gehalten werden können. Oftmals sind Konzepte-in-Aktion in Artefakt-vermittelten Tätigkeiten implizit (Vergnaud, 2009, S. 93). Dasselbe gilt für Theoreme-in-Aktion, die Aussagen über Konzepte-in-Aktion darstellen, welche von einem Subjekt für wahr gehalten werden, aber mathematisch korrekt oder inkorrekt sein können (Vergnaud, 1998, S. 168, 173–174). Die Aussagen „Wenn ich eine Malaufgabe am Zahlenstrahl erkennen möchte, dann muss der erste Faktor gleich der Länge der Sprünge sein“ oder „Wenn ich eine Malaufgabe auf dem Zahlenstrahl darstellen möchte, dann muss die Anzahl der Sprünge gleich dem ersten Faktor oder dem zweiten Faktor sein“ stellen mögliche Theoreme-in-Aktion dar, die beim Darstellungswechsel für Lernende handlungsleitend sein können.

Der Unterschied zwischen Konzepten-in-Aktion und Theoremen-in-Aktion besteht also darin, dass erstere durch Relevanz und letzte durch Falsifizierbarkeit bestimmt sind:

> „The difference is that a theorem can be true or false, because it is a sentence (or a proposition). A concept is not a sentence and therefore cannot be true or false, only relevant or not relevant. Another important point is that one may think a sentence is true that in fact is false; it is still a theorem-in-action. There is little difference, from the point of view of activity, between a true proposition and a false one considered as true“ (Vergnaud, 2009, S. 88).

Die Beziehung zwischen Konzepten-in-Aktion und Theoremen-in-Aktion beschreibt Vergnaud (1998, S. 174) als dialektisch, da Konzepte-in-Aktion Bestandteile von Theoremen-in-Aktion sind und Theoreme-in-Aktion den Konzepte-in-Aktion ihren Inhalt geben. Das heißt es kann keine Theoreme-in-Aktion ohne Konzepte-in-Aktion geben und keine Konzepte-in-Aktion ohne Theoreme-in-Aktion (Vergnaud, 2009, S. 88).

Es lässt sich zusammenfassend festhalten, dass in epistemischen Mediationen Informationen über einen mathematischen Lerngegenstand von einem Artefakt einer lernenden Person vermittelt werden, wodurch das Verständnis der Person in Bezug auf den Lerngegenstand beeinflusst wird. Angewendet auf die vorliegende Arbeit sind epistemische Mediationen die Prozesse, in denen Informationen über die Multiplikation durch die Selbst-Assessment-App an die Schüler:innen vermittelt werden und in deren Rahmen das Multiplikationsverständnis der Lernenden beeinflusst wird (Abbildung 4.3). Die Frage, inwiefern das Multiplikationsverständnis von Schüler:innen durch die Nutzung der Selbst-Assessment-App beeinflusst wird, entspricht somit der Frage, inwiefern sich epistemische Mediationen rekonstruieren lassen, wenn Lernende die App nutzen. Eine Rekonstruktion epistemischer Mediationen ist über eine Operationalisierung des Multiplikationsverständnisses durch die beiden Konstrukte Konzepte-in-Aktion und Theoreme-in-Aktion möglich, die ein Teil von Vergnauds Theorie der konzeptuellen Felder darstellen. Konzepte-in-Aktion sind mathematische Gegenstände, die im Rahmen einer Tätigkeit für relevant oder irrelevant gehalten werden. Theoreme-in-Aktion stellen propositionale Aussagen über Konzepte-in-Aktion dar und werden von der lernenden Person als wahr angesehen.

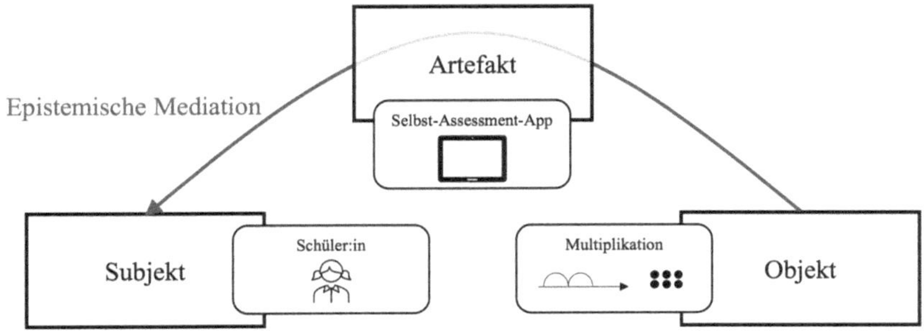

Abbildung 4.3 Epistemische Mediation bei Nutzung der Selbst-Assessment-App. (Quelle: Eigene Darstellung)

4.3.3 Reflexive Mediation: Subjekt → Objekt → Artefakt → Subjekt

In Artefakt-vermittelten Tätigkeiten gibt es nicht nur Interaktionen zwischen Subjekt und Artefakt oder die durch das Artefakt vermittelte Interaktion zwischen Subjekt und Objekt. Sondern das Subjekt steht auch in Beziehung zu sich selbst:

> „During his/her activity, the subject is also in relation with him/herself. He/she knows, manages and transforms him/herself. We must thus take into consideration this [...] orientation: 'reflexive mediations' through which the subject's relation to him/herself is mediated by the instrument" (Rabardel & Bourmaud, 2003, S. 670).

Mediationen, in denen das Subjekt mit sich selbst interagiert, sind dadurch gekennzeichnet, dass sie vom Subjekt ausgehen und gleichzeitig auf dieses zurückwirken. In der Literatur wird zwar keine systematische Unterscheidung vorgenommen, dennoch lassen sich analog zu den pragmatischen und epistemischen Mediationen zwei Wirkrichtungen solcher Mediationen unterscheiden.

Erstens ist es möglich, dass das Subjekt das Artefakt bewusst nutzt, um mit sich selbst in Bezug auf das Objekt der Tätigkeit in Beziehung zu treten. Ein Beispiel hierfür beschreiben Rabardel und Béguin (2005, S. 433) bezugnehmend auf Béguin (1994):

> „For instance, when observing (Béguin 1994) draftsmen working with CAD who used colour codes to memorize the state of ongoing productions: one colour of a line indicated that all the problems had been processed, another indicated that a problem remained to be processed and that modifications had to be made."

Hierbei wird die Funktion der Erstellung von Farbcodes innerhalb des CAD-Programms gezielt genutzt, um den eigenen Arbeitsprozess zu planen und zu organisieren. Hier wirkt die Vermittlung also vom Subjekt über das Artefakt zum Objekt wieder zurück auf das Subjekt. Diese Wirkrichtung soll im Folgenden als selbstregulative Mediation bezeichnet werden.

Zweitens wird für Mediationen, die in entgegengesetzter Richtung wirken und bei denen die Vermittlung vom Subjekt über das Objekt zum Artefakt und zurück zum Subjekt erfolgt, in der vorliegenden Arbeit der von Rabardel und Bourmoud (2003, S. 670) vorgeschlagene Begriff der *reflexiven Mediationen* verwendet. Bei reflexiven Mediationen werden Subjekte durch das Artefakt dazu angeregt, sich mit sich selbst vertraut zu machen und ihre kognitiven Aktivitäten zu koordinieren.

Aufbauend auf Rabardel und Bourmoud (2003, S. 670) sowie Rabardel und Béguin (2005, S. 433) lassen sich analog zu den epistemischen Mediationen drei zentrale Eigenschaften reflexiver Mediationen in Bezug auf mathematische Lehr-Lern-Prozesse identifizieren:

(1) In reflexiven Mediationen werden einer lernenden Person Informationen über ihr Verständnis eines mathematischen Lerngegenstands vermittelt.
(2) Die Vermittlung der Informationen erfolgt durch ein Artefakt.
(3) Reflexive Mediationen regen zur Koordination der eigenen kognitiven Aktivitäten in Bezug auf einen Lerngegenstand und damit zu metakognitiven Aktivitäten an.

Entsprechend dieser Eigenschaften werden reflexive Mediationen im Kontext von mathematischen Lehr-Lernprozessen in dieser Arbeit wie folgt definiert:

Reflexive Mediationen sind Prozesse, in denen einer lernenden Person durch ein Artefakt Informationen über ihr Verständnis eines mathematischen Lerngegenstandes vermittelt werden. Sie regen die Lernenden zur Koordination ihrer eigenen kognitiven Aktivitäten in Bezug auf den Lerngegenstand und damit zu metakognitiven Aktivitäten an.

Für eine Identifikation reflexiver Mediationen ist eine Analyse der metakognitiven Aktivitäten notwendig, zu denen die Lernenden durch die Nutzung des Artefakts angeregt werden. Da es sich bei metakognitiven Aktivitäten um Handlungen mentaler Art handelt, die von außen nicht unmittelbar beobachtbar sind (Panadero et al., 2016, S. 809), müssen sie aus den Äußerungen, dem Verhalten der Lernenden (Van der Stel et al., 2010, S. 220) oder den kognitiven Aktivitäten rekonstruiert werden (Veenman et al., 2006, S. 6).

Insgesamt ist festzustellen, dass eine lernende Person in reflexiven Mediationen in Interaktion mit sich selbst tritt. Dabei vermittelt ihr ein Artefakt Informationen über das eigene mathematische Verständnis und regt sie dazu an, ihre kognitiven Aktivitäten in Bezug auf den mathematischen Lerngegenstand zu koordinieren, das heißt zu planen, zu überwachen, zu regulieren und zu reflektieren. Mit Blick auf die Selbst-Assessment-App, deren Einsatz in der vorliegenden Arbeit untersucht wird, beziehen sich reflexive Mediationen auf Prozesse, in denen den Schüler:innen Informationen über ihr Multiplikationsverständnis durch die App vermittelt und in deren Rahmen sie zu metakognitiven Aktivitäten angeregt werden (Abbildung 4.4). Die Frage, inwiefern die Nutzung der Selbst-Assessment-App Schüler:innen zu metakognitiven Aktivitäten anregt, entspricht somit der Frage, inwiefern sich reflexive Mediationen identifizieren lassen, wenn Lernende die App nutzen. Eine Identifikation reflexiver Mediationsprozesse ist durch eine Rekonstruktion metakognitiver Aktivitäten möglich.

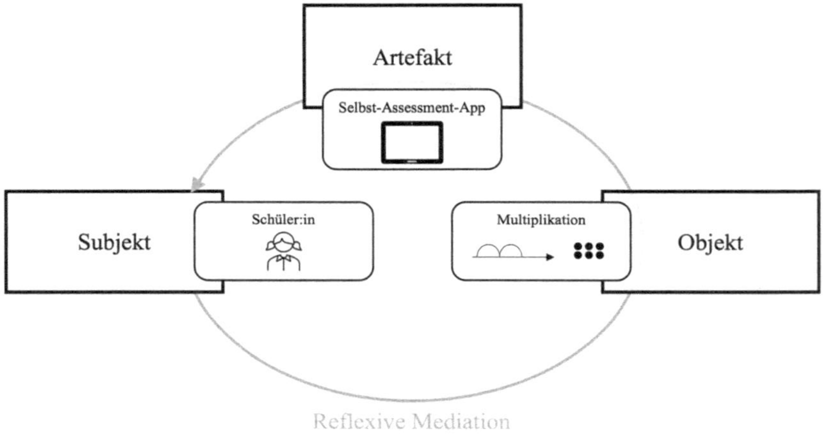

Abbildung 4.4 Reflexive Mediation bei Nutzung der Selbst-Assessment-App. (Quelle: Eigene Darstellung)

Teil II
Entwicklung der Selbst-Assessment-App

5 Designprinzipien und Struktur der Selbst-Assessment-App

Das erste Ziel dieser Arbeit besteht in einem Entwicklungsziel, nämlich der Konzeption einer Selbst-Assessment-App. Als Grundlage für die Entwicklung der App diente der im Rahmen des Projektes „KOSIMA“[1] entwickelte Rechenbausteine-Selbsttest der Lehrwerkreihe „mathewerkstatt“[2]. Die grundlegende Idee des Selbsttests ist es, dass Lernende am Übergang von der Primarstufe zur Sekundarstufe ihr arithmetisches Basiskönnen aus der Grundschule anhand von Diagnose- und Förderaufgaben selbstständig wiederholen und vertiefen:

> „Die Rechenbausteine sind ein Diagnose- und Fördermaterial, das ein individualisiertes, diagnosegeleitetes Wiederholen des arithmetischen Basiskönnens aus der Grundschule ermöglicht und so den Übergang von der Grundschule in die weiterführende Schule für Lehrkraft und Lernende erleichtert“ (Prediger et al., 2011, S. 4).

Im Folgenden werden zunächst die Designprinzipien der Selbst-Assessment-App vorgestellt (Abschnitt 5.1). Diese erweitern die Designprinzipien des Rechenbausteine-Selbsttests um zwei zusätzliche Prinzipien, die die Potenziale digitaler Technologien für Selbst-Assessment aufgreifen. Nach der Vorstellung der Designprinzipien wird die Struktur der App beschrieben, innerhalb derer die weitere Entwicklung und Anpassung der App erfolgt ist (Abschnitt 5.2).

---

[1] http://www.ko-si-ma.de.

[2] https://www.cornelsen.de/produkte/mathewerkstatt-rechenbausteine-diagnose-und-foerdern-selbsttest-5-schuljahr-9783060402250.

L. Graewert, *Aus den eigenen Lösungen lernen*, MINTUS – Beiträge zur mathematisch-naturwissenschaftlichen Bildung,
https://doi.org/10.1007/978-3-658-53095-2_5

5.1 Designprinzipien der Selbst-Assessment-App

Um ein individualisiertes, diagnosegeleitetes Wiederholen des arithmetischen Basiskönnens zur ermöglichen, setzen der Rechenbausteine-Selbsttest auf folgende Designprinzipien: Verstehensorientierung (Abschnitt 5.1.1), Selbst-Assessment (Abschnitt 5.1.2) und Diagnosegeleitete Förderung (Abschnitt 5.1.3). Diese Designprinzipien werden in der App ergänzt um zwei weitere Designprinzipien: Interaktive und dynamische Musterlösung (Abschnitt 5.1.4) sowie Automatisches Feedback (Abschnitt 5.1.5) (Abbildung 5.1).

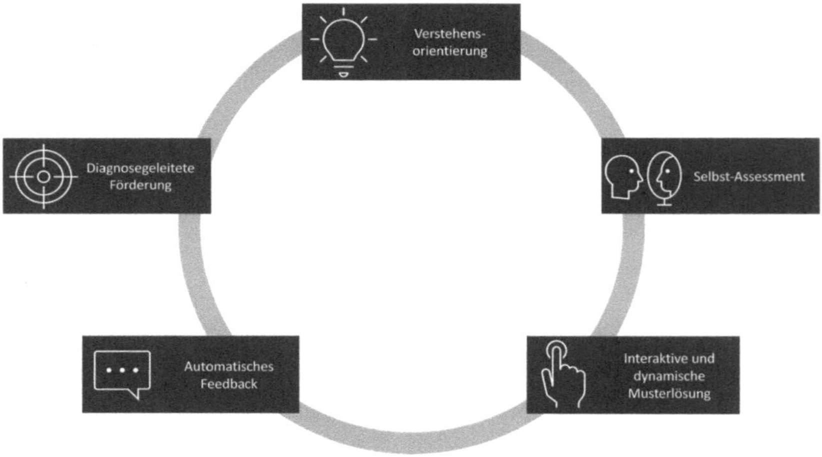

Abbildung 5.1 Designprinzipien der Selbst-Assessment-App. (Quelle: Eigene Darstellung)

5.1.1 Verstehensorientierung

Es ist unumstritten, dass das Verstehen mathematischer Inhalte ein zentrales Prinzip für das Lehren und Lernen von Mathematik darstellt:

> „One of the most widely accepted ideas within the mathematics education community is the idea that students should understand mathematics" (Hiebert & Carpenter, 1992, S. 65).

Nach dem Prinzip der Verstehensorientierung ist es essenziell, Lernumgebungen so zu gestalten, dass Lernende tragfähige inhaltliche Vorstellungen zu mathematischen Inhalten ausbilden, an die im weiteren Lernverlauf immer wieder angeknüpft werden kann und sollte, auch wenn bereits Kalküle (zum Beispiel schriftliche Rechenverfahren) gefunden und angewendet wurden (Prediger, 2009, S. 222–223). Das Prinzip der Verstehensorientierung schließt die Anwendung von Kalkülen somit keinesfalls aus. Vielmehr betont es die Wichtigkeit, Kalküle im Mathematikunterricht erst dann schrittweise einzuführen, wenn die Lernenden tragfähige Vorstellungen entwickelt haben. Auch nach der Einführung sollten kontinuierlich Bezüge zwischen den inhaltlichen Vorstellungen und den kalkülhaften Vorgehensweisen hergestellt werden.

Das Prinzip der Verstehensorientierung wird in der Selbst-Assessment-App realisiert, indem die Lernenden im Rahmen der Diagnose- und Förderaufgaben dazu angeregt werden, grundlegende inhaltliche Vorstellungen zu Zahlen und Operationen zu entwickeln, anstatt Verfahrensweisen zum halbschriftlichen oder schriftlichen Rechnen unreflektiert anzuwenden. Die App ist dabei so konzipiert, dass auch Rückschritte möglich sind, wenn die Lernenden noch keine tragfähigen Vorstellungen aufgebaut haben und ihnen wichtige Verständnisgrundlagen fehlen. Sofern sich beim Bearbeiten der Diagnoseaufgaben also herausstellt, dass den Lernenden Grundlagen fehlen, werden ihnen Förderaufgaben zugewiesen, mit denen sie sich die relevanten Grundlagen erarbeiten und tragfähige Vorstellungen aufbauen können. Gestützt wird der Aufbau tragfähiger Vorstellungen dadurch, dass den Lernenden vielfältige Darstellungen angeboten und diese in der App miteinander vernetzt werden (Graewert et al., 2023, S. 26). Das Vernetzen von verschiedenen, mathematischen Darstellungen gilt bereits seit über 50 Jahren als zentraler Ansatz, um das Prinzip der Verstehensorientierung umzusetzen (Neugebauer, 2022, S. 11).

5.1.2 Selbst-Assessment

Der Begriff „Selbst-Assessment" bezeichnet einen Prozess, in dem Lernende ihre eigenen Fähigkeiten, Lernprozesse oder Lernprodukte kriteriengeleitet oder intuitiv einschätzen und gegebenenfalls auch beschreiben und reflektieren. Selbst-Assessments können entweder in einem extern konstruierten Selbst-Assessment-Setting von außen initiiert werden (formales Selbst-Assessment) oder eigeninitiiert ablaufen (informales Selbst-Assessment) (Abschnitt 2.1.2).

Wie in den Rechenbausteinen, werden die Lernenden auch in der Selbst-Assessment-App innerhalb Diagnoseaufgaben zum Selbst-Assessment angeregt.

Nach der Bearbeitung einer Diagnoseaufgabe sollen sie ihre Lösung anhand aufgabenbezogener, inhaltlicher Selbst-Assessment-Kriterien in Form von Aussagen selbst einzuschätzen. Die Selbst-Assessment-Aussagen greifen jeweils eine Eigenschaft einer korrekten Lösung auf. Bei jeder Aussage können die Lernenden zwischen den Antwortoptionen „Ja", „Nein" und „Unsicher" wählen, um anzugeben, ob die Eigenschaft ihrer Einschätzung nach in ihrer Lösung erfüllt ist, nicht erfüllt ist oder ob sie sich diesbezüglich unsicher sind. Auf diese Weise sollen die Lernenden dazu angeregt werden, sich intensiv mit ihren Lösungen auseinanderzusetzen und gegebenenfalls vorhandene Verständnislücken selbstständig zu identifizieren (Graewert et al., 2023, S. 24).

5.1.3 Diagnosegeleitete Förderung

Für die Unterrichtspraxis ist es relevant, Fördermaßnahmen auf Grundlage einer

> „[...] fachlich fundierte[n] Feststellung der je spezifischen Fähigkeiten und Defizite der Lernenden [...]" (Hußmann & Selter, 2013b, S. 9)

durchzuführen, damit der weitere Lernprozess erfolgreich verlaufen kann. Nur wenn die Fähigkeiten und Defizite vorab ermittelt werden, kann eine Förderung gezielt und damit bedarfsgerecht erfolgen. Gleichzeitig ist eine Verbesserung der Lernleistung nur dann möglich, wenn die Förderung bei der Ermittlung der individuellen Lernstände bereits mitgedacht und im Anschluss auch durchgeführt wird:

> „Diagnose und individuelle Förderung sind somit aufeinander zu beziehen: Förderung ohne vorangehende Diagnose erfolgt i.d.R. unspezifisch, Diagnose ohne darauf aufbauende Förderung bleibt häufig wirkungslos und führt nicht selten zur Stigmatisierung" (Hußmann & Selter, 2013a, S. 16).

Diagnose und Förderung sind somit als miteinander verknüpfte Konzepte anzusehen, die in Bezug auf die Weiterentwicklung von Lernprozessen stets zusammengedacht werden sollten.

In der Selbst-Assessment-App bilden die Lösungen zu den Diagnoseaufgaben und deren Einschätzung anhand der aufgabenbezogenen Selbst-Assessment-Kriterien die Grundlage, um den Lernenden Förderaufgaben adaptiv zuzuweisen. Die Passgenauigkeit der Förderung in Bezug auf die individuellen Lernstände wird in der App gewährleistet, indem den Lernenden in Abhängigkeit von ihrer

Lösung und ihren Selbst-Assessment-Ergebnissen gestufte Förderaufgaben mit unterschiedlichem Anforderungsniveau zur Verfügung gestellt werden (Graewert et al., 2023, S. 24).

Wenn sich in einer Aufgabenlösung zeigt, dass den Lernenden relevante Grundlagen fehlen und sie Schwierigkeiten mit dem Selbst-Assessment haben, dann erhalten sie Erarbeitungsaufgaben. Diese ermöglichen eine selbstständige Erarbeitung der der jeweiligen Diagnoseaufgabe zugrundeliegenden, mathematischen Inhalte (Prediger et al., 2011, S. 5, 7). Wenn die Aufgabenlösung und die Ergebnisse des Selbst-Assessments nur teilweise fehlerhaft sind, wird davon ausgegangen, dass die Lernenden das Prinzip einer Diagnoseaufgabe zwar grundsätzlich verstanden, sie aber noch Bedarf an Übung haben, um mehr an Sicherheit zu gewinnen. In diesen Fällen weist die App sichernde Aufgaben zu, im Rahmen derer entweder der Umgang mit den mathematischen Inhalten geübt werden kann oder die Lernenden zum Nachdenken über die Inhalte angeregt werden (Prediger et al., 2011, S. 5, 7). Für den Fall, das sowohl die Diagnoseaufgabe als auch die zugehörigen Selbst-Assessment-Kriterien korrekt gelöst beziehungsweise beantwortet wurden, können Lernende im Rahmen von Erweiterungsaufgaben die erlernten Inhalte auf neue Situationen und Kontexte übertragen oder über die erlernten Inhalte hinaus ihr Wissen erweitern (Prediger et al., 2011, S. 5, 7).

5.1.4 Interaktive und dynamische Musterlösung

Musterlösungen stellen mögliche korrekte Lösungen zu einer Aufgabe dar. Sie werden Lernenden in der Regel nach Abschluss einer Aufgabenbearbeitung bereitgestellt und eingesetzt, um Lernenden eine Orientierung für zukünftige Aufgabenbearbeitungen zu geben und ihnen die selbstständige Kontrolle der eigenen Aufgabenbearbeitung zu ermöglichen (Abschnitt 2.2.1). Indem Musterlösungen in einem digitalen Selbst-Assessment-Setting angeboten werden, wird es möglich, diese interaktiv und dynamisch zu gestalten. Dies kann zu einer intensiveren Auseinandersetzung mit den Musterlösungen und den der Musterlösung zugrundeliegenden Konzepten führen sowie Lernende dabei unterstützen, bestimmte mathematische Situationen und Zusammenhänge besser nachzuvollziehen sowie sich entsprechend ihrer Lernleistung besser einzuschätzen (Abschnitt 2.2.2).

Nachdem die Lernenden ihre Lösung zu einer Diagnoseaufgabe in der Selbst-Assessment-App abgegeben haben, wird ihnen gemeinsam mit den Selbst-Assessment-Kriterien eine Musterlösung zur Verfügung gestellt. Bei vielen Aufgaben ist diese Musterlösung interaktiv. Das bedeutet, den Lernenden werden abhängig vom Aufgabentyp und -inhalt visuelle und sprachliche Hilfen zur

Verfügung gestellt, welche sie optional anwählen können. Zudem können manche Musterlösungen abgespielt werden, wenn sie etwa zeitlich-sukzessive Darstellungen enthalten oder gedreht werden, wenn sie räumlich-simultane Darstellungen beinhalten.

5.1.5 Automatisches Feedback

Als Feedback werden alle Informationen bezeichnet, die Lernende während oder nach der Bearbeitung einer Lernaufgabe entweder von einer externen Instanz oder von sich selbst bereitgestellt werden und die dazu dienen, Lernende über ihren aktuellen Lernstand in Bezug auf zu erreichende Lernziele zu informieren. Feedback kann entweder evaluierend sein und den Lernenden Informationen darüber liefern, wie ihr aktueller Lernstand ist. Darüber hinaus ist es möglich, dass Lernenden in Form eines elaborierten Feedbacks zusätzliche Informationen zum Thema, zur Aufgabe, Fehlern oder Lösungen erhalten (Abschnitt 2.3.1). Digitale Technologien erweitern die Möglichkeit zur Bereitstellung von Feedback insofern, dass dieses durch die digitale Auswertung von Aufgabenbearbeitungen automatisch generiert werden kann. Das bedeutet, die Lernenden bekommen zu einem vordefinierten Zeitpunkt, beispielsweise während oder nach der Bearbeitung einer Aufgabe, digital erzeugtes Feedback durch das System, innerhalb dessen die Bearbeitung erfolgt (Abschnitt 2.3.2).

Beim Arbeiten mit der Selbst-Assessment-App werden die Antworten, welche die Lernenden bei den Selbst-Assessment-Kriterien auswählen, automatisch ausgewertet. Nach Abschluss der Beantwortung der Kriterien erhalten die Lernenden Informationen darüber, hinsichtlich welcher Kriterien sie sich in Bezug auf ihre Lösung korrekt eingeschätzt beziehungsweise welche Kriterien sie falsch beantwortet haben.

5.2 Struktur der Selbst-Assessment-App

Das arithmetische Basiskönnen wird in der Selbst-Assessment-App innerhalb von verschiedenen Themen adressiert: Zahlen und Rechnungen, Addition und Subtraktion, Multiplikation sowie Division. Zu jedem der vier Themen gibt es verschiedene Lernangebote, die jeweils bestimmte Kompetenzen fokussieren. Beim Bearbeiten eines Lernangebotes durchlaufen die Lernenden drei Phasen: Die Eingangsdiagnose, die diagnosegeleitete Förderung und die Abschlussdiagnose (Abbildung 5.2).

Abbildung 5.2 Struktur eines Lernangebots in der Selbst-Assessment-App. (Quelle: Eigene Darstellung)

Bei der Eingangsdiagnose müssen sich die Lernenden abhängig vom Lernangebot mit zwei bis vier Diagnoseaufgaben auseinandersetzen. Jede Diagnoseaufgabe ist dabei so strukturiert, dass zunächst die Bearbeitung der Aufgabe erfolgt (Feld „Aufgabenbearbeitung" links in Abbildung 5.2). Nach Bearbeitung einer Diagnoseaufgabe werden die Lernenden dazu angeregt, ein Selbst-Assessment durchzuführen (Feld „Selbst-Assessment" links in Abbildung 5.2). Wie bereits oben beschrieben, erhalten die Lernenden dafür aufgabenbezogene, inhaltliche Selbst-Assessment-Kriterien, die eine korrekte Lösung charakterisieren. Zudem wird ihnen eine Musterlösung zur Verfügung gestellt, welche abhängig vom Aufgabentyp interaktive und dynamische Elemente enthält und welche die Lernenden bei der Durchführung des Selbst-Assessments unterstützen soll. Sobald die Selbst-Assessment-Kriterien beantwortet wurden, erhalten die Lernenden eine automatische Rückmeldung zu ihrem Lernfortschritt (Feld „Feedback" links in Abbildung 5.2). Neben dem Feedback wird auch die Musterlösung zur Diagnoseaufgabe weiterhin angezeigt (Graewert et al., 2023, S. 22–23, 2024, S. 12–13).

Sobald alle Aufgaben der Eingangsdiagnose abgeschlossen sind, werden den Lernenden auf Grundlage ihrer Aufgabenlösungen und ihrer Selbst-Assessment-Ergebnisse bedarfsgerechte Förderaufgaben adaptiv zugewiesen (Feld „Diagnosegeleitete Förderung" in Abbildung 5.2). Je nachdem, wie die Bearbeitung einer Diagnoseaufgabe und das zugehörige Selbst-Assessment-Ergebnis ausgefallen sind, gibt es Erarbeitungsaufgaben zum Wiederholen, sichernde Aufgaben zum Üben oder Erweiterungsaufgaben zum Vertiefen. Die Zuweisung der gestuften Förderaufgaben erfolgt immer in Bezug auf die jeweiligen Diagnoseaufgaben des Lernangebots. Somit ist es möglich, dass Lernenden innerhalb eines Lernangebots Förderaufgaben mit unterschiedlichem Anforderungsniveau zur Verfügung gestellt werden. Dieser Fall tritt beispielsweise dann auf, wenn eine Diagnoseaufgabe korrekt gelöst und die zugehörigen Selbst-Assessment-Kriterien korrekt beantwortet wurden, während bei einer anderen Diagnoseaufgabe des

Lernangebots Fehler in der Aufgabenlösung aufgetreten sind oder die Selbst-Assessment-Kriterien in Bezug auf die eigene Lösung nicht korrekt beantwortet wurden.

Nach der Bearbeitung aller Förderaufgaben findet die Abschlussdiagnose statt. Diese ist darauf ausgelegt, den erzielten Kompetenzzuwachs zu evaluieren. Im Sinne einer konsistenten Überprüfung werden in der Abschlussdiagnose ähnliche Diagnoseaufgaben wie bei der Eingangsdiagnose genutzt. Auch in der Abschlussdiagnose erfolgt die Auseinandersetzung mit den Diagnoseaufgaben in einem Dreischritt. Die Lernenden bearbeiten zunächst die Diagnoseaufgabe (Feld „Aufgabenbearbeitung" rechts in Abbildung 5.2), werden dann in Bezug auf die Diagnoseaufgabe zu einem Selbst-Assessment angeregt (Feld „Selbst-Assessment" rechts in Abbildung 5.2) und erhalten abschließend Feedback (Feld „Feedback" rechts in Abbildung 5.2) (Graewert et al., 2023, S. 22–23, 2024, S. 13–14).

6 Entwicklungszyklen

Um herauszufinden, wie die Designprinzipien Verstehensorientierung, Selbst-Assessment, Interaktive und dynamische Musterlösung und Automatisches Feedback (Abbildung 5.1) innerhalb der App-Struktur (Abbildung 5.2) konkret umgesetzt werden können, wurden drei iterative und lernendenzentrierte Entwicklungszyklen durchgeführt. Den Ausgangspunkt für die Entwicklung stellte ein Prototyp der App dar, der auf Grundlage des Rechenbausteine-Selbsttests konzipiert wurde. Der Prototyp war thematisch im Bereich der Multiplikation verortet und die iterative Weiterentwicklung erfolgte exemplarisch anhand ausgewählter Diagnoseaufgaben zu diesem Thema.

Für diesen iterativen Entwicklungsprozess wurde keine detaillierte Analyse intendiert. Eine empirisch fundierte und methodisch stringente Untersuchung der Lernprozesse, die bei der Nutzung der Selbst-Assessment-App stattfinden, erfolgt erst auf Grundlage der finalen App-Version in Teil III dieser Arbeit. Stattdessen dienten die Entwicklungszyklen der Identifikation erster zentraler Potenziale und Hindernisse beim Lernen mit dem Prototyp, die für unmittelbare Weiterentwicklung der App relevant waren. Vor diesem Hintergrund wurde in allen Zyklen die folgende Leitfrage fokussiert:

Ergänzende Information Die elektronische Version dieses Kapitels enthält Zusatzmaterial, auf das über folgenden Link zugegriffen werden kann https://doi.org/10.1007/978-3-658-53095-2_6.

L. Graewert, *Aus den eigenen Lösungen lernen*, MINTUS – Beiträge zur mathematisch-naturwissenschaftlichen Bildung,
https://doi.org/10.1007/978-3-658-53095-2_6

> Welche Potenziale und Hindernisse ergeben sich für die Lernenden beim Arbeiten mit dem Prototyp der Selbst-Assessment-App und welche Schlussfolgerungen lassen sich daraus für die Gestaltung der App ziehen?

Um diese Leitfrage beantworten zu können, wurden die Schritte der (Re-)Konstruktion, der Erprobung sowie der Analyse und Evaluation (Gould & Lewis, 1985, S. 300) des App-Prototyps insgesamt drei Mal durchlaufen (Abbildung 6.1). Die Darstellung der drei Entwicklungszyklen ist wie folgt strukturiert: Im ersten Teilkapitel, Abschnitt 6.1, erfolgt die Beschreibung der Schritte für den ersten Entwicklungszyklus. Der zweite und der dritte Entwicklungszyklus werden in Abschnitt 6.2 und Abschnitt 6.3 erläutert. Wie auf der Grundlage des dritten Prototyps der Selbst-Assessment-App eine erste programmierte Version entstanden ist, wird in Abschnitt 6.4 dargestellt. In Abschnitt 6.5 wird anschließend das Lernangebot „Malaufgaben in Bildern" in der finalen Version der App vorgestellt, das die Grundlage für die empirische Untersuchung und somit für die Beantwortung der Forschungsfragen bildete.

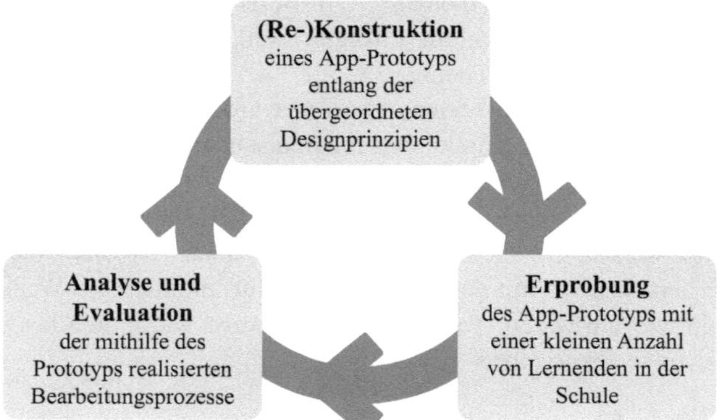

Abbildung 6.1 Iterative Weiterentwicklung des App-Prototyps. (Quelle: Eigene Darstellung)

6.1 Erster Entwicklungszyklus

6.1.1 Konstruktion des ersten Prototyps

Auf Grundlage der übergeordneten Designprinzipien und der Struktur der App wurde ein erster Prototyp der App entwickelt und programmiert. Dieser Prototyp bildete eine Diagnoseaufgabe des Themas „Multiplikation“ ab, die Teil des Lernangebots „Multiplikation in Bildern“ ist. Die Diagnoseaufgabe verlangt von den Lernenden, zu einem vorgegebenen Multiplikationsterm Sprünge am Zahlenstrahl einzuzeichnen. Die folgende Beschreibung des Prototyps basiert auf den Erläuterungen von Thurm und Kühn (Thurm & Kühn, 2022, S. 371–373), welche die Autorin dieser Arbeit gemeinsam mit weiteren Kolleg:innen bereits in einem früheren Beitrag aufgegriffen hat (Graewert et al., 2023, S. 23–25).

Das Einzeichnen der Sprünge erfolgte bei dem ersten Prototyp über den Touchscreen am Tablet oder mit der Maus am Computer. Die händisch gezeichneten Sprünge wurden nach dem Absetzen des Fingers beziehungsweise der Maus automatisch digital stilisiert. Sobald die Lernenden die Aufgabenbearbeitung abgeschlossen und ihre Lösung abgegeben hatten, wurden ihnen aufgabenbezogene Selbst-Assessment-Kriterien angezeigt („MEIN SELBST-CHECK“ rechte Seite in Abbildung 6.2). Für jedes Kriterium sollen sie durch Auswahl der Antworten „JA“, „NEIN“ und „UNSICHER“ einschätzen, ob dieses in ihrer Lösung erfüllt ist, nicht erfüllt ist oder ob sie sich diesbezüglich unsicher sind. Ist mindestens ein Selbst-Assessment-Kriterium falsch beantwortet worden, wurde dies den Lernenden durch einen schriftlichen Hinweis zurückgemeldet und sie erhielten die Möglichkeit zur einmaligen Überarbeitung (Multiple-try-Feedback). Die Formulierung des Hinweises lautete wie folgt: „Dein Selbst-Check stimmt leider noch nicht. Überprüfe deinen Selbst-Check nochmal“ (Abbildung 6.2).

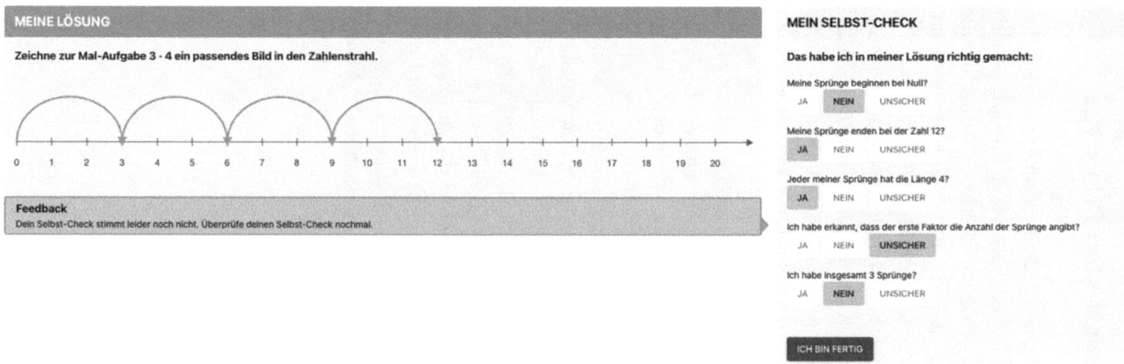

Abbildung 6.2 Erstes Feedback im ersten Entwicklungszyklus. (Quelle: Erster Prototyp der Selbst-Assessment-App)

Sofern auch nach der Überarbeitung nicht alle Selbst-Assessment-Kriterien in Bezug auf die eigene Lösung korrekt beantwortet wurden, wurden die Lernenden erneut durch einen schriftlichen Hinweis auf die Fehlerhaftigkeit ihres Selbst-Assessment-Ergebnisses aufmerksam gemacht. In dem Hinweis wurden die Lernenden zudem dazu aufgefordert, sich zunächst die Musterlösung anzuschauen, welche ihnen nun unterhalb des Hinweises angezeigt wurde und anschließend ihr Selbst-Assessment-Ergebnis zu überprüfen: „Dein Selbst-Check ist leider noch nicht ganz richtig. Schaue dir dir[sic] die Musterlösung an. Überprüfe dann deinen Selbst-Check“ (Multiple-try-Feedback mit Musterlösung; Abbildung 6.3). Die Musterlösung entsprach einer multiplen Darstellung und war interaktiv gestaltet, sodass sich die Lernenden durch einen Klick auf den Abspielen-Button die Sprünge am Zahlenstrahl nacheinander abspielen lassen konnten. Zudem konnten sie sich durch ein Tippen beziehungsweise Klicken auf die Buttons „Länge der Sprünge“, „Anzahl der Sprünge“, „Startpunkt der Sprünge“ und „Endpunkt der Sprünge“ visuelle Hinweise anzeigen lassen, welche bestimmte Eigenschaften der Musterlösung verdeutlichten.

Unabhängig davon, ob sie Selbst-Assessment-Kriterien nach der Überprüfung korrekt beantwortet wurden oder weiterhin fehlerhaft waren, wurden die Antworten der Lernenden in einem letzten Schritt abschließend bewertet (Abbildung 6.4). Dabei wurde die interaktive Musterlösung weiterhin angezeigt. Das Feedback stellte den Lernenden Informationen zur Korrektheit ihres Selbst-Assessment-Ergebnisses und bei fehlerhafter Beantwortung eines Selbst-Assessment-Kriteriums auch Informationen zur korrekten Antwort bereit. Die Rückmeldung „RICHTIG“ neben der ausgewählten Antwort bedeutete dabei, dass die lernende Person ihre Lösung hinsichtlich dieses Kriteriums korrekt eingeschätzt haben. Falls eine fehlerhafte Einschätzung vorlag, erhielten die Lernenden die Rückmeldung „RICHTIG WÄRE ‘JA‘/‘NEIN‘“ (Knowledge of result/response-Feedback und Knowledge of the correct response-Feedback auf Selbstregulationsebene mit Musterlösung).

Die Struktur einer Diagnoseaufgabe für den ersten Entwicklungszyklus ist in Abbildung 6.5 zusammengefasst.

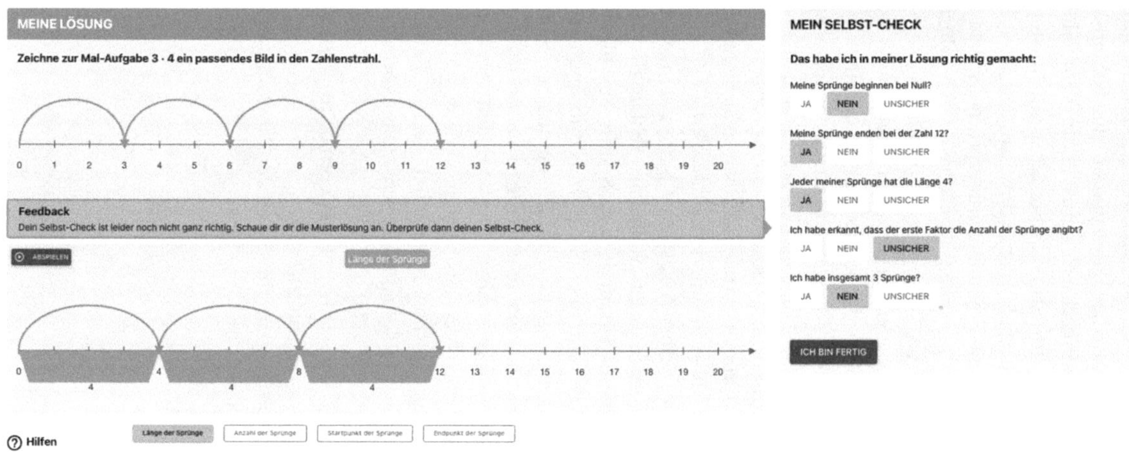

Abbildung 6.3 Zweites Feedback und Musterlösung im ersten Entwicklungszyklus. (Quelle: Erster Prototyp der Selbst-Assessment-App)

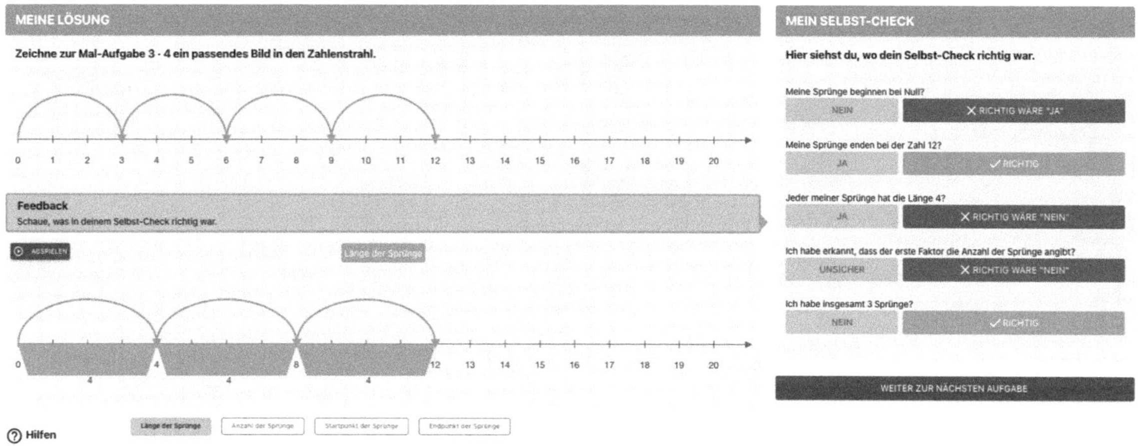

Abbildung 6.4 Drittes Feedback und Musterlösung im ersten Entwicklungszyklus. (Quelle: Erster Prototyp der Selbst-Assessment-App)

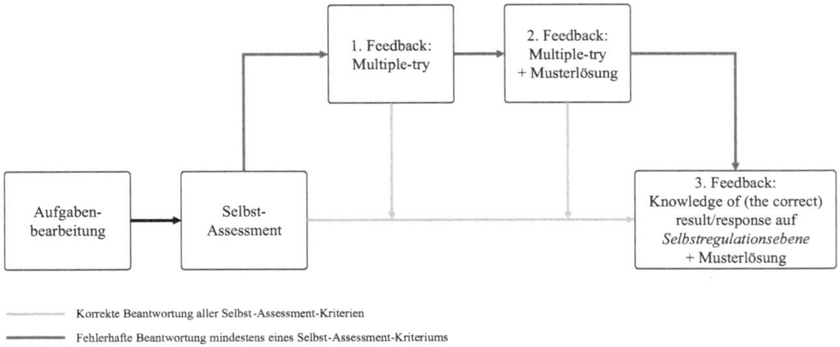

Abbildung 6.5 Struktur der Diagnoseaufgabe im ersten Entwicklungszyklus. (Quelle: Eigene Darstellung)

6.1.2 Erprobung des ersten Prototyps

Die Erprobung des ersten Prototyps wurde im Rahmen einer Masterarbeit (Kühn, 2021) durchgeführt. Die Durchführung und die Ergebnisse der Erprobung wurden in einem Beitrag von Thurm und Kühn (Thurm & Kühn, 2022, S. 373–376) zusammengefasst. Dieser Beitrag fand in einer Publikation der Autorin dieser Arbeit sowie ihrer Kolleg:innen (Graewert et al., 2023, S. 25) weitere Beachtung. Sowohl dieser Abschnitt als auch der folgende basieren auf dem Beitrag von Thurm und Kühn sowie der Publikation von Graewert und ihren Kolleg:innen.

Der erste Prototyp wurde in einem Laborsetting mit acht Lernenden einer vierten Klasse erprobt. Die Lernenden durchliefen die in Abbildung 6.5 dargestellten Schritte zunächst für die Multiplikation $3 \cdot 4$ und anschließend noch einmal für die Multiplikation $3 \cdot 3$. Während der Erprobung wurden die Lernenden gebeten, die Methode des Lauten Denkens anzuwenden und all ihre Gedanken laut zu äußern, die ihnen bei der Auseinandersetzung mit den beiden Diagnoseaufgaben in den Sinn kommen (Konrad, 2020). Tätigten die Lernenden keine oder unverständliche Aussagen, so wurde die Bitte geäußert, das Vorgehen zu erklären oder es wurden Nachfragen gestellt. Nachdem die Lernenden alle Schritte für beide Diagnoseaufgaben durchlaufen hatten, wurde mit ihnen ein halbstrukturiertes Interview geführt. Im Rahmen des Interviews wurden die Lernenden danach gefragt, wie sie die verschiedenen Komponenten des Prototyps (zum Beispiel die Musterlösung) wahrgenommen und inwiefern diese ihnen im Lernprozess geholfen haben (Kühn, 2021, Anhang 5). Sowohl der Prozess der Auseinandersetzung mit den Diagnoseaufgaben als auch das anschließende, halbstrukturierte Interview wurden videografiert. Bei der Auswertung der Videodaten wurden primär die Lernprozesse fokussiert, im Rahmen derer sich die Lernenden mit den Diagnoseaufgaben beschäftigten. Das halbstrukturierte Interview wurde erst am Ende der Auswertung hinzugezogen und zur Validierung der Ergebnisse genutzt (Kühn, 2021). Mit dem Ziel, induktiv Kategorien zu entwickeln, welche die Wahrnehmung, Interpretation sowie Nutzung des Feedbacks und der Musterlösung seitens der Lernenden beschreiben (Rezat, 2021), wurden die Lernprozesse durch eine qualitative Inhaltsanalyse ausgewertet (Kuckartz, 2018). Es konnten sechs Kategorien[1] ermittelt werden (Thurm & Kühn, 2022, S. 374) (Tabelle 6.1):

Tabelle 6.1 Ermittelte Kategorien bzgl. des Umgangs mit dem Feedback und der Musterlösung im ersten Entwicklungszyklus

Verstehen	Die Lernenden lesen das Feedback entweder laut oder für sich vor und begreifen, was die Aussage des Feedbacktextes ist.
Ignorieren	Die Lernenden lesen das Feedback und ignorieren es oder ignorieren das Feedback, ohne es gelesen zu haben.
Missverstehen	Die Lernenden lesen das Feedback und verstehen Teile des Feedbacks nicht und ziehen daher teilweise falsche Konsequenzen aus dem Feedback.
Überprüfen	Die Lernenden reagieren auf das Feedback, indem sie ihre Lösung kontrollieren. Sie gehen ihr Selbst-Assessment nochmals durch und reflektieren ihre Lösung vor dem Hintergrund des Selbst-Assessments.

(Fortsetzung)

[1] In der Masterarbeit von Frau Kühn sowie in dem daraus resultierenden Beitrag von Thurm und Kühn wurde die interaktive Musterlösung als eine Form des Feedbacks konzeptualisiert. In der vorliegenden Arbeit wird die Musterlösung jedoch nicht als Feedback betrachtet. Daher wurde die Beschreibung der letzten beiden Kategorien im Vergleich zum ursprünglichen Kategoriensystem leicht angepasst, um eine kohärente Darstellung über die gesamte Arbeit hinweg zu gewährleisten.

Tabelle 6.1 (Fortsetzung)

Reine Interaktion	Die Lernenden nutzen interaktive Elemente der Musterlösung. Es erfolgt kein Bezug auf die eigene Lösung oder das Selbst-Assessment.
Interaktion + Lösung reflektieren	Die Lernenden nutzen interaktive Elemente der Musterlösung und beziehen diese auf die eigene Lösung. Sie evaluieren und interpretieren Eigenschaften ihrer Lösung vor dem Hintergrund der interaktiven Musterlösung. Dabei beziehen sie ihre Vergleiche jedoch nicht auf das Selbst-Assessment.

Die letzten beiden Kategorien „Reine Interaktion" sowie „Interaktion + Lösung reflektieren" können nur auf die Nutzung der interaktiven Musterlösung angewendet werden.

6.1.3 Ergebnisse der Analyse und Evaluation des ersten Prototyps

Die Analyse zeigte deutliche Unterschiede hinsichtlich dessen, wie die Lernenden mit dem Feedback und der interaktiven Musterlösung umgehen.

Ergebnisse zum ersten Feedback (Multiple-try; Abbildung 6.2):

Das erste Feedback, welches im Fall einer fehlerhaften Beantwortung eines Selbst-Assessment-Kriteriums darauf hinwies, dass das Selbst-Assessment-Ergebnis noch nicht richtig ist, wurde von den meisten Lernenden verstanden (Kategorie *Verstehen*). Häufig führte das Feedback dazu, dass das Selbst-Assessment-Ergebnis von den Lernenden überprüft wurde und sie beispielsweise jedes Selbst-Assessment-Kriterium noch einmal durchgingen (Kategorie *Überprüfen*). Nur selten konnten die Lernenden jedoch ihren Fehler ermitteln, sodass die Überprüfung des Selbst-Assessment-Ergebnisses in der Regel nicht in einer Überarbeitung dessen resultierte. Dies ist möglicherweise auf den geringen Informationsgehalt des Multiple-try Feedbacks zurückzuführen. Es ist anzunehmen, dass die Information zur Fehlerhaftigkeit des Selbst-Assessment-Ergebnisses für die Lernenden nicht ausreichend war, um ihren Fehler zu verstehen und zu korrigieren.

Ergebnisse zum zweiten Feedback (Multiple-try) mit Musterlösung (Abbildung 6.3):

Wie das erste Feedback wurde auch das zweite Feedback und insbesondere die interaktive Musterlösung von der überwiegenden Zahl der Lernenden verstanden (Kategorie *Verstehen*). Auch nutzten viele Lernende die Interaktionsmöglichkeiten der Musterlösung und ließen sich zum Beispiel die Sprünge am Zahlenstrahl abspielen oder wählten die visuelle Hilfe etwa zur Länge der Sprünge aus. Dazu gaben die Lernenden in den halbstrukturierten Interviews im Nachgang der Aufgabendurchläufe an, dass sie die interaktive Musterlösung als hilfreich empfunden hatten. In der Auseinandersetzung mit den Aufgaben zeigte sich jedoch auch, dass nur wenige Lernende einen Bezug zwischen der Musterlösung und ihrer eigenen Lösung herstellten (Kategorie *Interaktion + Lösung reflektieren*). Wenn die eigene Lösung und die Musterlösung aber in Zusammenhang zueinander gebracht wurden, konnte dadurch eine Auseinandersetzung mit dem eigenen Verständnis angeregt werden. Es ist zu vermuten, dass der anregende Effekt größer gewesen wäre, wenn die beiden Lösungen zudem noch in Beziehung zu den Selbst-Assessment-Kriterien gesetzt worden wären. Jedoch setzte keine der lernenden Personen die eigene Lösung, die Musterlösung und die Selbst-Assessment-Kriterien in Beziehung zueinander, weswegen auch keine entsprechende Kategorie in das Kategoriensystem aufgenommen wurde. Dieser Befund lässt sich möglicherweise darauf zurückführen, dass die drei Komponenten in ihrer Gesamtheit eine hohe Informationsdichte aufwiesen, welche die Lernenden vermutlich überforderte und folglich verhinderte, dass Zusammenhänge zwischen allen Komponenten hergestellt wurden.

Ergebnisse zum dritten Feedback (Knowledge of (the correct) result/response) mit Musterlösung (Abbildung 6.4):

Beim dritten Feedback zur Korrektheit der ausgewählten Antworten auf die Selbst-Assessment-Kriterien war es für die Lernenden teilweise unklar, ob sich die Rückmeldung auf die eigene Lösung, auf die Musterlösung oder auf das Selbst-Assessment bezieht. Hinsichtlich der Musterlösung zeigte sich wie bereits in Zusammenhang mit dem zweiten Feedback, dass die Lernenden häufig mit dieser interagierten. Sie nutzten die Musterlösung jedoch selten, um sie mit der eigenen Lösung zu vergleichen (Kategorie *Interaktion + Lösung reflektieren*) oder um die Korrektheit ihrer Antworten auf die Selbst-Assessment-Kriterien zu überprüfen (Kategorie *Überprüfen*).

Hinsichtlich der Erprobung des ersten Prototyps lässt sich insgesamt feststellen, dass die interaktive Musterlösung lernförderliches Potenzial aufwies. So nutzten die Lernenden nicht nur die verschiedenen Interaktionsmöglichkeiten, sondern gaben insbesondere in den leitfadengestützten Interviews nach den

Aufgabendurchläufen an, dass sie die Musterlösung als hilfreich empfinden. Vereinzelt konnte beobachtet werden, dass die Musterlösung zum Vergleich mit der eigenen Lösung verwendet wurde.

Ein Weiterentwicklungsbedarf zeigte sich erstens in Bezug auf das erste Multiple-try Feedback, welche selten zu einer Identifikation von Fehlern und einer Überarbeitung des Selbst-Assessments führte. Bei einer Weiterentwicklung des Prototyps sollten den Lernenden daher mehr Informationen angeboten werden, welche sie beim Überarbeiten oder bereits beim Durchführen des Selbst-Assessments besser unterstützen können.

Wenn die Lernenden ihre Lösung, die Musterlösung und die Selbst-Assessment-Kriterien angezeigt bekommen, stellt sich zweitens die Frage, wie sie dazu angeregt werden können, die eigene Lösung und die Musterlösung oder bestenfalls alle drei Komponenten in Beziehung zueinander zu setzen. Dafür sollten diese bei der Weiterentwicklung des Prototyps besser aufeinander abgestimmt und bezogen werden.

Drittens sollte aufgrund des unklaren Bezuges des abschließenden Knowledge of result/response-Feedbacks dieses in einem nächsten Entwicklungszyklus derart überarbeitet werden, dass den Lernenden ersichtlich wird, ob sie die Aufgabe korrekt gelöst oder die Selbst-Assessment-Kriterien korrekt beantwortet haben.

Potenzial im ersten Entwicklungszyklus:

P1 Interaktive Musterlösung

Hindernisse im ersten Entwicklungszyklus:

H1 Geringe Wirksamkeit des ersten Multiple-try Feedbacks
H2 Fehlender Bezug zwischen eigener Lösung, Musterlösung und Selbst-Assessment-Kriterien bei gleichzeitiger Darstellung dieser Elemente
H3 Missinterpretation des Knowledge of result/response-Feedbacks

6.2 Zweiter Entwicklungszyklus

In diesem Kapitel werden teilweise Inhalte aus dem bereits oben genannten Beitrag von Graewert und ihren Kolleg:innen (Graewert et al., 2023, S. 26–28) übernommen, in dem der zweite Entwicklungszyklus bereits beschrieben wurde.

6.2.1 Rekonstruktion des ersten Prototyps

Auf Grundlage der Ergebnisse aus dem ersten Entwicklungszyklus wurde der Prototyp der Selbst-Assessment-App überarbeitet. Da die notwendigen Änderungen mit dem programmierten Prototyp aus dem ersten Entwicklungszyklus nicht umgesetzt werden konnten, wurde der Prototyp aus dem ersten Entwicklungszyklus mithilfe des Präsentationsprogrammes Microsoft PowerPoint weiterentwickelt.

Bei der Weiterentwicklung des Prototyps wurde zunächst die Aufgabenstellung leicht abgewandelt. Statt „Zeichne zur Mal-Aufgabe x · y ein passendes Bild in den Zahlenstrahl" wurde diese wie folgt formuliert: „Stelle die Rechnung x · y am Zahlenstrahl dar, so dass man das Ergebnis der Rechnung ablesen kann". Damit sollte verdeutlicht werden, dass alle Elemente der mathematisch-symbolischen Darstellung, das heißt die beiden Faktoren und das Ergebnis der Rechnung, für die Darstellung am Zahlenstrahl berücksichtigt werden sollen. Da die Eingabe der Lösung innerhalb von PowerPoint durch Freihandzeichnungen erfolgte und die Eingabemöglichkeiten somit vom System nicht zum Beispiel auf Sprünge eingeschränkt werden konnte, sollte die Abwandlung der Aufgabenstellung aber insbesondere bewirken, dass auswertbare Darstellungen entstehen und nicht beliebige Zeichnungen von den Lernenden erstellt werden. Im Gegensatz zu den folgenden Ausführungen bezog sich diese Änderung also nicht auf die Ergebnisse aus dem ersten Entwicklungszyklus, sondern wurde aufgrund der veränderten technischen Bedingungen des Prototyps notwendig.

Im Rahmen des vorangegangenen Entwicklungszyklus ließ sich feststellen, dass das erste Multiple-try-Feedback (Abbildung 6.2) vermutlich aufgrund des geringen und wenig verstehensorientierten Informationsgehaltes Lernende nicht dabei unterstützen konnte, Fehler in ihrem Selbst-Assessment-Ergebnis zu identifizieren und zu korrigieren (H1). Aus diesem Grund wurde der Hinweis, dass das Selbst-Assessment-Ergebnis fehlerhaft ist, entfernt und damit zusammenhängend auch die Möglichkeit aufgehoben, in einem eigenständigen Schritt das Selbst-Assessment-Ergebnis zu überarbeiten. Stattdessen wurde den Lernenden unmittelbar nach Abgabe der eigenen Lösung die Musterlösung zur Verfügung gestellt, sodass sie diese bereits bei der Durchführung des Selbst-Assessments verwenden können (Abbildung 6.6). Insbesondere vor dem Hintergrund, dass die Musterlösung im ersten Entwicklungszyklus von den Lernenden verstanden und als hilfreich eingeschätzt wurde (P1), erschien es sinnvoll, diese bereits für das

Beantworten der Selbst-Assessment-Kriterien und unabhängig von einer korrekten oder inkorrekten Beantwortung dieser bereitzustellen. Die Antworten, welche die Lernenden bei den Selbst-Assessment-Kriterien ausgewählt haben, konnten weiterhin beliebig oft geändert werden, sodass eine Überprüfung und Korrektur der Antwort nach wie vor ermöglicht wurde.

Mit der Bereitstellung der Musterlösung direkt nach Abgabe der Lösung ging einher, dass im zweiten Schritt beim Durchlaufen der Aufgabe die eigene Lösung, die Musterlösung und die Selbst-Assessment-Kriterien zusammen auf dem Bildschirm angezeigt wurden. Die gleichzeitige Darstellung dieser drei Komponenten stellte für die Lernenden im ersten Entwicklungszyklus ein Hindernis dar und sie zeigten Schwierigkeiten damit, die verschiedenen Komponenten miteinander in Verbindung zu bringen (H2). Um diesem Hindernis zu begegnen, wurde versucht, die Komponenten stärker miteinander zu verzahnen. Da eine Veränderung der Darstellung auf Ebene der eigenen Lösung nicht vorgenommen werden kann und sich die Musterlösung im ersten Entwicklungszyklus als nachvollziehbar sowie hilfreich herausgestellt hat, sollte eine stärkere Verzahnung hauptsächlich durch eine inhaltliche und visuelle Überarbeitung des Selbst-Checks erreicht werden.

Statt der Überschrift „Selbst-Check" wurde für die Selbst-Assessment-Kriterien die Überschrift „Selbst-Überprüfung" gewählt, um den Lernenden zu verdeutlichen, welchen Zweck die Selbst-Assessment-Kriterien erfüllen sollen (Abbildung 6.6). Die Unterüberschrift des Selbst-Assessments „Das habe ich in meiner Lösung richtig gemacht" wurde geändert zu „**Meine Lösung** erfüllt die folgenden Eigenschaften der möglichen Lösung". Durch diese Änderung wurde beabsichtigt, dass die Lernenden den Zusammenhang zwischen der eigenen Lösung, der Musterlösung und den Selbst-Assessment-Kriterien einfacher erkennen.

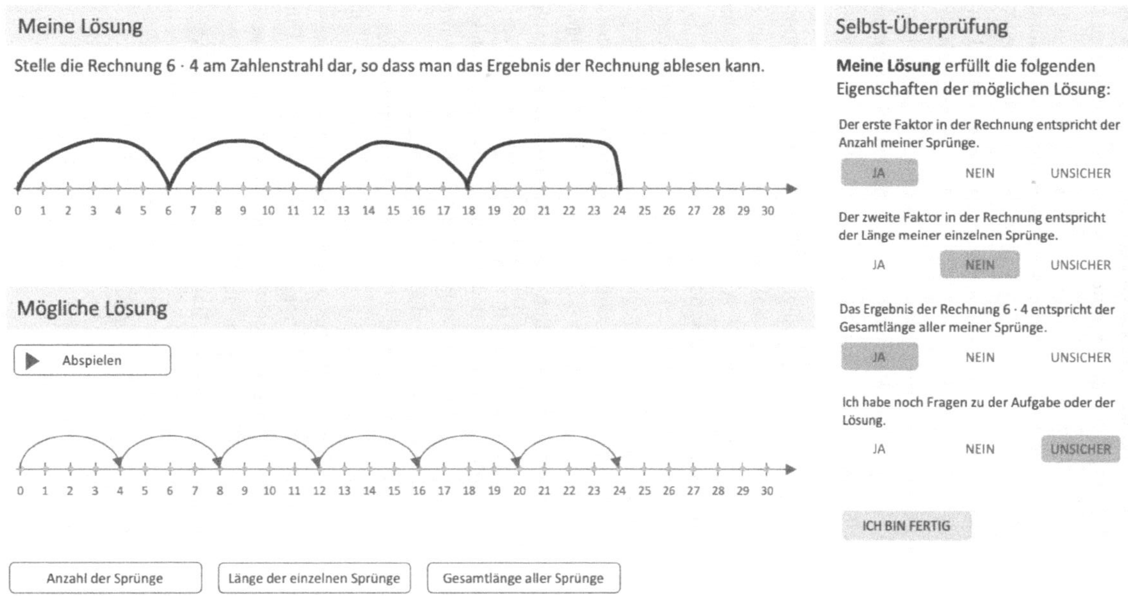

Abbildung 6.6 Selbst-Assessment und Musterlösung im zweiten Entwicklungszyklus. (Quelle: Zweiter Prototyp der Selbst-Assessment-App)

Ebenfalls mit dem Ziel, dass alle drei Komponenten (Eigene Lösung, Musterlösung, Selbst-Assessment-Kriterien) in Beziehung zueinander gesetzt werden, wurde eine aufgabenbezogene Veränderung hinsichtlich der Formulierung der Selbst-Assessment-Kriterien vorgenommen. Um das kognitive Aktivierungspotenzial der Kriterien zur erhöhen und die Lernenden intensiver zum Nachdenken und damit zur Nutzung der verschiedenen Komponenten anzuregen, wurde bei der Formulierung der Kriterien der Bezug zwischen der symbolischen und ikonischen Darstellungsebene stärker fokussiert. Beispielsweise wurde statt der Formulierung „Jeder meiner Sprünge hat die Länge 4?" das zweite Kriterium folgendermaßen formuliert: „Der zweite Faktor in der Rechnung entspricht der Länge meiner einzelnen Sprünge". Statt als Fragen wurden die Kriterien also als positive Aussagen formuliert (Ruchniewicz, 2022, S. 341), sodass anstatt von Selbst-Assessment-Kriterien auch von Selbst-Assessment-Aussagen gesprochen werden kann. Die Auswahl der Antwort „JA" bei einer der Selbst-Assessment-Aussagen bedeutete immer, dass die Lernenden die in der Aussage benannte Eigenschaft der Musterlösung in ihrer Lösung als erfüllt ansehen.

Zu allen Zusammenhängen zwischen der symbolischen und ikonischen Darstellungsebene, die in den Selbst-Assessment-Aussagen adressiert wurden, wurde in der Musterlösung ein Button eingefügt, durch deren Betätigung die Lernenden sich einen visuellen Hinweis zur Anzahl, Länge oder Gesamtlänge der Sprünge anzeigen lassen konnten. Die visuellen Hinweise entsprachen im Wesentlichen denen im ersten Entwicklungszyklus. Lediglich die beiden Hinweise zum Start- und Endpunkt der Sprünge im wurden durch einen Hinweis zur Gesamtlänge aller Sprünge ersetzt, um eine Passung zwischen den neu formulierten Selbst-Assessment-Aussagen und der Musterlösung herzustellen.

Um einer inhaltlichen Überfrachtung der Lernenden aufgrund der inhaltlich komplexer gestalteten Selbst-Assessment-Aussagen zu vermeiden und eine angemessene Bearbeitungszeit zu gewährleisten, wurden die Selbst-Assessment-Aussagen in ihrer Anzahl auf maximal vier Aussagen beschränkt. Eine von den vier Aussagen wurde als generische, nicht-überprüfbare Selbst-Assessment-Aussage formuliert und sollte Informationen darüber erfassen, ob die Lernenden Fragen zu der Aufgabe oder der Lösung haben: „Ich habe noch Fragen zur Aufgabe und zur Lösung".

Ein letztes Hindernis stellte im ersten Entwicklungszyklus das abschließende Knowledge of result/response-Feedback beziehungsweise Knowledge of the correct response-Feedback dar (Abbildung 6.4), bei dem für die Lernenden unklar war, ob es sich auf die eigene Lösung, die Musterlösung oder das Selbst-Assessment-Ergebnis bezieht (H3). Anstelle der Bereitstellung von Informationen dazu, welche Antwortoption richtig war oder richtig gewesen wäre, wurde bei der Weiterentwicklung des Prototyps für die Lernenden explizit gemacht, ob sie sich hinsichtlich einer Selbst-Assessment-Aussage korrekt eingeschätzt haben und ob diese Aussage in ihrer Lösung erfüllt ist oder nicht. Hatte eine lernende Person beispielsweise die Antwort „JA“ ausgewählt, obwohl ihre Lösung die Aussage nicht erfüllte, erhielt sie die Rückmeldung „Du hast nicht erkannt, dass deine Lösung diese Eigenschaft nicht erfüllt“ (Rückmeldung zur ersten Selbst-Assessment-Aussage in Abbildung 6.7 und Abbildung 6.8). Wurde aber hingegen die Antwort „JA“ ausgewählt und die Lösung der lernenden Person erfüllte tatsächlich die entsprechende Aussage, erhielt sie die Rückmeldung „Du hast erkannt, dass deine Lösung diese Eigenschaft erfüllt“ (Rückmeldung zur dritten Selbst-Assessment-Aussage in Abbildung 6.7 und Abbildung 6.8). Für die visuellen Darstellung des Feedbacks zum Selbst-Assessment wurden im zweiten Zyklus zwei verschiedene Design-Varianten erstellt. Bei der ersten Variante wurden die von den Lernenden ausgewählten Antworten farblich entweder in grün oder in rot markiert und ergänzend für jede Aussage eine schriftliche Rückmeldung zur Verfügung gestellt (Abbildung 6.7). Eine grüne Hervorhebung der Antwort entsprach dabei einem korrekten und eine rote Hervorhebung einem fehlerhaften Selbst-Assessment-Ergebnis. Da die farbliche Markierung der ausgewählten Antwort den Lernenden nur implizit Informationen darüber bereitstellte, ob die Eigenschaften der Musterlösung in der eigenen Lösung erfüllt sind oder nicht, wurde dies in den ergänzenden, schriftlichen Rückmeldungen noch einmal explizit ausformuliert. Diese schriftlichen Rückmeldungen wurden auch in der zweiten Design-Variante genutzt (Abbildung 6.8).

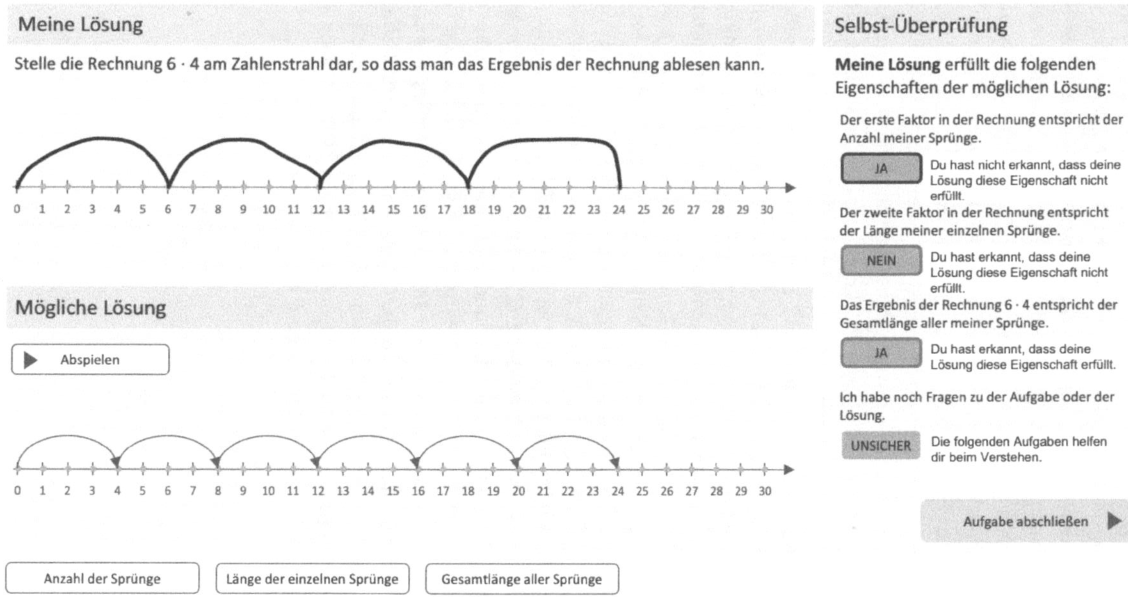

Abbildung 6.7 Feedback und Musterlösung im zweiten Entwicklungszyklus (Erste Design-Variante). (Quelle: Zweiter Prototyp der Selbst-Assessment-App)

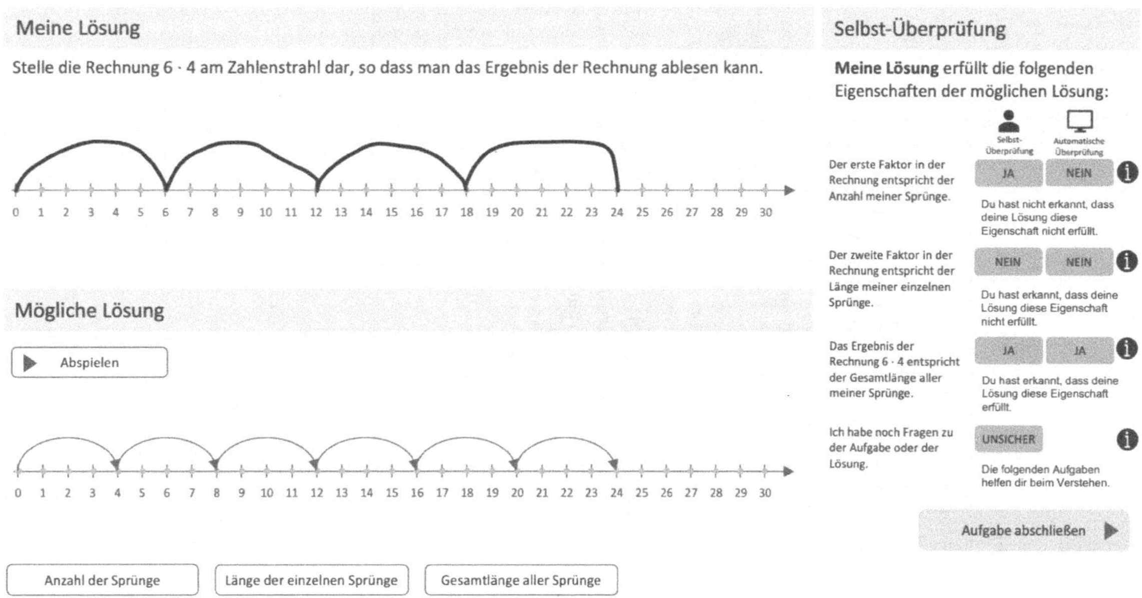

Abbildung 6.8 Feedback und Musterlösung im zweiten Entwicklungszyklus (Zweite Design-Variante). (Quelle: Zweiter Prototyp der Selbst-Assessment-App)

Bei der zweiten Variante wurden sie jedoch nicht wie in der ersten Variante unmittelbar angezeigt, sondern die Lernenden konnten sich diese durch einen Klick auf einen Informations-Button optional anzeigen lassen. Anstatt die von den Lernenden ausgewählten Antworten farblich zu markieren, wurden diese einer automatischen Überprüfung gegenübergestellt. Im Rahmen dieser automatischen Überprüfung wurden die Antworten angezeigt, die für ein korrektes Selbst-Assessment-Ergebnis hätten ausgewählt werden müssen. Ein korrektes Selbst-Assessment-Ergebnis war in der zweiten Design-Variante also unmittelbar daran zu erkennen, dass die Antwort der lernenden Person mit der automatischen Überprüfung übereinstimmte.

Aufgrund der technischen Gegebenheiten war es in dem zweiten Entwicklungszyklus notwendig, dass Feedback zum Selbst-Assessment bei beiden Design-Varianten seitens der Interviewerin manuell zu gestalten und einzugeben. Die abschließende Rückmeldung wurde den Lernenden daher nicht unmittelbar nach der Beantwortung der Selbst-Assessment-Aussagen angezeigt, sondern es lagen einige Sekunden zwischen der Beantwortung der Aussagen und der Anzeige des Feedbacks zu den Antworten.

Aufgrund der Überarbeitung des Prototyps insbesondere mit Hinblick auf die Entfernung des ersten Feedbacks (H1) und die unmittelbare Anzeige der Musterlösung nach Abgabe der eigenen Lösung (P1) ergab sich im zweiten Entwicklungszyklus eine neue Struktur für eine Diagnoseaufgabe (Abbildung 6.9).

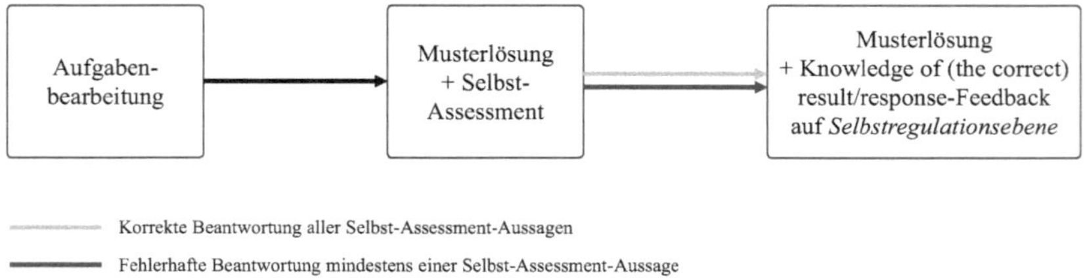

Abbildung 6.9 Struktur einer Diagnoseaufgabe im zweiten Entwicklungszyklus. (Quelle: Eigene Darstellung)

6.2.2 Erprobung des zweiten Prototyps

Die Erprobung des zweiten Prototyps fand im März 2022 mit acht Lernenden einer fünften Gymnasialklasse ebenfalls in einem Laborsetting statt. Bei der Erprobung durchliefen alle Lernenden die in Abbildung 6.9 dargestellten Schritte für mehrere Diagnoseaufgaben. Bevor sie dies taten, wurde den Lernenden eine Beispielaufgabe gezeigt, die nicht Teil der Erprobung war. Diese Aufgabe wurde verwendet, um die Lernenden in den Prototyp einzuführen und ihnen kurz die wesentlichen Elemente des Prototyps zu erläutern, bevor die Datenerhebung offiziell startete.

Die Schülerinnen Mia und Helena, welche am ersten Tag der Erhebung mit dem Prototyp arbeiteten, sollten zuerst die Multiplikation 6 · 4 und darauffolgend die Multiplikation 5 · 6 am Zahlenstrahl darstellen. Hierbei erwies es sich die Möglichkeit zur Eingabe der Lösung über Freihandzeichnungen innerhalb des Programms PowerPoint jedoch problematischer als erwartet, sodass beide Lernenden trotz der überarbeiteten Aufgabenstellung bei der ersten Aufgabe Darstellungen generierten, die nicht vorgesehen waren. Beispielsweise machte Helena nur einen senkrechten Strich bei der 24, um ihre Lösung darzustellen. Um den Lernenden folglich eine Vorstellung davon zu vermitteln, welche Art von Lösung bei diesem Aufgabentyp verlangt wird, wurden ab dem zweiten Erhebungstag entsprechend der Struktur der Diagnoseaufgaben im Lernangebot „Multiplikation in Bildern" in dem Rechenbausteine-Selbsttest zwei zusätzliche Aufgaben in den Prototyp integriert. Die sechs übrigen Lernenden bekamen somit zuerst die Aufgabe, zu vier Siebener-Sprüngen am Zahlenstrahl eine passende Rechnung zu notieren (Abbildung 6.10), bevor sie die Multiplikation 6 · 4 am Zahlenstrahl darstellen sollten. Anschließend sollte in einem zweiten Durchgang eine Rechnung zur drei Achter-Sprüngen aufgeschrieben werden, bevor dann eine Darstellung zur Aufgabe 5 · 6 gefunden werden sollte.

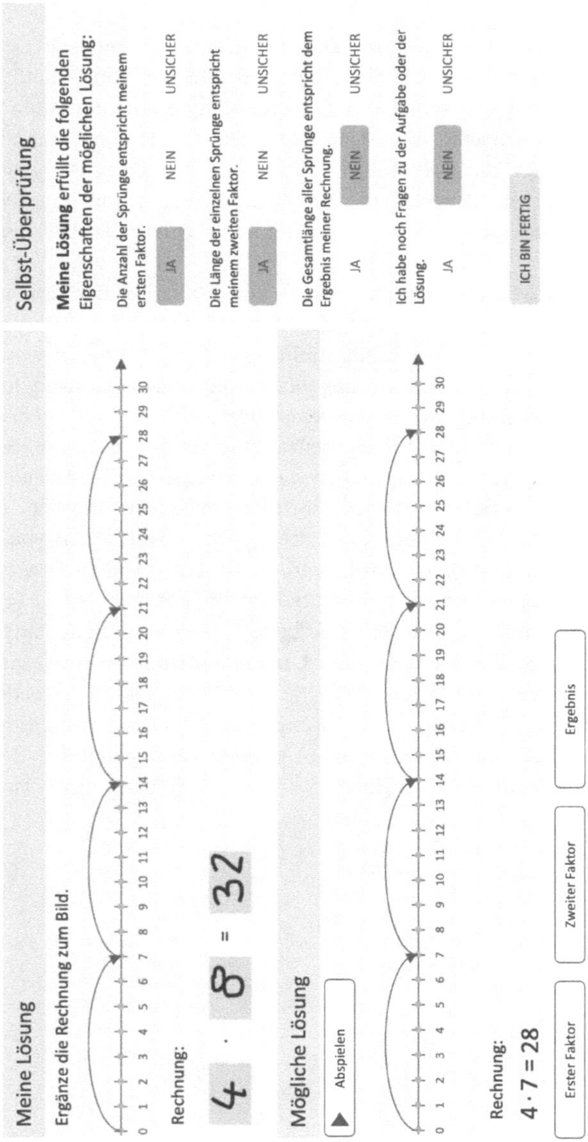

Abbildung 6.10 Neuer Aufgabentyp ab dem zweiten Tag der Datenerhebung. (Quelle: Zweiter Prototyp der Selbst-Assessment-App)

Über alle Aufgaben hinweg arbeiteten insgesamt drei Lernende mit der ersten Design-Variante des Prototyps (Abbildung 6.7) und fünf Lernende mit der zweiten Design-Variante (Abbildung 6.8). Wie auch bei der Erprobung zuvor sollten die Lernenden beim Durchlaufen der Aufgaben die Methode des lauten Denkens (Konrad, 2020) anwenden und es wurden Nachfragen bzgl. des Vorgehens gestellt, wenn keine oder unverständliche Aussagen seitens der Lernenden getätigt wurden. Zudem wurde nach Abschluss jeder Diagnoseaufgabe (bei Mia und Helena) beziehungsweise jeder zweiten Diagnoseaufgabe mit den Lernenden erneut ein halbstrukturiertes Interview geführt. Im Rahmen der Interviews wurden die Lernenden zunächst allgemein nach Aspekten im Prototyp gefragt, die ihnen gut beziehungsweise weniger gut gefallen haben. Anschließend wurde konkret auf das Unterstützungspotenzial sowie die Verständlichkeit der Musterlösung, der Selbst-Assessment-Aussagen und des abschließenden Feedbacks eingegangen (siehe Anhang im elektronischen Zusatzmaterial). Beim Durchlaufen der Diagnoseaufgaben wurden die Lernenden videografiert und auch die halbstrukturierten Interviews wurden durch eine Kamera aufgezeichnet.

Vorranging wurden bei der Auswertung der Daten die einzelnen Schritte in den Blick genommen, welche die Lernenden bei der Auseinandersetzung mit den zwei bis vier Diagnoseaufgaben durchlaufen mussten. Dafür wurden zunächst die Videodaten gesichtet. Im weiteren Verlauf der Auswertung wurden relevante Äußerungen und Verhaltensweisen der einzelnen Lernenden differenziert nach den in Abbildung 6.9 dargestellten Schritten zusammenfassend festgehalten. Anhand dieser Zusammenfassungen wurde ermittelt, welche wiederkehrenden Potenziale und Hindernisse sich für die Lernenden beim Arbeiten mit dem Prototyp ergeben. Zur Bestätigung und weiteren Erläuterung der identifizierten Potenziale und Hindernisse wurden die Aussagen, welche die Lernenden im Rahmen der halbstrukturierten Interviews tätigten, am Ende der Auswertung hinzugezogen.

6.2.3 Ergebnisse der Analyse und Evaluation des zweiten Prototyps

In die Analyse der Lernprozesse bei Nutzung des zweiten Prototyps wurden nur sieben der acht Lernenden einbezogen. Der Grund dafür ist, dass an dem Prototyp, mit dem eine Schülerin am letzten Erhebungstag gearbeitet hat, bereits erste Änderungen vorgenommen wurden. Diese Änderungen basierten auf den Beobachtungen und der ersten Analyse der vorangegangenen Lernprozesse und wurden getätigt, da zwischen dem vorletzten und letzten Erhebungstag einige Tage lagen, die für eine unmittelbare Überarbeitung genutzt wurden. Da der Lernprozess dieser Schülerin dadurch nicht mit denen der anderen vergleichbar war, wurde ihr Lernprozess von der Auswertung ausgeschlossen.

Zur Verdeutlichung bestimmter Potenziale und Hindernisse wurden einzelne Aussagen der Lernenden transkribiert. Für alle im weiteren Verlauf dieser Arbeit erstellten Transkriptionen wurde auf die im Anhang im elektronischen Zusatzmaterial dargestellten Transkriptionsregeln zurückgegriffen, die sich an den Richtlinien von Krell und Lamnek (2024, Online-Materialien) orientieren.

Ergebnisse zur Aufgabenbearbeitung:
Wie bereits im vorherigen Abschnitt beschrieben, bereitete das freie Eingabeformat den Lernenden Probleme beim Erstellen ihrer Lösungen. Damit die Selbst-Assessment-Aussagen auf die eigene Lösung bezogen werden konnten sowie die Musterlösung mit der eigenen Lösung abgeglichen werden konnte, war das Zeichnen von Bögen erforderlich. Da beide Lernenden, die am ersten Tag der Erhebung mit dem Prototyp gearbeitet haben, die Multiplikation $6 \cdot 4$ am Zahlenstrahl nicht (ausschließlich) durch Bögen darstellten (Abbildung 6.11), wurde sich daher dazu entschieden, unmittelbar eine Überarbeitung des Prototyps vorzunehmen. Ab dem zweiten Tag der Datenerhebung wurde den bestehenden Aufgaben jeweils eine Aufgabe vorgeschaltet, bei der die Lernenden eine am Zahlenstrahl dargestellte Multiplikation erkennen sollten, bevor sie in einer darauffolgenden Aufgabe eine Multiplikation am Zahlenstrahl darstellen sollten.

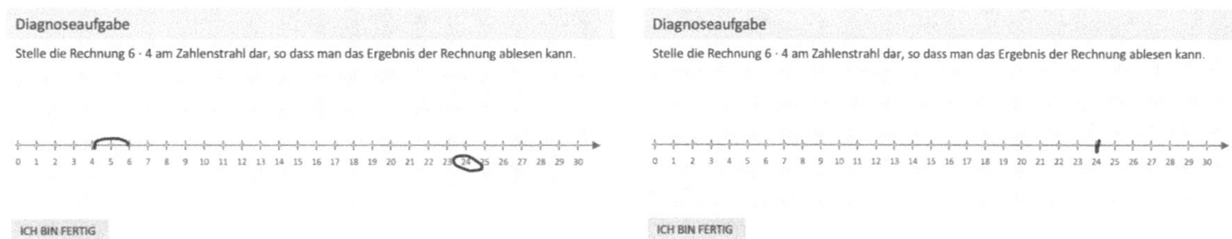

Abbildung 6.11 Aufgabenbearbeitungen von Mia (links) und Helena (rechts) im zweiten Entwicklungszyklus. (Quelle: Zweiter Prototyp der Selbst-Assessment-App)

Obwohl den beiden Diagnoseaufgaben zur Darstellung einer Multiplikation jeweils eine Aufgabe zum Erkennen einer Multiplikation vorgeschaltet wurde, orientierten sich ein paar der Lernenden bei der zweiten und vierten Aufgabe nicht an den Darstellungen, die ihnen nun im Verlauf der ersten und dritten Aufgabe angezeigt wurden. Weiterhin wurden statt Bögen beispielsweise senkrechte Striche eingezeichnet oder die Start- und Endpunkte am Zahlenstrahl durch waagerechte Striche miteinander verbunden. Möglicherweise liegt der Grund hierfür in der Schwierigkeit des schnellen und präzisen Einzeichnens von Bögen mit der Computermaus im Kontext von digitalen Freihandzeichnungen.

Ergebnisse zum Selbst-Assessment mit Musterlösung (Abbildung 6.6):

Im Gegensatz zu dem Ergebnis aus dem ersten Entwicklungszyklus, dass nur wenige Lernende einen Bezug zwischen der Musterlösung und der eigenen Lösung herstellten und dass es keine beziehungsweise keiner der Lernenden schaffte, die eigene Lösung, die Musterlösung sowie die Selbst-Assessment-Kriterien in Beziehung zueinander zu setzen, schien das Herstellen einer Verbindung zwischen diesen Elementen im zweiten Entwicklungszyklus kein größeres Problem darzustellen. Im zweiten Entwicklungszyklus nutzten mehrere Lernende die Musterlösung, um die Korrektheit der eigenen Lösung zu bestätigen oder Fehler in der eigenen Lösung zu identifizieren. Auch wurde bei der Beantwortung der Selbst-Assessment-Aussagen mehrfach auf die eigene Lösung und die Musterlösung Bezug genommen. Die Lernenden, die einen Bezug zwischen allen drei Elementen herstellten, konnte in der Regel die entsprechenden Selbst-Assessment-Aussagen korrekt beantworten.

Die Schülerin Kiara beispielsweise konnte mithilfe der Musterlösung einen Fehler in ihrer Lösung feststellen: Beim Bearbeiten der ersten Aufgabe, in der vier Siebener-Sprünge am Zahlenstrahl abgebildet waren, trug Kiara zunächst die Rechnung $5 \cdot 7 = 35$ ein (linke Seite in Abbildung 6.12). Kurz darauf fiel ihr jedoch auf, dass nicht fünf, sondern vier Sprünge am Zahlenstrahl abgebildet sind und notierte statt der Fünf eine Vier für den ersten Faktor. Dabei vergaß sie jedoch, das Ergebnis der Multiplikation anzupassen. Dieser Fehler fiel ihr erst auf, als sie nach Abgabe ihrer Lösung zur Ansicht mit dem Selbst-Assessment-Aussagen und der Musterlösung weitergeleitet wurde:

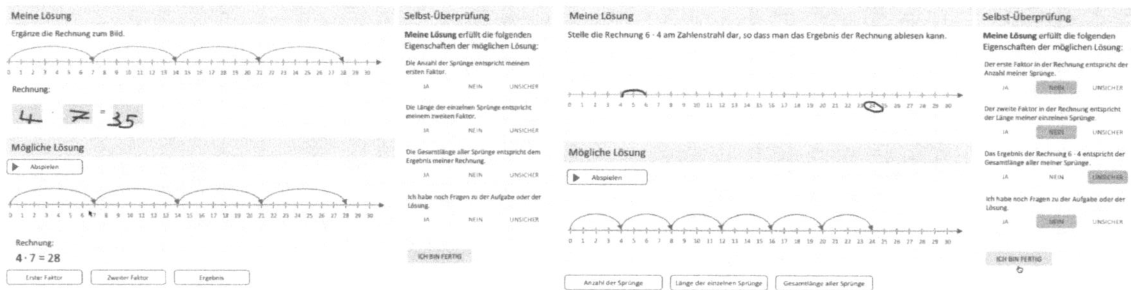

Abbildung 6.12 Vergleich von Eigener Lösung und Musterlösung bei Kiara (links) und Selbst-Assessment und Musterlösung bei Mia (rechts) im zweiten Entwicklungszyklus. (Quelle: Zweiter Prototyp der Selbst-Assessment-App)

„(Schaut sich die Musterlösung an). Achso ja, da (zeigt auf das Ergebnis in ihrer eigenen Lösung), sieben, ja. [I: Was meinst du mit ‚Ja'?]. Äh, ich habe jetzt (zeigt auf den ersten Faktor in ihrer Lösung), da ich ja eben fünf geschrieben habe und 35 wegen – äh ist das ja jetzt 28. Weil ich ja – ich habe die noch hier (zeigt auf den ersten Faktor in ihrer Lösung) noch geändert, hab das Ergebnis (zeigt auf das Ergebnis in ihrer Lösung) nicht geändert."

Ein Beispiel für eine Situation, in der die eigene Lösung, die Musterlösung und das Selbst-Assessment miteinander in Verbindung gebracht werden, stellt die Durchführung des Selbst-Assessments bei der Schülerin Mia dar.

Sie sollte die Multiplikation 6 · 4 am Zahlenstrahl darstellen. Sie verband die Ziffern vier und sechs mit einem Bogen und kreiste anschließend die 24 ein (rechte Seite in Abbildung 6.12). Nachdem sie ihre Lösung abgegeben hatte, schaute sie sich erst für einige Augenblicke die Musterlösung an, bevor sie mit der Beantwortung der Selbst-Assessment-Aussagen startete. Nach kurzem Überlegen wählte sie bei der ersten Aussage richtigweise die Antwort „NEIN" aus und begründete diese mit Bezug zu ihrer Lösung und der Musterlösung wie folgt:

„Ja, weil ich habe halt nur einen Pfeil gemacht und die haben halt ganz viel gemacht."

Beim Beantworten der zweiten Aussage schaute sie sich erst die Musterlösung, dann ihre eigene Lösung und anschließend noch einmal die Musterlösung an, bevor sie auch bei der zweiten Aussage korrekterweise die Antwort „NEIN" auswählte. Folglich ist anzunehmen, dass sie auch hier die eigene Lösung und die Musterlösung für ihr Selbst-Assessment berücksichtigt und somit alle drei Elemente in Beziehung zueinander gebracht hat. Für die Beantwortung der dritten Selbst-Assessment-Aussage trifft dies jedoch nicht zu. Bei dieser Aussage schien Mia Schwierigkeiten damit zu haben, diese nachzuvollziehen. Nachdem sie längere Zeit über die Aussage nachgedacht hatte, fragte die Interviewerin, was Mia überlegen würde. Daraufhin gab Mia an:

„Ich überlege, was die da wollen."

und wählte, nachdem sie nochmals einige Augenblicke über diese Aussage nachgedacht hatte, schlussendlich die Antwort „UNSICHER" aus. In den Daten lässt sich nicht erkennen, dass Mia in die Beantwortung der dritten Selbst-Assessment-Aussage ihre Lösung oder die Musterlösung einbezogen hat.

Auch wenn nicht alle Lernenden bei der Durchführung ihrer Selbst-Assessments sichtlich alle drei Elemente der App in Zusammenhang miteinander bringen, scheint dies aber durch die engere Verzahnung der eigenen Lösung, der Musterlösung und der Selbst-Assessment-Aussagen im zweiten Entwicklungszyklus zumindest kein wesentliches Problem mehr darzustellen. Jedoch trat bei der

Verwendung des zweiten Prototyps ein Problem auf, welches zuvor nicht aufgetreten war. Im zweiten Entwicklungszyklus nutzte keine der lernenden Personen die Abspiel-Funktion und nur zwei der Lernenden ließ sich die visuellen Hinweise in der Musterlösung anzeigen, wobei dies nur bei einer lernenden Person im Zusammenhang mit der Beantwortung der Selbst-Assessment-Aussagen geschah. Auf Grundlage der Interviews lässt sich die geringe Nutzung der interaktiven Möglichkeiten auf zwei Gründe zurückführen. Ein Grund ist, dass die Musterlösung für die Lernenden auch ohne die visuellen Hinweise zum Beispiel zur Sprunganzahl oder -länge nachvollziehbar war und sie keine zusätzliche Unterstützung benötigten. Andere Lernende äußerten als Begründung für ausbleibende Nutzung der Interaktionsmöglichkeiten, dass sie sich der Option des Abspielens der Musterlösung und der Anzeige visueller Hinweise durch einen Klick auf die entsprechenden Buttons nicht bewusst waren.

Die eine Schülerin, Helena, welche sich die visuellen Hilfen in der Musterlösung beim Beantworten der Selbst-Assessment-Aussagen anzeigen ließ, schien diese zur Unterstützung heranzuziehen. So klickte sie bei der Aufgabe, in der die Rechnung $5 \cdot 6$ am Zahlenstrahl dargestellt werden sollte, zuerst auf die drei Buttons in der Musterlösung und betrachtete die Hinweise, bevor sie die Selbst-Assessment-Aussagen beantwortete.

Ergebnisse zum Feedback mit Musterlösung (Abbildung 6.7, Abbildung 6.8):

Hinsichtlich des Knowledge of result/response-Feedbacks bei der zweiten Design-Variante zeigt sich, dass keiner der Lernenden von sich aus auf die Informations-Buttons klickte, um sich die ergänzenden, schriftlichen Rückmeldungen anzeigen zu lassen. Erst nach einem Hinweis der Interviewerin ließen sich die Lernenden diese einblenden. Jedoch wurden die schriftlichen Rückmeldungen in der zweiten Design-Variante wie auch in der ersten Design-Variante größtenteils nicht näher betrachtet und auch insgesamt konnte eine Auseinandersetzung mit dem Feedback für beide Design-Varianten nur selten festgestellt werden.

Wenn allerdings eine vertiefte Auseinandersetzung mit dem Knowledge of result/response-Feedback erfolgte, traten wie bereits im ersten Entwicklungszyklus auch im zweiten Entwicklungszyklus stellenweise Schwierigkeiten bei der Interpretation des Feedbacks auf. Die Schwierigkeiten zeigten sich darin, dass Mia und Nico, zwei der drei Lernenden, welche die erste Design-Variante des Prototyps nutzten, das Feedback nicht als Rückmeldung zur Korrektheit ihres Selbst-Assessments, sondern als Bewertung ihrer eigenen Lösung interpretierten. Diese Interpretation war in dem Fall von Mia besonders problematisch, welche in der Diagnoseaufgabe, in der die Rechnung $5 \cdot 6$ am Zahlenstrahl dargestellt werden sollte, die Tauschaufgabe zu der in der Musterlösung aufgezeigten und in den

Selbst-Assessment-Aussagen definierten Rechnung eingezeichnet hatte. Das heißt ihre Lösung entsprach zwar nicht der Musterlösung und den Selbst-Assessment-Kriterien, sie war aber dennoch korrekt. So stellte sie die Rechnung durch sechs Fünfer-Sprünge am Zahlenstrahl dar und beantwortete alle Selbst-Assessment-Aussagen mit „NEIN" (Abbildung 6.13). Da die Reihenfolge der Faktoren in ihrer Lösung im Vergleich zur Musterlösung vertauscht ist, ist ihre Einschätzung hinsichtlich der ersten beiden Selbst-Assessment-Aussagen korrekt. Bei der dritten Aussage jedoch ist ihr Selbst-Assessment-Ergebnis falsch, da die Gesamtlänge aller Sprünge auch beim Einzeichnen von sechs Fünfer-Sprüngen dem Ergebnis der Rechnung entspricht. Als sie die Informationen bzgl. der Korrektheit ihres Selbst-Assessment-Ergebnisses im Rahmen des Feedbacks angezeigt bekommt, liest sie sich die dritte Aussage und die schriftliche Rückmeldung zu dieser durch. Dann schlussfolgert sie, dass sie beim nächsten Mal die Anzahl und Länge der Sprünge in umgekehrter Weise darstellen muss:

„*(Liest sich erst die schriftliche Rückmeldung zur dritten Selbst-Assessment-Aussage und anschließend die Aussage selbst durch). Mhm. [I: Mhm. Kannst du auch einmal kurz sagen (--), ähm, was du jetzt denkst, wo du das Feedback siehst, die Rückmeldung?] (7 s). Ja, also, ich habe das halt umgedreht und jetzt kann ich sehen, dass ich das beim nächsten Mal anders mache und ja.*"

Neben den Interpretationsschwierigkeiten des Feedbacks kann in Bezug auf dieses ebenfalls festgestellt werden, dass bei Anzeige des Feedbacks auf die Musterlösung kaum Bezug genommen wird. Ausschließlich Kiara schaut sich bei Erhalt der Rückmeldung zur vierten Aufgabe die Musterlösung an und lässt sich die visuellen Hinweise in der Musterlösung anzeigen, als sie Probleme damit hat, das Feedback nachzuvollziehen.

Zusammenfassend lässt sich bezüglich der Erprobung festhalten, dass die Überarbeitungen des Prototyps scheinbar dazu führten, dass die Lernenden im zweiten Entwicklungszyklus im Gegensatz zu denen im ersten Entwicklungszyklus weniger Schwierigkeiten damit hatten, Zusammenhänge zwischen der eigenen Lösung, der Musterlösung und den Selbst-Assessment-Kriterien herzustellen. Im ersten Entwicklungszyklus zeigte sich, dass in den wenigen Fällen, in denen die eigene Lösung und die Musterlösung in Zusammenhang zueinander gebracht wurden, eine Auseinandersetzung mit dem eigenen Verständnis angeregt werden konnte. In Bezug darauf zeigte sich im zweiten Entwicklungszyklus explizit das lernförderliche Potenzial eines Vergleichs von der eigenen Lösung und der Musterlösung. Denn der Vergleich der beiden Lösungen führte bei mehreren Lernenden dazu, dass sie die Korrektheit ihrer Lösung mithilfe der Musterlösung bestätigten oder aber, dass sie mithilfe der Musterlösung einen Fehler in ihrer eigenen Lösung identifizierten.

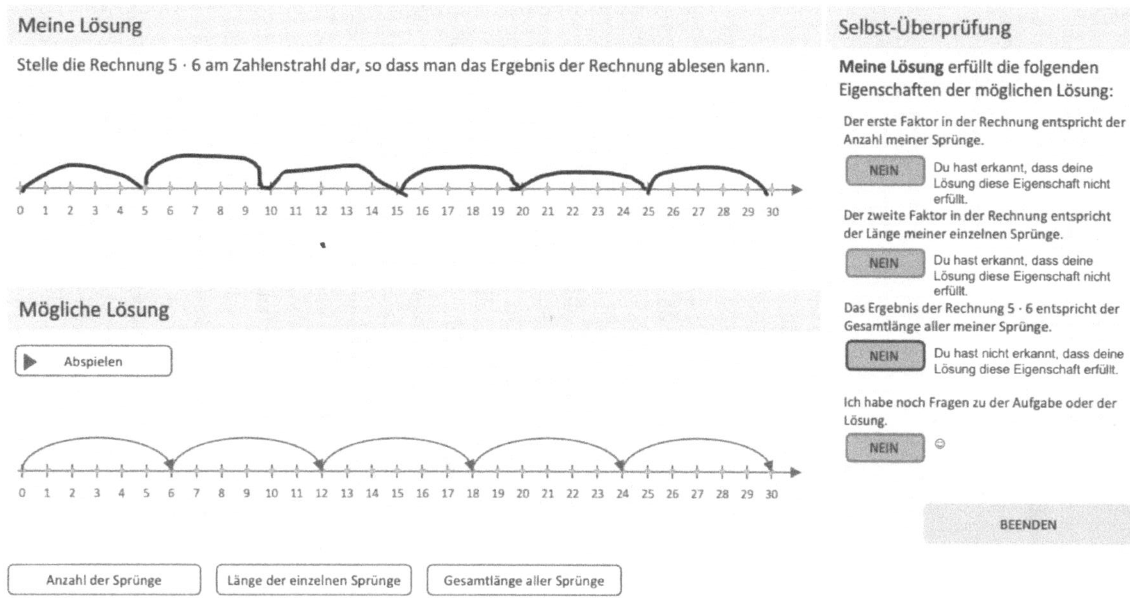

Abbildung 6.13 Feedback und Musterlösung bei Mia (links) im zweiten Entwicklungszyklus. (Quelle: Zweiter Prototyp der Selbst-Assessment-App)

Ein weiteres Potenzial, welches im Rahmen des zweiten Entwicklungszyklus identifiziert werden konnte, besteht in der Nutzung der Musterlösung zur Einschätzung der eigenen Lösung anhand der Selbst-Assessment-Aussagen. Die Tatsache, dass das Beantworten der Selbst-Assessment-Aussagen unter Zuhilfenahme der Musterlösung häufig in einer korrekten Einschätzung der eigenen Lösung resultierte, zeigt, dass eine Verbindung von eigener Lösung, Musterlösung und Selbst-Assessment-Aussagen ein korrektes Selbst-Assessment-Ergebnis unterstützen kann.

Ein Hindernis ergab sich im zweiten Entwicklungszyklus zunächst in Bezug auf die Eingabe der Lösung, die aufgrund der Verwendung des Programms PowerPoint über die Funktion der Freihandzeichnung erfolgen musste. So wurden Eingaben generiert, die im Rahmen der Aufgabenbearbeitung nicht vorgesehen waren und Schwierigkeiten bei der Auswertung mit sich brachten, sowohl für die Lernenden selbst als auch für die Interviewerin, welche die automatische Überprüfung durch das System simulierte. Auch nachdem der Prototyp unmittelbar nach dem ersten Erhebungstag überarbeitet und in dem Zuge zwei Diagnoseaufgaben ergänzt wurden, wählten die Lernenden aufgrund der Komplexität der Erstellung digitaler Freihandzeichnungen für die Darstellung der Multiplikationen am Zahlenstrahl stellenweise andere Eingabeformate als Bögen. Auch wenn eine Lösungseingabe über Freihandzeichnungen langfristig nicht vorgesehen war und einzuzeichnende Bögen bei den entsprechenden Aufgaben in der programmierten Version der App automatisch generiert werden sollten, sollte dieses Problem für den folgenden Entwicklungszyklus berücksichtigt werden.

Auch hinsichtlich der interaktiven Elemente in der Musterlösung ließ sich ein Verbesserungsbedarf feststellen. Im Gegensatz zum ersten Entwicklungszyklus wurden die interaktiven Elemente nur von wenigen Lernenden genutzt. Sofern sich bewusst von den Lernenden gegen eine Nutzung dieser Elemente entschieden wurde, weil kein Bedarf an weiterer Unterstützung bestand, ist dieser Befund unproblematisch. Für die Lernenden aber, die Unterstützungsbedarf haben und die die Interaktionsmöglichkeiten nicht nutzen, weil ihnen nicht ersichtlich ist, dass sie die Sprünge abspielen und sich visuelle Hinweise in der Musterlösung anzeigen lassen können, sollten die Möglichkeiten bei der Weiterentwicklung des Prototyps deutlicher hervorgehoben werden.

Das abschließende Knowledge of result/response-Feedback zum Selbst-Assessment hatte sich bereits im ersten Entwicklungszyklus als Hindernis herausgestellt, da für die Lernenden nicht klar war, ob es sich auf ihre Lösung, die Musterlösung oder ihr Selbst-Assessment-Ergebnis bezieht. Trotz einer Überarbeitung des Feedbacks blieb die Unklarheit hinsichtlich des Bezuges weiterhin für einen Teil der Lernenden bestehen, die sich vertieft mit dem Feedback im

Rahmen der ersten Design-Variante auseinandergesetzt hatten. So kam es vor, dass Lernende die Rückmeldung statt auf ihr Selbst-Assessment-Ergebnis auf ihre Aufgabenlösung bezogen. Da es möglich war, trotz eines fehlerhaften Selbst-Assessment-Ergebnisses eine korrekte Aufgabenlösung zu haben, konnten durch eine derartige Missinterpretation falsche Schlussfolgerungen gezogen werden. Aufgrund dessen sollte im folgenden Entwicklungszyklus auf die zweite Design-Variante gelegt werden, da es hier seltener zu Missverständnissen in Bezug auf das Feedback zu kommen schien. Weil auch bei Verwendung der zweiten Design-Variante selten eine vertiefte Auseinandersetzung mit dem Feedback stattfand, sollte es inhaltlich und visuell überarbeitet werden, um das Verständnis zu erleichtern und die Aufmerksamkeit stärker darauf zu lenken, besonders im Fall eines fehlerhaften Selbst-Assessment-Ergebnisses.

Potenziale im zweiten Entwicklungszyklus:

P1 Vergleich von Eigener Lösung und Musterlösung
P2 Nutzung der Musterlösung zur Einschätzung der Eigenen Lösung im Rahmen des Selbst-Assessments

Hindernisse im zweiten Entwicklungszyklus:

H1 Freihandzeichnungen zum Generieren der Aufgabenlösung
H2 Geringe Sichtbarkeit der interaktiven Elemente in der Musterlösung
H3 Geringe Auseinandersetzung mit dem Knowledge of result/response-Feedback
H4 Missinterpretation des Knowledge of result/response-Feedbacks

6.3 Dritter Entwicklungszyklus

6.3.1 Rekonstruktion des zweiten Prototyps

Die Überarbeitung des Prototyps im Rahmen des dritten Entwicklungszyklus erfolgte wie bereits im zweiten Entwicklungszyklus mit dem Programm PowerPoint. Bei der Überarbeitung wurde die Struktur des Prototyps nicht verändert (Abbildung 6.9), sondern Veränderungen wurden ausschließlich auf Ebene des Designs vorgenommen.

Eine erste Überarbeitung betraf die Aufgabenstellung der Diagnoseaufgaben, in denen eine Multiplikation am Zahlenstrahl dargestellt werden sollte. Diese wurden um einen Hinweis zur Darstellung der Lösung ergänzt und wie folgt formuliert: „Stelle die Rechnung x · y am Zahlenstrahl so dar, dass man das Ergebnis der Rechnung ablesen kann. Zeichne dafür mit der Maus Bögen ein". Durch den ergänzenden Hinweis zur erwarteten Eingabe sollte bewirkt werden, dass die Lernenden Eingaben tätigten, die zu der Musterlösung und den Selbst-Assessment-Aussagen passen. So sollten einerseits Schwierigkeiten bei der Einschätzung der eigenen Lösung im Rahmen des Selbst-Assessments umgangen werden und andererseits sollte die automatische Überprüfung erleichtert werden, die auch im Rahmen des dritten Entwicklungszyklus von der Interviewerin manuell vorgenommen werden musste (H1). Dabei wurde in dem Hinweis statt des Begriffs „Sprünge", der in der Regel im Kontext solcher Aufgaben verwendet wird, bewusst der Begriff „Bögen" gewählt. Denn im zweiten Entwicklungszyklus führte der Begriff der Sprünge stellenweise zu Missverständnissen, da mit Sprüngen vereinzelt auch senkrechte Striche am Zahlenstrahl assoziiert wurden.

Der Herausforderung des schnellen und präzisen Einzeichnens der Bögen mit der Computermaus beim Bearbeiten der Aufgabe konnte durch die Weiterentwicklung des Prototyps im dritten Entwicklungszyklus jedoch nicht begegnet werden. Es konnte keine alternative Eingabeart gefunden werden, welche die Eingabe der Lösung für die Lernenden vereinfacht, ohne dass dadurch die Funktionalität des Prototyps eingeschränkt worden wäre.

In Bezug auf das Selbst-Assessment und auch das Feedback mit Musterlösung zog die Modifikation der Aufgabenstellung eine weitere Anpassung des Prototyps nach sich. Um Inkonsistenzen innerhalb des Prototyps aufgrund der Ergänzung der Aufgabenstellung zu vermeiden, wurde der Begriff „Sprünge" in den Selbst-Assessment-Aussagen und in der Musterlösung ebenfalls durch den Begriff „Bögen" ersetzt (Abbildung 6.14).

In Bezug auf die Musterlösung zeigte sich in den Ergebnissen aus dem zweiten Entwicklungszyklus die Notwendigkeit, die Interaktionsmöglichkeiten in der Musterlösung expliziter hervorzuheben (H2). Insbesondere für Lernende, die Bedarf an weiterer Unterstützung haben, könnte dadurch ein Vergleich zwischen der Eigenen Lösung und der Musterlösung (P1) und die Nutzung der Musterlösung zur Überprüfung der Eigenen Lösung (P2) stärker angeregt werden. Die Hervorhebung der Interaktionsmöglichkeiten wurde bei der Überarbeitung des Prototyps durch zwei Handlungsaufforderungen umgesetzt, welche die Lernenden dazu anhielten, sich die Musterlösung abspielen zu lassen und sich durch Betätigung der entsprechenden Buttons Hilfen in der Musterlösung anzeigen zu lassen. Die entsprechenden Handlungsaufforderungen waren: „Klicke auf ‚Abspielen'" und „Klicke unten auf die weißen Felder, um die Hilfen in der Lösung anzeigen zu lassen" (Abbildung 6.14). Gemeinsam mit den Handlungsaufforderungen

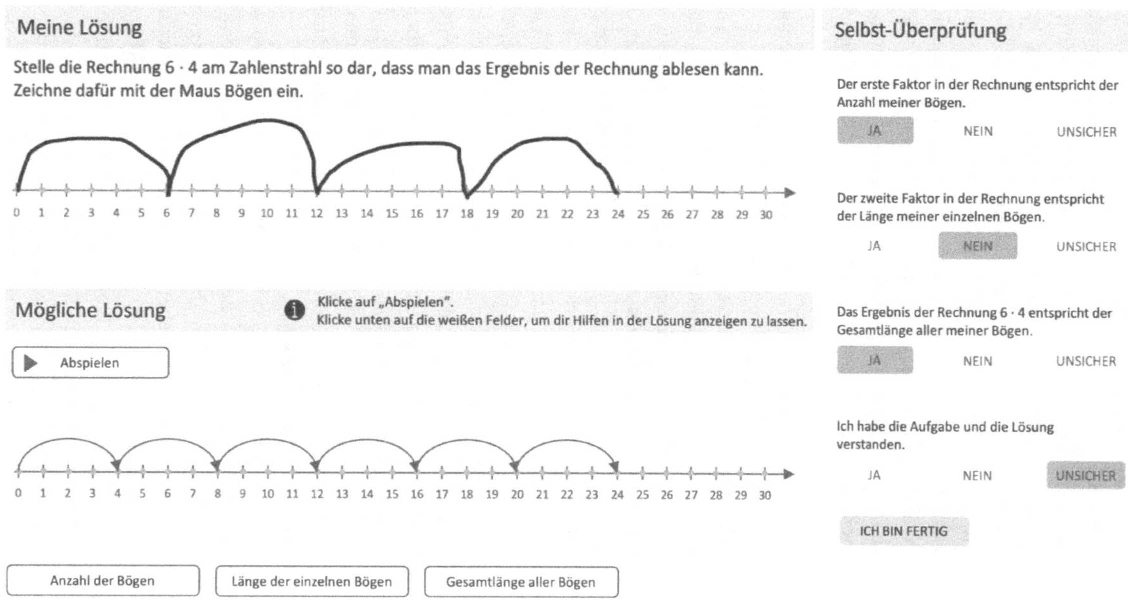

Abbildung 6.14 Selbst-Assessment und Musterlösung im dritten Entwicklungszyklus. (Quelle: Dritter Prototyp der Selbst-Assessment-App)

wurde umgesetzt, dass die Sprünge in der Musterlösung erst dann angezeigt wurden, wenn auf den Button „Abspielen“ geklickt wurde.

Für die Darstellung des Knowledge of result/response-Feedback beziehungsweise Knowledge of the correct response-Feedback zum Selbst-Assessment am Ende der Diagnoseaufgabe wurde sich im dritten Entwicklungszyklus für eine visuelle Darstellung wie in der zweiten Design-Variante im zweiten Entwicklungszyklus entschieden (Abbildung 6.8). Die Darstellung orientierte sich im dritten Zyklus an der zweiten Design-Variante, weil bei dieser im Vergleich zur ersten Design-Variante der Bezug zum Selbst-Assessment für die Lernenden klarer zu sein schien und keine falschen Schlussfolgerungen auf die Korrektheit beziehungsweise Inkorrektheit der eigenen Lösung durch eine Missinterpretation des Feedbacks gezogen wurden (H4). Aufgrund der Tatsache, dass die ergänzenden, schriftlichen Rückmeldungen von den Lernenden im zweiten Entwicklungszyklus oftmals nicht beachtet und genutzt wurden, sind diese im dritten Entwicklungszyklus entfernt worden (Abbildung 6.15).

Die Entfernung der schriftlichen Rückmeldungen hatte den Vorteil, dass die Informationsdichte auf dem Bildschirm bei der Anzeige des Feedbacks verringert werden konnte, sodass es den Lernenden im dritten Entwicklungszyklus im Gegensatz zu den Lernenden im zweiten Entwicklungszyklus möglicherweise leichter fällt, sich auf die wesentlichen Informationen zu fokussieren und sich intensiv mit dem Feedback auseinanderzusetzen. Denn eine Auseinandersetzung mit dem Feedback zum Selbst-Assessment konnte im Rahmen des zweiten Entwicklungszyklus nur selten festgestellt werden (H3). Dieser Befund ist besonders in den Fällen als kritisch zu bewerten, in denen durch die fehlende Auseinandersetzung mit dem Feedback Konflikte zwischen dem Selbst-Assessment und dem automatischen Assessment nicht identifiziert werden konnten. Um auf diese Konflikte im Feedback daher stärker hinzuweisen und die Aufmerksamkeit der Lernenden auf diese zu lenken, wurden diese daher durch eine blaue Markierung und ein Blitz-Symbol stärker hervorgehoben.

Neben den oben beschriebenen Änderungen in Bezug auf den Prototyp wurden im Rahmen des dritten Entwicklungszyklus zwei weitere Aspekte überarbeitet. Diese Überarbeitungen wurden nicht durch die Ergebnisse des vorangegangenen Entwicklungszyklus veranlasst, sollten aber dazu beitragen, die Nutzung des Prototyps für die Lernenden einfacher und intuitiver zu gestalten. Hierfür wurde erstens die Unterüberschrift des Selbst-Assessments entfernt, um die Informationsdichte für die Lernenden beim Beantworten der Selbst-Assessment-Aussagen weiter zu verringern (Abbildung 6.15). Unter „Selbst-Überprüfung“ wurden somit ausschließlich die verschiedenen, aufgabenbezogenen Aussagen und darunter jeweils die auszuwählenden Antwortoptionen aufgezeigt. Zweitens wurde die

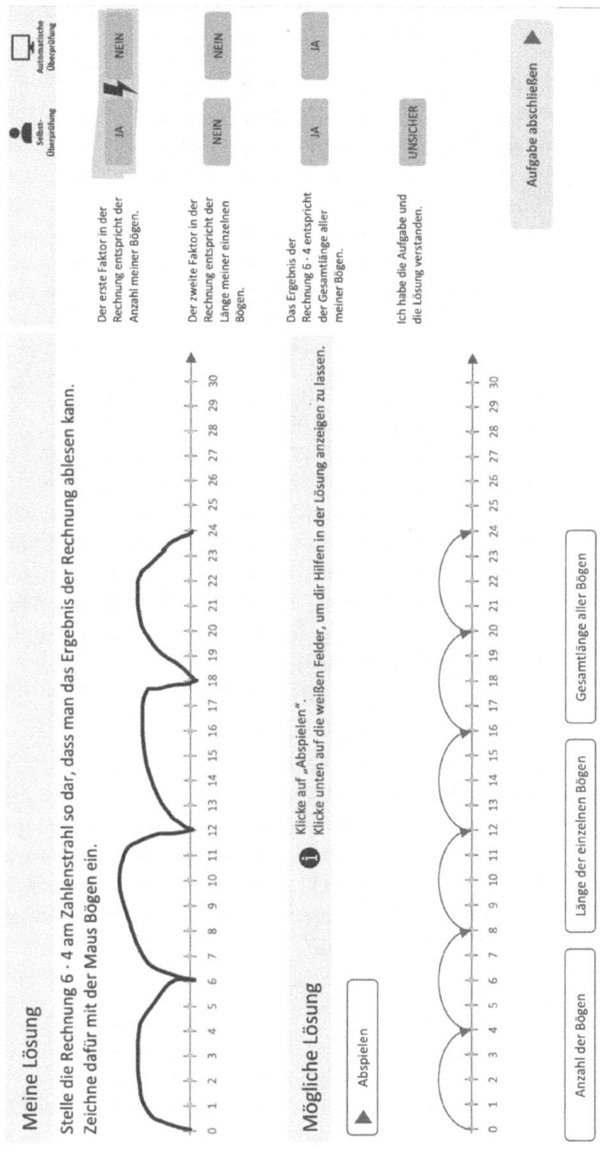

Abbildung 6.15 Feedback und Musterlösung im dritten Entwicklungszyklus. (Quelle: Dritter Prototyp der Selbst-Assessment-App)

letzte, nicht-überprüfbare Selbst-Assessment-Aussage wie die übrigen, überprüfbaren Aussagen positiv formuliert. Anstelle der Aussage „Ich habe noch Fragen zu der Aufgabe oder der Lösung“ war für die Lernenden somit die Aussage „Ich habe die Aufgabe und die Lösung verstanden“ zu beantworten (Abbildung 6.15). Eine positive Beantwortung der Selbst-Assessment-Aussagen bedeutet im Fall der überprüfbaren Aussagen also, dass die Lernenden diese in ihrer Lösung als erfüllt ansehen und im Fall der nicht-überprüfbaren Aussage, dass sie sowohl die Aufgabe als auch die Lösung verstanden haben.

6.3.2 Erprobung des dritten Prototyps

Im Juni 2022 wurde der dritte Prototyp mit 12 Fünftklässler:innen eines Gymnasiums im Laborsetting erprobt. Wie bei der Erprobung zuvor wurde den Lernenden zunächst eine Beispielaufgabe gezeigt und anschließend durchliefen sie die in Abbildung 6.9 dargestellten Schritte für insgesamt vier Diagnoseaufgaben. Die Diagnoseaufgaben entsprachen dabei denen aus dem zweiten Entwicklungszyklus. Das heißt für die Bearbeitung der Aufgaben wurde den Lernenden zuerst ein Bild mit vier 7er-Sprünge am Zahlenstrahl angezeigt und sie sollten eine passende Rechnung notieren. Anschließend sollten sie die Rechnung $6 \cdot 4$ am Zahlenstrahl darstellen. Danach erhielten die Lernenden zwei weitere Diagnoseaufgaben, im Rahmen derer eine Rechnung zu drei 8er-Sprüngen notiert sowie eine Darstellung zur Rechnung $5 \cdot 6$ gefunden werden sollte.

Wie auch schon in den Erprobungen zuvor wurden die Lernenden im Sinne der Methode des lauten Denkens gebeten, ihre Gedanken zu verbalisieren und es wurden Nachfragen seitens der Interviewerin gestellt, wenn keine Verbalisierungen erfolgten oder diese unverständlich waren. Nach Abschluss aller vier Diagnoseaufgaben wurde mit den Lernenden ein halbstrukturiertes Interview geführt. Für die Interviews wurde derselbe Leitfaden genutzt, wie im zweiten Entwicklungszyklus (siehe Anhang im elektronischen Zusatzmaterial). Sowohl die Vorgehensweisen der Lernenden bei Durchführung der Diagnoseaufgaben als auch die halbstrukturierten Interviews wurden gefilmt.

Analog zur methodischen Vorgehensweise im zweiten Entwicklungszyklus wurden für die Auswertung der Daten vorrangig die Vorgehensweisen der Lernenden fokussiert und die Aussagen und Handlungen der Lernenden in Bezug auf die in Abbildung 6.9 dargestellten Schritte zusammengefasst. Diese Zusammenfassung bildete die Grundlage zur Ermittlung von Potenzialen und Hindernissen, die sich beim Arbeiten mit dem App-Prototyp für Lernende ergeben.

6.3.3 Ergebnisse der Analyse und Evaluation des dritten Prototyps

Ergebnisse zur Aufgabenbearbeitung:
Auch wenn der Komplexität der Lösungseingabe durch eine Überarbeitung des Prototyps nicht begegnet werden konnte, schien der ergänzende Hinweis zur erwarteten Darstellung der Lösung bewirkt zu haben, dass die Lernenden in den entsprechenden Aufgaben die Multiplikationen ausschließlich durch Bögen visualisieren. So gab es im dritten Entwicklungszyklus keine lernende Person, die eine unerwartete Lösung generierte, sodass die Voraussetzungen für einen Vergleich von eigener Lösung und Musterlösung und der Einschätzung der eingegebenen Lösung entlang der Selbst-Assessment-Aussagen zumindest bei allen Lernenden erfüllt waren.

Ergebnisse zum Selbst-Assessment mit Musterlösung (Abbildung 6.14):
Sowohl Potenziale als auch Hindernisse, die sich bereits bei der Analyse der Ergebnisse im zweiten Entwicklungszyklus gezeigt haben, konnten auch in den Lernprozessen der Schüler:innen im dritten Entwicklungszyklus identifiziert werden. So zeigte sich in Bezug auf die Potenziale, dass auch im dritten Zyklus mehrere Lernende ihre eigene Lösung mit der Musterlösung abglichen und daraus passende Rückschlüsse auf die Korrektheit ihrer Lösung ziehen konnten. Dies war beispielsweise bei Jannik der Fall, der durch die Musterlösung seine Lösung bestätigte. Jannik hatte in seiner Lösung die Rechnung $6 \cdot 4$ durch sechs Vierer-Sprünge am Zahlenstrahl dargestellt und auch in der Musterlösung werden sechs Vierer-Sprünge abgebildet (linke Seite in Abbildung 6.16). Unmittelbar nach Abgabe seiner Lösung zur zweiten Aufgabe ließ er sich die Musterlösung abspielen und sagte anschließend:

„*Ja, das habe ich richtig*".

Eine Bestätigung der eigenen Lösung erfolgte auch bei der Schülerin Katja, welche bei derselben Diagnoseaufgabe im Vergleich zu Jannik die Rechnung $6 \cdot 4$ nicht wie in der Musterlösung durch sechs Vierer-Sprünge dargestellte, sondern vier 6er-Sprünge eingezeichnet hat (rechte Seite in Abbildung 6.16). Nachdem sie ihre Lösung abgegeben hatte, ließ sich Katja die Musterlösung abspielen und dachte einige Augenblicke darüber nach. Auf die Frage der Interviewerin, was sie gerade überlegen würde, antwortete sie:

„*Ähm, ich habe jetzt vier mal sechs genommen und nicht sechs mal vier, das heißt anstatt habe ich – anstatt Vierer-Schritte zu machen habe ich Sechser-Schritte gemacht, dafür aber wen- weniger Bogen gemacht.*"

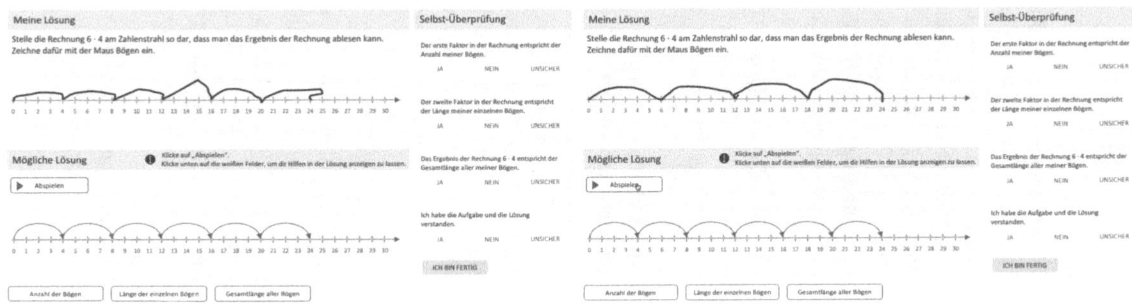

Abbildung 6.16 Vergleich von Eigener Lösung und Musterlösung bei Jannik (links) und Katja (rechts) im dritten Entwicklungszyklus. (Quelle: Dritter Prototyp der Selbst-Assessment-App)

Später im Prozess ergänzte sie rückblickend in Bezug auf diesen Moment, in dem sie die Musterlösung nach Abgabe ihrer Lösung zum ersten Mal gesehen hatte:

„*Ja, ähm (2 s) ich finde das gut so. Nur ich war dann erst ein bisschen verwirrt, als da dann in Vierer-Schritten kam, aber das ist eigentlich logisch, aber man kann halt beides nehmen (…).*"

Letztere Aussage deutet darauf hin, dass auch wenn die Anzahl und die Länge der Sprünge in den beiden Lösungen vertauscht waren, Katja ihre eigene Lösung weiterhin als richtige Lösung anerkannt hat.

Neben der Bestätigung der eigenen Lösung durch die Musterlösung kam es bei dem Schüler Maxi auch vor, dass er durch das Betrachten der Musterlösung einen Fehler in der eigenen Lösung feststellte und seine Lösung reflektierte. Maxi hatte die Rechnung 6 · 4 durch einen Vierer-Sprung und drei Dreier-Sprünge dargestellt (linke Seite in Abbildung 6.17). Nachdem er sich nach Abgabe seiner Lösung die Musterlösung abgespielt und diese einige Augenblicke betrachtet hatte, sagte er:

„*Ich habe es falsch gezählt. Ich dachte man muss das jetzt von hier (zeigt in seiner Lösung auf die Null am Zahlenstrahl) bis zur vier (zeigt in seiner Lösung auf die Vier am Zahlenstrahl). Dann die Vier mitzählen und das dann machen (fährt in seiner Lösung den zweiten Sprung mit der Maus nach). [I: Mhm]. Weil ich hab – man sollte glaube ich die Vier (zeigt in seiner Lösung auf die Vier am Zahlenstrahl) jetzt nicht mitzählen und dann von fünf weiterzählen (zeigt nacheinander auf die Fünf, Sechs, Sieben und Acht am Zahlenstrahl).*"

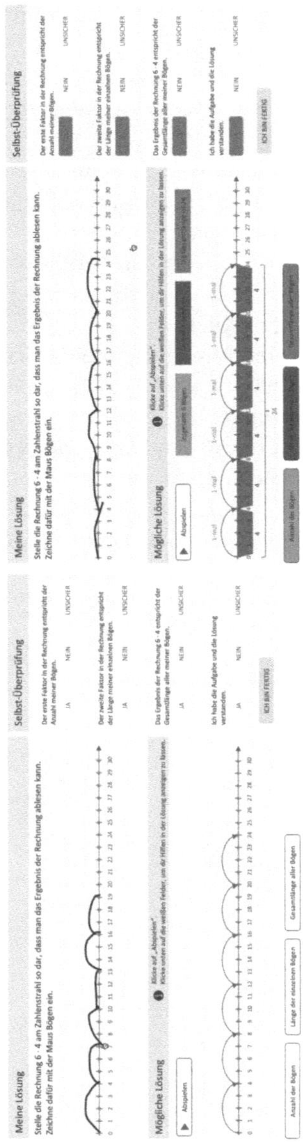

Abbildung 6.17 Vergleich von eigener Lösung und Musterlösung bei Maxi (links) und Selbst-Assessment und Musterlösung bei Lilli im dritten Entwicklungszyklus. (Quelle: Dritter Prototyp der Selbst-Assessment-App)

Über den Vergleich von eigener Lösung und Musterlösung hinaus kam es auch im dritten Entwicklungszyklus vor, dass die beiden Lösungen und die Selbst-Assessment-Aussagen in Zusammenhang miteinander gebracht wurden. Dabei zeigte sich im dritten Entwicklungszyklus wie auch schon im zweiten Entwicklungszyklus, dass das Nutzen der Musterlösung zur Einschätzung der eigenen Lösung Potenzial besitzt, das Selbst-Assessment zu unterstützen. Dies lässt sich exemplarisch an Lillis Vorgehen beim Beantworten der Selbst-Assessment-Aussagen zur zweiten Aufgabe erkennen, bei dem sich insbesondere auch das Potenzial der interaktiven Hinweise in der Musterlösung zeigt: Lilli hatte beim Bearbeiten der Aufgabe die Rechnung $6 \cdot 4$ durch sechs Vierer-Sprünge dargestellt. Nachdem sie nach Abgabe ihrer Lösung die Musterlösung abgespielt hatte, ging sie beim Einschätzen ihrer Lösung so vor, dass sie zuerst einen Hinweis in der Musterlösung auswählte, dann ihre Lösung auf Übereinstimmung prüfte und schlussendlich die korrespondierende Selbst-Assessment-Aussage beantwortete. Dieses Vorgehen zeigte sie bei allen drei inhaltlichen Selbst-Assessment-Aussagen, die sie korrekterweise mit „JA“ beantwortete (rechte Seite in Abbildung 6.17).

Auf die Interaktionsmöglichkeiten in der Musterlösung musste Lilli, ebenso wie die übrigen Lernenden im dritten Entwicklungszyklus, allerdings durch die Interviewerin hingewiesen werden. Keine der Lernenden nahm von sich aus wahr, dass sie die Musterlösung abspielen und sich zusätzliche Hinweise in der Musterlösung anzeigen lassen konnten. Die beiden Handlungsaufforderungen, welche die Lernenden dazu anhalten sollten, die Interaktionsmöglichkeiten in der Musterlösung zu nutzen, konnten ihren Zweck somit nicht erfüllen. Zwar gab es auch im dritten Entwicklungszyklus Lernende, bei denen die Interaktion mit der Musterlösung ausgeblieben war, weil sie sich im Umgang mit der Aufgabe auch ohne weitere Hinweise sicher fühlten. Die Tatsache aber, dass viele Lernende die Möglichkeiten zur Interaktion mit der Musterlösung nutzten, sobald sie einmal von der Interviewerin auf diese aufmerksam gemacht wurden, deutet darauf hin, dass die Hauptursache der ausbleibenden Nutzung nach wie vor die fehlende Sichtbarkeit der Interaktionsmöglichkeiten ist.

Neben der fehlenden Sichtbarkeit der Interaktionsmöglichkeiten in der Musterlösung, die bereits im vorangegangenen Entwicklungszyklus als Hindernis identifiziert werden konnte, ließ sich hinsichtlich des Selbst-Assessments mit Musterlösung im dritten Entwicklungszyklus eine weitere Schwierigkeit feststellen, die vorher noch nicht aufgetreten war. So zeigte sich, dass es bei manchen Lernenden Unsicherheiten im Hinblick auf das Bezugsobjekt der Selbst-Assessment-Aussagen gab und sie nicht wussten, dass die Aussagen zur Einschätzung der eigenen Lösung herangezogen werden sollten.

Der Schüler Jannik beispielsweise bezog die Selbst-Assessment-Aussagen nicht ausschließlich auf seine Lösung, sondern auf die Menge aller richtigen Lösungen. Dies machte er beim Selbst-Assessment zur zweiten Diagnoseaufgabe deutlich, im Rahmen derer er die Rechnung 6 · 4 durch sechs Vierer-Sprünge dargestellt hatte:

„*‚Der erste Faktor in der Rechnung entspricht der Anzahl meiner Bögen'. (4 s). ‚JA' und ‚NEIN' (wählt die Antwort ‚JA' aus), weil äh das kann ja auch der zweite Faktor sein. Also man könnte auch einfach die vier Bögen (zeigt in der Musterlösung auf den Button ‚Anzahl der Bögen') machen und dann mit dem Abstand von sechs machen (wählt die Antwort ‚NEIN' aus). ‚Der zweite Faktor entspricht der Länge meiner einzelnen Bögen'. Der Länge – ‚NEIN' (wählt die Antwort ‚NEIN' aus) und ‚JA' (wählt die Antwort ‚JA' aus), weil das ist das gleiche*" (linke Seite in Abbildung 6.18).

Als die Interviewerin ihn später bittet, sich für eine der beiden Antworten zu entscheiden, wählt Jannik bei beiden Selbst-Assessment-Aussagen die Antwort „NEIN" aus, weil die Anzahl und Länge der Sprünge vertauscht werden können. In Bezug auf seine Lösung entspricht eine Verneinung der ersten beiden Aussagen jedoch einem fehlerhaften Selbst-Assessment, da die Aussagen in seiner Lösung erfüllt sind.

Eine weitere Situation, in der es Schwierigkeiten hinsichtlich des Bezugsobjektes beim Selbst-Assessment gab, zeigte sich im Rahmen der ersten Diagnoseaufgabe bei Lars. Er hatte zu den vier Siebener-Sprüngen die Rechnung 7 · 4 = 28 notiert. Nachdem er seine Lösung abgegeben hatte, ließ er sich in der Musterlösung die Sprünge am Zahlenstrahl abspielen und startete mit der Beantwortung der Selbst-Assessment-Aussagen. Die erste Aussage beantwortete er dabei nicht bezugnehmend auf seine Lösung, sondern in Bezug auf die Musterlösung:

„*(Liest sich die erste Selbst-Assessment-Aussage durch). Die Anzahl der Bögen? Welche – Achso, ja. (3 s). (Klickt auf ‚JA')*" (rechte Seite in Abbildung 6.18).

Als die Interviewerin ihn fragt, warum er die Antwort „JA" ausgewählt hat, erklärt Lars:

„*Weil vier (zeigt auf die Vier in der Rechnung in der Musterlösung) die – der erste Faktor ist und vier Bögen sind (zeigt auf die Sprünge in der Musterlösung).*"

Ergebnisse zum Feedback mit Musterlösung (Abbildung 6.15):

Während im zweiten Entwicklungszyklus nur eine Schülerin Bezug auf die Musterlösung nahm, als ihr das abschließende Feedback angezeigt wurde, konnte im dritten Entwicklungszyklus eine Bezugnahme auf die Musterlösung in dieser Situation häufiger beobachtet werden. So zeigte sich, dass die Verwendung der

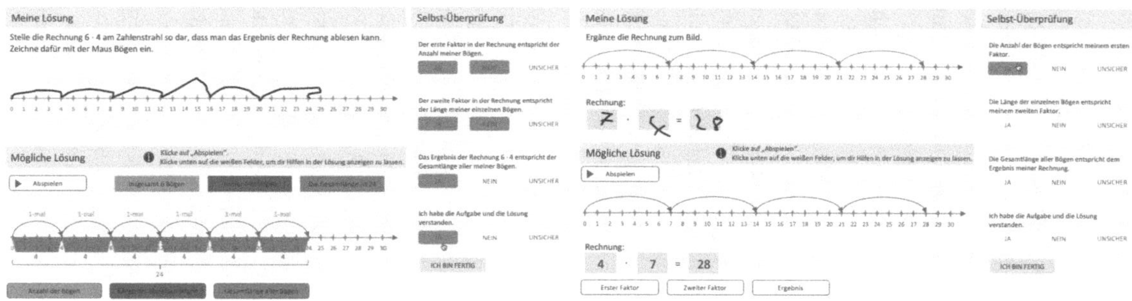

Abbildung 6.18 Selbst-Assessment und Musterlösung bei Jannik (links) und Lars (rechts) im dritten Entwicklungszyklus. (Quelle: Dritter Prototyp der Selbst-Assessment-App)

Musterlösung Lernenden dabei helfen kann, die durch das Feedback rückgemeldeten Fehler in Bezug auf die bei den Selbst-Assessment-Aussagen ausgewählten Antworten zu begründen.

Dem Schüler Maxi beispielsweise war im Zuge der ersten Aufgabe, in der zu vier Siebener-Sprüngen am Zahlenstrahl eine passende Rechnung notiert werden sollte, beim Ermitteln der Sprunglänge ein Fehler unterlaufen. Er zählte zur Bestimmung der Sprunglänge die Messstriche am Zahlenstrahl ab, berücksichtigte dabei aber irrtümlicherweise auch immer den Startpunkt der einzelnen Bögen, sodass er die Rechnung $4 \cdot 8 = 32$ aufschrieb. Als er nach Abgabe seiner Lösung die Selbst-Assessment-Aussagen beantwortete, wählte er bei der ersten Aussage richtigweise „JA" aus. Unter der Annahme, dass die Länge der einzelnen Sprünge gleich Acht ist, stimmte er fälschlicherweise auch der zweiten Aussage zu. Bei der dritten Aussage wiederum erkannte Maxi, dass das Ergebnis in seiner Rechnung nicht mit der Gesamtlänge der Bögen übereinstimmt und wählte die Antwort „NEIN" aus, bevor er schlussendlich angab, die Aufgabe sowie die Lösung verstanden zu haben. Es ließ sich nicht erkennen, dass er vor oder während dem Beantworten der Selbst-Assessment-Aussagen die Musterlösung berücksichtigte, die ihm unterhalb seiner Lösung angezeigt wurde. Erst als er das abschließende Feedback erhielt, bei dem ihm bezüglich seiner Antwort auf die zweite Selbst-Assessment-Aussage ein Konflikt angezeigt wurde, setzte sich Maxi mit der Musterlösung auseinander. Er ließ sich die Musterlösung abspielen und wählte nach einem Hinweis der Interviewerin auch die visuellen Hinweise aus (linke Seite Abbildung 6.18). Als die Interviewerin ihn nach einigen Augenblicken fragte, was er gerade denken würde, entgegnete Maxi:

„*Ja, ich habe jetzt diesen (zeigt in der Musterlösung auf die Null am Zahlenstrahl) auch – den auch mitgezählt, aber das ist ja Null. Deswegen bin ich auch auf die falsche Lösung gekommen, weil ich habe ja acht mitgezählt anstatt sieben.*"

Seine Aussage lässt darauf schließen, dass er die Ursache für seinen Fehler nicht vollumfänglich ermitteln konnte, da er diesen ausschließlich auf das Mitzählen der Null zurückzuführen scheint, ohne auf die Startpunkte der jeweils anderen Sprünge einzugehen. Dennoch wird deutlich, dass die Musterlösung und insbesondere die visuellen Hinweise in der Musterlösung Maxi dabei unterstützen, die Ursache für den Konflikt im Selbst-Assessment zu analysieren und begründen.

Analog zum zweiten Entwicklungszyklus gelang den Lernenden eine korrekte Interpretation des abschließenden Feedbacks, wie sie offenbar im Fall vom Maxi erfolgte, jedoch nicht immer. So kam es auch im dritten Entwicklungszyklus häufiger vor, dass das Feedback zum Selbst-Assessment nicht als solches gedeutet wurde.

Dem Schüler Jannik beispielsweise, dem im Rahmen der zweiten Diagnoseaufgabe nicht klar gewesen ist, worauf sich die Selbst-Assessment-Aussagen beziehen (siehe vorherigen Abschnitt), schien in Bezug auf das Feedback nicht bewusst zu sein, dass die Antworten in der linken Spalte seine eigenen Antworten repräsentieren. Stattdessen war er der Auffassung, dass immer beide Antworten, die ihm im Rahmen des Feedbacks zu einer Selbst-Assessment-Aussage angezeigt wurden, diejenigen sind, die bei einer richtigen Lösung auszuwählen wären. Dies wird an seiner Reaktion auf das Feedback (Abbildung 6.19) deutlich:

„*Ja da (zeigt auf die Rückmeldung zur ersten Selbst-Assessment-Aussage) war es halt wieder „JA" und „NEIN", hatte ich ja davor auch äh angekreuzt, sage ich jetzt mal. Beim zweiten genauso. Äh (---) beim dritten weiß ich nicht mehr, was ich hatte, glaube ich obwohl ich glaube (ne?) doch, „JA" hatte ich da. Und ja, das hatte ich glaube ich alles richtig.*"

Hinsichtlich der Frage, welche Potenziale und Hindernisse sich für die Lernenden beim Arbeiten mit dem dritten Prototyp der App ergeben, lässt sich in Bezug auf die Potenziale zunächst festhalten, dass die Ergänzung der Aufgabenstellung durch einen Hinweis zur erwarteten Darstellung der Lösung bei den Lernenden dazu geführt hat, dass sie Eingaben generieren, an die im weiteren Verlauf der Aufgabe gut angeknüpft werden konnte. Um möglichen Unsicherheiten hinsichtlich des Eingabeformats der Lernenden entgegenzuwirken, sollte daher auch in der programmierten App-Version das Eingabeformat durch einen Hinweis spezifiziert werden, auch wenn die Lösungseingabe nicht über eine Freihandzeichnung erfolgt und somit stärker durch das System eingeschränkt ist.

Zudem zeigte sich im dritten Entwicklungszyklus, wie auch schon im zweiten, dass sich der Vergleich von der eigenen Lösung und der Musterlösung positiv auf die Lernprozesse der Schüler:innen auswirken kann. So konnten die Lernenden im dritten Entwicklungszyklus mithilfe der Musterlösung die Korrektheit ihrer Lösung feststellen oder einen Fehler in ihrer Lösung identifizieren.

Mehrere Lernende verknüpften aber nicht nur die eigene Lösung und die Musterlösung miteinander, sondern setzten die beiden Lösung auch in Beziehung zu den Selbst-Assessment-Aussagen. Dies konnte auch im zweiten Entwicklungszyklus bereits beobachtet werden. Wie in diesem stellte sich die Verknüpfung aller drei Elemente als förderlich heraus, was sich darin zeigte, dass das Selbst-Assessment in diesen Situationen überwiegend korrekt durchgeführt wurde.

Im dritten Entwicklungszyklus stellte sich aber nicht nur eine Verknüpfung von eigener Lösung und Musterlösung beziehungsweise eigener Lösung, Musterlösung und Selbst-Assessment-Aussagen als lernförderlich heraus, sondern auch im Zusammenhang mit dem Feedback konnte der Einbezug der Musterlösung positive Effekte erzielen. Mehrere Lernende setzten sich mit der

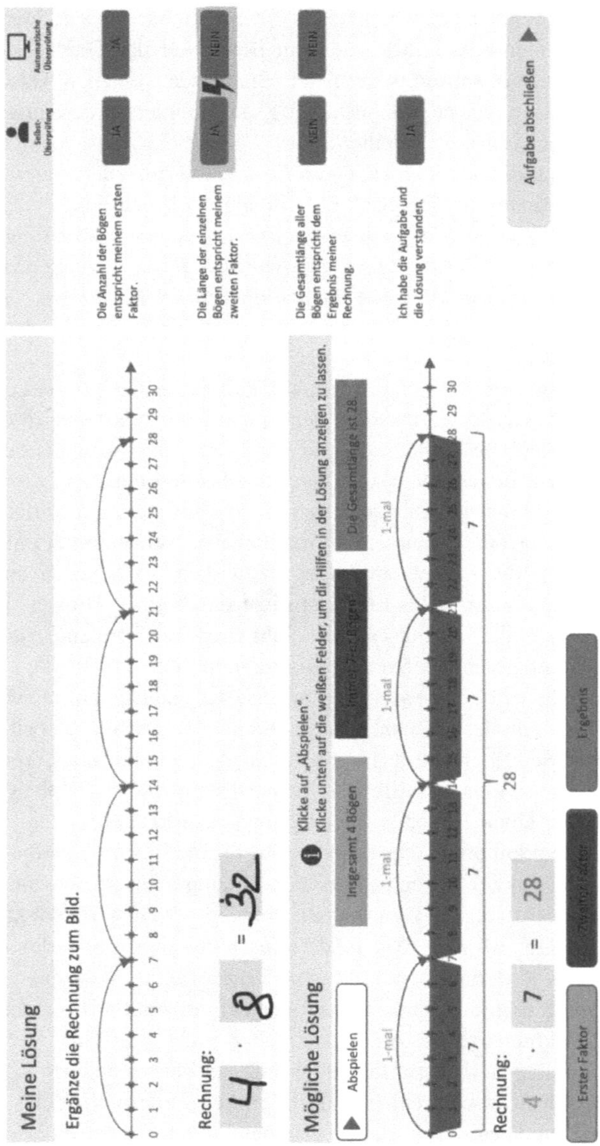

Abbildung 6.19 Feedback und Musterlösung bei Maxi im dritten Entwicklungszyklus. (Quelle: Dritter Prototyp der Selbst-Assessment-App)

Musterlösung auseinander, um das Feedback zum Selbst-Assessment nachzuvollziehen und zu interpretieren. Dabei gelang es ihnen, mithilfe der Musterlösung fehlerhafte Vorstellungen in Bezug auf die Aufgabe oder in Bezug auf die Selbst-Assessment-Aussagen aufzudecken.

Neben Potenzialen konnten allerdings auch Hindernisse festgestellt werden, die sich für die Lernenden beim Arbeiten mit dem Prototyp im dritten Entwicklungszyklus ergeben haben.

Die Analyse ergab, dass die beiden Handlungsaufforderungen in der Musterlösung nicht zu einer Hervorhebung der interaktiven Elemente beitragen konnten und folglich keiner der Lernenden diese intuitiv nutzte. Um für die Lernenden mit Bedarf an zusätzlicher Unterstützung die Affordanz der interaktiven Elemente zu erhöhen, sollten bei einer Weiterentwicklung die entsprechenden Buttons umgestaltet und zentraler auf der Nutzeroberfläche platziert werden.

Eine weitere Herausforderung ergab sich durch die Unsicherheiten hinsichtlich des Bezugsobjektes der Selbst-Assessment-Aussagen. Diese wurden teilweise entweder auf die Musterlösung oder auf die Musterlösung und die Tauschaufgabe der in der Musterlösung aufgezeigten Rechnung beziehungsweise Darstellung bezogen. Um dies zu vermeiden, sollte für die Lernenden wieder deutlicher hervorgehoben werden, dass die Selbst-Assessment-Aussagen zur Überprüfung der eigenen Lösung heranzuziehen sind. Zudem sollten die Selbst-Assessment-Aussagen derart formuliert werden, dass sie nicht nur die Eigenschaften der Musterlösung aufgreifen, sondern allgemein die Eigenschaften einer richtigen Lösung. Damit würde insbesondere auch die Tauschaufgabe zu der in der Musterlösung aufgezeigten Rechnung beziehungsweise Darstellung einbezogen werden und die Lernenden könnten die Selbst-Assessment-Aussagen bei einer korrekten Lösung immer mit „JA" beantworten, unabhängig davon, welche der beiden möglichen Lösungen sie eingereicht haben.

Ein letztes Hindernis im dritten Entwicklungszyklus stellte die Missinterpretation des abschließenden Knowledge of result/response-Feedbacks beziehungsweise Knowledge of the correct response-Feedback dar. Die Überarbeitung des Feedbacks konnte somit nicht gänzlich dazu beitragen, dass alle Lernenden das Feedback als Rückmeldung zur Korrektheit ihres Selbst-Assessments deuteten. Es sollte daher eine weitere Überarbeitung hinsichtlich der visuellen Gestaltung vorgenommen werden, aus der deutlicher hervorgeht, dass die eigenen Antworten den Antworten gegenübergestellt werden, die in Bezug auf die eigene Lösung richtigerweise hätten ausgewählt werden müssen. Zudem sollte das Feedback zum Selbst-Assessment um ein Feedback zur Aufgabenlösung ergänzt werden. Die Lernenden erhalten dann nicht nur eine Rückmeldung darüber, ob sie sich in Bezug auf die Aussagen korrekt eingeschätzt haben. Sondern sie würden auch rückgemeldet bekommen, ob ihre Lösung richtig ist oder nicht.

Potenziale im dritten Entwicklungszyklus:

P1 Hinweis zur erwarteten Darstellung der Lösung
P2 Vergleich von Eigener Lösung und Musterlösung
P3 Nutzung der Musterlösung zur Einschätzung der Eigenen Lösung im Rahmen des Selbst-Assessments
P4 Nutzung der Musterlösung zur Interpretation des Knowledge of result/response-Feedbacks

Hindernisse im dritten Entwicklungszyklus:

H1 Geringe Sichtbarkeit der interaktiven Elemente in der Musterlösung
H2 Unklarer Bezug der Selbst-Assessment-Aussagen
H3 Missinterpretation des Knowledge of result/response-Feedbacks

6.4 Programmierung und Anpassung der Selbst-Assessment-App

Auf Grundlage der Ergebnisse aus dem dritten Entwicklungszyklus wurde der Prototyp der Selbst-Assessment-App noch einmal mithilfe des Programms PowerPoint inhaltlich und in Bezug auf das Design überarbeitet. Dieser überarbeitete, vierte Prototyp wurde nicht erprobt, sondern stellte die Grundlage für die Programmierung der App dar.

Da sich der Hinweis zur erwarteten Darstellung beziehungsweise Eingabe der Lösung bei den Aufgaben, bei denen Bögen am Zahlenstrahl eingezeichnet werden sollten, als hilfreich für die Lernenden herausgestellt hat (P1), wurde dieser auch in den vierten Prototyp integriert (Abbildung 6.20). Gleichzeitig wurde die Aufgabenstellung etwas gekürzt, um die Lernenden nicht mit zu viel Text zu überfordern. Um dem Hindernis der geringen Sichtbarkeit der interaktiven Elemente in der Musterlösung entgegenzuwirken (H1), wurden die Buttons in dem überarbeiteten Prototyp nicht mehr unterhalb, sondern oberhalb der Musterlösung platziert (Abbildung 6.20). Zudem wurden an den Buttons Veränderungen hinsichtlich ihrer Beschriftung, Farbe, Form und Typografie vorgenommen, um den Lernenden intuitive Interaktionen mit der Musterlösung zu ermöglichen und die Potenziale in Bezug auf die Musterlösung (P2, P3, P4) zu erweitern.

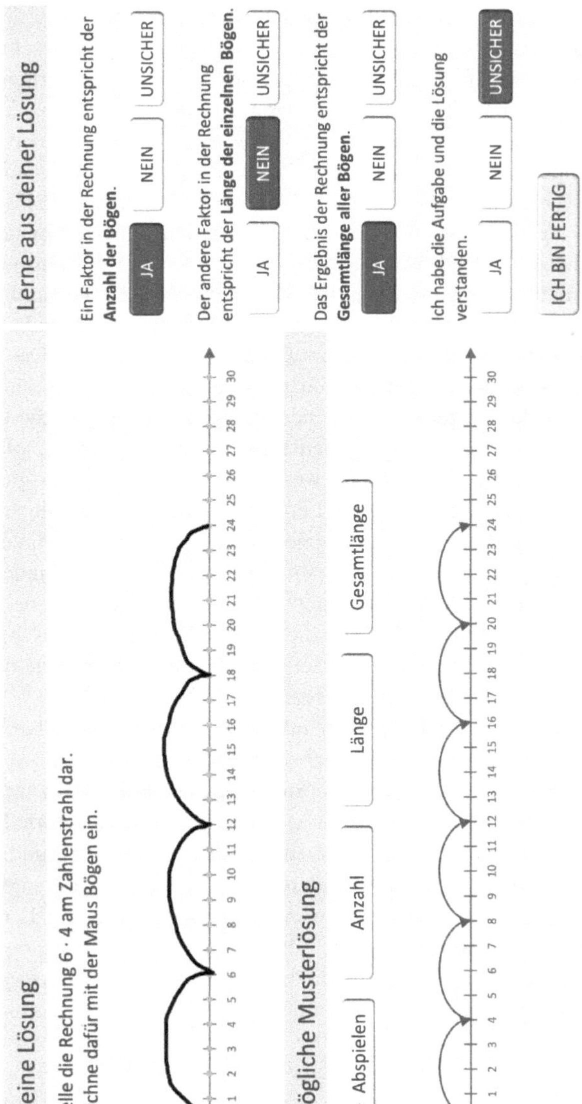

Abbildung 6.20 Selbst-Assessment und Musterlösung im vierten Prototyp. (Quelle: Dritter Prototyp der Selbst-Assessment-App)

Weitere Veränderungen betrafen die Selbst-Assessment-Aussagen. Da für einige Lernende im dritten Entwicklungszyklus nicht klar war, dass diese auf die eigene Lösung bezogen werden sollen (H2), wurde die Überschrift des Selbst-Assessments verändert. Statt das Selbst-Assessment für die Lernenden als „Selbst-Überprüfung" zu betiteln, wurde „Lerne aus deiner Lösung" als neue Überschrift festgelegt. Durch diese Überschrift sollte den Lernenden einerseits der Gegenstand und andererseits das Ziel des Selbst-Assessments explizit aufgezeigt und insbesondere verdeutlicht werden, dass die Selbst-Assessment-Aussagen zur Einschätzung der eigenen Lösung herangezogen werden sollen. Um den Lernenden das Einschätzen ihrer Lösung zu vereinfachen, wurde die Formulierung der Selbst-Assessment-Aussagen angepasst. Dabei wurden die Formulierungen so gewählt, dass alle Aussagen zu einer Diagnoseaufgabe bei einer mathematisch korrekten Lösung immer zustimmend beantwortet werden können. Das bedeutet, die Selbst-Assessment-Aussagen greifen nicht länger die Eigenschaften der Musterlösung auf, sondern Eigenschaften einer richtigen Lösung. Für die Diagnoseaufgabe, in der eine Rechnung am Zahlenstrahl dargestellt werden soll, sollte daher beispielsweise nicht mehr abgefragt werden, ob der erste Faktor gleich der Anzahl und der zweite Faktor gleich der Länge der Bögen entspricht. Stattdessen lauteten die ersten beiden Selbst-Assessment-Aussagen folgendermaßen: „Ein Faktor in der Rechnung entspricht der Anzahl der Bögen" und „Der andere Faktor entspricht der Länge der einzelnen Bögen". Sowohl wenn die eigene Lösung gleich der Musterlösung ist als auch wenn die eigene Lösung der Tauschaufgabe der in der Musterlösung aufgezeigten Darstellung entsprechen sollte, können die beiden Aussagen mit „JA" beantwortet werden.

Zuletzt wurde die Feedback-Ansicht inhaltlich und visuell überarbeitet. Die visuelle Überarbeitung betraf das abschließende Knowledge of result/response-Feedback und Knowledge of the correct response-Feedback zum Selbst-Assessment. Durch eine größere Darstellung der beiden Icons, unterhalb derer auf der linken Seite die von den Lernenden ausgewählten Antworten und auf der rechten Seite die Antworten angezeigt werden, die in Bezug auf die eingereichte Lösung richtigerweise hätten ausgewählt werden müssen, sollte den Lernenden verdeutlicht werden, was die jeweiligen Antworten repräsentieren. Zusätzlich sollte die Kennzeichnung der Antworten, die im Rahmen des Selbst-Assessments ausgewählt worden sind und der Antworten des automatischen Assessments in zwei verschiedenen Farben zur besseren Unterscheidung beitragen (Abbildung 6.21). Für den Fall, dass zwischen den Antworten ein Widerspruch auftritt, sollten die beiden Antworten rot markiert und rechts neben den Antworten ein rotes Ausrufezeichen angezeigt werden, um auf eine fehlerhafte Antwort beim Selbst-Assessment hinzuweisen.

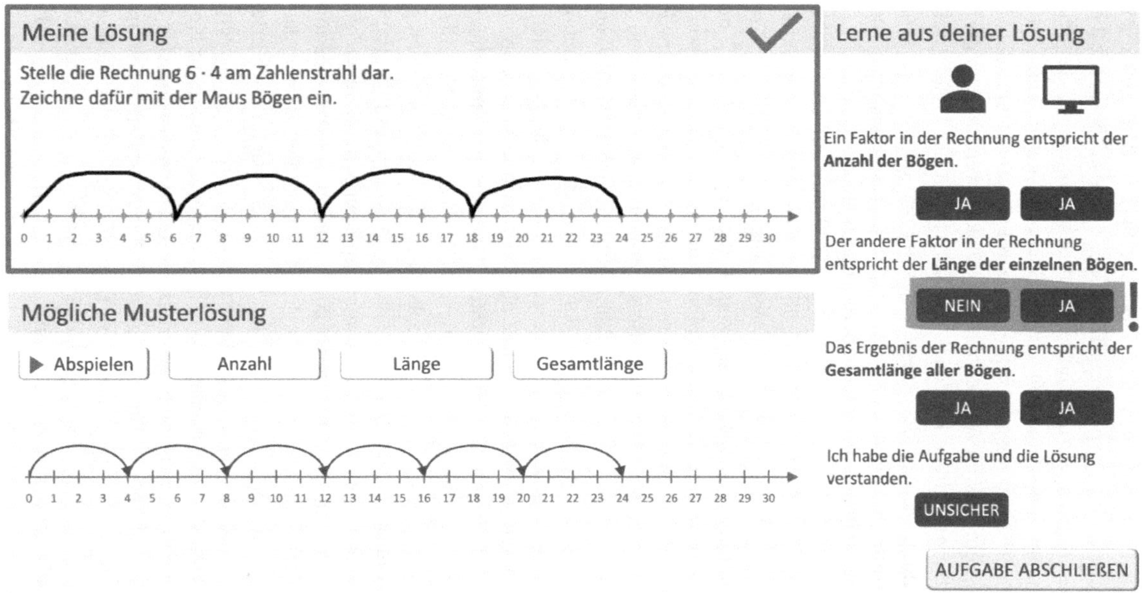

Abbildung 6.21 Feedback und Musterlösung im vierten Prototyp. (Quelle: Vierter Prototyp der Selbst-Assessment-App)

Zusätzlich zur visuellen Überarbeitung des Feedbacks zur Richtigkeit des Selbst-Assessments fand eine inhaltliche Überarbeitung in dem Sinne statt, dass dieses im überarbeiteten Prototyp um ein Knowledge of result/response-Feedback auf Aufgabenebene ergänzt wurde. Dieses Feedback beinhaltete, dass eine korrekte Lösung grün umrandet und mit einem Häckchen gekennzeichnet wurde. Im Falle einer fehlerhaften Lösung sollte diese rot umrandet und den Lernenden ebenfalls durch ein Ausrufezeichen zurückgemeldet werden, dass die Lösung falsch ist. Durch das zusätzliche Feedback zur Korrektheit der Lösung sollte eine klare Differenzierung zwischen der Aufgabenlösung und dem Selbst-Assessment erfolgen, um Missinterpretationen des Knowledge of result/response-Feedbacks im Hinblick auf das Selbst-Assessment zu verringern (H3).

Der vierte Prototyp inklusive der Änderungen in Bezug auf das Feedback, der interaktiven Elemente in der Musterlösung und der visuellen sowie inhaltlichen Gestaltung der Liste mit den Selbst-Assessment-Aussagen wurden als Grundlage für die Programmierung der App herangezogen, die von Herbst 2022 bis Sommer 2023 erfolgte. Kurz vor der Fertigstellung der ersten App-Version fanden im Juni sowie Juli 2023 mehrere Treffen mit einem Designer statt. Im Rahmen dieser Treffen wurde die Gestaltung der Benutzeroberflächen basierend auf den bis zu diesem Zeitpunkt gesammelten Erfahrungen aus den Designzyklen etwas angepasst und professionell überarbeitet. Um neben einem nutzerfreundlichen und ansprechenden Design auch die technische Funktionsfähigkeit der Selbst-Assessment-App zu gewährleisten, wurde eine der ersten Versionen der App ebenfalls in diesem Zeitraum mit der gesamten Arbeitsgruppe im Rahmen eines Forschungskolloquiums erprobt und diskutiert. Neben den Aufgaben, die bereits Bestandteil der Prototypen waren, wurden dabei auch die Aufgabentypen getestet, die darüber hinaus in der finalen App enthalten sein sollten. An die Exploration innerhalb der Arbeitsgruppe schloss sich eine Erprobung im Rahmen von zwei Studierendenseminaren an und ab August 2023 wurden die App-Versionen mit mehreren Hilfskräften regelmäßig getestet. Die Rückmeldungen von den Hilfskräften, den Studierenden und den Kolleg:innen wurden systematisch erfasst und technische Bugs regelmäßig an die Programmierer:innen der App weitergeleitet. Nachdem ein Großteil der technischen Bugs behoben war, konnte im November 2023 erstmalig eine Erprobung einer programmierten App-Version mit Lernenden in der Schule stattfinden. Das Design der Benutzeroberflächen in dieser App-Version orientierte sich größtenteils am Erscheinungsbild des vierten Prototyps. Lediglich die Gestaltung des Knowledge of result/response-Feedbacks wich nach der Überarbeitung durch den Designer geringfügig vom vierten Prototyp ab. So wurde hinsichtlich des Feedbacks auf Aufgabenebene bei einer richtigen Bearbeitung die Lösung des Schülers beziehungsweise der Schülerin nicht nur

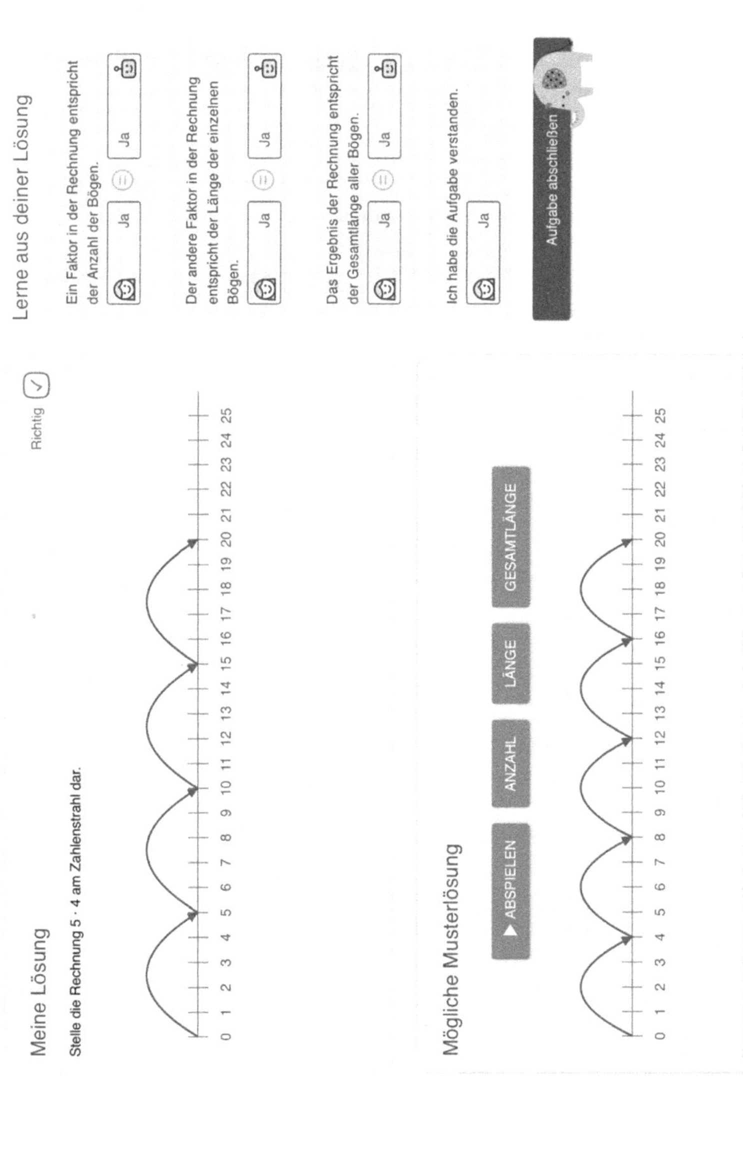

Abbildung 6.22 Feedback und Musterlösung bei richtiger Lösung und Selbsteinschätzung. (Quelle: App Version 1.0.0)

grün umrandet, sondern vollständig grün eingefärbt. Zudem erfolgte eine Rückmeldung zur Korrektheit der Lösung durch einen kurzen Texthinweis „Richtig“ sowie ein grünes Häckchen (Abbildung 6.22). Bei einer fehlerhaften Bearbeitung wurde die Lösung rot umrandet und eingefärbt. Zusätzlich erschienen ein Ausrufezeichen sowie ein textlicher Hinweis, dass die Lösung „Falsch“ ist (Abbildung 6.23). Im Hinblick auf das Feedback zum Selbst-Assessment wurde das im vierten Prototyp vorgesehene Design mit dem Feedback-Design des dritten Prototyps kombiniert. Dadurch wurde die grafische Gegenüberstellung zwischen dem Selbst-Assessment und dem automatischen Assessment deutlicher hervorgehoben. Die Antworten, welche die Lernenden in Bezug auf die jeweiligen Fragen zum Selbst-Assessment ausgewählt hatten, wurden durch ein Kind-Icon gekennzeichnet. Die Antworten, die in Bezug auf die eingereichte Lösung richtigerweise hätten ausgewählt werden müssen, wurden durch ein Roboter-Symbol markiert. Stimmten die Antworten zu einer Selbst-Assessment-Aussage überein, dann wurde zwischen den beiden Antworten ein Gleichheitszeichen angezeigt (Abbildung 6.22). Gab es zwischen den Antworten einen Widerspruch, dann wurde die gesamte Aussage rot eingefärbt und zwischen den Aussagen ein Blitz angezeigt (Abbildung 6.23).

Bereits durch das Testen der App mit zwei Studierendenseminaren und innerhalb der Arbeitsgruppe ergaben sich neben technischen Bugs Änderungsanforderungen an die App, die insbesondere darauf abzielten, die Nutzung der App noch intuitiver und nutzerfreundlicher zu gestalten. Zu diesen Änderungsanforderungen zählte beispielsweise die kindgerechte Gestaltung von Eingabekomponenten wie der digitalen Tastatur sowie die Einschränkung bei Zahlenstrahl-Aufgaben Bögen ausschließlich durch Ziehen zu erzeugen und nicht, wie bis dahin in der App implementiert, durch einen Klick auf eine einzelne Zahl.

Aber auch die Beobachtung der Lernenden während der Erprobung der App-Version insbesondere die Notwendigkeit auf, das Design des Knowledge of result/response-Feedbacks beziehungsweise des Knowledge of the correct response-Feedbacks auf Ebene des Selbst-Assessments noch einmal zu überarbeiten. Die Lernenden hatten nach wie vor Schwierigkeiten, dieses zu interpretieren, sodass aus einer Besprechung des Projektteams im Dezember 2023 eine weitere Umgestaltung des entsprechenden resultierte, die gemeinsam mit den anderen Änderungsanforderungen von Ende 2023 bis Anfang 2024 umgesetzt wurde. Statt einer Gegenüberstellung von Selbst-Assessment und automatischem Assessment sollten die von den Lernenden ausgewählten Antworten im Fall einer korrekten Antwort grün und im Fall einer fehlerhaften Antwort rot eingefärbt werden – analog zum Knowledge of result/response-Feedback zur eigenen Aufgabenlösung. Falls die Lernenden angeben, dass sie sich unsicher sind, soll deren Antwort gelb eingefärbt werden. Ergänzend zur farblichen Markierung der Antworten war es geplant, dass rechts neben der Selbst-Assessment-Aussage ein grünes Häkchen erscheinen soll, wenn die Aussage in der Lösung erfüllt ist und ein rotes Kreuz, wenn die Aussage nicht erfüllt ist. Auf diese Weise wurde das Knowledge of the correct response-Feedback expliziter dargestellt.

Im Februar 2024 wurde eine Erhebung mit einer weiterentwickelten Version der App durchgeführt, in welcher die Änderungsanforderungen größtenteils umgesetzt waren. Im Rahmen dieser Erhebung wurden Daten von insgesamt 18 Schüler:innen einer fünften Klasse einer Sekundarschule gesammelt. Diese Daten waren ursprünglich für die empirische Untersuchung dieser Arbeit vorgesehen. Da jedoch die Umgestaltung des Feedbacks zum Selbst-Assessment, wie oben beschrieben, entgegen den Erwartungen bis zu diesem Zeitpunkt nicht in der App implementiert werden konnte und zudem technische Schwierigkeiten bei einem Aufgabentyp auftraten, sind die erhobenen Daten letztlich nicht in diese Arbeit eingeflossen. Erst im Juni 2024 konnte dann die finale App-Version[2] zur Datenerhebung verwendet werden, in der die technischen Schwierigkeiten behoben und die Umgestaltung des Feedbacks implementiert waren. Ausschnitte aus dieser App-Version sollen im Folgenden vorgestellt und dabei auf die Diagnoseaufgaben fokussiert werden, die im Rahmen der empirischen Untersuchung (Teil III) von den Lernenden bearbeitet worden sind.

[2] Obwohl nach Abschluss der Datenerhebung für diese Arbeit noch weitere Anpassungen an der App vorgenommen wurden, wird die im Juni 2024 eingesetzte Version (Version 1.1.5) im Folgenden als finale Version bezeichnet. Diese Bezeichnung soll verdeutlichen, dass zu diesem Zeitpunkt sämtliche, bis dahin gewonnenen Erkenntnisse aus vorherigen Testungen in die App eingeflossen waren. Spätere Änderungen, die auf Basis der im Rahmen dieser Arbeit erhobenen Daten erfolgten, werden im Folgenden nicht mehr berücksichtigt.

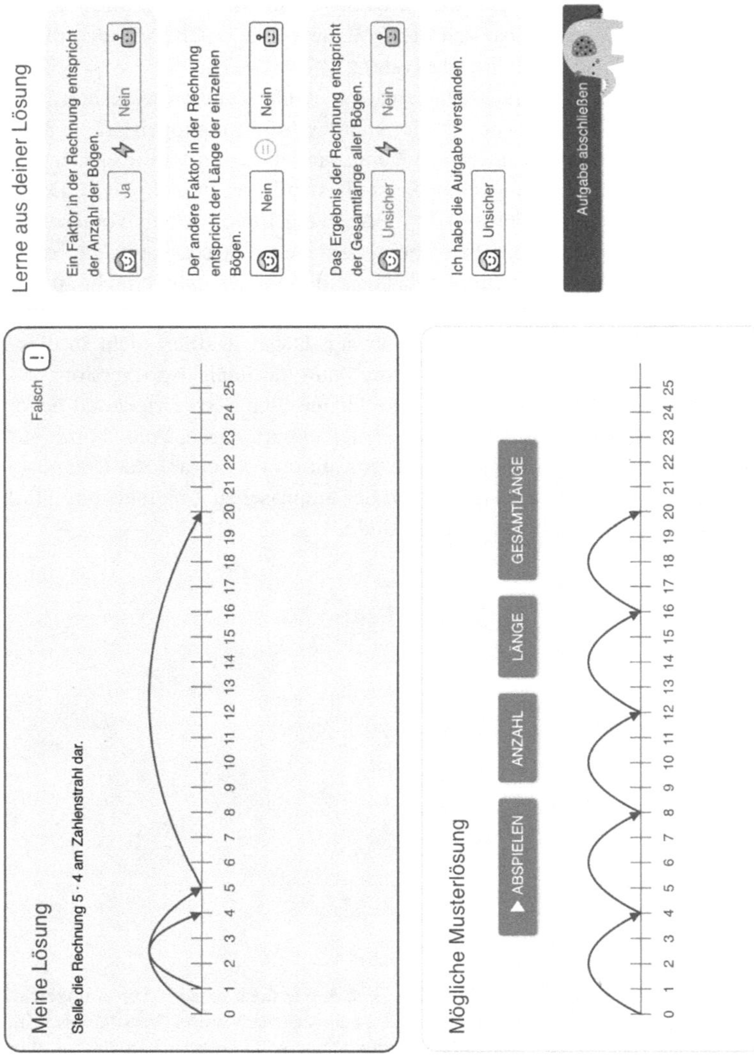

Abbildung 6.23 Feedback und Musterlösung bei fehlerhafter Lösung und Selbsteinschätzung. (Quelle: App Version 1.0.0)

6.5 Einblicke in die finale Version der Selbst-Assessment-App: Das Lernangebot „Malaufgaben in Bildern"

In diesem Kapitel werden die vier Diagnoseaufgaben aus dem Lernangebot „Malaufgaben in Bildern" vorgestellt, wie sie im Rahmen der empirischen Untersuchung in der finalen App-Version implementiert und von den Lernenden zu bearbeiten waren. In dem Lernangebot wird einerseits die Multiplikation als zeitlich-sukzessive Handlung (Abschnitt 3.2.1) und andererseits die Multiplikation als räumlich-simultane Anordnung (Abschnitt 3.2.2) thematisiert. Dabei wird der Wechsel zwischen bildlichen Darstellungen und mathematisch-symbolischen Darstellungen fokussiert (Abschnitt 3.3 und 3.4).

6.5.1 Diagnoseaufgabe „Malaufgaben am Zahlenstrahl erkennen"

Wie aus dem Titel der ersten Diagnoseaufgabe aus dem Lernangebot hervorgeht, wird den Lernenden in der Aufgabe ein Bild angezeigt, in der eine Multiplikation linear durch gleich große Sprünge auf dem Zahlenstrahl dargestellt ist. In der Eingangsdiagnose sind in dem Bild sechs Dreier-Sprünge zu sehen und die Lernenden erhalten die Anweisung, zu dem Bild die Rechnung zu ergänzen (Abbildung 6.24). Unterhalb des Bildes werden drei Felder angezeigt, in welche die Zahlen der Rechnung eingetragen werden können. Dazu steht den Lernenden eine digitale Tastatur zur Verfügung. Wie die Lösung mithilfe der digitalen Tastatur in die Felder eingetragen werden kann, wird den Lernenden durch den Hinweis „Tippe in ein Feld, um dort eine Zahl einzugeben" vermittelt, welcher oberhalb der drei Felder und der Tastatur angezeigt wird.

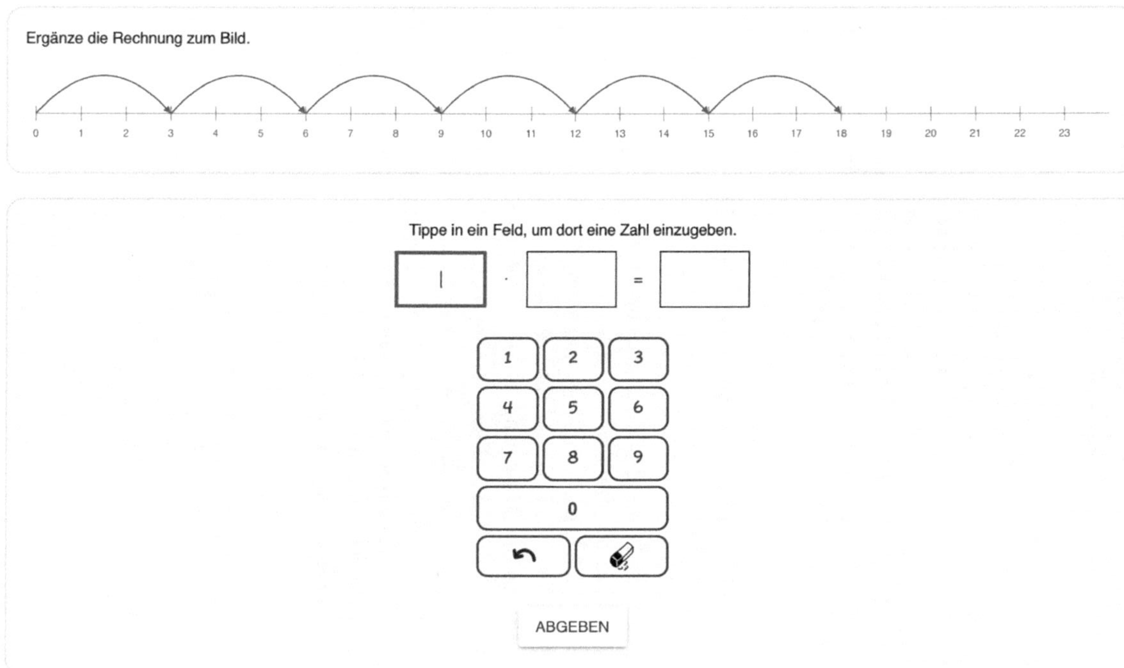

Abbildung 6.24 Aufgabenbearbeitung bei der Diagnoseaufgabe „Malaufgaben am Zahlenstrahl erkennen". (Quelle: App Version 1.1.5)

Wenn die Lernenden eine Rechnung eingetragen und ihre Lösung abgegeben haben, werden sie zur nächsten Ansicht weitergeleitet. In dieser wird ihnen unterhalb der eigenen Lösung[3] eine mögliche Musterlösung angezeigt (Abbildung 6.25). Diese ist bei der Diagnoseaufgabe „Malaufgaben am Zahlenstrahl erkennen“ interaktiv. Durch Tippen auf den Button „Abspielen“ können sich die Lernenden die Sprünge nacheinander am Zahlenstrahl abspielen lassen. Dies betont den zeitlich-sukzessiven Aspekt dieser Darstellung. Beim Betätigen des Buttons „Erster Faktor“ wird durch eine rote Markierung angezeigt, dass dieser nun ausgewählt ist. Zudem wird in der gleichen rötlichen Farbe über jedem Sprung der Text „1-mal“ angezeigt. Unterhalb des Zahlenstrahls wird darauf hingewiesen, dass es „insgesamt 6 Sprünge“ sind und der erste Faktor wird in der in der Musterlösung dargestellten Rechnung rot umrandet. Ähnlich ist es bei Auswahl des Buttons „Zweiter Faktor“. Dieser verfärbt sich bei Auswahl orange und die Länge der einzelnen Sprünge wird durch einen orangefarbenen Pfeil visualisiert. Zusätzlich wird angezeigt, dass es „immer 3er-Sprünge“ sind und der zweite Faktor der in der Musterlösung notierten Rechnung wird orange umrandet. Wenn der Button „Ergebnis“ ausgewählt wird, nimmt dieser eine blaue Farbe an. Gleichzeitig wird die Gesamtlänge der Sprünge durch einen gleichfarbigen Pfeil hervorgehoben. Unterhalb des Zahlenstrahls wird in einem textlichen Hinweis angegeben, dass die „Gesamtlänge gleich 18“ ist und das Ergebnis der Rechnung in der Musterlösung wird in Blau hervorgehoben.

Die Selbst-Assessment-Aussagen, die auf der rechten Seite unter „Lerne aus deiner Lösung“ in der Diagnoseaufgabe angezeigt werden, zielen auf die Zusammenhänge zwischen den Sprüngen am Zahlenstrahl und den beiden Faktoren beziehungsweise dem Ergebnis der Rechnung ab (Abbildung 6.25). Die erste Aussage bezieht sich auf die Sprunganzahl und erfragt, ob diese gleich einem Faktor in der Rechnung entspricht. Dabei ist im Vergleich zu den vorherigen App-Versionen in der finalen Version eine kurze, ergänzende Erklärung zum Begriff „Faktor“ in die Aussage integriert worden, um fachsprachlichen Verständnisschwierigkeiten entgegenzuwirken: „Ein Faktor (eine Zahl in der Malaufgabe) zeigt die Anzahl der Sprünge an“. Die zweite Aussage „Der andere Faktor zeigt an, wie lang jeder Sprung ist“ greift den Zusammenhang zwischen der Sprunglänge und den Faktoren auf. In der letzten, aufgabenbezogenen Selbst-Assessment-Aussage wird erfragt, ob das Ergebnis gleich der Gesamtlänge aller Sprünge ist. Zuletzt gibt es eine nicht überprüfbare, aufgabenunabhängige Selbst-Assessment-Aussage, die auf das Aufgabenverständnis der Lernenden

[3] Alle in diesem Kapitel dargestellten Aufgabenlösungen sind fiktiv und wurden ausschließlich zu Illustrationszwecken von der Autorin erstellt.

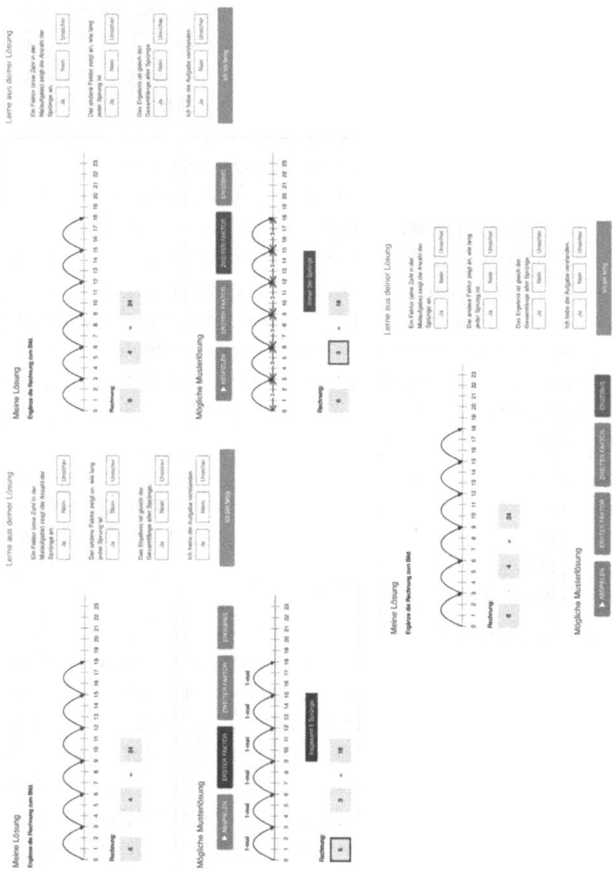

Abbildung 6.25 Selbst-Assessment und Musterlösung bei der Diagnoseaufgabe „Malaufgaben am Zahlenstrahl erkennen“. (Quelle: App Version 1.1.5)

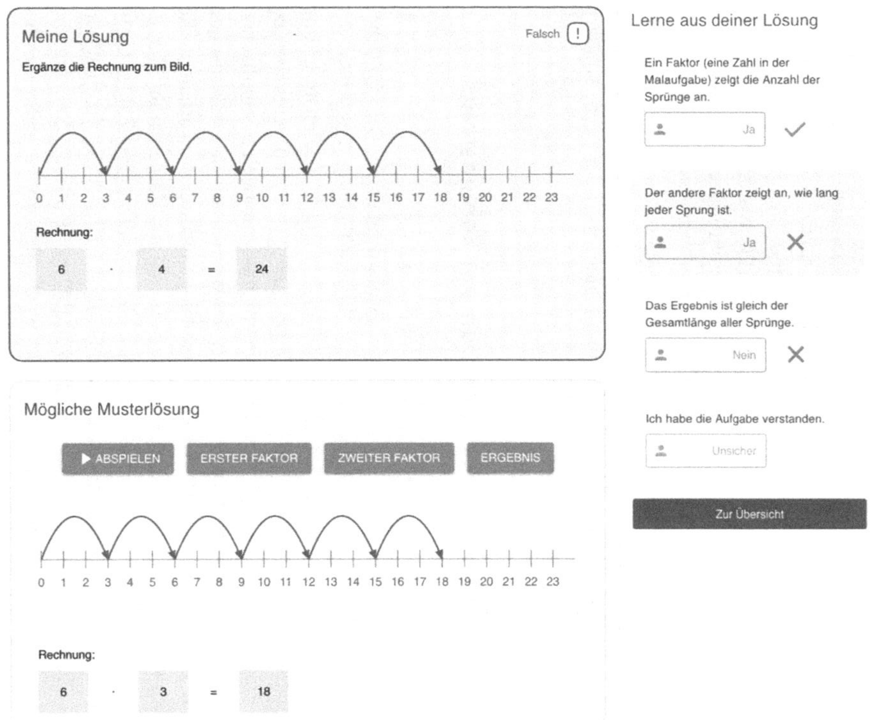

Abbildung 6.26 Feedback und Musterlösung bei der Diagnoseaufgabe „Malaufgaben am Zahlenstrahl erkennen“. (Quelle: App Version 1.1.5)

abzielt: „Ich habe die Aufgabe verstanden". Diese ist als letzte Aussage in allen Diagnoseaufgaben der App integriert.

Nach Beantwortung aller Selbst-Assessment-Aussagen erhalten die Lernenden ein abschließendes Knowledge of result/response-Feedbacks zur Aufgabenbearbeitung sowie ein Knowledge of result/response-Feedback und Knowledge of the correct response-Feedback zum Selbst-Assessment. In dem fiktiven Beispiel zur ersten Diagnoseaufgabe wird der lernenden Person dabei zum einen zurückgemeldet, dass die Aufgabenlösung falsch ist (Abbildung 6.26). Aus dem Feedback zum Selbst-Assessment geht hervor, dass die erste und die dritte Aussage in Bezug auf die eingereichte Lösung korrekt beantwortet wurden, während die Zustimmung zur zweiten Selbst-Assessment-Aussage nicht korrekt war und richtigerweise die Antwort „Nein" hätte ausgewählt werden müssen. Da es sich bei der Beantwortung der vierten Selbst-Assessment-Aussage um eine rein subjektive Einschätzung handelt, die nicht als richtig oder falsch bewertet werden kann, wird diese unabhängig von der gewählten Antwort nicht rot oder grün, sondern gelb markiert.

6.5.2 Diagnoseaufgabe „Malaufgaben am Zahlenstrahl darstellen"

Die zweite Diagnoseaufgabe des Lernangebots „Malaufgaben in Bildern" thematisiert, ebenso wie die erste Aufgabe, den Zusammenhang zwischen der bildlichen Darstellung der Multiplikation als Sprünge auf dem Zahlenstrahl und dem mathematisch-symbolischen Term. Im Gegensatz zur ersten Aufgabe hat der Wechsel hier jedoch nicht von der bildlichen zur mathematisch-symbolischen Darstellung zu erfolgen, sondern umgekehrt von der mathematisch-symbolischen zur bildlichen Darstellung. In der Aufgabe der Eingangsdiagnose erhalten die Lernenden konkret den Auftrag, die Rechnung $5 \cdot 4$ am Zahlenstrahl darzustellen (Abbildung 6.27). Den Lernenden wird ein vorgefertigter Zahlenstrahl angezeigt, in den sie die Sprünge einzeichnen können. Dies wird ihnen durch den Hinweis „Zeichne Sprünge in den Zahlenstrahl" verdeutlicht. Solange die Eingabe der Lösung noch nicht begonnen wurde, wird oberhalb des Zahlenstrahls eine kleine, dynamische Visualisierung eingeblendet, welche die Fingerbewegung nachahmt, die zum Einzeichnen eines Sprunges erforderlich ist. Bereits eingezeichnete Sprünge können schrittweise über einen „Rückgängig"-Button oder vollständig über einen „Zurücksetzen"-Button gelöscht werden.

Abbildung 6.27 Aufgabenbearbeitung bei der Diagnoseaufgabe „Malaufgaben am Zahlenstrahl darstellen". (Quelle: App Version 1.1.5)

Die Ansicht, die den Lernenden nach Abgabe ihrer Lösung angezeigt wird, enthält, wie alle Diagnoseaufgaben in der App, sowohl die eigene Lösung, eine mögliche Musterlösung als auch aufgabenspezifische Aussagen zum Selbst-Assessment. Die mögliche Musterlösung und die Selbst-Assessment-Aussagen sind ähnlich zu denen in der Diagnoseaufgabe „Malaufgaben am Zahlenstrahl erkennen". Da die Zieldarstellung in der zweiten Aufgabe nicht die mathematisch-symbolische, sondern die bildliche Darstellung ist, sind die Buttons in der Musterlösung statt mit „Erster Faktor", „Zweiter Faktor" und „Ergebnis" mit „Anzahl", „Länge" und „Gesamtlänge" beschriftet (Abbildung 6.28). Bei Auswahl des Buttons „Anzahl" wird wie im Rahmen der ersten Diagnoseaufgabe über jedem Sprung der Text „1-mal" angezeigt und die Information eingeblendet, dass es „insgesamt 5 Sprünge" sind. Wird der Button „Länge" angetippt, wird die Länge der einzelnen Sprünge durch Pfeile visualisiert und der Hinweis gegeben, dass es „immer 4er-Sprünge" sind. Als letzte Option kann man sich durch Betätigung des Buttons „Gesamtlänge" diese in der möglichen Musterlösung hervorheben lassen, zusammen mit der Information, dass die „Gesamtlänge gleich 20" ist.

Die Selbst-Assessment-Aussagen in der Aufgabe „Malaufgaben am Zahlenstrahl darstellen" zielen auf den Zusammenhang zwischen der mathematisch-symbolischen und der bildlichen Darstellung ab. Aufgrund der umgekehrten Richtung des Darstellungswechsels im Vergleich zur ersten Diagnoseaufgabe sind sie allerdings nicht ausgehend von den Elementen der symbolischen, sondern von den Elementen der bildlichen Darstellung formuliert. So lautet die erste Selbst-Assessment-Aussage: „Die Anzahl der Sprünge ist gleich einem Faktor (einer Zahl in der Malaufgabe)" (Abbildung 6.28). Die zweite Aussage fokussiert die Darstellung eines Faktors als die Länge der einzelnen Sprünge: „Die Länge eines Sprunges ist gleich dem anderen Faktor". Mithilfe der dritten Aussage werden die Lernenden dazu angehalten, zu überprüfen, ob die Gesamtlänge aller Sprünge gleich dem Ergebnis ist, bevor sie in der letzten Selbst-Assessment-Aussage angeben können, ob sie die Aufgabe verstanden haben oder nicht.

Nach der Beantwortung aller Selbst-Assessment-Aussagen werden nach dem Tippen auf den Button „Ich bin fertig" die von den Lernenden ausgewählten Antworten sowie die Korrektheit ihrer Lösung überprüft. Die Lernenden erhalten ein abschließendes Knowledge of result/response-Feedbacks zur Aufgabenbearbeitung sowie ein Knowledge of result/response-Feedback und Knowledge of the correct response-Feedback zum Selbst-Assessment, wie in Abbildung 6.26 aufgezeigt.

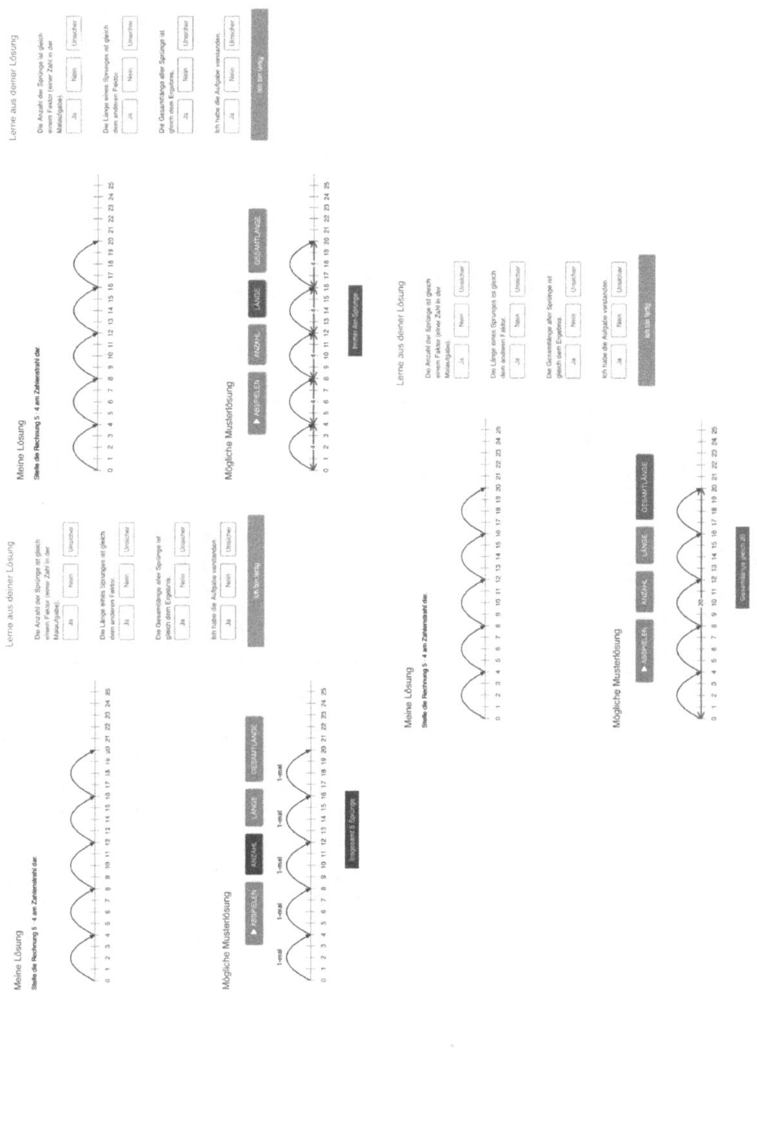

Abbildung 6.28 Selbst-Assessment und Musterlösung bei der Diagnoseaufgabe „Malaufgaben am Zahlenstrahl darstellen“. (Quelle: App Version 1.1.5)

6.5.3 Diagnoseaufgabe „Malaufgaben als Rechteckbild darstellen"

Während in den ersten beiden Diagnoseaufgaben des Lernangebots „Malaufgaben in Bildern" die Grundvorstellung der Multiplikation als zeitlich-sukzessive Handlung thematisiert wird, wird in der dritten Diagnoseaufgabe „Malaufgaben als Rechteckbild darstellen" die Grundvorstellung der Multiplikation als räumlich-simultane Anordnung aufgegriffen, indem die Lernenden dazu angehalten werden, einen Multiplikationsterm als Rechteckbild aus Punkten darzustellen. In der Aufgabe der Eingangsdiagnose soll die Rechnung $5 \cdot 3$ als Rechteckbild dargestellt werden. Gemeinsam mit der Aufgabenstellung wird den Lernenden zur Orientierung ein Beispiel angezeigt, in dem die Rechnung $4 \cdot 6$ als Rechteckbild repräsentiert ist (Abbildung 6.29). Unterhalb der Aufgabenstellung und des Beispiels befindet sich die Eingabemaske in Form einer Karofläche mit zehn mal zehn Kästchen zusammen mit dem Hinweis, dass durch das Tippen in ein Kästchen ein Punkt eingefügt und durch erneutes Tippen ein Punkt gelöscht werden kann.

In der möglichen Musterlösung, die die Lernenden gemeinsam mit den Aussagen zum Selbst-Assessment nach Abgabe ihrer Lösung erhalten, wird ein Rechteckbild angezeigt, das aus drei Zeilen mit jeweils fünf Punkten besteht (Abbildung 6.30). Die Musterlösung ermöglicht unterschiedliche Interaktionen zur Veranschaulichung der Lösung. Wählen die Lernenden den Button „Anzahl der Gruppen" aus, verfärbt sich der Button grün. Zudem erscheint ein grün hinterlegter Hinweis mit der Information, dass im Rechteckbild „insgesamt 5 Gruppen" zu sehen sind und die Anzahl der Spalten im Rechteckbild wird von eins bis fünf durchnummeriert. Darüber hinaus wird der erste Faktor der in der Musterlösung dargestellten, symbolischen Rechnung grün hervorgehoben. Die ergänzenden Informationen zur „Größe der Gruppen" in der Musterlösung werden in Gelb angezeigt und beinhalten einen schriftlichen Hinweis, der angibt, dass in dem Rechteckbild „immer 3er-Gruppen" dargestellt sind, eine farbliche Kennzeichnung des zweiten Faktors sowie eine Markierung der Gruppengröße als Anzahl der Zeilen im Rechteckbild. Wird der Button „Punkte" angetippt, werden die Lernenden durch ein blaues Textfeld darauf hingewiesen, dass das Rechteckbild „insgesamt 15 Punkte" enthält. Gleichzeitig wird das Ergebnis in der Rechnung entsprechend eingefärbt, ebenso wie die Punkte im Rechteckbild. Zusätzlich zur Anzeige textlicher sowie visueller Informationen zu der Anzahl und Größe der Gruppen sowie zu den Punkten im Rechteckbild ist es möglich, das Rechteckbild über den „Drehen"-Button um 90° zu drehen. Ist zum Zeitpunkt der Drehung ein ergänzender Hinweis aktiviert, passen sich die Markierungen

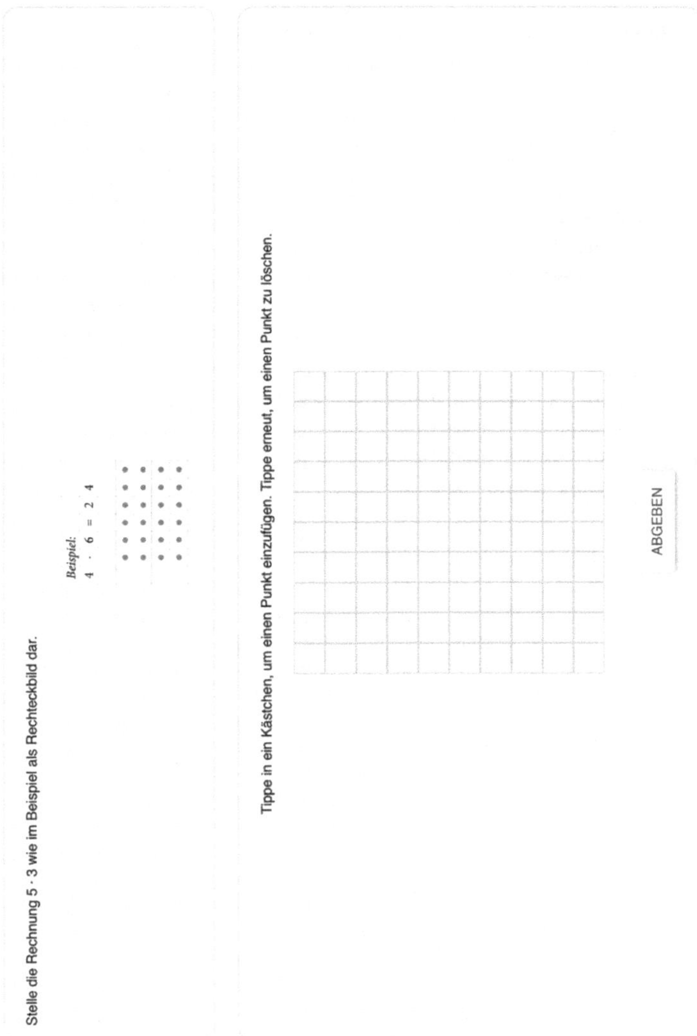

Abbildung 6.29 Aufgabenbearbeitung bei der Diagnoseaufgabe „Malaufgaben als Rechteckbild darstellen“. (Quelle: App Version 1.1.5)

im Rechteckbild entsprechend an. Ist beispielsweise der Hinweis zur Anzahl der Gruppen in der Musterlösung aktiv, wird die Nummerierung der Spalten durch die Drehung in eine Nummerierung der Zeilen überführt. Im Fall des Hinweises zur „Größe der Gruppen" bedeutet eine Drehung, dass die Markierung der Gruppengröße dynamisch von einer Hervorhebung der Zeilenanzahl in eine Hervorhebung der Spaltenanzahl übergeht.

Die Aussagen zum Selbst-Assessment sollen die Lernenden dazu anregen, über die Zusammenhänge zwischen dem Multiplikationsterm und der Darstellung der Multiplikation als Rechteckbild nachzudenken. Mithilfe der ersten Selbst-Assessment-Aussage soll überprüft werden, ob die Anzahl und Größe der Gruppen den Faktoren in der Rechnung entsprechen. Für die Rechnung fünf mal drei sollen die Lernenden angeben, ob sie „fünf 3er-Gruppen oder drei 5er-Gruppen gezeichnet" haben (Abbildung 6.30). Bei der zweiten Selbst-Assessment-Aussage sollen die Lernenden überprüfen, ob die Anzahl der gezeichneten Punkte mit dem Ergebnis der Rechnung übereinstimmt. Bei der Rechnung fünf mal drei lautet die Aussage entsprechend: „Ich habe insgesamt 15 Punkte gezeichnet".

Abschließend können die Lernenden bei der dritten Selbst-Assessment-Aussage angeben, ob sie die Aufgabe verstanden haben. Nachdem die Lernenden über den entsprechenden Button bestätigt haben, dass sie mit dem Beantworten der Aussagen fertig sind, erhalten sie eine Rückmeldung darüber, ob ihre Aufgabenbearbeitung und die Antworten auf die Selbst-Assessment-Aussagen korrekt sind.

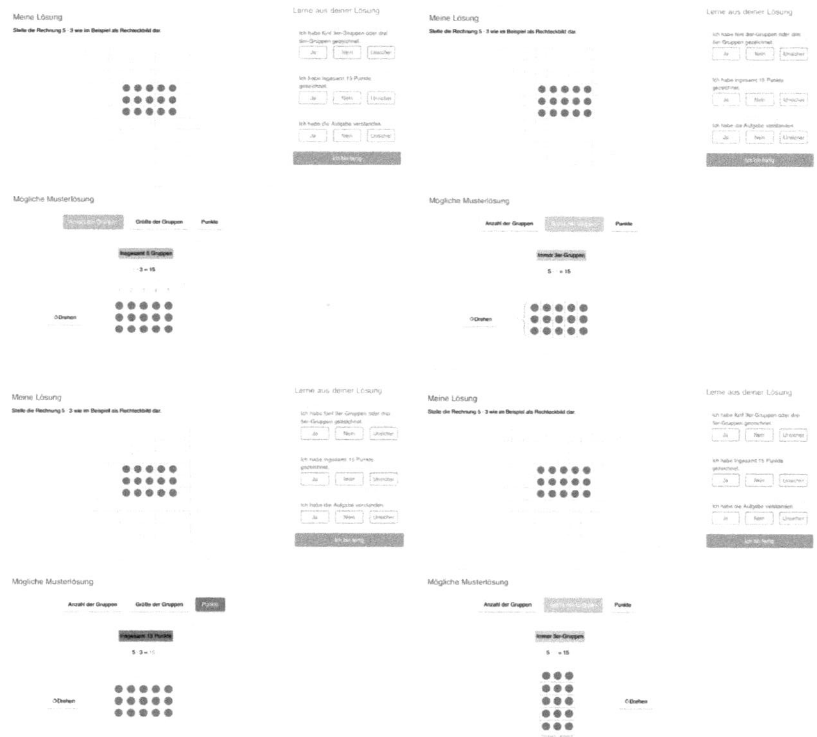

Abbildung 6.30 Selbst-Assessment und Musterlösung bei der Diagnoseaufgabe „Malaufgaben als Rechteckbild darstellen". (Quelle: App Version 1.1.5)

6.5.4 Diagnoseaufgabe „Rechteckbilder verändern"

Die Diagnoseaufgabe „Rechteckbilder verändern" unterscheidet sich von den übrigen drei Diagnoseaufgaben des Lernangebots „Malaufgaben in Bildern" darin, dass im Rahmen der Aufgabe nicht ein einfacher Wechsel zwischen der mathematisch-symbolischen und bildlichen Darstellung vorgenommen werden soll. Stattdessen sollen die Lernenden die Veränderung zwischen zwei vorgegebenen Multiplikationstermen im Rechteckbild darstellen, indem sie dieses mithilfe eines Malwinkels manipulieren. Die Veränderung zwischen den beiden Rechteckbildern soll anschließend sprachlich-symbolisch in einem vorformulierten Antwortsatz ausgedrückt werden. Dazu erhalten die Lernenden in der Eingangsdiagnose die folgende Aufgabenstellung: „Im Rechteckbild ist die Rechnung $2 \cdot 9$ dargestellt. Verschiebe den Malwinkel so, dass die Rechnung $3 \cdot 9$ zu sehen ist. Wie viele Punkte sind es mehr oder weniger geworden? Trage ein" (Abbildung 6.31).

Unterhalb der Aufgabenstellung ist ein Hunderterrechteckbild zu sehen, in dem die Multiplikation $2 \cdot 9$ durch einen Malwinkel aufgezeigt wird. Der Malwinkel wird durch zwei Linien begrenzt, deren Enden die Form eines Quadrates aufweisen. In einem Hinweis oberhalb des Rechteckbildes werden die Lernenden darauf aufmerksam gemacht, dass sie diese Linien zum Verschieben des Malwinkels nach links und rechts sowie nach oben und unten bewegen müssen. Rechts neben dem Rechteckbild wird den Lernenden ein Antwortsatz mit zwei Eingabefeldern bereitgestellt. Über diesen können sie die Veränderung, die sich durch das Verschieben des Malwinkels in Bezug auf die Punktanzahl ergeben hat, ausdrücken. Das erste Eingabefeld erlaubt die freie Eingabe einer Zahl und ermöglicht es den Lernenden, die Veränderung quantitativ auszudrücken. Das zweite Feld ist ein Eingabefeld mit einer Drop-down-Liste, aus der die Lernenden auswählen können, ob es „mehr" oder „weniger" Punkte geworden sind, also ob die Veränderung positiv oder negativ gewesen ist.

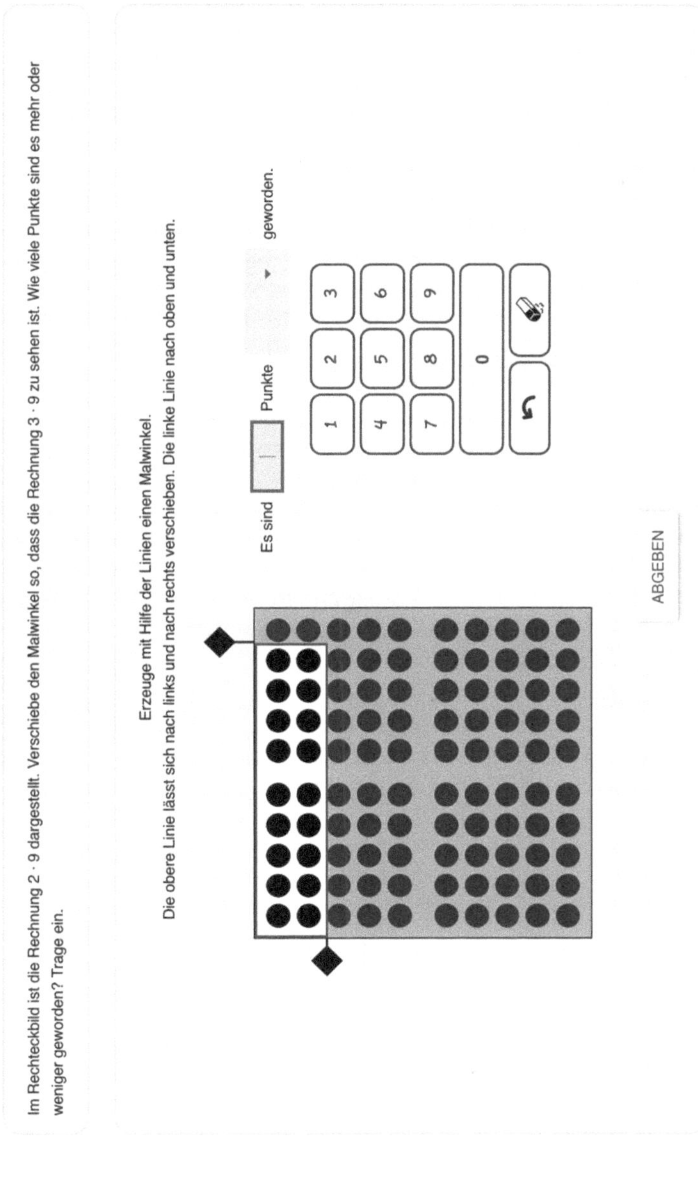

Abbildung 6.31 Aufgabenbearbeitung bei der Diagnoseaufgabe „Rechteckbilder verändern". (Quelle: App Version 1.1.5)

Der korrekt vervollständigte Antwortsatz wird nach Abgabe der eigenen Lösung in der Musterlösung angezeigt (Abbildung 6.32). Darüber hinaus können sich die Lernenden durch Klick auf die Buttons „1. Lösung“ und „2. Lösung“ zwei Lösungsmöglichkeiten anzeigen lassen, wie die Veränderung zwischen den beiden Multiplikationstermen bildlich im Hunderterrechteckbild dargestellt werden kann. In der ersten Lösung ist der erste Faktor als Anzahl der Zeilen und der zweite Faktor als Anzahl der Punkte pro Zeile dargestellt während in der zweiten Lösung der erste Faktor gleich der Anzahl der Spalten und der zweite Faktor gleich der Anzahl der Punkte pro Spalte ist. Die Punkte, die durch das Verschieben des Malwinkels hinzugekommen oder weggenommen worden sind, werden in der Musterlösung in roter Farbe dargestellt. Sobald die Lernenden sich eine der Lösungen anzeigen lassen, wird die Verschiebung des Malwinkels, die notwendig ist, um die Veränderung auf symbolischer Ebene bildlich darzustellen, animiert. Durch einen Klick auf den „Pfeil-Button“ kann die Animation erneut abgespielt werden. Zudem können Hinweise zur Anzahl und Größe der Gruppen sowie zu den Punkten ausgewählt werden, wodurch ergänzende Informationen in der Musterlösung angezeigt werden. Wie bereits in der Diagnoseaufgabe „Multiplikationen im Rechteckbild darstellen“ verändert sich auch hier die Anzeige der Informationen, wenn die entsprechenden Buttons während der Animation aktiviert sind. Bei der Auswahl des Hinweises zur „Anzahl der Gruppen“ werden die Zeilen (1. Lösung) und die Spalten (2. Lösung) im Rechteckbild vor beziehungsweise nach dem Verschieben des Malwinkels in grüner Farbe durchnummeriert. Der Hinweis zur „Größe der Gruppen“ hebt die Anzahl der Punkte pro Zeile (1. Lösung) und pro Spalte (2. Lösung) vor und nach dem Verschieben des Malwinkels visuell in Gelb hervor. Wählen die Lernenden den Button „Punkte“ aus, werden die Punkte im Rechteckbild blau markiert. Die Punkte, die durch das Verschieben des Malwinkels hinzugekommen oder weggenommen worden sind, erscheinen in Lila.

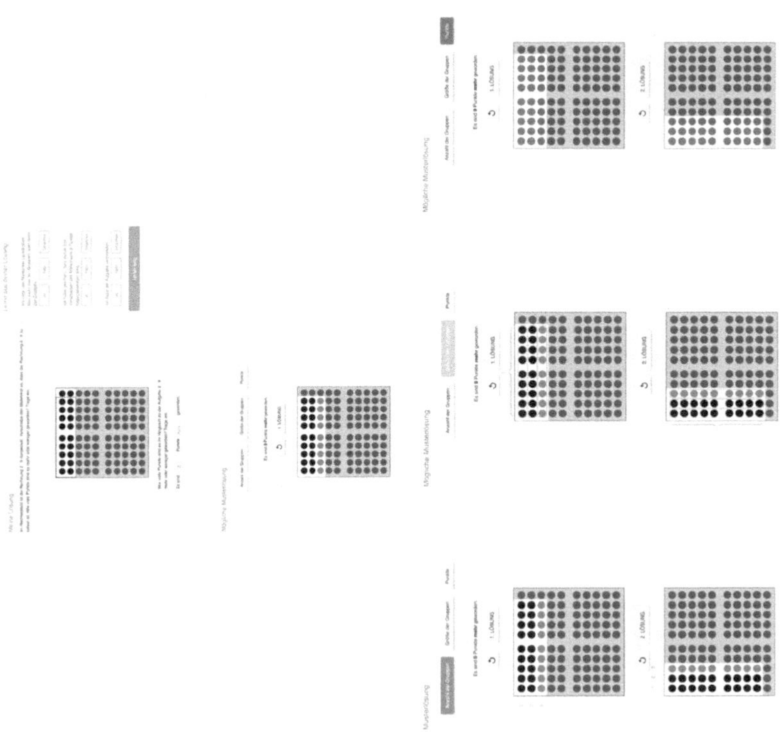

Abbildung 6.32 Selbst-Assessment und Musterlösung bei der Diagnoseaufgabe „Rechteckbilder verändern“. (Quelle: App Version 1.1.5)

Zum Selbst-Assessment werden zwei aufgabenbezogene Aussagen zur Verfügung gestellt. Bei der ersten Aussage sollen die Lernenden einschätzen, ob sie die Veränderung auf symbolischer Ebene korrekt auf bildlicher Ebene visualisiert haben. Die Formulierung der ersten Selbst-Assessment-Aussage lautet folgendermaßen: „Ich habe den Malwinkel verschoben. Man sieht drei 9er-Gruppen oder neun 3er-Gruppen". Die zweite Aussage soll erfragen, ob die Lernenden die Veränderung der Punktanzahl im Rechteckbild richtig im Antwortsatz angegeben haben: „Ich habe gesehen, dass durch das Verschieben des Malwinkels 9 Punkte hinzugekommen sind". Wie in allen Diagnoseaufgaben ist auch in der vierten Aufgabe eine aufgabenunabhängige Selbst-Assessment-Aussage zum Aufgabenverständnis integriert und wird als letzte Aussage aufgeführt.

Teil III

Empirische Untersuchung

Forschungsdesign 7

Nachdem im ersten Teil der theoretische Rahmen dieser Arbeit dargelegt und im zweiten Teil die Entwicklung der Selbst-Assessment-App nachgezeichnet wurde, werden im dritten Teil das Design sowie die Ergebnisse der empirischen Untersuchung vorgestellt. Gegenstand der Untersuchung sind die Auswirkungen der Nutzung der Selbst-Assessment-App mit interaktiven und dynamischen Musterlösungen sowie automatischem Feedback auf das Multiplikationsverständnis und die metakognitiven Aktivitäten von Lernenden. Zunächst werden die konkreten Forschungsfragen formuliert (Abschnitt 7.1). Darauf aufbauend erfolgt die Darstellung und Begründung der Forschungsstrategie (Abschnitt 7.2) sowie der Methoden der Datenerhebung (Abschnitt 7.3) und Datenauswertung (Abschnitt 7.4).

7.1 Forschungsfragen

Im theoretischen Hintergrund wurde aufgezeigt, dass Selbst-Assessment nachweislich das Potenzial besitzt, sich positiv auf die schulischen Leistungen, das selbstregulierte Lernen sowie die Motivation und Selbstwirksamkeit von Lernenden auszuwirken. Zugleich wurde deutlich, dass Lernende im Unterrichtsalltag nur selten zu Selbst-Assessments angeregt werden (Abschnitt 2.1). Wie in Abschnitt 2.2 und 2.3 dargestellt, bieten digitale Technologien durch multimediale Inhalte und automatisches Feedback Unterstützungsmöglichkeiten sowohl für Lehrkräfte bei der Initiierung und Begleitung von Selbst-Assessments als auch für Lernende bei deren Umsetzung. Da es bislang nur wenige Selbst-Assessment-Settings gibt, die diese Potenziale digitaler Technologien nutzen,

L. Graewert, *Aus den eigenen Lösungen lernen*, MINTUS – Beiträge zur mathematisch-naturwissenschaftlichen Bildung,
https://doi.org/10.1007/978-3-658-53095-2_7

wurde im Rahmen dieser Arbeit eine Selbst-Assessment-App entwickelt, die diese Potenziale gezielt aufgreift (Abschnitt 6).

Mit der geringen Verfügbarkeit entsprechender Settings geht einher, dass nur wenig darüber bekannt ist, inwiefern sich diese potenziellen Vorteile digitaler Technologien tatsächlich entfalten. Sowohl zu allgemeinen Selbst-Assessment-Prozessen als auch zu Prozessen des digital gestützten Selbst-Assessments liegen bislang nur begrenzte Kenntnisse vor. An dieser Forschungslücke setzt die vorliegende Arbeit an. Ziel ist es, die kognitiven und metakognitiven Aktivitäten von Lernenden zu untersuchen, die durch die Nutzung einer Selbst-Assessment-App mit interaktiven und dynamischen Musterlösungen sowie automatischem Feedback auftreten. Diese Aktivitäten sollen in Bezug auf die Rolle einzelner App-Elemente für die Anregung kognitiver und metakognitiver Aktivitäten feingranular analysiert werden.

Die erste Forschungsfrage richtet den Blick auf die kognitiven Aktivitäten von Lernenden und untersucht mögliche Veränderungen des Multiplikationsverständnisses durch die Nutzung der Selbst-Assessment-App:

(F1) Inwiefern wirkt sich die Nutzung einer Selbst-Assessment-App auf das Multiplikationsverständnis von Lernenden aus (epistemische Mediation)?

Die Frage bezieht sich nicht nur darauf, ob und welche Veränderungen im Multiplikationsverständnis auftreten, sondern schließt auch die Analyse möglicher Gründe für das Auftreten solcher Veränderungen ein.

Die zweite Forschungsfrage bezieht sich auf die metakognitiven Aktivitäten, zu denen Lernende durch die Nutzung der App angeregt werden. Analog zur ersten Forschungsfrage umfasst sie ebenfalls die Analyse der Ursachen, die das Auftreten metakognitiver Aktivitäten erklären können:

(F2) Inwiefern regt die Nutzung einer Selbst-Assessment-App Lernende zu metakognitiven Aktivitäten an (reflexive Mediation)?

Verschiedene Arbeiten legen nahe, dass kognitive und metakognitive Aktivitäten häufig eng miteinander verknüpft sind. Es ist daher davon auszugehen, dass Wechselwirkungen zwischen Veränderungen im Multiplikationsverständnis und den metakognitiven Aktivitäten auftreten können, die durch die Nutzung der Selbst-Assessment-App angeregt werden. Daraus ergibt sich die dritte Forschungsfrage:

(F3) Welche Wechselwirkungen bestehen zwischen Veränderungen im Multiplikationsverständnis und den metakognitiven Aktivitäten, die durch die Nutzung einer Selbst-Assessment-App angeregt werden (epistemisch-reflexive Mediation)?

7.2 Forschungsstrategie

Das Ziel der Arbeit ist es, kognitive und metakognitive Aktivitäten von Lernenden im Sinne eines qualitativen Forschungsparadigmas verstehend-interpretativ zu rekonstruieren (Döring, 2023, S. 63; Krell & Lamnek, 2024, S. 47). Um dieses Ziel zu erreichen und gegenstandsspezifische Theorien zum Lernen mit einer Selbst-Assessment-App zu entwickeln, wird eine Fallstudie durchgeführt.

> „Case study is the study of the particularity and complexity of a single case, coming to understand its activity within important circumstances" (Stake, 1995, S. xi).

Die Fallstudie wird im Sinne von Hartley (2004, S. 323) als Forschungsstrategie angesehen, im Rahmen derer verschiedene Methoden zur Erhebung und Auswertung von Daten verwendet werden können. So hebt auch Stake hervor, dass mit der Entscheidung für eine Fallstudie lediglich eine Entscheidung darüber getroffen wird, was untersucht wird, nicht jedoch, wie es untersucht wird:

> „Case study is not a methodological choice but a choice of what is to be studied. By whatever methods, we choose to study the case" (Stake, 2003, S. 134).

Da in der vorliegenden Arbeit keine einzelne Person, sondern mehrere Lernende untersucht werden, handelt es sich nach der Definition von Stake um eine kollektive Fallstudie (Stake, 1995, S. 4). Yin spricht in diesem Zusammenhang von einer multiplen Fallstudie (Yin, 2018, S. 17) und unterscheidet darüber hinaus zwischen einer holistischen- sowie einer eingebetteten (multiplen) Fallstudie. Während bei einer holistischen Fallstudie der zu untersuchende Fall die einzige Analyseeinheit darstellt, werden bei einer eingebetteten Fallstudie innerhalb des Falls weitere Untereinheiten betrachtet (Yin, 2018, S. 51). Wie in den folgenden Kapiteln noch detaillierter erläutert werden wird, bearbeiten die Lernenden im Rahmen der Untersuchung die verschiedenen Diagnoseaufgaben des Lernangebotes „Malaufgaben in Bildern", wobei der Fokus auf den ersten vier Aufgaben der Prä-Diagnostik liegt (Abschnitt 6.5). Bei jeder Aufgabe mussten die Lernenden den Prozessschritt der Aufgabenbearbeitung (AB), des Selbst-Assessments (SA) sowie des Feedbacks (FB) durchlaufen. Insgesamt ergeben sich somit für die vorliegende Fallstudie Analyseeinheiten auf drei Ebenen: Die Lernenden werden als Analyseeinheiten der ersten Ebene betrachtet. Die Analyseeinheit der zweiten Ebene stellen die vier fokussierten Diagnoseaufgaben dar, während die Prozessschritte innerhalb der vier Aufgaben die Analyseeinheiten auf der dritten Ebene bilden (Abbildung 7.1).

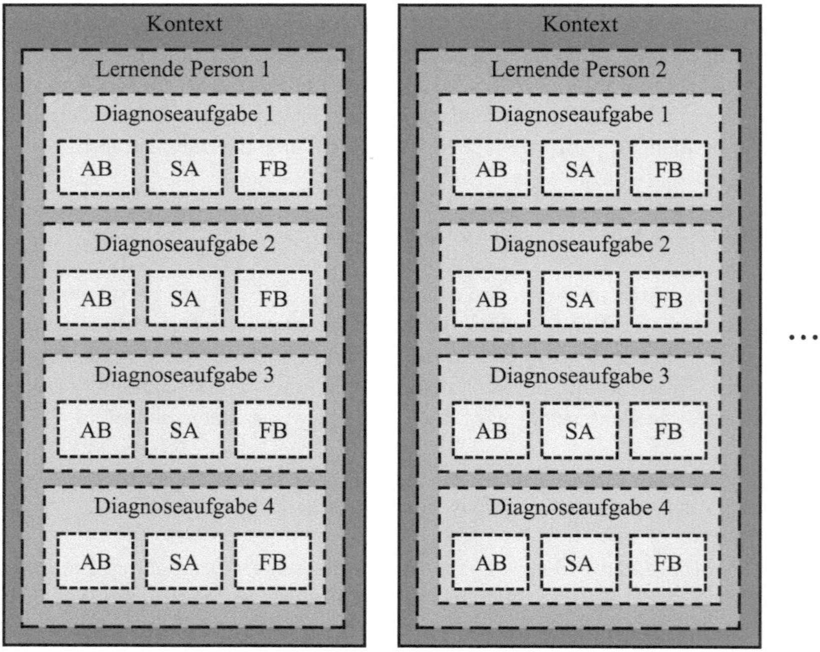

Abbildung 7.1 Multiple, eingebettete Fallstudie. (Quelle: In Anlehnung an Yin, 2018, S. 48, Abb. 2.4)

Um die intersubjektive Nachvollziehbarkeit (Steinke, 2007, S. 186) in Bezug auf die Fallstudie sicherzustellen und Transparenz hinsichtlich ihrer Durchführung zu gewährleisten, wird nachfolgend erläutert, welche Methoden zur Erhebung der Daten angewendet wurden (Abschnitt 7.3). Darauffolgend werden die Methoden zur Datenauswertung differenziert nach den Forschungsfragen vorgestellt (Abschnitt 7.4).

7.3 Methoden der Datenerhebung

Zu Beginn dieses Kapitels wird eine Einordnung der Selbst-Assessment-App auf Grundlage der in Abschnitt 2.1.3 entwickelten Typologie für Selbst-Assessment-Settings vorgenommen (Abschnitt 7.3.1). Im Anschluss wird auf die Stichprobe sowie den Ablauf der Untersuchung eingegangen (Abschnitt 7.3.2). Darauf aufbauend werden die Methode der aufgabenbasierten Interviews (Abschnitt 7.3.3) sowie die Methode des lauten Denkens im Kontext der Studie erläutert (Abschnitt 7.3.4).

7.3.1 Einordnung der Selbst-Assessment-App

Das Ziel der empirischen Untersuchung besteht darin, die kognitiven und metakognitiven Aktivitäten von Lernenden zu analysieren, die durch die Nutzung der Selbst-Assessment-App auftreten (Abschnitt 7.1). Da davon auszugehen ist, dass diese Aktivitäten eng mit dem Setting verbunden sind, durch das sie initiiert werden, wird im Folgenden die Selbst-Assessment-App mithilfe der in Abschnitt 2.1.3 entwickelten Typologie für Selbst-Assessment-Settings eingeordnet (Abbildung 7.2).

Dimensionen	Ausprägungen			
Ziel	summativ		formativ	
Verortung im Lernprozess	vor dem Bearbeiten einer Aufgabe	während dem Bearbeiten einer Aufgabe	nach dem Bearbeiten einer Aufgabe	
Bezug	Fähigkeiten	Lernprozess	Lernprodukt	
Strukturiertheit	keine Kriterien	Beurteilungsraster	Checkliste	Ratingskala
Involviertheit der Lernenden	fremdbestimmt		ko-konstruiert	

Abbildung 7.2 Zentrale Gestaltungsmerkmale der eingesetzten Selbst-Assessment-App. (Quelle: Darstellung in Anlehnung an Gandenberger et al., S. 253, Abb. 2)

Analog zur Grundidee des Rechenbausteine-Selbsttests, auf dessen Basis die App entwickelt wurde, verfolgt auch die Selbst-Assessment-App das Ziel, Lernende am Übergang von der Primarstufe zur Sekundarstufe dabei zu unterstützen, ihr arithmetisches Basiskönnen aus der Grundschule anhand von Diagnose- und Förderaufgaben selbstständig zu wiederholen und zu vertiefen (Prediger et al., 2011, S. 4). Die Selbsteinschätzung der eigenen Lernleistung dient somit dem übergeordneten Ziel, das Wissen der Lernenden zu festigen und ihr Basiskönnen zu verbessern. Das Ziel der App ist damit eindeutig als formativ einzuordnen (Andrade, 2010; Mannion, 2022).

Da die Lernenden im Diagnoseteil zunächst eine Aufgabe bearbeiten und erst nach dem Einreichen ihrer Lösung zum Selbst-Assessment angeregt werden, ist das Selbst-Assessment im Lernprozess nach der Bearbeitung einer Aufgabe verortet (Harris & Brown, 2018).

Gegenstand des Selbst-Assessments ist die eigene Lösung. Das Setting ist daher gezielt so gestaltet, dass es Lernende zur Einschätzung eines eigenen Lernproduktes anregt (Andrade, 2019).

Strukturiert wird das Selbst-Assessment durch eine Checkliste mit inhaltsbezogenen Selbst-Assessment-Aussagen (Brown & Harris, 2013; Panadero et al., 2013; Zamora et al., 2018), die Eigenschaften einer korrekten Lösung aufgreifen und denen Lernende zustimmen, nicht zustimmen oder gegenüber denen sie Unsicherheit äußern können.

In die Konstruktion der Selbst-Assessment-App sind Lernende nach der Erstellung eines ersten Prototyps insofern berücksichtigt worden, als ihre Lernprozesse beim Arbeiten mit der App beobachtet und daraus Hinweise für Optimierungen abgeleitet wurden. In die explizite Gestaltung der Selbst-Assessment-App wurden sie jedoch nicht aktiv eingebunden. In Bezug auf das Kriterium der Involviertheit der Lernenden ist die Selbst-Assessment-App daher als fremdbestimmt zu kategorisieren (Andrade, 2019).

7.3.2 Stichprobe und Durchführung

Insgesamt nahmen 32 Lernende an der Studie teil, davon waren 17 weiblich und 15 männlich. Alle besuchten die fünfte Jahrgangsstufe eines Gymnasiums in Nordrhein-Westfalen. Die Auswahl erfolgte danach, ob die Lernenden selbst Interesse an der Teilnahme hatten und ob die Erziehungsberechtigten ihr schriftliches Einverständnis erteilten. Die Durchführung der Studie fand im Juni 2024 in den Räumlichkeiten des Gymnasiums statt. Die Lernenden wurden nacheinander einzeln aus dem Regelunterricht geholt und bearbeiteten anschließend im Beisein der Autorin in einem Besprechungsraum mehrere Diagnoseaufgaben in der Selbst-Assessment-App. Im Gegensatz zu vielen Fallstudien, in denen die Studienteilnehmenden in ihrer natürlichen Umgebung untersucht werden (Hering & Jungmann, 2019, S. 619), wurde hier ein klinisches Einzelsetting gewählt, um die individuellen kognitiven und metakognitiven Aktivitäten möglichst ungestört untersuchen zu können.

Jede Sitzung wurde durch einen Leitfaden strukturiert (siehe Anhang im elektronischen Zusatzmaterial) und begann mit einer kurzen Vorstellung der Autorin, die in der Studie als Interviewerin fungierte. Im Anschluss an die Vorstellung wurde den Lernenden das Ziel und das Setting der Studie erläutert. Obwohl die Kinder und ihre Erziehungsberechtigten im Vorhinein darüber informiert wurden, dass im Rahmen der Studie Video- und Tonaufnahmen angefertigt werden und sie den Aufnahmen bereits schriftlich zugestimmt hatten, wurde zu Beginn jeder Sitzung noch einmal erklärt, dass mithilfe einer Kamera und einer Bildschirmaufnahme des iPads Handlungen und Äußerungen aufgezeichnet werden.

Bevor die Lernenden die Diagnoseaufgaben des Lernangebots „Malaufgaben in Bildern“ unter laufender Kamera und Bildschirmaufnahme bearbeiteten, wurde ihnen die App und ihre Elemente anhand einer Beispielaufgabe vorgestellt und die Methode des lauten Denkens erläutert (Abschnitt 7.3.4). Zur Einführung in die App wurde eine Malkreuz-Aufgabe ausgewählt, da diese wie die Aufgaben des Lernangebots über eine interaktive Musterlösung verfügt. Zudem fokussiert die Malkreuz-Aufgabe andere Kompetenzen als die später bearbeiteten Diagnoseaufgaben, sodass die Lernenden möglichst unbeeinflusst an das Lernangebot herantreten konnten.

Zur Methode des lauten Denkens wurde erklärt, dass die Lernenden alles aussprechen sollen, was ihnen beim Arbeiten mit der App durch den Kopf geht. Die Interviewerin kündigte an, an der ein oder anderen Stelle Nachfragen zu stellen, um das Vorgehen und die Gedanken der Lernenden besser zu verstehen. Anschließend demonstrierte sie das laute Denken anhand einer Beispielaufgabe zur halbschriftlichen Multiplikation. Danach übten die Lernenden das laute Denken selbst, in dem sie ebenfalls eine Aufgabe zur halbschriftlichen Multiplikation und eine weitere Malkreuz-Aufgabe bearbeiteten.

Wenn danach keine Fragen zur App oder zum weiteren Ablauf bestanden, begann die eigentliche Datenerhebung. Die Lernenden bearbeiteten dabei die

Diagnoseaufgaben des Lernangebots „Malaufgaben in Bildern“ in der Selbst-Assessment-App.

Die Bearbeitung aller acht Diagnoseaufgaben, bestehend aus vier Prä-Diagnostik- und vier analogen Post-Diagnostik-Aufgaben, dauerte zwischen 11:23 Minuten und 26:37 Minuten, im Durchschnitt etwa 17 Minuten. Etwas mehr als die Hälfte der Bearbeitungszeit entfiel in der Regel auf die Prä-Diagnostik-Aufgaben, die im Mittelpunkt der Untersuchung standen.

Zusammenfassend lässt sich festhalten, dass die Datenerhebung durch Interviews erfolgte, in deren Verlauf die Lernenden mit den Diagnoseaufgaben in der Selbst-Assessment-App interagierten. Dabei wurden sie von der Interviewerin angewiesen, laut zu denken und alle Gedanken während der Auseinandersetzung mit den Aufgaben zu verbalisieren. Für die Datenerhebung wurden somit die Methode des aufgabenbasierten Interviews und die Methode des lauten Denkens miteinander kombiniert. Auf beide Methoden wird im Folgenden näher eingegangen und ihr Einsatz im Kontext der empirischen Untersuchung erläutert.

7.3.3 Aufgabenbasierte Interviews

Aufgabenbasierte Interviews zählen zu den klinischen Interviews, die erstmalig vom Entwicklungspsychologen Jean Piaget mit dem Ziel durchgeführt wurden, die Wissensstrukturen und Begründungsprozesse von Lernenden zu untersuchen (Clement, 2000, S. 341; Maher & Sigley, 2020, S. 821). Die in den letzten Jahrzehnten zunehmende Bedeutung klinischer Interviews für Studien im Bereich der Mathematikdidaktik lassen sich darauf zurückführen, dass durch diese Interviews Daten erhoben werden können, die Rückschlüsse auf die individuellen kognitiven Prozesse von Lernenden zulassen (Clement, 2000, S. 342; Goldin, 2000, S. 527). Da in der vorliegenden Studie die kognitiven sowie metakognitiven Aktivitäten bei Nutzung einer Selbst-Assessment-App von Lernenden untersucht werden sollen, erscheint das klinische Interview als Forschungsmethode daher besonders geeignet.

Bei Nutzung der App treten die Lernenden allerdings nicht nur in Interaktion mit der Interviewerin, sondern interagieren insbesondere auch mit den verschiedenen Diagnoseaufgaben in der App, sodass folglich das aufgabenbasierte Interview als Spezialfall des klinischen Interviews als eine der empirischen Untersuchung zugrundeliegende Methode bestimmt werden kann:

> „Structured, task-based interviews for the study of mathematical behavior involve minimally a subject (the problem solver) and an interviewer (the clinician), interacting in relation to one or more tasks (questions, problems, or activities) introduced to the subject by the clinician in a preplanned way“ (Goldin, 2000, S. 519).

Im Vergleich zu anderen Methoden der Datenerhebung machen es aufgabenbasierte Interviews über die Analyse von Lernprodukten hinaus möglich, tiefe Einblicke in die Denkprozesse der interviewten Personen zu erhalten, wenn sie mathematische Aufgaben lösen (Goldin, 2000, S. 520). Die Auseinandersetzung mit den Aufgaben und die Prozesse, die beim Bearbeiten dieser Aufgaben auftreten, stehen im Fokus, während der Austausch zwischen der interviewenden und der interviewten Person in aufgabenbasierten Interviews weniger im Vordergrund steht (Stenzel, 2023, S. 87). Dennoch stellen Interventionen durch die interviewende Person häufig einen Teil der Datenerhebung über aufgabenbasierte Interviews dar. Getätigte Beobachtungen und daraus zu ziehende Rückschlüsse finden in diesen Fällen in Bezug auf die vorgenommenen Interventionen statt (Goldin, 2000, S. 521). Diese Interventionen können minimal sein und sich beispielsweise darauf beschränken, dass die interviewte Person durch die interviewende Person dazu aufgefordert wird, ihre Gedanken laut zu äußern (Stenzel, 2023, S. 87) oder Nachfragen zu Aussagen und Vorgehensweisen gestellt werden. Möglich ist es aber auch, dass im Rahmen eines Interviews Hinweise angeboten oder Strategien zur weiteren Bearbeitung der Aufgaben vorgeschlagen werden, was größeren Interventionen entsprechen würde (Goldin, 2000, S. 522).

Um die kognitiven und metakognitiven Aktivitäten von Lernenden während der Bearbeitung von mathematischen Aufgaben in den Daten abbilden zu können, war es für die empirische Untersuchung wichtig, Interventionen durchzuführen, um hinterher entsprechende Schlüsse aus den Daten ziehen zu können. Da der Einfluss der Interviewerin jedoch möglichst geringgehalten werden sollte (Clement, 2000, S. 362), wurden diese Interventionen auf ein Mindestmaß beschränkt. Daher wurde für die Erhebung der Daten eine Kombination der Methode der aufgabenbasierten Interviews mit der Methode des lauten Denkens als vorteilhaft erachtet. Durch diese Kombination sollte es ermöglicht werden aufzuzeichnen, was die Lernenden während der Auseinandersetzung mit einer Diagnoseaufgabe aus dem Lernangebot machen und denken (Schoenfeld, 2010, S. 473), ohne viel Einfluss auf die mentalen Aktivitäten zu nehmen.

7.3.4 Lautes Denken

Die Methode des lauten Denkens zielt darauf ab, Denkvorgänge und Prozesse von Lernenden beim Bearbeiten (mathematischer) Aufgaben zu verstehen (Konrad, 2020, S. 373–374). Dieses Ziel soll erreicht werden, indem Lernende dazu angehalten werden, alle Gedanken zu äußern, die während der Bearbeitung einer Aufgabe entstehen beziehungsweise entstanden sind (Ericsson & Simon, 1993, S. xiii; Sandmann, 2014, S. 179).

So könnte die Äußerung einer Schülerin, welche die Aufgabe erhält, acht mal vierunddreißig im Kopf auszurechnen und dabei laut zu denken, beispielsweise folgendermaßen lauten:

„8 mal 34. 8 mal 3 sind 8, 16, 24 also 240. 240 plus 8 mal 4 sind 32, 240 plus 32 sind 272".

Die verschiedenen Prozessschritte, die die Schülerin beim Lösen der Aufgabe durchläuft, werden durch das Verbalisieren ihrer Gedanken für Außenstehende sichtbar gemacht. So lässt sich nachvollziehen, dass die Schülerin die Lösung der Aufgabe durch halbschriftliche Multiplikation ermittelt und dafür den zweiten Faktor in seine Stellenwerte zerlegt. Das Ergebnis der ersten Teilaufgabe, 8 mal 30, berechnet sie, in dem sie zunächst das Ergebnis von 8 mal 3 mittels der Achter-Reihe bestimmt und anschließend diesem Ergebnis eine Null hinzufügt. Auf diese Weise kommt die Schülerin auf die 240 als erstes Teilergebnis. Zu der 240 addiert sie dann das Ergebnis der zweiten Teilaufgabe, 8 mal 4, und kommt somit auf ein Endergebnis von 272.

In dem Beispiel von der Schülerin, die ihre Gedanken zeitgleich zum Lösen der Aufgabe äußert, kann von einer simultanen Verbalisierung gesprochen werden. Wenn die simultan verbalisierten Inhalte im Kurzzeitgedächtnis bereits in verbal kodierter Form vorliegen, wird die simultane Verbalisierung „Introspektion" genannt (Konrad, 2020, S. 376). Ericsson und Simon sprechen in diesem Zusammenhang von „talk aloud" (1993, S. 16–17). Falls die Inhalte nicht in verbaler Form vorliegen und zunächst sprachlich enkodiert werden müssen, ist von „unmittelbarer Retrospektion" die Rede (Konrad, 2020, S. 376), welche Ericsson und Simon als „think aloud" bezeichnen (1993, S. 16–17) (Abbildung 7.3). Die in der unmittelbaren Retrospektion ablaufenden Enkodierprozesse benötigen Zeit. Dadurch verlängert sich die Bearbeitungszeit der von den Lernenden zu lösenden Aufgabe im Vergleich zur Introspektion (Konrad, 2020, S. 378). Auch wenn die oben zitierten Autoren hierzu keine konkreten Aussagen machen, ist zu vermuten, dass die sich durch die sprachliche Enkodierung ergebenden Unterschiede hinsichtlich der Bearbeitungszeiten in der Praxis kaum feststellen lassen. So ist die Unterscheidung, ob eine Introspektion und eine unmittelbare Retrospektion stattfindet in Bezug auf die unterschiedlichen Prozesse, die dabei im Gedächtnis ablaufen, zwar gerechtfertigt, besitzt aber für die Praxis keine Relevanz. Entscheidend für die Anwendung der Methode ist, dass beide Arten der simultanen Verbalisierung die kognitiven Prozesse nicht beeinflussen, wie Fox und seine Kollegen in ihrer Metaanalyse berichten:

> „Our primary finding is that think-aloud concurrent verbalization does not influence the accuracy of performance and, by implication, does not alter the cognitive processes mediating task performance. According to Ericsson and Simon's (1993) theory, this implies that think-aloud verbalization delivers information about the cognitive processes and thoughts mediating solutions under silent conditions" (Fox et al., 2011, S. 335).

Es ist somit davon auszugehen, dass simultane Verbalisierungen die Gedankengänge adäquat widerspiegeln, sofern das laute Denken unstrukturiert erfolgt und Lernende ausschließlich zum Äußern ihrer Gedanken angeregt werden. Die Situation stellt sich anders dar, wenn das laute Denken durch Aufforderungen der interviewenden Person strukturiert wird (Abbildung 7.3). Dies ist beispielsweise dann der Fall, wenn die Lernenden dazu angehalten werden, ihre Gedankengänge nicht nur laut auszusprechen, sondern diese auch zu beschreiben, zu erklären (Ericsson & Simon, 1993, S. xiii) oder zu selektieren (Fox et al., 2011, S. 324).

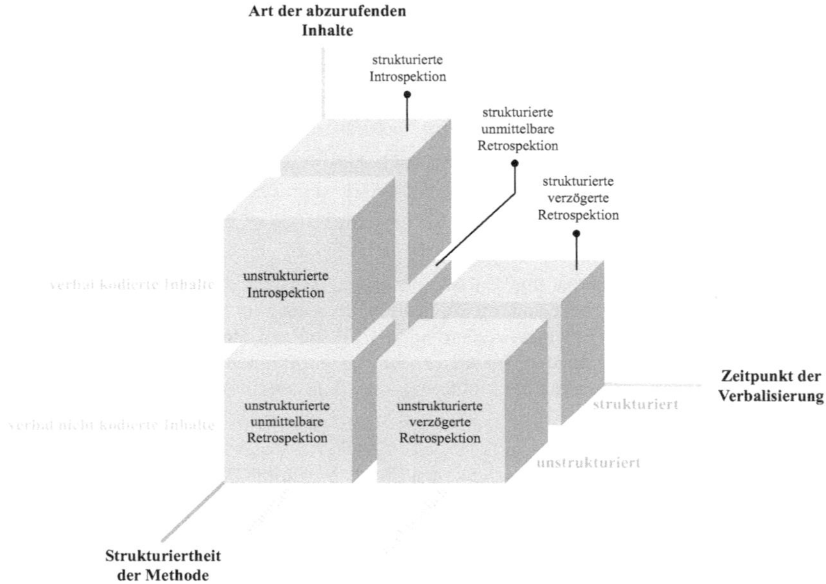

Abbildung 7.3 Arten lauten Denkens. (Quelle: Eigene Darstellung)

Damit eine Beschreibung, Erklärung oder Selektion der Äußerungen stattfinden kann, müssen Lernende zusätzliche Informationen abrufen. Da diese Informationen für die Bearbeitung der zu lösenden Aufgabe nicht benötigt werden, ändert sich folglich die Abfolge der Gedanken (Ericsson & Simon, 1993, S. xiii). In der bereits oben zitierten Metaanalyse zeigten die Autoren, dass strukturiertes lautes Denken, bei dem Lernende zum Erklären ihrer Gedankengänge angeregt wurden, zu einer verbesserten Leistung führte:

> „Hence, instructing participants to merely verbalize their thoughts during a task did not alter performance, whereas directing them to provide explanations about their thought processes actually improved performance" (Fox et al., 2011, S. 333).

Um also ein möglichst genaues Abbild von Denkvorgängen zu erhalten und diese nicht durch spezifische Aufforderungen zu beeinflussen, sollten Verbalisierungen unstrukturiert erfolgen und Lernende ausschließlich dazu angehalten werden, ihre Gedanken laut auszusprechen. In Bezugnahme auf Heine und Schramm wurde in der vorliegenden Studie daher der folgende Auftrag zum lauten Denken an die Studienteilnehmenden herangetragen (siehe Anhang im elektronischen Zusatzmaterial):

> „Sprich bitte alles aus, was dir in den Sinn kommt und durch den Kopf geht, während du die Aufgabe löst. Dabei ist es wichtig, dass du nicht versuchst, zu erklären oder zu strukturieren, was du tust. Stell dir einfach vor, du bist allein im Raum und sprichst mit dir selbst" (Heine & Schramm, 2007, S. 178).

Für die vollständige Darstellung der Arten lauten Denkens (Abbildung 7.3) ist es wichtig zu erwähnen, dass neben der Aufforderung, während dem Lösen einer Aufgabe alle Gedanken laut auszusprechen, Gedankengänge grundsätzlich auch nach Abschluss einer Aufgabe nachträglich erfragt werden können. Konrad spricht in Bezug auf diese nachträglichen Verbalisierungen von einer „verzögerten Retrospektion" (2020, S. 376), Ericsson und Simon von einem „retrospective report" (1993, S. 16, Hervorhebungen nicht übernommen). Verzögerte Retrospektionen unterscheiden sich von den unmittelbaren Verbalisierungen einerseits darin, dass die abzurufenden Inhalte grundsätzlich in nicht verbal kodierter Form vorliegen und immer sprachlich entschlüsselt werden müssen. Ein für die Praxis bedeutsamerer Unterschied ist jedoch der, dass es bei verzögerten Retrospektionen einen zeitlichen Abstand zwischen der Bearbeitung einer Aufgabe und der Verbalisierung der dabei abgelaufenen Gedankengänge gibt. Dieser Abstand wird häufig als relevanter Einflussfaktor auf die Vollständigkeit und Genauigkeit der Daten angesehen (Zhang & Zhang, 2019, S. 303). Wie bei den Arten unmittelbarer Verbalisierungen kann auch die verzögerte Retrospektion unstrukturiert erfolgen, indem die Lernenden ausschließlich darum gebeten werden, alles zu sagen, was sie beim Bearbeiten einer (kurz) zuvor abgeschlossenen Aufgabe gedacht haben (Ericsson & Simon, 1993, S. 19). Durch die Aufforderung zum Beschreiben, Erklären oder Selektieren von Gedankengängen können verzögerte Retrospektionen hingegen auch strukturiert stattfinden.

Aufgrund der unklaren Datenlage hinsichtlich der Vollständigkeit und Genauigkeit von verzögerten Retrospektionen, wurden die Daten in der vorliegenden Studie jedoch ausschließlich durch simultane Verbalisierungen erhoben. Da diese simultanen Verbalisierungen nicht durch die Interviewerin strukturiert wurden, handelte es sich in der Studie entweder um unstrukturierte unmittelbare Retrospektionen oder um unstrukturierte Introspektionen. Welche der beiden Formen vorlag, hing davon ab, ob die Lernenden die Inhalte noch verbal entschlüsseln mussten oder nicht (Abbildung 7.4). Wie bereits angedeutet, unterscheiden sich diese beiden Arten der simultanen Verbalisierung hinsichtlich der zugrunde liegenden Gedächtnisprozesse. In der praktischen Durchführung lässt sich dieser Unterschied jedoch aufgrund der sehr kurzen zeitlichen Spanne zwischen den beteiligten Prozessen nicht beobachten und spielt daher keine Rolle.

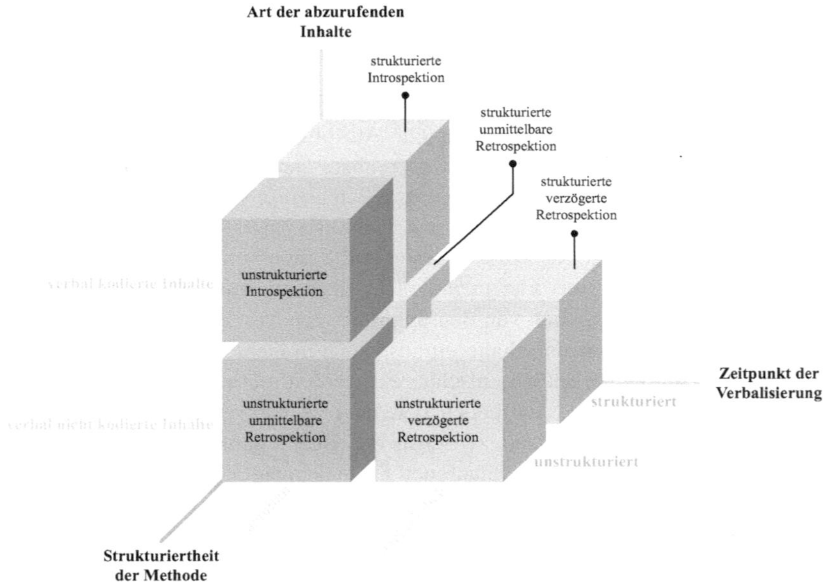

Abbildung 7.4 Arten lauten Denkens in der vorliegenden Studie. (Quelle: Eigene Darstellung)

Damit sich die Lernenden mit der simultanen Verbalisierung von Gedankengängen vertraut machen konnten, wurde ihnen zunächst von der Interviewerin anhand einer Beispielaufgabe vorgemacht, wie das laute Denken während der Auseinandersetzung mit einer Aufgabe umgesetzt werden kann. Anschließend wurden die Lernenden dazu aufgefordert, das simultane Verbalisieren ihrer Gedanken mit Hilfe verschiedener Beispielaufgaben zu üben (Abschnitt 7.3.2).

7.4 Methoden der Datenauswertung

Die Auswertung der durch die aufgabenbasierten Interviews und das laute Denken erhobenen Daten erfolgte auf Grundlage der von den Lernenden angefertigten Video- und Tonaufnahmen. Da eine tiefgehende Analyse aller 32 Interviews im Rahmen einer Fallstudie zu umfangreich gewesen wäre, wurden für die Auswertung gezielt bestimmte Fälle ausgewählt. Wie diese Auswahl erfolgte und welche Kriterien hierfür leitend waren, wird in Abschnitt 7.4.1 erläutert. Für die Auswertung der Äußerungen und Handlungen der Lernenden wurde hinsichtlich der epistemischen Mediationen, also der Frage, inwiefern sich die Nutzung der Selbst-Assessment-App auf das multiplikative Verständnis auswirkt, entschieden, das Verständnis der Lernenden beim Bearbeiten der Diagnoseaufgaben über die Rekonstruktion von Konzepten- und Theoremen-in-Aktion zu erfassen. In den nachfolgenden Prozessschritten wurden die rekonstruierten Konzepte- und Theoreme-in-Aktion daraufhin untersucht, ob und welche Veränderungen sich im Zusammenhang mit der Nutzung spezifischer App-Elemente feststellen lassen und, sofern Veränderungen auftraten, welche Ursachen hierfür zu identifizieren sind. Dieses Vorgehen wird in Abschnitt 7.4.2 vorgestellt. Die Analyse der reflexiven Mediationen und damit die Beantwortung der Frage, inwiefern die App-Nutzung Lernende zu metakognitiven Aktivitäten anregt, erfolgte mithilfe eines deduktiv entwickelten Kategoriensystems. Durch dieses Kategoriensystem wurden die durch die App ausgelösten, metakognitive Aktivitäten differenziert nach den jeweiligen App-Elementen erfasst und konnten anschließend interpretiert werden. Das Vorgehen zur Rekonstruktion der reflexiven Mediationsprozesse wird in Abschnitt 7.4.3 beschrieben.

Um die Rekonstruktion der epistemischen und reflexiven Mediationen abzusichern, wurden kritische Stellen der Analyse sowie teilweise auch der gesamte Prozess eines ausgewählten Schülerfalls im Sinne einer kollegialen Validierung mit mindestens einer weiteren Person aus der Arbeitsgruppe diskutiert und konsensuell validiert (Kruse, 2015, S. 57).

7.4.1 Fallauswahl

Insgesamt wurden für die Fallstudie aufgabenbasierte Interviews mit 32 Lernenden geführt. Allerdings wurden nicht alle Interviews im Detail analysiert. Dies ist einerseits darin begründet, dass der Zeitaufwand für eine ausführliche Analyse aller Interviews mit den zur Verfügung stehenden Ressourcen nicht zu bewältigen gewesen wäre. Andererseits erschien es aufgrund der geringen Informationsdichte einiger Interviews und der Ähnlichkeit bestimmter Fälle zueinander nicht sinnvoll, sämtliche Daten in die Analyse einzubeziehen. Daher wurde angestrebt, möglichst unterschiedliche Fälle auszuwählen, von denen in Bezug auf die Forschungsfragen ein bedeutender Beitrag zur Erkenntnisgewinnung zu erwarten war. Auch Stake betont, wie wichtig es für Fallstudien ist, Fälle auszuwählen, die einen klaren Bezug zum Forschungsgegenstand haben und ausreichend Möglichkeiten bieten, um aus ihnen zu lernen:

> „How shall cases be selected? The first criterion should be to maximize what we can learn" (Stake, 1995, S. 4).

Für die Fallauswahl wurde in der vorliegenden Studie das folgende, zweischritte Verfahren angewendet:

1. Sichtung und Zusammenfassung der Interviews
2. Auswahl der zu analysierenden Fälle

Auf beide Schritte wird im Folgenden eingegangen.

1. **Sichtung und Zusammenfassung der Interviews**

Zunächst wurde das Videomaterial aller Interviews gesichtet. Während der Sichtung des Materials wurden die Vorgehensweisen der Lernenden mithilfe einer Tabelle übersichtlich zusammengefasst. Differenziert nach den verschiedenen Diagnoseaufgaben (Analyseeinheiten zweiter Ebene, Abbildung 7.1) und der in den Diagnoseaufgaben zu durchlaufenden Prozessschritte (Analyseeinheiten dritter Ebene, Abbildung 7.1) wurden die folgenden Aspekte bezüglich der Nutzung der Selbst-Assessment-App stichpunktartig festgehalten: Aufgabenlösungen, Nutzung der und Reaktion auf die Musterlösung, Korrektheit der Selbst-Assessment-Ergebnisse und Reaktion auf das Feedback. Auf Grundlage dieser Aspekte wurde anschließend für jeden Fall eine kurze Beschreibung erstellt.

2. **Auswahl der zu analysierenden Fälle**

Mithilfe der im ersten Schritt erstellten Beschreibungen wurde eine Auswahl der zu analysierenden Fälle getroffen. Hierbei wurde eine Kombination mehrerer Sampling-Strategien angewendet (Creswell, 2007, S. 395; Miles & Huberman, 1994, S. 28).

a) Erstens wurden Fälle ausgewählt, die in Bezug auf die Nutzung der App hervortraten („Extreme or deviant case Sampling"). Dies waren insgesamt drei Fälle.
   i. *Clemens*: Bei Clemens fiel besonders auf, dass er trotz überwiegend korrekt gelöster Aufgaben die Aussagen zum Selbst-Assessment häufig nicht entsprechend seiner Lösung beantwortete. Zudem interpretierte er das Feedback zum Selbst-Assessment auf eine nicht intendierte Art und Weise.
   ii. *Joel*: Joels Fall stach besonders hervor, weil er große Unsicherheiten in Bezug auf das Selbst-Assessment zeigte. So gab er im Zuge der ersten vier Diagnoseaufgaben bei jedem Selbst-Assessment mindestens bei einer Aussage an, dass er sich unsicher ist.
   iii. *Matteo*: Matteo ist der einzige Schüler, der bei allen vier Aufgaben der Prä-Diagnostik eine fehlerhafte Lösung einreichte. Zudem beantwortete er in jeder Checkliste mindestens eine Selbst-Assessment-Aussage falsch. Zudem war es auffällig, dass Matteo im Gegensatz zu den anderen Lernenden die Musterlösungen gar nicht zu beachten schien, die ihm nach Abgabe seiner Lösungen beim Selbst-Assessment und beim Feedback angezeigt wurden.
b) Zweitens wurde eine Auswahl von Fällen getroffen, die wiederkehrende Muster hinsichtlich der App-Nutzung zeigten und somit als typische Fälle anzusehen sind („Typical case Sampling"). Hierbei wurden die beiden Fälle „Bea" und „Gabriel" ausgewählt.
   i. *Bea*: Beim Bearbeiten der Aufgaben machte Bea Fehler, die sich mehrfach in den Daten zeigten. Wie viele andere Lernende schien sie zudem nach Abgabe der Lösung immer zunächst einen Blick auf die Musterlösung zu werfen, bevor sie die Selbst-Assessment-Aussagen beantwortete. Die Aussagen zu falsch bearbeiteten Diagnoseaufgaben beantwortete sie oftmals fehlerhaft, was sich ebenfalls häufig in den Interviews beobachten ließ.
   ii. *Gabriel*: Einige Lernende, die an der Studie teilnahmen, bearbeiteten alle Diagnoseaufgaben und Selbst-Assessment-Aussagen in der App korrekt. Auch Gabriel generierte zu jeder Aufgabe eine richtige Lösung und stimmte den zugehörigen Aussagen entsprechend zu. Hinsichtlich der Interaktion mit der Musterlösung schaute sich auch Gabriel diese immer zunächst an, bevor er sich mit den Selbst-Assessment-Aussagen auseinandersetzte.

c) Drittens fiel die Entscheidung auf drei Fälle, die in Bezug auf die App-Nutzung weder herausstechend noch typisch waren, von denen sich aber wertvolle Informationen zur Beantwortung der Forschungsfragen versprochen wurden („Intensity Sampling").
   i. *Benno*: Benno zeigte einige Fehler beim Bearbeiten der Diagnoseaufgaben. Bei jeder Diagnoseaufgabe berücksichtigte er das Feedback zur Aufgabenlösung und teilweise auch das Feedback zum Selbst-Assessment. Er verbalisierte seine Gedanken während des Interviews detailliert.
   ii. *Paul*: An Pauls Fall ist interessant, dass er Unsicherheiten beim Vergleich mit der Musterlösung zeigt, als diese anders ist als seine korrekte Aufgabenlösung.
   iii. *Klara*: Bei jeder Diagnoseaufgabe gleicht Klara ihre Lösung mit der Musterlösung ab und verbalisiert ihre Gedanken dabei nachvollziehbar. Nach dem Vergleich von ihrer Lösung und der Musterlösung wendet sie sich den Selbst-Assessment-Aussagen zu, hat jedoch Schwierigkeiten damit, diese entsprechend ihrer Lösung korrekt zu beantworten.

Nach der Auswahl der oben aufgeführten Fälle wurden die videografierten Interviews unter Zuhilfenahme der Software ATLAS.ti qualitativ ausgewertet, wobei die Analyse unmittelbar anhand der Videodaten erfolgte. Zur Vorbereitung der Detailanalyse wurde jedes Interview in zwölf Abschnitte unterteilt, welche jeweils die Untereinheiten der Analyse repräsentierten. Die Abschnitte haben sich somit durch die Fokussierung auf die vier Aufgaben der Prä-Diagnostik ergeben, wobei jede Aufgabe in die Prozessschritte der Aufgabenbearbeitung, des Selbst-Assessments sowie des Feedbacks unterteilt wurde (Abschnitt 7.2). Nach der Unterteilung der Videos erfolgte die Auswertung der Daten. Zur Rekonstruktion der epistemischen Mediationen wurde hierbei ein anderes Vorgehen gewählt als für die Rekonstruktion der reflexiven Mediationen. Beide Vorgehensweisen werden in den nachfolgenden beiden Kapiteln ausführlich beschrieben.

7.4.2 Epistemische Mediationen

Um die Frage zu beantworten, inwiefern sich die Nutzung einer Selbst-Assessment-App auf das multiplikative Verständnis von Lernenden auswirkt, wurde folgendermaßen vorgegangen:

1. Rekonstruktion der Konzepte-und Theoreme-in-Aktion bei Aufgabenbearbeitung
2. Differenzierte Analyse und Interpretation potenzieller Veränderungen der rekonstruierten Konzepte- und Theoreme-in-Aktion, die sich durch die Nutzung der App in den folgenden Prozessschritten ergeben haben
3. Fallübergreifende Bezeichnung und Formulierung der Theoreme-in-Aktion durch Zusammenfassung und Strukturierung der Ergebnisse

Wie die Benennung der ersten beiden Phasen zeigt, lag der Fokus der Analyse des Multiplikationsverständnisses in der ersten Phase auf dem Prozessschritt der Aufgabenbearbeitung und in der zweiten Phase auf den Prozessschritten des Selbst-Assessments und Feedbacks. Sofern jedoch nachfolgende Prozessschritte zusätzliche Informationen zu dem in der jeweiligen Phase primär untersuchten Prozessschritt lieferten, wurden diese ebenfalls in die Analyse einbezogen.

1. **Rekonstruktion der Konzepte- und Theoreme-in-Aktion bei Aufgabenbearbeitung**

In diesem Schritt der Datenauswertung wurden die Konzepte- sowie Theoreme-in-Aktion der Lernenden beim Bearbeiten der Diagnoseaufgaben rekonstruiert. Konzepte-in-Aktion stellen mathematische Elemente beziehungsweise Gegenstände dar, die von den Lernenden als relevant erachtet werden. Theoreme-in-Aktion werden aus den Konzepten-in-Aktion gebildet und sind Behauptungen über ebendiese Konzepte, die von den Lernenden als wahr angesehen werden (Vergnaud, 2009, S. 88). Die Rekonstruktion mathematischer Verstehensprozesse mithilfe von Konzepten- und Theoremen-in-Aktion spiegelt die Struktur wider, in der mathematisches Wissen mental gespeichert ist. Dies fasst Rezat (2009, S. 36) folgendermaßen zusammen:

> „Zur Beschreibung der kognitiven Repräsentation mathematischen Wissens wählt Vergnaud Begriffe, die die Unterscheidung zwischen mathematischen Gegenständen (Konzepten) und (wahren) Aussagen über diese Gegenstände (Theoreme) in der Mathematik abbilden. Die Begriffe, die die kognitive Struktur mathematischen Wissens beschreiben, entsprechen damit der Struktur des mathematischen Wissens selbst".

Häufig liegen die Konzepte-und Theoreme-in-Aktion implizit vor und müssen aus den Äußerungen und Handlungen der Lernenden abgeleitet werden (Zindel, 2019, S. 105).

In dieser Arbeit bestand das Ziel der Rekonstruktion der Konzepte- und Theoreme-in-Aktion während der Aufgabenbearbeitung darin, zu erfassen, welches multiplikative Verständnis die Lernenden in Bezug auf die verschiedenen Diagnoseaufgaben haben. Auch wenn die Bearbeitung der Diagnoseaufgaben innerhalb der App und damit bereits unter Nutzung dieser stattfand, wurde aufgrund der schlichten Gestaltung der entsprechenden Benutzeroberflächen davon ausgegangen, dass die rekonstruierten Konzepte- und Theoreme-in-Aktion das Verständnis der Lernenden adäquat widerspiegeln und zu diesem Zeitpunkt noch nicht von einer Beeinflussung durch die Nutzung der App auszugehen ist. So wurden den Lernenden bei jeder Diagnoseaufgabe im ersten Prozessschritt ausschließlich jene Informationen auf der Benutzeroberfläche angezeigt, die für die Bearbeitung der Aufgabe notwendig waren. Dazu gehörten zum einen die Aufgabenstellung und zum anderen die aufgabenspezifische Eingabemaske für die Lösung (siehe zum Beispiel Abbildung 6.24 in Abschnitt 6.5).

Da jede Diagnoseaufgabe einen Wechsel zwischen der mathematisch-symbolischen Darstellung der Multiplikation und der bildlichen Darstellung der Multiplikation am Zahlenstrahl beziehungsweise als Rechteckbild erforderte, wurden die Äußerungen und Handlungen der Lernenden danach analysiert, welche Elemente der Multiplikationsgleichung (Erster Faktor, Zweiter Faktor, Ergebnis) die Lernenden in Beziehung zu bestimmten Elementen der bildlichen Darstellung (zum Beispiel Sprunganzahl, Anzahl der Zeilen im Rechteckbild) setzen. Diese Elemente stellen die Konzepte-in-Aktion dar. Für jeden Zusammenhang, den die Lernenden zwischen mindestens zwei Elementen und damit zwischen zwei Konzepten-in-Aktion herstellten, wurde ein Theorem-in-Aktion formuliert. Dabei wurden die Konzepte-in-Aktion durch doppelte senkrechte Striche hervorgehoben und die Theoreme-in-Aktion durch Kleiner-als-Zeichen und Größer-als-Zeichen eingerahmt. Nachfolgend wird anhand eines Beispiels das Vorgehen zur Rekonstruktion von Theoremen-in-Aktion beispielhaft dargestellt.

Im Rahmen der ersten Diagnoseaufgabe, bei der die Lernenden ein Bild von einem Zahlenstrahl mit sechs Dreier-Sprüngen erhielten und zu dem Bild eine passende Rechnung notieren sollten, konnten für den Fall von Matteo die folgenden beiden Theoreme-in-Aktion rekonstruiert werden:

Theorem-in-Aktion „*Sprunglänge als erster oder zweiter Faktor*"

<Wenn ich eine Malaufgabe am Zahlenstrahl erkennen möchte, dann muss der ||erste Faktor|| oder der ||zweite Faktor|| gleich der ||Länge der Sprünge|| sein>.

Theorem-in-Aktion „*Endpunkt einer der Sprünge als Ergebnis*"

<Wenn ich eine Malaufgabe am Zahlenstrahl erkennen möchte, dann muss das ||Ergebnis|| gleich dem ||Endpunkt einer der Sprünge|| sein>.

Die Rekonstruktion der beiden Theoreme-in-Aktion beruhte auf der Tatsache, dass Matteo zu dem Bild mit den sechs Dreier-Sprüngen die Rechnung $3 \cdot 3 = 9$ notierte und seine Lösung folgendermaßen erläuterte:

> „Also ich habe hier gesehen, dass die Striche immer (---) jede also (2s) ähm jede dritte Zahl ist so ein Strich ähm dr- also (.) vom Zahlenstrahl die Pfeile drauf und dann habe ich mir so gesagt drei mal drei, kann ich aufschreiben, sind neun. Genauso könnte ich auch schreiben, dass zwei mal drei sechs sind oder drei mal vier zwölf sind.“ (Matteo, Aufgabe 1, Aufgabenbearbeitung)

Indem Matteo darauf eingeht, dass die Pfeile am Zahlenstrahl auf jede dritte Zahl zeigen, geht er auf die Länge der Sprünge ein und weist indirekt darauf hin, dass diese gleich Drei ist. Somit kann die *Sprunglänge* als erstes Konzept-in-Aktion bezüglich der bildlichen Darstellung bestimmt werden. Die Aussage, dass er seiner Ansicht nach neben der von ihm notierten Rechnung auch die Rechnungen zwei mal drei gleich sechs oder drei mal vier gleich zwölf hätte notieren können, gibt Auskunft darüber, mit welchen Elementen der symbolischen Darstellung Matteo die Länge der Sprünge in Verbindung bringt. In seinem ersten Beispiel, zwei mal drei gleich sechs, benennt er die Drei als zweiten Faktor, während in seinem zweiten Beispiel, drei mal vier gleich zwölf, die Drei als ersten Faktor benennt. Folglich kann davon ausgegangen werden, dass er das Konzept-in-Aktion Sprunglänge in der symbolischen Darstellung sowohl mit dem Konzept-in-Aktion *Erster Faktor* als auch mit dem Konzept *Zweiter Faktor* in Verbindung bringt. Es kann das Theorem-in-Aktion *Sprunglänge als erster oder zweiter Faktor* rekonstruiert werden: <Wenn ich eine Malaufgabe am Zahlenstrahl erkennen möchte, dann muss der ||erste Faktor|| oder der ||zweite Faktor|| gleich der ||Länge der Sprünge|| sein>. Mit diesem Theorem-in-Aktion lässt sich Matteos Lösung allerdings noch nicht hinreichend erklären.

So lässt sich darüber hinaus feststellen, dass Matteo sowohl in der von ihm notierten Rechnung als auch in den beiden Rechnungen, welche er in seiner Erklärung als weitere Lösungsmöglichkeiten nennt, das Ergebnis immer gleich einem Endpunkt eines im Bild dargestellten Sprunges ist. Auf Grundlage seiner Beobachtung, dass auf jede dritte Zahl am Zahlenstrahl ein Pfeil zeigt, kann davon ausgegangen werden, dass Matteo das Konzept-in-Aktion *Endpunkt der Sprünge* als Element des Zahlenstrahls und das Konzept-in-Aktion *Ergebnis* als Element des Terms miteinander in Beziehung setzt. Daher kann das Theorem-in-Aktion *Endpunkt einer der Sprünge als Ergebnis* als zweites, der Bearbeitung der Aufgabe zugrundeliegendes Theorem-in-Aktion rekonstruiert werden: <Wenn ich

eine Malaufgabe am Zahlenstrahl erkennen möchte, dann muss das ||Ergebnis|| gleich dem ||Endpunkt einer der Sprünge|| sein>.

Da jedes Theorem-in-Aktion eine Behauptung darstellt, die mathematisch richtig oder falsch sein kann, werden die Theoreme-in-Aktion als Wenn-Dann-Sätze formuliert. Deren Rekonstruktion liegt dabei immer die Annahme zugrunde, dass die Lernenden die Aufgabenstellung gelesen haben und wissen, was bei den jeweiligen Diagnoseaufgaben gefordert wird. Der erste Teil des Satzes, der durch das Wort „wenn“ eingeleitet wird, greift daher immer auf, was in der jeweiligen Aufgabe zu tun ist. Die Theoreme-in-Aktion, die beispielsweise im Zuge der Bearbeitung der ersten Aufgabe rekonstruiert wurden, beginnen daher immer mit „Wenn ich eine Malaufgabe am Zahlenstrahl erkennen möchte...“. Bei der zweiten Aufgabe, in welcher der Darstellungswechsel im Vergleich zur ersten Aufgabe in umgekehrter Richtung zu erfolgen hatte, lautet der erste Teil der Theoreme-in-Aktion „Wenn ich eine Malaufgabe auf dem Zahlenstrahl darstellen möchte...“.

Der zweite Teil des Wenn-Dann-Satzes, der durch das Wort „denn“ eingeleitet wird, sagt aus, welche Konzepte-in-Aktion die Lernenden miteinander in Verbindung bringen. Hierbei wurden für die erste, zweite sowie dritte Aufgabe immer die Konzepte-in-Aktion zuerst genannt, die Teil der Zieldarstellung waren. Als zweites wurden die Konzepte-in-Aktion genannt, die Teil der Ursprungsdarstellung waren. Dies lässt sich beispielsweise an den oben aufgeführten Theoremen-in-Aktion *Sprunglänge als erster oder zweiter Faktor* erkennen, welches im Zusammenhang mit der ersten Aufgabe für Matteo rekonstruiert wurde: <Wenn ich eine Malaufgabe am Zahlenstrahl erkennen möchte, dann muss der ||erste Faktor|| (Element der Zieldarstellung) oder der ||zweite Faktor|| (Element der Zieldarstellung) gleich der ||Länge der Sprünge|| (Element der Ursprungsdarstellung) sein>.

Die vierte Aufgabe fokussierte sich im Gegensatz zu den ersten drei Aufgaben nicht auf einen Darstellungswechsel zwischen einem einzelnen Term und einer bildlichen Darstellung, sondern verlangte von den Lernenden, die Veränderung zwischen zwei Multiplikationstermen in einem Rechteckbild darzustellen. Infolge des im Vergleich zu den anderen Aufgaben veränderten Fokus waren die Theoreme-in-Aktion innerhalb der vierten Aufgabe sprachlich komplexer. Zur Vereinfachung der Lesbarkeit und Verständlichkeit wurde die Reihenfolge, in der die Konzepte-in-Aktion als Elemente der Ursprungs- und Zieldarstellung in den Theoremen-in-Aktion genannt werden, daher stellenweise aufgebrochen. So lautet ein Theorem-in-Aktion, welches bei Bearbeitung der vierten Aufgabe im Fall von Klara rekonstruiert werden konnte, beispielsweise wie folgt:

<Wenn ich eine Malaufgabe im Rechteckbild verändern möchte, dann muss ich den Malwinkel so verschieben, dass sich bei einer ||Erhöhung des ersten Faktors um eins|| (Element der Ursprungsdarstellung) die ||Anzahl der Punkte pro Zeile um eins erhöht|| (Element der Zieldarstellung)>.

2. **Differenzierte Analyse und Interpretation potenzieller Veränderungen der rekonstruierten Konzepte- und Theoreme-in-Aktion, die sich durch die Nutzung der App in den folgenden Prozessschritten ergeben haben**

Das Ziel bei der Rekonstruktion der Theoreme-in-Aktion während der Aufgabenbearbeitung bestand darin, zu analysieren, ob und welche Elemente der symbolischen Darstellung die Lernenden mit Elementen der bildlichen Darstellungen in Zusammenhang bringen. Neben den Anforderungen der Aufgabe beinhaltete jedes Theorem-in-Aktion daher zumindest zwei Konzepte-in-Aktion, von denen mindestens eines zur Ursprungsdarstellung und eines zur Zieldarstellung gehörte.

In den auf die Aufgabenbearbeitung folgenden Prozessschritten wurde anschließend untersucht, ob, wie und warum sich das durch die Theoreme-in-Aktion rekonstruierte, multiplikative Verständnis der Lernenden durch die Nutzung der Selbst-Assessment-App und ihrer Elemente verändert hat. Dabei ist zu berücksichtigen, dass Diagnoseaufgaben im Unterrichtskontext häufig lediglich der Feststellung des bestehenden Verständnisses dienen. Im Rahmen der vorliegenden empirischen Untersuchung wurden jedoch bereits während der Auseinandersetzung mit den Diagnoseaufgaben Veränderungen erwartet. Dies ist darin begründet, dass die Lernenden nach der Aufgabenbearbeitung dazu angeregt wurden, ihre Lösungen mithilfe der Selbst-Assessment-Aussagen einzuschätzen und sowohl Feedback zur Aufgabenlösung als auch zur Korrektheit ihrer Antworten auf die Aussagen erhielten. Auf diese Weise war es potenziell möglich, vorhandene Fehlvorstellungen oder Verständnislücken unmittelbar zu erkennen und zu überwinden, und zwar bereits während der Auseinandersetzung mit den Diagnoseaufgaben.

In Bezug auf potenzielle Veränderungen der Theoreme-in-Aktion wurden vier verschiedene Szenarien berücksichtigt:

a) Fortbestand eines Theorems-in-Aktion
b) Verwerfung eines Theorems-in-Aktion
c) Adaption eines Theorems-in-Aktion
d) Bildung eines neuen Theorems-in-Aktion

a) Fortbestand eines Theorems-in-Aktion:
Sofern sich keine Anhaltspunkte in den Äußerungen und Handlungen der Lernenden finden lassen, die auf eine Veränderung oder Verwerfung eines in der Aufgabenbearbeitung rekonstruierten Theorems-in-Aktion hindeuten, wird davon ausgegangen, dass das rekonstruierte Theorem-in-Aktion über die gesamte Diagnoseaufgabe hinweg handlungsleitend ist und es nicht durch die App-Nutzung beeinflusst wird. Das Theorem-in-Aktion bleibt unverändert bestehen. Das bedeutet insbesondere, dass die Lernenden die Konzepte-in-Aktion, die sie während der Aufgabenbearbeitung miteinander verknüpfen, auch in den nachfolgenden Prozessschritten weiterhin in Beziehung zueinander setzen.

Beispiel: Während der Bearbeitung der ersten Aufgabe wird bei einer Schülerin das Theorem-in-Aktion *Endpunkt des ersten Sprunges als erster Faktor* rekonstruiert: <Wenn ich eine Malaufgabe am Zahlenstrahl erkennen möchte, dann muss der ||erste Faktor|| gleich dem ||Endpunkt des ersten Sprunges|| sein>. Sowohl bei der Beantwortung der Selbst-Assessment-Aussagen als auch bei Rückmeldung des Feedbacks tätigt die Schülerin keine Äußerung oder Handlung, die den Fortbestand dieses Theorems-in-Aktion in Frage stellt. Folglich wird davon ausgegangen, dass die Schülerin im Verlauf der ersten Aufgabe durchgehend eine Verbindung zwischen dem Endpunkt des ersten Sprunges und dem ersten Faktor herstellt.

b) Verwerfung eines bestehenden Theorems-in-Aktion:
Wenn Lernende durch die Nutzung der App die Konzepte-in-Aktion, welche sie beim Bearbeiten der Diagnoseaufgabe in Zusammenhang miteinander bringen, im weiteren Verlauf der Aufgabe nicht mehr als relevant erachten, dann kann von einem Wegfall eines bestehenden Theorems-in-Aktion gesprochen werden. Das bedeutet die App-Nutzung führt hierbei dazu, dass das Element beziehungsweise die Elemente der Ursprungsdarstellung als auch das Element beziehungsweise die Elemente der Zieldarstellung, die beim Bearbeiten der Aufgabe noch für relevant gehalten werden, im weiteren Verlauf als irrelevant eingestuft werden.

Beispiel: Für einen Schüler wird im Zuge der Bearbeitung der vierten Aufgabe das Theorem-in-Aktion *Erster Faktor der veränderten Rechnung als Anzahl der Zeilen* rekonstruiert: <Wenn ich eine Malaufgabe im Rechteckbild verändern möchte, dann muss der Malwinkel so verschoben werden, dass die ||Anzahl der Zeilen|| gleich dem ||ersten Faktor der veränderten Rechnung|| ist>. Durch das Nutzen der App im Prozessschritt des Selbst-Assessments verändert sich der Fokus der lernenden Person. Dies hat zur Folge, dass ab diesem Zeitpunkt weder dem ersten Faktor der veränderten Rechnung noch der Anzahl der Zeilen im Rechteckbild für den Darstellungswechsel eine Bedeutung zugeschrieben wird. Also wird das rekonstruierte Theorem-in-Aktion verworfen.

c) Adaption eines Theorems-in-Aktion:
Neben dem Fortbestand oder dem Verwerfen eines Theorems-in-Aktion ist es möglich, dass ein bestehendes Theorem-in-Aktion durch die Nutzung der App adaptiert wird. Diese Adaption kann auf verschiedene Weisen erfolgen:

i. Reorganisation des Theorems-in-Aktion:
Angenommen, eine lernende Person stellt während der Aufgabenbearbeitung eine Verbindung zwischen zwei Konzepten-in-Aktion her. Von der Reorganisation eines Theorems-in-Aktion kann gesprochen werden, wenn die Nutzung der App in einem der beiden folgenden Prozessschritte dazu führt, dass die lernende Person eines der beiden rekonstruierten Konzepte-in-Aktion mit einem anderen Konzept-in-Aktion verknüpft. Das heißt entweder das Element der Ursprungsdarstellung oder das Element der Zieldarstellung wird mit einem anderen Element in Zusammenhang gebracht.
Beispiel: Beim Bearbeiten der zweiten Aufgabe geht eine Schülerin davon aus, dass der *erste Faktor als Sprunglänge* dargestellt werden muss: <Wenn ich eine Malaufgabe auf dem Zahlenstrahl darstellen möchte, dann muss die ||Länge der Sprünge|| gleich dem ||ersten Faktor|| sein>. Im folgenden Prozessschritt der Aufgabe identifiziert die Schülerin die Sprunglänge weiterhin als relevantes Element, wird durch die Nutzung der App allerdings dazu veranlasst, diese statt mit dem ersten Faktor mit dem zweiten Faktor in Zusammenhang zu bringen. Es kann das adaptierte Theorem-in-Aktion *zweiter Faktor als Sprunglänge* rekonstruiert werden: <Wenn ich eine Malaufgabe auf dem Zahlenstrahl darstellen möchte, dann muss die ||Länge der Sprünge|| gleich dem ||zweiten Faktor|| sein>.

ii. Reduktion eines Theorems-in-Aktion:
Wie in dem Theorem-in-Aktion *Sprunglänge als erster oder zweiter Faktor*, welches im vorherigen Abschnitt für Matteo rekonstruiert werden konnte, ist es möglich, dass die Lernenden mehr als zwei Konzepte-in-Aktion miteinander in Verbindung bringen. Ist das der Fall, kann die Nutzung der App eine Reduktion des Theorems-in-Aktion bewirken. Wenn beispielsweise zwei Elemente der Ursprungsdarstellung und ein Element der Zieldarstellung als relevant erachtet und miteinander verknüpft werden, bedeutet eine Reduktion, dass nur noch eines der beiden Elemente der Ursprungsdarstellung mit dem Element der Zieldarstellung in Zusammenhang gebracht wird.

Analog lässt sich eine derartige Adaption auch auf Theoreme-in-Aktion übertragen, in denen ein Element der Ursprungsdarstellung mit zwei Elementen der Zieldarstellung verbunden wird.

Beispiel: Wie bereits erwähnt, liegt bei dem Schüler Matteo der Bearbeitung der ersten Aufgabe die Annahme zugrunde, dass die *Sprunglänge als erster oder zweiter Faktor* dargestellt werden muss: <Wenn ich eine Malaufgabe am Zahlenstrahl erkennen möchte, dann muss der ||erste Faktor|| oder der ||zweite Faktor|| gleich der ||Länge der Sprünge|| sein>. Würde sich durch die Nutzung der App das Theorem-in-Aktion in einem der folgenden beiden Prozessschritte insofern verändern, dass Matteo die Länge der Sprünge nur noch mit dem zweiten Faktor verknüpft, dann würde das neue, reduzierte Theorem-in-Aktion *Sprunglänge als zweiter Faktor* lauten: <Wenn ich eine Malaufgabe am Zahlenstrahl erkennen möchte, dann muss der ||zweite Faktor|| gleich der ||Länge der Sprünge|| sein>.

iii. Ergänzung eines Theorems-in-Aktion:
Die Ergänzung eines Theorems-in-Aktion repräsentiert den gegenteiligen Prozess zur Reduktion eines Theorems-in-Aktion. Im Gegensatz zur Reduktion ist es bei der Ergänzung so, dass die lernende Person bei der Bearbeitung einer Aufgabe zunächst zwei Konzepte-in-Aktion in Zusammenhang bringt. In einem der folgenden Prozessschritte kann die App-Nutzung bewirken, dass zwischen einem der beiden Konzepte-in-Aktion und einem weiteren Konzept-in-Aktion eine zusätzliche Verbindung hergestellt wird. Unter der Voraussetzung, dass in dem Theorem-in-Aktion ein Element der Ursprungsdarstellung mit einem Element der Zieldarstellung verknüpft wird, ist es einerseits möglich, dass zusätzlich zu dieser Verknüpfung eine Verbindung zwischen dem Element der Ursprungsdarstellung und einem weiteren Element der Zieldarstellung hergestellt wird. Andererseits könnte auch das Element der Zieldarstellung mit einem weiteren Element der Ursprungsdarstellung in Zusammenhang gebracht werden.

Beispiel: Mit Bezug zum unter ii) aufgeführten Beispiel wird davon ausgegangen, dass bei der Bearbeitung der ersten Diagnoseaufgabe das Theorem-in-Aktion *Sprunglänge als zweiter Faktor* handlungsleitend für einen Schüler ist: <Wenn ich eine Malaufgabe am Zahlenstrahl erkennen möchte, dann muss der ||zweite Faktor|| gleich der ||Länge der Sprünge|| sein>. Falls die App-Nutzung in den Prozessschritten nach der Bearbeitung der Aufgabe bewirkt, dass der Schüler die Länge der Sprünge nicht nur mit dem zweiten Faktor, sondern auch mit dem ersten Faktor in Verbindung bringt, kann von einer Ergänzung eines Theorems-in-Aktion gesprochen werden. Das neue Theorem-in-Aktion *Sprunglänge als erster oder zweiter Faktor* kann dann folgendermaßen formuliert werden: <Wenn ich eine Malaufgabe am Zahlenstrahl erkennen möchte, dann muss der ||erste Faktor|| oder der ||zweite Faktor|| gleich der ||Länge der Sprünge|| sein>.

d) Bildung eines neuen Theorems-in-Aktion:
Es kann vorkommen, dass sich in den Prozessschritten nach dem Bearbeiten der Aufgabe bei den Lernenden ein neues Theorem-in-Aktion durch die Nutzung der App bildet, welches Konzepte-in-Aktion beinhaltet, die zuvor nicht berücksichtigt wurden. Das heißt in diesem Fall bewirkt die App, dass Elemente der Ursprungs- und Zieldarstellung als relevant eingestuft werden, die für die lernende Person zuvor nicht wichtig gewesen sind.

Beispiel: Auf Grundlage dessen, wie eine Schülerin bei der Bearbeitung der dritten Aufgabe die vorgegebene Rechnung als Rechteckbild darstellt und auf Grundlage der dabei getätigten Aussagen lassen sich zwei Theoreme-in-Aktion rekonstruieren, in denen zum einen der erste Faktor in Beziehung gesetzt wird zur Anzahl der Zeilen. Zum anderen wird der zweite Faktor mit der Anzahl der Spalten in Verbindung gebracht. Erst bei der Durchführung des Selbst-Assessments bemerkt die Schülerin, dass die Gesamtzahl der Punkte dem Ergebnis der Rechnung entspricht. Da weder die Gesamtzahl der Punkte noch das Ergebnis der Rechnung bei der Bearbeitung der Aufgabe von der Schülerin berücksichtigt wurden, kann davon ausgegangen werden, dass sich hier ein neues Theorem-in-Aktion *Ergebnis als Gesamtzahl der Punkte eines Rechtecks* gebildet hat: <Wenn ich eine Malaufgabe als Rechteckbild darstellen möchte, dann muss ich ein ||Rechteck|| zeichnen, bei dem die ||Gesamtzahl der Punkte|| gleich dem ||Ergebnis|| der Rechnung ist>.

Die vier genannten Szenarien beschreiben verschiedene Möglichkeiten, wie sich das durch die Theoreme-in-Aktion rekonstruierte, multiplikative Verständnis von Lernenden durch die Nutzung der App verändern kann. Ihre Differenzierung erhielt die Analyse dadurch, dass für die Fälle der Veränderung eines Theorems-in-Aktion detailliert betrachtet wurde, welche App-Komponenten für die Beeinflussung der Theoreme-in-Aktion ausschlaggebend waren. Auf diese Weise war es nicht nur möglich festzustellen, welche epistemischen Mediationen stattgefunden haben, sondern auch, wie jede App-Komponente zu diesen Prozessen beigetragen hat. Dabei kann hinsichtlich der App-Komponenten unterschieden werden zwischen denen, die den Lernenden sowohl im Prozessschritt des Selbst-Assessments als auch im Prozessschritt des Feedbacks zur Verfügung stehen. Diese sind: Die eigene Lösung, die Musterlösung, der Abspiel- beziehungsweise Drehen-Button in der Musterlösung, die interaktiven Hinweise in der Musterlösung sowie die verschiedenen Selbst-Assessment-Aussagen. Darüber hinaus gibt es noch zwei App-Komponenten, die den Lernenden nur im Prozessschritt des Feedbacks bereitgestellt werden: Das ist einerseits das Feedback zur Aufgabenlösung und andererseits das Feedback zum Selbst-Assessment (Abbildung 7.5). Sobald also eine Veränderung eines Theorems-in-Aktion in den Daten festgestellt werden konnte, wurde zusätzlich zur Veränderung selbst untersucht, unter Nutzung welcher App-Komponente(n) diese Veränderung aufgetreten ist. Zur Nutzung einer App-Komponente zählte dabei das Ansehen einer der Komponenten sowie das Zeigen, die mündliche Bezugnahme oder, falls möglich, das Klicken auf eine der Komponenten.

Um den Prozess hinsichtlich der Differenzierung der App-Komponenten bei der Auswertung der Daten zu verdeutlichen, soll noch einmal auf das zuletzt genannte Beispiel Bezug genommen werden. Hier stellt die Schülerin bei der Durchführung des Selbst-Assessment fest, dass die Gesamtzahl der Punkte gleich dem Ergebnis der Rechnung ist. Angenommen diese Feststellung erfolgt, nachdem sie sich die zweite Selbst-Assessment-Aussage durchgelesen und die Anzahl der Punkte in ihrer Lösung nachgezählt hat. Dann ließe sich die Neubildung des entsprechenden Theorems-in-Aktion sowohl auf die Nutzung der zweiten Selbst-Assessment-Aussage als auch auf die Nutzung der eigenen Lösung zurückführen.

Die Berücksichtigung der verschiedenen App-Komponenten bei der Analyse von potenziellen Veränderungen in Bezug auf die Theoreme-in-Aktion ist notwendig, um eine möglichst präzise Interpretation der Veränderungen vornehmen zu können. Dadurch, dass in dem zuletzt genannten Beispiel die Neubildung des Theorems-in-Aktion *Ergebnis als Gesamtzahl der Punkte eines Rechtecks* auf die Nutzung der zweiten Selbst-Assessment-Aussage und auf die Nutzung der eigenen Lösung zurückgeführt wurde, kann überhaupt erst eine mögliche Ursache für die Veränderung hinsichtlich des multiplikativen Verständnisses rekonstruiert werden. So ist es wahrscheinlich, dass die zweite Selbst-Assessment-Aussage mit der Gesamtzahl der Punkte eine Eigenschaft aufgreift, welche die Schülerin beim Bearbeiten der Aufgabe noch nicht als relevant eingestuft hat. Erst durch das Lesen der Aussage scheint sie sich über diese Eigenschaft bewusst zu werden und überprüft, ob in der eigenen Lösung die erfragte Anzahl an Punkten gezeichnet wurde. Scheinbar stellt sie durch die Überprüfung der Gesamtpunktzahl eine Verbindung zwischen dieser und dem Ergebnis der Rechnung her und folgert, dass die Anzahl der Punkte dem Ergebnis der Rechnung entsprechen müsse, wenn die beiden Faktoren als Anzahl der Zeilen beziehungsweise Spalten des Rechteckbildes dargestellt sind. Als mögliche Ursache für die Veränderung in Bezug auf

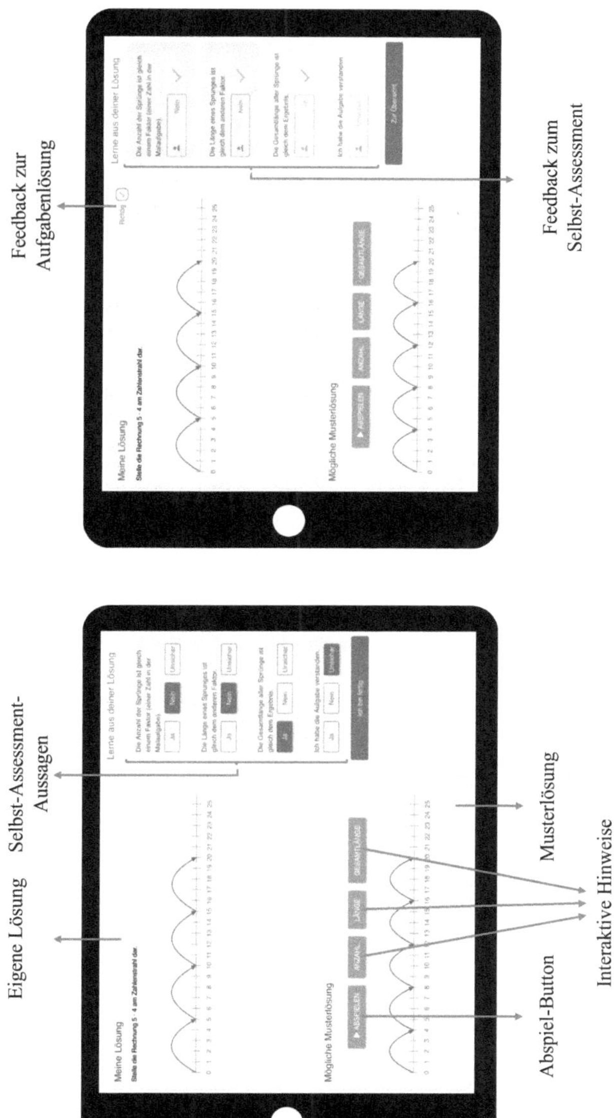

Abbildung 7.5 Überblick über die App-Komponenten. (Quelle: App Version 1.1.5)

die Theoreme-in-Aktion kann also die kognitive Aktivierung durch die zweite Selbst-Assessment-Aussage ausgemacht werden, die eine Überprüfung der eigenen Lösung bewirkte und darin resultierte, dass eine Verbindung zwischen der Gesamtzahl der Punkte und dem Ergebnis der Rechnung hergestellt wurde.

3. **Fallübergreifende Bezeichnung und Formulierung der Theoreme-in-Aktion durch Strukturierung und Zusammenfassung der Ergebnisse**

Nachdem die acht Schülerfälle analysiert worden sind, wurden alle Theoreme-in-Aktion unter Verwendung der Software Padlet auf einer digitalen Pinnwand zusammengetragen. Die Theoreme-in-Aktion wurden zunächst nach Aufgaben sortiert und für jedes Theorem-in-Aktion wurde angegeben, für welchen Lernenden und in welchem Prozessschritt es rekonstruiert wurde (weiße Posts in Abbildung 7.6). Da in jedem Theorem-in-Aktion mindestens ein Bestandteil der symbolischen Darstellung enthalten ist, wurden die Bestandteile des Terms als Ordnungsdimension innerhalb der Aufgaben festgelegt (rosa Posts in Abbildung 7.6). Die Theoreme-in-Aktion wurden für die ersten drei Aufgaben folglich danach sortiert, ob der erste Faktor, der zweite Faktor oder das Ergebnis der Rechnung als Konzept-in-Aktion in den Theoremen-in-Aktion vorkommt. Bei der vierten Aufgabe stellten die Erhöhung des ersten Faktors, der erste Faktor der veränderten Rechnung, der zweite Faktor der veränderten Rechnung und das Ergebnis der veränderten Rechnung die Ordnungsdimensionen innerhalb der Aufgabe dar.

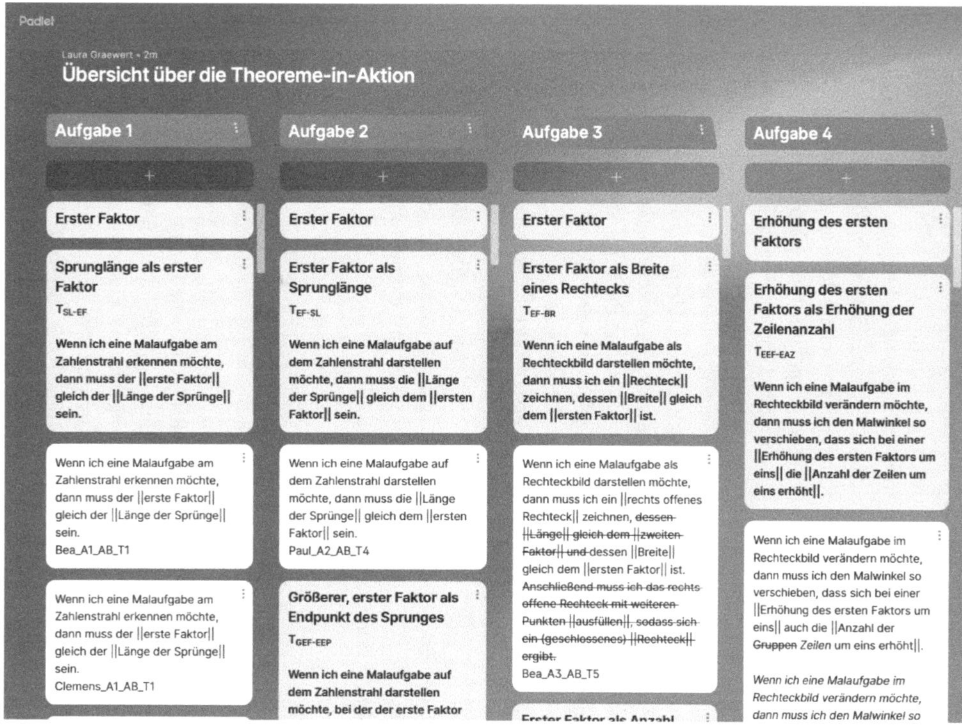

Abbildung 7.6 Zusammenfassung und Strukturierung der Theoreme-in-Aktion. (Quelle: https://padlet.com/lauragraewert/bersicht-ber-die-theoreme-in-aktion-fjem34feq4milpv8)

Um die Theoreme-in-Aktion noch detaillierter zu strukturieren, wurde analysiert, mit welchem Konzept der bildlichen Darstellung die Lernenden die jeweiligen Bestandteile der mathematisch-symbolischen Darstellung verbinden. Auf diese Weise konnten bei der ersten Aufgabe beispielsweise vier weitere Arten von Theoremen-in-Aktion ausgemacht werden, welche alle den ersten Faktor als relevantes Element der symbolischen Darstellung aufgreifen und diesen mit der Sprunglänge, der Sprunganzahl, dem Endpunkt des ersten Sprunges oder dem Endpunkt des zweiten Sprunges in Verbindung bringen. Alle Theoreme-in-Aktion, die eine Verbindung zwischen dem ausgewählten Element der symbolischen Darstellung und einem spezifischen Element der bildlichen Darstellung herstellten, wurden anschließend sprachlich einheitlich formuliert. Zudem wurde für die Theoreme-in-Aktion eine einheitliche Bezeichnung gewählt. Die Bezeichnungen für die verschiedenen Theoreme-in-Aktion wurden immer gleich strukturiert. Zuerst wurde das Element der Ursprungsdarstellung genannt und durch eine als-Formulierung angegeben, mit welchem Element der Zieldarstellung es in Zusammenhang gebracht wird (blaue Posts in Abbildung 7.6). Etwa kann aus der Bezeichnung „Sprunglänge als erster Faktor“ direkt entnommen werden, dass dieses Theorem-in-Aktion die Annahme beschreibt, dass im Zuge der ersten Aufgabe die Sprunglänge als erster Faktor dargestellt werden muss.

Nach der Strukturierung und Zusammenfassung der Ergebnisse ergaben sich über alle Schülerfälle hinweg für die erste Diagnoseaufgabe 14, für die zweite Aufgabe 24, für die dritte Aufgabe 21 und für die vierte Aufgabe sechs verschiedene Theoreme-in-Aktion, was insgesamt einer Anzahl von 65 Theoremen-in-Aktion entspricht.

7.4.3 Reflexive Mediationen

Bei der Analyse reflexiver Mediationen ging es um die Frage, inwiefern die Lernenden durch die Nutzung der Selbst-Assessment-App zu metakognitiven Aktivitäten angeregt werden. Metakognitive Aktivitäten wurden in mathematikdidaktischen Arbeiten bislang überwiegend im Zusammenhang mit Beweis-, Argumentations- und Problemlöseprozessen betrachtet (z. B. Abels, 2025; Cohors-Fresenborg & Kaune, 2007a; Rott, 2013; Stenzel, 2023). Hana Ruchniewicz (2022) jedoch untersuchte metakognitive Aktivitäten im Rahmen von Selbst-Assessment-Prozessen, indem sie die metakognitiven Aktivitäten beim formativen Selbst-Assessment im Bereich des funktionalen Denkens mithilfe eines Kategoriensystems analysierte. Auch in dieser Arbeit wurde eine kategoriengeleitete Analyse zur Rekonstruktion reflexiver Mediationen vorgenommen. Diese

Analyse zielte darauf ab, Gründe für das Auftreten bestimmter metakognitiver Aktivitäten zu rekonstruieren und diese in Beziehung zu der Nutzung der verschiedenen App-Komponenten zu setzen. Dafür war es notwendig zuerst herauszuarbeiten, welche metakognitiven Aktivitäten die Lernenden unter Nutzung welcher App-Komponenten zeigten. Auf Grundlage der identifizierten metakognitiven Aktivitäten konnten dann anschließend Vermutungen darüber aufgestellt werden, warum die identifizierten metakognitiven Aktivitäten aufgetreten sind. Es waren also die folgenden beiden Analyseschritte notwendig:

1. Kategoriengeleitete Erfassung metakognitiver Aktivitäten, die durch Nutzung der App angeregt wurden
2. Analyse möglicher Ursachen für das Auftreten der im ersten Schritt erfassten metakognitiven Aktivitäten

Die kategoriengeleitete Erfassung der metakognitiven Aktivitäten im ersten Schritt erfolgte mit Hilfe eines Kategoriensystems. Jedoch wurde bei der Entwicklung und Verwendung des Kategoriensystems im Gegensatz zur häufig sehr strukturierten und streng regelgeleiteten Methode der qualitativen Inhaltsanalyse (Kuckartz & Rädiker, 2024; Mayring, 2022) in dieser Arbeit ein weniger regelorientiertes Vorgehen verfolgt. Dies lässt sich damit begründen, dass das Ziel nicht wie bei einer qualitativen Inhaltsanalyse darin bestand, die Daten detailliert zusammenzufassen, zu strukturieren oder zu explizieren (Mayring, 2022, S. 66), sondern eben darin, die Daten zu interpretieren und in dem Zuge herauszuarbeiten, aus welchem Grund die Lernenden bestimmte metakognitive Aktivitäten zeigten. Wie genau dieses Ziel verfolgt wurde, wird in den folgenden Abschnitten erläutert, in denen detailliert auf die beiden durchgeführten Analyseschritte eingegangen wird.

1. **Kategoriengeleitete Erfassung metakognitiver Aktivitäten, die durch Nutzung der App angeregt wurden**

Um festzustellen, welche metakognitiven Aktivitäten die Lernenden durch die Nutzung der App zeigen, wurde in Anlehnung an Ruchniewicz (2022, S. 225) sowie Cohors-Fresenborg und Kaune (2007a, S. 237) ein Kategoriensystem für metakognitiven Aktivitäten zunächst deduktiv entwickelt und anschließend mithilfe der Daten aus den Entwicklungszyklen präzisiert sowie auf die Rahmenbedingungen der Selbst-Assessment-App abgestimmt.

Da für die Analyse im Rahmen der vorliegenden Studie ausschließlich die metakognitiven Aktivitäten von Interesse waren, welche durch die Nutzung der App aufgetreten sind, wurden die verschiedenen App-Komponenten, durch deren Nutzung eine metakognitive Aktivität hätte auftreten können, in das Kategoriensystem integriert. Somit setzte sich jede Kategorie aus zwei Teilen zusammen: Der erste Teil gab an, welche App-Komponente beziehungsweise welche App-Komponenten von der lernenden Person genutzt wurde(n). Der zweite Teil beschrieb die metakognitive Aktivität, die durch die Nutzung der App-Komponente beziehungsweise der App-Komponenten aufgetreten ist (Tabelle 7.1). Wie bei der Analyse potenzieller Veränderungen der rekonstruierten Konzepte- und Theoreme-in-Aktion wurden auch bei der kategoriengeleiteten Erfassung metakognitiver Aktivitäten die folgenden App-Komponenten voneinander unterschieden: Die eigene Lösung, die Musterlösung, der Abspiel- beziehungsweise Drehen-Button in der Musterlösung, die interaktiven Hinweise in der Musterlösung, die verschiedenen Selbst-Assessment-Aussagen, das Feedback zur Aufgabenlösung und das Feedback zum Selbst-Assessment. Das Nutzen einer der App-Komponenten beinhaltete weiterhin das ersichtliche Ansehen einer Komponente als auch das Zeigen, die mündliche Bezugnahme oder das Klicken auf eine Komponente.

Bei der Vorstellung des Kategoriensystems werden die App-Komponenten zunächst außen vorgelassen, da diese für die Strukturierung des Kategoriensystems nicht entscheidend waren. Das Kategoriensystem wurde nicht auf Grundlage der verfügbaren App-Komponenten, sondern entlang der metakognitiven Aktivitäten strukturiert. Hierbei wurden drei Bereiche voneinander unterschieden: Zum ersten Bereich zählten alle metakognitiven Aktivitäten, die einen Bezug zur eigenen Lösung hatten. Dem zweiten Bereich wurden alle metakognitiven Aktivitäten zugeordnet, die in Zusammenhang mit dem Selbst-Assessment standen. Der letzte Bereich umfasste metakognitive Aktivitäten, die sich auf das eigene Verständnis und die eigenen Fähigkeiten bezogen. Auf die Ober- sowie Unterkategorien der einzelnen Bereiche wird im Folgenden näher eingegangen und erläutert, an welche Kategorien von Ruchniewicz (2022) sowie Cohors-Fresenborg und Kaune (2007a) diese angelehnt wurden.

Tabelle 7.1 Kategoriensystem zur Erfassung metakognitiver Aktivitäten in Bezug auf die App-Nutzung

Nur wenn eine metakognitive Aktivität unter Nutzung einer beziehungsweise mehrerer Komponenten A in der App auftritt, wird die Äußerung beziehungsweise die entsprechende Handlung kodiert. Die Nutzung einer Komponente beinhaltet das Ansehen einer Komponente, das Zeigen, die mündliche Bezugnahme oder das Klicken auf eine Komponente.

Hinsichtlich der App-Komponenten A wird unterschieden zwischen:

EL	Eigene Lösung
ML	Mögliche Musterlösung
Md	Abspiel- oder Drehen-Button in der Musterlösung
Mi	Interaktiver Hinweis in der Musterlösung
SAA	Selbst-Assessment-Aussage (SAA1, SAA2, SAA3)
FA	Feedback zur Aufgabenlösung
FS	Feedback zum Selbst-Assessment

Bezug zur EL	Bezug zum SA	Bezug zu Verständnis / Fähigkeiten
A – Eigene Lösung mit der Musterlösung vergleichen ▪ A – Übereinstimmung von EL und ML feststellen (A – UM) ▪ A – Nicht- Übereinstimmung von EL und ML feststellen (A – nUM) ▪ A – Übereinstimmung von EL und ML nicht feststellen (A – UMn) ▪ A – Nicht-Übereinstimmung von EL und ML nicht feststellen (A – nUMn) **A – Eigene Lösung einschätzen** ▪ A – Korrekte EL positiv einschätzen (A – kEp) ▪ A – Fehlerhafte EL negativ einschätzen (A – fEn) ▪ A – Korrekte EL negativ einschätzen (A – kEn) ▪ A – Fehlerhafte EL positiv einschätzen (A – fEp) **A – Eigene Lösung reflektieren** ▪ Eigene Lösung reflektieren (A – Er)	**A – Selbst-Assessment durchführen** ▪ A – Zutreffender SAA zustimmen (A – Sz) ▪ A – Nicht zutreffende SAA ablehnen (A – nSa) ▪ A – Zutreffende SAA ablehnen (A – Sa) ▪ A – Nicht zutreffender SAA zustimmen (A – nSz) ▪ A – Unsicherheit bzgl. SAA feststellen (A – US) **A – Selbst-Assessment kontrollieren** ▪ A – Selbst-Assessment kontrollieren (A – Sk) **A – Selbst-Assessment einschätzen** ▪ A – Korrektes SA positiv einschätzen (A – kSp) ▪ A – Fehlerhaftes SA negativ einschätzen (A – fSn) ▪ A – Korrektes SA negativ einschätzen (A – kSn) ▪ A – Fehlerhaftes SA positiv einschätzen (A – fSp) **A – Selbst-Assessment reflektieren** ▪ Selbst-Assessment reflektieren (A – Sr)	**A – Äußerungen zum Verständnis tätigen** ▪ A – Vorhandenes Verständnis angeben (A – V) ▪ A – Verständnisdefizit angeben (A – DV) **A – Stärken und Schwächen benennen** ▪ A – Stärken benennen (A – St) ▪ A – Schwächen benennen (A – Sch)

Erster Bereich – Metakognitive Aktivitäten mit Bezug zur eigenen Lösung (erste Spalte in Tabelle 7.1):

Da ein wesentlicher Bestandteil der Selbst-Assessment-App die mögliche Musterlösung ist, die den Lernenden nach Abgabe ihrer Lösung in den Prozessschritten des Selbst-Assessments und Feedbacks angezeigt wird, wurde die Hauptkategorie **Eigene Lösung mit der Musterlösung vergleichen** in das Kategoriensystem aufgenommen. Diese Kategorie wurde in Anlehnung an die Kategorie „Übereinstimmung mit Musterlösung fokussieren" gebildet, welche Ruchniewicz (2022) in ihrem Kategoriensystem berücksichtigt hat. Beim Vergleichen kann jedoch nicht nur festgestellt werden, dass die eigene Lösung und die Musterlösung übereinstimmen, sondern auch, dass die beiden Lösungen voneinander abweichen. Genauso ist es möglich, dass beim Vergleich der beiden Lösungen die Übereinstimmung oder Abweichung der beiden Lösungen nicht festgestellt wird. Es ergeben sich somit insgesamt vier Unterkategorien: *Übereinstimmung von eigener Lösung und Musterlösung feststellen, Nicht-Übereinstimmung von eigener Lösung und Musterlösung feststellen, Übereinstimmung von eigener Lösung und Musterlösung nicht feststellen* und *Nicht-Übereinstimmung von eigener Lösung und Musterlösung nicht feststellen.*

Die folgenden beiden Hauptkategorien **Eigene Lösung einschätzen** und **Eigene Lösung reflektieren** entstanden auf Grundlage der Kategorie „Reflektierende Einschätzung / Bewertung" im Kategoriensystem von Cohors-Fresenborg und Kaune (2007a), die für diese Studie bewusst in zwei separate Kategorien aufgeteilt wurde. Denn in den Pilotierungsdaten, die im Vorfeld der empirischen Untersuchung erhoben wurden, ließen sich unterschiedliche Formen der Einschätzung identifizieren. So kam es entweder vor, dass Lernende ihre Lösung ausschließlich als richtig oder falsch einschätzten oder aber sie begründeten, weshalb die eigene Lösung richtig oder falsch ist. Hinsichtlich der Einschätzung der eigenen Lösung wurde in den zugehörigen Unterkategorien differenziert, ob die eigene Lösung als richtig oder falsch bewertet wurde und ob sie mathematisch korrekt oder fehlerhaft war. Dadurch ergaben sich insgesamt vier Unterkategorien *Korrekte eigene Lösung positiv einschätzen, Fehlerhafte eigene negativ einschätzen, Korrekte eigene Lösung negativ einschätzen, Fehlerhafte eigene Lösung positiv einschätzen.*

Zweiter Bereich – Metakognitive Aktivitäten mit Bezug zum Selbst-Assessment (zweite Spalte in Tabelle 7.1):

Die Hauptkategorie **Selbst-Assessment durchführen** entspricht der Hauptkategorie „Diagnostische Informationen evaluieren" im Kategoriensystem von Ruchniewicz (2022). Ihre Unterkategorie „Korrektes Merkmal feststellen" wurde in der vorliegenden Studie *Zutreffender Selbst-Assessment-Aussage zustimmen* und die Unterkategorie „Korrektes Merkmal missachten“ *Zutreffende Selbst-Assessment-Aussage ablehnen* genannt. Ruchniewiczs Unterkategorien „Fehler feststellen“ und „Fehler missachten“ wurden als *Nicht zutreffende Selbst-Assessment-Aussage ablehnen* sowie *Nicht zutreffender Selbst-Assessment-Aussage zustimmen* bezeichnet. Ergänzend wurde eine weitere Unterkategorie *Unsicherheit bzgl. der Selbst-Assessment-Aussage feststellen* dem Kategoriensystem hinzugefügt, sodass auch Handlungen kategorisiert werden konnten, in denen die Lernenden sich unsicher sind, ob die Selbst-Assessment-Aussage auf ihre Lösung zutrifft oder nicht.

Cohors-Fresenborg und Kaune (2007a) listen in ihrem Kategoriensystem die Kategorie „Rechnung prüfen“ auf. In der App ist ab dem Prozessschritt des Selbst-Assessments die Aufgabenbearbeitung jedoch schon abgeschlossen und die Lösung eingereicht, sodass eine Prüfung dieser nicht mehr erfolgen kann. Möglich wäre es in diesem Prozessschritt aber, dass Lernende ihre Antworten auf die Selbst-Assessment-Aussagen kontrollieren, weswegen die Kategorie **Selbst-Assessment kontrollieren** in das Kategoriensystem aufgenommen wurde. Analog zu den beiden im vorangegangenen Abschnitt zuletzt genannten Hauptkategorien, kann das Selbst-Assessment darüber hinaus auch eingeschätzt und reflektiert werden. Entsprechend wurden die beiden Hauptkategorien „Selbst-Assessment einschätzen“ sowie „Selbst-Assessment reflektieren“ in das Kategoriensystem integriert und erstere Kategorie durch die vier Unterkategorien ausdifferenziert: *Korrektes Selbst-Assessment positiv einschätzen*, *Fehlerhaftes Selbst-Assessment negativ einschätzen*, *Korrektes Selbst-Assessment negativ einschätzen* und *Fehlerhaftes Selbst-Assessment positiv einschätzen*. Das bedeutet diese vier Unterkategorien beschreiben Situationen, in denen Lernende ihre Antwort auf die korrekt oder auch fehlerhaft beantwortete Selbst-Assessment-Aussage als richtig oder falsch einschätzen. Bei der Reflexion des Selbst-Assessments geben die Lernenden über eine Einschätzung hinaus auch Gründe für die Korrektheit oder Fehlerhaftigkeit der von ihnen ausgewählten Antwort auf eine der Selbst-Assessment-Aussagen an.

Dritter Bereich – Metakognitive Aktivitäten mit Bezug zum eigenen Verständnis oder den eigenen Fähigkeiten (dritte Spalte in Tabelle 7.1):

Da sich in den Pilotierungsdaten Situationen zeigten, in denen Lernende entweder angaben, einen bestimmten Aspekt verstanden zu haben oder aber aussagten, dass ihnen noch etwas unklar ist, wurde die Kategorie **Äußerungen zum Verständnis tätigen** dem Kategoriensystem hinzugefügt. Hierbei wurde unterschieden zwischen *Vorhandenes Verständnis angeben* und *Verständnisdefizit angeben*. Die letzte Hauptkategorie des Kategoriensystems lautete **Stärken und Schwächen benennen**. Innerhalb dieser Kategorie wird unterschieden, ob die

Lernenden *Stärken benennen* oder ob sie *Schwächen benennen.* Angelehnt wurden diese beiden Unterkategorien an die Kategorie „Reflektierende Einschätzung" von Cohors-Fresenborg und Kaune (2007a), innerhalb derer das Darlegen von eigenen Stärken und Schwächen ebenfalls als Unterkategorie aufgeführt wurde.

Mithilfe dieses Kategoriensystems (Tabelle 7.1) wurden die metakognitiven Aktivitäten, die durch Nutzung einer oder mehrerer App-Komponenten aufgetreten sind, differenziert erfasst. Die Erfassung der metakognitiven Aktivitäten in Bezug auf die App soll anhand einer Situation aus dem Fall von Bea beispielhaft dargestellt werden.

Bei der Bearbeitung der ersten Aufgabe, in der sechs Dreier-Sprünge am Zahlenstrahl dargestellt sind, trägt Bea ausgehend von der Annahme, dass die Sprünge am Zahlenstrahl fortgesetzt werden müssen, die Rechnung $3 \cdot 7 = 21$ ein. Als sie im letzten Prozessschritt der Aufgabe die Rückmeldung erhält, dass ihre Lösung falsch ist, scrollt sie nach kurzer Betrachtung des Feedbacks hinunter zur Musterlösung und äußert sich wie folgt:

> „Achso, man muss, denke ich, dass von hier (zeigt in der Musterlösung auf die Null am Zahlenstrahl) bis da (zeigt in der Musterlösung auf die Achtzehn am Zahlenstrahl) rechnen, nicht schon weiter rechnen (zeigt in ihrer Lösung auf die Zahlen Neunzehn bis Dreiundzwanzig). (---) Ok". (Bea, Aufgabe 1, Feedback)

Bevor Bea ihre Aussage tätigt, schaut sie sich das Feedback zur Aufgabenlösung sowie die Musterlösung an. Auf diese bezieht sie sich dann auch in ihrer folgenden Aussage und erklärt, während sie auf die Musterlösung zeigt, dass nur die bereits am Zahlenstrahl eingezeichneten Sprünge zu berücksichtigen seien und sie nicht, wie in ihrer Lösung, hätte weiterrechnen sollen. Indem Bea erläutert, warum ihre Lösung falsch ist, zeigt sie, dass sie ihre Lösung reflektiert und begründet negativ einschätzen kann.

Durch die Nutzung des Feedbacks zur Aufgabenlösung, der Musterlösung und der eigenen Lösung wird Bea also dazu veranlasst, ihre *eigene Lösung zu reflektieren* und ihre *fehlerhafte eigene Lösung negativ einzuschätzen.*

2. **Analyse möglicher Ursachen für das Auftreten der im ersten Schritt erfassten metakognitiven Aktivitäten**

Nachdem die durch die Nutzung der App ausgelösten metakognitiven Aktivitäten mithilfe des Kategoriensystems erfasst wurden, erfolgte die Analyse möglicher Ursachen für das Auftreten dieser. Dafür wurden einerseits die Handlungen und Aussagen der Lernenden berücksichtigt, die bereits für die Erfassung der metakognitiven Aktivität ausgewertet wurden. Andererseits wurden oftmals die der metakognitiven Aktivität vorausgehenden oder die im Nachgang auftretenden Prozesse analysiert und als Informationsquelle zur Rekonstruktion der Ursachen herangezogen.

In Bezug auf die Ursache für das Reflektieren sowie für die negative Einschätzung der fehlerhaften, eigenen Lösung durch Nutzung des Feedbacks, der Musterlösung und der eigenen Lösung im Fall von Bea wurde beispielsweise das Betrachten des Feedbacks und der Musterlösung sowie die darauffolgende Aussage für die Rekonstruktion herangezogen. Die Information, dass die eigene Lösung falsch ist, führt bei Bea scheinbar zu einem kognitiven Konflikt. Dieser kognitive Konflikt resultiert darin, dass Bea ihre eigenen Annahmen in Bezug auf die Aufgabe in Frage stellt. Sie reflektiert ihre eigene Lösung und richtet in dem Zuge ihre Aufmerksamkeit auf die Musterlösung. In der Auseinandersetzung mit der Musterlösung findet sie eine Begründung für ihren Fehler und folgert, dass sie nicht, wie in ihrer Lösung, hätte weiterrechnen, sondern nur die bereits am Zahlenstrahl dargestellten Sprünge für die Rechnung berücksichtigen sollen. Als Ursache für die Reflexion der eigenen Lösung kann also ein kognitiver Konflikt identifiziert werden, der durch das Feedback zur Aufgabenlösung erzeugt wurde. Ihre fehlerhafte Lösung schätzt Bea aus dem Grund negativ ein, weil sie zum Bestimmen der passenden Rechnung die am Zahlenstrahl dargestellten Sprünge um einen weiteren Sprung ergänzt und nicht nur die eingezeichneten Sprünge berücksichtigt hat. Es handelt sich also demnach um eine begründete Einschätzung der eigenen Lösung.

Ergebnisse 8

8.1 Fall „Clemens"

Aufgabe 1: Malaufgaben am Zahlenstrahl erkennen

Aufgabenbearbeitung
Nachdem Clemens die erste Diagnoseaufgabe geöffnet hat, schaut er sich diese für einige Sekunden an (16 s) und fragt dann, was das für eine Aufgabe wäre. Die Interviewerin erklärt Clemens in Bezug auf seine Frage, dass er eine passende Malaufgabe zu dem Bild eintragen solle, welches ihm unterhalb der Aufgabenstellung angezeigt wird. Daraufhin löst Clemens die Aufgabe und erklärt sein Vorgehen wie folgt:

„*Also, ich würde erstmal (2 s) – es sind ja immer Dreier-Schritte und dann würde ich gucken, welches davon achtzehn ergibt, dass ist dann die se- die sechs. (---) Dann würde ich drei mal sechs rechnen (trägt für den ersten Faktor eine Drei und für den zweiten Faktor eine Sechs ein) gleich (.) achtzehn (trägt für das Ergebnis eine Achtzehn ein)*" (Abbildung 8.1)[1].

[1] Aus Gründen der Übersichtlichkeit wurde in Kapitel 8 auf die individuelle Quellenangabe zu den Abbildungen verzichtet. Sofern nicht anders angegeben, handelt es sich bei allen Abbildungen um Screenshots von Bildschirmaufnahmen der Tablets, an denen die Lernenden mit der App (Version 1.1.5) gearbeitet haben.

L. Graewert, *Aus den eigenen Lösungen lernen*, MINTUS – Beiträge zur mathematisch-naturwissenschaftlichen Bildung,
https://doi.org/10.1007/978-3-658-53095-2_8

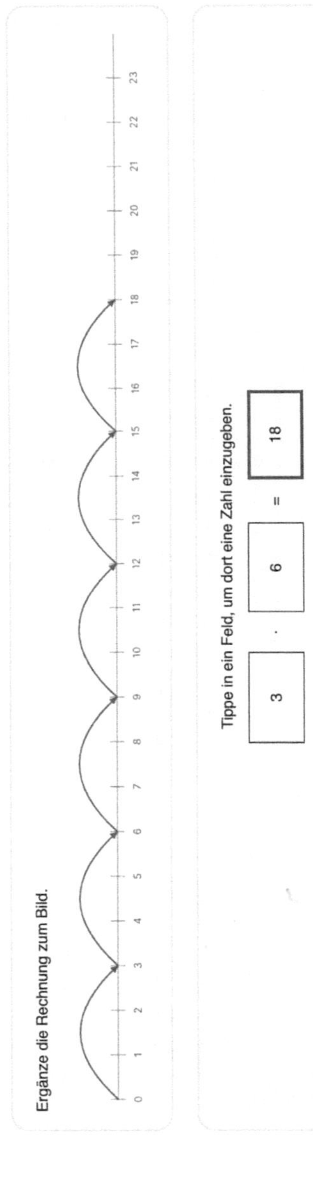

Abbildung 8.1 Clemens, Aufgabe 1, Aufgabenbearbeitung

Zuallererst stellt Clemens fest, dass auf dem Bild „immer Dreier-Schritte“ abgebildet sind und trägt kurze Zeit später für den ersten Faktor eine Drei ein. Damit ist davon auszugehen, dass er die Länge der Sprünge mit dem ersten Faktor in Verbindung bringt, sodass das Theorem-in-Aktion *Sprunglänge als erster Faktor* rekonstruiert werden kann:

<Wenn ich eine Malaufgabe am Zahlenstrahl erkennen möchte, dann muss der ||erste Faktor|| gleich der ||Länge der Sprünge|| sein>.

Für den zweiten Faktor trägt Clemens eine Sechs sein. Als Grund dafür gibt er an, dass drei multipliziert mit sechs achtzehn ergibt, was der Endpunkt des letzten Sprunges ist. Seine Begründung lässt vermuten, dass er die Sechs einzig aus dem Grund einträgt, um auf das gewünschte Ergebnis von Achtzehn zu kommen. In seiner Aussage deutet nichts darauf hin, dass ihm der Zusammenhang zwischen dem zweiten Faktor und der Sprunganzahl bewusst ist. Folglich wird für den zweiten Faktor kein Theorem-in-Aktion rekonstruiert.

Jedoch wird angenommen, dass neben dem Theorem-in-Aktion *Sprunglänge als erster Faktor* das Theorem-in-Aktion *Endpunkt des letzten Sprunges als Ergebnis* handlungsleitend für die Bearbeitung der Aufgabe ist:

<Wenn ich eine Malaufgabe am Zahlenstrahl erkennen möchte, dann muss das ||Ergebnis|| der Rechnung gleich dem ||Endpunkt des letzten Sprunges|| sein>.

Denn indem Clemens anmerkt, er würde gucken, „welches davon achtzehn ergibt“ scheint er sich neben der Sprunglänge auf den Endpunkt des letzten Sprunges zu konzentrieren. Andernfalls ließe sich nicht erklären, warum er die Achtzehn in seiner Erklärung aufgreift. Es besteht also die Annahme, dass sich Clemens über den Zusammenhang zwischen dem Endpunkt des letzten Sprunges und dem Ergebnis der Rechnung bewusst ist.

Theoreme-in-Aktion:

- *Sprunglänge als erster Faktor*
  <Wenn ich eine Malaufgabe am Zahlenstrahl erkennen möchte, dann muss der ||erste Faktor|| gleich der ||Länge der Sprünge|| sein>
- *Endpunkt des letzten Sprunges als Ergebnis*
  <Wenn ich eine Malaufgabe am Zahlenstrahl erkennen möchte, dann muss das ||Ergebnis|| der Rechnung gleich dem ||Endpunkt des letzten Sprunges|| sein>

Selbst-Assessment

Reflexive Mediation:
Nachdem Clemens seine Lösung abgegeben hat, wendet er sich bei der Selbst-Assessment-Ansicht zunächst der Musterlösung zu:

„(Scrollt hinunter zur Musterlösung). Dann kann ich hier noch einmal nachgucken. (3 s). (Klickt auf ‚Erster Faktor‘). Erster Faktor. (8 s). (Klickt auf ‚Zweiter Faktor‘). (3 s). (Klickt wieder auf ‚Erster Faktor‘). Der erste Faktor – ist das richtig?“.

Auf seine Frage hin erkundigt sich die Interviewerin Clemens, was er meinen würde. Er antwortet:

„Weil (.) ob das richtig ist (zeigt auf den ersten Faktor, der durch Auswahl des Hinweises rot markiert ist), weil das rot ist?“.

Die Interviewerin informiert Clemens darüber, dass die Farbe des Hinweises keine Bedeutung im Sinne von „richtig“ oder „falsch“ hat, woraufhin er die Betrachtung der Musterlösung mit einem letzten Kommentar abschließt:

„Ok. (2 s). (Klickt auf ‚Ergebnis‘). Und das Ergebnis ist achtzehn.“

Anscheinend besteht bei Clemens anfänglich Unsicherheit darüber, ob die farblichen Markierungen, die durch das Klicken auf den Button „Erster Faktor“ in der Musterlösung erscheinen, als Hinweis auf die Richtigkeit der Lösung zu werten sind. Diese Unsicherheit wird durch die Interviewerin überwunden, die ihn auf die Unbedeutendheit der Farbe in diesem Kontext hinweist. Nach der Erkenntnis, dass das Ergebnis in der Musterlösung gleich achtzehn ist, beginnt Clemens mit der Beantwortung der Selbst-Assessment-Aussagen. Er beginnt mit dem Lesen der ersten Aussage:

„‚Ein Faktor (eine Zahl in der Malaufgabe) zeigt die Anzahl der Sprünge an‘. (---) Ja (klickt auf ‚Ja‘)“ (Abbildung 8.2).

Weil die Anzahl der Sprünge gleich sechs ist und Clemens für den zweiten Faktor auch die Zahl Sechs eingetragen hat, stimmt er hierbei einer Selbst-Assessment-Aussage zu, die auf seine Lösung zutrifft (Selbst-Assessment-Aussage 1 – Zutreffender Selbst-Assessment-Aussage zustimmen). Seine korrekte Beantwortung weist darauf hin, dass er die Aussage verstanden und erkannt hat, dass seine Lösung die erfragte Eigenschaft erfüllt.

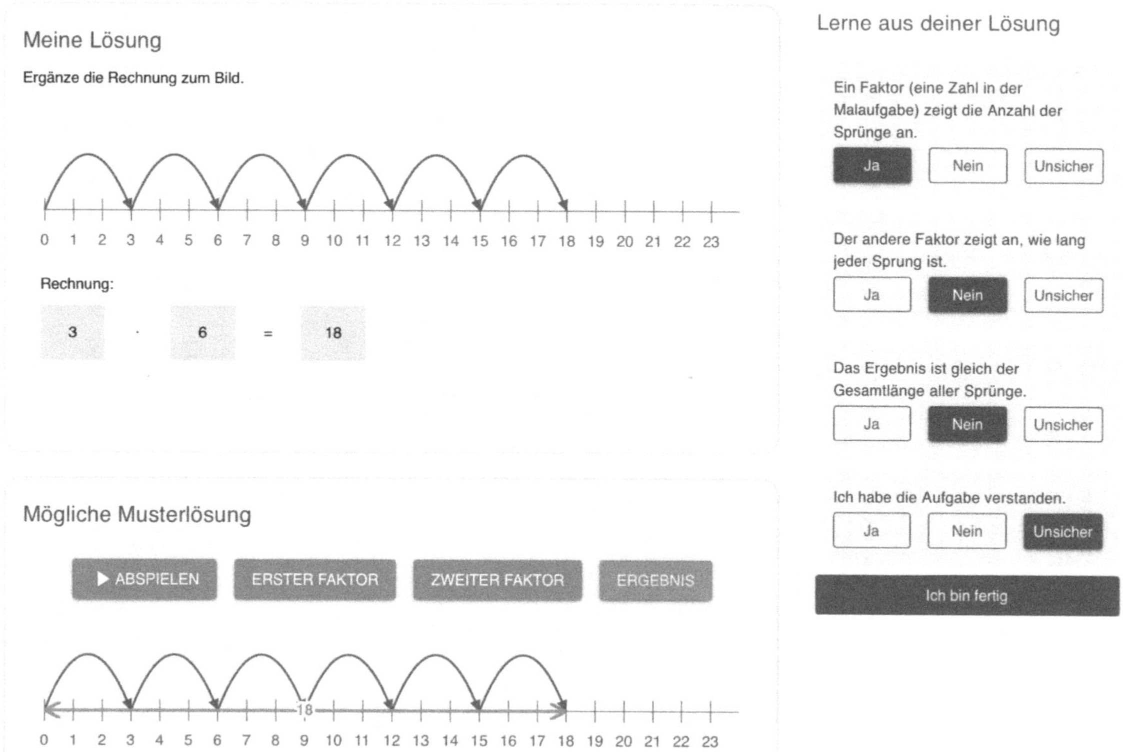

Abbildung 8.2 Clemens, Aufgabe 1, Selbst-Assessment

Wird allerdings die kurze Erläuterung einbezogen, die Clemens beim Beantworten der entsprechenden Selbst-Assessment-Aussage im Zuge der nachfolgenden, *zweiten Aufgabe* anbringt, erscheint es als wahrscheinlicher, dass er die Selbst-Assessment-Aussage gar nicht wie intendiert verstanden hat. Bei der zweiten Aufgabe soll die Rechnung fünf mal vier durch Sprünge am Zahlenstrahl dargestellt werden und Clemens zeichnet fünf Vierer-Sprünge ein. Die Selbst-Assessment-Aussage „Die Anzahl der Sprünge ist gleich einem Faktor (einer Zahl in der Aufgabe)" beantwortet er mit „Ja". Seine Antwort begründet Clemens wie folgt:

„Ja (---), in dem Fall wäre es die Vier".

In seiner Zeichnung ist jedoch nicht die Anzahl, sondern die Länge der Sprünge gleich vier. Somit erweckt seine Erläuterung den Anschein, als würde er die erste Selbst-Assessment-Aussage in der zweiten Aufgabe so verstehen, dass nach der Übereinstimmung von der Länge der Sprünge und einem der beiden Faktoren gefragt ist.

Möglicherweise besteht dieses Missverständnis bereits bei der ersten Aufgabe. Unter dieser Annahme würde er bei der ersten Selbst-Assessment-Aussage statt der Sprunganzahl die Sprunglänge fokussieren und die Aussage mit „Ja" beantworten, weil der erste Faktor in Rechnung der Länge der Sprünge in dem Bild entspricht und nicht, weil sein zweiter Faktor die Anzahl der Sprünge anzeigt.

Die zweite Selbst-Assessment-Aussage liest Clemens, wie schon die erste, laut vor. Er denkt einen Moment über die Aussage nach (10 s), bevor er sie mit „Nein" beantwortet und somit eine Aussage ablehnt, die eigentlich auf seine Lösung zutrifft (Selbst-Assessment-Aussage 2 – Zutreffende Selbst-Assessment-Aussage ablehnen). Da Clemens nicht auf seine Selbst-Einschätzung eingeht, können an dieser Stelle nur Vermutungen für seine fehlerhafte Einschätzung aufgestellt werden. So ist es einerseits denkbar, dass er die Aussage inhaltlich nicht verstanden hat. Dabei würde sich allerdings die Frage stelle, warum er unter diesen Umständen nicht die Option „Unsicher" ausgewählt hat. Andererseits könnte es sein, dass Clemens die zweite Selbst-Assessment-Aussage missverstanden und seine Lösung auf eine Eigenschaft überprüft hat, die gar nicht gefragt war. Insbesondere vor dem Hintergrund, dass er vermutlich schon die erste Selbst-Assessment-Aussage anders aufgefasst hat, als es intendiert war, erscheint letztere Vermutung plausibler. Die gleichen Überlegungen lassen sich auch auf die dritte Selbst-Assessment-Aussage übertragen. Beim Beantworten dieser bewegt Clemens seinen Finger erst zur Antwort „Ja" und zieht dann seinen Finger wieder zurück. Nach etwas Bedenkzeit (13 s) wählt er dann die Antwort „Nein" aus, obwohl sein Ergebnis gleich der Gesamtlänge aller Sprünge ist (Selbst-Assessment-Aussage 3 – Zutreffende Selbst-Assessment-Aussage ablehnen).

Das Selbst-Assessment schließt er damit ab, dass er bei der vierten Selbst-Assessment-Aussage angibt, unsicher bzgl. der Tatsache zu sein, ob er die Aufgabe verstanden habe. Seine Unsicherheit könnte darin begründet sein, dass er beim Bearbeiten der Aufgabe die Aufgabenstellung nicht auf Anhieb verstanden und eine Erklärung der Interviewerin benötigt hat, um einen Lösungsansatz zu finden. Andererseits könnte sich seine Unsicherheit auch auf die Antworten auf die Selbst-Assessment-Aussagen beziehen, bzgl. derer er sich möglicherweise nicht ganz sicher ist.

Epistemische Mediation:

- Keine Mediationsprozesse feststellbar

Reflexive Mediation:

- Selbst-Assessment-Aussage 1 – Zutreffender Selbst-Assessment-Aussage zustimmen
- Selbst-Assessment-Aussage 2 – Zutreffende Selbst-Assessment-Aussage ablehnen
- Selbst-Assessment-Aussage 3 – Zutreffende Selbst-Assessment-Aussage ablehnen

Epistemisch-Reflexive Mediation:

- Keine Mediationsprozesse feststellbar

Feedback

Reflexive Mediation:
Das Feedback in der App (Abbildung 8.3) betrachtet Clemens für einen kurzen Moment und sagt:

„*Und hier ist das Ergebnis i- also ich habe alles richtig gemacht.*"

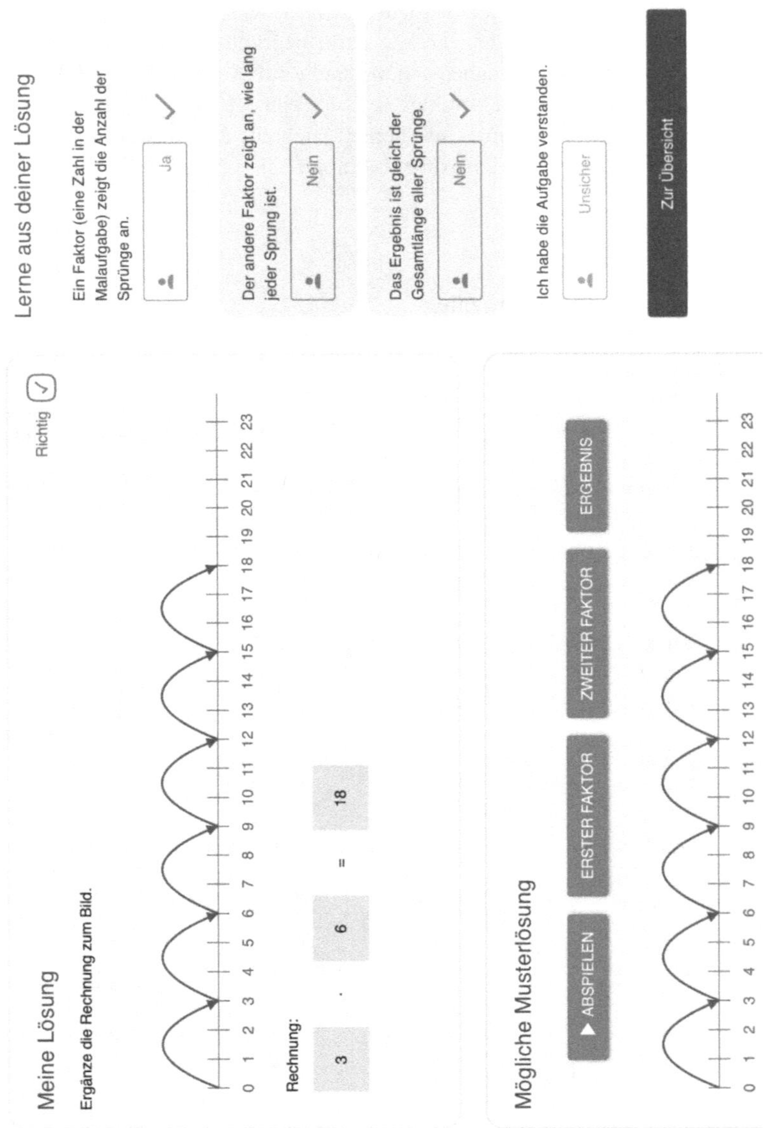

Abbildung 8.3 Clemens, Aufgabe 1, Feedback

Seine Formulierung „ich habe alles richtig gemacht", deutet darauf hin, dass er sich mit seiner Aussage sowohl auf seine Aufgabenlösung als auch auf seine Selbst-Einschätzung bezieht. Folglich ist davon auszugehen, dass er sowohl das Feedback zur Aufgabe als auch zum Selbst-Assessment wahrgenommen hat. Das Feedback zur Aufgabe deutet er dabei korrekt, indem er seine Lösung positiv einschätzt (Feedback zur Aufgabenlösung, Eigene Lösung – Korrekte eigene Lösung positiv einschätzen). Hinsichtlich des Selbst-Assessments ist eine Differenzierung notwendig: Die erste Selbst-Assessment-Aussage hat Clemens in der Tat richtig beantwortet und schätzt folglich sein Selbst-Assessment-Ergebnis an dieser Stelle richtigerweise als korrekt ein (Feedback zum Selbst-Assessment, Selbst-Assessment-Aussage 1 – Korrektes Selbst-Assessment positiv einschätzen). In Bezug auf die zweite und dritte Selbst-Assessment-Aussage erfolgt allerdings eine positive Einschätzung, obwohl die beiden Aussagen in Bezug auf die eigene Lösung falsch beantwortet wurden (Feedback zum Selbst-Assessment, Selbst-Assessment-Aussage 2, Selbst-Assessment-Aussage 3 – Fehlerhaftes Selbst-Assessment positiv einschätzen). Vermutlich hat Clemens das Feedback zum Selbst-Assessment so verstanden, dass das grüne Häkchen hinter der Aussage bedeutet, dass er sich in Bezug auf diese Aussage korrekt eingeschätzt hat und nicht so, dass die entsprechende Aussage auf seine Lösung zutrifft.

Epistemische Mediation:

- Keine Mediationsprozesse feststellbar

Reflexive Mediation:

- Feedback zur Aufgabenlösung, Eigene Lösung – Korrekte eigene Lösung positiv einschätzen
- Feedback zum Selbst-Assessment, Selbst-Assessment-Aussage 1 – Korrektes Selbst-Assessment positiv einschätzen
- Feedback zum Selbst-Assessment, Selbst-Assessment-Aussage 2, Selbst-Assessment-Aussage 3 – Fehlerhaftes Selbst-Assessment positiv einschätzen

Epistemisch-Reflexive Mediation:

- Keine Mediationsprozesse feststellbar

Während der Bearbeitung der Aufgabe ließ sich rekonstruieren, dass Clemens die Sprunglänge mit dem ersten Faktor und den Endpunkt des letzten Sprunges mit dem

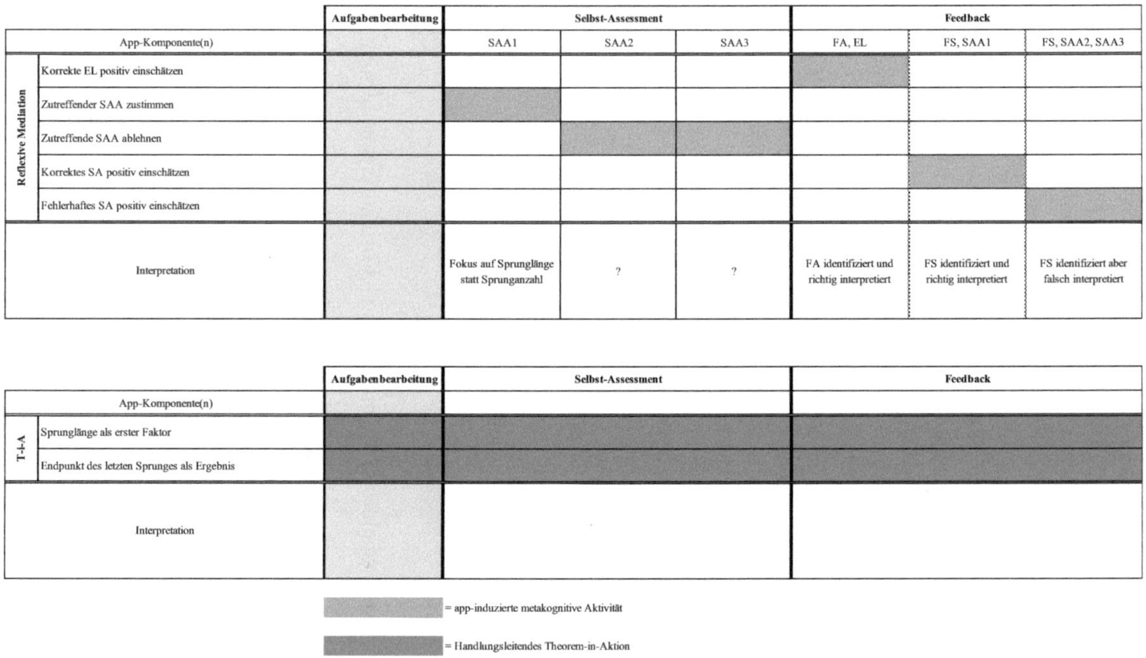

Abbildung 8.4 Überblick über die Mediationsprozesse in Aufgabe 1 im Fall „Clemens“. (Quelle: Eigene Darstellung)

Ergebnis der Rechnung in Zusammenhang bringen kann. Sein Verständnis wurde mittels der beiden Theoreme-in-Aktion *Sprunglänge als erster Faktor* und *Endpunkt des letzten Sprunges als Ergebnis* expliziert. Beide Theoreme zeigten sich im weiteren Verlauf der ersten Aufgabe stabil. Es konnten keine epistemischen beziehungsweise epistemisch-reflexiven Mediationsprozesse rekonstruiert werden. Beim Selbst-Assessment schätzte Clemens seine Lösung hinsichtlich der ersten Aussage passend ein, wobei hier möglicherweise ein anderes Kriterium zur Überprüfung herangezogen wurde, als das, was in der Aussage abgefragt wurde. Die zweite und dritte Aussage lehnte Clemens ab, obwohl sie auf seine Lösung zutrafen. Das Feedback fasste er ausnahmslos positiv auf und schätzte seine Lösung und die Antworten auf die Selbst-Assessment-Aussagen positiv ein, obwohl die zweite und dritte Aussage nicht korrekt von ihm beantwortet wurden (Abbildung 8.4).

Aufgabe 2: Malaufgaben am Zahlenstrahl darstellen

Aufgabenbearbeitung

Nachdem Clemens die Aufgabenstellung laut vorgelesen hat, beginnt er damit, Sprünge am Zahlenstrahl einzuzeichnen. Er zeichnet insgesamt fünf Vierer-Sprünge ein (Abbildung 8.5). Während er die Sprünge einzeichnet, erklärt er sein Vorgehen:

„*Dann mache ich erstmal einen Schritt bis zur Vier (zeichnet einen Sprung von null bis vier). Dann den nächsten Schritt bis zur Acht (zeichnet einen Sprung von vier bis acht). Dann den nächsten Schritt bis zur Zwölf (zeichnet einen Sprung von acht bis zwölf). Dann den nächsten bis zur Sechszehn (zeichnet einen Sprung von zwölf bis sechszehn). Und dann den letzten bis zur Zwanzig (zeichnet einen Sprung von sechszehn bis zwanzig), weil vier mal fünf gleich zwanzig sind.*"

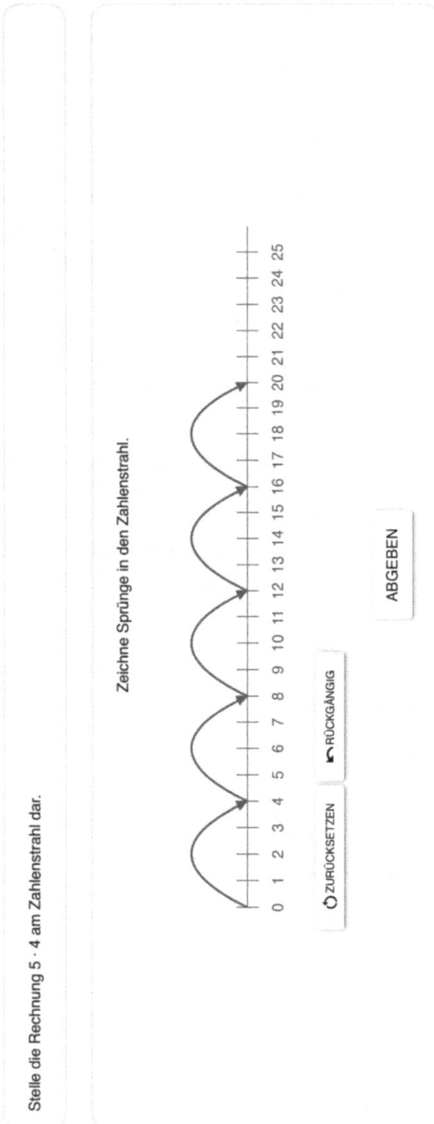

Abbildung 8.5 Clemens, Aufgabe 2, Aufgabenbearbeitung

Clemens Vorgehen und seine Erklärung dessen deuten darauf hin, dass er in der zweiten Aufgabe Verbindungen zwischen der Sprunglänge, dem Endpunkt des letzten Sprunges und den Faktoren beziehungsweise dem Ergebnis herstellt, so wie er es bereits in der ersten Aufgabe gemacht hat. So zeigte sich bereits beim Bearbeiten der ersten Aufgabe, dass für Clemens die Länge der Sprünge eine wichtige Rolle spielte. Die Sprunglänge notierte er als ersten Faktor. In der zweiten Aufgabe zieht er für die Endpunkte und damit die Länge der einzelnen Sprünge immer die Zahlen aus der Vierer-Reihe heran: „[E]rstmal einen Schritt bis zur Vier (…). Dann den nächsten bis zur Acht (…)". In der zweiten Aufgabe ist die Vier gleich dem zweiten Faktor, sodass das Theorem-in-Aktion *Zweiter Faktor als Sprunglänge* als ein handlungsleitendes Theorem rekonstruiert werden kann:

<Wenn ich eine Malaufgabe auf dem Zahlenstrahl darstellen möchte, dann muss die ||Länge der Sprünge|| gleich dem ||zweiten Faktor|| sein>.

Neben diesem Theorem-in-Aktion scheint zudem das Theorem-in-Aktion *Ergebnis als Endpunkt des letzten Sprunges* der Bearbeitung der Aufgabe zugrundezuliegen:

>Wenn ich eine Malaufgabe auf dem Zahlenstrahl darstellen möchte, dann muss der ||Endpunkt des letzten Sprunges|| gleich dem ||Ergebnis|| sein>.

Bereits in der ersten Aufgabe achtete Clemens darauf, für das Ergebnis der Rechnung den Endpunkt des letzten Sprunges einzutragen. In der zweiten Aufgabe, in welcher der Darstellungswechsel zwischen Term und Bild in umgekehrter Weise zu vollziehen ist, ist Clemens offenbar darauf bedacht, den letzten Sprung bis zur Zwanzig zu zeichnen, „weil vier mal fünf gleich zwanzig sind".

Theoreme-in-Aktion:

- *Zweiter Faktor als Sprunglänge*
  <Wenn ich eine Malaufgabe auf dem Zahlenstrahl darstellen möchte, dann muss die ||Länge der Sprünge|| gleich dem ||zweiten Faktor|| sein>
- *Ergebnis als Endpunkt des letzten Sprunges*
  >Wenn ich eine Malaufgabe auf dem Zahlenstrahl darstellen möchte, dann muss der ||Endpunkt des letzten Sprunges|| gleich dem ||Ergebnis|| sein>

Selbst-Assessment

Reflexive Mediation:
Nachdem Clemens seine Lösung abgegeben hat, scrollt er kurz hinunter zur Musterlösung und beginnt anschließend mit dem Beantworten der Selbst-Assessment-Aussagen.

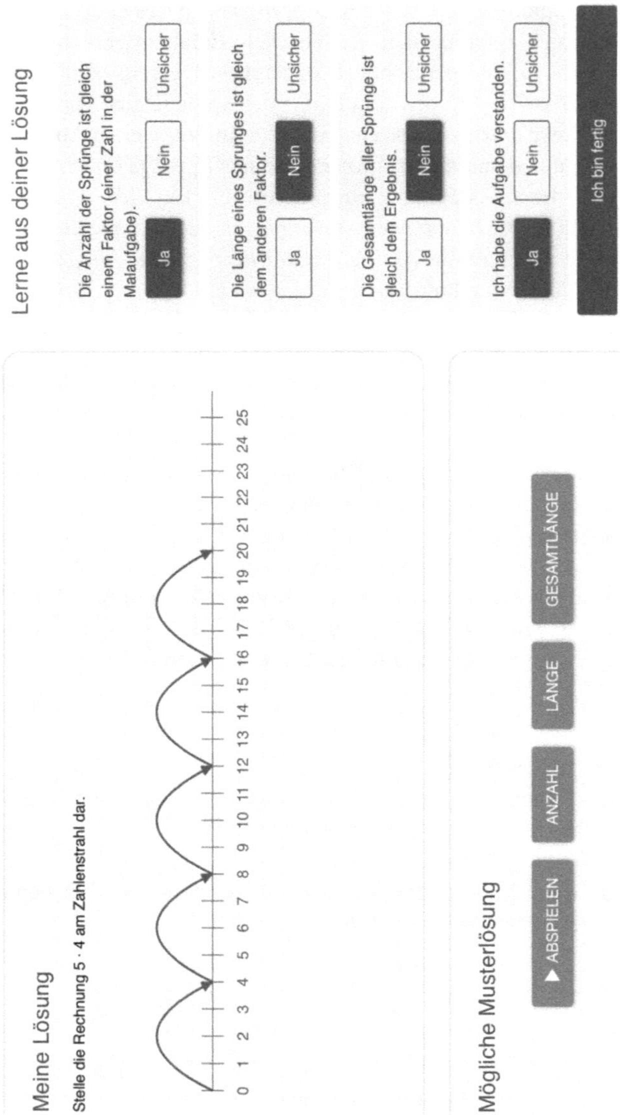

Abbildung 8.6 Clemens, Aufgabe 2, Selbst-Assessment

„Und hier (scrollt hinunter zur Musterlösung) ist nochmal das – die Lösung. Und dann sind hier (zeigt auf die Selbst-Assessment-Aussagen) wieder die Fragen. ‚Die Anzahl der Sprünge ist gleich einem Faktor (einer Zahl in der Malaufgabe)'. (---) Ja (klickt auf ‚Ja') (---), in dem Fall wäre es die Vier" (Selbst-Assessment-Aussage 1 – Zutreffender Selbst-Assessment-Aussage zustimmen; Abbildung 8.6).

Die positive Beantwortung der ersten Selbst-Assessment-Aussage begründet Clemens mit Bezug zur Vier, dem zweiten Faktor in der Malaufgabe. Dass sich Clemens auf den zweiten Faktor bezieht, an dem er in seiner Zeichnung die Länge der Sprünge ausgerichtet hat, deutet darauf hin, dass er statt der Sprunganzahl die Sprunglänge in den Blick genommen hat. Anscheinend hat er die Selbst-Assessment-Aussage so verstanden, als würde danach gefragt werden, ob die Länge der Sprünge gleich einem der beiden Faktoren in der Rechnung entspricht.

Die Entsprechung von Sprunglänge und Faktor wird allerdings erst in der zweiten Aussage abgefragt, die Clemens ohne Zögern mit „Nein" beantwortet. Auch bei der dritten Selbst-Assessment-Aussage wählt er, ohne lange zu überlegen, „Nein" als Antwort aus. Damit lehnt Clemens zwei Selbst-Assessment-Aussagen ab, die auf seine Lösung zutreffen (Selbst-Assessment-Aussage 2 – Zutreffende Selbst-Assessment-Aussage ablehnen; Selbst-Assessment-Aussage 3 – Zutreffende Selbst-Assessment-Aussage ablehnen).

Das gleiche Antwortmuster ließ sich bereits beim Selbst-Assessment der ersten Aufgabe identifizieren. Wie bei der ersten Aufgabe besteht daher auch bei der zweiten Aufgabe die Vermutung, dass Clemens die zweite und dritte Selbst-Assessment-Aussage nicht wie intendiert verstanden und seine Lösung auf Eigenschaften überprüft hat, die gar nicht in den Aussagen gefragt waren. Da Clemens jedoch nicht darauf eingeht, warum er bei den beiden Aussagen jeweils die Antwort „Nein" ausgewählt hat, bleibt diese Interpretation eine Annahme, die auf Grundlage des Interviews nicht eindeutig bestätigt werden kann.

Epistemische Mediation:

- Keine Mediationsprozesse feststellbar

Reflexive Mediation:

- Selbst-Assessment-Aussage 1 – Zutreffender Selbst-Assessment-Aussage zustimmen
- Selbst-Assessment-Aussage 2 – Zutreffende Selbst-Assessment-Aussage ablehnen

- Selbst-Assessment-Aussage 3 – Zutreffende Selbst-Assessment-Aussage ablehnen

Epistemisch-Reflexive Mediation:

- Keine Mediationsprozesse feststellbar

Feedback

Reflexive Mediation:
Als Clemens das Feedback zur zweiten Aufgabe erhält (Abbildung 8.7), schaut er sich dieses kurz an (2 s) und kommt anschließend zu folgendem Schluss:

„*Hier habe ich wieder alles richtig gemacht, die Fragen auch richtig beantwortet.*“

Es wird angenommen, dass sich Clemens mit seiner Äußerung sowohl auf seine Lösung als auch auf seine Antworten auf die Selbst-Assessment-Aussagen bezieht und damit das Feedback zur Aufgabenlösung sowie zum Selbst-Assessment identifiziert hat. Da seine Lösung und seine Antwort auf die erste Selbst-Assessment-Aussage richtig sind, hat er in diesen beiden Fällen das Feedback bedeutungsgemäß interpretiert (Feedback zur Aufgabenlösung, eigene Lösung – Korrekte eigene Lösung positiv einschätzen; Feedback zum Selbst-Assessment, Selbst-Assessment-Aussage 1 – Korrektes Selbst-Assessment positiv einschätzen). In Bezug auf die zweite und dritte Selbst-Assessment-Aussage scheint er das Feedback hingegen falsch interpretiert zu haben. Für ein korrektes Selbst-Assessment hätte Clemens die zwei Aussagen mit „Ja“ beantworten müssen, er hat jedoch jeweils „Nein“ angeklickt (Feedback zum Selbst-Assessment, Selbst-Assessment-Aussage 2, Selbst-Assessment-Aussage 3 – Fehlerhaftes Selbst-Assessment positiv einschätzen). Sein Selbst-Assessment-Ergebnis in Bezug auf die zweite und dritte Aussage ist somit fehlerhaft. Dennoch geht er davon aus, dass er „die Fragen (…) richtig beantwortet“ hat. Diese teils fehlerhafte Interpretation des Feedbacks zum Selbst-Assessment konnte bereits im Zuge der ersten Aufgabe beobachtet werden. Daraufhin wurde die Vermutung aufgestellt, dass Clemens die grünen Häkchen als Zeichen für die Richtigkeit seiner Antworten verstanden hat. Es ist anzunehmen, dass dieses Missverständnis auch Ursache für die fehlerhafte Interpretation des Feedbacks bei der zweiten Aufgabe ist.

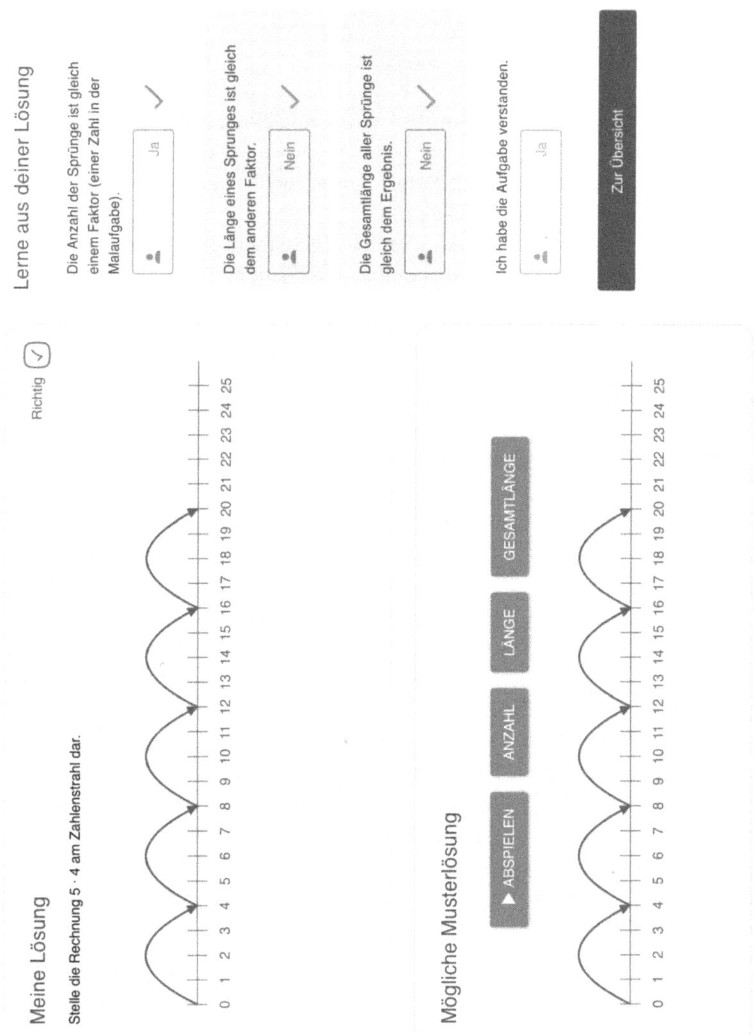

Abbildung 8.7 Clemens, Aufgabe 2, Feedback

Epistemische Mediation:

- Keine Mediationsprozesse feststellbar

Reflexive Mediation:

- Feedback zur Aufgabenlösung, eigene Lösung – Korrekte eigene Lösung positiv einschätzen
- Feedback zum Selbst-Assessment, Selbst-Assessment-Aussage 1 – Korrektes Selbst-Assessment positiv einschätzen
- Feedback zum Selbst-Assessment, Selbst-Assessment-Aussage 2, Selbst-Assessment-Aussage 3 – Fehlerhaftes Selbst-Assessment positiv einschätzen

Epistemisch-Reflexive Mediation:

- Keine Mediationsprozesse feststellbar

Sowohl in Bezug auf das Verständnis, das der zweiten Diagnoseaufgabe zugrunde liegt als auch hinsichtlich der reflexiven Mediationsprozesse zeigen sich große Übereinstimmungen zwischen der ersten und zweiten Aufgabe. In der ersten Aufgabe hatte Clemens für den ersten Faktor die Länge und für das Ergebnis den Endpunkt des letzten Sprunges eingetragen. In der zweiten Aufgabe lag sein Fokus ebenfalls auf der Länge der Sprünge, für welche Clemens allerdings den zweiten Faktor heranzog. Beim Einzeichnen der Sprünge achtete er zudem darauf, dass der Endpunkt des letzten Sprunges gleich dem Ergebnis der Rechnung ist. Während des Selbst-Assessments beantwortete Clemens die erste Aussage passenderweise mit „Ja". Die zweite und dritte Selbst-Assessment-Aussage lehnte er hingegen ab, obwohl die beiden Aussagen auf seine Lösung zutrafen. Dieses Antwortmuster zeigte Clemens bereits in der ersten Aufgabe. Auch die Reaktion auf das Feedback im letzten Prozessschritt stimmt mit der in der ersten Aufgabe überein. So schätze Clemens seine Aufgabenlösung und sein Selbst-Assessment ohne Einschränkung positiv ein, obwohl er die zweite und dritte Aussage nicht seiner Lösung entsprechend beantwortet hat (Abbildung 8.8).

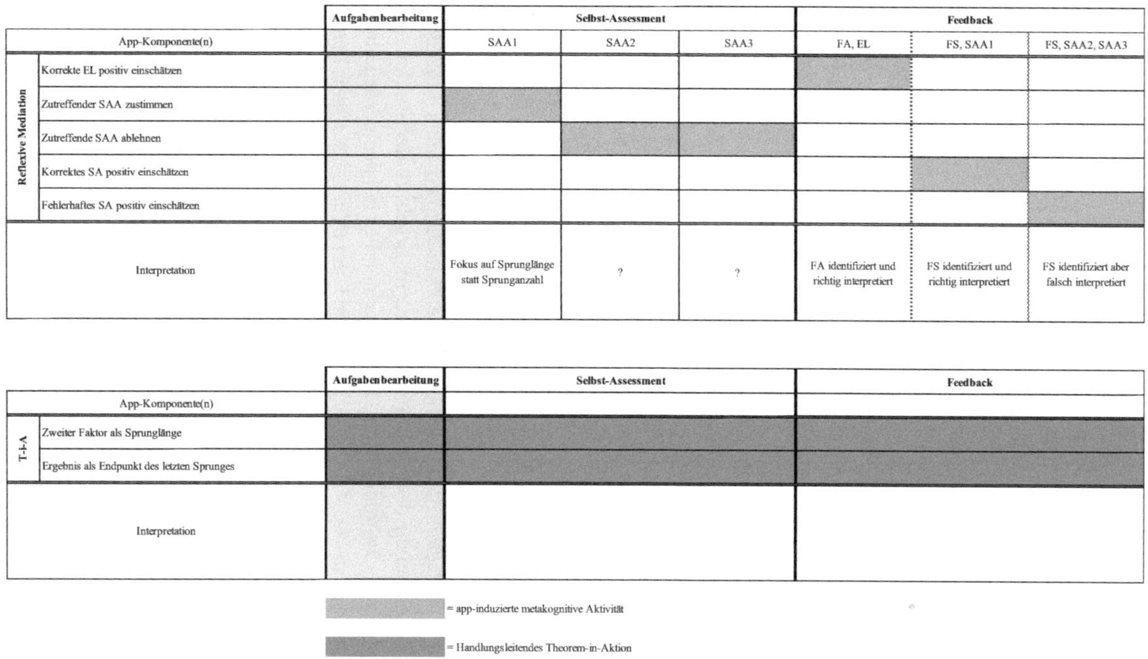

Abbildung 8.8 Überblick über die Mediationsprozesse in Aufgabe 2 im Fall „Clemens". (Quelle: Eigene Darstellung)

Aufgabe 3: Malaufgaben als Rechteckbild darstellen

Aufgabenbearbeitung
Zuerst liest sich Clemens die Aufgabenstellung durch. Im Anschluss daran macht er sich mit der Eingabemaske vertraut und erstellt dann ein Rechteckbild. Dafür zeichnet er zunächst eine Fünfer-Zeile und füllt anschließend spaltenweise Punkte auf, sodass ein Rechteck aus drei Zeilen und fünf Spalten entsteht (Abbildung 8.9).

Seine Vorgehensweise erklärt Clemens nicht. Die Art und Weise, wie er die Punkte zu einem Rechteckbild zusammenfügt, deutet aber darauf hin, dass er sich über die Bedeutung der beiden Faktoren in der Rechnung bewusst ist. Da Clemens zunächst eine Zeile mit fünf Punkten zeichnet, ist anzunehmen, dass er den ersten Faktor als Anzahl der Punkte pro Zeile ansieht. Diese Annahme wird mit dem Theorem-in-Aktion *Erster Faktor als Anzahl der Punkte pro Zeile eines Rechtecks* ausgedrückt:

<Wenn ich eine Malaufgabe als Rechteckbild darstellen möchte, dann muss ich ein ||Rechteck|| zeichnen, bei dem die ||Anzahl der Punkte pro Zeile|| gleich dem ||ersten Faktor|| ist>.

Den zweiten Faktor stellt Clemens über die Anzahl der Punkte pro Spalte dar, sodass für die Bearbeitung der dritten Aufgabe ein weiteres Theorem-in-Aktion *Zweiter Faktor als Anzahl der Punkte pro Spalte eines Rechtecks* rekonstruiert werden kann:

<Wenn ich eine Malaufgabe als Rechteckbild darstellen möchte, dann muss ich ein ||Rechteck|| zeichnen, bei dem die ||Anzahl der Punkte pro Spalte|| gleich dem ||zweiten Faktor|| ist>.

Aufgrund der Tatsache, dass Clemens seine Handlungen nicht kommentiert, bleibt unklar, ob er neben den Faktoren auch dem Ergebnis der Rechnung eine bildliche Entsprechung zuordnen kann. Daher verbleibt es bei den beiden oben aufgeführten Theoremen-in-Aktion, die als handlungsleitend für die Aufgabe betrachtet werden.

Theoreme-in-Aktion:

- *Erster Faktor als Anzahl der Punkte pro Zeile eines Rechtecks*
  <Wenn ich eine Malaufgabe als Rechteckbild darstellen möchte, dann muss ich ein ||Rechteck|| zeichnen, bei dem die ||Anzahl der Punkte pro Zeile|| gleich dem ||ersten Faktor|| ist>
- *Zweiter Faktor als Anzahl der Punkte pro Spalte eines Rechtecks*
  <Wenn ich eine Malaufgabe als Rechteckbild darstellen möchte, dann muss ich ein ||Rechteck|| zeichnen, bei dem die ||Anzahl der Punkte pro Spalte|| gleich dem ||zweiten Faktor|| ist>

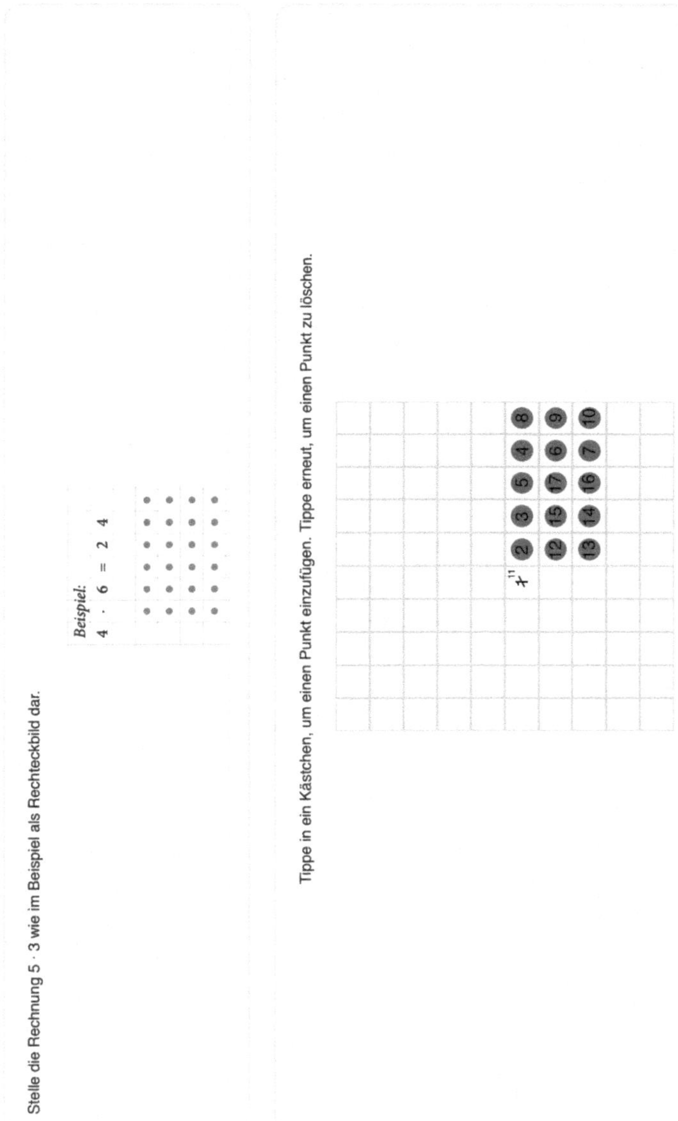

Abbildung 8.9 Clemens, Aufgabe 3, Aufgabenbearbeitung – Nummerierung im Rechteckbild nachträglich eingefügt

Selbst-Assessment

Reflexive Mediation:
Unmittelbar, nachdem Clemens seine Lösung eingereicht hat, startet er mit dem Beantworten der Selbst-Assessment-Aussagen:

„Ich habe fünf 3er-Gruppen oder drei 5er-Gruppen gezeichnet'. Da habe ich die f- drei Fünfer-Gruppen gesch- (2 s) gezeichnet, heißt also ‚Ja' (klickt auf ‚Ja')“ (Abbildung 8.10).

Offenbar erkennt Clemens, dass er in seiner Lösung die in der Aussage angesprochenen Gruppen in passender Anzahl und Größe gezeichnet hat (Selbst-Assessment-Aussage 1, Eigene Lösung – Zutreffender Selbst-Assessment-Aussage zustimmen). Indem er aussagt, er hätte „die (…) drei Fünfer-Gruppen (…) gezeichnet“ gibt er sogar an, welche Gruppen er seiner Meinung nach in seiner Lösung dargestellt hat. Dass Clemens seine Lösung in Bezug auf die erste Selbst-Assessment-Aussage korrekt einschätzt und seine Einschätzung auch konkret auf seine Lösung beziehen kann, deutet darauf hin, dass er die Aussage verstanden hat und weiß, dass die dort aufgeführte Eigenschaft in seiner Lösung erfüllt ist. Diese Annahme wird auch für die zweite Selbst-Assessment-Aussage getroffen, welche Clemens unverzüglich mit „Ja“ beantwortet, nachdem er diese gelesen hat und damit erneut einer Aussage zustimmt, die auf seine Lösung zutrifft (Selbst-Assessment-Aussage 2, Zutreffender Selbst-Assessment-Aussage zustimmen). Das Selbst-Assessment beendet Clemens mit der Einschätzung, die Aufgabe verstanden zu haben.

Epistemische Mediation:

- Keine Mediationsprozesse feststellbar

Reflexive Mediation:

- Selbst-Assessment-Aussage 1, Eigene Lösung – Zutreffender Selbst-Assessment-Aussage zustimmen
- Selbst-Assessment-Aussage 2, Zutreffender Selbst-Assessment-Aussage zustimmen

Epistemisch-Reflexive Mediation:

- Keine Mediationsprozesse feststellbar

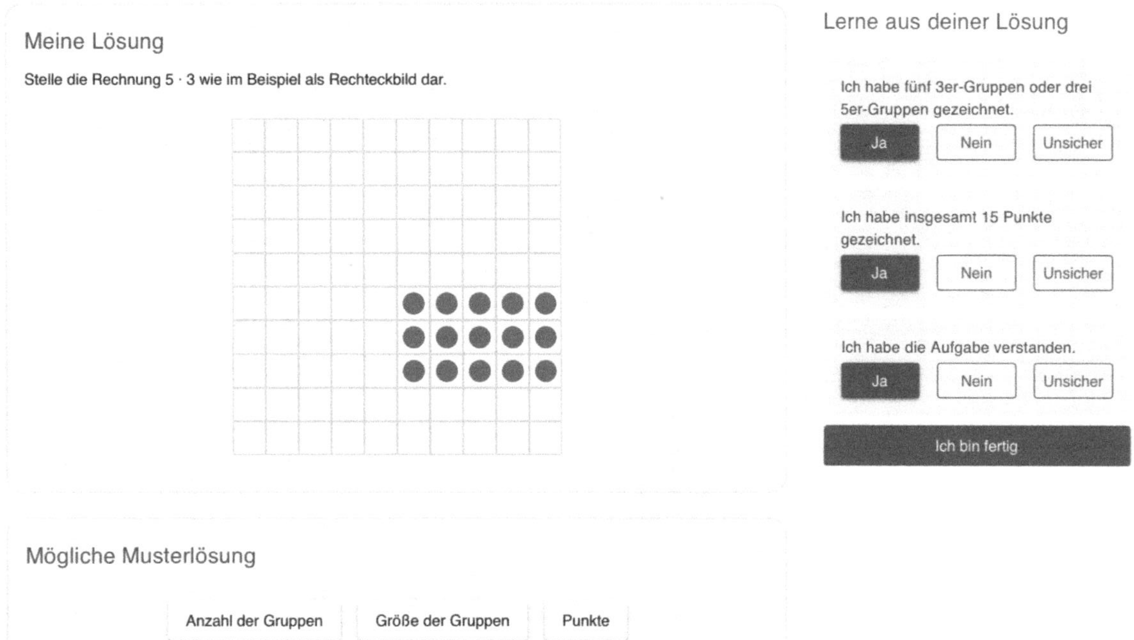

Abbildung 8.10 Clemens, Aufgabe 3, Selbst-Assessment

Feedback

Reflexive Mediation:
Als Clemens in der App das Feedback angezeigt bekommt (Abbildung 8.11), sagt er:

„Hier ist dann (.) die Frage, die ich beantwortet habe (zeigt auf die Selbst-Assessment-Aussagen) (---) und die sind beide richtig und das Rechteck (zeigt auf seine Lösung) ist auch richtig.“

Da Clemens sowohl die Selbst-Assessment-Aussagen richtig beantwortet als auch eine passende Lösung generiert hat, kann seine Feststellung in Bezug auf das Feedback als positive Einschätzung eines korrekten Selbst-Assessments sowie einer korrekten Lösung betrachtet werden (Feedback zum Selbst-Assessment, Selbst-Assessment-Aussagen – Korrektes Selbst-Assessment positiv einschätzen; Feedback zur Aufgabenlösung, Eigene Lösung – Korrekte eigene Lösung positiv einschätzen). Es ist davon auszugehen, dass Clemens das Feedback wahrgenommen und im beabsichtigten Sinne interpretiert hat. Bezugnehmend auf Clemens Deutung des Feedbacks zum Selbst-Assessment in den vorangegangenen beiden Aufgaben ist es allerdings wahrscheinlich, dass seine Interpretation nicht auf der grünen Markierung der Selbst-Assessment-Aussagen beruht, sondern auf den Häkchen, welcher rechts neben der ausgewählten Antwort angezeigt werden.

Epistemische Mediation:

- Keine Mediationsprozesse feststellbar

Reflexive Mediation:

- Feedback zum Selbst-Assessment, Selbst-Assessment-Aussagen – Korrektes Selbst-Assessment positiv einschätzen
- Feedback zur Aufgabenlösung, Eigene Lösung – Korrekte eigene Lösung positiv einschätzen

Epistemisch-Reflexive Mediation:

- Keine Mediationsprozesse feststellbar

Im Prozess der Aufgabenbearbeitung konnten die beiden Theoreme-in-Aktion *Erster Faktor als Anzahl der Punkte pro Zeile eines Rechtecks* und *Zweiter Faktor als Anzahl der Punkte pro Spalte eines Rechtecks* rekonstruiert werden. Beide Theoreme blieben über die Dauer der Aufgabe stabil, es zeigte sich keine Beeinflussung

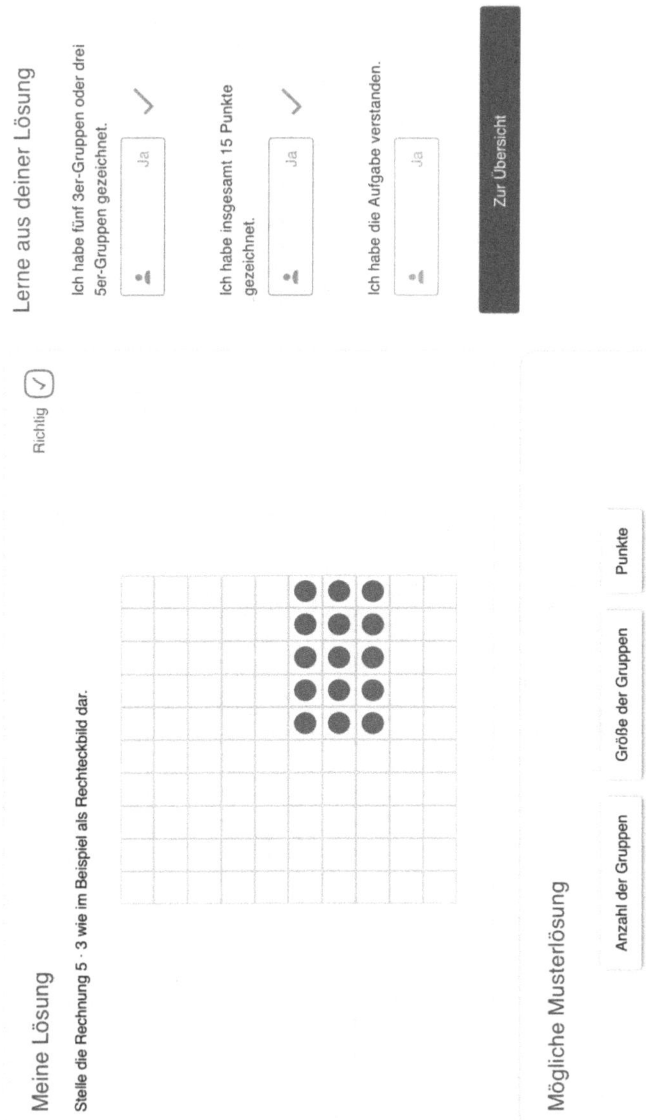

Abbildung 8.11 Clemens, Aufgabe 3, Feedback

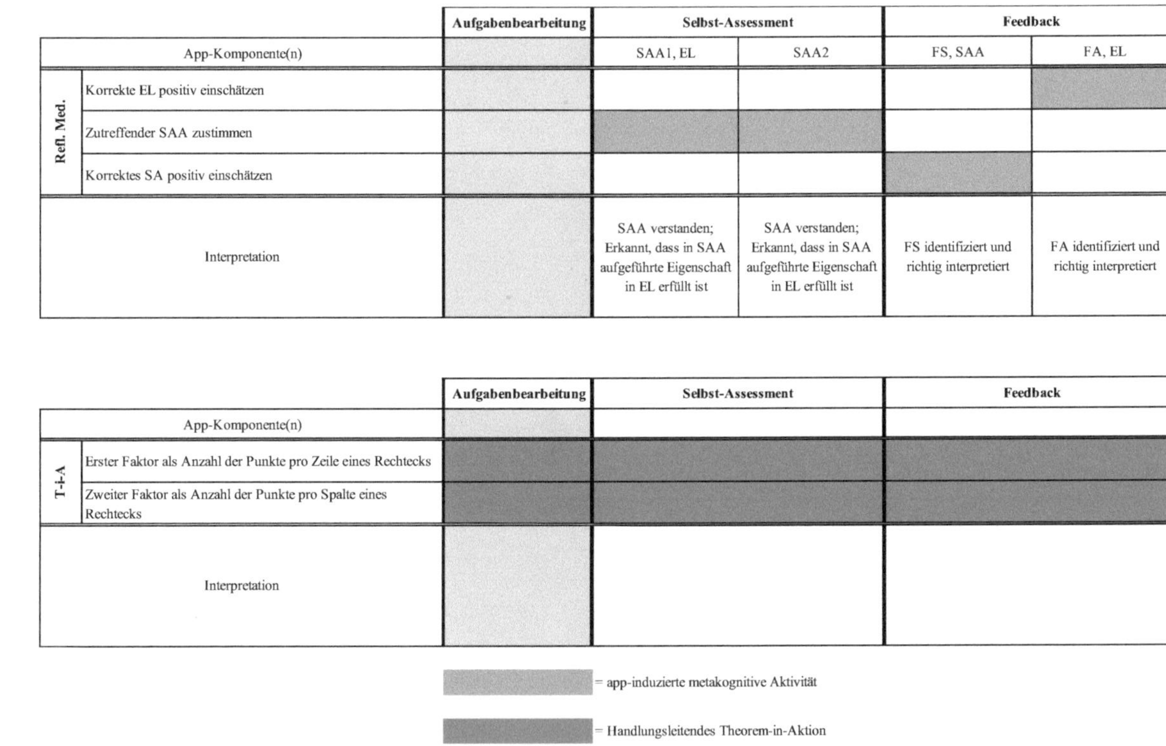

Abbildung 8.12 Überblick über die Mediationsprozesse in Aufgabe 3 im Fall „Clemens". (Quelle: Eigene Darstellung)

von Clemens Verständnis durch die App. Während des Selbst-Assessments stimmte Clemens dann der ersten und zweiten Selbst-Assessment-Aussage zu, wobei beide Aussagen auf seine Lösung zutrafen. Die korrekte Selbst-Einschätzung wurde Clemens durch das Feedback zurückgemeldet, ebenso wie die Richtigkeit seiner Lösung. Die Informationen zur Richtigkeit seiner Selbst-Einschätzung und Lösung interpretierte er in beabsichtigter Weise und schätzte sein Selbst-Assessment und seine Lösung positiv ein (Abbildung 8.12).

Aufgabe 4: Rechteckbilder verändern

Aufgabenbearbeitung
Als Clemens die vierte Aufgabe angezeigt wird, sagt er nach kurzer Zeit (4 s): *„Es sind (zählt die Punkte, die mit dem Malwinkel dargestellt sind) ich hm multipliziere jetzt erstmal zwei mal (zählt die Punkte pro Zeile) eins, zwei, drei, vier, fünf, sechs, sieben, acht, neun. Zwei mal neun sind (---) achtzehn. (5 s) Muss ich hier (zeigt auf das erste freie Feld im Antwortsatz) erst alle Punkte eingeben (zeigt auf das Rechteckbild) oder hier (zeigt auf das erste freie Feld im Antwortsatz) die hier (zeigt auf die Punkte, die mit dem Malwinkel dargestellt sind) gerade sind?*“.

Die Interviewerin fragt Clemens daraufhin, ob er die Aufgabenstellung schon gelesen hätte. Anscheinend hat Clemens das bis zu diesem Zeitpunkt noch nicht getan, denn er schaut sich die Aufgabenstellung nach Rückfrage der Interviewerin an, bevor er den Malwinkel um eine Zeile nach unten verschiebt:

„(Verschiebt den Malwinkel um eine Zeile nach unten). (12 s) (Trägt im ersten freien Feld eine Siebenundzwanzig ein und wählt beim zweiten Feld ‚mehr‘ aus). Also es sind siebenundzwanzig Punkte, weil drei mal neun siebenundzwanzig sind. Und vorher waren ja zwei mal neun, dass wäre dann achtzehn und es sind dann mehr geworden, weil es dann- weil Siebenundzwanzig eine höhere Zahl ist als Achtzehn)“ (Abbildung 8.13).

Bei Beginn der Aufgabenbearbeitung ist Clemens aufgrund des Missachtens der Aufgabenstellung zunächst unklar, was beim Antwortsatz eingetragen werden muss. Nachdem er sich auf Anregung der Interviewerin die Aufgabenstellung durchgelesen hat, verschiebt er den Malwinkel zielsicher um eine Zeile nach unten, um die Veränderung zwischen den beiden Rechnungen zwei mal neun und drei mal neun mittels des Rechteckbildes aufzuzeigen. Seine Handlung am Rechteckbild spricht dafür, dass er die Erhöhung des ersten Faktors um Eins mit dem Verschieben des Malwinkels um eine Zeile nach unten, also dem Erhöhen der Zeilenanzahl um Eins, in Verbindung bringt. Dieses Verständnis wird mit dem Theorem-in-Aktion *Erhöhung des ersten Faktors als Erhöhung der Zeilenanzahl* ausgedrückt:

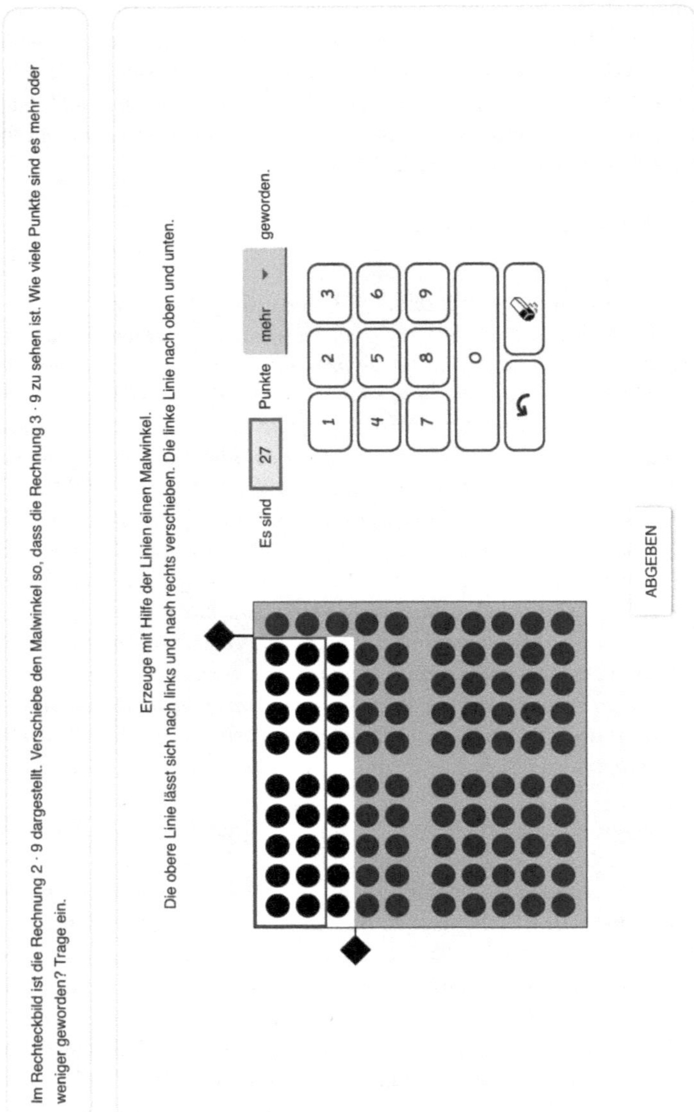

Abbildung 8.13 Clemens, Aufgabe 4, Aufgabenbearbeitung

<Wenn ich eine Malaufgabe im Rechteckbild verändern möchte, dann muss ich den Malwinkel so verschieben, dass sich bei einer ||Erhöhung des ersten Faktors um eins|| die ||Anzahl der Zeilen um eins erhöht||>.

Nach seiner Aussage, dass es mehr Punkte geworden sind, „weil Siebenundzwanzig eine höhere Zahl ist als Achtzehn" ist er sich wahrscheinlich über die Veränderung der Punktanzahl im Rechteckbild und über den numerischen Unterschied zwischen den Ergebnissen der Rechnung zwei mal neun und drei mal neun bewusst und kann diese auch in Verbindung miteinander bringen. Beim Antwortsatz trägt er jedoch nicht ein, wie viele Punkte es durch das Verschieben mehr oder weniger geworden sind. Stattdessen trägt er die Anzahl der Punkte ein, die nach dem Verschieben des Malwinkels im Rechteckbild zu sehen sind. Damit hat er den Antwortsatz nicht wie in der App vorgesehen vervollständigt. Möglicherweise hat Clemens den Antwortsatz nicht als zusammengehörigen Satz aufgefasst, sondern als zwei voneinander getrennt zu betrachtende Sätze im Sinne von „Es sind 27 Punkte" und „Es sind mehr Punkte geworden".

Selbst-Assessment

Reflexive Mediation:
Nach Abgabe seiner Lösung beginnt Clemens unmittelbar mit der Beantwortung der Selbst-Assessment-Aussagen. Dabei liest er jede Selbst-Assessment-Aussage laut vor und beantwortet sie anschließend jeweils mit „Ja" (Abbildung 8.14). Im Fall der ersten Aussage „Ich habe den Malwinkel verschoben. Man sieht drei 9er-Gruppen oder neun 3er-Gruppen" kann deren Bestätigung als Zustimmung zu einer zutreffenden Selbst-Assessment-Aussage betrachtet werden (Selbst-Assessment-Aussage 1 – Zutreffender Selbst-Assessment-Aussage zustimmen). Es lässt sich annehmen, dass Clemens die Aussage verstanden und erkannt hat, dass die in der Aussage aufgeführte Eigenschaft in seiner Lösung erfüllt ist.

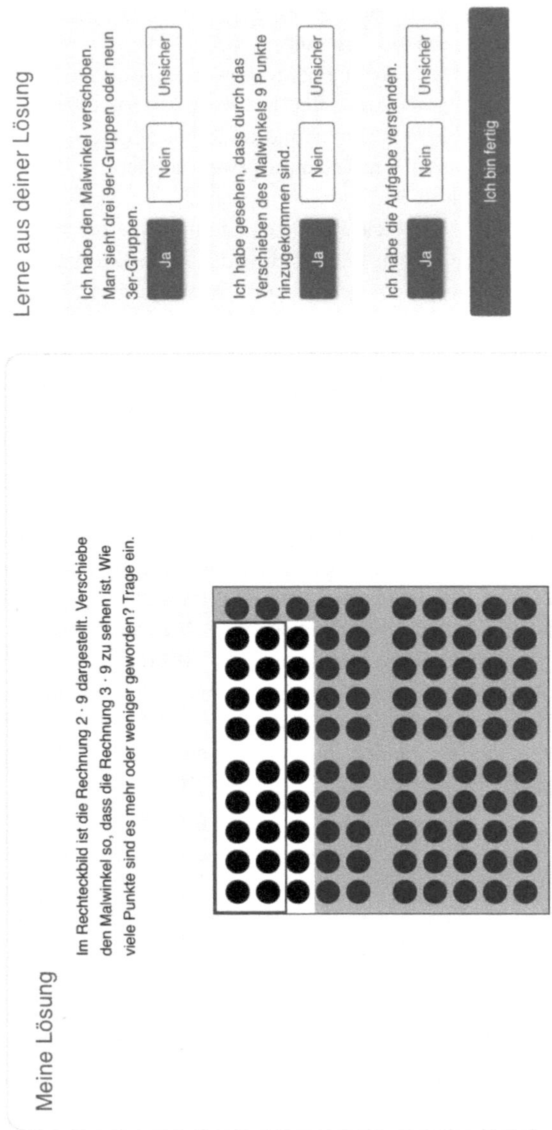

Abbildung 8.14 Clemens, Aufgabe 4, Selbst-Assessment

Die zweite Selbst-Assessment-Aussage bezieht sich auf den Antwortsatz. In diesem hat Clemens nicht die Veränderung der Punktanzahl angegeben, sondern die Anzahl der Punkte, die nach dem Verschieben des Malwinkels sichtbar sind. Daher stimmt er hier einer nicht zutreffenden Selbst-Assessment-Aussage zu (Selbst-Assessment-Aussage 2 – Nicht zutreffender Selbst-Assessment-Aussage zustimmen). Wahrscheinlich ist für Clemens der Bezug der Selbst-Assessment-Aussage zum Antwortsatz unklar, weswegen an dieser Stelle eine fehlerhafte Beantwortung erfolgt.

Abschließend gibt Clemens bei der letzten Aussage an, die Aufgabe verstanden zu haben.

Epistemische Mediation:

- Keine Mediationsprozesse feststellbar

Reflexive Mediation:

- Selbst-Assessment-Aussage 1 – Zutreffender Selbst-Assessment-Aussage zustimmen
- Selbst-Assessment-Aussage 2 – Nicht zutreffender Selbst-Assessment-Aussage zustimmen

Epistemisch-Reflexive Mediation:

- Keine Mediationsprozesse feststellbar

Feedback

Reflexive Mediation:
Clemens schaut sich das Feedback in der App (Abbildung 8.15) für einen Augenblick (3 s) an. Anschließend tätigt er die folgende Äußerung:

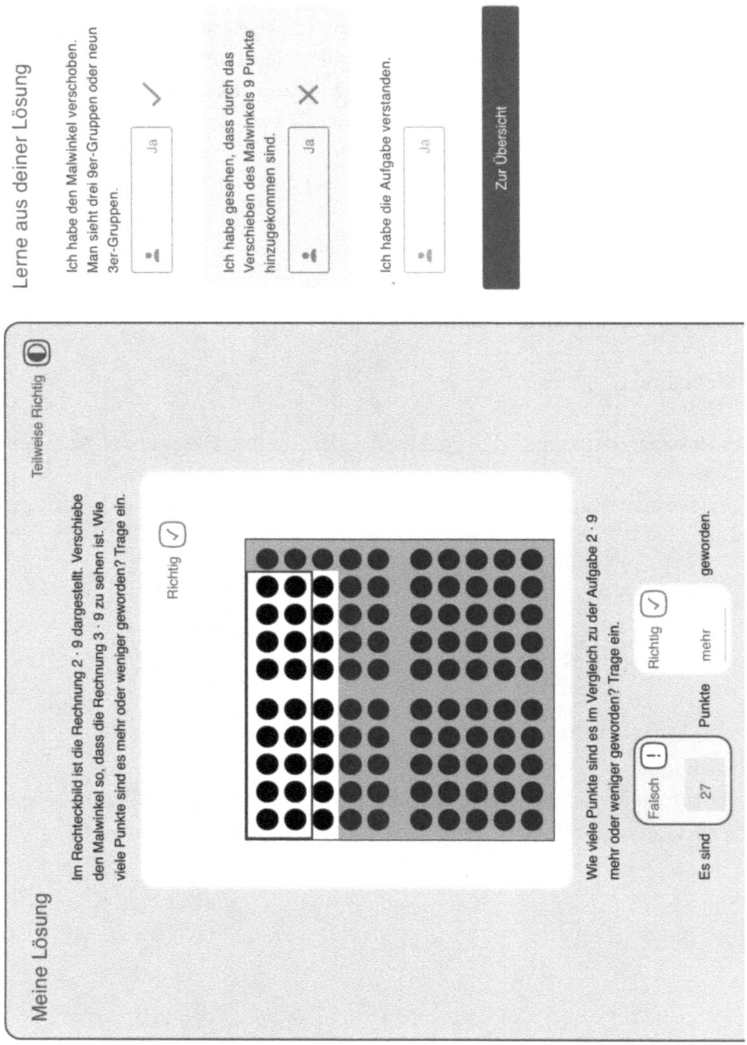

Abbildung 8.15 Clemens, Aufgabe 4, Feedback

„Hier (zeigt auf die zweite Selbst-Assessment-Aussage) habe ich jetzt (---) eine Zahl falsch (---) eine Frage falsch.“

Vermutlich dadurch, dass Clemens erstmalig im Feedback ein Kreuz hinter einer Selbst-Assessment-Aussage angezeigt wird, kommt er zu dem Schluss, dass er die zweite Aussage falsch beantwortet hat (Feedback zum Selbst-Assessment, Selbst-Assessment-Aussage 2 – Fehlerhaftes Selbst-Assessment negativ einschätzen). Tatsächlich liegt auch ein Fehler bei der Aussage vor, dieser wird aber durch die rote Einfärbung der Aussage zurückgemeldet, wohingegen das Kreuz angeben soll, dass die richtige Antwort „Nein“ gewesen wäre.

Im Folgenden denkt Clemens darüber nach, warum ihm die App an dieser Stelle einen Fehler anzeigt:

„Da hab- die Frage ist: ‚Ich habe gesehen, dass durch das Verschieben des Malwinkels 9 Punkte hinzugekommen sind‘. (---) Hä, sind es doch?“.

Die Interviewerin fragt Clemens, was er meinen würde, warum die App seine Antwort auf die zweite Aussage trotzdem als falsch bewerten würde. Daraufhin antwortet er:

„Weiß nicht. (3 s) (Scrollt etwas hinunter, sodass auch das Feedback zur Aufgabenlösung vollständig zu sehen ist). (5 s) ‚Wie viele Punkte sind es im Vergleich zu der Aufgabe 2 · 9 mehr oder weniger geworden?‘ (4 s). Ah! (tippt auf die als falsch markierte Siebenundzwanzig, die er im Antwortsatz eingetragen hat). Hier hätte ich neun Punkte angeben müssen.“

Dass das Feedback ihm bei der zweiten Selbst-Assessment-Aussage einen Fehler anzeigt, löst bei näherer Beschäftigung bei Clemens offensichtlich einen kognitiven Konflikt aus. Seiner Überzeugung nach ist in seiner Lösung erkennbar, dass durch das Verschieben des Malwinkels neun Punkte hinzugekommen sind. Hierbei scheint er sich darauf beziehen, wie er den Malwinkel im Rechteckbild verschoben hat. Er stellt keinen Zusammenhang zu seinem Antwortsatz her. Dies bestätigt die weiter oben getätigte Annahme, dass der Bezug der zweiten Selbst-Assessment-Aussage zum Antwortsatz für Clemens nicht ersichtlich ist. Auf der Suche nach einer Erklärung für seinen Fehler reflektiert Clemens dann seine Lösung und sieht sich im Zuge der Reflexion das Feedback zur Aufgabenlösung genauer an (Feedback zum Selbst-Assessment, Selbst-Assessment-Aussage 2, Eigene Lösung, Feedback zur Aufgabenlösung – Eigene Lösung reflektieren). Nach kurzer Überlegung kommt er dann zu dem Schluss, dass er statt der Siebenundzwanzig eine Neun hätte eintragen müssen (Feedback zum Selbst-Assessment, Selbst-Assessment-Aussage 2, Eigene Lösung, Feedback zur Aufgabenlösung – Fehlerhafte eigene Lösung negativ einschätzen). Damit beendet Clemens die Beschäftigung mit dem Feedback und geht zurück zur Übersicht.

Epistemische Mediation:

- Keine Mediationsprozesse feststellbar

Reflexive Mediation:

- Feedback zum Selbst-Assessment, Selbst-Assessment-Aussage 2 – Fehlerhaftes Selbst-Assessment negativ einschätzen
- Feedback zum Selbst-Assessment, Selbst-Assessment-Aussage 2, Eigene Lösung, Feedback zur Aufgabenlösung – Eigene Lösung reflektieren
- Feedback zum Selbst-Assessment, Selbst-Assessment-Aussage 2, Eigene Lösung, Feedback zur Aufgabenlösung – Fehlerhafte eigene Lösung negativ einschätzen

Epistemisch-Reflexive Mediation:

- Keine Mediationsprozesse feststellbar

Bei der Aufgabenbearbeitung hat sich gezeigt, dass Clemens die Veränderung zwischen den Malaufgaben im Rechteckbild darstellen kann. Die Erhöhung des ersten Faktors um Eins hat er dabei durch Erhöhung der Zeilenanzahl um Eins mit dem Malwinkel dargestellt. Clemens Verständnis in Bezug auf die Aufgabe wurde im Theorem-in-Aktion *Erhöhung des ersten Faktors als Erhöhung der Zeilenanzahl* ausgedrückt. Eine Beeinflussung des Verständnisses durch die App im Rahmen von epistemischen oder epistemisch-reflexiven Mediationsprozessen konnte nicht festgestellt werden. Beim Selbst-Assessment wurde Clemens dazu angeregt, einer zutreffenden sowie einer nicht zutreffenden Selbst-Assessment-Aussage zuzustimmen. Die inkorrekte Beantwortung der zweiten Aussage ließ sich auf den unklaren Bezug dieser zum Antwortsatz zurückführen, ebenso wie der Umgang mit dem Feedback. Das Feedback zum Selbst-Assessment veranlasste Clemens dazu, seine Antwort auf die zweite Selbst-Assessment-Aussage negativ einzuschätzen. Nachdem er sich mit dieser noch einmal vertiefter auseinandersetzte und die Aussage ein weiteres Mal durchlas, löste das negative Feedback jedoch einen kognitiven Konflikt bei Clemens aus. Auf der Suche nach der Begründung für seinen Fehler reflektierte er seine Lösung und kam zu dem Schluss, dass der für die Anzahl der Punkte eine falsche Zahl eingetragen hat (Abbildung 8.16).

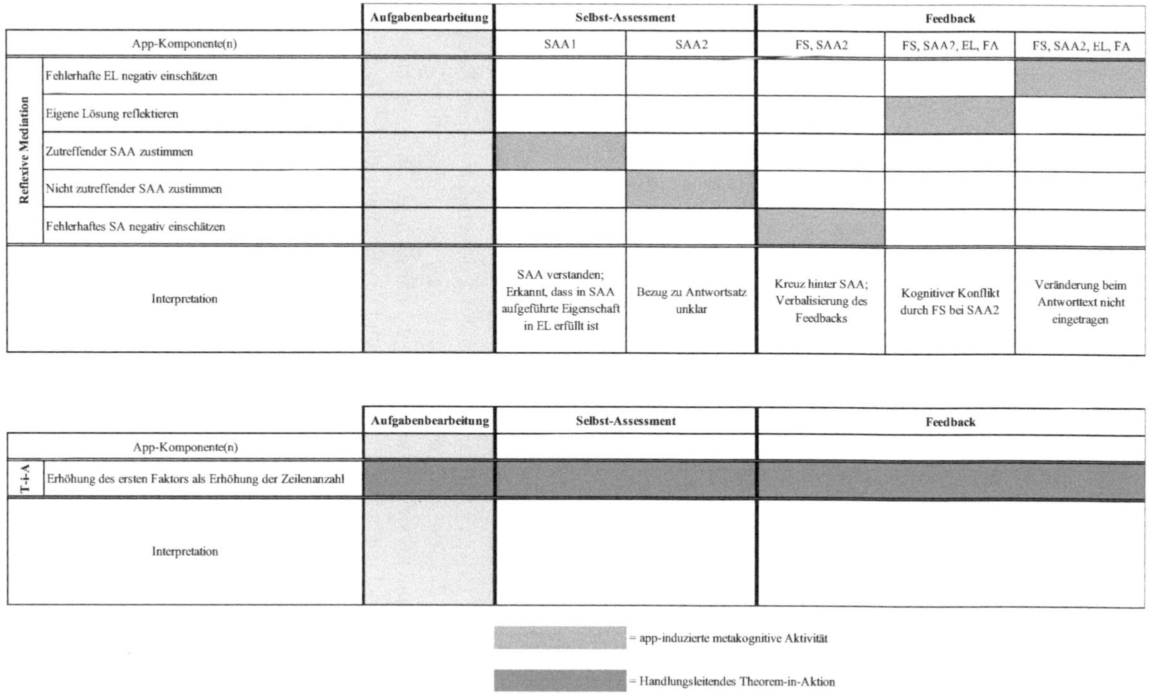

Abbildung 8.16 Überblick über die Mediationsprozesse in Aufgabe 4 im Fall „Clemens". (Quelle: Eigene Darstellung)

8.2 Fall „Joel"

Aufgabe 1: Malaufgaben am Zahlenstrahl erkennen

Aufgabenbearbeitung
Als Joel die Aufgabe sieht, liest er zunächst die Aufgabenstellung laut vor und merkt an, dass in dem Bild ein Zahlenstrahl abgebildet ist. Anschließend teilt er der Interviewerin mit, dass er nicht wisse, wie man das rechnen müsse. Diese entgegnet ihm daraufhin, dass er noch einmal in Ruhe überlegen solle und ihm vielleicht dann etwas einfallen würde. Joel kommt dann nach kurzem Überlegen auf die Idee, dass er etwas eintragen müsse

„*Vielleicht ähm (---) was achtzehn ergibt? (3 s) Achtzehn ist (.) zwei mal neun*",

woraufhin er die Rechnung zwei mal neun gleich achtzehn einträgt (Abbildung 8.17).

Da Joel vorschlägt, eine Rechnung einzutragen, die „achtzehn ergibt" ist davon auszugehen, dass er in dem Bild den Endpunkt des letzten Sprunges fokussiert, welcher gleich achtzehn ist. Anscheinend geht Joel davon aus, dass der Endpunkte des letzten Sprunges dem Ergebnis der Rechnung entsprechen muss. Diese Annahme kann als Theorem-in-Aktion *Endpunkt des letzten Sprunges als Ergebnis* wie folgt ausgedrückt werden:

<Wenn ich eine Malaufgabe am Zahlenstrahl erkennen möchte, dann muss das ||Ergebnis|| der Rechnung gleich dem ||Endpunkt des letzten Sprunges|| sein>.

Für die Faktoren in der Rechnung trägt Joel die Zahlen zwei und neun ein, denn „[a]chtzehn ist (.) zwei mal neun". Bezüglich der eingetragenen Rechnung lässt sich feststellen, dass die Zahl, die Joel für den zweiten Faktor einträgt, gleich der Hälfte des Endpunktes des letzten Sprunges, nämlich gleich neun, ist. Allem Anschein nach hat Joel die achtzehn halbiert und das Ergebnis dieser Division als einen Faktor und die Zwei als entsprechend anderen Faktor festgehalten. Das dieser Handlung zugrundeliegende Theorem-in-Aktion wird *Hälfte des Endpunktes des letzten Sprunges als erster oder zweiter Faktor* genannt:

<Wenn ich eine Malaufgabe am Zahlenstrahl erkennen möchte, dann muss der ||erste Faktor|| oder der ||zweite Faktor|| gleich der ||Hälfte des Endpunktes des letzten Sprunges|| sein>.

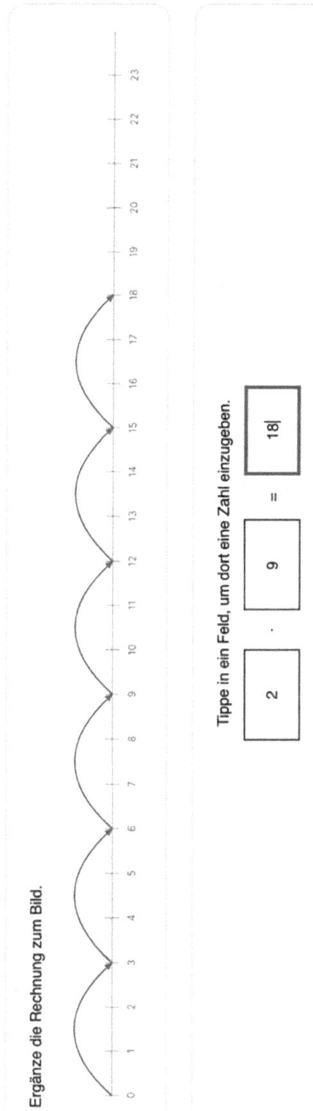

Abbildung 8.17 Joel, Aufgabe 1, Aufgabenbearbeitung

Joel schafft es somit, den Darstellungswechsel in Bezug auf das Ergebnis erfolgreich zu bewältigen, indem er dieses mit dem Endpunkt des letzten Sprunges verknüpft. Anscheinend ist ihm jedoch nicht bewusst, dass die Anzahl sowie die Länge der Sprünge durch die Faktoren in der Rechnung repräsentiert werden.

Theoreme-in-Aktion

- *Endpunkt des letzten Sprunges als Ergebnis*
  <Wenn ich eine Malaufgabe am Zahlenstrahl erkennen möchte, dann muss das ||Ergebnis|| der Rechnung gleich dem ||Endpunkt des letzten Sprunges|| sein>
- *Hälfte des Endpunktes des letzten Sprunges als erster oder zweiter Faktor*
  <Wenn ich eine Malaufgabe am Zahlenstrahl erkennen möchte, dann muss der ||erste Faktor|| oder der ||zweite Faktor|| gleich der ||Hälfte des Endpunktes des letzten Sprunges|| sein>

Selbst-Assessment

Reflexive Mediation:
Nachdem Joel wiedergegeben hat, welche Rechnung in seiner Lösung und in der Musterlösung zu sehen ist, startet er damit, die Selbst-Assessment-Aussage zu beantworten. Er liest die erste Selbst-Assessment-Aussage laut vor und beantwortet diese ohne zu zögern mit „Ja". Da jedoch keine der Zahlen, die er für die beiden Faktoren eingetragen hat, der Anzahl der Sprünge entspricht, stimmt Joel in diesem Fall einer nicht zutreffenden Selbst-Assessment-Aussage zu (Selbst-Assessment-Aussage 1 – Nicht zutreffender Selbst-Assessment-Aussage zustimmen). Als die Interviewerin Joel daraufhin bittet, seine Auswahl zu erklären, antwortet er:

„Also (2 s) ich glaube ich nehme eher nicht ‚Ja', ich glaube, ich bin eher unsicher. Weil ich weiß jetzt (.) ich weiß es halt nicht genau. Aber ich glaube eher ‚Ja'"

und wählt statt „Ja" die Antwort „Unsicher" aus (Selbst-Assessment-Aussage 1 – Unsicherheit bzgl. Selbst-Assessment-Aussage feststellen; Abbildung 8.18). Joel hat Schwierigkeiten damit zu erklären, warum er zunächst die Antwort ‚Ja' ausgewählt hat. Er gibt an, dass er unsicher ist obwohl er weiterhin glaube, dass die Antwort „eher ‚Ja'" sei. Da er jedoch nicht weiter auf seine Einschätzungen eingeht, lassen sich keine Aussagen darüber treffen, worin diese begründet sind.

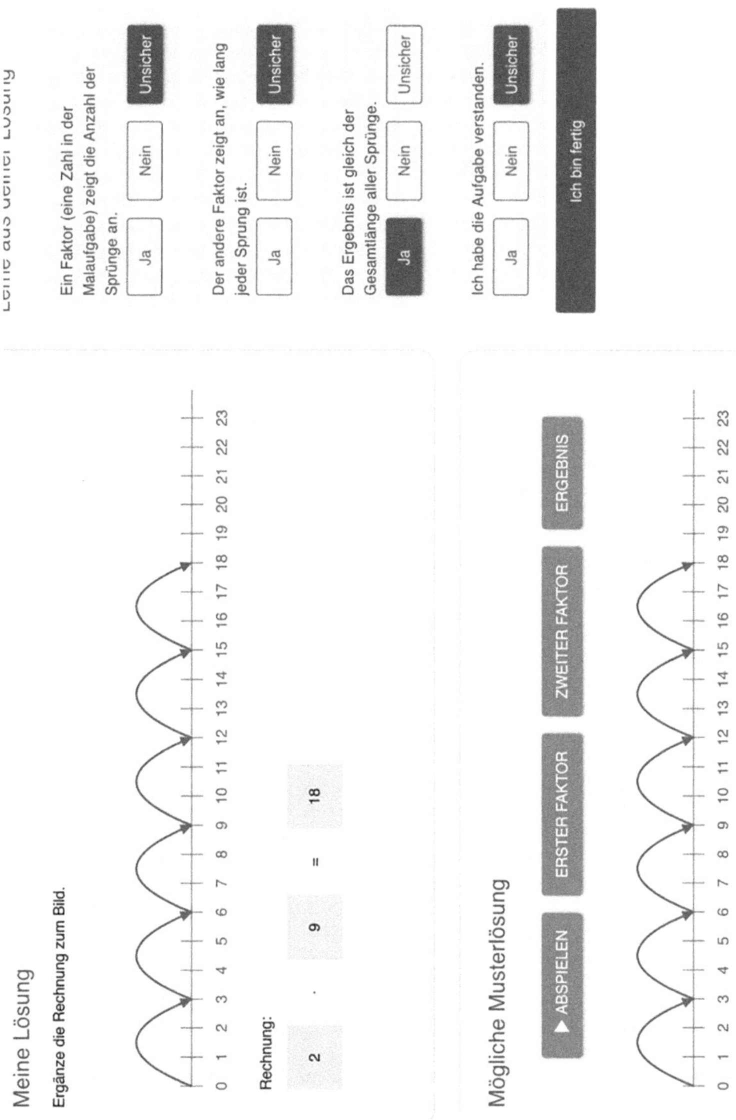

Abbildung 8.18 Joel, Aufgabe 1, Selbst-Assessment

Auch bei der zweiten Selbst-Assessment-Aussage gibt Joel an, dass er „Unsicher“ ist (Selbst-Assessment-Aussage 2 – Unsicherheit bzgl. Selbst-Assessment-Aussage feststellen):

„Der andere Faktor zeigt an, wie lang jeder Sprung ist‘. (Klickt auf ‚Unsicher‘). Da bin ich mir auch unsicher.“

Weil Joel keine Gründe dafür anführt, warum er sich in Bezug auf die zweite Selbst-Assessment-Aussage unsicher ist, können an dieser Stelle nur Mutmaßungen über seine Gründe angestellt werden. Eine Erklärung für Joels Unsicherheit könnte sein, dass er Schwierigkeiten damit hat, die Selbst-Assessment-Aussage sprachlich nachzuvollziehen. Dagegen sprechen würde allerdings die Tatsache, dass Joel die Aussage flüssig liest und diese unmittelbar nachdem er sie gelesen hat beantwortet. Er wendet kaum Zeit dafür auf, um über die Selbst-Assessment-Aussage nachzudenken. So könnte ein alternativer Erklärungsansatz sein, dass Joel die Aussage zwar inhaltlich verstanden hat, aber nicht weiß, wie er diese auf seine Lösung beziehen soll. Aufgrund von Joels Zurückhaltung bei der Erklärung seiner Antworten kann aber auch dieser Ansatz nicht mit Sicherheit bestätigt werden.

In der dritten Selbst-Assessment-Aussage wird nach der Entsprechung der Gesamtlänge aller Sprünge und dem Ergebnis gefragt. Joel beantwortet diese Aussage mit „Ja“ und stimmt somit einer zutreffenden Selbst-Assessment-Aussage zu (Selbst-Assessment-Aussage 3 – Zutreffender Selbst-Assessment-Aussage zustimmen). Es lässt sich annehmen, dass Joel in diesem Fall die Aussage verstanden und festgestellt hat, dass die in der Selbst-Assessment-Aussage genannte Eigenschaft auf seine Lösung zutrifft. Abschließend wählt Joel bei der Aussage „Ich habe die Aufgabe verstanden“ die Antwort „Unsicher“ aus, führt seine Auswahl aber auch an dieser Stelle nicht weiter aus.

Epistemische Mediation:

- Keine Mediationsprozesse feststellbar

Reflexive Mediation:

- Selbst-Assessment-Aussage 1 – Nicht zutreffender Selbst-Assessment-Aussage zustimmen
- Selbst-Assessment-Aussage 1 – Unsicherheit bzgl. Selbst-Assessment-Aussage feststellen
- Selbst-Assessment-Aussage 2 – Unsicherheit bzgl. Selbst-Assessment-Aussage feststellen
- Selbst-Assessment-Aussage 3 – Zutreffender Selbst-Assessment-Aussage zustimmen

Epistemisch-Reflexive Mediation:

- Keine Mediationsprozesse feststellbar

Feedback

Reflexive Mediation:
Als Joel zur Feedback-Ansicht weitergeleitet wird (Abbildung 8.19), geht er auf das Feedback zum Selbst-Assessment ein. Zu jeder der Selbst-Assessment-Aussagen gibt er an, welche Antwort die richtige gewesen wäre:

„Ich habe ähm dann hier (zeigt auf die ersten beiden Selbst-Assessment-Aussagen) ‚Unsicher', dass – und ‚Unsicher', dass ist – (---) da wäre ‚Nein' richtig gewesen. (2 s) Und bei (---) dem anderen ‚Unsicher' ist auch ‚Nein' richtig gewesen – wäre ‚Nein' richtig gewesen."

In Bezug auf die dritte Aussage sagt er:

„Bei ‚Das Ergebnis ist gleich der Gesamtlänge aller Sprünge' war ‚Ja' richtig."

Offenbar betrachtet Joel seine Antwort auf die dritte Selbst-Assessment-Aussage als richtig (Feedback zum Selbst-Assessment, Selbst-Assessment-Aussage 3 – Korrektes Selbst-Assessment positiv einschätzen). Seine korrekte Einschätzung deutet darauf hin, dass er den Inhalt des Feedbacks verstanden hat. Aus Joels Aussagen und Handlungen wird jedoch nicht ersichtlich, dass er sich mit dem Feedback tiefergehend auseinandersetzt, sodass es sicher bei seiner Aussage vermutlich um eine reine Verbalisierung der Feedback-Informationen handelt.

Epistemische Mediation:

- Keine Mediationsprozesse feststellbar

Reflexive Mediation:

- Feedback zum Selbst-Assessment, Selbst-Assessment-Aussage 3 – Korrektes Selbst-Assessment positiv einschätzen

Epistemisch-Reflexive Mediation:

- Keine Mediationsprozesse feststellbar

Darauf, dass die im Rahmen der Aufgabenbearbeitung rekonstruierten Theoreme-in-Aktion *Endpunkt des letzten Sprunges als Ergebnis* und *Hälfte des Endpunktes des letzten Sprunges als erster oder zweiter Faktor* durch die Beantwortung der

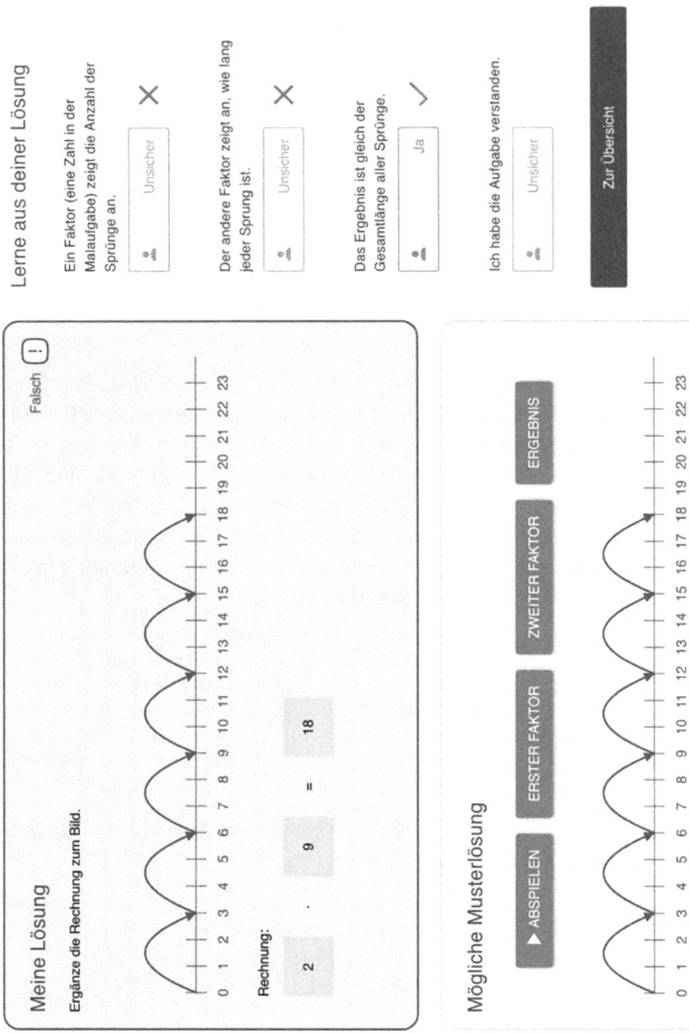

Abbildung 8.19 Joel, Aufgabe 1, Feedback

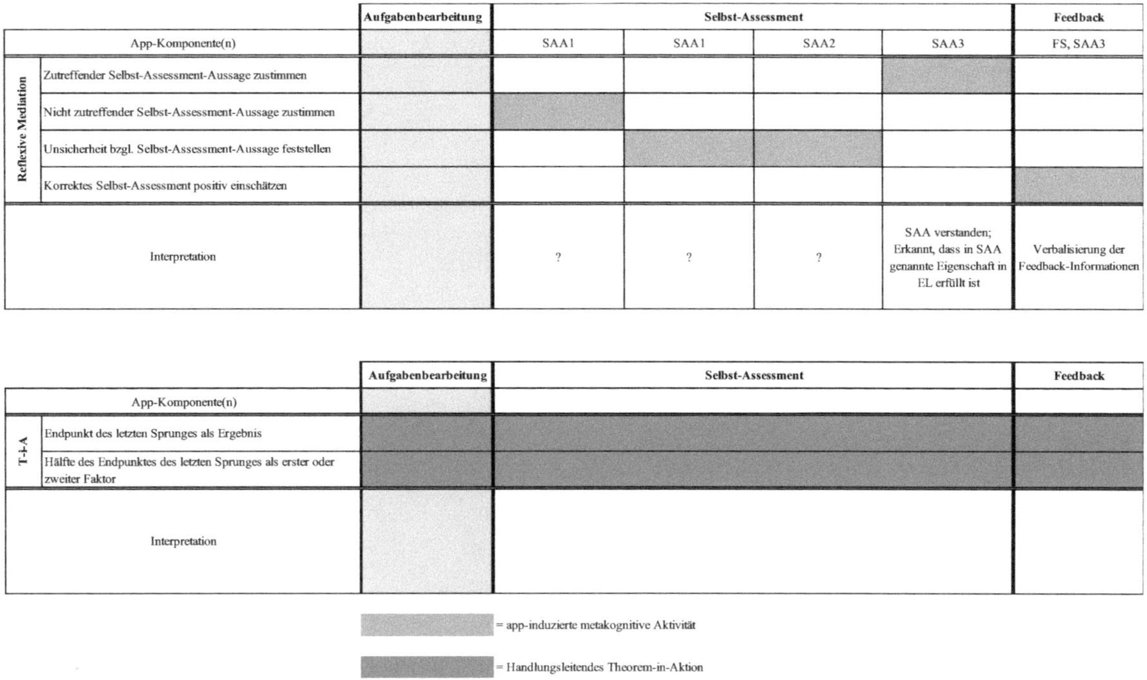

Abbildung 8.20 Überblick über die Mediationsprozesse in Aufgabe 1 im Fall „Joel“. (Quelle: Eigene Darstellung)

Selbst-Assessment-Aussagen oder durch die Anzeige des Feedbacks beeinflusst werden, lassen sich aus Joels Aussagen und Handlungen keine Rückschlüsse ziehen. Daher konnten in der ersten Aufgabe ausschließlich reflexive Mediationsprozesse identifiziert werden. Diese zeigten sich im Prozessschritt des Selbst-Assessments, im Zuge dessen Joel in Bezug auf die ersten beiden Aussagen angab, sich unsicher zu sein, während er die dritte Selbst-Assessment-Aussage verständig mit „Ja“ beantwortete. Abschließend erfolgte in Bezug auf das Feedback zum Selbst-Assessment richtigerweise eine positive Einschätzung der Antwort auf die dritte Aussage (Abbildung 8.20).

Aufgabe 2: Malaufgaben am Zahlenstrahl darstellen

Aufgabenbearbeitung

Bei der zweiten Aufgabe erkennt Joel schnell, dass er Sprünge auf dem in der Aufgabe angezeigten Zahlenstrahl einzeichnen soll, woraufhin er mit dem Einzeichnen des ersten Sprunges startet. Noch während er den ersten Sprung zeichnet, fragt er:

„Äh (---) in welcher Reihenfolge, einfach Sprünge?“

Die Interviewerin macht ihn folgend auf die Aufgabenstellung aufmerksam. Joel liest sich diese durch und erklärt:

„Ich (---) ich nehme (.) also ich gehe dann, weil es fünf mal vier ist, gehe ich dann (2 s) fünf mal vier, dann gehe ich erstmal zur zehn und dann gehe ich von der zehn zur zwanzig, weil fünf mal vier zwanzig sind“.

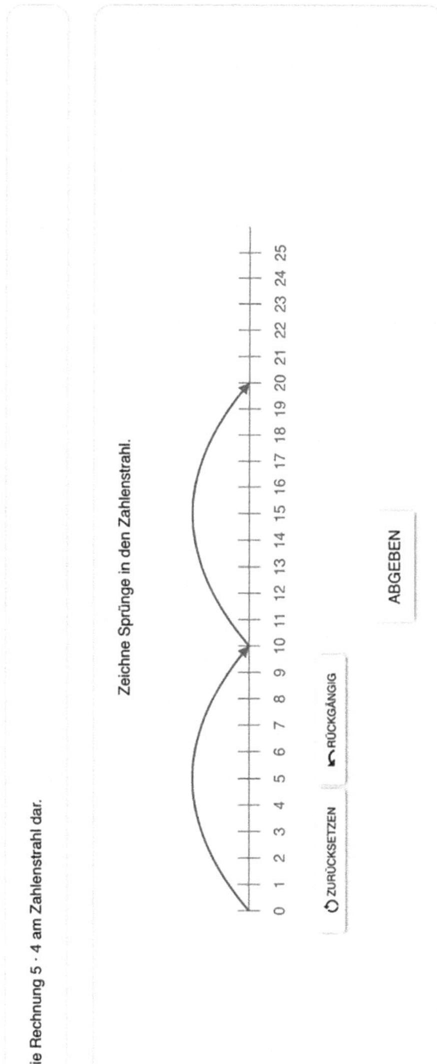

Abbildung 8.21 Joel, Aufgabe 2, Aufgabenbearbeitung

Während Joel sein Vorgehen erklärt, zeichnet er beginnend bei Null einen Sprung von Null bis Zehn und einen weiteren Sprung von Zehn bis Zwanzig ein (Abbildung 8.21). Wie bereits in der ersten Aufgabe, bringt er auch bei dieser Aufgabe das Ergebnis der Rechnung mit dem Endpunkt des letzten beziehungsweise zweiten Sprunges in Zusammenhang. Dies macht er in seiner Äußerung explizit, in der er ausführt, dass er „von der zehn zur zwanzig [geht], weil fünf mal vier zwanzig sind".

Ein ähnliches Vorgehen wie in der ersten Aufgabe zeigt Joel allerdings nicht nur dadurch, dass er für den Endpunkt des zweiten Sprunges das Ergebnis der Rechnung wählt. In der ersten Aufgabe halbierte Joel die Zahl, die dem Endpunkt des letzten Sprunges entsprach, um die Faktoren in der Rechnung zu bestimmen. In der zweiten Aufgabe halbiert Joel nun das Ergebnis der Rechnung, um den Start- beziehungsweise Endpunkt der beiden Sprünge zu bestimmen. Beginnend bei der Null zeichnet er den ersten Sprung so ein, dass dessen Endpunkt gleich Zehn, also gleich der Hälfte des Ergebnisses der Rechnung ist. Für den zweiten Sprung wählt Joel dann die Zehn als Startpunkt und lässt den Sprung bei der Zwanzig und somit beim Ergebnis der Rechnung enden. Aus diesem Grund werden die beiden Theoreme-in-Aktion *Null als Startpunkt und Hälfte des Ergebnisses als Endpunkt des ersten Sprunges* und *Hälfte des Ergebnisses als Startpunkt und Ergebnis als Endpunkt des zweiten Sprunges* als handlungsleitend für die Bearbeitung der zweiten Aufgabe angenommen. Ersteres Theorem kann folgendermaßen ausformuliert werden:

<Wenn ich eine Malaufgabe auf dem Zahlenstrahl darstellen möchte, dann muss ich insgesamt zwei Sprünge so einzeichnen, dass der ||Startpunkt des ersten Sprunges|| gleich ||Null|| und der ||Endpunkt des ersten Sprunges|| gleich der ||Hälfte des Ergebnisses|| ist>.

Das Theorem-in-Aktion *Hälfte des Ergebnisses als Startpunkt und Ergebnis als Endpunkt des zweiten Sprunges* lautet:

<Wenn ich eine Malaufgabe auf dem Zahlenstrahl darstellen möchte, dann muss ich insgesamt zwei Sprünge so einzeichnen, dass der ||Startpunkt des zweiten Sprunges|| gleich der ||Hälfte des Ergebnisses|| und der ||Endpunkt des zweiten Sprunges|| gleich dem ||Ergebnis|| ist>.

Theoreme-in-Aktion:

- *Null als Startpunkt und Hälfte des Ergebnisses als Endpunkt des ersten Sprunges*

<Wenn ich eine Malaufgabe auf dem Zahlenstrahl darstellen möchte, dann muss ich insgesamt zwei Sprünge so einzeichnen, dass der ||Startpunkt des ersten Sprunges|| gleich ||Null|| und der ||Endpunkt des ersten Sprunges|| gleich der ||Hälfte des Ergebnisses|| ist>

- *Hälfte des Ergebnisses als Startpunkt und Ergebnis als Endpunkt des zweiten Sprunges*
  <Wenn ich eine Malaufgabe auf dem Zahlenstrahl darstellen möchte, dann muss ich insgesamt zwei Sprünge so einzeichnen, dass der ||Startpunkt des zweiten Sprunges|| gleich der ||Hälfte des Ergebnisses|| und der ||Endpunkt des zweiten Sprunges|| gleich dem ||Ergebnis|| ist>

Selbst-Assessment

Reflexive Mediation:
Als Joel zur Selbst-Assessment-Ansicht weitergeleitet wird, stellt er zunächst fest, dass dort eine Musterlösung mit fünf 4er-Sprüngen zu sehen ist:

„*(Scrollt hinunter zur Musterlösung). Dann ist da eine Musterlösung. (---) Hm, da ist von Null (---) zur Vier, zur Acht, zur Zwölf, zur Sechszehn und zur Zwanzig ein Sprung gemacht worden.*"

Unmittelbar nach seiner Feststellung wendet er sich den Selbst-Assessment-Aussagen auf der rechten Seite zu. Bei der ersten Selbst-Assessment-Aussage gibt Joel an, dass er sich unsicher ist (Selbst-Assessment-Aussage 1 – Unsicherheit bzgl. Selbst-Assessment-Aussage feststellen; Abbildung 8.22).

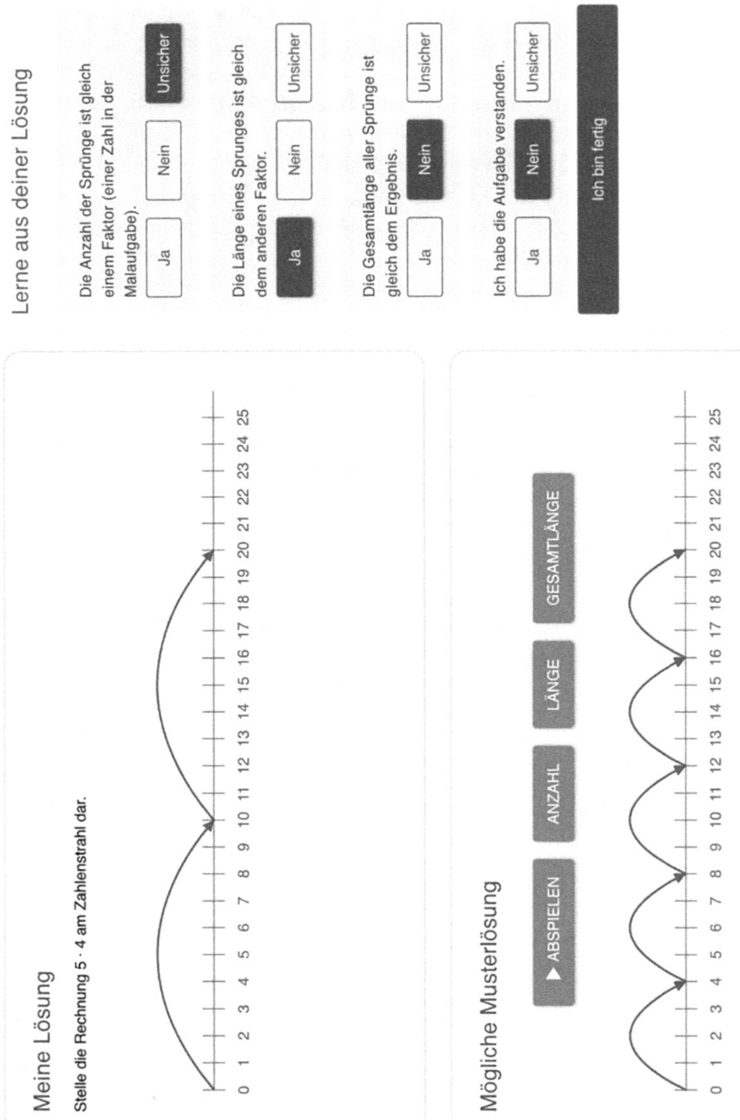

Abbildung 8.22 Joel, Aufgabe 2, Selbst-Assessment

Er sagt:
„Die Anzahl der Sprünge ist gleich (.) einem Faktor (.) einer Zahl die (.) in der Malaufgabe'. Da bin ich mir unsicher (klickt auf ‚Unsicher')."

Genau wie in der ersten Aufgabe, beantwortet Joel die Selbst-Assessment-Aussage unmittelbar, nachdem er diese laut vorgelesen hat. Dies spricht weniger dafür, dass er Schwierigkeiten damit hat, die Aussage sprachlich nachzuvollziehen, andernfalls würde er sich vermutlich mehr Bedenkzeit nehmen. Vielleicht stellt es für Joel stattdessen eine Herausforderung da, die Aussage in Zusammenhang mit seiner Lösung zu bringen und zu überprüfen, ob das entsprechende Kriterium in seiner Lösung erfüllt ist. Da er selbst keine Gründe benennt, die zu seiner Unsicherheit führen, kann an dieser Stelle jedoch keine gesicherte Aussage getroffen werden.

In Bezug auf die zweite Selbst-Assessment-Aussage sagt Joel:

„Die Länge eines Sprunges ist gleich dem anderen Faktor. (.) Ich glaube ‚Ja'."

und wählt „Ja" als Antwort aus. Damit stimmt er einer Selbst-Assessment-Aussage zu, die auf seine Lösung nicht zutrifft (Selbst-Assessment-Aussage 2 – Nicht zutreffender Selbst-Assessment-Aussage zustimmen). Die Formulierung, dass er „glaube", dass die Antwort „Ja" die richtige sei, lässt vermuten, dass Joel Zweifel daran hat, ob seine gegebene Antwort tatsächlich die richtige ist. Warum er sich trotz seiner Zweifel für „Ja" als Antwort entscheidet, verdeutlicht er nicht.

Wie die ersten beiden Aussagen liest Joel auch die dritte Selbst-Assessment-Aussage laut vor:

„Die Gesamtlänge aller Sprünge ist gleich dem Ergebnis'. (2 s) Ich glaube (.) nicht."

Anschließend beantwortet er die Selbst-Assessment-Aussage mit „Nein". Da die Gesamtlänge aller Sprünge in seiner Zeichnung gleich achtzehn und damit gleich dem Ergebnis der Rechnung ist, lehnt Joel hier eine Selbst-Assessment-Aussage ab, die eigentlich auf seine Lösung zutrifft (Selbst-Assessment-Aussage 3 – Zutreffende Selbst-Assessment-Aussage ablehnen). Seine Formulierung „Ich glaube nicht" legt nahe, dass er auch bei dieser Aussage Zweifel an der Richtigkeit seiner Antwort hat. Da Joel seine Antwort nicht begründet, bleibt unklar, was der Grund für Joels Zweifel und der fehlerhaften Beantwortung der dritten Selbst-Assessment-Aussage ist. Möglicherweise bereitet es ihm Schwierigkeiten, dass das Ergebnis der Rechnung in der zweiten Aufgabe, im Gegensatz zu der ersten Aufgabe, symbolisch nicht explizit dargestellt wird und stattdessen nur die beiden Faktoren der Rechnung in der Aufgabenstellung aufgeführt werden, sodass ihm eine Bezugsreferenz fehlt. Die Aufgabe schließt Joel damit ab, dass er bei der letzten Selbst-Assessment-Aussage angibt, die Aufgabe nicht verstanden zu haben. Möglicherweise ist die Ursache für sein Gefühl des Unverständnisses darin begründet, dass er sich beim Beantworten der Selbst-Assessment-Aussagen unsicher fühlt beziehungsweise Zweifel hat der Korrektheit seiner Antworten hat.

Epistemische Mediation:

- Keine Mediationsprozesse feststellbar

Reflexive Mediation:

- Selbst-Assessment-Aussage 1 – Unsicherheit bzgl. Selbst-Assessment-Aussage feststellen
- Selbst-Assessment-Aussage 2 – Nicht zutreffender Selbst-Assessment-Aussage zustimmen
- Selbst-Assessment-Aussage 3 – Zutreffende Selbst-Assessment-Aussage ablehnen

Epistemisch-Reflexive Mediation:

- Keine Mediationsprozesse feststellbar

Feedback

Reflexive Mediation:
In Bezug auf das Feedback zum Selbst-Assessment (Abbildung 8.23) benennt Joel, welche Antworten bei den einzelnen Selbst-Assessment-Aussagen die richtigen gewesen wären:

„*Ähm (.) ‚Die Anzahl der Sprünge ist gleich‘, da wusste ich es nicht (---) und das war falsch. Also die Lösung wäre ‚Nein‘. ‚Die Länge eines Sprunges ist gleich dem anderen Faktor‘, da habe ich auf ‚Ja‘ geklickt, aber es wäre ‚Nein‘. (---) ‚Die Gesamtlänge aller Sprünge ist gleich dem Ergebnis‘, da habe ich ‚Nein‘, aber es ist ‚Ja‘.*“

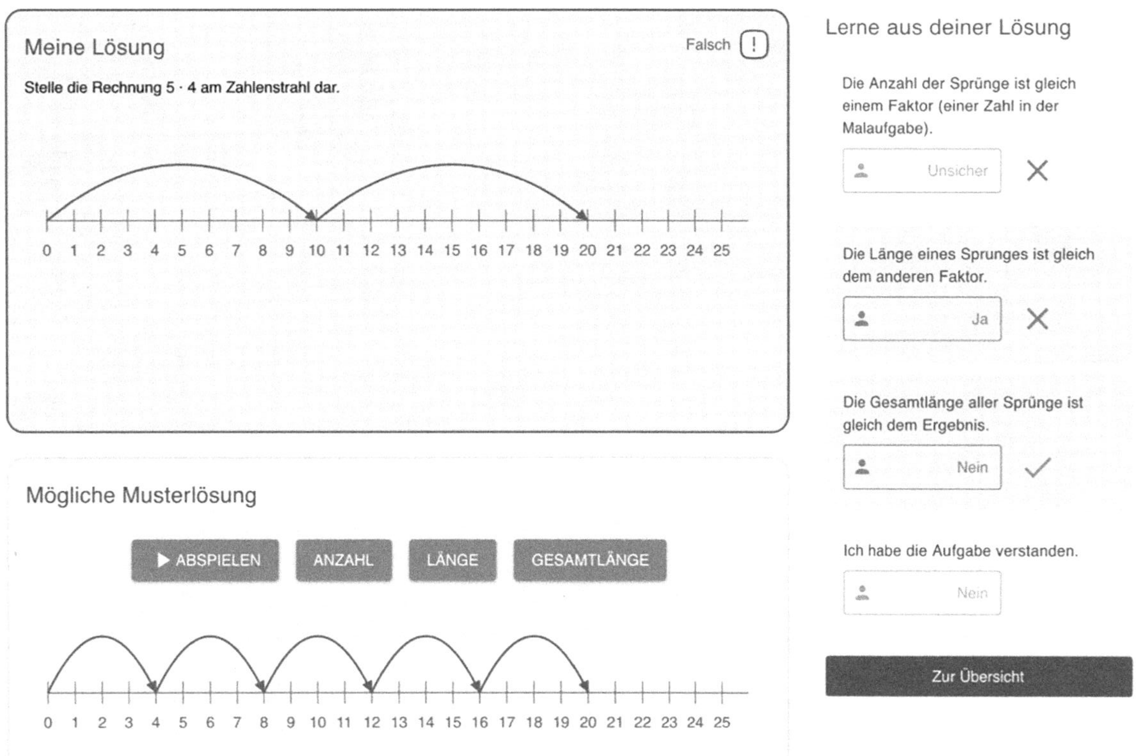

Abbildung 8.23 Joel, Aufgabe 2, Feedback

Joel erkennt, dass die Antworten, die er bei der zweiten und dritten Selbst-Assessment-Aussage ausgewählt hat, nicht richtig sind. Es findet eine negative Einschätzung eines fehlerhaften Selbst-Assessments statt (Feedback zum Selbst-Assessment, Selbst-Assessment-Aussage 2 – Fehlerhaftes Selbst-Assessment negativ einschätzen; Feedback zum Selbst-Assessment, Selbst-Assessment-Aussage 3 – Fehlerhaftes Selbst-Assessment negativ einschätzen). Er geht im Folgenden jedoch nicht weiter auf das Feedback ein. Daher wird davon ausgegangen, dass Joel die Informationen zwar wiedergibt, die das Feedback zum Selbst-Assessment ihm bereitstellt, jedoch keine vertiefte Auseinandersetzung mit diesem erfolgt.

Epistemische Mediation:

- Keine Mediationsprozesse feststellbar

Reflexive Mediation:

- Feedback zum Selbst-Assessment, Selbst-Assessment-Aussage 2 – Fehlerhaftes Selbst-Assessment negativ einschätzen
- Feedback zum Selbst-Assessment, Selbst-Assessment-Aussage 3 – Fehlerhaftes Selbst-Assessment negativ einschätzen

Epistemisch-Reflexive Mediation:

- Keine Mediationsprozesse feststellbar

Der Bearbeitung der zweiten Aufgabe liegen die Annahmen zugrunde, dass die Rechnung $5 \cdot 4$ durch zwei Sprünge dargestellt werden kann, wobei ersterer bei der Null starten und bei der Zehn, der Hälfte des Ergebnisses der Rechnung enden müsse, während der zweite Sprung bei zehn starten und bei der zwanzig, dem Ergebnis enden müsse. Diese Annahmen werden durch die Theoreme-in-Aktion *Null als Startpunkt und Hälfte des Ergebnisses als Endpunkt des ersten Sprunges* und *Hälfte des Ergebnisses als Startpunkt und Ergebnis als Endpunkt des zweiten Sprunges* beschrieben. Keine von Joels Handlungen oder Aussagen weist darauf hin, dass diese Theoreme-in-Aktion durch die Verwendung der App beeinflusst werden. Reflexive Mediationsprozesse konnten im Zuge der zweiten Aufgabe in Bezug auf die Selbst-Assessment-Aussagen sowie das Feedback zu den Aussagen, die von Joel nicht korrekt beantwortet wurden, rekonstruiert werden. So gab er im Zuge des Selbst-Assessments Unsicherheiten in Bezug auf die erste Selbst-Assessment-Aussage an, wobei unklar blieb, was der Grund für seine Unsicherheit

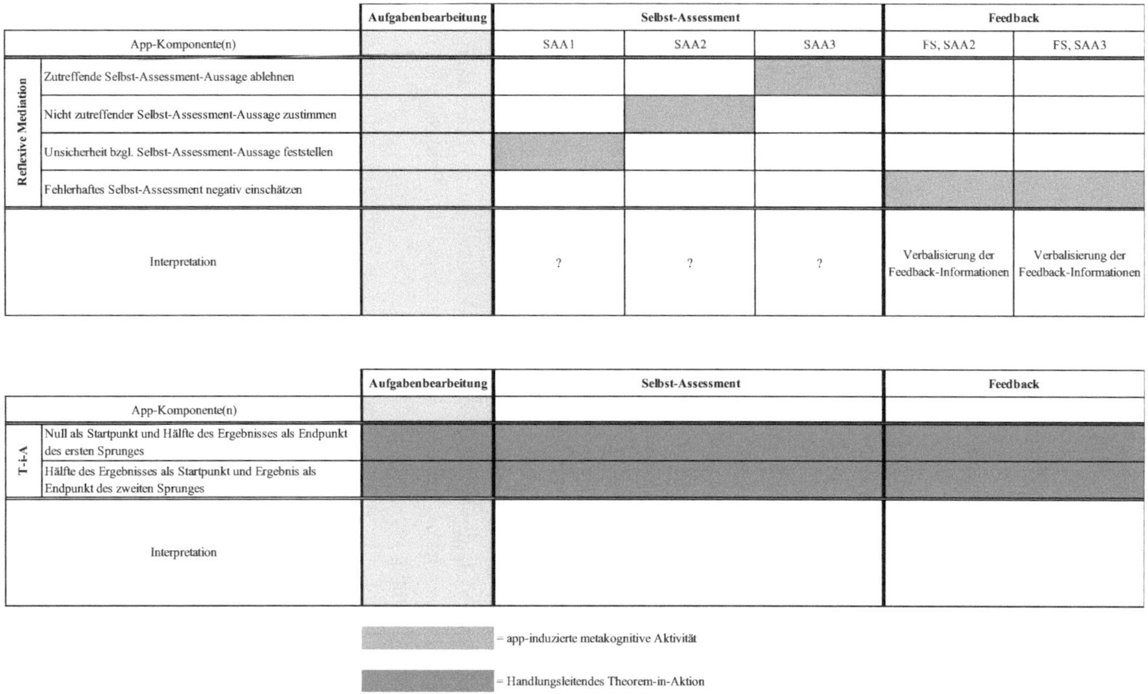

Abbildung 8.24 Überblick über die Mediationsprozesse in Aufgabe 2 im Fall „Joel“. (Quelle: Eigene Darstellung)

ist. Der zweiten Selbst-Assessment-Aussage stimmte Joel zu, obwohl diese nicht auf seine Lösung zutraf und die dritte Aussage lehnte er ab, obwohl die Gesamtlänge der von ihm eingezeichneten Sprünge dem Ergebnis entsprach. Beim Feedback stellte er dann abschließend fest, dass seine Antworten auf die zweite sowie dritte Selbst-Assessment-Aussage fehlerhaft gewesen sind (Abbildung 8.24).

Aufgabe 3: Malaufgaben als Rechteckbild darstellen

Aufgabenbearbeitung
Joel beginnt die Aufgabenbearbeitung damit, dass er sich die Aufgabenstellung und die Hinweise zum Erstellen des Rechteckbildes durchliest. Nachdem er einige Sekunden überlegt hat, tätigt er die folgende Aussage:

„Ich soll – fünf mal drei sind fünfzehn, dann tippe ich halt auf fünfzehn Felder. Eins, Zwei, Drei, Vier, Fünf (zeichnet in der untersten Zeile von rechts nach links fünf Punkte ein). (2 s) Eins, Zwei, Drei, Vier, Fünf (zeichnet in der Zeile darüber von links nach rechts fünf Punkte ein). (---) Eins, Zwei, Drei, Vier, Fünf (zeichnet in der Zeile darüber von rechts nach links fünf Punkte ein)" (Abbildung 8.25).

Direkt im ersten Teil seiner Aussage macht Joel deutlich, dass er „auf fünfzehn Felder" tippt, weil „fünf mal drei (…) fünfzehn" sind. Ihm scheint damit bewusst zu sein, dass die Gesamtzahl der Punkte im Rechteckbild dem Ergebnis der Multiplikation entsprechen muss. Somit lässt sich das Theorem-in-Aktion *Ergebnis als Gesamtzahl der Punkte eines Rechtecks* als eines der Theoreme bestimmen, welches Joels Verständnis hinsichtlich der dritten Aufgabe beschreibt:

<Wenn ich eine Malaufgabe als Rechteckbild darstellen möchte, dann muss ich ein ||Rechteck|| zeichnen, bei dem die ||Gesamtzahl der Punkte|| gleich dem ||Ergebnis|| der Rechnung ist>.

Zudem wird sowohl in der Art und Weise wie Joel die Punkte hinzufügt als auch in seiner zeitgleich erfolgenden Erklärung deutlich, dass er die fünfzehn Punkte durch das Einzeichnen von drei Fünfer-Zeilen zu einem Rechteckbild zusammenfügt. Die Anzahl der Punkte pro Zeile entspricht dabei dem ersten Faktor und die Anzahl der Zeilen dem zweiten Faktor der Rechnung. Folglich können zwei weitere Theoreme-in-Aktion rekonstruiert werden, welche die Darstellung der beiden Faktoren als Anzahl der Zeilen beziehungsweise Anzahl der Punkte pro Zeile im Rechteckbild beinhalten. Eines der beiden Theoreme-in-Aktion wird als *Erster Faktor als Anzahl der Punkte pro Zeile eines Rechtecks* bezeichnet:

<Wenn ich eine Malaufgabe als Rechteckbild darstellen möchte, dann muss ich ein ||Rechteck|| zeichnen, bei dem die ||Anzahl der Punkte pro Zeile|| gleich dem ||ersten Faktor|| ist>.

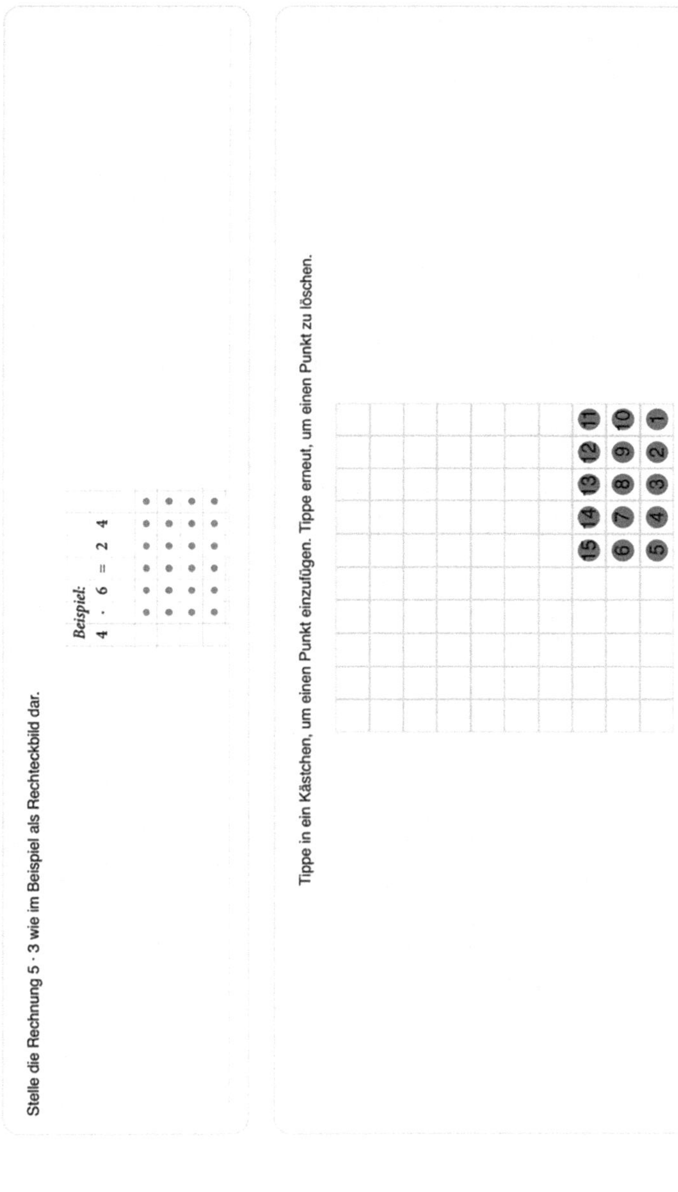

Abbildung 8.25 Joel, Aufgabe 3, Aufgabenbearbeitung – Zahlen im Rechteckbild nachträglich eingefügt

Das zweite Theorem-in-Aktion wird *Zweiter Faktor als Anzahl der Zeilen eines Rechtecks* genannt und kann wie folgt formuliert werden: <Wenn ich eine Malaufgabe als Rechteckbild darstellen möchte, dann muss ich ein ||Rechteck|| zeichnen, bei dem die ||Anzahl der Zeilen|| gleich dem ||zweiten Faktor|| ist>.

Zusammengenommen ermöglichen die drei Theoreme-in-Aktion *Ergebnis als Gesamtzahl der Punkte eines Rechtecks, Erster Faktor als Anzahl der Punkte pro Zeile eines Rechtecks* und *Zweiter Faktor als Anzahl der Zeilen eines Rechtecks* es, einen verständigen Darstellungswechsel zwischen einem Multiplikationsterm und dem Rechteckbild zu vollziehen.

Theoreme-in-Aktion:

- *Ergebnis als Gesamtzahl der Punkte eines Rechtecks*
  <Wenn ich eine Malaufgabe als Rechteckbild darstellen möchte, dann muss ich ein ||Rechteck|| zeichnen, bei dem die ||Gesamtzahl der Punkte|| gleich dem ||Ergebnis|| der Rechnung ist>
- *Erster Faktor als Anzahl der Punkte pro Zeile eines Rechtecks*
  <Wenn ich eine Malaufgabe als Rechteckbild darstellen möchte, dann muss ich ein ||Rechteck|| zeichnen, bei dem die ||Anzahl der Punkte pro Zeile|| gleich dem ||ersten Faktor|| ist>
- *Zweiter Faktor als Anzahl der Zeilen eines Rechtecks*
  <Wenn ich eine Malaufgabe als Rechteckbild darstellen möchte, dann muss ich ein ||Rechteck|| zeichnen, bei dem die ||Anzahl der Zeilen|| gleich dem ||zweiten Faktor|| ist>

Selbst-Assessment

Reflexive Mediation:
Unmittelbar nach Abgabe seiner Lösung beginnt Joel damit, die Selbst-Assessment-Aussagen zu beantworten. Dabei beantwortet er die erste Selbst-Assessment-Aussage mit „Unsicher“ (Selbst-Assessment-Aussage 1 – Unsicherheit bzgl. Selbst-Assessment-Aussage feststellen; Abbildung 8.26):

„Ich habe (---) fünf 3er-Gruppen oder drei 5er-Gruppen gezeichnet‘. (2 s) Äh. (---) Da bin ich mir unsicher (klickt auf ‚Unsicher‘).“

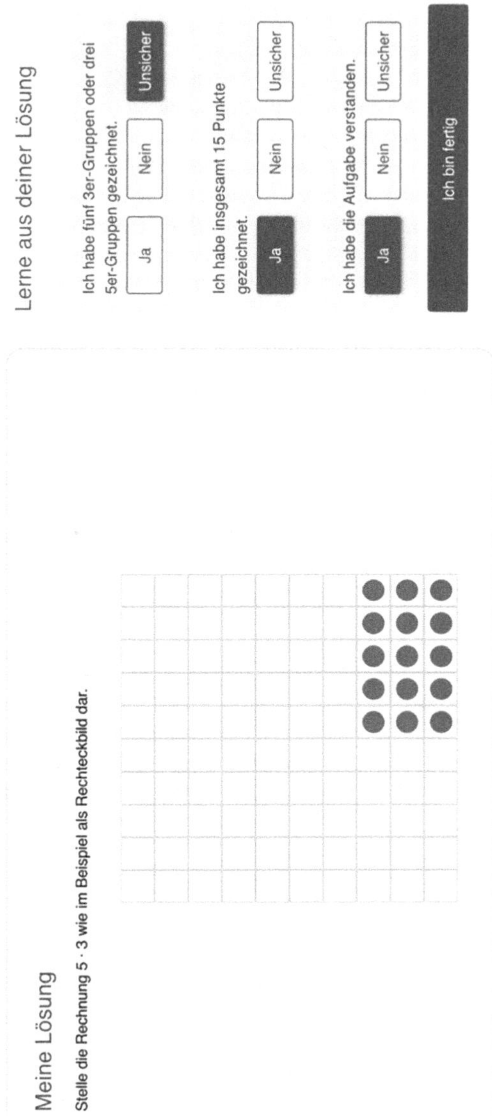

Abbildung 8.26 Joel, Aufgabe 3, Selbst-Assessment

Es lässt sich nicht eindeutig feststellen, auf was Joels Unsicherheit zurückzuführen ist. Möglicherweise ist ein fehlendes Verständnis der Aussage die Ursache und Joel ist nicht klar, dass in mit dem Begriff „Gruppen" die Anzahl der Zeilen beziehungsweise Spalten im Rechteckbild gemeint ist, sodass er nicht weiß, woraufhin er seine Lösung überprüfen soll. Weiterhin wäre es denkbar, dass er die multiplikative Bündel-Struktur in seiner Lösung nicht sieht. Was letztere Vermutung jedoch etwas abschwächt, ist die Tatsache, dass Joel das Rechteckbild durch dreimaliges Zeichnen einer Fünfer-Zeilen generiert und dabei immer bis Fünf zählt. Dieses Vorgehen legt nahe, dass das Rechteckbild als drei Fünfer-Zeilen denkt und ihm die Struktur des Bildes bewusst ist.

Im Gegensatz zur ersten Aussage wählt Joel bei der zweiten Selbst-Assessment-Aussage die Antwort „Ja" aus und stimmt damit einer zutreffenden Selbst-Assessment-Aussage zu (Selbst-Assessment-Aussage 2 – Zutreffender Selbst-Assessment-Aussage zustimmen). Bereits bei der Bearbeitung der Aufgabe im vorangegangenen Prozessschritt hat Joel den Zusammenhang zwischen dem Produkt der Multiplikation und der Gesamtpunktpunktzahl im Rechteckbild explizit benannt: „fünf mal drei sind fünfzehn, dann tippe ich halt auf fünfzehn Felder". Aufgrund dessen wird davon ausgegangen, dass Joel seine Antwort auf die zweite Selbst-Assessment-Aussage bewusst ausgewählt und erkannt hat, dass in seiner Lösung insgesamt fünfzehn Punkte zu sehen sind.

Epistemische Mediation:

- Keine Mediationsprozesse feststellbar

Reflexive Mediation:

- Selbst-Assessment-Aussage 1 – Unsicherheit bzgl. Selbst-Assessment-Aussage feststellen
- Selbst-Assessment-Aussage 2 – Zutreffender Selbst-Assessment-Aussage zustimmen

Epistemisch-Reflexive Mediation:

- Keine Mediationsprozesse feststellbar

Feedback

Reflexive Mediation:
Wie schon bei den vorangegangenen Aufgaben benennt Joel bei der ersten Selbst-Assessment-Aussage, welche Antwort die richtige gewesen wäre (Abbildung 8.27). Seine Antwort auf die zweite Selbst-Assessment-Aussage schätzt er positiv ein (Feedback zum Selbst-Assessment, Selbst-Assessment-Aussage 2 – Korrektes Selbst-Assessment positiv einschätzen):

„*Ich habe insgesamt fünfzehn Punkte gezeichnet' war richtig.*"

Bis auf diese Äußerung geht Joel nicht weiter auf das Feedback ein. Daher wird, wie auch schon bei den vorangegangenen beiden Aufgaben davon ausgegangen, dass Joel die Feedback-Informationen zwar in seinen eigenen Worten wiedergeben kann, sich mit den Informationen aber nicht weiter auseinandersetzt.

Epistemische Mediation:

- Keine Mediationsprozesse feststellbar

Reflexive Mediation:

- Feedback zum Selbst-Assessment, Selbst-Assessment-Aussage 2 – Korrektes Selbst-Assessment positiv einschätzen

Epistemisch-Reflexive Mediation:

- Keine Mediationsprozesse feststellbar

Hinsichtlich des Wechsels zwischen dem Term und der Darstellung einer Multiplikation als Rechteckbild konnte im Zuge der dritten Aufgabe drei Theoreme-in-Aktion rekonstruiert werden, die es erlauben, einen verständigen Darstellungswechsel zu vollziehen. Die Theoreme-in-Aktion blieben während des Selbst-Assessments und des Feedbacks stabil und wurden durch die App-Nutzung nicht beeinflusst. Die Rekonstruktion der reflexiven Mediationsprozesse zeigte, dass Joel bei der Einschätzung der ersten Selbst-Assessment-Aussage unsicher gewesen ist. Bei der zweiten Selbst-Assessment-Aussage wählte Joel richtigerweise „Ja" aus und schätze seine Antwort mit Bezug zum Feedback zum Selbst-Assessment auch als korrekt ein (Abbildung 8.28).

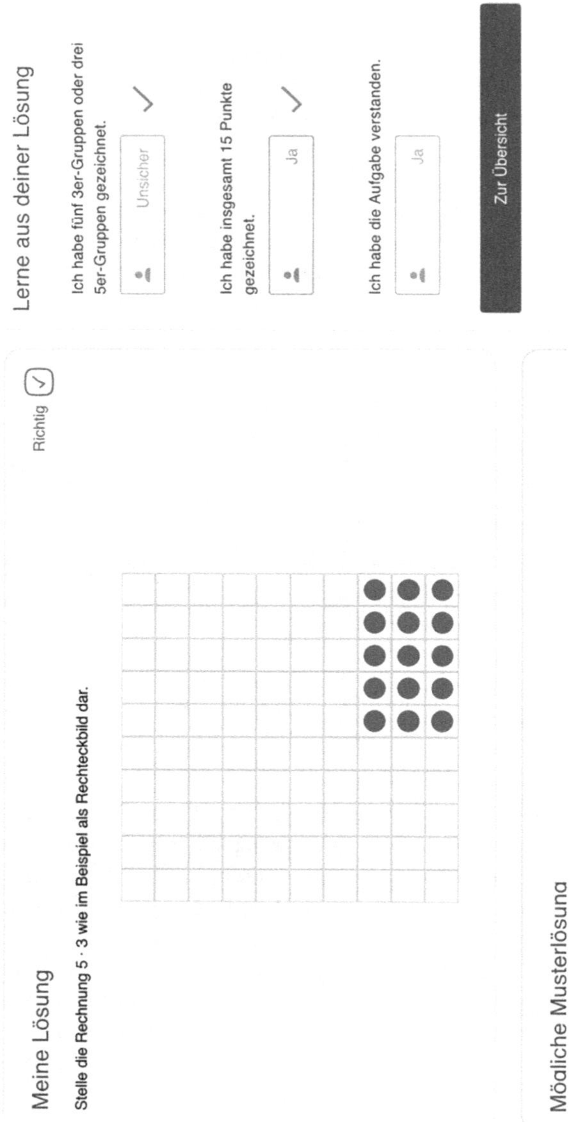

Abbildung 8.27 Joel, Aufgabe 3, Feedback

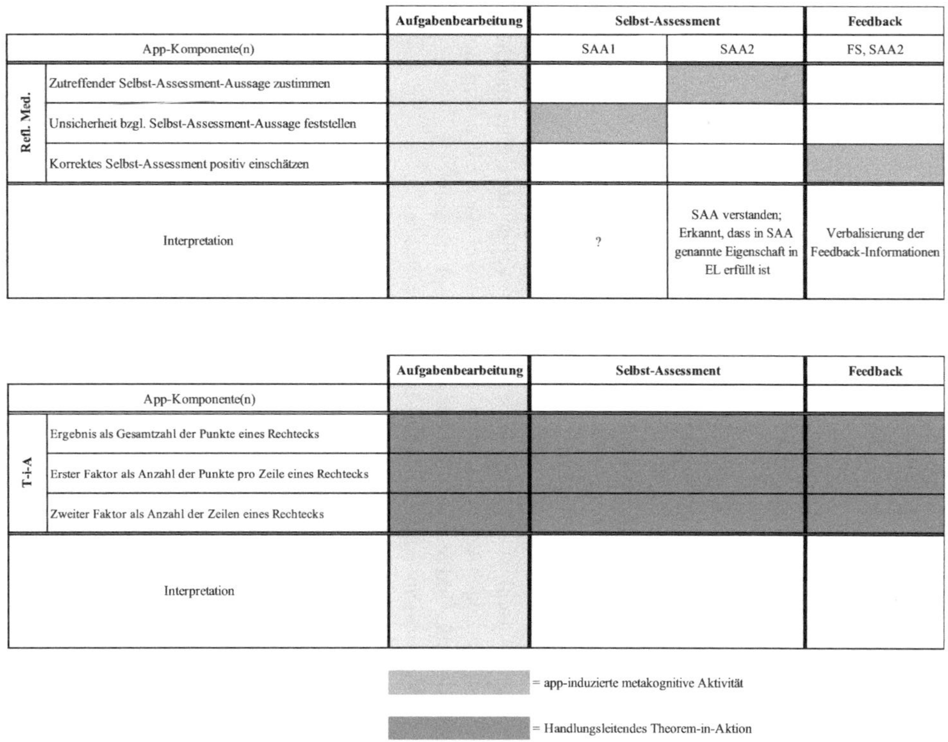

Abbildung 8.28 Überblick über die Mediationsprozesse in Aufgabe 3 im Fall „Joel“. (Quelle: Eigene Darstellung)

Aufgabe 4: Rechteckbilder verändern

Aufgabenbearbeitung

Um die Aufgabe 3 · 9 im Rechteckbild darzustellen, verschiebt Joel den Malwinkel zunächst so, dass drei Zeilen mit jeweils neun Punkten zu sehen sind und zählt anschließend, wie viele Punkte er gezeichnet hat:

„*Drei mal neun ist siebenundzwanzig und das sind dann (---) zwei, vier, sechs, acht, zehn, zwölf, vierzehn, sechszehn, achtzehn, (---) zwanzig, zweiundzwanzig, vierundzwanzig, sechsundzwanzig (4 s) Oh Gott.*“

Die Interviewerin fragt ihn daraufhin, was er gerade überlegen würde und Joel antwortet:

„*Also ich (.) muss ja siebenundzwanzig Kreise [Mhm](.) Ähm (.) das hier (zeigt auf die markierten Punkte im Rechteckbild und verschiebt den Malwinkel um eine Spalte nach rechts) sind (.) ja achtzehn. Und ein so ein Kästchen (zeigt auf eines der visuell abgesetzten fünf mal fünf Bilder) (.) so ein großes Kästchen hat ja hm (zählt, 3 s) hat ja fünfundzwanzig. Dann könnte man doch eigentlich (.) ja so machen (verschiebt den Malwinkel so, dass fünf Zeilen mit jeweils 10 Punkten zu sehen sind).*“

Joel denkt im Anschluss an diese Aussage noch weiter über eine mögliche Lösung der Aufgabe nach und verschiebt den Malwinkel nach oben und unten beziehungsweise links und rechts. Nach einiger Zeit sagt er dann:

„*Puh, ich weiß es nicht. (…) Ich glaube, das geht gar nicht.*“

Er verschiebt den Malwinkel schließlich so, dass vier Zeilen mit jeweils sieben Punkten zu sehen sind und trägt beim Antwortsatz ein, dass es neun Punkte mehr geworden sind (Abbildung 8.29), weil

„*zwei mal neun sind ja (---) sieb- äh achtzehn und drei mal neun sind siebenundzwanzig (---). Dann müssen (.) es ja ähm (2 s) neun Punk- müssten es ja neun Punkte mehr se- werden.*“

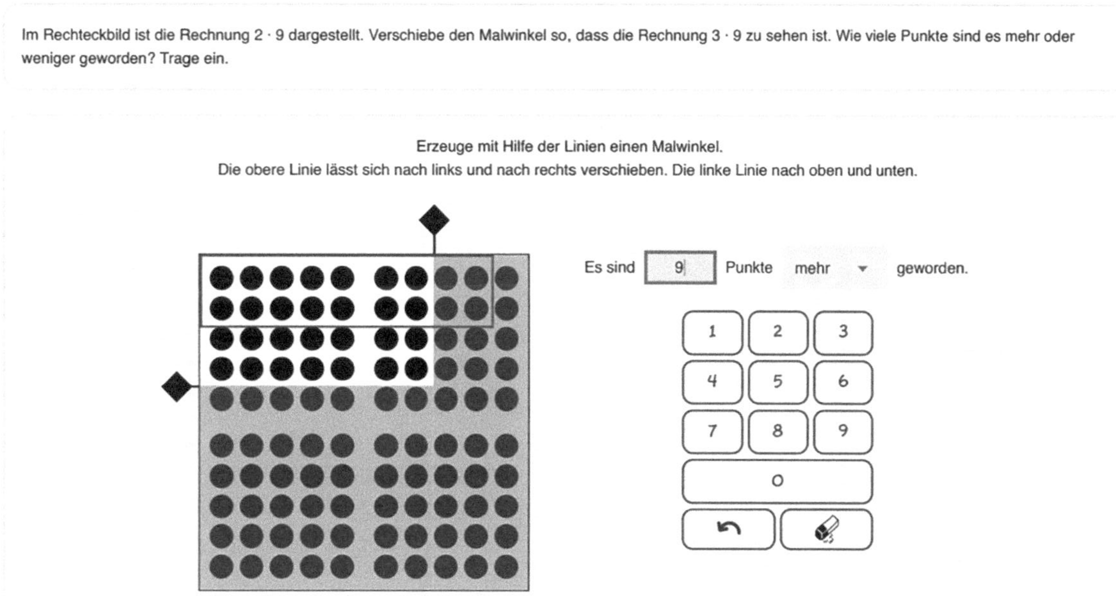

Abbildung 8.29 Joel, Aufgabe 4, Aufgabenbearbeitung

Joel ist sich beim Bearbeiten der Aufgabe offenbar bewusst, dass „drei mal neun (…) siebenundzwanzig“ sind und geht davon aus, dass er den Malwinkel so verschieben muss, dass „siebenundzwanzig Kreise“ zu sehen sind. Indem er die Anzahl der Punkte zählt, nachdem er drei Zeilen mit jeweils neun Punkten im Rechteckbild dargestellt hat, scheint er überprüfen zu wollen, ob siebenundzwanzig Punkte in dem Rechteckbild zu sehen sind. Dass er nur bis „sechsundzwanzig“ zählt und nach kurzem Zögern dann „Oh Gott“ sagt, lässt darauf schließen, dass er sich verzählt hat. Infolgedessen unternimmt er mehrere Versuche den Malwinkel so zu verschieben, dass die Anzahl der Punkte gleich dem Ergebnis der Rechnung, also gleich siebenundzwanzig, ist. Auch wenn ihm das Verschieben des Malwinkels nicht wie gewünscht gelingt, kann davon ausgegangen werden, dass das Theorem-in-Aktion *Ergebnis der veränderten Rechnung als Gesamtzahl der Punkte* seiner Bearbeitung zugrunde liegt:

<Wenn ich eine Malaufgabe im Rechteckbild verändern möchte, dann muss ich den Malwinkel so verschieben, dass die ||Gesamtzahl der Punkte|| gleich dem ||Ergebnis der veränderten Rechnung|| ist>.

Die Anzahl der Punkte, die es in der Aufgabe drei mal neun im Gegensatz zur Aufgabe zwei mal neun mehr geworden sind, bestimmt Joel mittels der zugehörigen Terme. Dafür bestimmt er die jeweiligen Ergebnisse und vergleicht diese miteinander und kommt somit schließlich darauf, dass „es ja neun Punkte mehr“ werden müssten.

Theorem-in-Aktion:

- *Ergebnis der veränderten Rechnung als Gesamtzahl der Punkte*
  <Wenn ich eine Malaufgabe im Rechteckbild verändern möchte, dann muss ich den Malwinkel so verschieben, dass die ||Gesamtzahl der Punkte|| gleich dem ||Ergebnis der veränderten Rechnung|| ist>

Selbst-Assessment

Reflexive Mediation:
Nachdem Joel seine Lösung eingereicht hat, schaut er sich zunächst die erste Lösungsmöglichkeit in der Musterlösung an und beschreibt, was in der Lösung zu sehen ist, bevor er mit der Beantwortung der Selbst-Assessment-Aussagen startet:

„Hier gibt es wieder so eine (2 s) mögliche Musterlösung (klickt auf ‚1. Lösung'). (3 s) Da ist ich glaube (dasselbe angegeben?)? [I: Was ist angegeben?] Also hier (zeigt auf die roten Punkte in der Musterlösung) sind rote Punkte noch dazugemacht. (Klickt auf ‚Punkte'). (4 s) Also ich glaube die Punkte braucht man, um das zu machen. (2 s) Dann (.) gibt es hier ‚Lerne aus deiner Lösung' (zeigt auf die Selbst-Assessment-Aussagen), diese – wieder diese Fragen."

Er liest die erste Selbst-Assessment-Aussage vor und sagt nach kurzem Überlegen (5 s)

„Weiß ich nicht."

und beantwortet daraufhin die erste Aussage mit „Unsicher" (Selbst-Assessment-Aussage 1 – Unsicherheit bzgl. Selbst-Assessment-Aussage feststellen; Abbildung 8.30). Es könnte sein, dass Joel wie gegebenenfalls schon in der vorangegangenen Rechteckbild-Aufgabe nicht weiß, was mit dem Begriff „Gruppen" gemeint ist und dass sich die Aussage auf die Anzahl der Zeilen beziehungsweise Spalten bezieht, die nach dem Verschieben des Malwinkels im Rechteckbild zu sehen sind. Ein weiterer, möglicher Grund für Joels Unsicherheit könnten auch an dieser Stelle Schwierigkeiten beim Erkennen der Bündel-Strukturen im Rechteckbild sein. Zudem ist denkbar, dass Joel die Selbst-Assessment-Aussage nicht auf seine Lösung beziehen kann. Welcher der Erklärungsansätze an dieser Stelle der richtige ist, lässt sich aufgrund fehlender Ausführungen von Joel nicht mit Sicherheit aussagen.

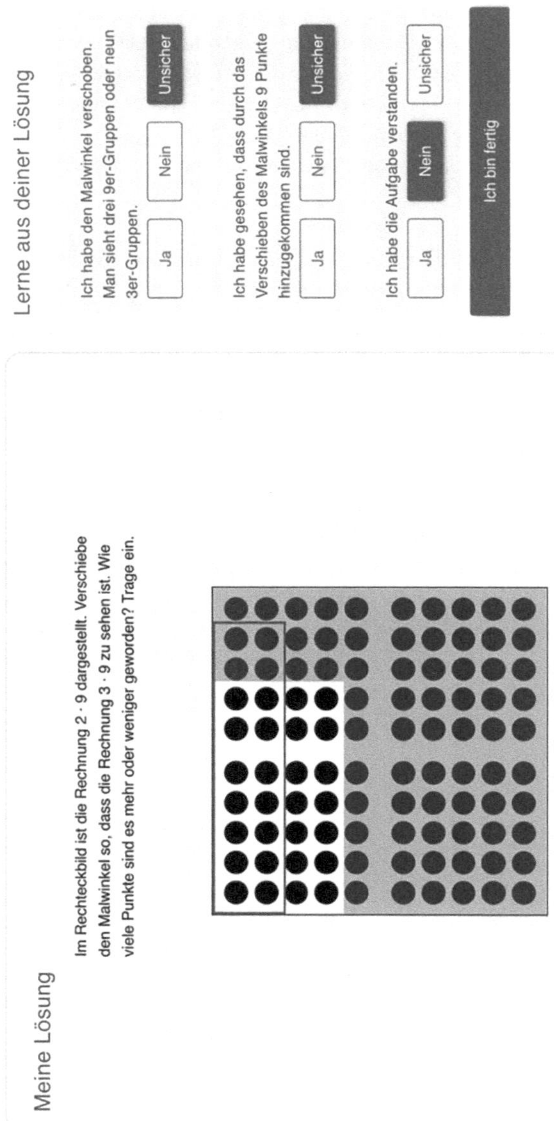

Abbildung 8.30 Joel, Aufgabe 4, Selbst-Assessment

Dies trifft auch auf die zweite Selbst-Assessment-Aussage zu, welche Joel ebenfalls mit „Unsicher" beantwortet (Selbst-Assessment-Aussage 2 – Unsicherheit bzgl. Selbst-Assessment-Aussage feststellen):

„‚Ich habe gesehen, dass durch das Verschieben des Malwinkels neun Punkte hinzugef- gekommen sind'. (---) Weiß ich auch nicht (klickt auf ‚Unsicher')".

In Bezug auf die letzte Selbst-Assessment-Aussage gibt Joel an, die Aufgabe nicht verstanden zu haben. Seine Gründe für diese Einschätzung führt er nicht aus, sodass hier nur Mutmaßungen angestellt werden können. Sein Gefühl des Unverständnisses könnte aufgrund der Schwierigkeiten beim Bearbeiten der Aufgabe entstanden sein. So hatte es Joel aufgrund eines Fehlers beim Zählen der Gesamtpunktzahl nicht geschafft, den Malwinkel wie gewünscht zu verschieben. Andererseits könnte seine Einschätzung auch auf seine Unsicherheit beim Beantworten der Selbst-Assessment-Aussagen zurückzuführen sein.

Epistemische Mediation:

- Keine Mediationsprozesse feststellbar

Reflexive Mediation:

- Selbst-Assessment-Aussage 1 – Unsicherheit bzgl. Selbst-Assessment-Aussage feststellen
- Selbst-Assessment-Aussage 2 – Unsicherheit bzgl. Selbst-Assessment-Aussage feststellen

Epistemisch-Reflexive Mediation:

- Keine Mediationsprozesse feststellbar

Feedback

Als Joel nach Abgabe seines Selbst-Assessments zur Feedback-Ansicht weitergeleitet wird (Abbildung 8.31), scrollt er nach unten und betrachtet die mögliche Musterlösung. Anschließend scrollt er wieder nach oben, sodass seine Lösung auf dem Bildschirm zu sehen ist. Er erklärt:

„Dann ist hier (2 s) meine Lösung und die ist da steht auch ‚Falsch' drüber".

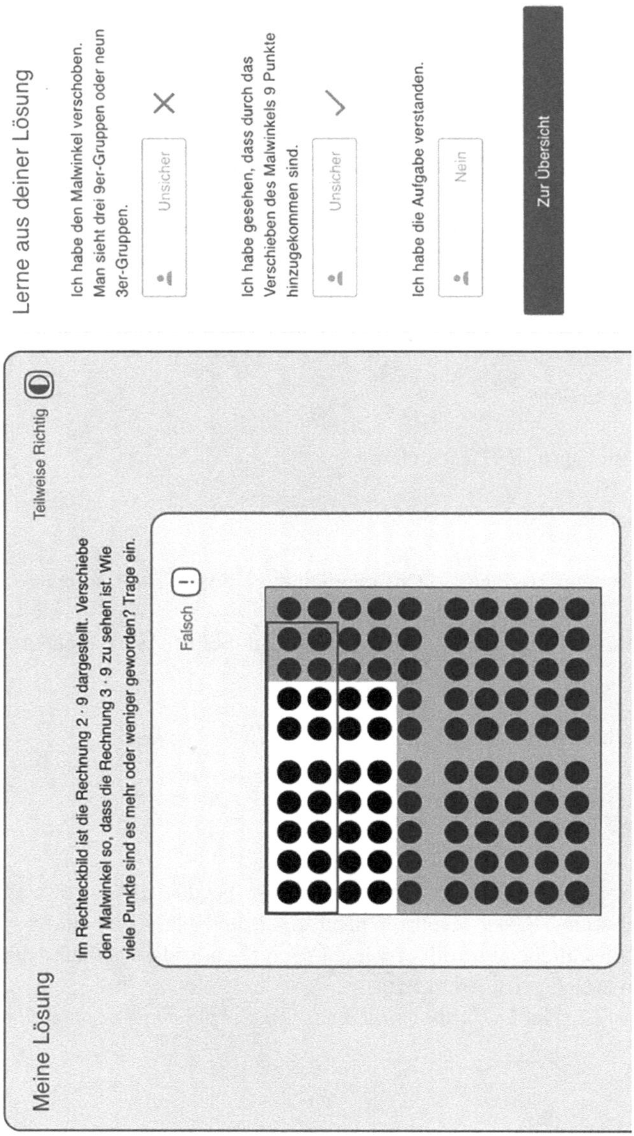

Abbildung 8.31 Joel, Aufgabe 4, Feedback

Bei seiner Aussage handelt es sich um eine Feststellung, dass seine Lösung von der App als falsch bewertet wird. Ob er dieses Feedback anerkennt oder versteht, wird anhand seiner Äußerung nicht deutlich. Es wird an dieser Stelle daher nicht davon ausgegangen, dass ein reflexiver Mediationsprozess stattgefunden hat.

Epistemische Mediation:

- Keine Mediationsprozesse feststellbar

Reflexive Mediation:

- Keine Mediationsprozesse feststellbar

Epistemisch-Reflexive Mediation:

- Keine Mediationsprozesse feststellbar

Auch wenn Joel aufgrund eines Fehlers beim Zählen der Punkte im Rechteckbild es nicht schaffte, den Malwinkel entsprechend der Aufgabenstellung zu verschieben, zeigten seine Äußerungen, dass sein Fokus auf der Gesamtzahl der Punkte lag, die er mit dem Ergebnis der veränderten Rechnung in Zusammenhang brachte. Eine Veränderung dieses Theorems-in-Aktion durch die App zeigte sich nicht. So konnten im Prozessschritt des Selbst-Assessments ausschließlich reflexive Mediationsprozesse aufgezeigt werden, bei denen Joel Unsicherheiten in Bezug auf die erste und zweite Selbst-Assessment-Aussage angab (Abbildung 8.32).

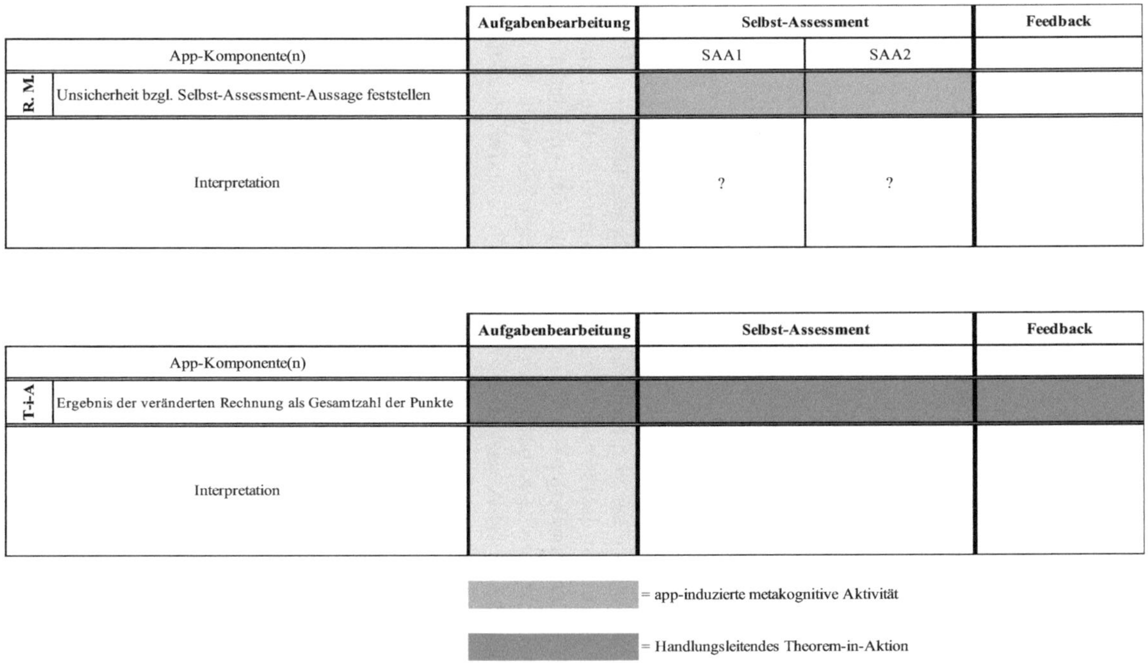

Abbildung 8.32 Überblick über die Mediationsprozesse in Aufgabe 4 im Fall „Joel". (Quelle: Eigene Darstellung)

8.3 Fall „Matteo"

Aufgabe 1: Malaufgaben am Zahlenstrahl erkennen

Aufgabenbearbeitung
Bei der ersten Aufgabe trägt Matteo die Rechnung $3 \cdot 3 = 9$ ein (Abbildung 8.33) und erklärt:

„Also ich habe hier gesehen, dass die Striche immer (---) jede also (2 s) ähm jede dritte Zahl ist so ein Strich ähm dr- also (.) vom Zahlenstrahl die Pfeile drauf und dann habe ich mir so gesagt drei mal drei, kann ich aufschreiben, sind neun. Genauso könnte ich auch schreiben, dass zwei mal drei sechs sind oder drei mal vier zwölf sind."

In Matteos Erklärung wird deutlich, dass ihm hinsichtlich der Sprünge auffällt, dass auf „jede dritte Zahl" ein Pfeil zeigt, also jeder Sprung die Länge drei hat. Dabei benennt er neben seiner Lösung sowohl die Rechnung „zwei mal drei" als auch die Rechnung „drei mal vier" als weitere Möglichkeiten, um eine zum Bild passende Rechnung zu notieren. Seinem Verständnis nach kann somit der erste Faktor aber auch der zweite Faktor die Länge der Sprünge repräsentieren. Ausgehend davon lässt sich das Theorem-in-Aktion *Sprunglänge als erster oder zweiter Faktor* rekonstruieren: <Wenn ich eine Malaufgabe am Zahlenstrahl erkennen möchte, dann muss der ||erste Faktor|| oder der ||zweite Faktor|| gleich der ||Länge der Sprünge|| sein>.

Zudem fällt auf, dass Matteo als mögliche, richtige Rechnungen immer solche nennt, deren Ergebnis gleich dem Endpunkt einer der in der in dem Bild aufgezeigten Sprünge ist. Das Ergebnis der Rechnung drei mal drei, welche er als Lösung einträgt, ist gleich dem Endpunkt des dritten Sprunges. Die Ergebnisse der Rechnungen zwei mal drei und drei mal vier, die er ebenfalls benennt, entsprechen den Endpunkten des zweiten beziehungsweise vierten Sprunges. Folglich kann davon ausgegangen werden, dass seiner Bearbeitung das Theorem-in-Aktion *Endpunkt einer der Sprünge als Ergebnis* zugrunde liegt: <Wenn ich eine Malaufgabe am Zahlenstrahl erkennen möchte, dann muss das ||Ergebnis|| gleich dem ||Endpunkt einer der Sprünge|| sein>.

Theoreme-in-Aktion:

- *Sprunglänge als erster oder zweiter Faktor*
  <Wenn ich eine Malaufgabe am Zahlenstrahl erkennen möchte, dann muss der ||erste Faktor|| oder der ||zweite Faktor|| gleich der ||Länge der Sprünge|| sein>
- *Endpunkt einer der Sprünge als Ergebnis*
  <Wenn ich eine Malaufgabe am Zahlenstrahl erkennen möchte, dann muss das ||Ergebnis|| gleich dem ||Endpunkt einer der Sprünge|| sein>

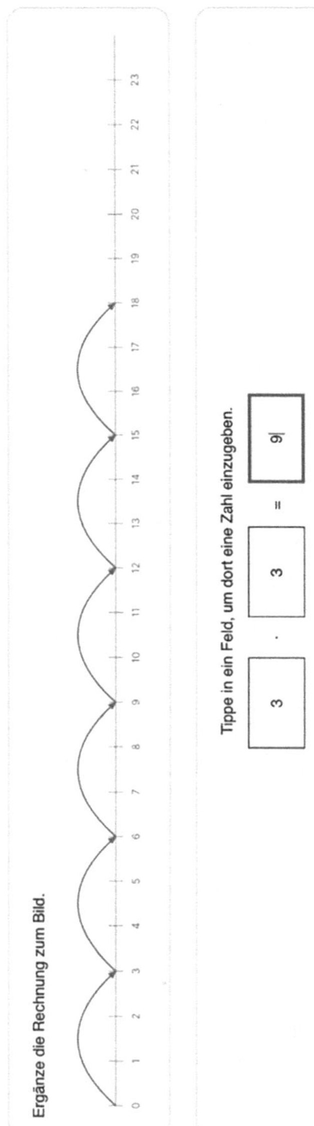

Abbildung 8.33 Matteo, Aufgabe 1, Aufgabenbearbeitung

Selbst-Assessment

Reflexive Mediation:
Nach der Abgabe seiner Lösung beginnt Matteo unmittelbar damit, die Selbst-Assessment-Aussagen zu beantworten. Die erste Selbst-Assessment-Aussage beantwortet er mit „Ja" (Abbildung 8.34) und erläutert mit Bezug zu seiner eigenen Lösung:

„*Also Drei, Sechs, Neun, Zwölf, Fünfzehn, Achtzehn (.) und so weiter.*"

In der ersten Selbst-Assessment-Aussage wird danach gefragt, ob einer der Faktoren der Anzahl der Sprünge entspricht. Matteo geht jedoch nicht auf die Sprunganzahl ein, sondern benennt die Endpunkte der am Zahlenstrahl dargestellten Sprünge „Drei, Sechs, Neun, Zwölf, Fünfzehn, Achtzehn", um seine Antwort auf die Selbst-Assessment-Aussage zu erklären. Aufgrund dessen kann davon ausgegangen werden, dass Matteo die erste Selbst-Assessment-Aussage so verstanden hat, als würde danach gefragt werden, ob einer der beiden Faktoren gleich der Länge der Sprünge ist. Da in seiner Lösung beide Faktoren gleich der Sprunglänge sind, stimmt er der Aussage zu. Da in der Selbst-Assessment-Aussage jedoch nach der Entsprechung von einem der beiden Faktoren und der Sprunganzahl gefragt wird, stimmt er einer Aussage zu, die auf seine Lösung nicht zutrifft (Selbst-Assessment-Aussage 1, Eigene Lösung – Nicht zutreffender Selbst-Assessment-Aussage zustimmen).

Der zweiten Selbst-Assessment-Aussage stimmt Matteo bezugnehmend auf seine Lösung ebenfalls zu. Da in diesem Fall tatsächlich danach gefragt ist, ob einer der beiden Faktoren anzeigt, wie lang jeder Sprung ist, stimmt Matteo einer Selbst-Assessment-Aussage zu, welche auf seine Lösung zutrifft (Selbst-Assessment-Aussage 2, Eigene Lösung – Zutreffender Selbst-Assessment-Aussage zustimmen). Die positive Beantwortung der zweiten Selbst-Assessment-Aussage begründet Matteo folgendermaßen:

„*Der Sprung ist immer drei Zahlen lang, also ‚Ja'*".

Matteo gibt an, dass er die Antwort „Ja" ausgewählt hat, weil die Sprunglänge gleich Drei ist. Seine kurze Erklärung lässt vermuten, dass er die zweite Selbst-Assessment-Aussage wie intendiert verstanden und erkannt hat, dass die beiden Faktoren in der Rechnung gleich Drei und somit gleich der Länge der Sprünge sind.

Wie bereits bei den ersten beiden Selbst-Assessment-Aussagen wählt Matteo auch bei der dritten Selbst-Assessment-Aussage die Antwort „Ja" aus. Die Gesamtlänge aller Sprünge ist in dem Bild gleich Achtzehn. Da das Ergebnis seiner Rechnung gleich Neun ist und somit nicht der Gesamtlänge aller Sprünge entspricht, stimmt Matteo hier einer Selbst-Assessment-Aussage zu, die nicht auf seine Lösung zutrifft (Selbst-Assessment-Aussage 3 – Nicht zutreffender Selbst-Assessment-Aussage zustimmen). Da er in diesem Falle keine weiteren Begründungen anführt,

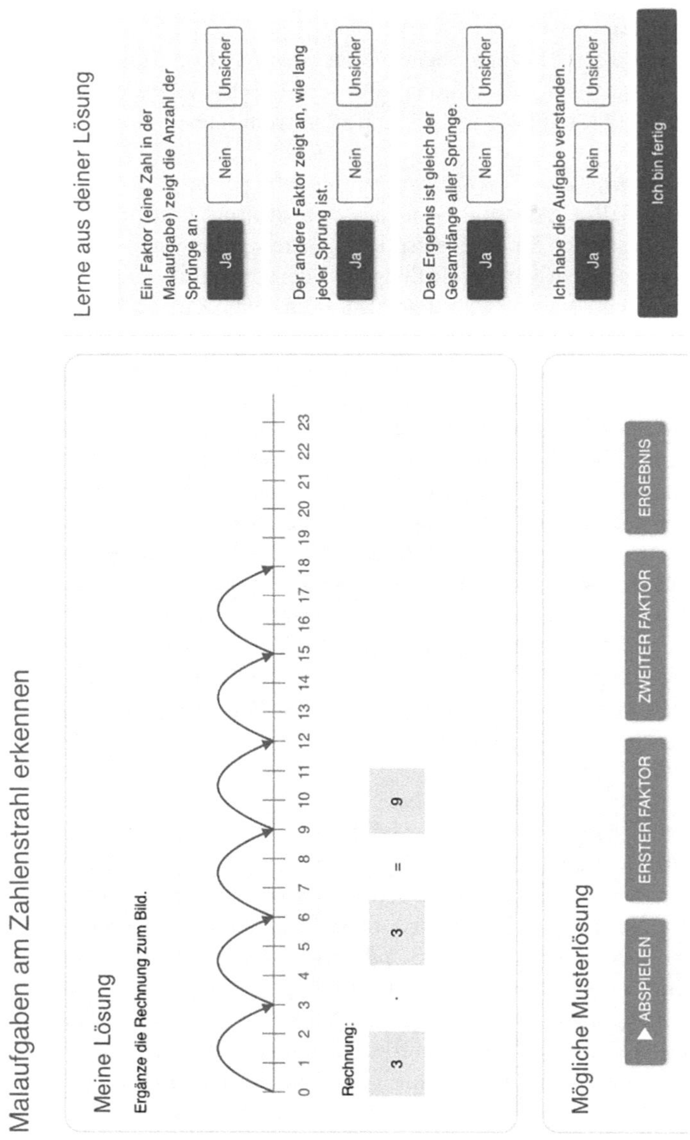

Abbildung 8.34 Matteo, Aufgabe 1, Selbst-Assessment

bleibt unklar, ob und welche Eigenschaft seiner Lösung Matteo tatsächlich zur Beantwortung dieser Aussage herangezogen hat. Möglicherweise betrachtet er nicht die Gesamtlänge aller auf dem Zahlenstrahl abgebildeten Sprünge, sondern ausschließlich die Länge der ersten drei Sprünge, welche er bei dem Notieren einer passenden Rechnung fokussiert hat. Die Gesamtlänge der ersten drei Sprünge wäre gleich Neun und wäre somit gleich dem Ergebnis in Matteos Rechnung, was eine positive Beantwortung der dritten Aussage erklären könnte.

Epistemische Mediation:

- Keine Mediationsprozesse feststellbar

Reflexive Mediation:

- Selbst-Assessment-Aussage 1, Eigene Lösung – Nicht zutreffender Selbst-Assessment-Aussage zustimmen
- Selbst-Assessment-Aussage 2, Eigene Lösung – Zutreffender Selbst-Assessment-Aussage zustimmen
- Selbst-Assessment-Aussage 3 – Nicht zutreffender Selbst-Assessment-Aussage zustimmen

Epistemisch-Reflexive Mediation:

- Keine Mediationsprozesse feststellbar

Feedback

Reflexive Mediation:
Nach Abgabe des Selbst-Assessments wird Matteo zur Feedback-Ansicht weitergeleitet (Abbildung 8.35). Er schaut sich einige Sekunden den Bildschirm an und sagt dann:

„*Ah (5 s) ok.*“

Als die Interviewerin ihn daraufhin fragt, was er gerade denkt, antwortet Matteo:

„*Hm, dass ich etwas falsch gemacht habe.*“

Es ist unklar, ob er sich mit dieser Feststellung auf die Fehlerhaftigkeit seiner Lösung oder auf die von ihm teilweise inkorrekt beantworteten Selbst-Assessment-Aussagen bezieht. Kurze Zeit nach dem Tätigen dieser Aussage geht Matteo jedoch ausschließlich auf die als falsch bewertete, dritte Selbst-Assessment-Aussage näher ein. Aus diesem Grund wird davon ausgegangen, dass Matteos Feststellung,

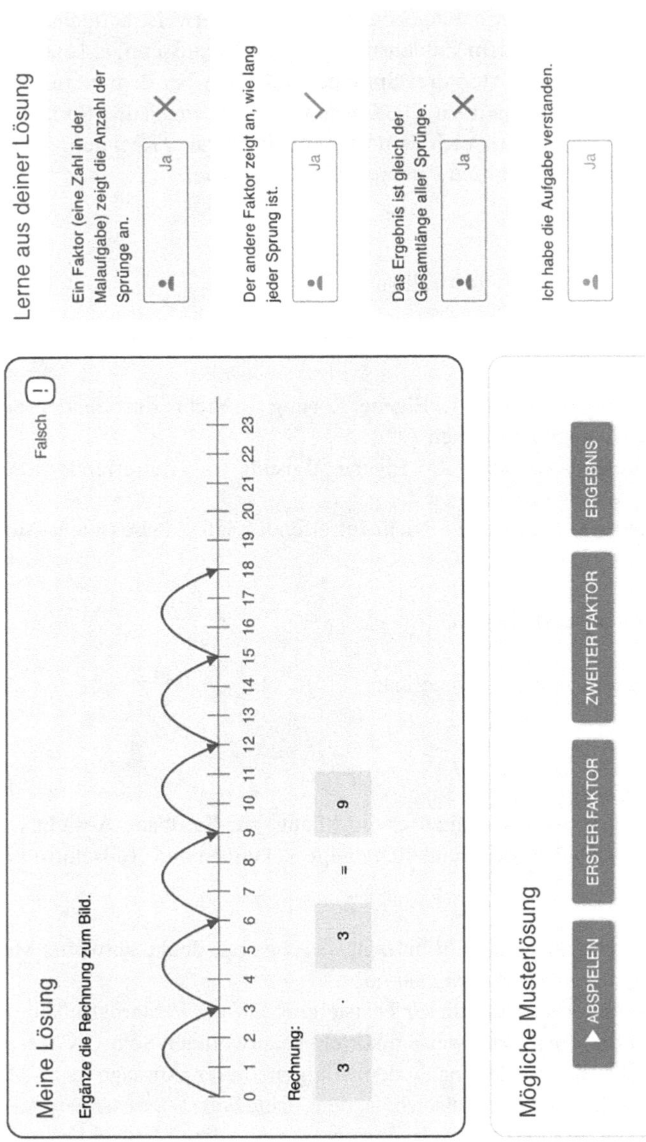

Abbildung 8.35 Matteo, Aufgabe 1, Feedback

dass er „etwas falsch gemacht“ hat, als negative Einschätzung seines fehlerhaften Selbst-Assessments identifiziert werden kann und er durch das Feedback zur dritten Selbst-Assessment-Aussage zu dieser Einschätzung veranlasst wird (Feedback zum Selbst-Assessment, Selbst-Assessment-Aussage 3 – Fehlerhaftes Selbst-Assessment negativ einschätzen). So führt Matteo, nachdem er kurze Zeit überlegt hat, in Bezug auf die dritte Selbst-Assessment-Aussage aus:

„Also (.) da steht ja das Ergebnis ist gleich der Gesamtlänge aller Sprünge. Das also (---) das wird ja nicht immer gleich sein, weil das immer drei mehr sind.“

Seine Ausführung lässt darauf schließen, dass das Feedback zur dritten Selbst-Assessment-Aussage bei ihm einen kognitiven Konflikt erzeugt hat. Dieser Konflikt scheint dazu geführt zu haben, dass Matteo sein Selbst-Assessment reflektiert (Feedback zum Selbst-Assessment, Selbst-Assessment-Aussage 3 – Selbst-Assessment reflektieren) und er sein fehlerhaftes Selbst-Assessment nun begründet negativ einschätzt (Feedback zum Selbst-Assessment, Selbst-Assessment-Aussage 3 – Fehlerhaftes Selbst-Assessment negativ einschätzen). Als vermeintlichen Grund für seine inkorrekte Beantwortung der Selbst-Assessment-Aussage gibt Matteo an, dass das Ergebnis „ja nicht immer gleich sein“ wird, „weil das immer drei mehr sind“. Anscheinend versteht er die dritte Selbst-Assessment-Aussage so, als würde danach gefragt werden, ob das Ergebnis der Rechnung immer gleich ist. Laut seinen beiden handlungsleitenden Theoremen-in-Aktion *Sprunglänge als erster oder zweiter Faktor* und *Endpunkt einer der Sprünge als Ergebnis* gibt es verschiedene Rechnungen und damit auch verschiedene Ergebnisse, die zu den am Zahlenstrahl aufgezeigten Sprüngen passen. Da seinem Verständnis nach also nicht immer dasselbe Ergebnis eingetragen werden muss, sondern beispielsweise statt der Neun auch die Zwölf als Ergebnis notiert werden kann, hätte die dritte Selbst-Assessment-Aussage mit „Nein“ anstatt mit „Ja“ beantwortet werden müssen. Somit scheint es, als würde Matteo nicht die eigene Lösung, sondern die Menge aller möglichen, für ihn als richtig erachteten Lösungen als Bezugsobjekt für die dritte Selbst-Assessment-Aussage heranziehen.

Epistemische Mediation:

- Keine Mediationsprozesse feststellbar

Reflexive Mediation:

- Feedback zum Selbst-Assessment, Selbst-Assessment-Aussage 3 – Fehlerhaftes Selbst-Assessment negativ einschätzen

- Feedback zum Selbst-Assessment, Selbst-Assessment-Aussage 3 – Selbst-Assessment reflektieren
- Feedback zum Selbst-Assessment, Selbst-Assessment-Aussage 3 – Fehlerhaftes Selbst-Assessment negativ einschätzen

Epistemisch-Reflexive Mediation:

- Keine Mediationsprozesse feststellbar

Zusammenfassend lässt sich für Matteo in Bezug auf die erste Aufgabe festhalten, dass die beiden rekonstruierten Theoreme-in-Aktion *Sprunglänge als erster oder zweiter Faktor* und *Endpunkt einer der Sprünge als Ergebnis* von der Beantwortung der Selbst-Assessment-Aussagen sowie dem Feedback nicht beeinflusst worden sind. Vermutlich hat das Feedback zum Selbst-Assessment Matteos Verständnis eher noch gestärkt. Beim Selbst-Assessment stimmte Matteo allen Selbst-Assessment-Aussagen zu, wobei nur die zweite tatsächlich auf seine Lösung zutraf. Statt bei der ersten sowie dritten Selbst-Assessment-Aussage seine Lösung darauf zu überprüfen, ob ein Faktor der Anzahl sowie der Gesamtlänge aller Sprünge entspricht, fokussierte er vermutlich bei der ersten Aussage auf die Sprunglänge und bei der dritten Aussage auf die Länge der ersten drei Sprünge. Hinsichtlich des Feedbacks berücksichtigte Matteo ausschließlich das Feedback zum Selbst-Assessment ein. Das Feedback zur dritten Aussage veranlasste ihn zur Reflektion seines Selbst-Assessments und führte dazu, dass er seine Einschätzung in Bezug auf die dritte Aussage als falsch bewertete. Als Grund führte er an, dass aufgrund der Verschiedenheit der von ihm als potenziell richtig anerkannten Lösungen das Ergebnis der Rechnung nicht immer das gleiche ist und er die dritte Aussage daher hätte ablehnen müssen (Abbildung 8.36).

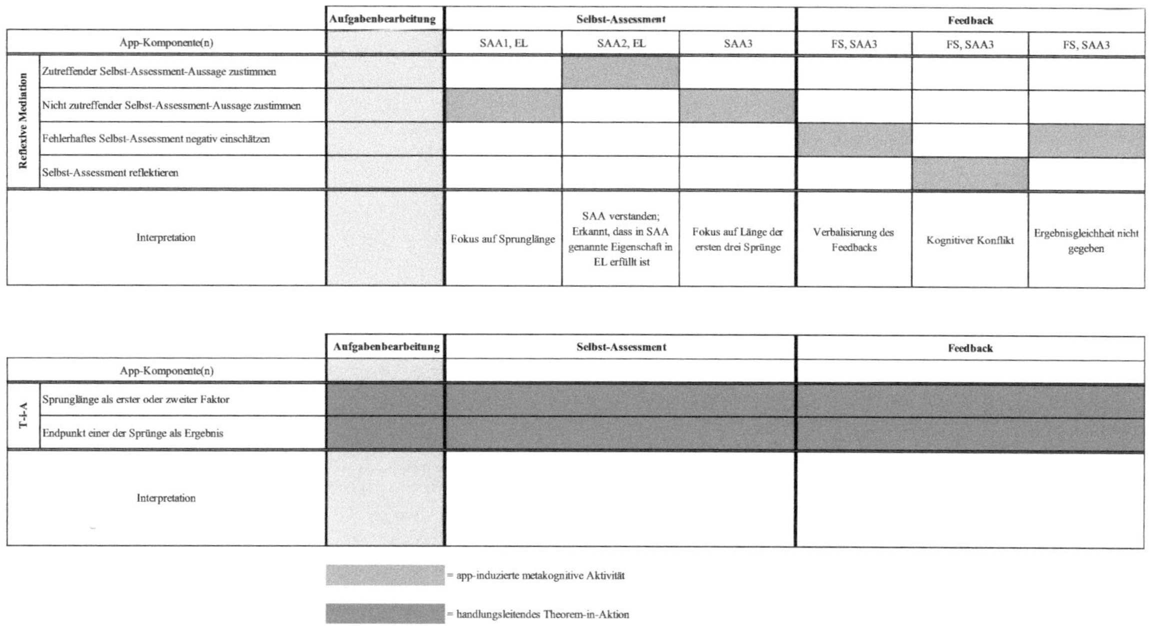

Abbildung 8.36 Überblick über die Mediationsprozesse in Aufgabe 1 im Fall „Matteo". (Quelle: Eigene Darstellung)

Aufgabe 2: Malaufgaben am Zahlenstrahl darstellen

Aufgabenbearbeitung
Im Zuge der zweiten Aufgabe zeichnet Matteo sechs Vierer-Sprünge ein (Abbildung 8.37) und sagt zu seiner Darstellung:

„*Ich habe jetzt immer plus vier Sprünge, also es werden immer vier (---) also (---) vier, acht, zwölf, sechszehn, zwanzig, vierundzwanzig.*"

Beim nachfolgenden Prozessschritt des Selbst-Assessments wird jedoch deutlich, dass sich Matteo zu dem Zeitpunkt der Aufgabenbearbeitung nicht über die Aufgabenstellung bewusst war. Er hat diese laut eigener Aussage übersehen und daher anscheinend zufällig Vierer-Sprünge am Zahlenstrahl eingezeichnet. Aus diesem Grund werden an dieser Stelle keine Theoreme-in-Aktion rekonstruiert.

Theoreme-in-Aktion:

- Keine

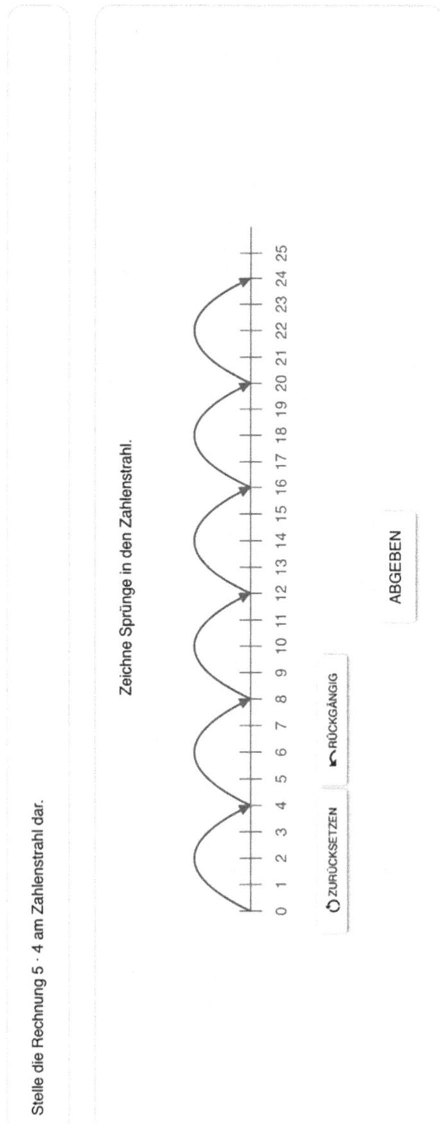

Abbildung 8.37 Matteo, Aufgabe 2, Aufgabenbearbeitung

Selbst-Assessment

Reflexive Mediation:
Nach Abgabe seiner Zeichnung liest Matteo die erste Selbst-Assessment-Aussage laut vor. Er scheint einige Sekunden über diese Aussage nachzudenken, bis er

„*Achso*"

sagt und hinunter zur Musterlösung scrollt (Abbildung 8.38):

„*Fünf mal vier soll ich. Achso, ich habe das da oben (zeigt auf die Aufgabenstellung in seiner Lösung) nicht gesehen. Ähm, kann man das rückgängig machen, also das ich das nochmal neu machen kann?*".

Es macht den Eindruck, als hätte das Lesen der ersten Selbst-Assessment-Aussage bei Matteo einen kognitiven Konflikt ausgelöst. Dieser Konflikt könnte entstanden sein, weil ihm zunächst nicht bewusst war, auf welche Faktoren in der ersten Aussage Bezug genommen wird. Unter Berücksichtigung der Musterlösung reflektiert Matteo dann seine eigene Lösung (Selbst-Assessment-Aussage 1, Eigene Lösung, Musterlösung – Eigene Lösung reflektieren) und schätzt sie negativ ein (Selbst-Assessment-Aussage 1, Eigene Lösung, Musterlösung – Fehlerhafte Lösung negativ einschätzen). Die negative Bewertung seiner Lösung wird insbesondere an seinem Wunsch zur Überarbeitung beziehungsweise Neubearbeitung der Aufgabe deutlich. Seinen Fehler führt Matteo darauf zurück, dass er die Aufgabenstellung nicht beachtet hat, laut welcher er die Rechnung fünf mal vier am Zahlenstrahl hätte darstellen sollen.

Die Tatsache, dass Matteo sich nun über die Aufgabenstellung bewusst ist, wirft die Frage auf, welche Vorstellung er in Bezug auf die Darstellung von Malaufgaben am Zahlenstrahl hat. Jedoch geht Matteo nicht explizit darauf ein, welche Zusammenhänge er zwischen der symbolischen Rechnung und ihrer ikonischen Darstellung als Sprünge am Zahlenstrahl sieht.

Daher wird für die Rekonstruktion der Theoreme-in-Aktion die Bearbeitung der *analogen Aufgabe aus dem zweiten Aufgabendurchlauf* herangezogen. Im Rahmen dieser soll die Malaufgabe acht mal drei am Zahlenstrahl dargestellt werden. Matteo zeichnet drei Achter-Sprünge ein und begründet dies folgendermaßen:

„*Acht, sechszehn, vierundzwanzig. Weil acht mal drei sind vierundzwanzig und ich habe drei Pfeile (.) halt so gemacht.*"

Die Sprünge hat Matteo so am Zahlenstrahl eingezeichnet, dass deren Anzahl dem zweiten Faktor und deren Länge dem ersten Faktor der Rechnung entspricht. Seine Bemerkung „Acht, sechszehn, vierundzwanzig. Weil acht mal drei sind vierundzwanzig" lässt zudem vermuten, dass er sich darüber bewusst ist, dass das Ergebnis der Rechnung durch den Endpunkt des letzten Sprunges repräsentiert wird.

Auf Grundlage der zur zweiten Aufgabe analogen Diagnoseaufgabe aus dem zweiten Durchlauf können daher drei Theoreme-in-Aktion rekonstruiert werden. Dabei lautet das erste Theorem-in-Aktion *Erster Faktor als Sprunglänge*:

Abbildung 8.38 Matteo, Aufgabe 2, Selbst-Assessment

<Wenn ich eine Malaufgabe auf dem Zahlenstrahl darstellen möchte, dann muss die ||Länge der Sprünge|| gleich dem ||ersten Faktor|| sein>.

Neben der Sprunglänge findet in der zweiten Aufgabe auch die Sprunganzahl explizit Berücksichtigung, sodass das Theorem-in-Aktion *Zweiter Faktor als Sprunganzahl* ebenfalls als handlungsleitend angenommen wird:

<Wenn ich eine Malaufgabe auf dem Zahlenstrahl darstellen möchte, dann muss die ||Anzahl der Sprünge|| gleich dem ||zweiten Faktor|| sein>.

Das Ergebnis der Rechnung stellt Matteo in dieser Aufgabe eindeutig mit Hilfe des Endpunktes des letzten Sprunges dar. So lautet das dritte Theorem-in-Aktion *Ergebnis als Endpunkt des letzten Sprunges*:

<Wenn ich eine Malaufgabe auf dem Zahlenstrahl darstellen möchte, dann muss der ||Endpunkt des letzten Sprunges|| gleich dem ||Ergebnis|| sein>.

Nachdem das Lesen der ersten Selbst-Assessment-Aussage Matteo zunächst dazu brachte, seine Lösung zu reflektieren, beantwortet er jene kurze Zeit später mit „Ja". Da er jedoch in seiner Lösung insgesamt sechs Sprünge gezeichnet hat und weder der erste noch der zweite Faktor gleich Sechs ist, handelt es sich hier um die Zustimmung zu einer nicht zutreffenden Selbst-Assessment-Aussage (Selbst-Assessment-Aussage 1 – Nicht zutreffender Selbst-Assessment-Aussage zustimmen), die wie bei der ersten Aufgabe auf ein Missverstehen dieser Aussage zurückgeführt werden könnte. Eventuell hat Matteo auch hier die erste Selbst-Assessment-Aussage so verstanden, als würde nicht nach der Anzahl, sondern nach der Länge der Sprünge gefragt werden und ob diese einem der beiden Faktoren entspricht. Obwohl seine Zeichnung zufällig und ohne Berücksichtigung der Aufgabenstellung entstanden ist, hat er 4er-Sprünge eingezeichnet. Damit entspricht die Länge der Sprünge in seiner Lösung dem zweiten Faktor in der Rechnung, was die Auswahl der Antwort „Ja" erklären könnte.

Der zweiten Selbst-Assessment-Aussage, welche Matteo zunächst laut vorliest, stimmt er ebenfalls zu. Da hier tatsächlich nach der Länge der Sprünge gefragt wird und diese in seiner Lösung dem zweiten Faktor in der Rechnung entspricht, kann Matteos Handlung als Zustimmung zu einer zutreffenden Selbst-Assessment-Aussage identifiziert werden (Selbst-Assessment-Aussage 2 – Zutreffender Selbst-Assessment-Aussage zustimmen). Es ist davon auszugehen, dass Matteo die Selbst-Assessment-Aussage verstanden hat und sich darüber bewusst ist, dass seine Lösung die in der Selbst-Assessment-Aussage genannte Eigenschaft erfüllt. Auch die dritte Selbst-Assessment-Aussage scheint Matteo verstanden und in diesem Fall erkannt zu haben, dass die Gesamtlänge der von ihm eingezeichneten Sprünge nicht gleich dem Ergebnis der Rechnung ist. Denn er beantwortet die Aussage mit „Nein" und lehnt somit eine Selbst-Assessment-Aussage ab, die auf seine Lösung nicht zutrifft (Selbst-Assessment-Aussage 3 – Nicht zutreffende SAA ablehnen).

Theoreme-in-Aktion:

- *Erster Faktor als Sprunglänge*
  <Wenn ich eine Malaufgabe auf dem Zahlenstrahl darstellen möchte, dann muss die ||Länge der Sprünge|| gleich dem ||ersten Faktor|| sein>
- *Zweiter Faktor als Sprunganzahl*
  <Wenn ich eine Malaufgabe auf dem Zahlenstrahl darstellen möchte, dann muss die ||Anzahl der Sprünge|| gleich dem ||zweiten Faktor|| sein>
- *Ergebnis als Endpunkt des letzten Sprunges*
  <Wenn ich eine Malaufgabe auf dem Zahlenstrahl darstellen möchte, dann muss der ||Endpunkt des letzten Sprunges|| gleich dem ||Ergebnis|| sein>

Epistemische Mediation:

- Keine Mediationsprozesse feststellbar

Reflexive Mediation:

- Selbst-Assessment-Aussage 1, Eigene Lösung, Musterlösung – Eigene Lösung reflektieren
- Selbst-Assessment-Aussage 1, Eigene Lösung, Musterlösung – Fehlerhafte Lösung negativ einschätzen
- Selbst-Assessment-Aussage 1 – Nicht zutreffender Selbst-Assessment-Aussage zustimmen
- Selbst-Assessment-Aussage 2 – Zutreffender Selbst-Assessment-Aussage zustimmen
- Selbst-Assessment-Aussage 3 – Nicht zutreffende Selbst-Assessment-Aussage ablehnen

Epistemisch-Reflexive Mediation:

- Keine Mediationsprozesse feststellbar

Feedback
Da Matteo bei der Rückmeldung zur Richtigkeit der Aufgabenlösung beziehungsweise des Selbst-Assessments (Abbildung 8.39) keine Aussagen tätigt oder Handlungen zeigt, die darauf hindeuten, dass es Veränderungen in Bezug auf sein Verständnis gibt oder die App ihn zu metakognitiven Aktivitäten angeregt hat, können an dieser Stelle keine Mediationsprozesse rekonstruiert werden.

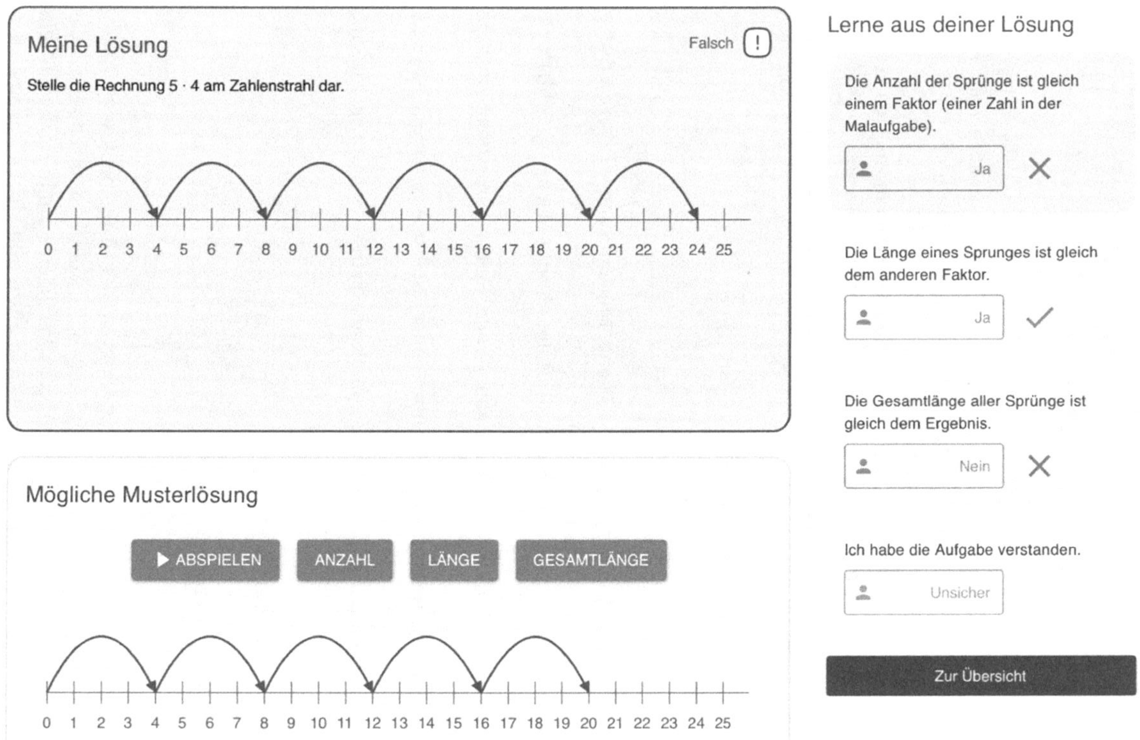

Abbildung 8.39 Matteo, Aufgabe 2, Feedback

Epistemische Mediation:

- Keine Mediationsprozesse feststellbar

Reflexive Mediation:

- Keine Mediationsprozesse feststellbar

Epistemisch-Reflexive Mediation:

- Keine Mediationsprozesse feststellbar

In Bezug auf die zweite Diagnoseaufgabe zeigte sich bei Matteo, dass deren Bearbeitung zunächst ohne ein Bewusstsein über die Aufgabenstellung erfolgte. Im zweiten Prozessschritt, dem Selbst-Assessment, wurde Matteo durch das Lesen der ersten Selbst-Assessment-Aussage zu einer Reflexion angeregt, in deren Zuge er zu dem Schluss kam, die Aufgabenstellung missachtet zu haben. Daraufhin schätzte er seine Lösung negativ ein. Auf Grundlage der Bearbeitung der analogen Aufgabe im zweiten Aufgabendurchlauf wurden die drei Theoreme-in-Aktion *Erster Faktor als Sprunglänge*, *Zweiter Faktor* als *Sprunganzahl* sowie *Ergebnis als Endpunkt des letzten Sprunges* rekonstruiert, die auf einen verständigen Wechsel zwischen Term und Bild schließen lassen. Beim Beantworten der Selbst-Assessment-Aussagen stimmte Matteo der ersten Selbst-Assessment-Aussage aufgrund der Fokussierung auf die Sprunglänge fälschlicherweise zu. Die zweite sowie die dritte Selbst-Assessment-Aussage schien er hingegen wie intendiert verstanden und erkannt zu haben, dass die zweite Aussage auf seine Lösung zutrifft, während die in der dritten Aussage genannte Eigenschaft in seiner Lösung nicht erfüllt ist (Abbildung 8.40).

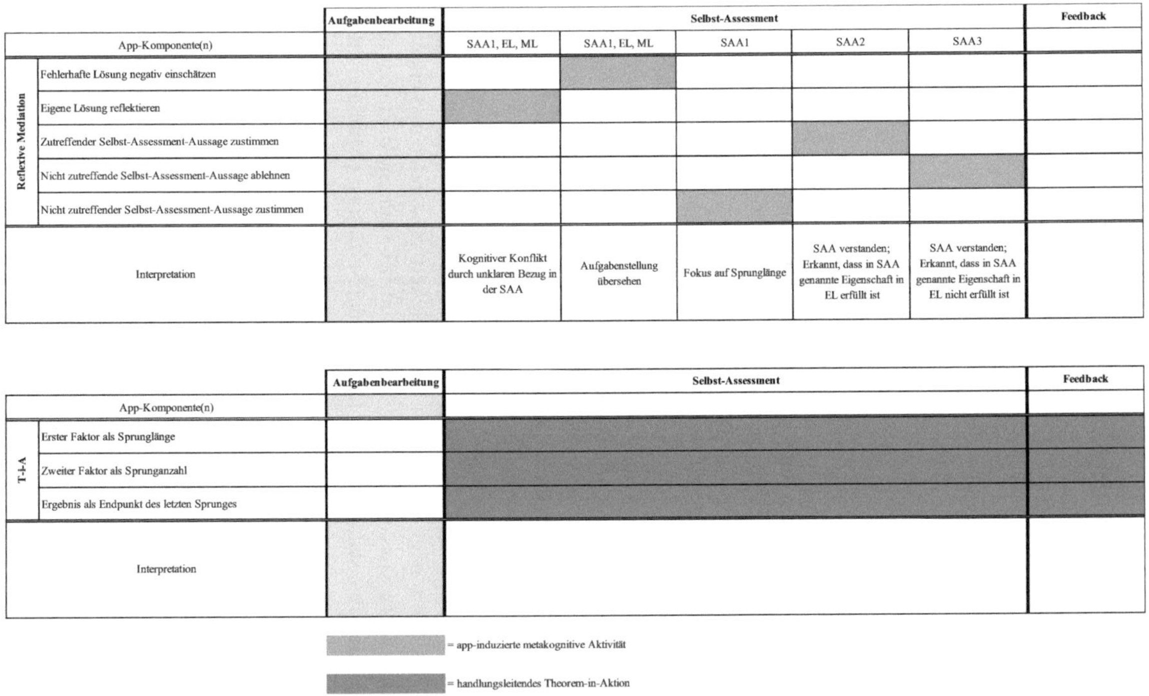

Abbildung 8.40 Überblick über die Mediationsprozesse in Aufgabe 2 im Fall „Matteo“. (Quelle: Eigene Darstellung)

Aufgabe 3: Malaufgaben als Rechteckbild darstellen

Aufgabenbearbeitung
Um die Rechnung 5 · 3 als Rechteckbild darzustellen, zeichnet Matteo zunächst fünf Punkte von unten nach oben und anschließend noch zwei Punkte von links nach rechts, sodass ein rechter Winkel entsteht (Abbildung 8.41). Dabei sagt er:

„Eins, Zwei, Drei, Vier, Fünf (zeichnet die Punkte von unten nach oben) mal drei (zeichnet die Punkte von links nach rechts).“

Nachdem er kurz überprüft, ob er die Punkte auch richtig eingezeichnet hat, ergänzt Matteo:

„Fünf mal Drei, also ich habe hier (2 s) Fünf hingetan (wischt von unten nach oben über die 5er-Spalte) und hier Drei (wischt von links nach rechts über die 3er-Zeile). Und das sind halt (ein Fünfer und Dreier?) und dann Fünfzehn.“

Den ersten Faktor stellt Matteo als die Länge eines vertikalen Schenkels eines rechten Winkels dar, sodass sich das Theorem-in-Aktion *Erster Faktor als vertikale Schenkellänge eines rechten Winkels* rekonstruieren lässt:

<Wenn ich eine Malaufgabe als Rechteckbild darstellen möchte, dann muss ich einen ||rechten Winkel|| zeichnen, bei dem die ||Länge des vertikalen Schenkels|| gleich dem ||ersten Faktor|| ist>.

Die Länge des horizontalen Schenkels des rechten Winkels hingegen entspricht in Matteos Zeichnung dem zweiten Faktor. Das zugehörige Theorem-in-Aktion *Zweiter Faktor als horizontale Schenkellänge eines rechten Winkels* lautet:

<Wenn ich eine Malaufgabe als Rechteckbild darstellen möchte, dann muss ich einen ||rechten Winkel|| zeichnen, bei dem die ||Länge des horizontalen Schenkels|| gleich dem ||zweiten Faktor|| ist>.

Laut Aussage von Matteo scheint ihm zwar bewusst zu sein, dass das Ergebnis der Rechnung gleich Fünfzehn ist. Jedoch gelingt es ihm nicht, das Ergebnis bildlich im Rechteckbild darzustellen.

Theoreme-in-Aktion:

- *Erster Faktor als vertikale Schenkellänge eines rechten Winkels*
  <Wenn ich eine Malaufgabe als Rechteckbild darstellen möchte, dann muss ich einen ||rechten Winkel|| zeichnen, bei dem die ||Länge des vertikalen Schenkels|| gleich dem ||ersten Faktor|| ist>
- *Zweiter Faktor als horizontale Schenkellänge eines rechten Winkels*
  <Wenn ich eine Malaufgabe als Rechteckbild darstellen möchte, dann muss ich einen ||rechten Winkel|| zeichnen, bei dem die ||Länge des horizontalen Schenkels|| gleich dem ||zweiten Faktor|| ist>

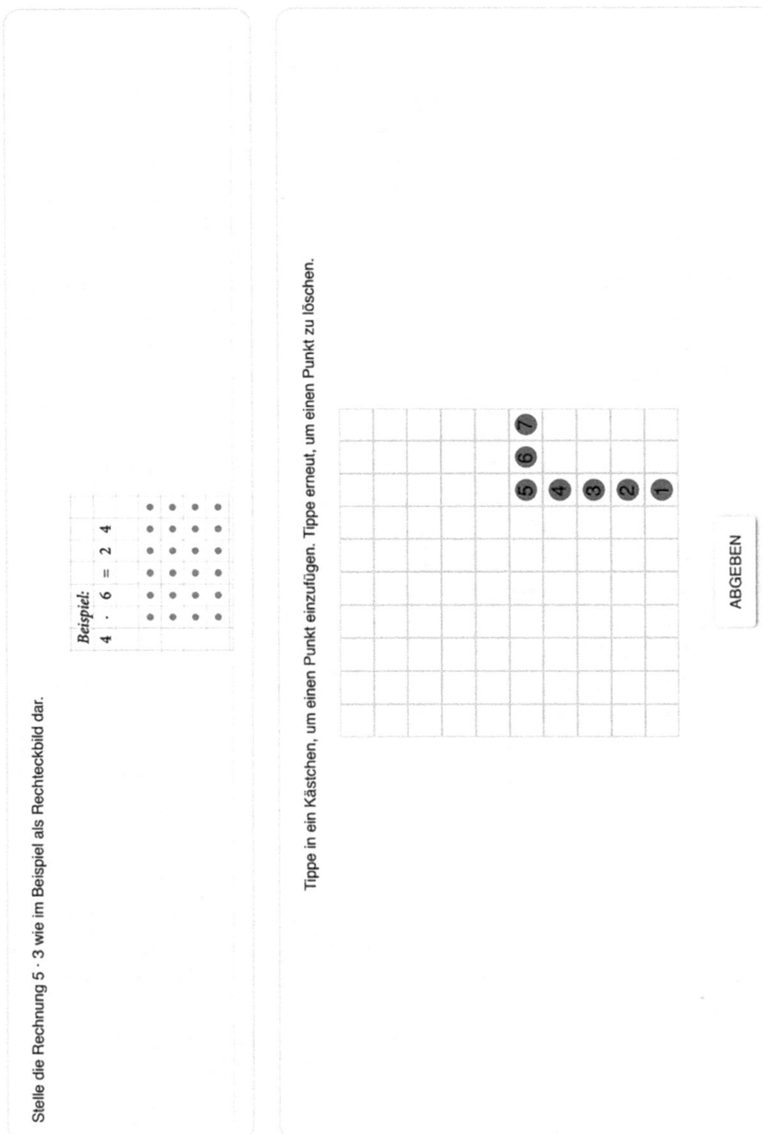

Abbildung 8.41 Matteo, Aufgabe 3, Aufgabenbearbeitung – Zahlen im Rechteckbild nachträglich eingefügt

Selbst-Assessment

Phase I: Reflexive Mediation
Die erste Selbst-Assessment-Aussage, in der danach gefragt wird, ob fünf Dreier-Gruppen oder drei Fünfer-Gruppen gezeichnet wurden, beantwortet Matteo positiv (Abbildung 8.42). Anscheinend hat er die Aussage also so verstanden, als würde danach gefragt werden, ob er eine 3er-Gruppe und eine 5er-Gruppe gezeichnet hat. So hat er in der Tat eine 5er- und eine 3er-Gruppe in seiner Zeichnung dargestellt, jedoch nicht in der erfragten Anzahl. Es handelt es sich hier demnach um eine Zustimmung zu einer Selbst-Assessment-Aussage, die auf seine Lösung nicht zutrifft (Selbst-Assessment-Aussage 1 – nicht zutreffender Selbst-Assessment-Aussage zustimmen).

Phase II: Epistemisch-Reflexive Mediation:

Matteo liest die zweite Selbst-Assessment-Aussage, in der nach der Gesamtzahl der Punkte gefragt wird, laut vor. Dann hält er kurz inne und sagt daraufhin

„*Achso ja.*“

und versucht in seiner Lösung weitere Punkte einzufügen. Er fährt fort:

„*Man (---) ach (2 s) ich muss die voll machen.*“

Anscheinend hat das Lesen der zweiten Selbst-Assessment-Aussage Matteo dazu veranlasst, seine eigene Lösung zu reflektieren (Selbst-Assessment-Aussage 2, Eigene Lösung – Eigene Lösung reflektieren) und seine fehlerhafte Lösung negativ einzuschätzen (Selbst-Assessment-Aussage 2, Eigene Lösung – Fehlerhafte Lösung negativ einschätzen). Durch die Reflexion der eigenen Lösung fällt Matteo auf, dass er den gezeichneten Winkel nicht mit Punkten ausgefüllt hat. Er versucht sogar, seine bereits abgegebene Lösung noch einmal zu überarbeiten und mit weiteren Punkten auszufüllen. So lassen sich in Zusammenhang mit der zweiten Selbst-Assessment-Aussage und der eigenen Lösung zwei adaptierte Theoreme-in-Aktion in Bezug auf den ersten und zweiten Faktor rekonstruieren, die neben der Darstellung der Faktoren als Schenkel eines rechten Winkels auch das Konzept des Ausfüllens berücksichtigen. Aus dem Theorem-in-Aktion *Erster Faktor als vertikale Schenkellänge eines rechten Winkels* wird somit das Theorem-in-Aktion *Erster Faktor als vertikale Schenkellänge eines auszufüllenden rechten Winkels*:

<Wenn ich eine Malaufgabe als Rechteckbild darstellen möchte, dann muss ich einen ||rechten Winkel|| zeichnen und ||ausfüllen||, bei dem die ||Länge des vertikalen Schenkels|| gleich dem ||ersten Faktor|| ist>.

Das angepasste Theorem-in-Aktion *Zweiter Faktor als horizontale Schenkellänge eines rechten Winkels* kann als *Zweiter Faktor als horizontale Schenkellänge eines auszufüllenden rechten Winkels* bezeichnet und wie folgt formuliert werden:

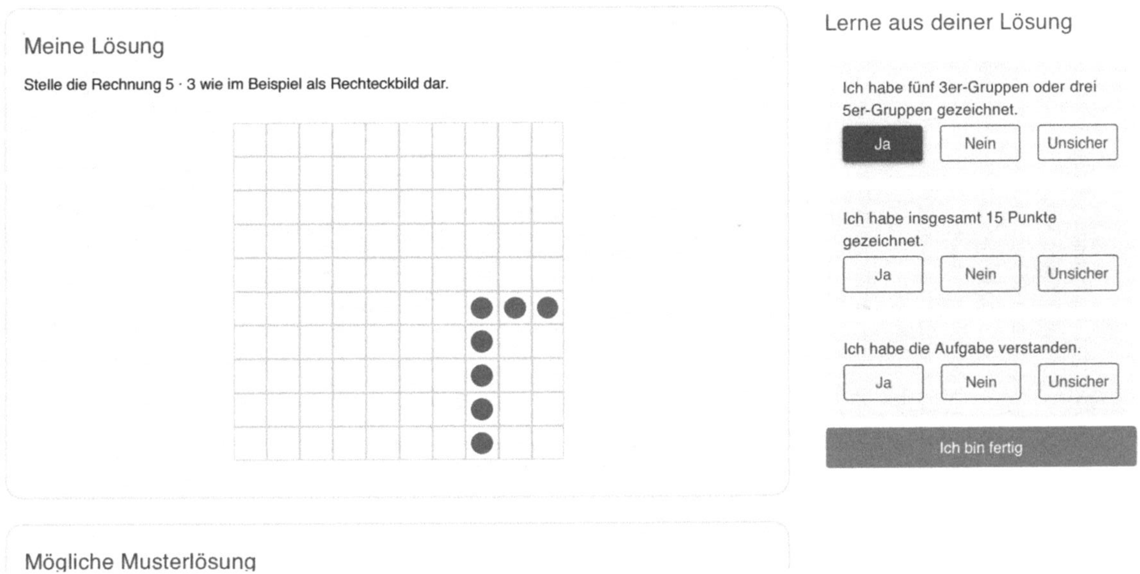

Abbildung 8.42 Matteo, Aufgabe 3, Selbst-Assessment

<Wenn ich eine Malaufgabe als Rechteckbild darstellen möchte, dann muss ich einen ||rechten Winkel|| zeichnen und ||ausfüllen||, bei dem die ||Länge des horizontalen Schenkels|| gleich dem ||zweiten Faktor|| ist>.

Mit den beiden Theoremen-in-Aktion als neue, handlungsleitende Theoreme ist zwar möglich, eine mathematisch korrekte Lösung zu generieren. Zentrale Beziehungen zwischen den Faktoren und deren Darstellung als Rechteckbild werden jedoch nicht berücksichtigt.

Phase III: Reflexive Mediation:
Nachdem Matteo in seiner Lösung erkannt hat, dass der Winkel mit weiteren Punkten hätte ausgefüllt werden müssen, beantwortet er die zweite Selbst-Assessment-Aussage mit „Nein“ und lehnt somit eine Selbst-Assessment-Aussage ab, die auf seine Lösung nicht zutrifft (Selbst-Assessment-Aussage 2, Eigene Lösung – Nicht zutreffende Selbst-Assessment-Aussage ablehnen).

Epistemische Mediation:

- Keine Mediationsprozesse feststellbar

Reflexive Mediation:

- Selbst-Assessment-Aussage 1 – Nicht zutreffender Selbst-Assessment-Aussage zustimmen
- Selbst-Assessment-Aussage 2, Eigene Lösung – Nicht zutreffende Selbst-Assessment-Aussage ablehnen

Epistemisch-Reflexive Mediation:

<table>
<tr>
<td>• Selbst-Assessment-Aussage 2, Eigene Lösung – Erster Faktor als vertikale Schenkellänge eines auszufüllenden rechten Winkels
<Wenn ich eine Malaufgabe als Rechteckbild darstellen möchte, dann muss ich einen ||rechten Winkel|| zeichnen und ||ausfüllen||, bei dem die ||Länge des vertikalen Schenkels|| gleich dem ||ersten Faktor|| ist>
• Selbst-Assessment-Aussage 2, Eigene Lösung – Zweiter Faktor als horizontale Schenkellänge eines auszufüllenden rechten Winkels
<Wenn ich eine Malaufgabe als Rechteckbild darstellen möchte, dann muss ich einen ||rechten Winkel|| zeichnen und ||ausfüllen||, bei dem die ||Länge des horizontalen Schenkels|| gleich dem ||zweiten Faktor|| ist>.</td>
<td>↔</td>
<td>• Selbst-Assessment-Aussage 2, Eigene Lösung – Eigene Lösung reflektieren
• Selbst-Assessment-Aussage 2, Eigene Lösung – Fehlerhafte Lösung negativ einschätzen</td>
</tr>
</table>

Feedback

Reflexive Mediation:
Unmittelbar nachdem Matteo auf „Ich bin fertig" klickt und das Feedback zur Aufgabenlösung und zum Selbst-Assessment angezeigt bekommt (Abbildung 8.43), sagt er in Bezug auf die zweite Selbst-Assessment-Aussage:

„Hä?(---) Fünfzehn Punkte? Ich habe gar nicht Fünfzehn Punkte gezeichnet."

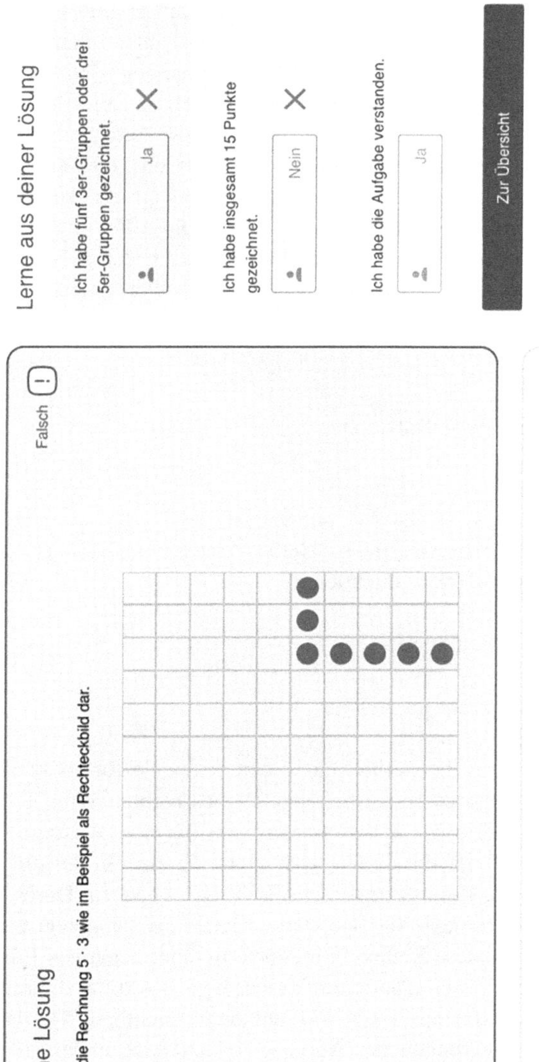

Abbildung 8.43 Matteo, Aufgabe 3, Feedback

und zeigt dabei auf seine Lösung. Seine Aussage lässt vermuten, dass das Feedback zur zweiten Selbst-Assessment-Aussage einen kognitiven Konflikt bei Matteo ausgelöst hat und er deshalb mit Bezug zu der eigenen Lösung sein Selbst-Assessment reflektiert (Feedback zum Selbst-Assessment, Selbst-Assessment-Aussage 2, Eigene Lösung – Selbst-Assessment reflektieren). Der kognitive Konflikt ist vermutlich auf eine Missinterpretation des Feedbacks zum Selbst-Assessment zurückzuführen. Möglicherweise geht Matteo davon aus, dass die grüne Einfärbung der zweiten Selbst-Assessment-Aussage im Rahmen des Feedbacks bedeutet, dass er in seiner Lösung fünfzehn Punkte dargestellt hat. Diese Interpretation steht im Widerspruch zu seiner Lösung, in welcher Matteo sieben Punkte gezeichnet hat. Er verfolgt seinen Gedanken jedoch nicht länger und schließt die Aufgabe einige Sekunden später ab, um mit der nächsten Aufgabe zu starten.

Epistemische Mediation:

- Keine Mediationsprozesse feststellbar

Reflexive Mediation:

- Feedback zum Selbst-Assessment, Selbst-Assessment-Aussage 2, Eigene Lösung – Selbst-Assessment reflektieren

Epistemisch-Reflexive Mediation:

- Keine Mediationsprozesse feststellbar

Beim Bearbeiten der Aufgabe stellte Matteo den ersten Faktor als vertikalen und den zweiten Faktor als horizontalen Schenkels eines rechten Winkels dar. Da er im folgenden Prozessschritt des Selbst-Assessments die erste Aussage vermutlich falsch interpretierte und nur die Größe, aber nicht die Anzahl der eingezeichneten Gruppen fokussierte, stimmte er dieser fälschlicherweise zu. Durch das Lesen der zweiten Selbst-Assessment-Aussage wurde Matteo dazu angeregt wurde, seine Lösung zu reflektieren. Diese Reflexion mündete in einer negativen Einschätzung der eigenen Lösung und zwei adaptierten Theoremen-in-Aktion, die im Vergleich zu den vorherigen das Konzept des Ausfüllens berücksichtigen. Da das Konzept des Ausfüllens beim Bearbeiten der Aufgabe jedoch noch nicht Teil von Matteos Theoremen-in-Aktion war, entsprach das Ergebnis der Rechnung nicht der Gesamtpunkzahl der von ihm eingezeichneten Punkte. Indem Matteo bei der dritten Selbst-Assessment-Aussage die Antwort „Nein“ auswählte, ließ er vermuten,

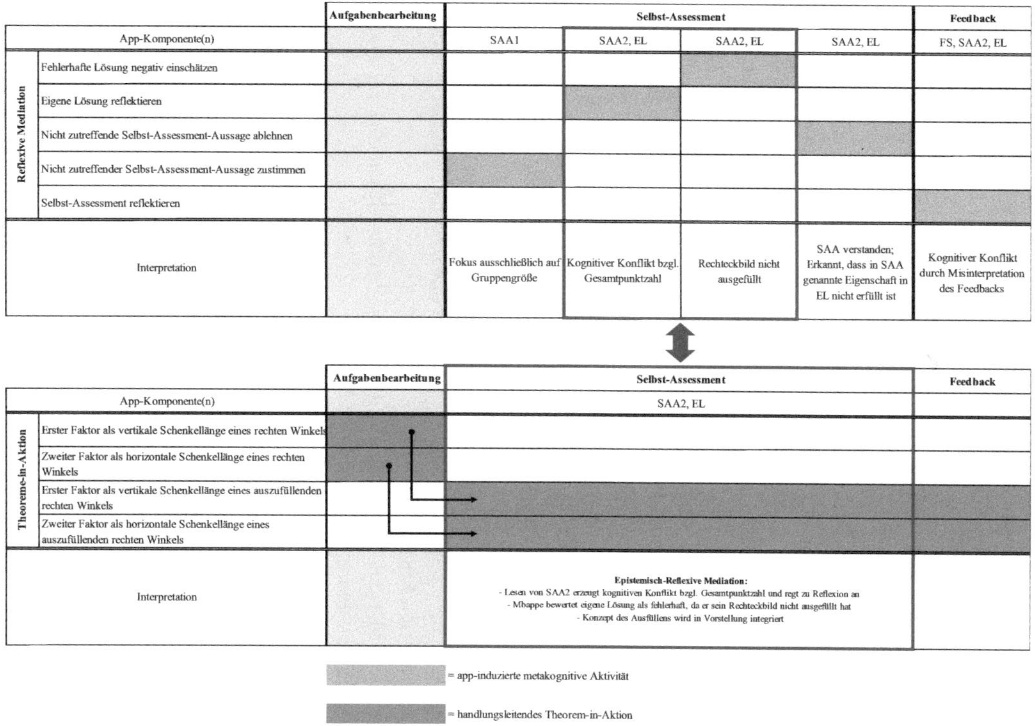

Abbildung 8.44 Überblick über die Mediationsprozesse in Aufgabe 3 im Fall „Matteo“. (Quelle: Eigene Darstellung)

sich über diesen fehlenden Zusammenhang in seiner Lösung bewusst zu sein. Das Feedback zum Selbst-Assessment im letzten Prozessschritt interpretierte Matteo falsch, was ihn dazu brachte, kurz über sein Selbst-Assessment zu reflektieren. Es ließ sich jedoch nicht feststellen, dass er die intendierte Bedeutung des Feedbacks im weiteren Verlauf aufdecken konnte (Abbildung 8.44).

Aufgabe 4: Rechteckbilder verändern

Aufgabenbearbeitung
Zunächst liest sich Matteo die Aufgabenstellung und die Hinweise zur Nutzung des Malwinkels durch und verschiebt zunächst den Malwinkel um eine Zeile nach unten. Anschließend verschiebt er den Malwinkel um eine Spalte nach rechts und dann wieder um eine Spalte nach links, sodass die Anzahl der Spalten dem Ausgangsbild entspricht (Abbildung 8.45).

Da Matteo den Malwinkel sowohl zeilen- als auch spaltenweise verschiebt, wird davon ausgegangen, dass er die beiden Faktoren der veränderten Rechnung, Drei und Neun, fokussiert und den Malwinkel so verschiebt, dass die Anzahl und Größe der Zeilen dem ersten und zweiten Faktor der veränderten Rechnung entsprechen. So lautet das erste Theorem-in-Aktion, *Erster Faktor der veränderten Rechnung als Anzahl der Zeilen*, welches als Grundlage für seine Handlung angenommen wird, wie folgt:

<Wenn ich eine Malaufgabe im Rechteckbild verändern möchte, dann muss der Malwinkel so verschoben werden, dass die ||Anzahl der Zeilen|| gleich dem ||ersten Faktor der veränderten Rechnung|| ist>.

Zudem basiert Matteos Handlung auf dem Theorem-in-Aktion *Zweiter Faktor der veränderten Rechnung als Anzahl der Punkte pro Zeile*:

<Wenn ich eine Malaufgabe im Rechteckbild verändern möchte, dann muss der Malwinkel so verschoben werden, dass die ||Anzahl der Punkte pro Zeile|| gleich dem ||zweiten Faktor der veränderten Rechnung|| ist>.

Zwar konzentriert sich Matteo nicht explizit auf die Veränderung zwischen der ursprünglichen und der veränderten Rechnung, schafft es aber, die Faktoren der veränderten Rechnung mit der Anzahl der Zeilen beziehungsweise der Anzahl der Punkte pro Zeile in Verbindung zu bringen. Beim Antwortsatz gibt Matteo die Zahl 27 ein, wahrscheinlich in der Annahme, dass hier die Gesamtzahl der Punkte nach dem Verschieben des Malwinkels eingetragen werden muss. Anschließend fragt er in Bezug auf das Auswahlfeld, was hier einzugeben sei.

Die Interviewerin macht ihn auf die Aufgabenstellung aufmerksam, welche sich Matteo daraufhin noch einmal durchliest. Er kommt zu der Erkenntnis, dass es

„*Neun Punkte mehr geworden*“

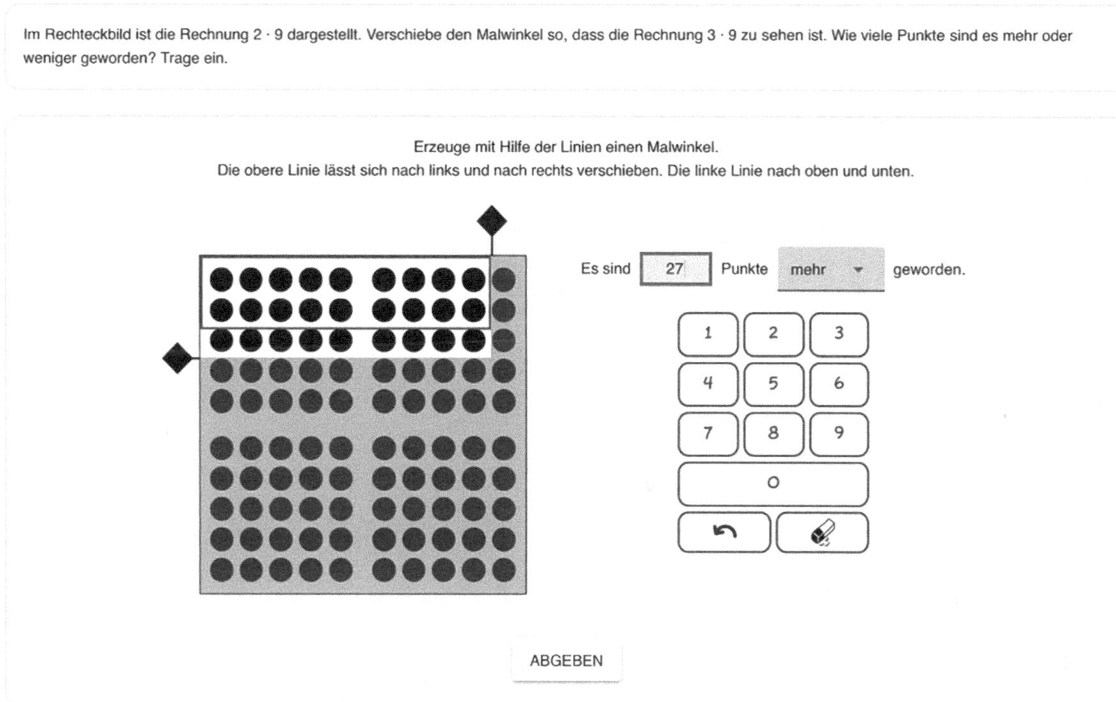

Abbildung 8.45 Matteo, Aufgabe 4, Aufgabenbearbeitung

sind. Er wählt beim Auswahlfeld „mehr“ aus und gibt anschließend seine Lösung ab, ohne jedoch statt der Siebenundzwanzig eine Neun einzutragen.

Theoreme-in-Aktion:

- *Erster Faktor der veränderten Rechnung als Anzahl der Zeilen*
  <Wenn ich eine Malaufgabe im Rechteckbild verändern möchte, dann muss der Malwinkel so verschoben werden, dass die ||Anzahl der Zeilen|| gleich dem ||ersten Faktor der veränderten Rechnung|| ist>
- *Zweiter Faktor der veränderten Rechnung als Anzahl der Punkte pro Zeile*
  <Wenn ich eine Malaufgabe im Rechteckbild verändern möchte, dann muss der Malwinkel so verschoben werden, dass die ||Anzahl der Punkte pro Zeile|| gleich dem ||zweiten Faktor der veränderten Rechnung|| ist>

Selbst-Assessment

Reflexive Mediation:
Nach dem Einreichen seiner Lösung beginnt Matteo unmittelbar damit, die Selbst-Assessment-Aussagen zu beantworten. Er liest die erste Selbst-Assessment-Aussage laut vor und beantwortet diese positiv (Abbildung 8.46). Somit stimmt er einer Selbst-Assessment-Aussage zu, die auf seine Lösung zutrifft (Selbst-Assessment-Aussage 1 – Zutreffender Selbst-Assessment-Aussage zustimmen). Auch der zweiten Selbst-Assessment-Aussage stimmt Matteo zu. Diese trifft jedoch nicht auf seine Lösung zu (Selbst-Assessment-Aussage 2 – Nicht zutreffender Selbst-Assessment-Aussage zustimmen). Die fehlerhafte Beantwortung der zweiten Selbst-Assessment-Aussage lässt sich wahrscheinlich damit begründen, dass Matteo nicht bewusst ist, dass sich die Selbst-Assessment-Aussage auf den Antwortsatz bezieht, in dem er angegeben hat, dass es siebenundzwanzig Punkte mehr geworden sind.

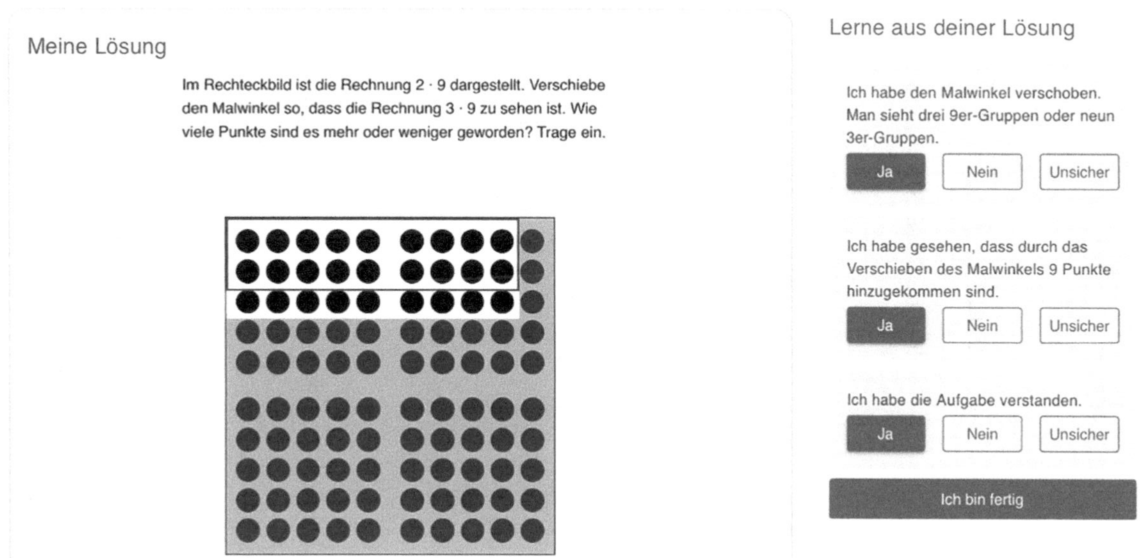

Abbildung 8.46 Matteo, Aufgabe 4, Selbst-Assessment

Epistemische Mediation:

- Keine Mediationsprozesse feststellbar

Reflexive Mediation:

- Selbst-Assessment-Aussage 1 – Zutreffender Selbst-Assessment-Aussage zustimmen
- Selbst-Assessment-Aussage 2 – Nicht zutreffender Selbst-Assessment-Aussage zustimmen

Epistemisch-Reflexive Mediation:

- Keine Mediationsprozesse feststellbar

Feedback
Zwar schaut sich Matteo das Feedback in der App (Abbildung 8.47) kurz an, bevor er die Aufgabe abschließt und zur Aufgabenübersicht zurückkehrt. Eine wahrnehmbare Auseinandersetzung mit dem Feedback findet jedoch nicht statt, sodass keine epistemischen und reflexiven Mediationsprozesse in diesem Prozessschritt rekonstruiert werden können.

Epistemische Mediation:

- Keine Mediationsprozesse feststellbar

Reflexive Mediation:

- Keine Mediationsprozesse feststellbar

Epistemisch-Reflexive Mediation:

- Keine Mediationsprozesse feststellbar

Beim Bearbeiten der vierten Aufgabe ließ sich rekonstruieren, dass Matteo beim Verschieben des Malwinkels die Faktoren der veränderten Rechnung fokussierte. So brachte er den ersten Faktor mit der Anzahl der Zeilen und den zweiten Faktor mit der Anzahl der Punkte pro Zeile in Verbindung. Dieses Verständnis wurde im weiteren Verlauf der Aufgabe nicht beeinflusst. Reflexive Mediationsprozesse konnten einzig

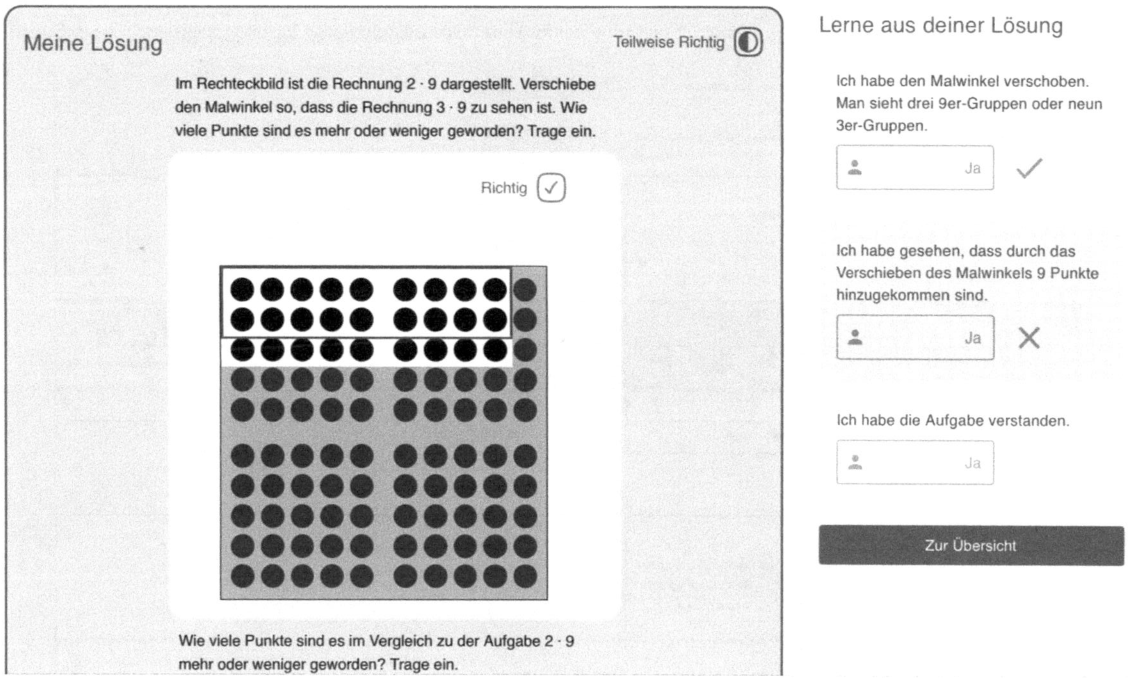

Abbildung 8.47 Matteo, Aufgabe 4, Feedback

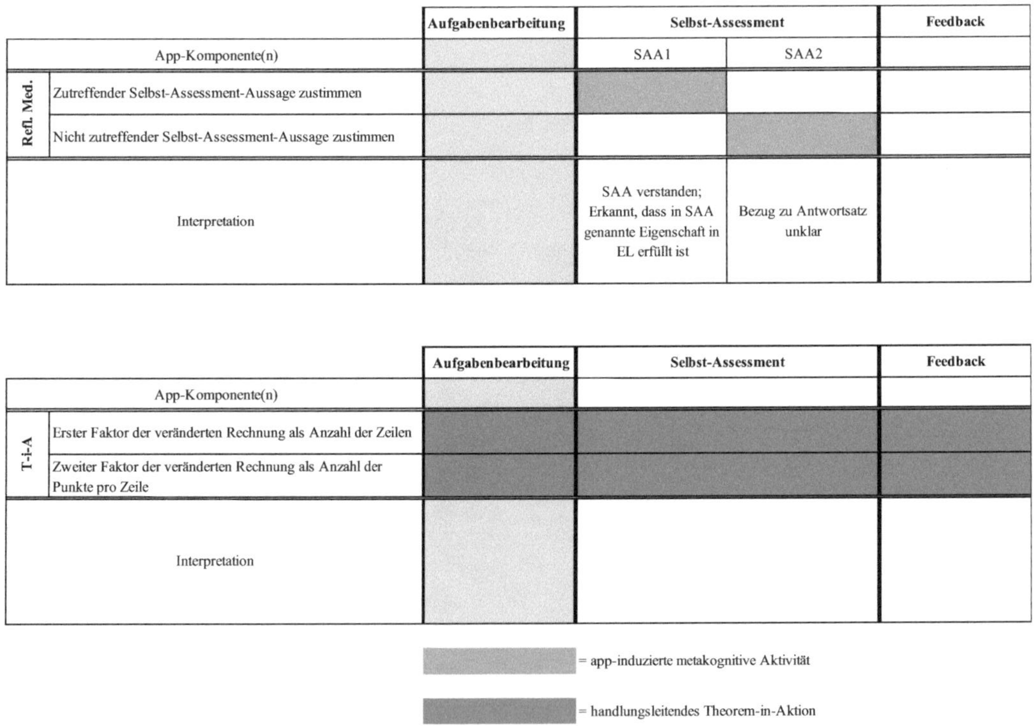

Abbildung 8.48 Überblick über die Mediationsprozesse in Aufgabe 4 im Fall „Matteo“. (Quelle: Eigene Darstellung)

während der Beantwortung der Selbst-Assessment-Aussagen rekonstruiert werden. Hierbei stimmte Matteo der ersten Selbst-Assessment-Aussage richtigerweise und der zweiten Aussage fälschlicherweise zu. Für die fehlerhafte Einschätzung bzgl. der zweiten Aussage wurde die unklare Beziehung zum Antwortsatz als mögliche Ursache identifiziert (Abbildung 8.48).

8.4 Fall „Bea"

Aufgabe 1: Malaufgaben am Zahlenstrahl erkennen

Aufgabenbearbeitung
Zuerst liest sich Bea die Aufgabenstellung durch und scheint einige Sekunden (16 s) über diese nachzudenken. Dann sagt sie:

„Hm, ich denke (.) man muss da immer also hier auf dem Bild (zeigt auf die Sprünge am Zahlenstrahl) muss man immer in Dreier-Schritten weitergehen (zeigt auf die Einundzwanzig am Zahlenstrahl) (---), deswegen würde ich jetzt einfach mal (2 s) drei mal (trägt für den ersten Faktor eine Drei ein) (8 s) vielleicht sieben rechnen (trägt für den zweiten Faktor eine sieben ein). (3 s). Weil es kommt, wenn man drei mal sieben rechnet ja einundzwanzig raus (trägt für das Ergebnis einundzwanzig ein) (---) (zeigt auf die Einundzwanzig am Zahlenstrahl) und das ist ja auch der nächste Dreier-Schritt von der Achtzehn" (Abbildung 8.49).

Direkt zu Beginn ihrer Aussage macht Bea deutlich, dass die Länge der Sprünge für sie eine wichtige Rolle spielt, indem sie davon spricht, dass immer „in Dreier-Schritten" weitergegangen werden muss und indem sie für den ersten Faktor eine Drei einträgt. In Bezug darauf lässt sich das Theorem-in-Aktion *Sprunglänge als erster Faktor* rekonstruieren:

>Wenn ich eine Malaufgabe am Zahlenstrahl erkennen möchte, dann muss der ||erste Faktor|| gleich der ||Länge der Sprünge|| sein<.

Beas Aussage zeigt zudem, dass sie davon ausgeht, dass das Zahlenstrahl-Bild gedanklich um einen weiteren Sprung ergänzt werden müsse. Aus diesem Grund trägt sie für den zweiten Faktor eine sieben und für das Ergebnis eine Einundzwanzig ein, denn „wenn man drei mal sieben rechnet [kommt] ja Einundzwanzig raus und das ist ja auch der nächste Dreier-Schritt von der Achtzehn". In ihrer Rechnung notiert sie für das Ergebnis eine Einundzwanzig, da die Einundzwanzig dem Endpunkt des letzten Sprunges plus der Länge eines weiteren Sprunges entspricht. Dieser Zusammenhang wird im Theorem-in-Aktion *Endpunkt des letzten Sprunges plus der Länge eines weiteren Sprunges als Ergebnis* expliziert:

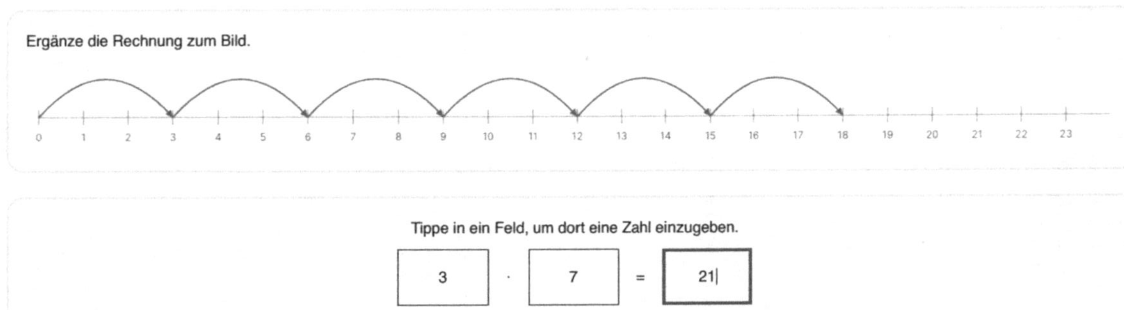

Abbildung 8.49 Bea, Aufgabe 1, Aufgabenbearbeitung

>Wenn ich eine Malaufgabe am Zahlenstrahl erkennen möchte, dann muss das ||Ergebnis|| gleich dem ||Endpunkt des letzten Sprunges plus der Länge eines weiteren Sprunges|| sein<.

Es scheint so, dass Bea für den zweiten Faktor die Sieben einträgt, um durch die Multiplikation mit der Sieben auf das gewünschte Ergebnis von Einundzwanzig zu kommen. Es gibt in ihrer Aussage oder ihren Handlungen keine deutlichen Anhaltspunkte dafür, dass sie den zweiten Faktor mit der Anzahl der Sprünge in Verbindung bringt. Es wird daher nicht davon ausgegangen, dass neben den beiden oben formulierten Theoremen-in-Aktion ein weiteres Theorem-in-Aktion für die Bearbeitung der Aufgabe handlungsleitend ist.

Theoreme-in-Aktion:

- *Sprunglänge als erster Faktor*
  >Wenn ich eine Malaufgabe am Zahlenstrahl erkennen möchte, dann muss der ||erste Faktor|| gleich der ||Länge der Sprünge|| sein<
- *Endpunkt des letzten Sprunges plus der Länge eines weiteren Sprunges als Ergebnis*
  >Wenn ich eine Malaufgabe am Zahlenstrahl erkennen möchte, dann muss das ||Ergebnis|| gleich dem ||Endpunkt des letzten Sprunges plus der Länge eines weiteren Sprunges|| sein<

Selbst-Assessment

Reflexive Mediation:
Nachdem Bea ihre Lösung abgegeben hat, scrollt sie zunächst hinunter zur Musterlösung und liest die in der Musterlösung notierte Rechnung, sechs mal drei, laut vor. Anschließend lässt sie sich die Musterlösung abspielen und geht dann dazu über, die Selbst-Assessment-Aussagen zu beantworten. Dafür liest sie zunächst die erste Aussage laut vor und beantwortet diese dann mit „Ja“ (Abbildung 8.50). Da in dem Bild insgesamt sechs Sprünge zu sehen sind, sie aber weder für den ersten noch für den zweiten Faktor eine Sechs notiert hat, stimmt sie der Aussage zu, obwohl diese nicht auf ihre Lösung zutrifft (Selbst-Assessment-Aussage 1 – Nicht zutreffender Selbst-Assessment-Aussage zustimmen). Im Zuge der Aufgabenbearbeitung ließ sich jedoch rekonstruieren, dass Bea davon ausgeht, dass die Sprünge gedanklich fortgesetzt werden müssen, weswegen das Theorem-in-Aktion *Endpunkt des letzten Sprunges plus der Länge eines weiteren Sprunges als Ergebnis* rekonstruiert wurde. Unter der Annahme, dass dieses Theorem-in-Aktion beim Selbst-Assessment weiterhin handlungsleitend ist, ist es naheliegend, dass Bea beim Beantworten der ersten Selbst-Assessment-Aussage nicht die Anzahl der Sprünge beachtet, die auf dem

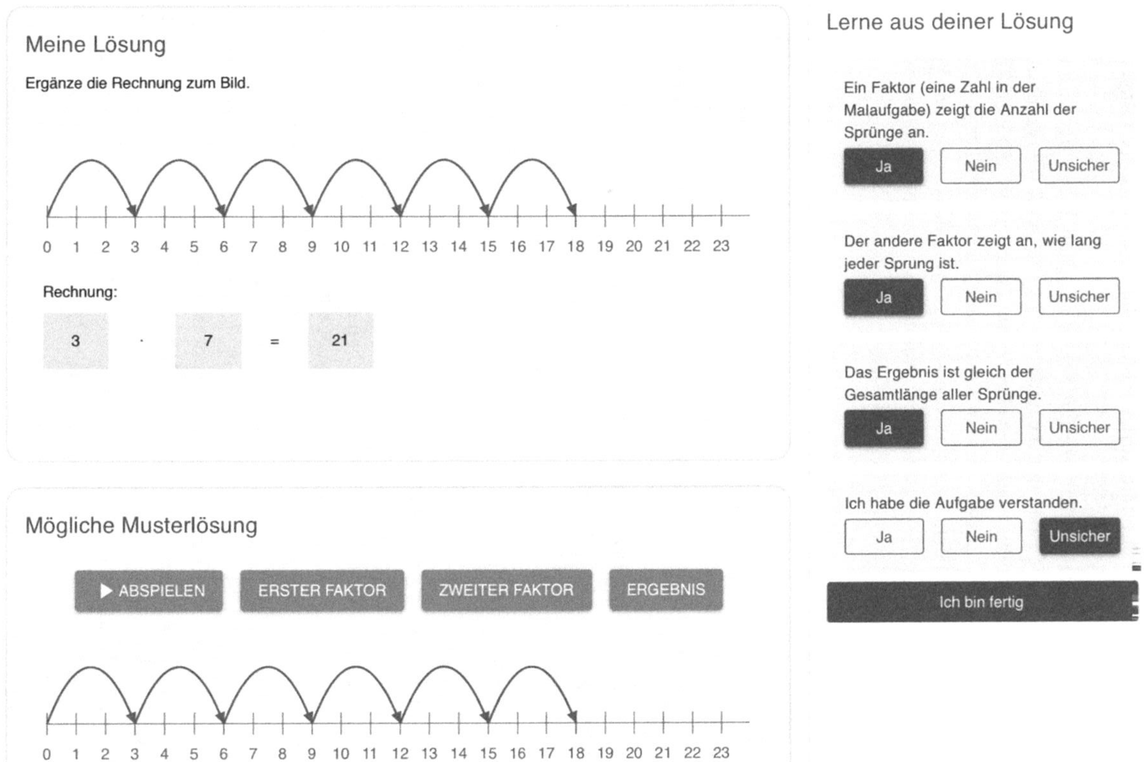

Abbildung 8.50 Bea, Aufgabe 1, Selbst-Assessment

Zahlenstrahl-Bild zu sehen sind. Stattdessen bezieht sie wahrscheinlich die Anzahl der Sprünge ein, die sich ergibt, wenn man die auf dem Bild dargestellten Sprünge um einen weiteren Sprung ergänzt. Nach diesem Verständnis würde es zutreffen, dass der zweite Faktor in der Rechnung die Anzahl der Sprünge anzeigt. Es ist also davon auszugehen, dass Bea die erste Selbst-Assessment-Aussage verstanden hat und sie nur aus dem Grund nicht passend zu ihrer Lösung beantwortet hat, da sie die Aufgabenstellung anders aufgefasst hat, als es in der App intendiert war.

Die zweite Selbst-Assessment-Aussage beantwortet Bea ebenfalls mit „Ja“. Da sie für den ersten Faktor eingetragen hat, wie lang jeder Sprung ist, handelt es sich hierbei um eine Zustimmung zu einer Aussage, die auf ihre Lösung zutrifft (Selbst-Assessment-Aussage 2 – Zutreffender Selbst-Assessment-Aussage zustimmen). Es ist davon auszugehen, dass Bea die Aussage verstanden und erkannt hat, dass diese auf ihre Lösung zutrifft.

Auch der dritten Selbst-Assessment-Aussage stimmt Bea zu. Wie bereits bei der ersten Selbst-Assessment-Aussage ist es jedoch so, dass die in der Aussage aufgeführte Eigenschaft in Beas Lösung nicht erfüllt ist (Selbst-Assessment-Aussage 3 – Nicht zutreffender Selbst-Assessment-Aussage zustimmen). Die Zustimmung zu dieser unzutreffenden Selbst-Assessment-Aussage lässt sich, wie bereits bei der ersten Selbst-Assessment-Aussage, mit Beas Interpretation der Aufgabe begründen, nach der die Sprünge am Zahlenstrahl weitergeführt werden müssen. Bea betrachtet scheinbar die Gesamtlänge der Sprünge, die sich bei dem Ergänzen eines weiteren Sprunges ergibt. Vor dem Hintergrund dieser Auffassung würde Beas Lösung die dritte Selbst-Assessment-Aussage tatsächlich erfüllen. Die inkorrekte Beantwortung der dritten Aussage ist somit wahrscheinlich nicht auf ein fehlendes Verständnis, sondern auf die alternative Interpretation der Aufgabenstellung zurückzuführen.

Bei der letzten Selbst-Assessment-Aussage gibt Bea an, dass sie „Unsicher“ ist und begründet ihre Auswahl wie folgt:

„*‚Ich habe die Aufgabe verstanden‘. Bin ich noch nicht unsicher, weil ich habe das früher nicht so gemacht.*“

Anscheinend rührt ihre Unsicherheit hinsichtlich des Verständnisses der Aufgabe daher, dass die Aufgabe für sie neu ist. Vermutlich hat Bea im Laufe in ihrer Schulzeit entweder noch keine ähnliche Aufgabe bearbeitet oder keine Erinnerung mehr an die Bearbeitung einer entsprechenden Aufgabe.

Epistemische Mediation:

- Keine Mediationsprozesse feststellbar

Reflexive Mediation:

- Selbst-Assessment-Aussage 1 – Nicht zutreffender Selbst-Assessment-Aussage zustimmen
- Selbst-Assessment-Aussage 2 – Zutreffender Selbst-Assessment-Aussage zustimmen
- Selbst-Assessment-Aussage 3 – Nicht zutreffender Selbst-Assessment-Aussage zustimmen

Epistemisch-Reflexive Mediation:

- Keine Mediationsprozesse feststellbar

Feedback

Epistemisch-Reflexive Mediation:
Als Bea das Feedback erhält (Abbildung 8.51), schaut sie sich dieses für einige Sekunden (9 s) an und scrollt hinunter zur Musterlösung. Sie kommt zu dem folgenden Schluss:

„*Achso, man muss, denke ich, dass von hier (zeigt in der Musterlösung auf die Null am Zahlenstrahl) bis da (zeigt in der Musterlösung auf die Achtzehn am Zahlenstrahl) rechnen, nicht schon weiter rechnen (zeigt in ihrer Lösung auf die Zahlen Neunzehn bis Dreiundzwanzig). (---) Ok.*“

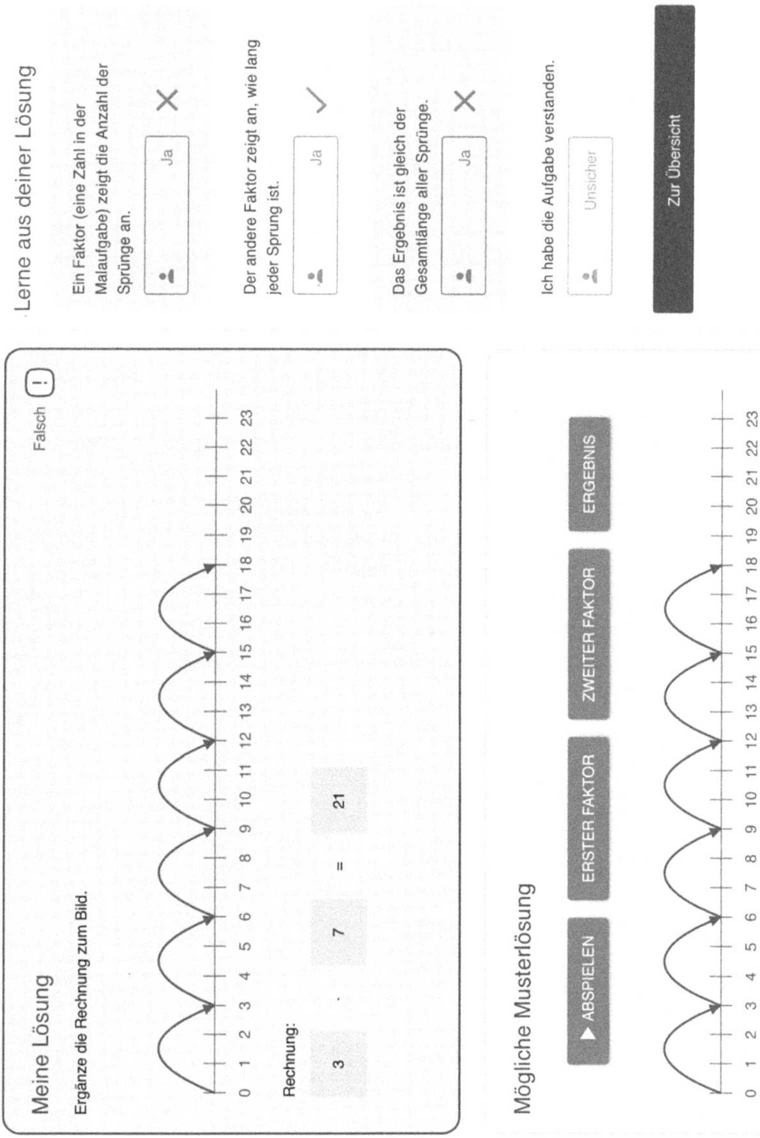

Abbildung 8.51 Bea, Aufgabe 1, Feedback

Es entsteht der Eindruck, dass die Information zur Inkorrektheit der Lösung einen kognitiven Konflikt bei Bea auslöst und sie dazu anregt, unter Einbezug der Musterlösung ihre Lösung zu reflektieren (Feedback zur Aufgabenlösung, Musterlösung, Eigene Lösung – Eigene Lösung reflektieren). Bea kommt zu dem Schluss, dass im Rahmen der Aufgabe nur die am Zahlenstrahl eingezeichneten Sprünge hätten berücksichtigt werden, sie aber nicht hätte schon weiterrechnen sollen (Feedback zur Aufgabenlösung, Musterlösung, Eigene Lösung – Fehlerhafte eigene Lösung negativ einschätzen). Diese Schlussfolgerung deutet darauf hin, dass in Bezug auf die Reflexion und die Einschätzung der Aufgabenlösung eine Veränderung hinsichtlich der der Aufgabe zugrundeliegenden Theoreme-in-Aktion stattgefunden hat. So dürfte das Theorem-in-Aktion *Endpunkt des letzten Sprunges plus der Länge eines weiteren Sprunges als Ergebnis* durch das Theorem-in-Aktion *Endpunkt des letzten Sprunges als Ergebnis* ersetzt worden sein:

>Wenn ich eine Malaufgabe am Zahlenstrahl erkennen möchte, dann muss das ||Ergebnis|| der Rechnung gleich dem ||Endpunkt des letzten Sprunges|| sein>.

Im Rahmen der Reflexion der eigenen Lösung, welche anscheinend durch das Feedback zur Aufgabenlösung initiiert wurde, konnte Bea bezugnehmend auf die Musterlösung und ihre eigene Lösung eine Vermutung darüber aufstellen, aus welchem Grund ihre Lösung in der App als falsch bewertet wurde. Das Aufdecken des Grundes für die fehlerhafte Bewertung wiederum kann als Ausdruck für ein verändertes Aufgabenverständnis betrachtet werden, nach welchem sie für den Darstellungswechsel nur die Sprünge berücksichtigt, die bereits am Zahlenstrahl dargestellt sind und nicht die Sprünge, die sich durch das gedankliche Weiterführen dieser ergeben.

Epistemische Mediation:

- Keine Mediationsprozesse feststellbar

Reflexive Mediation:

- Keine Mediationsprozesse feststellbar

Epistemisch-Reflexive Mediation:

<table>
<tr>
<td>• Feedback zur Aufgabenlösung, Musterlösung, Eigene Lösung
– Endpunkt des letzten Sprunges als Ergebnis
>Wenn ich eine Malaufgabe am Zahlenstrahl erkennen möchte, dann muss das ||Ergebnis|| der Rechnung gleich dem ||Endpunkt des letzten Sprunges|| sein></td>
<td>↔</td>
<td>• Feedback zur Aufgabenlösung, Musterlösung, Eigene Lösung
– Eigene Lösung reflektieren
• Feedback zur Aufgabenlösung, Musterlösung, Eigene Lösung
– Fehlerhafte eigene Lösung negativ einschätzen</td>
</tr>
</table>

Hinsichtlich der ersten Aufgabe konnten während der Aufgabenbearbeitung zwei Theoreme-in-Aktion, *Sprunglänge als erster Faktor* und *Endpunkt des letzten Sprunges plus der Länge eines weiteren Sprunges als Ergebnis* rekonstruiert werden. Diese beiden Theoreme-in-Aktion blieben während des Selbst-Assessments handlungsleitend, sodass Bea allen Selbst-Assessment-Aussagen zustimmte und dabei jeweils die Sprünge am Zahlenstrahl berücksichtigte, die sich durch das gedankliche Ergänzen eines weiteren Sprunges ergeben. Bedingt durch das Feedback konnte eine Veränderung des Theorems-in-Aktion *Endpunkt des letzten Sprunges plus der Länge eines weiteren Sprunges als Ergebnis* hin zum Theorem-in-Aktion *Endpunkt des letzten Sprunges als Ergebnis* festgestellt werden. Diese Veränderung ergab in Wechselwirkung mit der Reflexion und negativen Bewertung der eigenen Lösung (Abbildung 8.52).

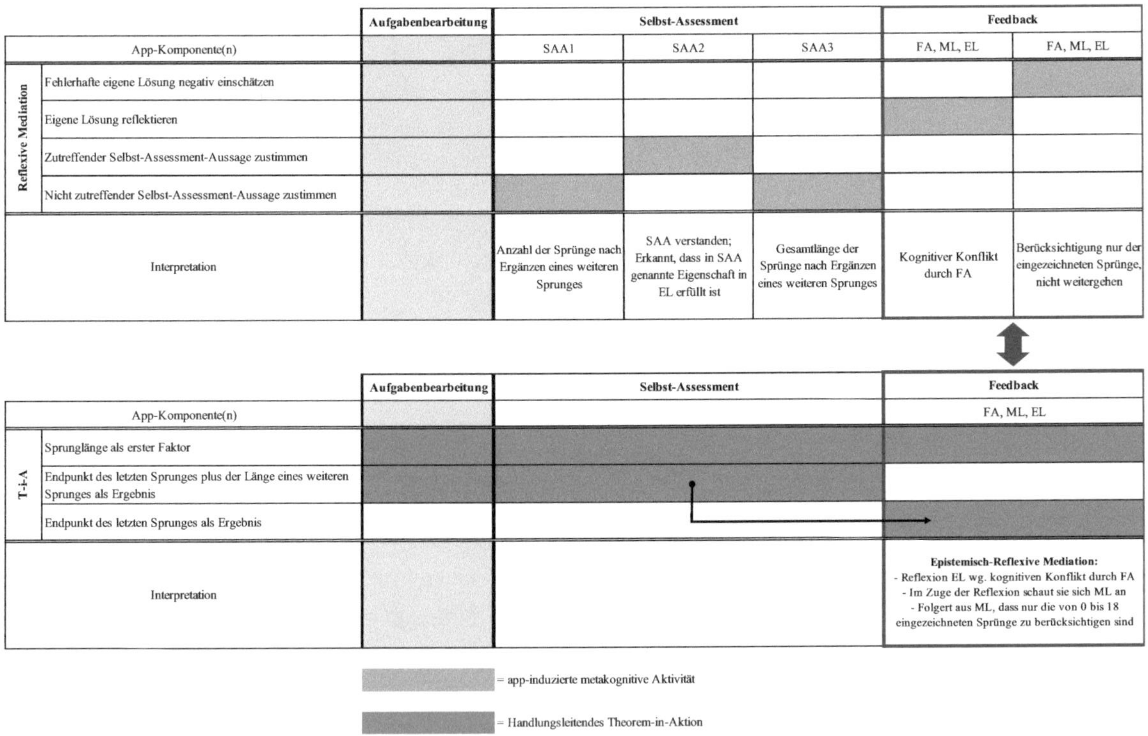

Abbildung 8.52 Überblick über die Mediationsprozesse in Aufgabe 1 im Fall „Bea“. (Quelle: Eigene Darstellung)

Aufgabe 2: Malaufgaben am Zahlenstrahl darstellen

Aufgabenbearbeitung
Bea liest sich die Aufgabenstellung durch und startet dann mit der Bearbeitung der Aufgabe. Während sie den ersten Sprung von der Null bis zur Vier einzeichnet, sieht sie sich den Hinweis zur Eingabe der Lösung an, zeichnet dann einen weiteren Sprung von der Vier bis zur Acht ein und sagt:

„*Ich denke man muss das jetzt machen wegen (.) fünf mal vier, dass man das (.) in (---) achso, es kann auch sein, dass man das in Fünfer-Schritten machen muss (löscht die beiden eingezeichneten Sprünge). (2 s). Dann mache ich jetzt mal einfach in Fünfer-Schritten (zeichnet einen Sprung von der Null bis zur Fünf). (---) Kann aber auch sein, dass man das in (.) (zeichnet einen Sprung von Fünf bis zur Zehn) Vierer-Schritten machen muss, aber ich habe das Gefühl (zeichnet einen Sprung von Zehn bis zur Fünfzehn), dass man das in Fünfern machen muss (zeichnet einen Sprung von Fünfzehn bis Zwanzig). (---) So, (.) ich habe erstmal (.) fünf gemacht (zeigt die Fünf am Zahlenstrahl) und dann nochmal plus fünf (zeigt auf die Zehn am Zahlenstrahl) und dann nochmal plus fünf (zeigt auf die Fünfzehn am Zahlenstrahl) und am Ende nochmal plus fünf (zeigt auf die Zwanzig am Zahlenstrahl), weil vier – fünf mal (.) vier sind ja zwanzig, also habe ich nur bis zwanzig gemacht (zeigt auf die Zwanzig am Zahlenstrahl).*"

Bei ihrem ersten Anlauf, die Aufgabe zu bearbeiten, zeichnet Bea Vierer-Sprünge ein. Bevor sie die Lösung vervollständigt, kommt sie auf den Gedanken, dass eventuell das Zeichnen von Fünfer-Sprüngen gefordert sein könnte: „[E]s kann auch sein, dass man das in Fünfer-Schritten machen muss". Daraufhin löscht sie ihre Eingabe und zeichnet vier Fünfer-Sprünge ein (Abbildung 8.53). Während sie ihre Lösung mit Fünfer-Sprüngen generiert, überlegt sie: „Kann aber auch sein, dass man das in Vierer-Schritten machen muss, aber ich habe das Gefühl, dass man das in Fünfern machen muss". Ihren Aussagen nach scheint sich Bea nicht sicher zu sein, ob im Rahmen der vorliegenden Aufgabe Vierer- oder Fünfer-Sprünge einzuzeichnen sind. Zwar ändert Bea ihr Vorgehen, sie erweckt allerdings nicht den Eindruck, als würde sie ihren ersten Ansatz als falsch bewerten. Sie sagt lediglich aus, dass sie den Eindruck hätte, dass Fünfer-Sprünge erwartet werden. Es wird davon ausgegangen, dass Bea beide Lösungen als richtige Darstellungen anerkennt. Demnach würden der Erstellung ihrer Lösung die Theoreme-in-Aktion *Erster oder zweiter Faktor als Sprunglänge* und *Erster oder zweiter Faktor als Sprunganzahl* zugrunde liegen. Ersteres Theorem-in-Aktion kann wie folgt ausformuliert werden:

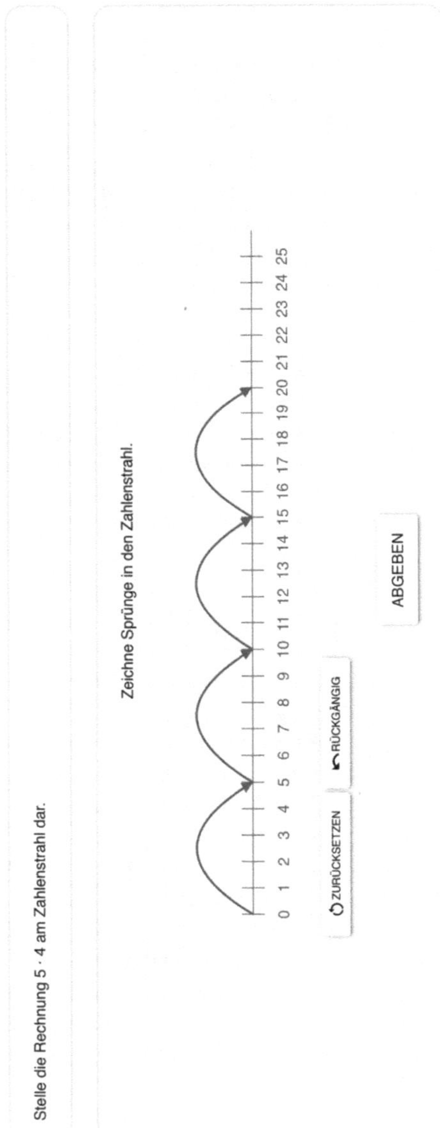

Abbildung 8.53 Bea, Aufgabe 2, Aufgabenbearbeitung

>Wenn ich eine Malaufgabe auf dem Zahlenstrahl darstellen möchte, dann muss die ||Länge der Sprünge|| gleich dem ||ersten Faktor|| oder dem ||zweiten Faktor|| sein<.

Das Theorem-in-Aktion *Erster oder zweiter Faktor als Sprunganzahl* lautet:

>Wenn ich eine Malaufgabe auf dem Zahlenstrahl darstellen möchte, dann muss die ||Anzahl der Sprünge|| gleich dem ||ersten Faktor|| oder dem ||zweiten Faktor|| sein<.

Auch wenn es den Eindruck erweckt, dass Bea in Bezug auf die Darstellung der beiden Faktoren flexibel im Denken ist, scheint sie sich unsicher darüber zu sein, welche der beiden Lösungen sie einreichen soll. Da sie keine Gründe für ihre Unsicherheit anführt, kann an dieser Stelle nur Vermutung für die Ursache ihrer Unsicherheit aufgestellt werden. Eine mögliche Ursache für Beas Unsicherheit in Bezug auf die Entscheidung für eine der beiden Darstellungsmöglichkeiten wäre, dass sie davon ausgeht, dass nur eine der beiden von ihr als passend erachteten Möglichkeiten in der App als richtig bewertet wird.

Worin sich Bea aber im Gegensatz zu der Entscheidung für eine der beiden Darstellungsmöglichkeiten sicher zu sein scheint, ist die Tatsache, dass die Sprünge bis zur Zahl Zwanzig gezeichnet werden müssen. So erklärt Bea abschließend, dass „fünf mal vier (…) ja zwanzig“ seien und sie daher die Sprünge nur bis zur Zwanzig gemacht habe. Wie es aussieht, greift sie hier die Erfahrungen auf, die sie in der *vorangegangenen Aufgabe* gemacht hat. In dieser Aufgabe war Bea zunächst davon ausgegangen, dass die Sprünge am Zahlenstrahl gedanklich fortgesetzt werden müssen. Durch das Feedback am Ende der Aufgabe hat Bea dann jedoch gefolgert, dass eine Rechnung ausschließlich zu den bereits dargestellten Sprüngen hätte notiert werden und somit das Ergebnis dem Endpunkt des letzten Sprunges hätte entsprechen sollen. So ließ sich ein adaptiertes Theorem-in-Aktion *Endpunkt des letzten Sprunges* rekonstruieren.

Das Theorem-in-Aktion *Endpunkt des letzten Sprunges* wird, neben den beiden Theoremen-in-Aktion *Erster oder zweiter Faktor als Sprunglänge* und *Erster oder zweiter Faktor als Sprunganzahl* auch für die zweite Aufgabe als handlungsleitend angenommen. Da hier der Darstellungswechsel zwischen Term und Bild im Vergleich zur ersten Aufgabe in entgegengesetzte Richtung erfolgt, wird in der dieser Aufgabe vom Theorem-in-Aktion *Ergebnis als Endpunkt des letzten Sprunges* gesprochen: >Wenn ich eine Malaufgabe auf dem Zahlenstrahl darstellen möchte, dann muss der ||Endpunkt des letzten Sprunges|| gleich dem ||Ergebnis|| sein>.

Theoreme-in-Aktion:

- *Erster oder zweiter Faktor als Sprunglänge*
  >Wenn ich eine Malaufgabe auf dem Zahlenstrahl darstellen möchte, dann muss die ||Länge der Sprünge|| gleich dem ||ersten Faktor|| oder dem ||zweiten Faktor|| sein<
- *Erster oder zweiter Faktor als Sprunganzahl*
  >Wenn ich eine Malaufgabe auf dem Zahlenstrahl darstellen möchte, dann muss die ||Anzahl der Sprünge|| gleich dem ||ersten Faktor|| oder dem ||zweiten Faktor|| sein>
- *Ergebnis als Endpunkt des letzten Sprunges*
  >Wenn ich eine Malaufgabe auf dem Zahlenstrahl darstellen möchte, dann muss der ||Endpunkt des letzten Sprunges|| gleich dem ||Ergebnis|| sein>

Selbst-Assessment

Reflexive Mediation:
In der nächsten Ansicht setzt sich Bea direkt mit der Musterlösung auseinander:

„*Hier die Musterlösung haben die in der Vierer-Reihe gemacht, also Vier plus Vier plus Vier. Ich habe das jetzt Fünf plus Fünf plus Fünf gemacht.*"

Bea erkennt, dass in der Musterlösung Vierer-Sprünge dargestellt sind, während sie in ihrer Lösung Fünfer-Sprünge gezeichnet hat (Abbildung 8.54). Damit stellt sie fest, dass die beiden Lösungen nicht übereinstimmen (Eigene Lösung, Musterlösung – Nicht-Übereinstimmung von eigener Lösung und Musterlösung feststellen).

Unmittelbar nach dieser Feststellung beginnt Bea damit, die Selbst-Assessment-Aussagen zu beantworten. Dabei liest sie die Aussagen zunächst laut vor und beantwortet anschließend jede Aussage mit „Ja". Da der erste Faktor in ihrer Darstellung der Sprunglänge, der zweite Faktor der Sprunganzahl und das Ergebnis der Rechnung der Gesamtlänge aller Sprünge entspricht, kann das positive Beantworten der Aussagen jeweils als Zustimmung zu einer zutreffenden Selbst-Assessment-Aussage angesehen werden (Selbst-Assessment-Aussage 1 – Zutreffender Selbst-Assessment-Aussage zustimmen; Selbst-Assessment-Aussage 2 – Zutreffender Selbst-Assessment-Aussage zustimmen; Selbst-Assessment-Aussage 3 – Zutreffender Selbst-Assessment-Aussage zustimmen). Bea erweckt den Anschein, dass sie sich in der Auswahl ihrer Antworten sicher ist. Daher wird angenommen, dass sie die Selbst-Assessment-Aussagen verstanden hat und diese auf ihre Lösung beziehen kann.

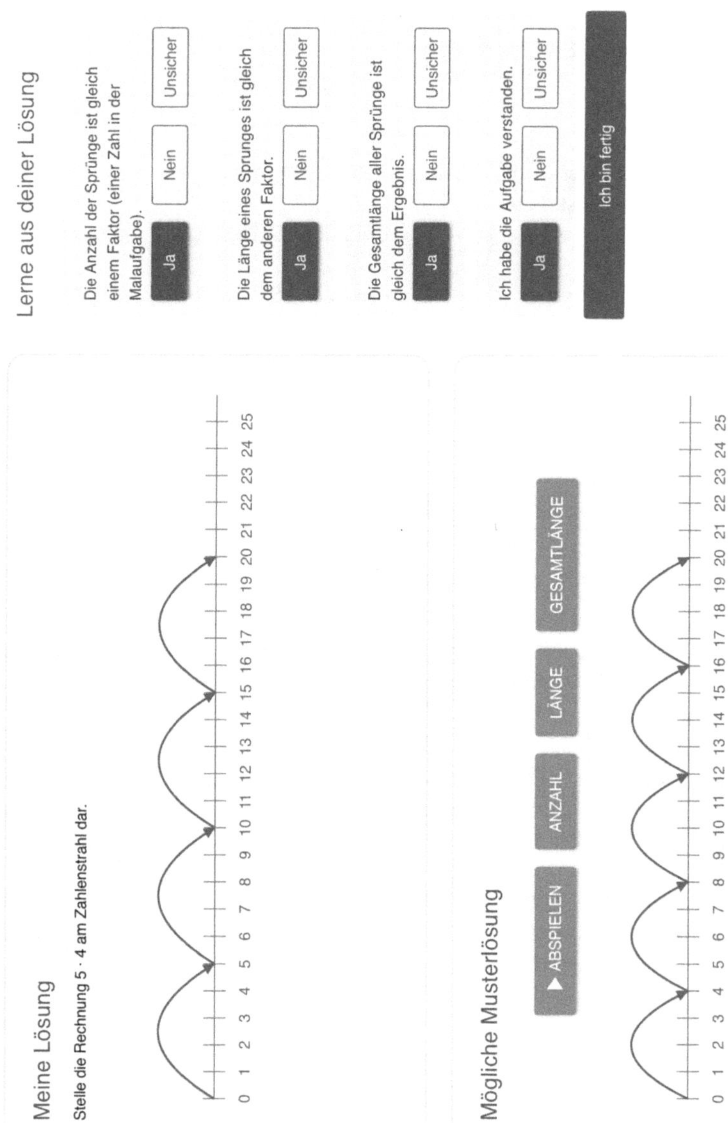

Abbildung 8.54 Bea, Aufgabe 2, Selbst-Assessment

Epistemische Mediation:

- Keine Mediationsprozesse feststellbar

Reflexive Mediation:

- Eigene Lösung, Musterlösung – Nicht-Übereinstimmung von eigener Lösung und Musterlösung feststellen
- Selbst-Assessment-Aussage 1 – Zutreffender Selbst-Assessment-Aussage zustimmen
- Selbst-Assessment-Aussage 2 – Zutreffender Selbst-Assessment-Aussage zustimmen
- Selbst-Assessment-Aussage 3 – Zutreffender Selbst-Assessment-Aussage zustimmen

Epistemisch-Reflexive Mediation:

- Keine Mediationsprozesse feststellbar

Feedback

Reflexive Mediation:
Das Feedback in der App (Abbildung 8.55) schaut sich Bea nur für einen ganz kurzen Augenblick an (2 s) und kommentiert die Rückmeldung wie folgt:

„*Ist alles richtig.*"

Da Bea explizit erwähnt, dass „alles richtig" ist, lässt sich vermuten, dass sie sich mit dieser Einschätzung auf ihre Lösung als auch auf ihr Selbst-Assessment bezieht und sowohl ihre korrekte Lösung als auch ihr korrektes Selbst-Assessment positiv einschätzt (Feedback zur Aufgabenlösung, Eigene Lösung – Korrekte eigene Lösung positiv einschätzen; Feedback zum Selbst-Assessment, Selbst-Assessment-Aussagen – Korrektes Selbst-Assessment positiv einschätzen). Sie scheint somit beide Feedbacks wahrgenommen und entsprechend ihrer Bedeutung richtig interpretiert zu haben.

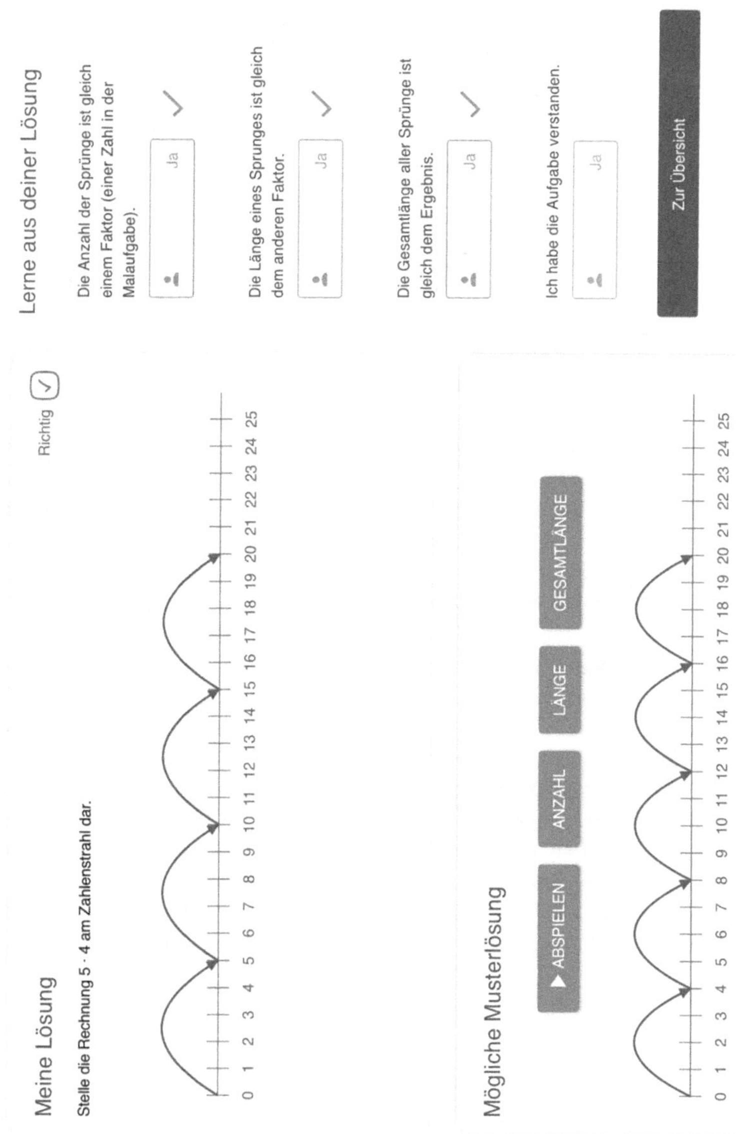

Abbildung 8.55 Bea, Aufgabe 2, Feedback

Epistemische Mediation:

- Keine Mediationsprozesse feststellbar

Reflexive Mediation:

- Feedback zur Aufgabenlösung, Eigene Lösung – Korrekte eigene Lösung positiv einschätzen
- Feedback zum Selbst-Assessment, Selbst-Assessment-Aussagen – Korrektes Selbst-Assessment positiv einschätzen

Epistemisch-Reflexive Mediation:

- Keine Mediationsprozesse feststellbar

Beim Bearbeiten der Aufgabe wägt Bea verschiedene Möglichkeiten ab, um die Rechnung fünf mal vier am Zahlenstrahl darzustellen und zieht hierbei sowohl das Zeichnen von Vierer-Sprüngen als auch das Zeichnen von Fünfer-Sprüngen in Betracht. Aus diesem Grund wurden die beiden Theoreme-in-Aktion *Erste oder zweiter Faktor als Sprunglänge* sowie *Erster oder zweiter Faktor als Sprunganzahl* rekonstruiert. Neben diesen beiden Theoremen wurde zudem das Theorem-in-Aktion *Ergebnis als Endpunkt des letzten Sprunges* festgehalten, nach dem Bea das Ergebnis der Rechnung mit dem Endpunkt des letzten Sprunges in Verbindung bringt. Während der Beantwortung der Selbst-Assessment-Aussagen und des Feedbacks ließ sich nicht erkennen, dass die rekonstruierten Theoreme-in-Aktion durch die App-Nutzung beeinflusst wurden. Es waren keine epistemischen- oder epistemisch-reflexiven Mediationsprozesse nachweisbar. Hingegen konnten reflexive Mediationsprozesse ausgemacht werden, im Rahmen derer Bea ihre Lösung mit der Musterlösung abglich und die Selbst-Assessment-Aussagen passend zu ihrer Lösung mit „Ja" beantwortete. Mit Bezug zum Feedback zur Aufgabenlösung und zum Selbst-Assessment schätzte sie ihre Lösung und ihre Antworten auf die Selbst-Assessment-Aussagen abschließend als richtig ein (Abbildung 8.56).

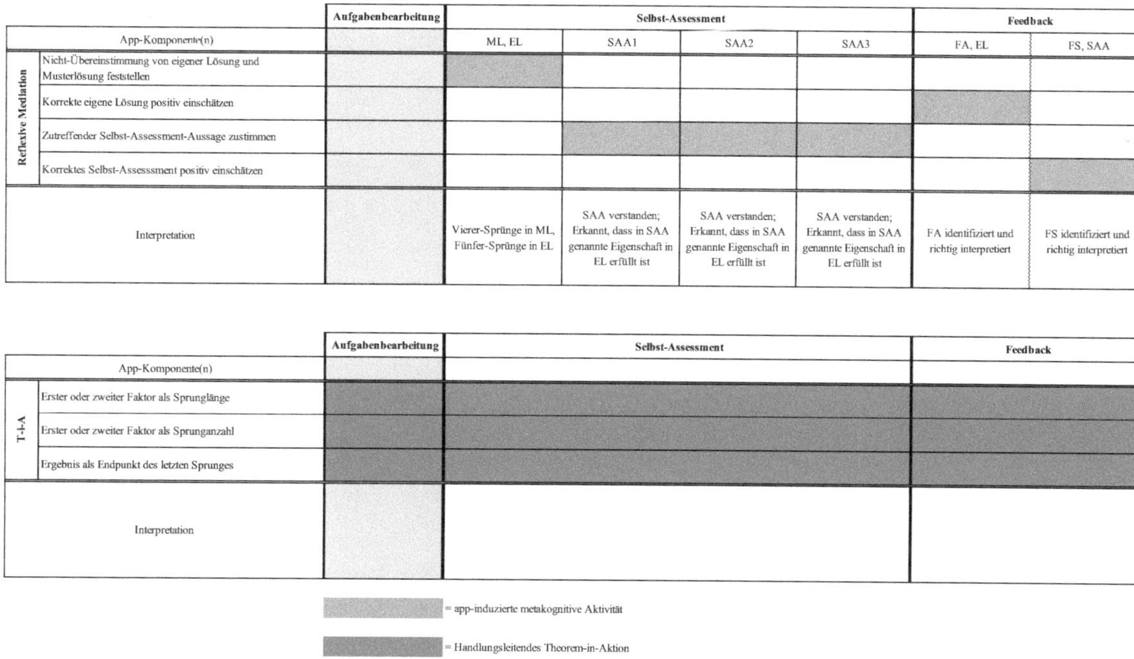

Abbildung 8.56 Überblick über die Mediationsprozesse in Aufgabe 2 im Fall „Bea“. (Quelle: Eigene Darstellung)

Aufgabe 3: Malaufgaben als Rechteckbild darstellen

Aufgabenbearbeitung
Bea startet die Aufgabenbearbeitung mit dem Lesen der Aufgabenstellung und dem Hinweis zur Eingabe der Lösung. Dann erstellt sie das Rechteckbild:

„*Da vier mal also (.) dann (---) eins, zwei, drei (zeichnet von beginnend von unten rechts im Raster drei Punkte von rechts nach links ein) (.), weil es sind ja drei da (zeigt auf die Drei in der Aufgabenstellung) (.), also mache ich auch unten die Länge drei und bei fünf (.) mache ich fünf in die Höhe (zeichnet oberhalb des linken Punktes vier weitere Punkte nach oben ein) drei, vier fünf. (.) Noch drei zurück (zeichnet von dem oberen Punkt aus zwei Punkte nach rechts) und jetzt alles in der Mitte ausfüllen (ergänzt die Zeichnung durch das Hinzufügen weiterer Punkte zu einem Rechteckbild)*" (Abbildung 8.57).

Beas Aussage legt nahe, dass sie die Faktoren der Rechnung als „Länge" und „Höhe" eines Rechtecks ansieht. Dabei bezeichnet sie die horizontale Seite als Länge und die vertikale Seite als Höhe des Rechtecks. Auch wenn Bea hier die Wörter „Länge" und „Höhe" verwendet, wird, da üblicherweise von der Länge und Breite eines Rechtecks gesprochen wird, die vertikale Seite im Folgenden nicht „Höhe", sondern „Breite" genannt. Im Sinne von Bea ist daher im Folgenden mit der Länge des Rechtecks die horizontale Seite und mit der Breite die vertikale Seite des Rechtecks gemeint.

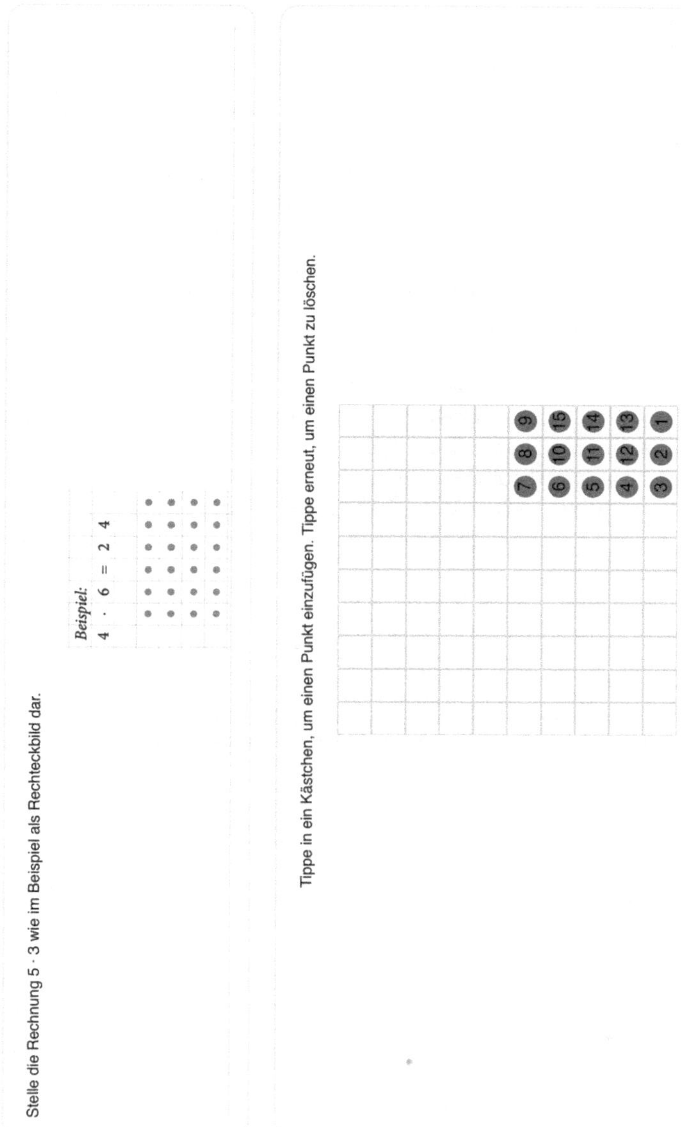

Abbildung 8.57 Bea, Aufgabe 3, Aufgabenbearbeitung – Nummerierung im Rechteckbild nachträglich eingefügt

Bezüglich der Länge und Breites des Rechtecks orientiert sich Bea anscheinend an dem Beispiel, welches ihr unterhalb der Aufgabenstellung angezeigt wird. So lässt sich aus Beas Erklärung folgern, dass sie in ihrer Lösung „bei fünf" „fünf in die Höhe" macht, weil in dem Beispiel als erster Faktor die Vier angegeben („Da vier mal") und diese als Breite des Rechtecks repräsentiert wird. Entsprechend stellt Bea, wie in dem Beispiel, in welchem der zweite Faktor gleich der Länge des Rechtecks ist, in ihrer Lösung den zweiten Faktor durch die Länge dar: „[D]ann (---) eins, zwei, drei, (zeichnet von beginnend von unten rechts im Raster drei Punkte von rechts nach links ein) (.), weil es sind ja drei da (zeigt auf die Drei in der Aufgabenstellung) (.) also mache ich auch unten die Länge drei".

Auf Grundlage ihrer Lösung und ihrer Aussage, die sie während dem Anfertigen der Lösung tätigt, werden daher zwei Theoreme-in-Aktion als handlungsleitend für die Bearbeitung der vierten Aufgabe angenommen. Einerseits das Theorem-in-Aktion *Erster Faktor als Breite eines Rechtecks*:

>Wenn ich eine Malaufgabe als Rechteckbild darstellen möchte, dann muss ich ein ||Rechteck|| zeichnen, dessen ||Breite|| gleich dem ||ersten Faktor|| ist<.

Anderseits ist von dem Theorem-in-Aktion *Zweiter Faktor als Länge eines Rechtecks* auszugehen: >Wenn ich eine Malaufgabe als Rechteckbild darstellen möchte, dann muss ich ein ||Rechteck|| zeichnen, dessen ||Länge|| gleich dem ||zweiten Faktor|| ist>.

Theoreme-in-Aktion:

- *Erster Faktor als Breite eines Rechtecks*
  >Wenn ich eine Malaufgabe als Rechteckbild darstellen möchte, dann muss ich ein ||Rechteck|| zeichnen, dessen ||Breite|| gleich dem ||ersten Faktor|| ist<
- *Zweiter Faktor als Länge eines Rechtecks*
  >Wenn ich eine Malaufgabe als Rechteckbild darstellen möchte, dann muss ich ein ||Rechteck|| zeichnen, dessen ||Länge|| gleich dem ||zweiten Faktor|| ist>

Selbst-Assessment

Reflexive Mediation:
Nachdem Bea auf "Abgeben" klickt, wird sie zur Selbst-Assessment-Ansicht weitergeleitet. Hier scrollt sie sofort hinunter zur Musterlösung:

„Hier haben die das so (---) gedreht (klickt auf „Drehen"). Ich habe das so gemacht."

Zuerst stellt Bea fest, dass das Rechteckbild in der Musterlösung im Gegensatz zu ihrer Lösung gedreht ist (Musterlösung, Eigene Lösung – Nicht Übereinstimmung von eigener Lösung und Musterlösung feststellen). Anschließend klickt sie auf den „Drehen-Button". Bea erkennt, dass das Rechteckbild, nachdem es gedreht wurde, ihrer Lösung entspricht (Eigene Lösung, Drehen-Button in der Musterlösung – Übereinstimmung von eigener Lösung und Musterlösung feststellen). Sie beginnt nachfolgend damit, die Selbst-Assessment-Aussagen zu beantworten. Unmittelbar nachdem Bea die Aussage „Ich habe fünf 3er-Gruppen oder drei 5er-Gruppen gezeichnet" laut vorgelesen hat, beantwortet sie diese mit „Ja" (Abbildung 8.58). Damit stimmt sie einer zutreffenden Selbst-Assessment-Aussage zu (Selbst-Assessment-Aussage 1 – Zutreffender Selbst-Assessment-Aussage zustimmen). Es ist davon auszugehen, dass Bea die Aussage verstanden hat und sie diese in Beziehung zu ihrer Lösung setzen konnte. Bei der zweiten Selbst-Assessment-Aussage, in der nach der Gesamtzahl der Punkte gefragt ist, zählt Bea die Punkte in ihrer Lösung zunächst nach, bevor sie auch der zweiten Aussage zustimmt (Eigene Lösung, Selbst-Assessment-Aussage 2 – Zutreffender Selbst-Assessment-Aussage zustimmen). Es lässt sich vermuten, dass Bea die zweite Aussage ebenfalls verstanden hat und wusste, wie sie ihre Lösung auf die entsprechende Eigenschaft überprüfen kann. Bea schließt das Selbst-Assessment ab, indem sie bei der letzten Aussage angibt, die Aufgabe verstanden zu haben.

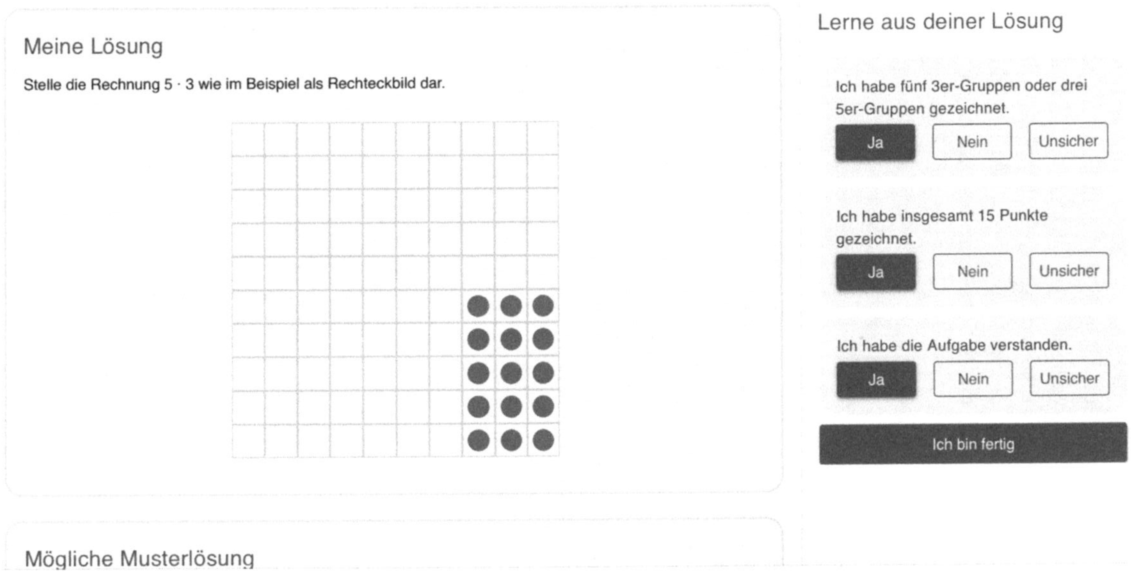

Abbildung 8.58 Bea, Aufgabe 3, Selbst-Assessment

Epistemische Mediation:

- Keine Mediationsprozesse feststellbar

Reflexive Mediation:

- Eigene Lösung, Drehen-Button in der Musterlösung – Übereinstimmung von eigener Lösung und Musterlösung feststellen
- Selbst-Assessment-Aussage 1 – Zutreffender Selbst-Assessment-Aussage zustimmen
- Eigene Lösung, Selbst-Assessment-Aussage 2 – Zutreffender Selbst-Assessment-Aussage zustimmen

Epistemisch-Reflexive Mediation:

- Keine Mediationsprozesse feststellbar

Feedback

Reflexive Mediation:
Bea wirft einen kurzen Blick auf das Feedback (Abbildung 8.59), kommentiert dieses mit

> *„Ist alles richtig."*
>
> und navigiert dann weiter zur Übersicht.

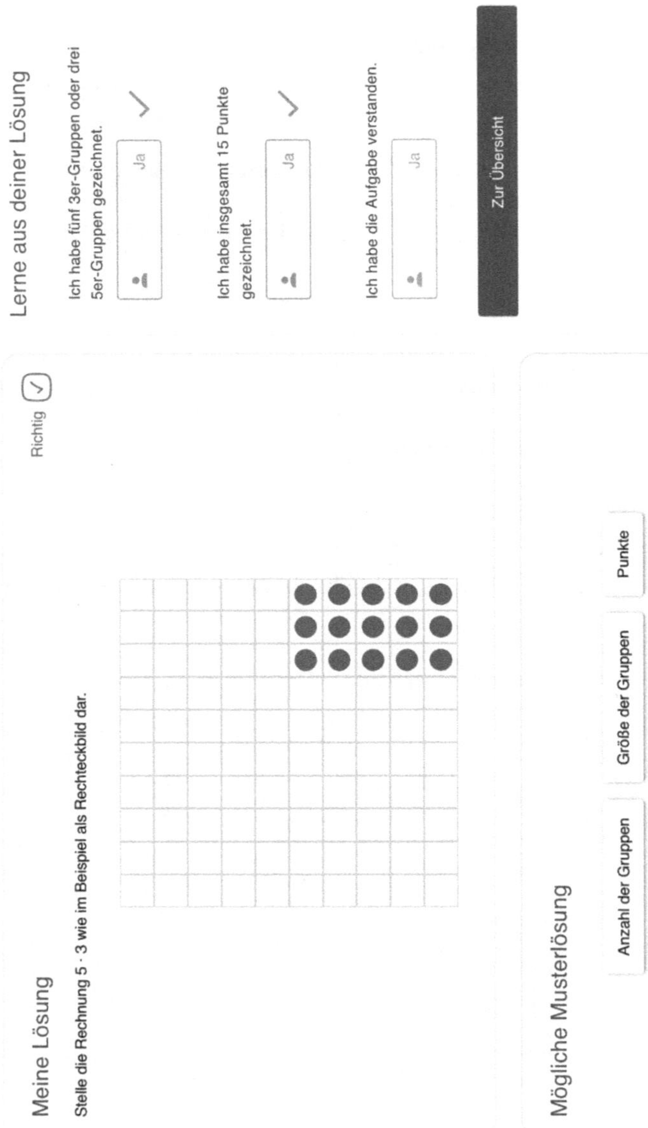

Abbildung 8.59 Bea, Aufgabe 3, Feedback

Wie bereits in der zweiten Aufgabe wird auch in dieser Aufgabe davon ausgegangen, dass Bea sich mit ihrer positiven Einschätzung sowohl auf ihre Lösung als auch auf ihre Selbst-Assessment-Ergebnisse bezieht. Sie scheint ihre Lösung als auch ihre Selbst-Assessment-Ergebnisse korrekterweise als „richtig" einzuschätzen (Feedback zur Aufgabenlösung, Eigene Lösung – Korrekte eigene Lösung positiv einschätzen; Feedback zum Selbst-Assessment, Selbst-Assessment-Aussagen – Korrektes Selbst-Assessment positiv einschätzen). Somit ist davon auszugehen, dass sie das Feedback zur Aufgabenlösung und zum Selbst-Assessment identifiziert und richtig interpretiert hat.

Epistemische Mediation:

- Keine Mediationsprozesse feststellbar

Reflexive Mediation:

- Feedback zur Aufgabenlösung, Eigene Lösung – Korrekte eigene Lösung positiv einschätzen
- Feedback zum Selbst-Assessment, Selbst-Assessment-Aussagen – Korrektes Selbst-Assessment positiv einschätzen

Epistemisch-Reflexive Mediation:

- Keine Mediationsprozesse feststellbar

Für das Erstellen der Musterlösung orientierte sich Bea an dem Beispiel, welches ihr gemeinsam mit der Aufgabenstellung während der Aufgabenbearbeitung angezeigt wurde. Dabei betrachtete sie die beiden Faktoren in der Rechnung als Länge und Breite eines Rechtecks, wobei die Länge für sie die horizontale Seite und die Breite die vertikale Seite darstellte. Ihre Lösung glich Bea darauffolgend mit der Musterlösung ab und erkannte im Rahmen eines reflexiven Mediationsprozesses, dass das Rechteckbild in der Musterlösung im Vergleich zu ihrem Rechteckbild gedreht war. Durch einen Klick auf den „Drehen-Button" überführte Bea die Musterlösung in ihre Lösung und stellte die nun vorhandene Übereinstimmung zwischen den beiden Lösungen fest. Beim Beantworten der Selbst-Assessment-Aussagen wählte Bea überall die Antwort „Ja" aus und schätzte ihre Lösung in Bezug auf die Aussagen demnach korrekt ein. Die Arbeit an der dritten Aufgabe schloss sie damit ab, dass sie ihre Lösung in Bezug auf das Feedback zur Aufgabenlösung und ihr

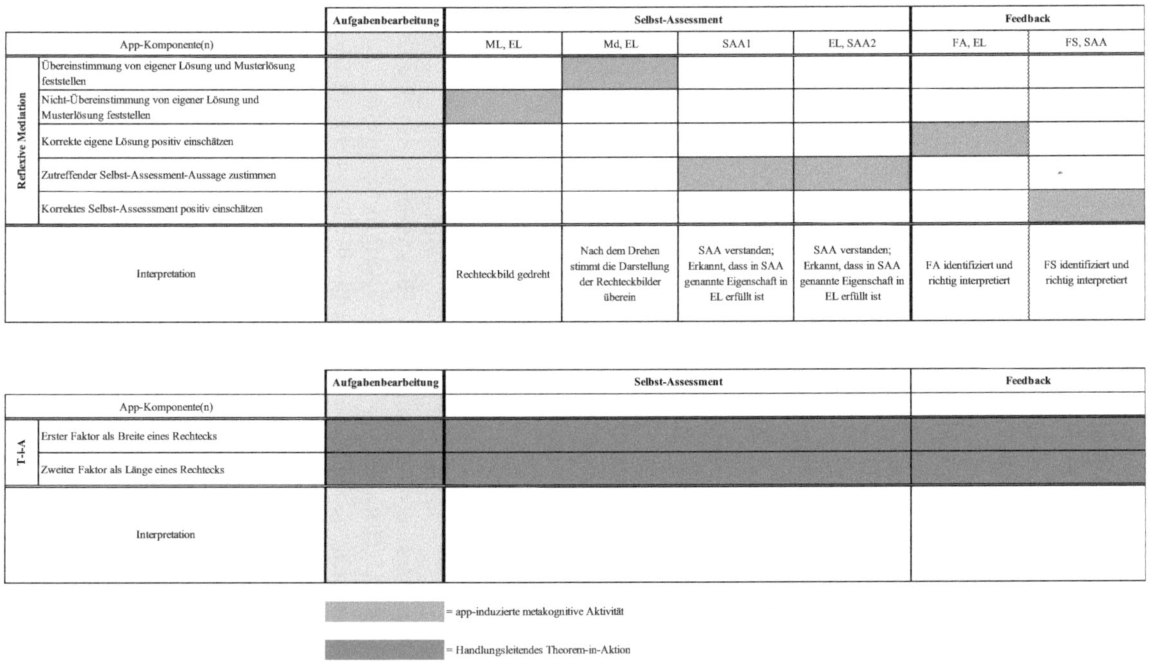

Abbildung 8.60 Überblick über die Mediationsprozesse in Aufgabe 3 im Fall „Bea". (Quelle: Eigene Darstellung)

Selbst-Assessment in Bezug auf das Feedback zum Selbst-Assessment als korrekt bewertete (Abbildung 8.60).

Aufgabe 4: Rechteckbilder verändern

Aufgabenbearbeitung
Die vierte Aufgabe beginnt Bea mit dem Lesen der Aufgabenstellung. Nach dem Lesen der Aufgabenstellung fängt sie an, die Aufgabe zu bearbeiten:

„Es sind (…) hm (…) zehn (.), achtzehn Punkte (trägt für die Zahl im Antwortsatz eine achtzehn ein) (.). Und wenn ich eine Reihe weitermache (verschiebt den Malwinkel um eine Zeile nach unten) (3 s), dass es drei mal neun wird (.) dann werden es äh siebenundzwanzig (…). Und es sind mehr geworden (wählt im Drop-Down Menü „mehr" aus), weil es ist ja eine Reihe dazugekommen" (Abbildung 8.61).

Noch bevor Bea eine Änderung am Rechteckbild vornimmt, trägt sie beim Antwortsatz ein, wie viele Punkte zu Beginn im Rechteckbild dargestellt sind. Die Anzahl der Punkte ermittelt sie dem Anschein nach durch Zählen: „zehn (.), achtzehn Punkte".

Anschließend nimmt sie mit dem Malwinkel Veränderungen am Rechteckbild vor. Hinsichtlich der Veränderung des Rechteckbildes scheint Bea der Überzeugung zu sein, dass sie den Malwinkel „eine Reihe weitermache[n]" muss, damit aus der Rechnung zwei mal neun die Rechnung „drei mal neun wird". Die Veränderung zwischen den Rechnungen, also die Erhöhung des ersten Faktors um Eins, stellt sie demnach durch eine Erhöhung der Zeilenanzahl um Eins dar. Folglich ist davon auszugehen, dass der Bearbeitung der vorliegenden Aufgabe das Theorem-in-Aktion *Erhöhung des ersten Faktors als Erhöhung der Zeilenanzahl* zugrundeliegt:

>Wenn ich eine Malaufgabe im Rechteckbild verändern möchte, dann muss ich den Malwinkel so verschieben, dass sich bei einer ||Erhöhung des ersten Faktors um eins|| die ||Anzahl der Zeilen um eins erhöht||<.

Die Bearbeitung der Aufgabe schließt Bea mit der Angabe ab, dass es durch das Verschieben des Malwinkels mehr Punkte geworden sind und begründet dies damit, dass „ja eine Reihe dazugekommen" ist. Bea kann also nicht nur die Veränderung der beiden Rechnungen zwei mal neun und drei mal neun im Rechteckbild darstellen, sondern scheint auch zu wissen, dass das Ergebnis der Rechnung durch die Veränderung zunimmt. Da sie sich jedoch nicht explizit dazu äußert, wie groß genau die Veränderung ist, bleibt unklar, ob sie die Veränderung zahlenmäßig bestimmen beziehungsweise am Rechteckbild ablesen kann. Aufgrund der Tatsache, dass sie die Ergebnisse der Rechnungen mit achtzehn und siebenundzwanzig explizit erwähnt, liegt es allerdings nahe, dass sich Bea auch über die Differenz der Ergebnisse im Klaren ist uns somit die Veränderung zahlenmäßig bestimmen kann.

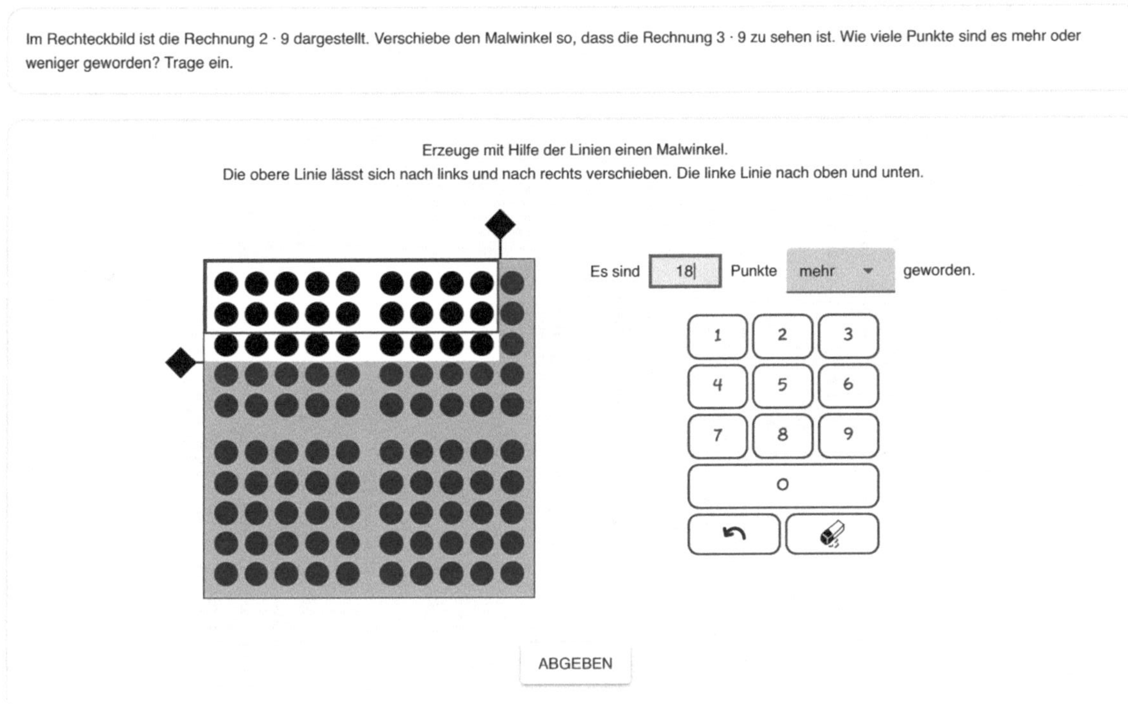

Abbildung 8.61 Bea, Aufgabe 4, Aufgabenbearbeitung

Theoreme-in-Aktion:

- *Erhöhung des ersten Faktors als Erhöhung der Zeilenanzahl*
  >Wenn ich eine Malaufgabe im Rechteckbild verändern möchte, dann muss ich den Malwinkel so verschieben, dass sich bei einer ||Erhöhung des ersten Faktors um eins|| die ||Anzahl der Zeilen um eins erhöht||<

Selbst-Assessment

Reflexive Mediation:
Beim Betrachten der ersten Lösungsmöglichkeit in der Musterlösung stellt Bea fest, dass der Malwinkel in der Musterlösung genau so verschoben wurde, wie sie es in ihrer Lösung gemacht hat (Musterlösung, Eigene Lösung – Übereinstimmung von eigener Lösung und Musterlösung feststellen). Der einzige Unterschied bestünde darin, dass die Punkte, die durch das Verschieben des Malwinkels hinzugekommen sind, in der Musterlösung rot markiert wären:

„*Dann gucke ich mir die erste Lösung an (klickt auf „1. Lösung“). (2 s) Da sind, da wurden die Punkte (zeigt auf die rot markierten Punkte in der Musterlösung) die ich halt hier gemacht habe (zeigt auf die entsprechenden Punkte ihre Lösung) rot markiert.*“

Nachdem Bea in der Musterlösung die erste Lösungsmöglichkeit betrachtet hat, wirft sie einen Blick auf die zweite Lösungsmöglichkeit:

„*Und die zweite Lösung ist (klickt auf „2. Lösung“) (.) dass man das so seitlich macht. (---) Hab das jetzt so äh, (dass man das gelegt?) (zeigt auf ihre Lösung).*“

Mit Bezug zur zweiten Lösung bemerkt Bea, dass eine alternative Lösungsmöglichkeit diese wäre, dass man „das so seitlich macht“, also dass man ausgehend von neun Zweier-Zeilen den Malwinkel um eine Spalte nach rechts verschiebt, um die Veränderungen zwischen den beiden Rechnungen deutlich zu machen. Ihre folgende Bemerkung, dass sie in ihrer Lösung das Rechteckbild „gelegt“ hat, kann als Feststellung betrachtet werden, dass ihre Lösung und die zweite Lösungsmöglichkeit in der Musterlösung nicht übereinstimmen (Musterlösung, Eigene Lösung – Nicht-Übereinstimmung von eigener Lösung und Musterlösung feststellen).

Im Anschluss an das Betrachten der Musterlösung geht Bea dazu über, die Selbst-Assessment-Aussagen zu beantworten (Abbildung 8.62). Die erste Aussage liest sie laut vor und beantwortet diese, ohne lange zu überlegen, mit „Ja“. Da sie in der Tat drei Fünfer- oder fünf Dreier-Gruppen gezeichnet hat, stimmt sie einer zutreffenden Selbst-Assessment-Aussage zu (Selbst-Assessment-Aussage 1 – Zutreffender Selbst-Assessment-Aussage zustimmen).

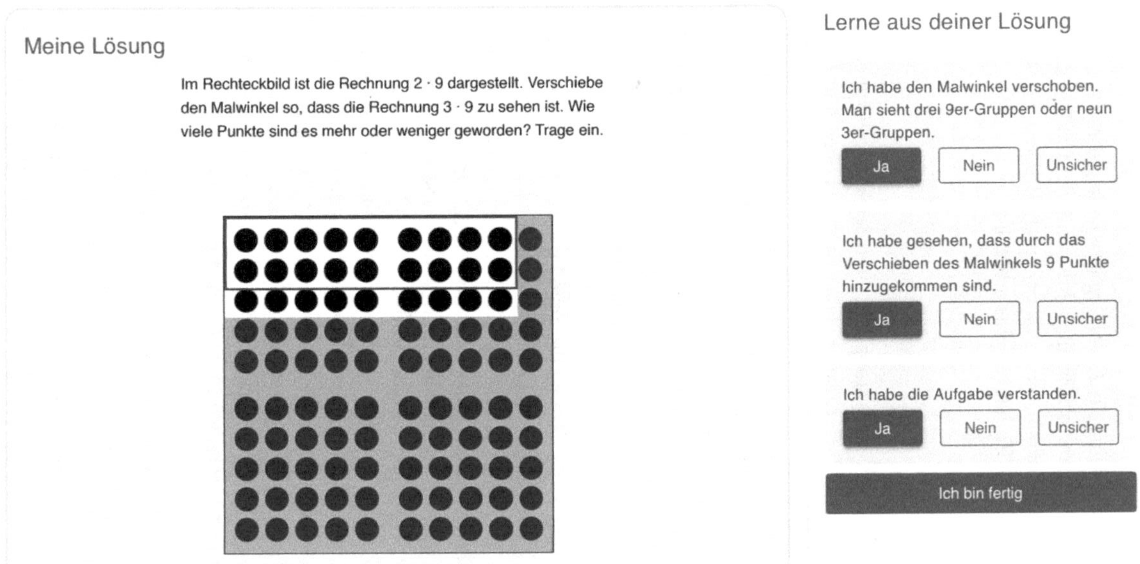

Abbildung 8.62 Bea, Aufgabe 4, Selbst-Assessment

Die zweite Aussage „Ich habe erkannt, dass durch das Verschieben des Malwinkels 9 Punkte hinzugekommen sind" beantwortet Bea ebenfalls mit „Ja". Die positive Beantwortung dieser Aussage stärkt die Annahme aus der Aufgabenbearbeitung, dass sich Bea über die genaue Größe der Veränderung bewusst ist. Ihre Antwort zeigt aber auch, dass für Bea unklar ist, dass sich die zweite Selbst-Assessment-Aussage auf den Antwortsatz bezieht. Bea war beim Ausfüllen des Antwortsatzes offenbar davon ausgegangen, dass die Anzahl der Punkte vor dem Verschieben des Malwinkels angegeben werden muss und hat daher „Es sind 18 Punkte mehr geworden" eingetragen. Da sie im Antwortsatz nicht benannt hat, wie viele Punkte durch das Verschieben hinzugekommen sind, stimmt sie somit einer Selbst-Assessment-Aussage zu, die auf ihre Lösung nicht zutrifft (Selbst-Assessment-Aussage 2 – Nicht zutreffender Selbst-Assessment-Aussage zustimmen).

Epistemische Mediation:

- Keine Mediationsprozesse feststellbar

Reflexive Mediation:

- Musterlösung, Eigene Lösung – Übereinstimmung von eigener Lösung und Musterlösung feststellen
- Selbst-Assessment-Aussage 1 – Zutreffender Selbst-Assessment-Aussage zustimmen
- Selbst-Assessment-Aussage 2 – Nicht zutreffender Selbst-Assessment-Aussage zustimmen

Epistemisch-Reflexive Mediation:

- Keine Mediationsprozesse feststellbar

Feedback

Reflexive Mediation:
Nach dem Einreichen des Selbst-Assessment erhält Bea das Feedback zu ihrer Aufgabenlösung und zum Selbst-Assessment (Abbildung 8.63). Zuerst wendet sie sich letzterem zu und stellt bezüglich der ersten Selbst-Assessment-Aussage fest:

„*So, das ist hier richtig.*“

Bea schätzt ihre Antwort als richtig ein (Feedback zum Selbst-Assessment, Selbst-Assessment-Aussage 1 – Korrektes Selbst-Assessment positiv einschätzen). Daraus kann geschlussfolgert werden, dass Bea das Feedback zur ersten Selbst-Assessment-Aussage wahrgenommen und wie vorgesehen interpretiert hat.

Nachdem Bea ihr Antwort auf die erste Aussage positiv eingeschätzt hat, liest sie sich die zweite Selbst-Assessment-Aussage durch:

„*‚Ich habe gesehen, dass (.) durch das Verschieben des Malwinkels neun Punkte hinzugefügt werden‘. (Scrollt etwas hinunter, sodass sie das Feedback zur Aufgabe vollständig sehen kann). (---) Oh. (---) (Zählt die Punkte im Rechteckbild, die vor dem Verschieben des Malwinkels zu sehen waren) eins, zwei, drei, vier, fünf, sechs, sieben, acht, neun, zehn, elf, zwölf, dreizehn, vierzehn, fünzehn, sechszehn, siebzehn, achtzehn. (---) Achso, ich hab, man sollte jetzt das halt hier angeben (zeigt auf die Punkte im Rechteckbild, die nach dem Verschieben des Malwinkels zu sehen sind). Ich habe das vo- von vorhin mit der Zweier-Reihe eingegeben (klickt auf „Zur Übersicht“).*“

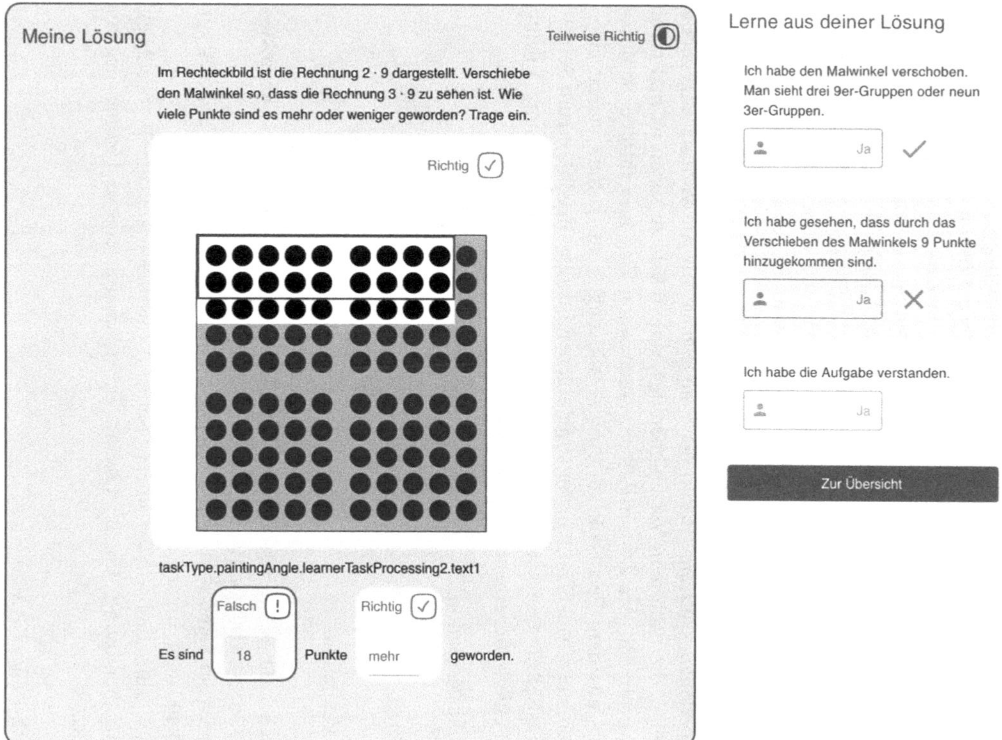

Abbildung 8.63 Bea, Aufgabe 4, Feedback

Die negative Bewertung der zweiten Selbst-Assessment-Assessment-Aussage führt bei Bea dazu, dass sie sich das Feedback zur Aufgabenlösung ansieht. Angestoßen durch das Feedback zur Aufgabenlösung scheint Bea dann ihre eigene Lösung zu reflektieren (Feedback zum Selbst-Assessment, Selbst-Assessment-Aussage 2, Feedback zur Aufgabenlösung, Eigene Lösung – Eigene Lösung reflektieren). Offenbar hat die Information, dass die Zahl achtzehn im Antwortsatz nicht richtig ist, bei Bea einen kognitiven Konflikt ausgelöst, sodass sie nun versucht, eine Erklärung für diesen Fehler zu finden. Aller Wahrscheinlichkeit nach hat Bea zunächst die Hypothese, dass sie sich beim Bestimmen der Punktanzahl vor dem Verschieben des Malwinkels verzählt hat und zählt daher die Anzahl der Punkte noch einmal nach. Beim Zählen kommt sie auf die Zahl achtzehn, ebendieser Zahl, die sie auch im Antwortsatz eingetragen hat. Ein Fehler beim Zählen der Punkte kann damit ausgeschlossen werden. So schlussfolgert Bea nach kurzem Überlegen, dass die Anzahl der Punkte hätte im Antwortsatz angegeben werden sollen, die nach dem Verschieben des Malwinkels zu sehen ist und nicht die „von vorhin mit der Zweier-Reihe". Auch wenn Bea hier falsche Schlussfolgerungen aus dem Feedback zur Aufgabenlösung zieht, kommt sie zu einer begründeten, negativen Einschätzung ihrer eigenen Lösung (Feedback zum Selbst-Assessment, Selbst-Assessment-Aussage 2, Feedback zur Aufgabenlösung, Eigene Lösung – Fehlerhafte, eigene Lösung negativ einschätzen).

Epistemische Mediation:

- Keine Mediationsprozesse feststellbar

Reflexive Mediation:

- Feedback zum Selbst-Assessment, Selbst-Assessment-Aussage 1 – Korrektes Selbst-Assessment positiv einschätzen
- Feedback zum Selbst-Assessment, Selbst-Assessment-Aussage 2, Feedback zur Aufgabenlösung, Eigene Lösung – Eigene Lösung reflektieren
- Feedback zum Selbst-Assessment, Selbst-Assessment-Aussage 2, Feedback zur Aufgabenlösung, Eigene Lösung – Fehlerhafte, eigene Lösung negativ einschätzen

Epistemisch-Reflexive Mediation:

- Keine Mediationsprozesse feststellbar

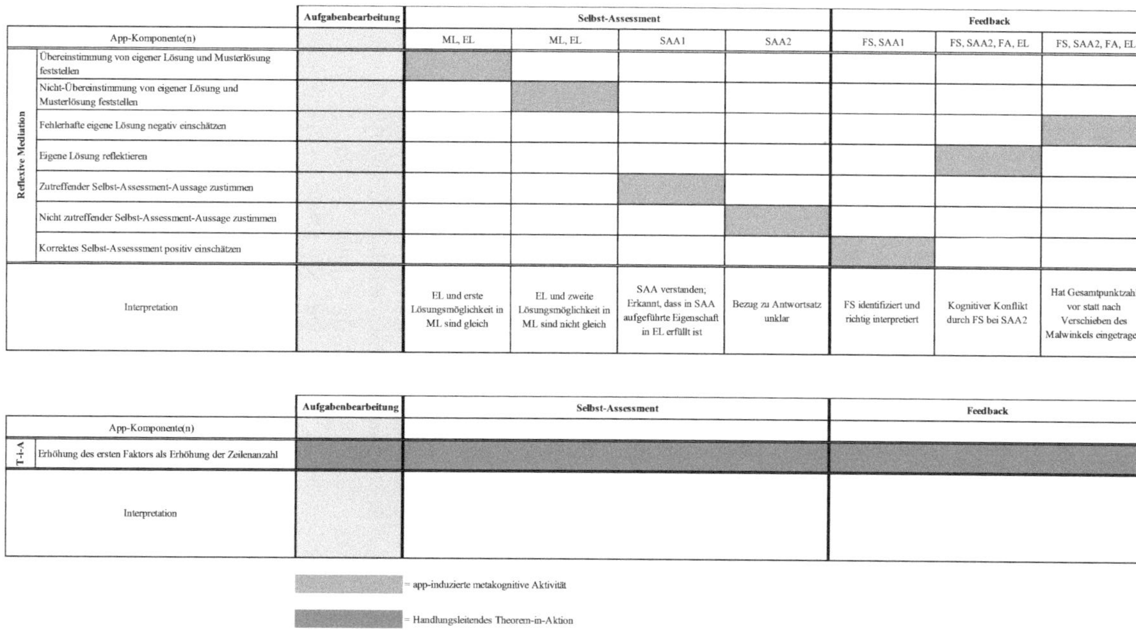

Abbildung 8.64 Überblick über die Mediationsprozesse in Aufgabe 4 im Fall „Bea“. (Quelle: Eigene Darstellung)

Zu Beginn konnte das Theorem-in-Aktion *Erhöhung des ersten Faktors als Erhöhung der Zeilenanzahl* als der Aufgabe zugrundeliegendes Theorem-in-Aktion rekonstruiert werden. Nachdem Bea sich mit den beiden Lösungsmöglichkeiten in der Musterlösung auseinandergesetzt hat, stimmte sie im weiteren Verlauf der Aufgabe den beiden Selbst-Assessment-Aussagen zu. Während die erste Aussage tatsächlich auf Beas Lösung zutraf, war dies bei der zweiten Aussage nicht der Fall. Folglich wurde ihr beim Feedback ein Fehler hinsichtlich der zweiten Selbst-Assessment-Aussage angezeigt. Dieser veranlasste Bea dazu, das Feedback zu Aufgabenlösung zu betrachten und über ihre Lösung zu reflektieren. Abschließend stellte als vermeintliche Fehlerursache fest, dass sie statt der Anzahl der Punkte nach dem Verschieben des Malwinkels die Anzahl der Punkte vor dem Verschiebend es Malwinkels gezählt hat (Abbildung 8.64).

8.5 Fall „Gabriel"

Aufgabe 1: Malaufgaben am Zahlenstrahl erkennen

Aufgabenbearbeitung
Nachdem Gabriel die Aufgabenstellung und die Hinweise zur Lösungsausgabe laut vorgelesen hat, sagt er der Interviewerin, dass er nicht ganz verstehe, was er nun machen solle. Daraufhin erklärt die Interviewerin ihm in ihren eigenen Worten, was bei der Aufgabe zu tun ist. Gabriel startet die Aufgabenbearbeitung dann damit, dass er die Anzahl der Sprünge zählt, die am Zahlenstrahl dargestellt sind. Er notiert nach kurzem Überlegen die Rechnung $3 \cdot 6 = 18$ (Abbildung 8.65). Auf die Frage der Interviewerin, wie er auf die Rechnung gekommen wäre, antwortet Gabriel:

„Ich habe hier geguckt: Eins, Zwei, Drei, Vier, Fünf, Sechs (zeigt nacheinander auf die Sprünge am Zahlenstrahl), sechs Bögen. Und beim ersten Bogen ist man bei der Drei gelandet (zeigt auf die Drei am Zahlenstrahl). Das heißt diese sechs Sprünge (zeigt auf die Sprünge am Zahlenstrahl) mit der Drei (zeigt auf die Drei am Zahlenstrahl)."

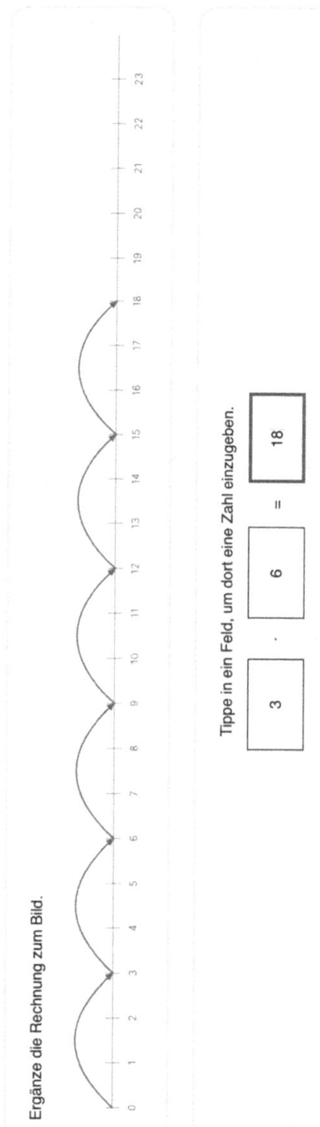

Abbildung 8.65 Gabriel, Aufgabe 1, Aufgabenbearbeitung

Anhand von Gabriels Lösung und seiner Erklärung wird deutlich, dass er für den ersten Faktor den Endpunkt des ersten Sprunges und für den zweiten Faktor die Anzahl der Sprünge berücksichtigt.

Dass seiner Vorstellung nach die Rolle der Faktoren vertauscht werden kann, wird im folgenden Prozessschritt des *Selbst-Assessments* deutlich. Hier wird ihm in der Musterlösung die Tauschaufgabe, sechs mal drei gleich achtzehn, angezeigt und er sagt:

„*Mhm (.), sechs mal drei, drei mal sechs (.) habe ich.*“

Gabriel fokussiert offenbar die Gleichwertigkeit der beiden Rechnungen sechs mal drei und drei mal sechs, sodass für ihn die Notation der Sprunganzahl für den ersten Faktor und dem Endpunkt des ersten Sprunges für den zweiten Faktor anscheinend ebenso eine richtige Lösung darstellt wie die Lösung, der er generiert hat. Auch wenn Gabriel diese Vorstellung während der Aufgabenbearbeitung nicht explizit macht, wird wegen seiner Reaktion auf die Musterlösung beim Selbst-Assessment davon ausgegangen, dass er die Faktoren bereits zum Zeitpunkt der Aufgabenbearbeitung flexibel betrachtete.

Somit können für die Bearbeitung der Aufgabe zwei Theoreme-in-Aktion rekonstruiert werden, welche die Verbindung zwischen den beiden Faktoren und dem Endpunkt des ersten Sprunges beziehungsweise der Anzahl der Sprünge explizieren. Das erste Theorem-in-Aktion *Endpunkt des ersten Sprunges als erster oder zweiter Faktor* kann wie folgt formuliert werden:

>Wenn ich eine Malaufgabe am Zahlenstrahl erkennen möchte, dann muss der ||erste Faktor|| oder der ||zweite Faktor|| gleich dem ||Endpunkt des ersten Sprunges|| sein<.

Das zweite Theorem-in-Aktion *Sprunganzahl als erster oder zweiter Faktor* lautet:

>Wenn ich eine Malaufgabe am Zahlenstrahl erkennen möchte, dann muss der ||erste Faktor|| oder der ||zweite Faktor|| gleich der ||Anzahl der Sprünge|| sein<.

Theoreme-in-Aktion:

- *Endpunkt des ersten Sprunges als erster oder zweiter Faktor*
  >Wenn ich eine Malaufgabe am Zahlenstrahl erkennen möchte, dann muss der ||erste Faktor|| oder der ||zweite Faktor|| gleich dem ||Endpunkt des ersten Sprunges|| sein<
- *Sprunganzahl als erster oder zweiter Faktor*
  >Wenn ich eine Malaufgabe am Zahlenstrahl erkennen möchte, dann muss der ||erste Faktor|| oder der ||zweite Faktor|| gleich der ||Anzahl der Sprünge|| sein<.

Selbst-Assessment

Reflexive Mediation:
Zunächst schaut sich Gabriel seine Lösung an und scrollt anschließend hinunter zur Musterlösung. Wie bereits oben erwähnt, tätigt er dann die folgende Aussage:

„*Mhm (.), sechs mal drei, drei mal sechs (.) habe ich.*“

Es ist wahrscheinlich, dass Gabriel die Rechnung in seiner Lösung und die Rechnung in der möglichen Musterlösung aufgrund der Übereinstimmung der Ergebnisse als gleichwertig betrachtet und aufgrund dessen nicht explizit darauf eingeht, dass die Reihenfolge der Faktoren in den beiden Rechnungen vertauscht ist (Eigene Lösung, Musterlösung – Nicht-Übereinstimmung von eigener Lösung und Musterlösung nicht feststellen). Da beide Rechnungen dasselbe Ergebnis liefern, spielen die Unterschiede zwischen den Lösungen für ihn offenbar keine Rolle. Ohne also die Unterschiede zwischen den Lösungen zu benennen, wendet er sich der Beantwortung der Selbst-Assessment-Aussagen zu.

Nachdem Gabriel die erste Selbst-Assessment-Aussage laut vorgelesen hat, beantwortet er diese zutreffenderweise mit „Ja“ (Selbst-Assessment-Aussage 1 – Zutreffender Selbst-Assessment-Aussage zustimmen; Abbildung 8.66). Auch die zweite und die dritte Selbst-Assessment-Aussage liest er jeweils laut vor und wählt bei beiden Aussagen „Ja“ als Antwort aus (Selbst-Assessment-Aussage 2 – Zutreffender Selbst-Assessment-Aussage zustimmen; Selbst-Assessment-Aussage 3 – Zutreffender Selbst-Assessment-Aussage zustimmen). Die Auswahl seiner Antworten begründet Gabriel nicht. Jedoch macht er bei der Beantwortung der Aussagen einen sicheren Eindruck. Aus diesem Grund wird davon ausgegangen, dass er alle in dieser Aufgabe aufgeführten Selbst-Assessment-Aussagen verstanden und erkannt hat, dass die in den Aussagen genannten Eigenschaften in seiner Lösung erfüllt sind.

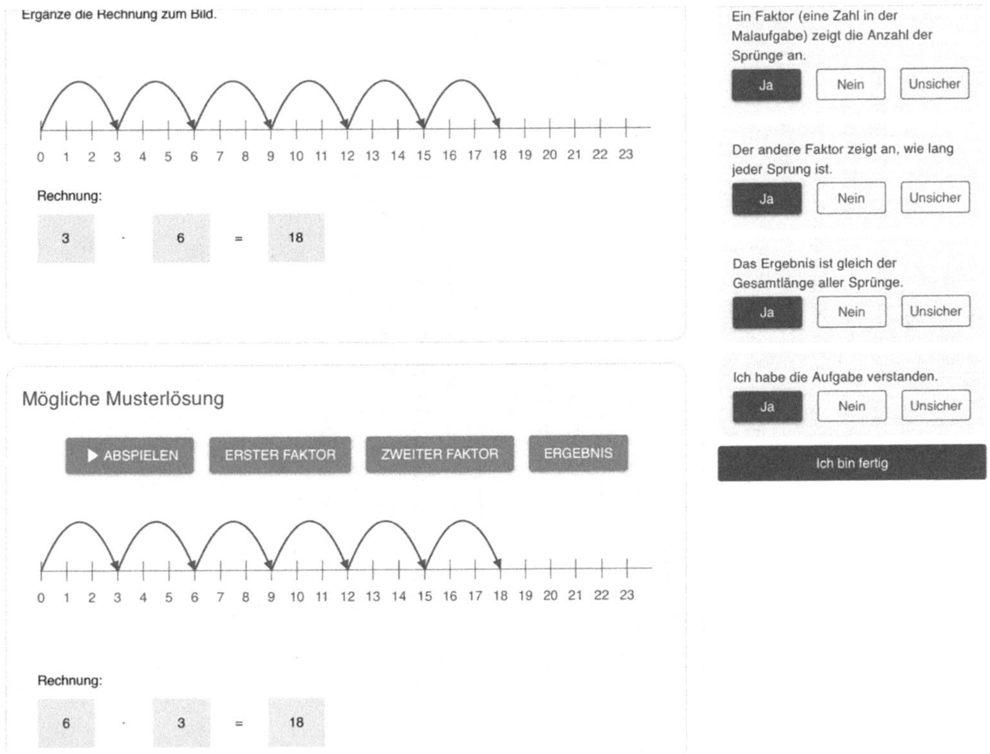

Abbildung 8.66 Gabriel, Aufgabe 1, Selbst-Assessment

Epistemische Mediation:

- Keine Mediationsprozesse feststellbar

Reflexive Mediation:

- Eigene Lösung, Musterlösung – Nicht-Übereinstimmung von eigener Lösung und Musterlösung nicht feststellen
- Selbst-Assessment-Aussage 1 – Zutreffender Selbst-Assessment-Aussage zustimmen
- Selbst-Assessment-Aussage 2 – Zutreffender Selbst-Assessment-Aussage zustimmen
- Selbst-Assessment-Aussage 3 – Zutreffender Selbst-Assessment-Aussage zustimmen

Epistemisch-Reflexive Mediation:

- Keine Mediationsprozesse feststellbar

Feedback

Reflexive Mediation:
Sobald Gabriel das Feedback angezeigt wird, sagt er

„*(Mal?) gucken. Ist richtig.*“

und scrollt anschließend hinunter zur Musterlösung. Es ist nicht sicher, ob sich Gabriel mit dieser Einschätzung auf die Richtigkeit seiner Lösung oder auf die Korrektheit seines Selbst-Assessments bezieht. Es fällt jedoch auf, dass er in seine Aussage wörtlich die Rückmeldung integriert, die er zu seiner Lösung erhalten hat: So sagt Gabriel „[i]st richtig“ und es wird ihm auch in seiner Lösung angezeigt, dass diese „Richtig“ ist (Abbildung 8.67). Aufgrund dessen wird davon ausgegangen, dass sich Gabriel mit seiner Aussage auf das Feedback zu seiner Lösung bezieht (Feedback zur Aufgabenlösung, Eigene Lösung – Korrekte eigene Lösung positiv einschätzen) und nicht auf das Feedback zum Selbst-Assessment. Somit ist davon auszugehen, dass er zumindest das Feedback zur Aufgabenlösung identifiziert und richtig interpretiert hat.

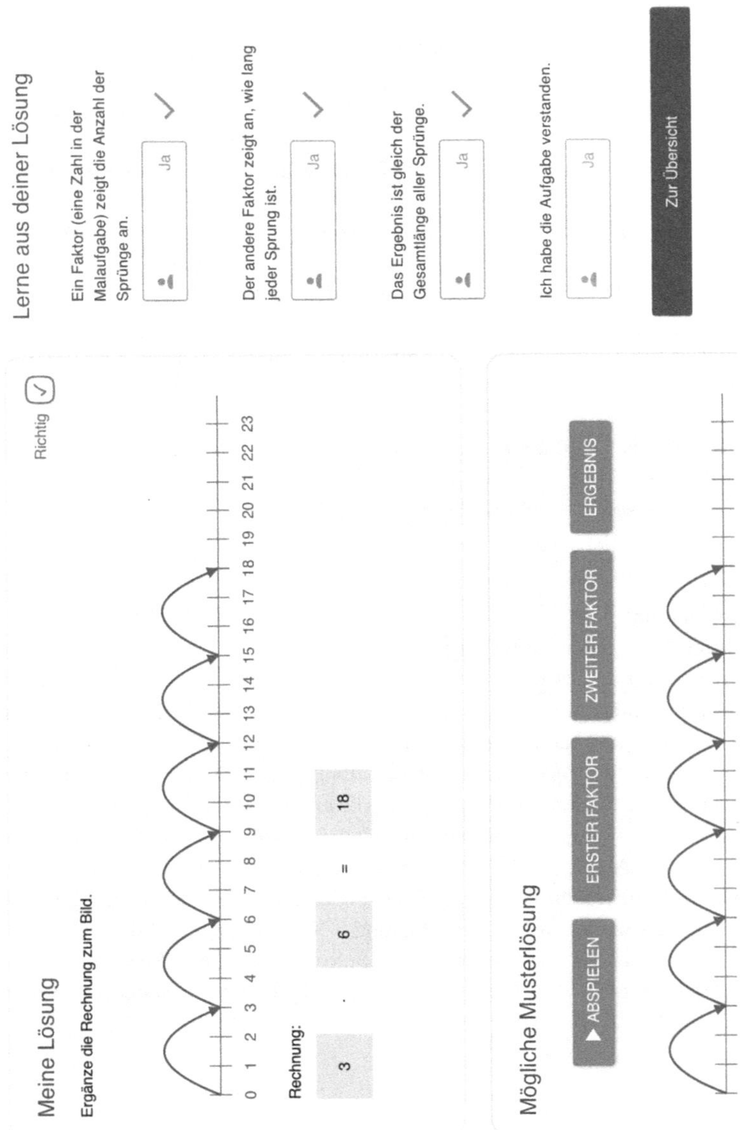

Abbildung 8.67 Gabriel, Aufgabe 1, Feedback

Abschließend lässt sich Gabriel in der Musterlösung die Sprünge am Zahlenstrahl abspielen und wählt die interaktiven Hinweise aus, bevor er zur Aufgabenübersicht zurückkehrt.

Epistemische Mediation:

- Keine Mediationsprozesse feststellbar

Reflexive Mediation:

- Feedback zur Aufgabenlösung, Eigene Lösung – Korrekte eigene Lösung positiv einschätzen

Epistemisch-Reflexive Mediation:

- Keine Mediationsprozesse feststellbar

Für die Aufgabenbearbeitung ließ sich rekonstruieren, dass Gabriel die Anzahl der Sprünge sowie den Endpunkt des ersten Sprunges für den ersten beziehungsweise zweiten Faktor berücksichtigt. Hierbei ist anzunehmen, dass er von keinem einseitigen Zusammenhang ausgeht, sondern davon, dass die Sprunganzahl und auch der Endpunkt des ersten Sprunges durch beide Faktoren dargestellt werden können. Dieses Verständnis in Bezug auf den Darstellungswechsel wird von der Beantwortung der Selbst-Assessment-Aussagen und durch das Feedback nicht berührt. Beim Prozessschritt des Selbst-Assessments lassen sich reflexive Mediationsprozesse ausmachen, im Rahmen derer Gabriel zunächst seine Lösung mit der Musterlösung vergleicht und anschließend die Selbst-Assessment-Aussagen passend zu seiner Lösung beantwortet. Das Feedback zur Aufgabenlösung veranlasst ihn dazu, seine eigene Lösung positiv einzuschätzen (Abbildung 8.68).

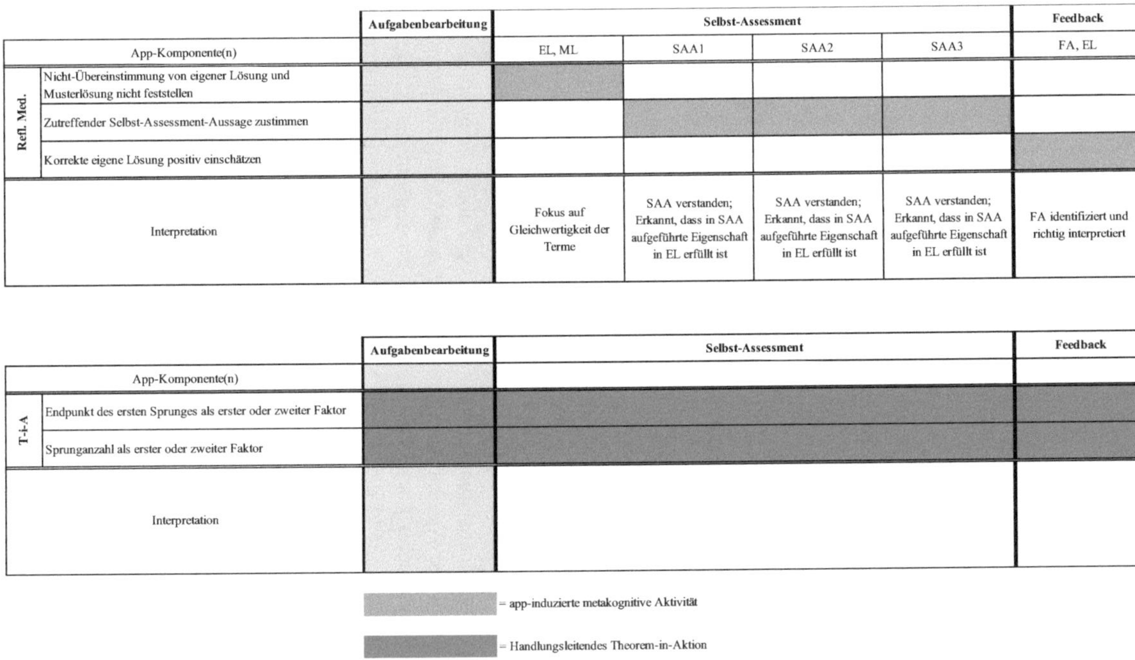

Abbildung 8.68 Überblick über die Mediationsprozesse in Aufgabe 1 im Fall „Gabriel". (Quelle: Eigene Darstellung)

Aufgabe 2: Malaufgaben am Zahlenstrahl darstellen

Aufgabenbearbeitung
Als Erstes liest sich Gabriel die Hinweise zur Lösungseingabe und die Aufgabenstellung durch. Anschließend zeichnet er fünf Vierer-Sprünge ein (Abbildung 8.69):

„Achso, ok, so, hm (zeichnet einen Sprung von Null bis Vier). Hm (zeichnet einen Sprung von vier bis acht) (…). Hm (zeichnet einen Sprung von acht bis zwölf) zur zwölf. (Zeichnet einen Sprung von zwölf bis sechszehn) zur sechszehn. (Zeichnet einen Sprung von sechszehn bis zwanzig) zur zwanzig.“

In Gabriels Zeichnung entspricht der erste Faktor der Anzahl der Sprünge und der zweite Faktor entspricht der Länge der Sprünge, wobei er die Länge mittels der Viererreihe zu bestimmen scheint: „zur zwölf (…) zur sechszehn (…) zur zwanzig.“

In der *ersten Aufgabe* wurde angenommen, dass Gabriel eine flexible Denkweise hatte. Seine Aussagen und Handlungen ließen darauf schließen, dass seinem Verständnis nach die Rolle der Faktoren bei deren Darstellung auf dem Zahlenstrahl vertauscht werden kann.

Auch wenn Gabriel dies im Zuge der zweiten Aufgabe nicht explizit macht, liegt die Vermutung nahe, dass er auch hier von verschiedenen Darstellungen ausgeht und neben der von ihm gewählten Darstellung der Rechnung fünf mal vier als fünf Vierer-Sprünge eine Darstellung als vier Fünfer-Sprünge ebenfalls als richtig betrachtet. Unter dieser Annahme würde Gabriel in der zweiten Aufgabe davon ausgehen, dass der erste und der zweite Faktor sowohl als Sprunganzahl als auch als Sprunglänge dargestellt werden können. Damit ergeben sich die beiden Theoreme-in-Aktion *Erster oder zweiter Faktor als Sprunglänge* sowie *Erster oder zweiter Faktor als Sprunganzahl*. Das Theorem-in-Aktion *Erster Faktor oder zweiter Faktor als Sprunglänge* kann wie folgt expliziert werden:

>Wenn ich eine Malaufgabe auf dem Zahlenstrahl darstellen möchte, dann muss die ||Länge der Sprünge|| gleich dem ||ersten Faktor|| oder dem ||zweiten Faktor|| sein<.

Das Theorem-in-Aktion *Erster oder zweiter Faktor als Sprunganzahl* lautet:

>Wenn ich eine Malaufgabe auf dem Zahlenstrahl darstellen möchte, dann muss die ||Anzahl der Sprünge|| gleich dem ||ersten Faktor|| oder dem ||zweiten Faktor|| sein<.

Theoreme-in-Aktion:

- *Erster oder zweiter Faktor als Sprunglänge*
  >Wenn ich eine Malaufgabe auf dem Zahlenstrahl darstellen möchte, dann muss die ||Länge der Sprünge|| gleich dem ||ersten Faktor|| oder dem ||zweiten Faktor|| sein<

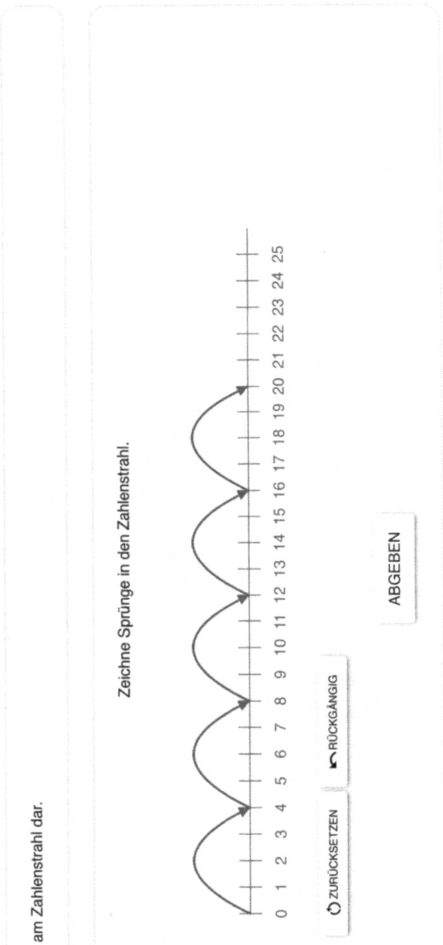

Abbildung 8.69 Gabriel, Aufgabe 2, Aufgabenbearbeitung

- *Erster oder zweiter Faktor als Sprunganzahl*
  >Wenn ich eine Malaufgabe auf dem Zahlenstrahl darstellen möchte, dann muss die ||Anzahl der Sprünge|| gleich dem ||ersten Faktor|| oder dem ||zweiten Faktor|| sein<

Selbst-Assessment

Reflexive Mediation:
Nach Abgabe seiner Lösung vergleicht Gabriel diese mit der Musterlösung. Dazu äußert er sich wie folgt:

„*Das ist genauso.*"

Mit dieser Aussage meint er vermutlich, dass die Rechnung fünf mal vier in der Musterlösung genauso repräsentiert wird wie in seiner Lösung. Er stellt also fest, dass seine Lösung und die Musterlösung übereinstimmen (Eigene Lösung, Musterlösung – Übereinstimmung von eigener Lösung und Musterlösung feststellen).

Nachdem Gabriel die Übereinstimmung zwischen den Lösungen festgestellt hat, beantwortet er die Selbst-Assessment-Aussagen. Nacheinander stimmt er allen Selbst-Assessment-Aussagen zu (Selbst-Assessment-Aussage 1 – Zutreffender Selbst-Assessment-Aussage zustimmen; Selbst-Assessment-Aussage 2 – Zutreffender Selbst-Assessment-Aussage zustimmen; Selbst-Assessment-Aussage 3 – Zutreffender Selbst-Assessment-Aussage zustimmen; Abbildung 8.70). Dabei liest er die Selbst-Assessment-Aussagen jeweils laut vor und beantwortet diese zügig mit „Ja". Die Art und Weise, wie er die Aussagen beantwortet, lässt darauf schließen, dass er sich der Bedeutung der Selbst-Assessment-Aussagen bewusst ist und erfasst hat, dass die in den Aussagen genannten Eigenschaften in seiner Lösung erfüllt sind.

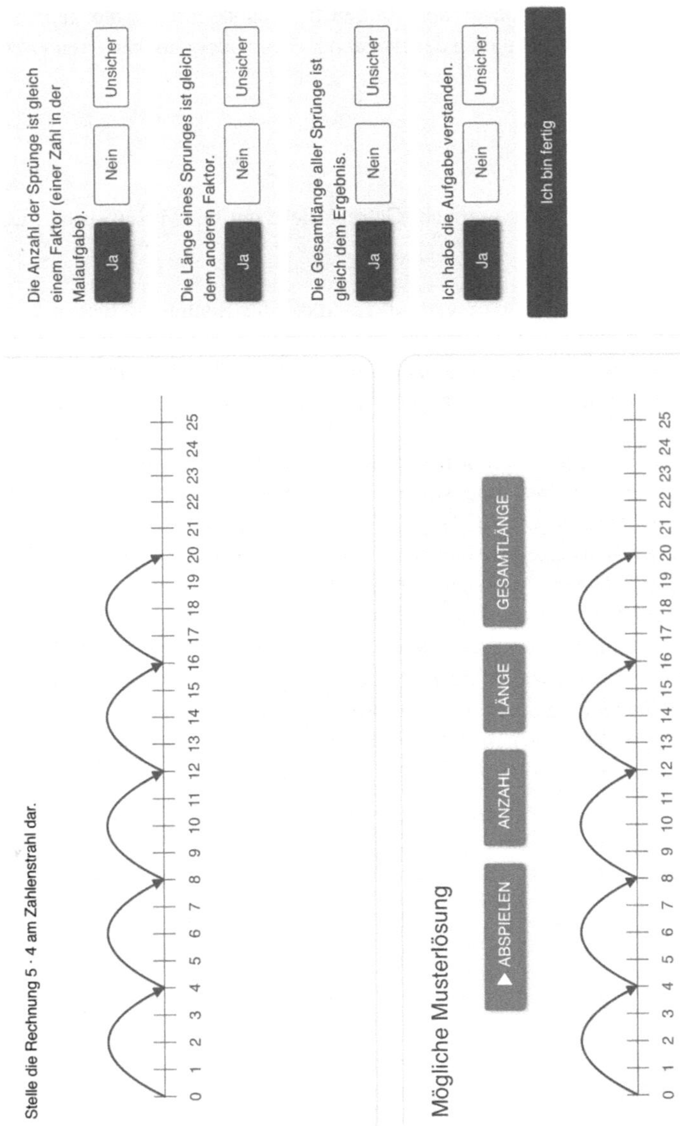

Abbildung 8.70 Gabriel, Aufgabe 2, Selbst-Assessment

Epistemische Mediation:

- Keine Mediationsprozesse feststellbar

Reflexive Mediation:

- Eigene Lösung, Musterlösung – Übereinstimmung von eigener Lösung und Musterlösung feststellen
- Selbst-Assessment-Aussage 1 – Zutreffender Selbst-Assessment-Aussage zustimmen
- Selbst-Assessment-Aussage 2 – Zutreffender Selbst-Assessment-Aussage zustimmen
- Selbst-Assessment-Aussage 3 – Zutreffender Selbst-Assessment-Aussage zustimmen

Epistemisch-Reflexive Mediation:

- Keine Mediationsprozesse feststellbar

Feedback

Reflexive Mediation:
Als Gabriel in der App das Feedback angezeigt bekommt (Abbildung 8.71), tätigt er die folgende Aussage:

„*Gut (scrollt hinunter zur Musterlösung) habe ich hier (.) richtig, ja. Ok.*"

Zwar kann wie auch schon in der ersten Aufgabe nicht mit Sicherheit gesagt werden, ob Gabriel seine Lösung oder sein Selbst-Assessment als „richtig" bewertet. Doch fällt auch im Rahmen der zweiten Aufgabe auf, dass er die Rückmeldung „Richtig", die er in der App zu seiner Lösung angezeigt bekommt wörtlich in seine Äußerung übernimmt. Somit ist es wahrscheinlich, dass es sich bei Gabriels Aussage um eine korrekte Einschätzung der eigenen Lösung handelt, die in Bezug auf das Feedback zur Aufgabenlösung, die eigene Lösung und die Musterlösung vorgenommen wird (Feedback zur Aufgabenlösung, Eigene Lösung, Musterlösung – Korrekte eigene Lösung positiv einschätzen). Ebenfalls dafürsprechen würde die Tatsache, dass Gabriel während seiner Aussage nach unten scrollt, um einen Blick auf die Musterlösung zu werfen, bevor er seine Einschätzung abschließend formuliert. Dies kann als Zeichen dafür gewertet werden, dass sein Fokus auf dem Vergleich und Überprüfen der eigenen Lösung mit der Musterlösung liegt und nicht auf der Einschätzung seiner Selbst-Assessment-Ergebnisse.

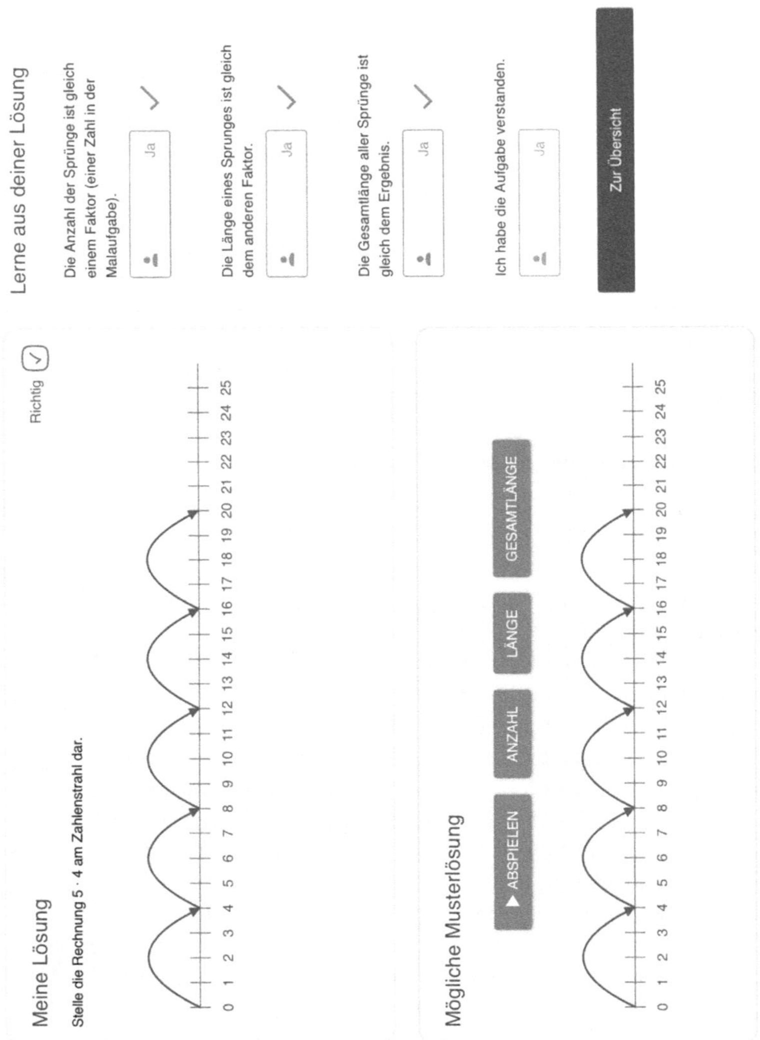

Abbildung 8.71 Gabriel, Aufgabe 2, Feedback

Epistemische Mediation:

- Keine Mediationsprozesse feststellbar

Reflexive Mediation:

- Feedback zur Aufgabenlösung, Eigene Lösung, Musterlösung – Korrekte eigene Lösung positiv einschätzen

Epistemisch-Reflexive Mediation:

- Keine Mediationsprozesse feststellbar

Die der Bearbeitung der zweiten Aufgabe zugrundeliegenden Theoreme-in-Aktion *Erster oder zweiter Faktor als Sprunganzahl* sowie *Erster oder zweiter Faktor als Sprunglänge* blieben über die Aufgabe hinweg stabil. Sie blieben vom Beantworten der Selbst-Assessment-Aussagen und vom Feedback unberührt. Während des Prozessschrittes des Selbst-Assessments konnten reflexive Mediationsprozesse identifiziert werden, im Rahmen derer Gabriel seine Lösung mit der Musterlösung abglich und die Aussagen des Selbst-Assessments richtig beantwortete. Initiiert durch das Feedback zur Aufgabenlösung und bezugnehmend auf die eigene Lösung sowie Musterlösung erfolgte abschließend eine positive Einschätzung der eigenen Lösung (Abbildung 8.72).

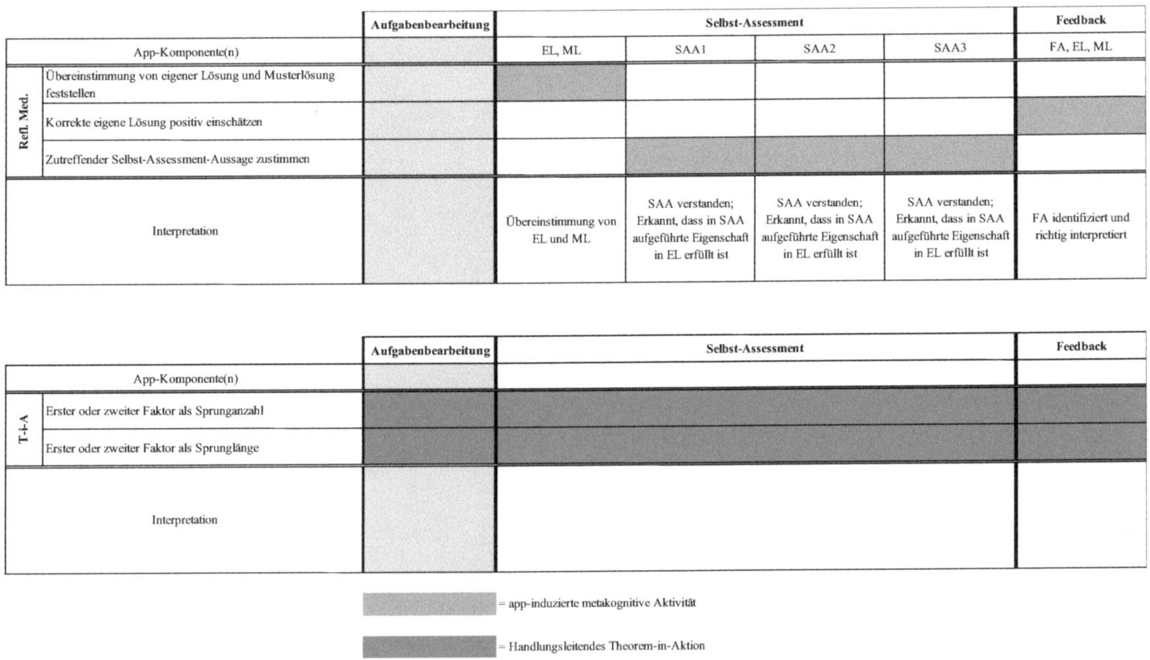

Abbildung 8.72 Überblick über die Mediationsprozesse in Aufgabe 2 im Fall „Gabriel". (Quelle: Eigene Darstellung)

Aufgabe 3: Malaufgaben als Rechteckbild darstellen

Aufgabenbearbeitung
Nachdem sich Gabriel die Aufgabenstellung durchgelesen, das Beispiel angeschaut und die Hinweise zur Lösungseingabe betrachtet hat, beginnt er mit dem Zeichnen des Rechteckbildes. Am unteren Rand des Rasters zeichnet er zunächst von links nach rechts eine Zeile mit fünf Punkten ein. Anschließend ergänzt er oberhalb des rechten Punktes dieser Zeile zwei weitere Punkte, sodass eine Spalte mit drei Punkten entsteht. Ausgehend vom obersten Punkt dieser Spalte fügt er von rechts nach links vier Punkte hinzu, sodass eine weitere Zeile mit fünf Punkten entsteht. Zuletzt füllt Gabriel die Punkte in der Mitte von links nach rechts auf. Zu sehen ist ein Rechteckbild, welches aus drei Zeilen mit jeweils fünf Punkten besteht (Abbildung 8.73). Bevor Gabriel seine Lösung abgibt, zählt er die Punkte noch einmal nach:

„*(Zählt die obere Zeile von links nach rechts) Eins, zwei, drei, vier, fünf. (Zählt die rechte Spalte von oben nach unten) Eins, zwei, Drei. Hm, ja.*"

In seiner Zeichnung hat Gabriel nacheinander drei Fünfer-Zeilen eingezeichnet. Daher lässt sich vermuten, dass seinem Verständnis nach der zweite Faktor durch die Anzahl der Zeilen und der erste Faktor durch die Anzahl der Punkte pro Zeile im Rechteckbild dargestellt werden kann. Auch wenn es Gabriel während der Bearbeitung der Aufgabe nicht ausdrücklich erwähnt, wird davon ausgegangen, dass er sich wie in den beiden vorangegangenen Aufgaben über die verschiedenen Darstellungsmöglichkeiten der beiden Faktoren bewusst ist und weiß, dass die Rolle der Faktoren auch im Rechteckbild vertauscht werden kann.

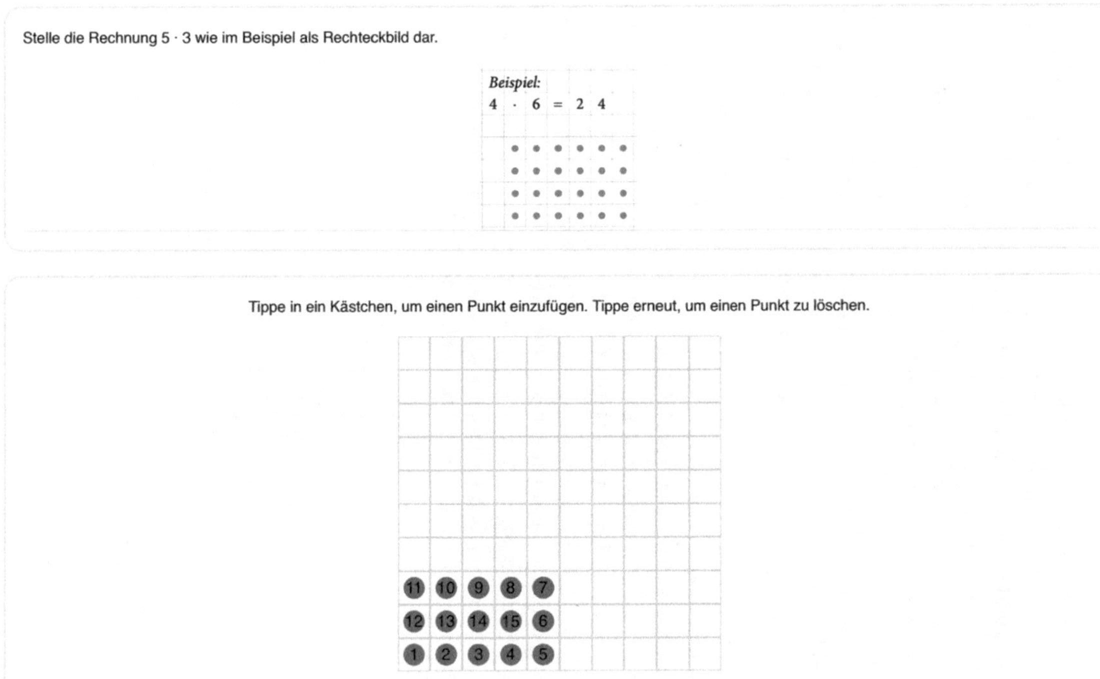

Abbildung 8.73 Gabriel, Aufgabe 3, Aufgabenbearbeitung – Zahlen im Rechteckbild nachträglich eingefügt

Diese Vermutung wird durch Gabriels Reaktion bestätigt, als er sich kurze Zeit später im Prozessschritt des *Selbst-Assessments* die Musterlösung anschaut und das dort dargestellte Rechteckbild durch einen Klick auf den entsprechenden Button dreht:

„Was ist da? (---) (Klickt in der Musterlösung auf „Drehen" und das Rechteckbild dreht sich um 90 Grad nach links, sodass fünf Zeilen mit jeweils drei Punkten zu sehen sind). Achso, ok. (Klickt erneut auf „Drehen" und das Rechteckbild dreht sich wieder in die Ausgangsposition zurück, in der drei Zeilen mit jeweils fünf Punkten zu sehen sind)."

Gabriel wirkt wenig überrascht über die alternative Darstellung des Rechteckbildes, die ihm nach dem Klicken auf den „Drehen-Button" in der Musterlösung angezeigt wird. Zudem nimmt er sich kaum Zeit, um die alternative Darstellung zu betrachten. Unmittelbar nachdem die Animation beendet ist, dreht er das Rechteckbild wieder in die Ausgangsposition zurück. Die Art seiner Reaktion auf die Musterlösung gemeinsam mit der geringen Beachtung, die er dieser schenkt, deuten darauf hin, dass Gabriel sich bereits vorher über die verschiedenen Lösungsmöglichkeiten bewusst war.

Aus diesen Gründen kann für die Bearbeitung der dritten Aufgabe einerseits das Theorem-in-Aktion *Erster oder zweiter Faktor als Anzahl der Zeilen eines Rechtecks* rekonstruiert werden, nachdem sowohl der erste als auch der zweite Faktor als Zeilenanzahl dargestellt werden kann:

>Wenn ich eine Malaufgabe als Rechteckbild darstellen möchte, dann muss ich ein ||Rechteck|| zeichnen, bei dem die ||Anzahl der Zeilen|| gleich dem ||ersten Faktor|| oder dem ||zweiten Faktor|| ist<.

Darüber hinaus wird das Theorem-in-Aktion *Erster oder zweiter Faktor als Anzahl der Punkte pro Zeile eines Rechtecks* als dieser Aufgabe zugrundeliegend erachtet:

>Wenn ich eine Malaufgabe als Rechteckbild darstellen möchte, dann muss ich ein ||Rechteck|| zeichnen, bei dem die ||Anzahl der Punkte pro Zeile|| gleich dem ||ersten Faktor|| oder dem ||zweiten Faktor|| ist<.

Theoreme-in-Aktion:

- *Erster oder zweiter Faktor als Anzahl der Zeilen eines Rechtecks*
  >Wenn ich eine Malaufgabe als Rechteckbild darstellen möchte, dann muss ich ein ||Rechteck|| zeichnen, bei dem die ||Anzahl der Zeilen|| gleich dem ||ersten Faktor|| oder dem ||zweiten Faktor|| ist<

- *Erster oder zweiter Faktor als Anzahl der Punkte pro Zeile eines Rechtecks*
  >Wenn ich eine Malaufgabe als Rechteckbild darstellen möchte, dann muss ich ein ||Rechteck|| zeichnen, bei dem die ||Anzahl der Punkte pro Zeile|| gleich dem ||ersten Faktor|| oder dem ||zweiten Faktor|| ist<

Selbst-Assessment

Reflexive Mediation:
Nachdem Gabriel seine Lösung abgegeben hat und zum Selbst-Assessment weitergeleitet wird, scrollt er als erstes hinunter zur Musterlösung. Schon im vorherigen Abschnitt wurde beschrieben, wie Gabriel auf die Musterlösung reagiert:

„Was ist da? (---) (Klickt in der Musterlösung auf „Drehen" und das Rechteckbild dreht sich um 90 Grad nach links, sodass fünf Zeilen mit jeweils drei Punkten zu sehen sind). Achso, ok. (Klickt erneut auf „Drehen" und das Rechteckbild dreht sich wieder in die Ausgangsposition zurück, in der drei Zeilen mit jeweils fünf Punkten zu sehen sind). Ja, habe ich richtig."

Nachdem Gabriel sich die Musterlösung angeschaut hat, kommt er also zu dem Schluss, dass seine Lösung richtig ist (Drehen-Button in der Musterlösung, Eigene Lösung – Korrekte eigene Lösung positiv einschätzen). Diese Einschätzung ist wahrscheinlich auf die Tatsache zurückzuführen, dass seine Lösung der Musterlösung gleichkommt. Nach der positiven Einschätzung seiner Lösung wählt Gabriel nacheinander die interaktiven Hinweise in der Musterlösung aus, bevor er sich den Selbst-Assessment-Aussagen zuwendet.

In Bezug auf die erste Aussage tätigt er die folgende Äußerung, bevor er die Antwort „Ja" auswählt (Selbst-Assessment-Aussage 1 – Zutreffender Selbst-Assessment-Aussage zustimmen; Abbildung 8.74):

„‚Ich habe fünf 3er-Gruppen oder drei 5er-Gruppen gezeichnet'. (---) Fünfer (.) Ja."

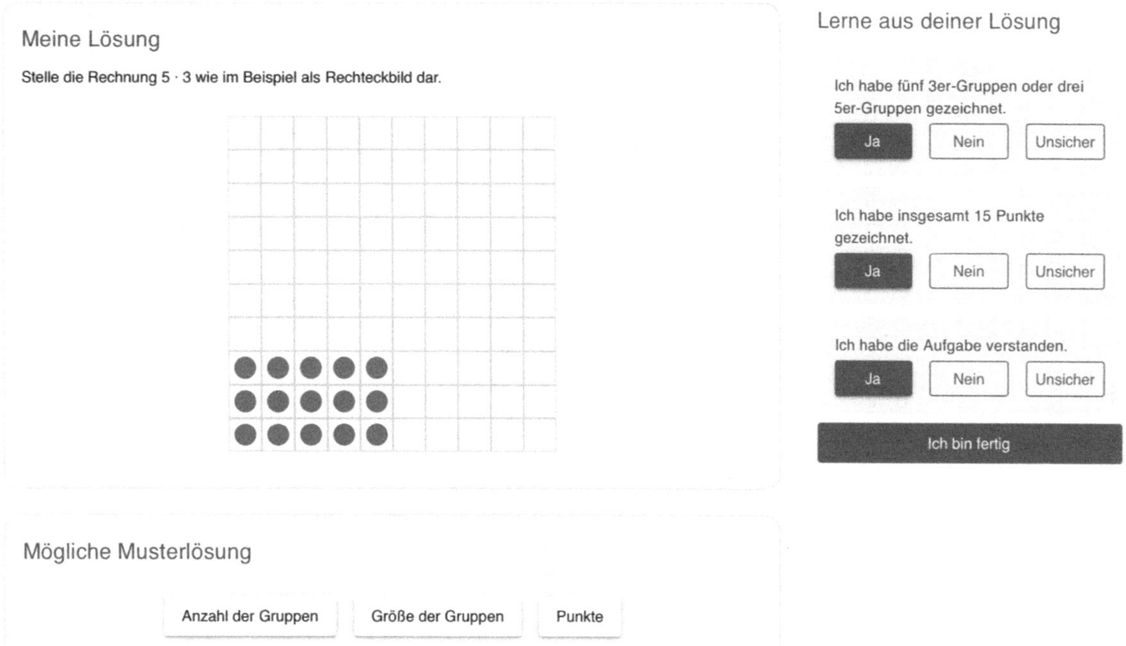

Abbildung 8.74 Gabriel, Aufgabe 3, Selbst-Assessment

Es scheint so, als würde Gabriel nach dem Lesen der Selbst-Assessment-Aussage kurz über diese nachdenken. Aus der Tatsache, dass er das „Fünfer" aus der Aussage noch einmal wiederholt, lässt sich folgern, dass er vermutlich insbesondere den zweiten Teil der Aussage in seiner Lösung als erfüllt ansieht und sich für die Antwort „Ja" entscheidet, weil er (drei) Fünfer-Gruppen in seiner Lösung gezeichnet hat. Somit kann angenommen werden, dass Gabriel die Selbst-Assessment-Aussage verstanden und erkannt hat, dass seine Lösung der dort aufgeführten Eigenschaft genügt. Dieselbe Annahme wird auch in Bezug auf die zweite Selbst-Assessment-Aussage getroffen, die Gabriel zunächst ebenfalls laut vorliest und bei der er anschließend „Ja" als Antwort auswählt (Selbst-Assessment-Aussage 2 – Zutreffender Selbst-Assessment-Aussage zustimmen).

Epistemische Mediation:

- Keine Mediationsprozesse feststellbar

Reflexive Mediation:

- Drehen-Button in der Musterlösung, Eigene Lösung – Korrekte eigene Lösung positiv einschätzen
- Selbst-Assessment-Aussage 1 – Zutreffender Selbst-Assessment-Aussage zustimmen
- Selbst-Assessment-Aussage 2 – Zutreffender Selbst-Assessment-Aussage zustimmen

Epistemisch-Reflexive Mediation:

- Keine Mediationsprozesse feststellbar

Feedback

Reflexive Mediation:
Als Gabriel das Feedback erhält (Abbildung 8.75) scrollt er hinunter zur Musterlösung, sagt dabei

„Richtige Lösung."

und navigiert anschließend zur Übersicht des Lernangebotes. Während Gabriels Äußerungen in Bezug auf das Feedback im Zuge der ersten beiden Aufgaben nicht eindeutig waren, wird in dieser Aufgabe deutlich, dass sich seine positive Einschätzung auf seine Lösung (Feedback zur Aufgabenlösung, Eigene Lösung – Korrekte

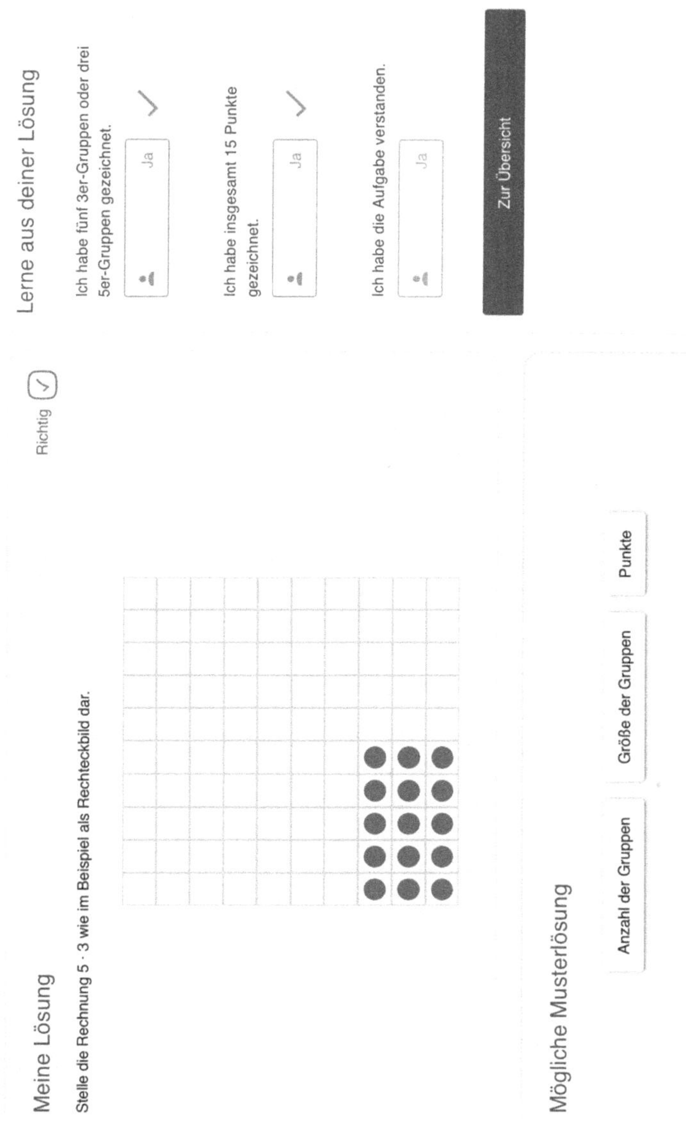

Abbildung 8.75 Gabriel, Aufgabe 3, Feedback

eigene Lösung positiv einschätzen) und nicht auf die korrekt beantworteten Selbst-Assessment-Aussagen bezieht. Gabriel scheint das Feedback zur Aufgabenlösung identifiziert und richtig interpretiert zu haben. Ob und wie er hingegen das Feedback zum Selbst-Assessment wahrgenommen hat, lässt sich anhand seiner Äußerung nicht beurteilen.

Epistemische Mediation:

- Keine Mediationsprozesse feststellbar

Reflexive Mediation:

- Feedback zur Aufgabenlösung, Eigene Lösung – Korrekte eigene Lösung positiv einschätzen

Epistemisch-Reflexive Mediation:

- Keine Mediationsprozesse feststellbar

Für die Bearbeitung der Diagnoseaufgabe konnten zwei Theoreme-in-Aktion rekonstruiert werden, die Gabriels Verständnis in Bezug auf die Aufgabe beschreiben. Diese Theoreme-in-Aktion lauten *Erster oder zweiter Faktor als Anzahl der Zeilen eines Rechtecks* sowie *Erster oder zweiter Faktor als Anzahl der Punkte pro Zeile eines Rechtecks*. Da sich keine epistemischen oder epistemisch-reflexiven Mediationsprozesse feststellen ließen, ist davon auszugehen, dass die beiden Theoreme-in-Aktion während der gesamten Aufgabe handlungsleitend waren. Reflexive Mediationsprozesse konnten während des Selbst-Assessments und des Feedbacks rekonstruiert werden. Vor dem Beantworten der Selbst-Assessment-Aussagen stellte Gabriel fest, dass seine Lösung und die Musterlösung übereinstimmen. Anschließend stimmte er der ersten sowie zweiten Selbst-Assessment-Aussage zutreffenderweise zu, bevor er abschließend in Bezug auf das Feedback zur Aufgabenlösung seine Lösung als richtig einschätzte (Abbildung 8.76).

		Aufgabenbearbeitung	Selbst-Assessment			Feedback
App-Komponente(n)			EL, ML	SAA1	SAA2	FA, EL
Refl. Med.	Korrekte eigene Lösung positiv einschätzen	(hellgrau)	(grau)			(grau)
	Zutreffender Selbst-Assessment-Aussage zustimmen	(hellgrau)		(grau)	(grau)	
Interpretation		(hellgrau)	Übereinstimmung von EL und ML	SAA verstanden; Erkannt, dass in SAA aufgeführte Eigenschaft in EL erfüllt ist	SAA verstanden; Erkannt, dass in SAA aufgeführte Eigenschaft in EL erfüllt ist	FA identifiziert und richtig interpretiert

		Aufgabenbearbeitung	Selbst-Assessment	Feedback
App-Komponente(n)		(hellgrau)		
T-i-A	Erster oder zweiter Faktor als Anzahl der Zeilen eines Rechtecks	(dunkelgrau)	(dunkelgrau)	(dunkelgrau)
	Erster oder zweiter Faktor als Anzahl der Punkte pro Zeile eines Rechtecks	(dunkelgrau)	(dunkelgrau)	(dunkelgrau)
Interpretation		(hellgrau)		

= app-induzierte metakognitive Aktivität

= Handlungsleitendes Theorem-in-Aktion

Abbildung 8.76 Überblick über die Mediationsprozesse in Aufgabe 3 im Fall „Gabriel". (Quelle: Eigene Darstellung)

Aufgabe 4: Rechteckbilder verändern

Aufgabenbearbeitung
Gabriel startet damit, dass er die Aufgabenstellung und die Hinweise zur Eingabe der Lösung laut vorliest. Danach verändert er mit dem Malwinkel das Rechteckbild (Abbildung 8.77):

„Zwei mal neun und ich soll drei mal neun (murmelt, verschiebt dann den Malwinkel um eine Zeile nach unten). So, (---) nach da."

Der erste Teil von Gabriels Aussage „[z]wei mal neun und ich soll drei mal neun" lässt vermuten, dass sich Gabriel darüber bewusst ist, dass die Aufgabe drei mal neun durch eine Veränderung der Rechnung zwei mal neun dargestellt werden soll. Bei dem Verschieben des Malwinkels geht er zielgerichtet vor und verschiebt den Malwinkel, ohne lange zu überlegen, um eine Zeile nach unten. Es ist wahrscheinlich, dass Gabriel die Zusammenhänge zwischen den beiden Aufgaben erkannt hat und weiß, wie sich diese bildlich im Rechteckbild aufzeigen lassen. Daher wird davon ausgegangen, dass er die Erhöhung des ersten Faktors um Eins bewusst durch das Erhöhen der Zeilenanzahl um Eins darstellt.

Aus diesem Grund wird für die Bearbeitung der vierten Aufgabe das Theorem-in-Aktion *Erhöhung des ersten Faktors als Erhöhung der Zeilenanzahl* rekonstruiert. Dieses lässt sich wie folgt formulieren:

>Wenn ich eine Malaufgabe im Rechteckbild verändern möchte, dann muss ich den Malwinkel so verschieben, dass sich bei einer ||Erhöhung des ersten Faktors um eins|| die ||Anzahl der Zeilen um eins erhöht||<.

Beim Antwortsatz trägt Gabriel für die Zahl zunächst eine Achtzehn ein. Im Anschluss daran fragt er die Interviewerin, in welcher Reihenfolge er die Zahlen nun eintragen müsse, denn er hätte mit der Achtzehn und der Siebenundzwanzig zwei Ergebnisse. Die Interviewerin weist Gabriel darauf hin, dass er eingeben solle, wie viele Punkte es mehr oder weniger worden sind, woraufhin er „Es sind 9 Punkte mehr geworden" einträgt.

Theorem-in-Aktion:

- *Erhöhung des ersten Faktors als Erhöhung der Zeilenanzahl*
  >Wenn ich eine Malaufgabe im Rechteckbild verändern möchte, dann muss ich den Malwinkel so verschieben, dass sich bei einer ||Erhöhung des ersten Faktors um eins|| die ||Anzahl der Zeilen um eins erhöht||<

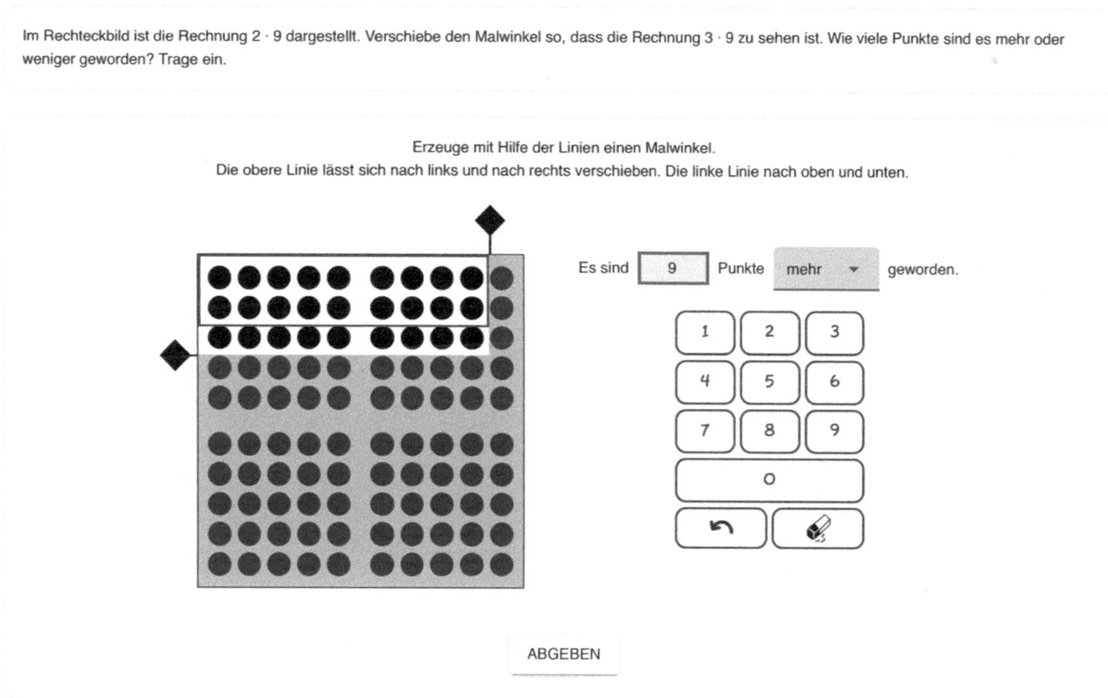

Abbildung 8.77 Gabriel, Aufgabe 4, Aufgabenbearbeitung

Selbst-Assessment

Reflexive Mediation:
Nach dem Einreichen seiner Lösung betrachtet Gabriel die Musterlösung. Er lässt sich beide Lösungsmöglichkeiten anzeigen und teilweise auch abspielen, bevor er sich den Selbst-Assessment-Aussagen zuwendet. Die Aussagen liest er sich durch und beantwortet die erste als auch die zweite Aussage mit „Ja" (Selbst-Assessment-Aussage 1 – Zutreffender Selbst-Assessment-Aussage zustimmen; Selbst-Assessment-Aussage 2 – Zutreffender Selbst-Assessment-Aussage zustimmen; Abbildung 8.78). Der sichere Eindruck, den er beim Beantworten der Selbst-Assessment-Aussagen macht, deutet darauf hin, dass er die beiden Selbst-Assessment-Aussagen verstanden und gesehen hat, dass seine Lösung die in den Aussagen abgefragten Eigenschaften erfüllt.

Epistemische Mediation:

- Keine Mediationsprozesse feststellbar

Reflexive Mediation:

- Selbst-Assessment-Aussage 1 – Zutreffender Selbst-Assessment-Aussage zustimmen
- Selbst-Assessment-Aussage 2 – Zutreffender Selbst-Assessment-Aussage zustimmen

Epistemisch-Reflexive Mediation:

- Keine Mediationsprozesse feststellbar

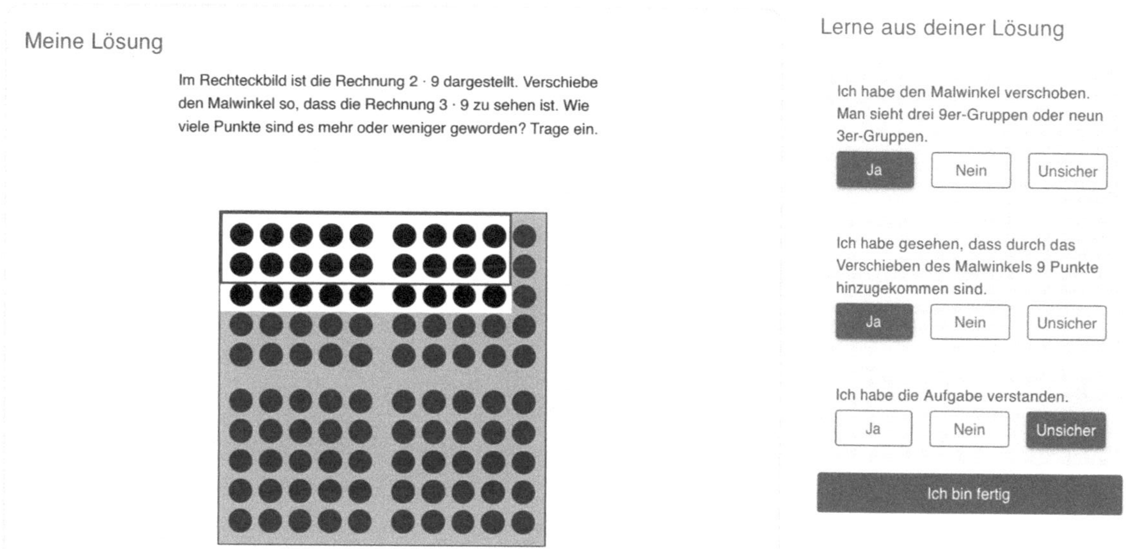

Abbildung 8.78 Gabriel, Aufgabe 4, Selbst-Assessment

Feedback

Als Gabriel das Feedback zu seiner Lösung und seinem Selbst-Assessment erhält (Abbildung 8.79), scrollt er ein wenig nach unten. Unmittelbar darauf schließt er die Aufgabe ab und kehrt zur Übersicht zurück. Da er keine Äußerung in Bezug auf das Feedback tätigt, können an dieser Stelle keine Mediationsprozesse rekonstruiert werden.

Epistemische Mediation:

- Keine Mediationsprozesse feststellbar

Reflexive Mediation:

- Keine Mediationsprozesse feststellbar

Epistemisch-Reflexive Mediation:

- Keine Mediationsprozesse feststellbar

Während der Bearbeitung der vierten Aufgabe konnte das Theorem-in-Aktion *Erhöhung des ersten Faktors als Erhöhung der Zeilenanzahl* rekonstruiert werden. Gabriels Verständnis, welches durch dieses Theorem-in-Aktion beschrieben werden kann, wurde durch die App-Nutzung nicht beeinflusst. Demnach waren im Rahmen der vierten Aufgabe waren keine epistemischen oder epistemisch-reflexiven Mediationsprozesse feststellbar. Hingegen ließen sich reflexive Mediationsprozesse während des Prozessschrittes des Selbst-Assessments rekonstruieren. Im Rahmen dieser Mediationsprozesse schätzte Gabriel seine eigene Lösung in Bezug auf die dort aufgelisteten Selbst-Assessment-Aussagen richtig ein und wählte in allen Fällen die Antwort „Ja“ aus (Abbildung 8.80).

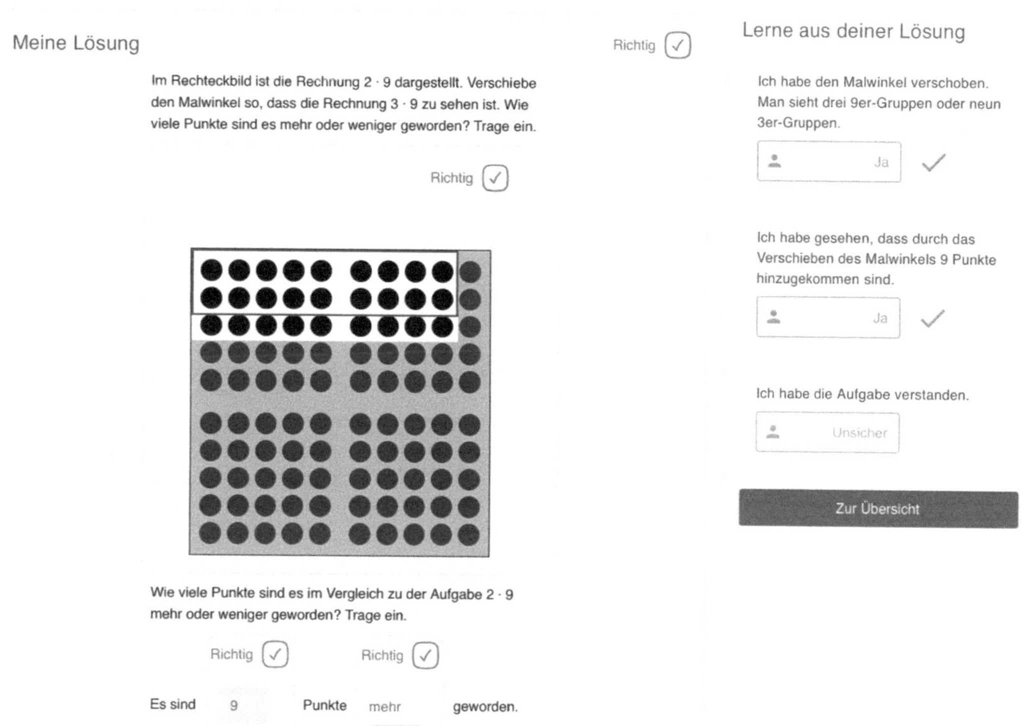

Abbildung 8.79 Gabriel, Aufgabe 4, Feedback

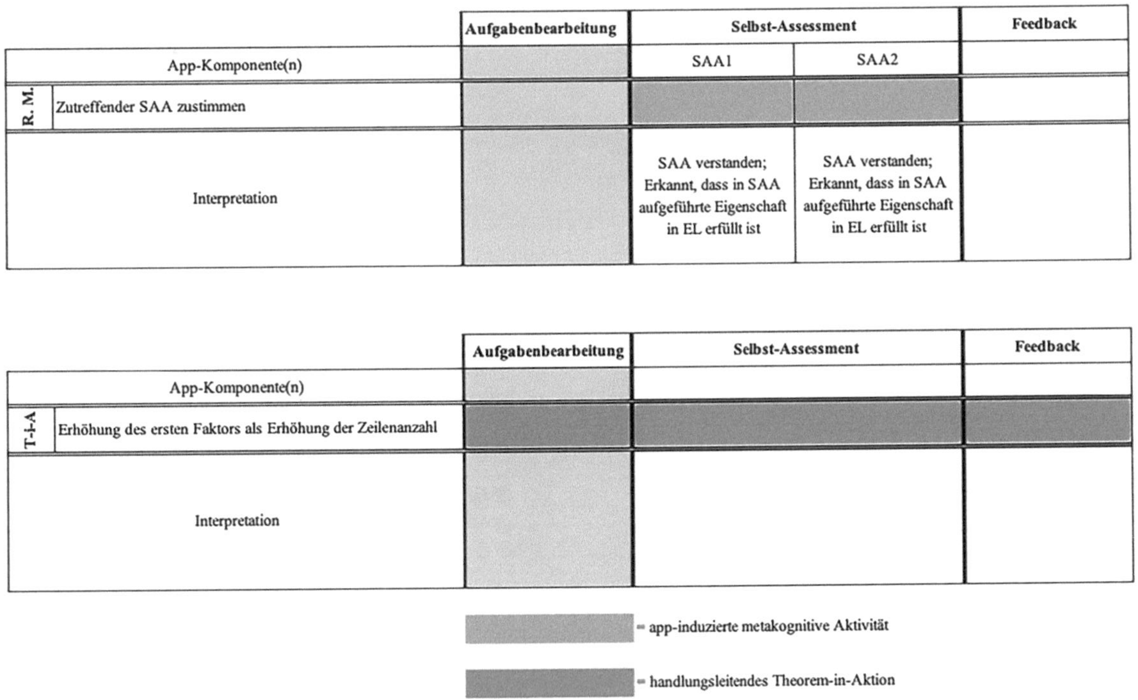

Abbildung 8.80 Überblick über die Mediationsprozesse in Aufgabe 4 im Fall „Gabriel“. (Quelle: Eigene Darstellung)

8.6 Fall „Benno"

Aufgabe 1: Malaufgaben am Zahlenstrahl erkennen

Aufgabenbearbeitung
Als Benno sich die erste Aufgabe anschaut, fragt er die Interviewerin:
„Muss ich hier (zeigt auf die Aufgabe) dann (.) mal rechnen? Also drei mal sechs mal neun mal-?".

Die Interviewerin antwortet ihm auf seine Frage, dass er eine Malaufgabe notieren solle, die zu dem Bild passt, woraufhin Benno die Rechnung $3 \cdot 18 = 54$ einträgt:

„Dann nehme ich (---) drei (trägt für den ersten Faktor eine Drei ein) (.) mal (2 s) achtzehn (trägt für den zweiten Faktor eine Achtzehn ein). (2 s) Da kann man rechnen drei mal zehn sind dreißig plus drei mal acht sind vierundzwanzig. (---) Das wären dann dreißig plus vierundzwanzig wären vierundfünfzig (trägt für das Ergebnis vierundfünfzig ein)" (Abbildung 8.81).

Zu Beginn scheint sich Benno nicht sicher zu sein, was für eine Rechnung bei dieser Aufgabe eingetragen werden müsse. Er fragt, ob er hier mal rechnen müsse und führt beispielhaft die Rechnung „drei mal sechs mal neun" an, womit er vermutlich die Endpunkte der ersten drei Sprünge aufgreift, die in dem Bild am Zahlenstrahl dargestellt sind. Als die Interviewerin ihm sagt, er solle eine Rechnung eintragen, die zu dem Zahlenstrahl Bild passe, notiert Benno die Rechnung drei mal achtzehn gleich vierundfünfzig. Da Benno schon vorher die Endpunkte der jeweiligen Sprünge fokussiert hat, erscheint es naheliegend, dass er dies auch für die Rechnung macht, die er letztendlich einträgt. Die Drei stellt den Endpunkt des ersten Sprunges dar, während die Achtzehn den Endpunkt des sechsten und damit letzten Sprunges darstellt. Es kann davon ausgegangen werden, dass Benno den ersten Faktor mit dem Endpunkt des ersten Sprunges und den zweiten Faktor mit dem Endpunkt des letzten Sprunges in Verbindung bringt. Dieses Verständnis in Bezug auf den Wechsel von einer bildlichen zur mathematisch-symbolischen Darstellung der Multiplikation wird in den beiden Theoremen-in-Aktion *Endpunkt des ersten Sprunges als erster Faktor* und *Endpunkt des letzten Sprunges als zweiter Faktor* manifestiert. Ersteres Theorem-in-Aktion lautet:

<Wenn ich eine Malaufgabe am Zahlenstrahl erkennen möchte, dann muss der ||erste Faktor|| gleich dem ||Endpunkt des ersten Sprunges|| sein>.

Letzteres Theorem-in-Aktion kann wie folgt ausformuliert werden:

<Wenn ich eine Malaufgabe am Zahlenstrahl erkennen möchte, dann muss der ||zweite Faktor|| gleich dem ||Endpunkt des letzten Sprunges|| sein>.

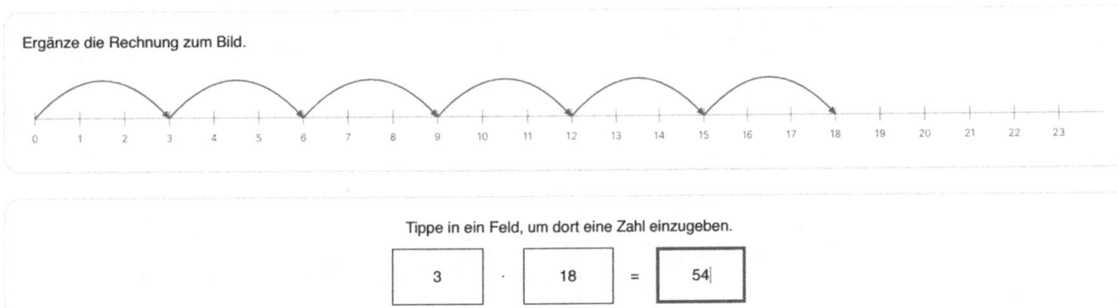

Abbildung 8.81 Benno, Aufgabe 1, Aufgabenbearbeitung

Das Ergebnis, für welches Benno eine Vierundfünfzig einträgt, existiert keine bildliche Entsprechung. So legt Bennos Aussage nahe, dass er zum Bestimmen des Ergebnisses nicht das Bild herangezogen, sondern das Ergebnis durch stellenweise Multiplikation der beiden Faktoren drei und achtzehn ermittelt hat. Es kann in Bezug auf das Ergebnis somit kein Theorem-in-Aktion rekonstruiert werden, welches das Verständnis in Bezug auf den Zusammenhang zwischen bildlicher und mathematisch-symbolischer Darstellung beschreibt.

Theoreme-in-Aktion:

- *Endpunkt des ersten Sprunges als erster Faktor*:
  <Wenn ich eine Malaufgabe am Zahlenstrahl erkennen möchte, dann muss der ||erste Faktor|| gleich dem ||Endpunkt des ersten Sprunges|| sein>
- *Endpunkt des letzten Sprunges als zweiter Faktor*:
  <Wenn ich eine Malaufgabe am Zahlenstrahl erkennen möchte, dann muss der ||zweite Faktor|| gleich dem ||Endpunkt des letzten Sprunges|| sein>

Selbst-Assessment

Reflexive Mediation:
Nach Abgabe seiner Lösung setzt sich Benno als Erstes mit der Musterlösung (Abbildung 8.82) auseinander:

„*Und dann sehen wir von der Musterlösung, (---) wie das aussehen könnte (klickt auf ‚Erster Faktor') (2 s) (klickt auf ‚Zweiter Faktor'), wenn man – (---) (klickt wieder auf ‚Erster Faktor'). (2 s) Sollte man die beiden mal nehmen (zeigt in der Musterlösung auf die Drei und die Sechs am Zahlenstrahl) oder ist das egal?*".

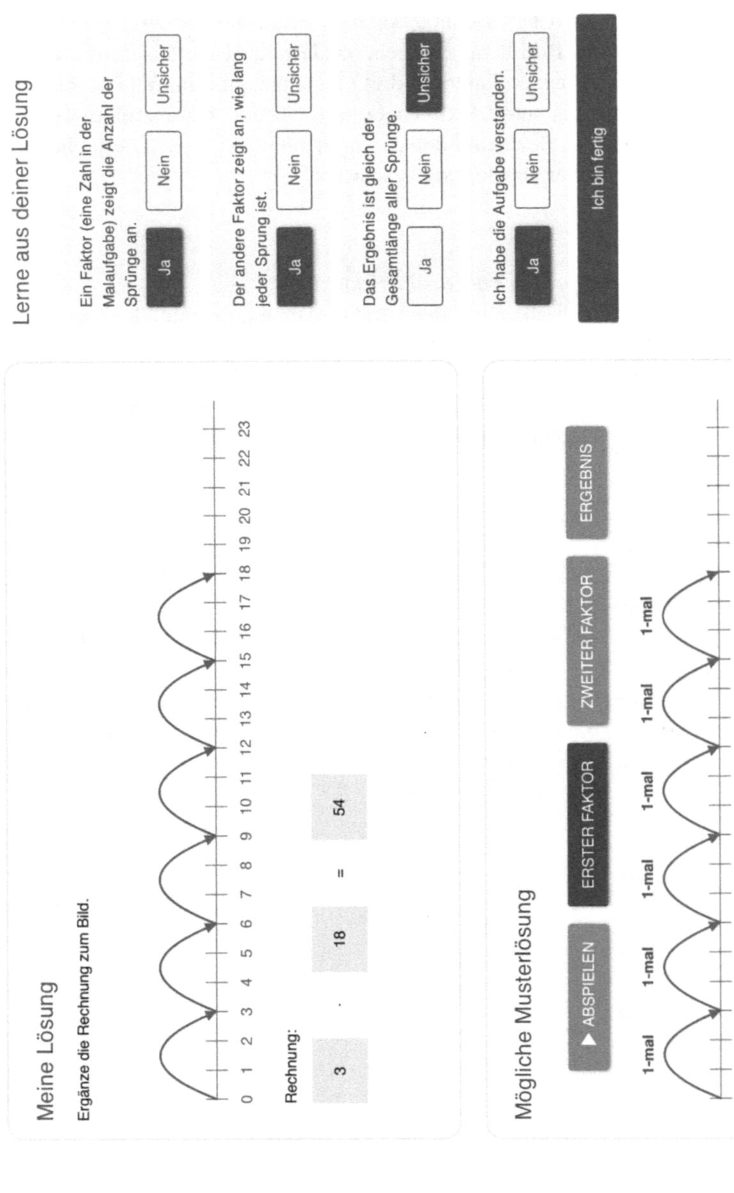

Abbildung 8.82 Benno, Aufgabe 1, Selbst-Assessment

Daraufhin informiert die Interviewerin Benno darüber, dass die Musterlösung ihm eine Möglichkeit anzeigt, wie die Aufgabe richtig gelöst werden könne. Nach einer kurzen Zeit des Überlegens (2 s) wendet sich Benno mit einer Rückfrage an die Interviewerin:

„Aber (zeigt auf die Musterlösung) ich könnte auch drei mal achtzehn nehmen?“.

Bennos Fragen weisen darauf hin, dass er über seine Lösung nachdenkt und sich unsicher darüber ist, ob seine Lösung richtig ist oder ob er die Drei und die Sechs hätte mal rechnen müssen, so wie es die Musterlösung vorgibt (Interaktive Hinweise in der Musterlösung, Eigene Lösung – Eigene Lösung reflektieren). Vielleicht ist sich Benno darüber bewusst, dass die Musterlösung nicht als einzige, richtige Lösung zu betrachten ist und auch eine von der Musterlösung abweichende Lösung mathematisch richtig sein kann. Ob jedoch seine Lösung mathematisch richtig ist, kann Benno anscheinend nicht mit Sicherheit feststellen.

Die Interviewerin schlägt Benno bezüglich seiner Frage vor, dass er erstmal weiterarbeiten könne, sodass er am Ende sehen würde, was die App ihm in Bezug auf seine Lösung anzeigt. Somit wendet sich Benno den Selbst-Assessment-Aussagen zu.

Er liest die erste Aussage und kommt dann zu dem Schluss, dass in seiner Lösung einer der beiden Faktoren die Anzahl der Sprünge anzeigt:

„Äh ja, das habe ich (.) gemacht, also ‚Ein Faktor (eine Zahl in der Malaufgabe) zeigt die Anzahl der Sprünge an‘ (klickt auf ‚Ja‘).“

Da allerdings die Anzahl der Sprünge gleich sechs ist und Benno weder für den ersten noch für den zweiten Faktor eine Sechs eingetragen hat, stimmt er hier einer nicht zutreffenden Selbst-Assessment-Aussage zu (Eigene Lösung, Selbst-Assessment-Aussage 1 – Nicht zutreffender Selbst-Assessment-Aussage zustimmen). Der Grund für die Tatsache, dass Benno die erste Selbst-Assessment-Aussage fälschlicherweise als erfüllt ansieht, wird nicht ersichtlich. Es kann sein, dass er Schwierigkeiten damit hat, die Aussage in Beziehung zu seiner Lösung zu setzen. Vielleicht hat er aber auch die Aussage missverstanden und sie anders aufgefasst, als es beabsichtigt war.

Wie der ersten Aussage stimmt Benno auch der zweiten Selbst-Assessment-Aussage zu. Dabei liest er diese zunächst laut vor und wählt unmittelbar darauf die Antwort „Ja“ aus. In seiner Lösung zeigt der erste Faktor die Länge der Sprünge an, sodass die zweite Aussage tatsächlich auf seine Lösung zutrifft (Selbst-Assessment-Aussage 2 – Zutreffender Selbst-Assessment-Aussage zustimmen). Es lässt sich vermuten, dass Benno die Selbst-Assessment-Aussage verstanden sowie erkannt hat, dass diese in seiner Lösung erfüllt ist. Die Tatsache, dass Benno die erste, vorangegangene Aussage nicht der Lösung entsprechend beantwortet hat und bei der dritten, nachfolgenden Selbst-Assessment-Aussage Unsicherheiten angibt, könnte jedoch auch darauf hindeuten, dass es sich bei der Beantwortung der zweiten Aussage um keine verständige Zustimmung handelt. Eventuell hat Benno hier ein Kriterium zur Überprüfung seiner Lösung herangezogen, das in der Selbst-Assessment-Aussage gar nicht abgefragt wurde. Weil er keine Begründung liefert, bleiben seine Beweggründe für die Zustimmung zur zweiten Aussage allerdings unklar und damit auch, ob er die Aussage tatsächlich verstanden hat oder nicht.

Anders als in den ersten beiden Aussagen, denkt Benno über die dritte Selbst-Assessment-Aussage längere Zeit nach, bevor er sie, wie bereits oben erwähnt, mit „Unsicher“ beantwortet (Selbst-Assessment-Aussage 3 – Unsicherheit bzgl. Selbst-Assessment-Aussage feststellen):

„*‚Das Ergebnis ist gleich der Gesamtlänge aller Sprünge‘. (11 s) Ich mache ‚Unsicher‘ (klickt auf ‚Unsicher‘), weil (und ich habe auch?) die Aufgabe verstanden (klickt bei der vierten Selbst-Assessment-Aussage auf ‚Ja‘).*“

Sein Zögern und die Auswahl der Antwort „Unsicher“ nach dem Lesen der dritten Selbst-Assessment-Aussage lassen vermuten, dass Benno diese nicht verstanden hat. Wie es scheint, weiß Benno nicht, auf welche Eigenschaft er seine Lösung überprüfen soll und kann daher nicht eindeutig durch Auswahl der Antwort „Ja“ oder „Nein“ angeben, ob die dritte Aussage auf seine Lösung zutrifft oder nicht. Bei der letzten Selbst-Assessment-Aussage gibt er abschließend an, die Aufgabe verstanden zu haben.

Epistemische Mediation:

- Keine Mediationsprozesse feststellbar

Reflexive Mediation:

- Interaktive Hinweise in der Musterlösung, Eigene Lösung – Eigene Lösung reflektieren
- Eigene Lösung, Selbst-Assessment-Aussage 1 – Nicht zutreffender Selbst-Assessment-Aussage zustimmen
- Selbst-Assessment-Aussage 2 – Zutreffender Selbst-Assessment-Aussage zustimmen
- Selbst-Assessment-Aussage 3 – Unsicherheit bzgl. Selbst-Assessment-Aussage feststellen

Epistemisch-Reflexive Mediation:

- Keine Mediationsprozesse feststellbar

Feedback

Phase I: Epistemisch-Reflexive Mediation
Nach Abschluss des Selbst-Assessments wird Benno das Feedback zu seiner Lösung und seinem Selbst-Assessment angezeigt (Abbildung 8.83). Er schaut sich den Bildschirm für einige Sekunden (16 s) an und scrollt dabei hinunter zur Musterlösung, bevor er die folgende Äußerung tätigt:

„*Also, wie man sieht, hätte – ist meine Lösung falsch, weil ich hätte sechs mal drei rechnen müssen.*"

Vermutlich hat die Information, dass seine Lösung falsch ist, bei Benno einen kognitiven Konflikt ausgelöst, woraufhin er seine Lösung unter Einbezug der Musterlösung reflektiert (Feedback zur Aufgabenlösung, Eigene Lösung, Musterlösung – Eigene Lösung reflektieren). Nach der Reflexion seiner Lösung kommt er zu dem Schluss, dass seine Lösung falsch ist, weil er „hätte sechs mal drei rechnen müssen" (Feedback zur Aufgabenlösung, Eigene Lösung, Musterlösung – Fehlerhafte eigene Lösung negativ einschätzen).

Schon beim vorangegangenen Prozessschritt des *Selbst-Assessments* hatte Benno in der Musterlösung auf die Drei sowie die Sechs am Zahlenstrahl, also auf die Endpunkte der ersten beiden Sprünge, gezeigt und gefragt, ob diese beiden Zahlen malgenommen werden müssten. Zu diesem Zeitpunkt war er noch unschlüssig darüber, ob seine Rechnung neben der Rechnung in der Musterlösung ebenfalls richtig ist.

Durch die Rückmeldung, dass seine Lösung falsch ist, scheint Benno die Rechnung in der Musterlösung nun als einzig korrekte Lösung anzusehen. Daher kann von einer Veränderung der beiden Theoreme-in-Aktion ausgegangen werden, welche bis zum Zeitpunkt der Reflexion und negativen Einschätzung der eigenen Lösung als handlungsleitend für die Aufgabe betrachtet wurden. Statt den ersten Faktor mit dem Endpunkt des ersten Sprunges in Verbindung zu bringen, geht Benno davon aus, dass der erste Faktor gleich sechs sein muss. Da die Sechs gleich dem Endpunkt des zweiten Sprunges ist, wird von einem adaptierten Theorem-in-Aktion *Endpunkt des zweiten Sprunges als erster Faktor* ausgegangen:

<Wenn ich eine Malaufgabe am Zahlenstrahl erkennen möchte, dann muss der ||erste Faktor|| gleich dem ||Endpunkt des zweiten Sprunges|| sein>.

Zugleich scheint es so, als würde Benno den zweiten Faktor statt mit dem Endpunkt des letzten Sprunges mit dem Endpunkt des ersten Sprunges, der Drei, in Beziehung setzen. Die Annahme, dass beim Erkennen einer Malaufgabe am Zahlenstrahl der zweite Faktor dem Endpunkt des ersten Sprunges entsprechen muss, wird als adaptiertes Theorem-in-Aktion *Endpunkt des ersten Sprunges als zweiter Faktor* formuliert:

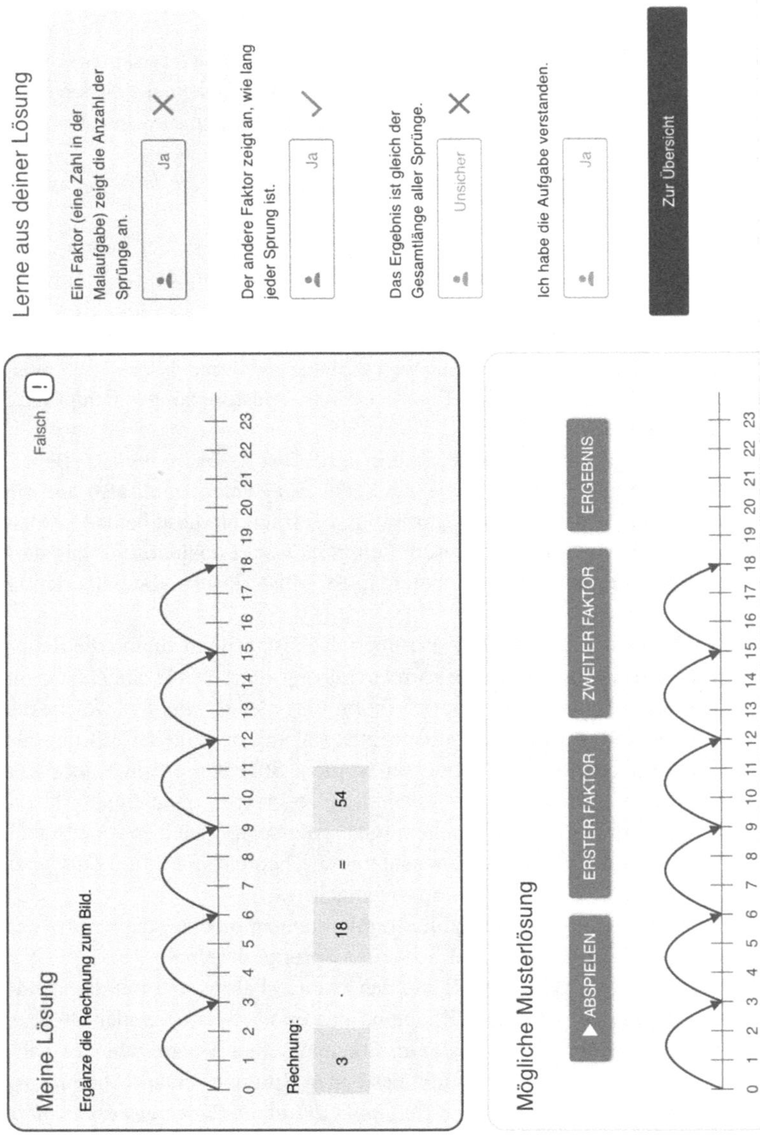

Abbildung 8.83 Benno, Aufgabe 1, Feedback

<Wenn ich eine Malaufgabe am Zahlenstrahl erkennen möchte, dann der ||zweite Faktor|| gleich dem ||Endpunkt des ersten Sprunges|| sein>.

Phase II: Reflexive Mediation

Nachdem sich Benno mit seiner Lösung und der Musterlösung auseinandergesetzt hat, wirft er einen Blick auf das Feedback, welches er zu seinen Selbst-Assessment-Ergebnisses erhalten hat. Er kommt zu der Feststellung, dass er bei den Selbst-Assessment-Aussagen etwas falsch beantwortet hat und führt daraufhin weiter aus:

„*(...) das ist richtig und hier (zeigt auf die erste Selbst-Assessment-Aussage) ist das falsch.*“

Benno macht weder in seiner Äußerung noch durch Handlungen deutlich, auf was er sich mit „das ist richtig“ bezieht. Allerdings ist die zweite Selbst-Assessment-Aussage die einzige Aussage, die er korrekt beantwortet hat und bei der die App auch eine entsprechende Rückmeldung gibt. Mutmaßlich bezieht sich Benno daher mit dem ersten Teil seiner Äußerung auf die zweite Aussage und schätzt sein Selbst-Assessment in Bezug auf diese positiv ein (Feedback zum Selbst-Assessment, Selbst-Assessment-Aussage 2 – Korrektes Selbst-Assessment positiv einschätzen). Indem er auf die erste Selbst-Assessment-Aussage zeigt und sagt, dass sein Selbst-Assessment in Bezug auf diese falsch sei, kann der zweite Teil seiner Äußerung als negative Einschätzung eines fehlerhaften Selbst-Assessments identifiziert werden (Feedback zum Selbst-Assessment, Selbst-Assessment-Aussage 1 – Fehlerhaftes Selbst-Assessment negativ einschätzen). Über die Feststellung der Korrektheit beziehungsweise Inkorrektheit seines Selbst-Assessments hinaus geht Benno nicht weiter auf dieses ein. Aller Wahrscheinlich nach handelt es sich bei den Feststellungen daher um eine Verbalisierung der Feedback-Informationen ohne das eine vertiefte Auseinandersetzung mit dem Feedback zum Selbst-Assessment erfolgt.

Epistemische Mediation:

- Keine Mediationsprozesse feststellbar

Reflexive Mediation:

- Feedback zum Selbst-Assessment, Selbst-Assessment-Aussage 2 – Korrektes Selbst-Assessment positiv einschätzen
- Feedback zum Selbst-Assessment, Selbst-Assessment-Aussage 1 – Fehlerhaftes Selbst-Assessment negativ einschätzen

Epistemisch-Reflexive Mediation:

• Feedback zur Aufgabenlösung, Eigene Lösung, Musterlösung – *Endpunkt des zweiten Sprunges als erster Faktor* <Wenn ich eine Malaufgabe am Zahlenstrahl erkennen möchte, dann muss der ||erste Faktor|| gleich dem ||Endpunkt des zweiten Sprunges|| sein> • Feedback zur Aufgabenlösung, Eigene Lösung, Musterlösung – *Endpunkt des ersten Sprunges als zweiter Faktor* <Wenn ich eine Malaufgabe am Zahlenstrahl erkennen möchte, dann der ||zweite Faktor|| gleich dem ||Endpunkt des ersten Sprunges|| sein>	↔	• Feedback zur Aufgabenlösung, Eigene Lösung, Musterlösung – Eigene Lösung reflektieren • Feedback zur Aufgabenlösung, Eigene Lösung, Musterlösung – Fehlerhafte eigene Lösung negativ einschätzen

Beim Bearbeiten der zweiten Diagnoseaufgabe trug Benno für den ersten Faktor den Endpunkt des ersten Sprunges, und für den zweiten Faktor den Endpunkt des letzten Sprunges ein, sodass er auf die Gleichung drei $3 \cdot 18 = 54$ kam. Durch die Musterlösung, in der die Gleichung $6 \cdot 3 = 18$ dargestellt war, kam bei Benno Unsicherheit bzgl. darüber auf, ob seine Lösung richtig ist, da diese nicht der Musterlösung entsprach. Er schien aber zunächst davon auszugehen, dass seine Lösung neben der Musterlösung eine Möglichkeit darstellt, die Aufgabe korrekt zu bearbeiten. Beim Beantworten der Selbst-Assessment-Aussagen stimmte Benno der ersten, nicht zutreffenden und der zweiten, zutreffenden Aussage zu. Bei der dritten Aussage gab er an, dass er unsicher ist, was sich wahrscheinlich auf ein fehlendes Verständnis der betreffenden Aussage zurückführen lässt. Durch das Feedback zur Aufgabenlösung am Ende der Aufgabe kam Benno nach einer kurzen Reflexion zu dem Schluss, dass seine Lösung falsch sei. Er ging davon aus, dass er statt drei mal achtzehn hätte sechs mal drei rechnen müssen. Aufbauend darauf wurden zwei adaptierte Theoreme-in-Aktion *Endpunkt des zweiten Sprunges als erster Faktor* sowie *Endpunkt des ersten Sprunges als zweiter Faktor* rekonstruiert. Die Aufgabe schloss Benno mit der Feststellung ab, die zweite Selbst-Assessment-Aussage korrekt, die erste Aussage hingegen falsch beantwortet zu haben (Abbildung 8.84).

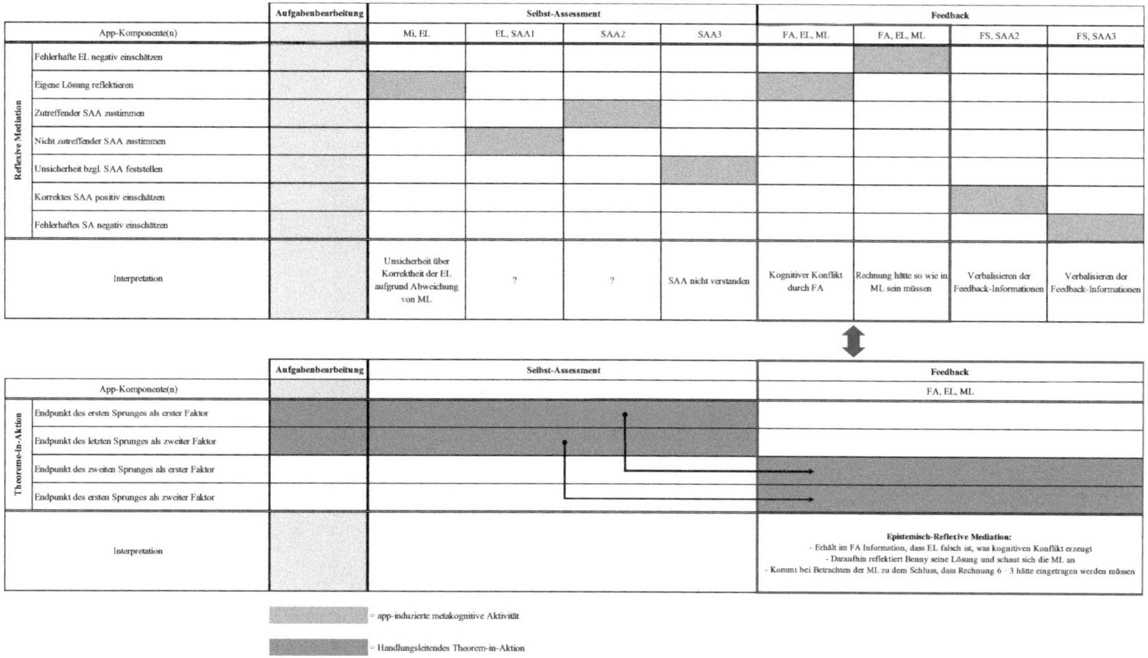

Abbildung 8.84 Überblick über die Mediationsprozesse in Aufgabe 1 im Fall „Benno“. (Quelle: Eigene Darstellung)

Aufgabe 2: Malaufgaben am Zahlenstrahl darstellen

Aufgabenbearbeitung
Als Benno die zweite Aufgabe sieht, erklärt er, was in der Aufgabe zu machen sei. Anschließend stellt er die Rechnung fünf mal vier am Zahlenstrahl dar:

„*So, jetzt kann ich (---) hier mit dem (zeigt auf den Zahlenstrahl) (---) Zahlenstrahl eine Aufgabe machen und hier (zeigt auf die Aufgabenstellung) steht, dass ich die Aufgabe fünf mal vier rechnen muss. Also muss ich (---) von der Vier bis (---) zur Fünf (zeichnet einen Sprung von der Vier bis zur Sechs und korrigiert anschließend seine Zeichnung und zeichnet einen Sprung von der Vier bis zur Fünf ein)*“ (Abbildung 8.85).

Die Rechnung fünf mal vier stellt Benno über einen Sprung dar, welcher bei der Vier startet und bei der Fünf endet. Die beiden Faktoren Fünf und Vier stellt er also als Anfangs- und Endpunkt eines einzelnen Sprunges dar. Für den Startpunkt des Sprunges wählt er hierbei den zweiten und für den Endpunkt des Sprunges den ersten Faktor. Bennos Vorgehen erweckt den Anschein, dass er für die Ermittlung des Start-und Endpunktes weniger auf die Reihenfolge, sondern vielmehr auf die Größe der Faktoren in der Rechnung achtet. Aus diesem Grund wird das Theorem-in-Aktion *Größerer, erster Faktor als Endpunkt des Sprunges* als eines von zwei Theoremen als grundlegend für die Bearbeitung der Aufgabe erachtet:

<Wenn ich eine Malaufgabe auf dem Zahlenstrahl darstellen möchte, bei der der erste Faktor größer als der zweite Faktor ist, dann muss ich ||einen Sprung einzeichnen, dessen Endpunkt|| gleich dem ||ersten Faktor|| ist>.

Das zweite grundlegende Theorem-in-Aktion wird *Kleinerer, zweiter Faktor als Startpunkt des Sprunges* genannt und wie folgt ausformuliert:

<Wenn ich eine Malaufgabe auf dem Zahlenstrahl darstellen möchte, bei der der zweite Faktor kleiner als der erste Faktor ist, dann muss ich ||einen Sprung einzeichnen, dessen Startpunkt|| gleich dem ||zweiten Faktor|| ist>.

Theoreme-in-Aktion:

- *Größerer, erster Faktor als Endpunkt des Sprunges*:
  <Wenn ich eine Malaufgabe auf dem Zahlenstrahl darstellen möchte, bei der der erste Faktor größer als der zweite Faktor ist, dann muss ich ||einen Sprung einzeichnen, dessen Endpunkt|| gleich dem ||ersten Faktor|| ist>
- *Kleinerer, zweiter Faktor als Startpunkt des Sprunges*:
  <Wenn ich eine Malaufgabe auf dem Zahlenstrahl darstellen möchte, bei der der zweite Faktor kleiner als der erste Faktor ist, dann muss ich ||einen Sprung einzeichnen, dessen Startpunkt|| gleich dem ||zweiten Faktor|| ist>

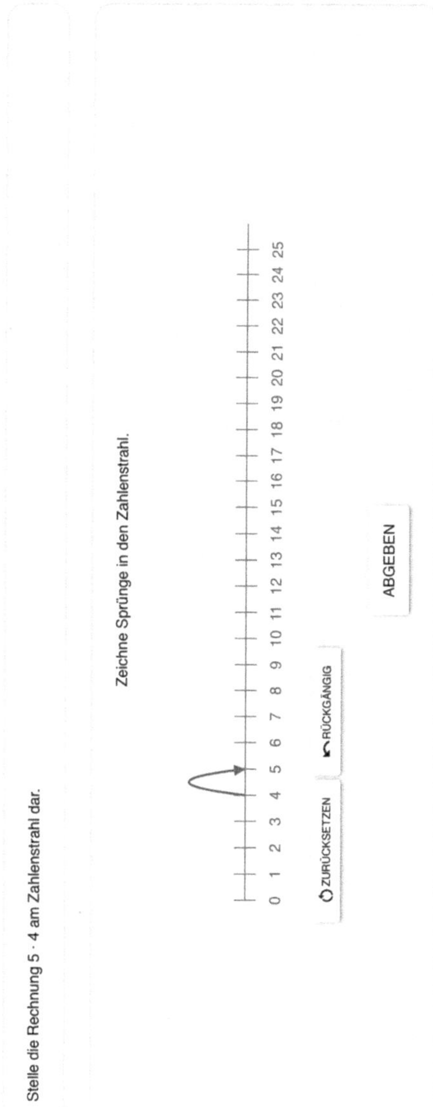

Abbildung 8.85 Benno, Aufgabe 2, Aufgabenbearbeitung

Selbst-Assessment

Reflexive Mediation:
Als Erstes scrollt Benno hinunter zu Musterlösung und lässt sich die Hinweise zur Anzahl, Länge und Gesamtlänge der Sprünge anzeigen:

„*(Klickt auf ‚Anzahl'). (2 s) Also jetzt sieht man hier, wie das (zeigt auf die Musterlösung) sein – also wie eine mögliche Musterlösung ist. (Klickt auf ‚Länge'). (2 s) (Klickt auf ‚Gesamtlänge').*"

Unmittelbar nach dem Betrachten der Musterlösung wendet sich Benno den Selbst-Assessment-Aussagen zu und liest die erste Aussage laut vor. Er denkt einige Zeit (9 s) über diese nach und entscheidet sich dann, zuerst die zweite Selbst-Assessment-Aussage zu beantworten. Auch diese liest er laut vor. Gleich nach dem Lesen beantwortet er die zweite Aussage mit „Ja" (Abbildung 8.86). Die Länge des einen Sprunges, den Benno in seiner Lösung eingezeichnet hat, entspricht allerdings keinem der beiden Faktoren in der Rechnung. Somit stimmt Benno einer Selbst-Assessment-Aussage zu, die nicht auf seine Lösung zutrifft (Selbst-Assessment-Aussage 2 – Nicht zutreffender Selbst-Assessment-Aussage zustimmen). Die Ursache für diese fehlerhafte Einschätzung ist unklar. Möglich wäre, wie bereits im Zuge der ersten Aufgabe vermutet wurde, dass Benno entweder Probleme damit hat, die Aussage in Beziehung zu seiner Lösung zu setzen oder aber, dass er die Aussage anders verstanden hat als es intendiert war. Dass Benno die zweite Selbst-Assessment-Aussage gar nicht verstanden hat, erscheint unwahrscheinlich, da er die Aussage, ohne zu zögern und erkennbare Zweifel, positiv beantwortet.

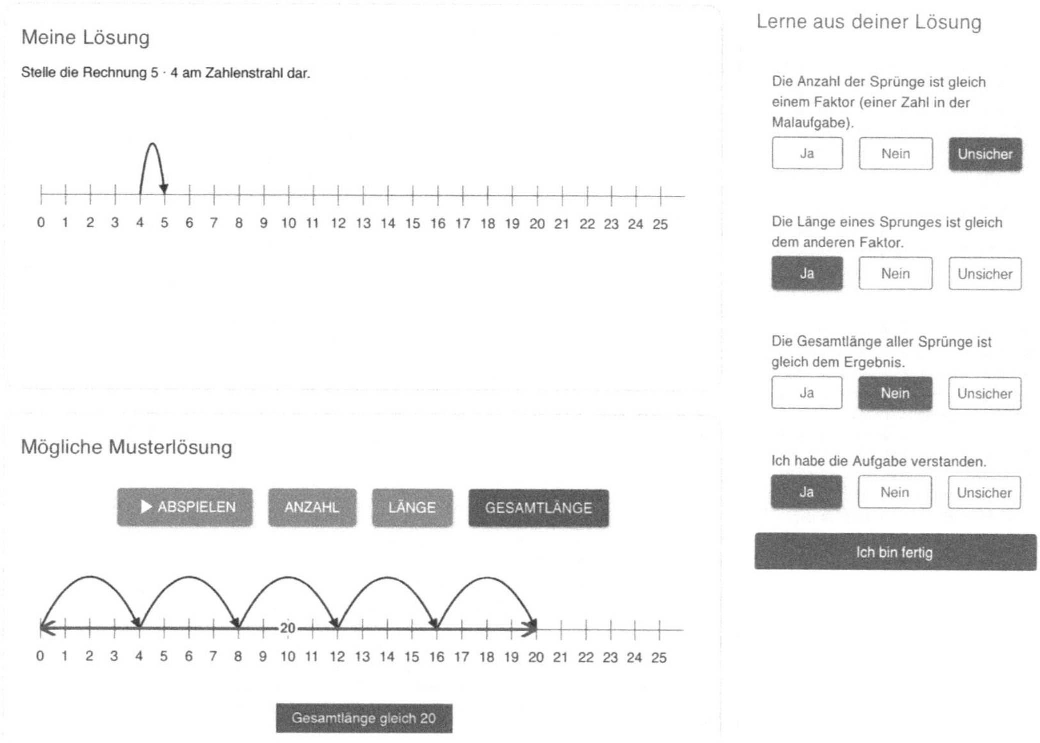

Abbildung 8.86 Benno, Aufgabe 2, Selbst-Assessment

Während Benno in Bezug auf die zweite Aussage keine Zweifel zeigte, scheint er sich hingegen beim Beantworten der dritten Selbst-Assessment-Aussage unsicher zu sein. Der dritten Selbst-Assessment-Aussage stimmt Benno nämlich zunächst zu (Selbst-Assessment-Aussage 3 – Nicht zutreffender Selbst-Assessment-Aussage zustimmen), wählt aber dann doch die Antwort „Nein“ aus (Selbst-Assessment-Aussage 3 – Nicht zutreffende Selbst-Assessment-Aussage ablehnen):

„‚Die Gesamtlänge aller Sprünge ist gleich dem Ergebnis‘. (3 s) (Klickt auf ‚Ja‘) (---) Ja, obw- (---), obwohl nein (klickt auf ‚Nein‘).“

Da Benno nicht darauf eingeht, warum er seine Antwort korrigiert, können auch an dieser Stelle nur Mutmaßungen über seine Beweggründe angestellt werden. Möglich ist, dass Benno die Selbst-Assessment-Aussage zunächst nicht richtig erfasst hat. Eventuell hat er dann noch einmal einen Blick auf die Musterlösung geworfen, in der nach wie vor der Hinweis zur Gesamtlänge aller Sprünge angezeigt wird und hat dadurch verstanden, was die dritte Aussage bedeutet und dass diese nicht auf seine Lösung zutrifft.

Nach dem Beantworten der dritten Selbst-Assessment-Aussage gibt Benno bei der vierten Aussage an, die Aufgabe verstanden zu haben, bevor er sich noch einmal mit der ersten Aussage auseinandersetzt:

„Bei ‚Anzahl der Sprünge ist gleich einem Faktor (einer Zahl in der Malaufgabe)‘ (3 s), da – (5 s) also was meinen die jetzt mit der Frage?“.

Auf Bennos Frage erwidert die Interviewerin, dass er „Unsicher“ auswählen könne, wenn er sich nicht ganz sicher wäre, was mit der Aussage gemeint ist. Diesem Vorschlag folgt Benno und er wählt bei der ersten Selbst-Assessment-Aussage „Unsicher“ aus (Selbst-Assessment-Aussage 1 – Unsicherheit bzgl. Selbst-Assessment-Aussage feststellen). Indem sich Benno mit der Frage an die Interviewerin richtet, was mit der ersten Aussage gemeint sei, wird deutlich, dass Benno die Aussage nicht verstanden hat und somit auch nicht in Beziehung zu seiner Lösung setzen kann. Auf Anraten der Interviewerin drückt er seine Unsicherheit dann auch explizit aus, in dem er die entsprechende Antwortoption auswählt.

Epistemische Mediation:

- Keine Mediationsprozesse feststellbar

Reflexive Mediation:

- Selbst-Assessment-Aussage 2 – Nicht zutreffender Selbst-Assessment-Aussage zustimmen
- Selbst-Assessment-Aussage 3 – Nicht zutreffender Selbst-Assessment-Aussage zustimmen
- Selbst-Assessment-Aussage 3 – Nicht zutreffende Selbst-Assessment-Aussage ablehnen
- Selbst-Assessment-Aussage 1 – Unsicherheit bzgl. Selbst-Assessment-Aussage feststellen

Epistemisch-Reflexive Mediation:

- Keine Mediationsprozesse feststellbar

Feedback

Epistemisch-Reflexive Mediation:
Als Benno das Feedback erhält, schaut sich für einen Moment den Bildschirm an und scrollt nach unten, sodass er die Musterlösung vollständig sehen kann (Abbildung 8.87). Nach einem Moment (5 s) sagt er:

„Also hier sieht man jetzt, dass ich das so (zeigt auf die Musterlösung) machen sollte, also (---) halt vier mal fünf, also vier (zeigt in der Musterlösung auf die Vier am Zahlenstrahl), acht (zeigt in der Musterlösung auf die Acht am Zahlenstrahl), zwölf (zeigt in der Musterlösung auf die Zwölf am Zahlenstrahl), sechszehn und zwanzig. Dann ko- ist zwanzig das Ergebnis (---) und ja."

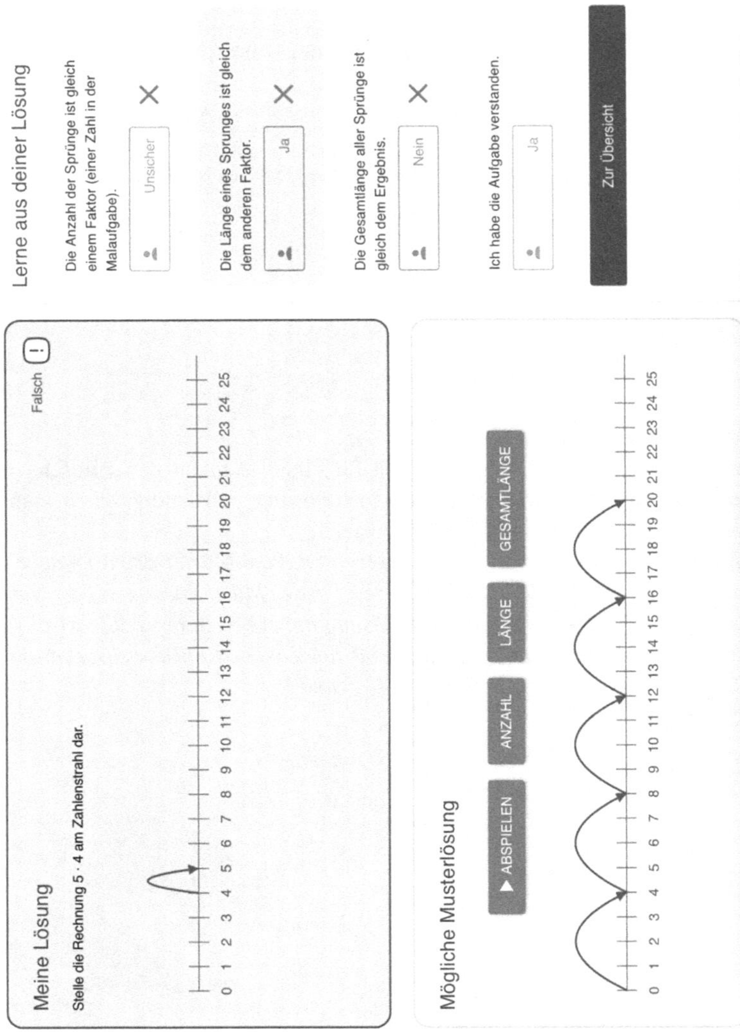

Abbildung 8.87 Benno, Aufgabe 2, Feedback

Offenbar wird Benno durch die Rückmeldung, dass seine Lösung falsch ist, dazu angeregt, seine Lösung mithilfe der Musterlösung zu reflektieren (Feedback zur Aufgabenlösung, Eigene Lösung, Musterlösung – Eigene Lösung zu reflektieren). Er kommt zu dem Schluss, dass er die Aufgabe hätte so bearbeiten sollen, wie es in der Musterlösung aufgezeigt wird (Feedback zur Aufgabenlösung, Eigene Lösung, Musterlösung – Eigene Lösung negativ einschätzen) und geht nachfolgend auf die Darstellung in der Musterlösung ein. Indem er die Endpunkte der einzelnen Sprünge benennt und anfangs auch auf die entsprechenden Stellen am Zahlenstrahl zeigt, greift er die Länge der Sprünge auf, die in der Musterlösung gleich Vier, also gleich dem zweiten Faktor ist. Seine Ausführung und Handlungen deuten darauf hin, dass er eine Darstellung des zweiten Faktors als Startpunkt eines einzelnen Sprunges nicht länger als angemessen erachtet. Stattdessen scheint er sich der Darstellung der Musterlösung anzunehmen und der Überzeugung zu sein, dass der zweite Faktor als Sprunglänge visualisiert werden müsse. Hinsichtlich des zweiten Faktors wird daher von einem adaptierten Theorem-in-Aktion *Zweiter Faktor als Sprunglänge* ausgegangen:

<Wenn ich eine Malaufgabe auf dem Zahlenstrahl darstellen möchte, dann muss die ||Länge der Sprünge|| gleich dem ||zweiten Faktor|| sein>.

Da es in Anbetracht von Bennos Reaktion auf das Feedback und die Musterlösung nicht sinnvoll erscheint, weiterhin vom Theorem-in-Aktion *Größerer, erster Faktor als Endpunkt des Sprunges* als handlungsleitenden Theorem auszugehen, wird angenommen, dass auch dieses modifiziert wird. Auch wenn Benno auf den ersten Faktor nicht explizit eingeht, wird an dieser Stelle die Annahme getroffen, dass sich Benno über den Zusammenhang zwischen dem ersten Faktor, der Fünf, und der Anzahl der Sprünge in der Musterlösung bewusst ist. Daher wird ein zweites, adaptiertes Theorem-in-Aktion *Erster Faktor als Sprunganzahl* rekonstruiert:

<Wenn ich eine Malaufgabe auf dem Zahlenstrahl darstellen möchte, dann muss die ||Anzahl der Sprünge|| gleich dem ||ersten Faktor|| sein>.

Der letzte Teil von Bennos Aussage lässt den Schluss zu, dass seit der Beschäftigung mit der zweiten Aufgabe das Ergebnis der Rechnung für ihn zum ersten Mal relevant für die Darstellung der Rechnung als Sprünge am Zahlenstrahl ist. So benennt Benno zunächst die zwanzig als Endpunkt des letzten Sprunges und gibt dann an, dass „zwanzig das Ergebnis“ ist. Aus diesem Grund wird ein drittes Theorem-in-Aktion *Ergebnis als Endpunkt des letzten Sprunges* rekonstruiert, dass die Darstellung des Ergebnisses als Endpunkt des letzten Sprunges aufgreift:

<Wenn ich eine Malaufgabe auf dem Zahlenstrahl darstellen möchte, dann muss der ||Endpunkt des letzten Sprunges|| gleich dem ||Ergebnis|| sein>.

Epistemische Mediation:

- Keine Mediationsprozesse feststellbar

Reflexive Mediation:

- Keine Mediationsprozesse feststellbar

Epistemisch-Reflexive Mediation:

<table>
<tr>
<td>• Feedback zur Aufgabenlösung, Eigene Lösung, Musterlösung
– Erster Faktor als Sprunganzahl
<Wenn ich eine Malaufgabe auf dem Zahlenstrahl darstellen möchte, dann muss die ||Anzahl der Sprünge|| gleich dem ||ersten Faktor|| sein>
• Feedback zur Aufgabenlösung, Eigene Lösung, Musterlösung
– Zweiter Faktor als Sprunglänge
<Wenn ich eine Malaufgabe auf dem Zahlenstrahl darstellen möchte, dann muss die ||Länge der Sprünge|| gleich dem ||zweiten Faktor|| sein>
• Feedback zur Aufgabenlösung, Eigene Lösung, Musterlösung
– Ergebnis als Endpunkt des letzten Sprunges
<Wenn ich eine Malaufgabe auf dem Zahlenstrahl darstellen möchte, dann muss der ||Endpunkt des letzten Sprunges|| gleich dem ||Ergebnis|| sein></td>
<td>↔</td>
<td>• Feedback zur Aufgabenlösung, Eigene Lösung, Musterlösung
– Eigene Lösung zu reflektieren
• Feedback zur Aufgabenlösung, Eigene Lösung, Musterlösung
– Fehlerhafte eigene Lösung negativ einschätzen</td>
</tr>
</table>

Bennos Verständnis in Bezug auf die Aufgabe, nach dem eine Multiplikation durch einen einzelnen Sprung dargestellt werden kann, dessen Startpunkt dem kleineren und dessen Endpunkt dem größeren der beiden Faktoren entspricht, wurde durch den Prozessschritt des Selbst-Assessments nicht beeinflusst. Hierbei stimmte Benno der zweiten und dritten Aussage zunächst zu, obwohl die dort aufgeführten Eigenschaften nicht in seiner Lösung erfüllt waren. Bei letzterer Aussage änderte Benno aber dann noch einmal seine Auswahl und wählte schlussendlich die Antwort „Nein" aus. Was Benno zu der Auswahl der entsprechenden Antworten veranlasste, machte er während der Durchführung des Selbst-Assessment nicht deutlich. In

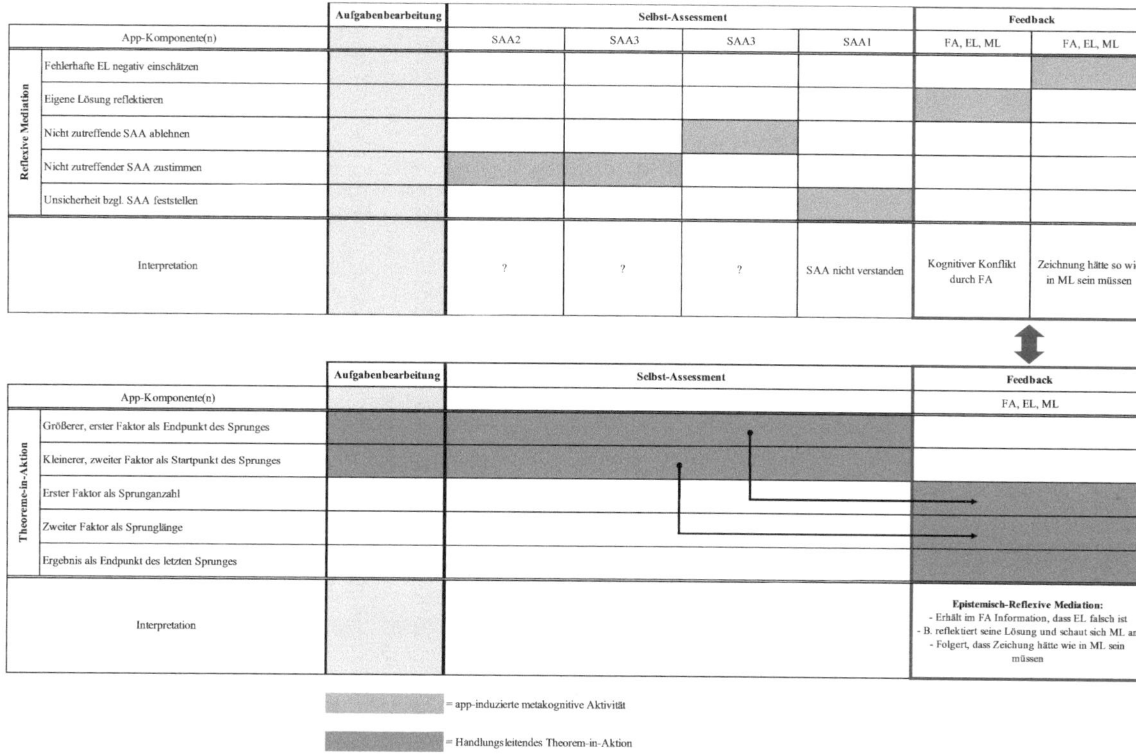

Abbildung 8.88 Überblick über die Mediationsprozesse in Aufgabe 2 im Fall „Benno". (Quelle: Eigene Darstellung)

Bezug auf die erste Aussage, die Benno zuletzt beantwortete, machte er dann aber explizit, dass er nicht wisse, was mit der Aussage gemeint sei. Auf Anregung der Interviewerin gab er folglich an, dass er bei der ersten Selbst-Assessment-Aussage unsicher sei. Angestoßen durch das Feedback zur Aufgabenlösung und unter Einbezug der eigenen Lösung sowie der Musterlösung könnten im letzten Prozessschritt ein Epistemisch-Reflexiver Mediationsprozess identifiziert werden. Im Rahmen dieses Prozesses reflektierte Benno seine Lösung und kam zu dem Schluss, dass die Darstellung der Sprünge hätte so erfolgen müssen, wie es in der Musterlösung dargestellt ist. Auf Grundlage seiner folgenden Beschreibungen in Bezug auf die Musterlösung wurden zum Ende der Aufgabe zwei adaptierte Theoreme-in-Aktion in Bezug auf die beiden Faktoren der Rechnung ausgemacht sowie ein weiteres Theorem-in-Aktion rekonstruiert, nach dem der Endpunkt des letzten Sprunges dem Ergebnis der Rechnung entsprechen muss (Abbildung 8.88).

Aufgabe 3: Malaufgaben als Rechteckbild darstellen

Benno schaut sich die dritte Aufgabe kurz an (3 s), erklärt anschließend, was die Aufgabenstellung ist, und beginnt dann mit der Bearbeitung:

„So, ich soll jetzt (.) die – also (.) das Beispiel fünf mal drei (2 s) ha- multiplizieren (fügt einen ersten Punkt ein). (2 s) Also fünf (fügt rechts von dem bereits eingefügten Punkt vier weitere Punkte ein) mal drei (fügt unterhalb des Punktes ganz links zwei weitere Punkte ein). (4 s) Soll ich die inneren Kästchen hier auch ausfüllen, oder-?".

Die Interviewerin antwortet Benno, er solle die Aufgabe so bearbeiten, wie er meint, dass sie bearbeitet werden müsse. Daraufhin fügt Benno weitere Punkte ein, sodass sich ein vollständiges Rechteckbild ergibt (Abbildung 8.89).

Beim Erstellen des Rechteckbildes lässt sich feststellen, dass Benno zunächst einen rechten Winkel einzeichnet. Dabei zeichnet er zunächst den horizontalen Schenkel des rechten Winkels und wählt für dessen Länge die Fünf, also den ersten Faktor. Die Länge des vertikalen Schenkels entspricht dem zweiten Faktor der Drei. Unsicher scheint Benno hinsichtlich der Frage zu sein, ob der von ihm gezeichnete Winkel mit weiteren Punkten ausgefüllt werden muss. Er fragt daher die Interviewerin, ob er „die inneren Kästchen (...) auch ausfüllen" solle. Als diese ihm antwortet, dass er solle die Aufgabe so bearbeiten, wie er es für richtig hält, füllt Benno den Winkel mit Punkten aus und ein Rechteckbild entsteht. Bennos Bearbeitung der dritten Aufgabe lässt darauf schließen, dass er den ersten Faktor als horizontalen Schenkel und den zweiten Faktor als vertikalen Schenkel eines auszufüllenden rechten Winkels auffasst.

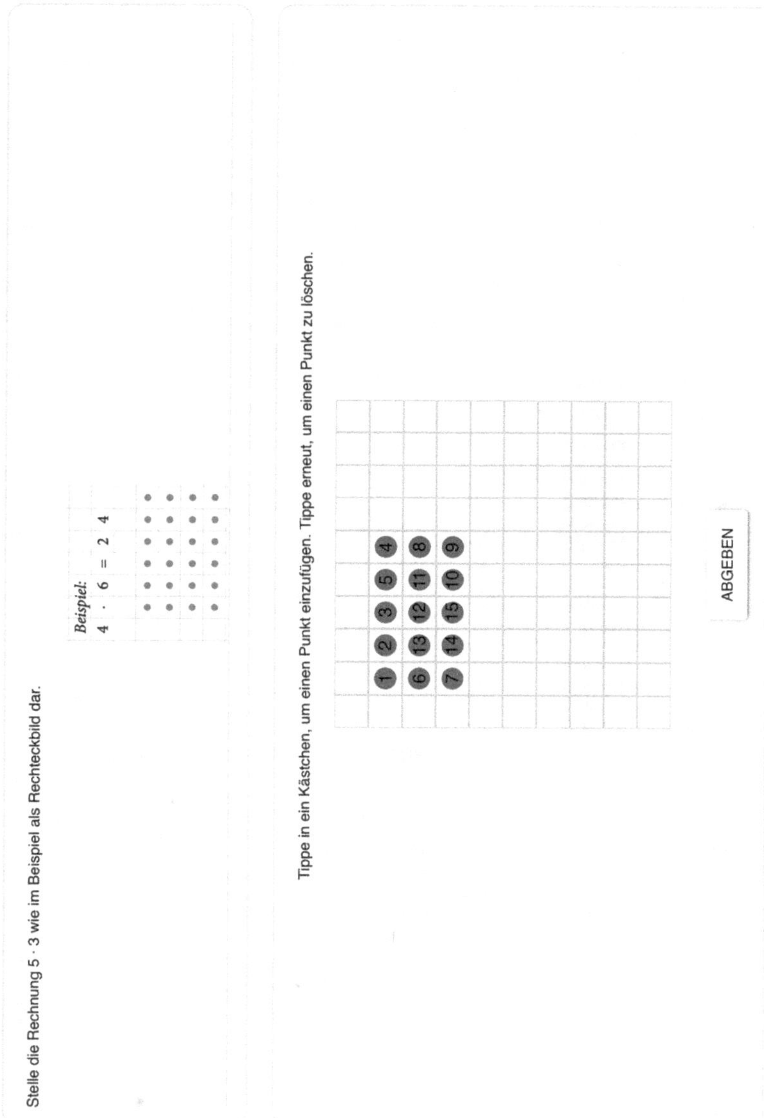

Abbildung 8.89 Benno, Aufgabe 3, Aufgabenbearbeitung – Nummerierung im Rechteckbild nachträglich eingefügt

Mit Bezug zu seiner Aussage, die er im nachfolgenden Prozessschritt des *Selbst-Assessments* beim Betrachten der Musterlösung tätigt, kann jedoch vermutet werden, dass Benno in Bezug auf die Faktoren flexibel denkt und davon ausgeht, dass beide Faktoren als horizontaler oder vertikaler Schenkel eines auszufüllenden rechten Winkels fungieren können. Als sich Benno nämlich unmittelbar nach Abgabe seiner Lösung mit der Musterlösung auseinandersetzt und dabei nacheinander die interaktiven Hinweise auswählt, bemerkt er:

„*(Klickt auf ‚Anzahl der Gruppen'). Dann könnte man (.) insgesamt fünf (---) waagerecht und fünf hoch- (.) und drei hochkant (klickt auf ‚Größe der Gruppen') oder (---) drei waagerecht und fünf hochkant (klickt auf ‚Punkte') und dann, ja.*"

Obwohl Benno nur die Darstellung in der Musterlösung betrachtet, die ihm in der Ausgangskonfiguration angezeigt wird und er sich nicht durch Klick auf den „Drehen-Button" die zweite Lösungsmöglichkeit anzeigen lässt, erklärt er, dass es einerseits möglich sei, fünf Punkte horizontal und drei Punkte vertikal einzuzeichnen. Andererseits könne die Rechnung aber auch durch drei Punkte in horizontaler und fünf Punkte in vertikaler Anordnung dargestellt werden.

Es erscheint daher wahrscheinlich, dass Benno von Beginn an flexibel über die Darstellung der Faktoren denkt, aber das während der Aufgabenbearbeitung nicht explizit macht. Es werden für die Aufgabenbearbeitung daher zwei Theoreme-in-Aktion rekonstruiert, welche das flexible Denken in Bezug auf die Faktoren widerspiegeln und deren Darstellung als Schenkel eines auszufüllenden rechten Winkels berücksichtigen. Das erste Theorem-in-Aktion wird *Erster oder zweiter Faktor als horizontale Schenkellänge eines auszufüllenden rechten Winkels* genannt:

<Wenn ich eine Malaufgabe als Rechteckbild darstellen möchte, dann muss ich einen ||rechten Winkel|| zeichnen und ||ausfüllen||, bei dem die ||Länge des horizontalen Schenkels|| gleich dem ||ersten Faktor|| oder dem ||zweiten Faktor || ist>.

Das zweite Theorem-in-Aktion, *Erster oder zweiter Faktor als vertikale Schenkellänge eines auszufüllenden rechten Winkels*, lautet:

<Wenn ich eine Malaufgabe als Rechteckbild darstellen möchte, dann muss ich einen ||rechten Winkel|| zeichnen und ||ausfüllen||, bei dem die ||Länge des vertikalen Schenkels|| gleich dem ||ersten Faktor || oder dem ||zweiten Faktor|| ist>.

Theoreme-in-Aktion:

- *Erster oder zweiter Faktor als horizontale Schenkellänge eines auszufüllenden rechten Winkels*:
  <Wenn ich eine Malaufgabe als Rechteckbild darstellen möchte, dann muss ich einen ||rechten Winkel|| zeichnen und ||ausfüllen||, bei dem die ||Länge des horizontalen Schenkels|| gleich dem ||ersten Faktor|| oder dem ||zweiten Faktor || ist>
- *Erster oder zweiter Faktor als vertikale Schenkellänge eines auszufüllenden rechten Winkels*:
  <Wenn ich eine Malaufgabe als Rechteckbild darstellen möchte, dann muss ich einen ||rechten Winkel|| zeichnen und ||ausfüllen||, bei dem die ||Länge des vertikalen Schenkels|| gleich dem ||ersten Faktor || oder dem ||zweiten Faktor|| ist>

Selbst-Assessment

Reflexive Mediation:
Wie bereits oben erwähnt, setzt sich Benno zu Beginn des Selbst-Assessment-Prozessschrittes mit der Musterlösung auseinander, wählt den ersten Hinweis zur Anzahl der Gruppen aus und bemerkt anschließend:

„Dann könnte man (.) insgesamt fünf (---) waagerecht und fünf hoch- (.) und drei hochkant (klickt auf ‚Größe der Gruppen') oder (---) drei waagerecht und fünf hochkant (klickt auf ‚Punkte') und dann, ja."

Im Anschluss an die Auseinandersetzung mit der Musterlösung liest Benno die erste Selbst-Assessment-Aussage laut vor und beantwortet sie sofort danach mit „Ja" (Abbildung 8.90). Da sein Rechteckbild aus drei Zeilen mit jeweils fünf Punkten beziehungsweise fünf Spalten mit jeweils drei Punkten besteht, stimmt Benno hiermit einer zutreffenden Selbst-Assessment-Aussage zu (Selbst-Assessment-Aussage 1 – Zutreffender Selbst-Assessment-Aussage zustimmen).

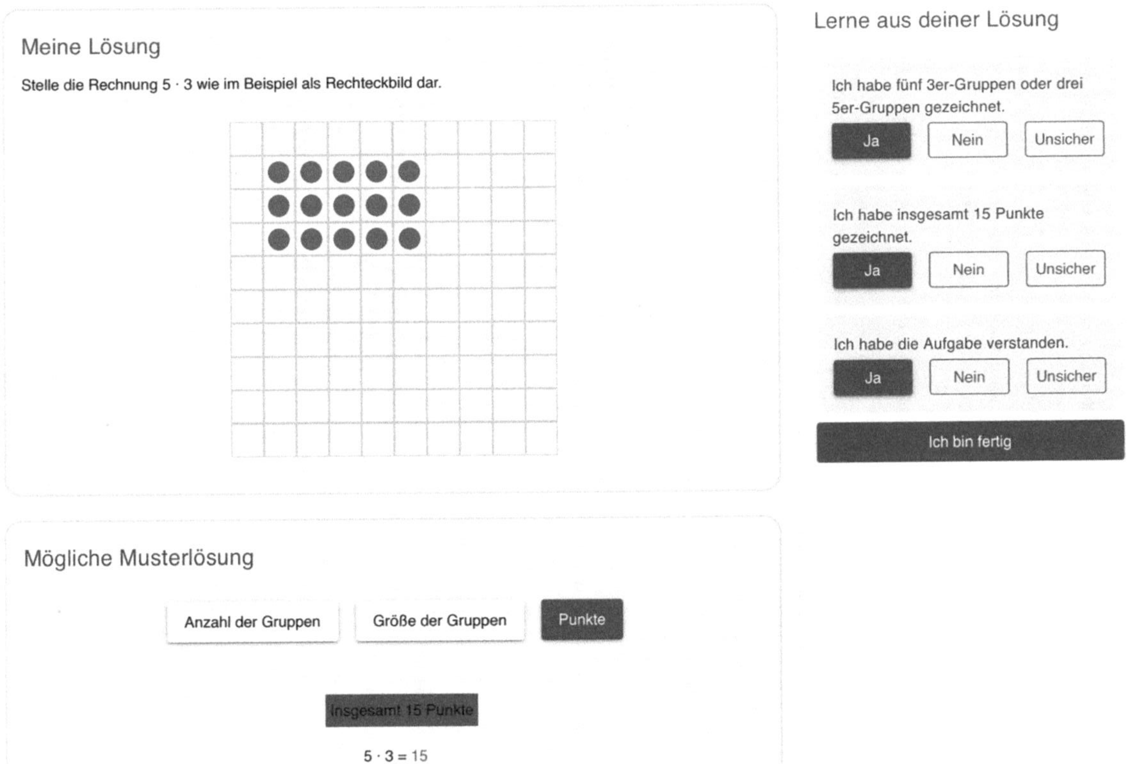

Abbildung 8.90 Benno, Aufgabe 3, Selbst-Assessment

Auch die zweite Aussage, „Ich habe insgesamt 15 Punkte gezeichnet", beantwortet Benno nach dem Lesen mit „Ja". In seiner Lösung hat Benno insgesamt fünfzehn Punkte gezeichnet und stimmt daher, wie bei der vorangegangenen Aussage, auch der zweiten Selbst-Assessment-Aussage passenderweise zu (Selbst-Assessment-Aussage 2 – Zutreffender Selbst-Assessment-Aussage zustimmen). Da Benno die Aussagen unmittelbar nach dem Lesen beantwortet und einen sicheren Eindruck bei der Auswahl seiner Antworten macht, liegt die Annahme nahe, dass er die Selbst-Assessment-Aussagen verstanden hat. Zudem wird davon ausgegangen, dass er die Aussagen in Beziehung zu seiner Lösung gesetzt und somit erfasst hat, dass die in den Aussagen genannten Eigenschaften in seiner Lösung erfüllt sind.

Epistemische Mediation:

- Keine Mediationsprozesse feststellbar

Reflexive Mediation:

- Selbst-Assessment-Aussage 1 – Zutreffender Selbst-Assessment-Aussage zustimmen
- Selbst-Assessment-Aussage 2 – Zutreffender Selbst-Assessment-Aussage zustimmen

Epistemisch-Reflexive Mediation:

- Keine Mediationsprozesse feststellbar

Feedback

Reflexive Mediation:
Als Benno das Feedback angezeigt bekommt (Abbildung 8.91), scrollt er etwas nach unten, sodass er die Musterlösung vollständig sehen kann. Dabei sagt er:

„*Und wie man hier sieht, ist das richtig.*"

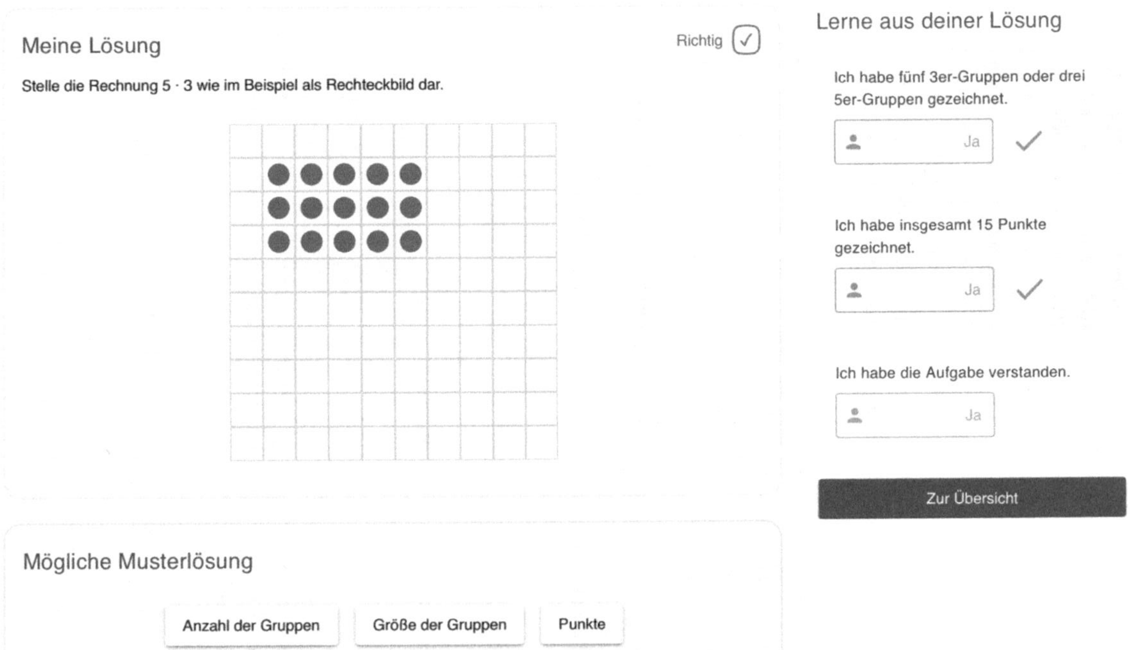

Abbildung 8.91 Benno, Aufgabe 3, Feedback

Benno macht nicht deutlich, ob er sich mit seiner Äußerung auf seine Lösung oder auf seine Selbst-Assessment-Aussagen bezieht. Da er aber noch einmal einen Blick auf die mögliche Musterlösung wirft, erscheint es wahrscheinlicher, dass Benno sich auf seine Lösung konzentriert und diese abschließend mit der Musterlösung abgleicht. Seine Aussage wird daher als positive Einschätzung seiner korrekten Lösung bewertet, die in Bezug auf das Feedback zur Aufgabenlösung und der eigenen Lösung erfolgt (Feedback zur Aufgabenlösung, Eigene Lösung – Korrekte eigene Lösung positiv einschätzen). Entsprechend wird davon ausgegangen, dass Benno das Feedback zu seiner Lösung wahrgenommen und es seiner Bedeutung entsprechend richtig interpretiert hat.

Epistemische Mediation:

- Keine Mediationsprozesse feststellbar

Reflexive Mediation:

- Feedback zur Aufgabenlösung, Eigene Lösung – Korrekte eigene Lösung positiv einschätzen

Epistemisch-Reflexive Mediation:

- Keine Mediationsprozesse feststellbar

Zusammenfassend lässt sich festhalten, dass Bennos Theoreme-in-Aktion, welche im Rahmen der Bearbeitung der dritten Diagnoseaufgabe rekonstruiert wurden, über die gesamte Aufgabe hinweg unverändert blieben. Die Annahme, dass die beiden Faktoren als horizontale beziehungsweise vertikale Schenkellänge eines auszufüllenden, rechten Winkels dargestellt werden müssen, scheint Benno durchweg als wahr zu betrachten. Beim Selbst-Assessment trafen beide Selbst-Assessment-Aussagen auf Bennos Lösung zu und dies erkannte er offenbar auch, in dem er diese mit „Ja“ beantwortete. Abschließend ging er kurz auf das Feedback zur Aufgabe ein und schätzte mit Bezug zu diesem seine Bearbeitung als richtig ein. Damit deutete er das Feedback in beabsichtigter Weise (Abbildung 8.92).

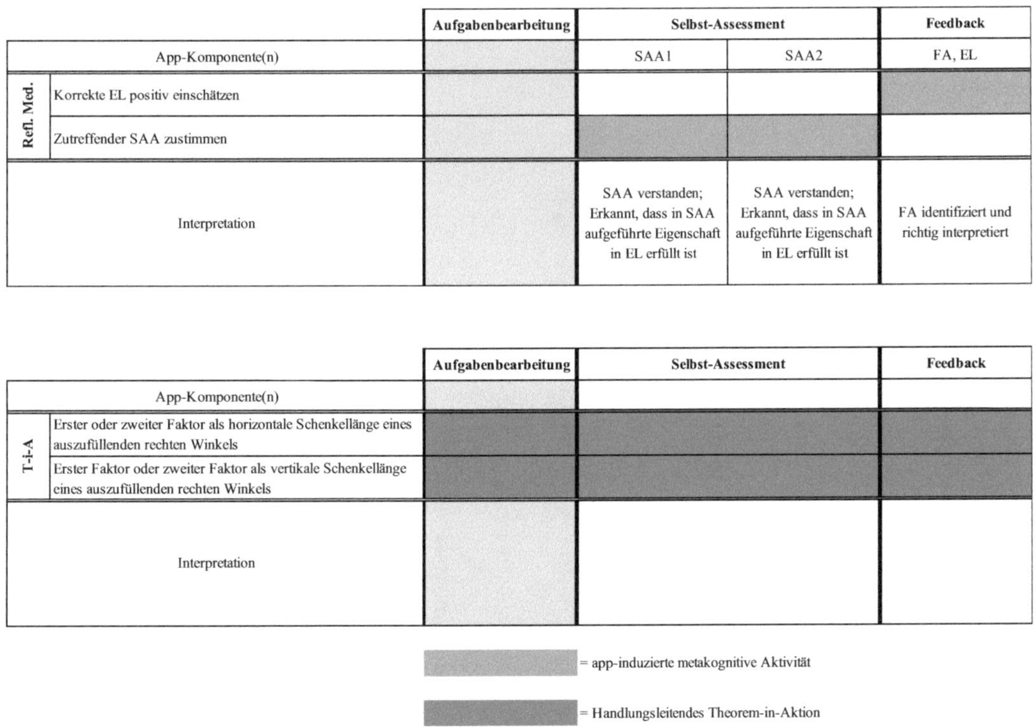

Abbildung 8.92 Überblick über die Mediationsprozesse in Aufgabe 3 im Fall „Benno". (Quelle: Eigene Darstellung)

Aufgabe 4: Rechteckbilder verändern

Aufgabenbearbeitung

Nachdem sich Benno für einen Augenblick (8 s) die vierte Aufgabe angeschaut hat, gibt er die Aufgabenstellung in seinen eigenen Worten wieder:

„*Also jetzt muss ich – hier (zeigt auf das Rechteckbild) ist das Beispiel zwei mal neun und ich soll das so darstellen, dass es drei mal neun sind, also muss ich eigentlich (versucht an beiden Linien, den Malwinkel zu verschieben) – kann ich das hier im Bild irgendwo bewegen?*".

Benno zeigt Schwierigkeiten mit der Verwendung der Eingabemaske und schafft es nicht, den Malwinkel zu verschieben und somit das Rechteckbild zu verändern. Er wendet sich mit der Frage an die Interviewerin, ob er den Malwinkel in dem Bild irgendwo bewegen könne. Diese zeigt daraufhin auf eine der beiden Linien, deren Endpunkte durch ein schwarzes Quadrat gekennzeichnet sind und weist Benno darauf hin, dass der Malwinkel an den schwarzen Quadraten verschoben werden könne. Daraufhin verschiebt Benno den Malwinkel um eine Zeile nach unten und sagt:

„*Also jetzt ist das eigentlich so, dass es drei mal neun, dann sind das (---) siebenundzwanzig Punkte. (4 s) (Trägt im ersten freien Feld im Antwortsatz eine Siebenundzwanzig ein und klickt dann auf das zweite freie Feld). (2 s) Es sind mehr Punkte geworden (wählt ‚mehr' für das zweite Feld aus)*" (Abbildung 8.93).

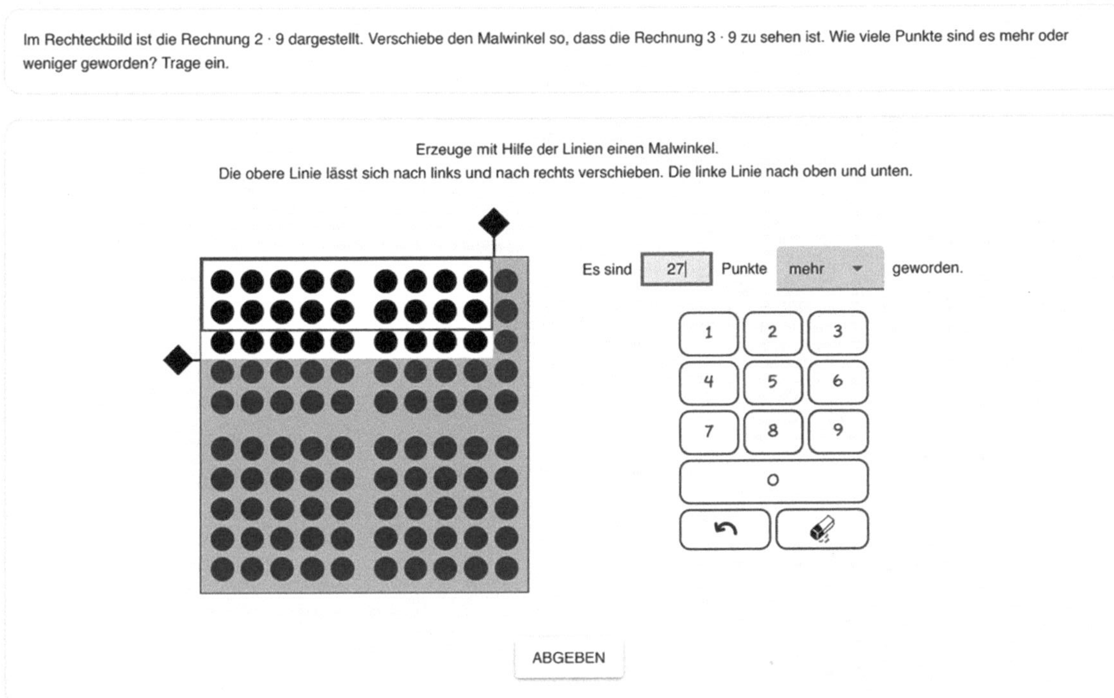

Abbildung 8.93 Benno, Aufgabe 4, Aufgabenbearbeitung

Nachdem Benno seine Schwierigkeiten mit dem Verschieben des Malwinkels überwunden hat, verschiebt er den Malwinkel um eine Zeile nach unten. Die Art und Weise, wie Benno den Malwinkel verschiebt, deutet darauf hin, dass er die Veränderung zwischen den Aufgaben zwei mal neun und drei mal neun mit einer Erhöhung der Zeilenanzahl um eins im Rechteckbild in Verbindung bringt. Auf Grundlage dessen lässt sich das Theorem-in-Aktion *Erhöhung des ersten Faktors als Erhöhung der Zeilenanzahl* rekonstruieren:

<Wenn ich eine Malaufgabe im Rechteckbild verändern möchte, dann muss ich den Malwinkel so verschieben, dass sich bei einer ||Erhöhung des ersten Faktors um eins|| die ||Anzahl der Zeilen um eins erhöht||>.

Während der Bearbeitung der Aufgabe bleibt unklar, ob sich Benno über die konkrete Anzahl der Punkte bewusst ist, die durch das Verschieben des Malwinkels hinzugekommen sind. Denn den Antwortsatz hat er scheinbar anders aufgefasst, als es in der App intendiert war und nicht eingetragen, wie viele Punkte es mehr geworden sind. Stattdessen hat er die Anzahl der Punkte eingetragen, die nach dem Verschieben des Malwinkels im Rechteckbild zu sehen sind und angegeben, dass es „mehr" Punkte geworden sind.

Theorem-in-Aktion:

- *Erhöhung des ersten Faktors als Erhöhung der Zeilenanzahl*:
  <Wenn ich eine Malaufgabe im Rechteckbild verändern möchte, dann muss ich den Malwinkel so verschieben, dass sich bei einer ||Erhöhung des ersten Faktors um eins|| die ||Anzahl der Zeilen um eins erhöht||>

Selbst-Assessment

Reflexive Mediation:
Wie bereits in den vorangegangenen Aufgaben, schaut sich Benno zunächst die mögliche Musterlösung zur Aufgabe an:

„*Und hier bei der (.) Musterlösung sieht man (klickt auf ‚1. Lösung'), wie die Lösungen aussehen könnten. (---) Also so (zeigt auf die 1. Lösung) (---) könnte es aussehen. (Klickt auf ‚2. Lösung'). Es könnte aber auch so aussehen (.) und ja.*"

Danach macht Benno mit dem Selbst-Assessment weiter. Alle drei Selbst-Assessment-Aussagen liest er laut vor und wählt jedes Mal ohne zu zögern „Ja" als Antwort aus (Abbildung 8.94). In Bezug auf die erste Aussage, in der danach gefragt wird, ob der Malwinkel verschoben wurde und drei Neuner-Gruppen oder neun Dreier-Gruppen zu sehen sind, ist Bennos Antwort als Zustimmung zu einer zutreffenden Selbst-Assessment-Aussage zu bewerten (Selbst-Assessment-Aussage 1 – Zutreffender Selbst-Assessment-Aussage zustimmen). Es scheint, als

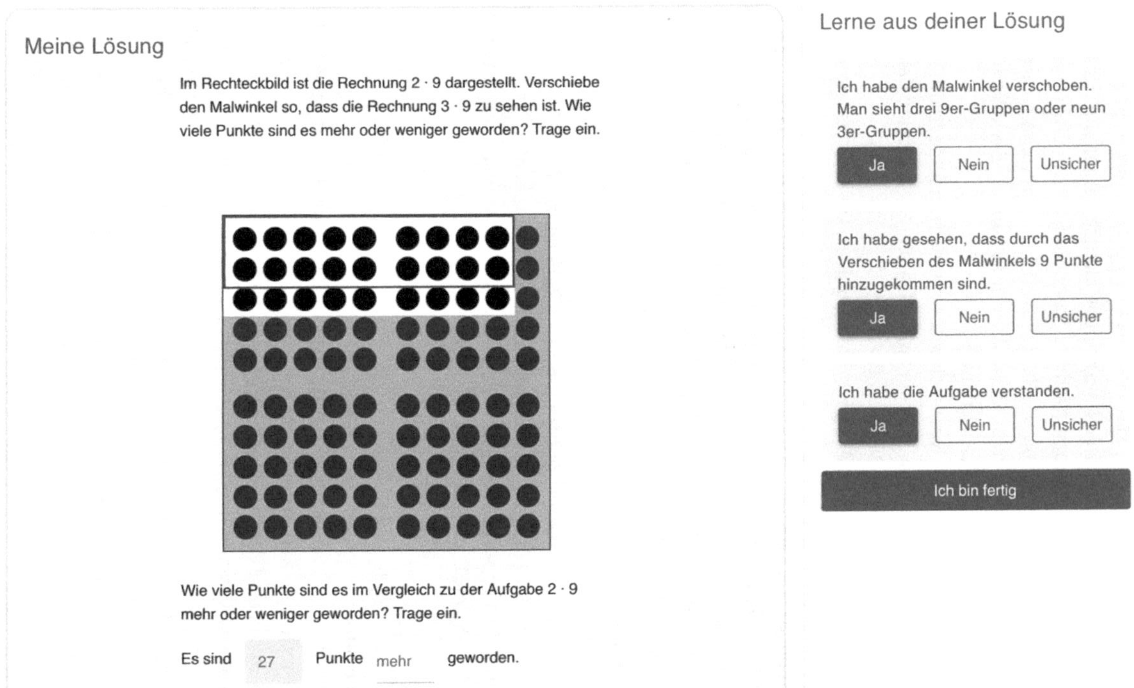

Abbildung 8.94 Benno, Aufgabe 4, Selbst-Assessment

hätte Benno die Aussage verstanden und erkannt, dass seine Lösung die Aussage erfüllt.

Bei der zweiten Selbst-Assessment-Aussage hingegen wählt Benno die Antwort „Ja“ aus, obwohl der die Veränderung von neun Punkten nicht beim Antwortsatz eingetragen hat (Selbst-Assessment-Aussage 2 – Nicht zutreffender Selbst-Assessment-Aussage zustimmen). Es liegt die Vermutung nahe, dass der Bezug der zweiten Selbst-Assessment-Aussage zum Antwortsatz für Benno nicht ersichtlich ist und er die Aussage deswegen nicht seiner Lösung entsprechend beantwortet. Wahrscheinlich ist ihm bewusst, dass durch das Verschieben des Malwinkels neun Punkte hinzugekommen sind. Da er die Veränderung der Punktanzahl im Antwortsatz jedoch nicht angegeben hat, müsste er bei der zweiten Selbst-Assessment-Aussage „Nein“ als Antwort auswählen.

Nach der Angabe, die Aufgabe verstanden zu haben, beendet Benno sein Selbst-Assessment und klickt auf „Ich bin fertig“.

Epistemische Mediation:

- Keine Mediationsprozesse feststellbar

Reflexive Mediation:

- Selbst-Assessment-Aussage 1 – Zutreffender Selbst-Assessment-Aussage zustimmen
- Selbst-Assessment-Aussage 2 – Nicht zutreffender Selbst-Assessment-Aussage zustimmen

Epistemisch-Reflexive Mediation:

- Keine Mediationsprozesse feststellbar

Feedback

Reflexive Mediation:
Nachdem sich Benno das Feedback (Abbildung 8.95) kurz angeschaut hat (3 s), stellt er zunächst fest, dass er den Malwinkel so verschoben hat, wie es in der ersten Selbst-Assessment-Aussage gefragt war:

„So, wie man sieht (---) habe ich die (---) Malwinkel verschoben (zeigt auf die erste Selbst-Assessment-Aussage), dass man eine – entweder drei Neuner-Gruppen sieht oder (.) drei äh Dreier-Gruppen.“

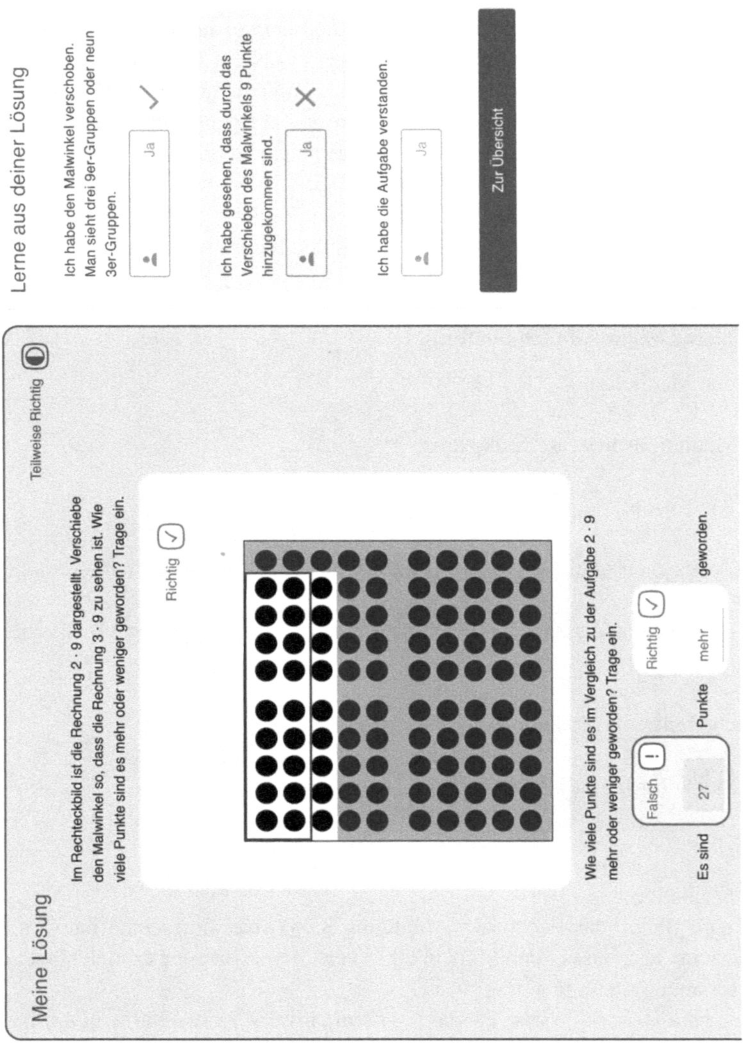

Abbildung 8.95 Benno, Aufgabe 4, Feedback

Anschließend kommt er zu folgender Erkenntnis:
„Aber ‚Ich habe gesehen, dass durch das Verschieben des Malwinkels 9 Punkte hinzugekommen sind' ist (.) falsch (2 s), weil ich (.) habe da Siebenundzwanzig hingeschrieben, also (---) ich dachte halt, weil (zeigt in seiner Lösung auf das Rechteckbild), wie viele Punkte es insgesamt sind (---) und ja."

Mithilfe des Feedbacks zum Selbst-Assessment stellt Benno fest, dass seine Antwort auf die zweite Selbst-Assessment-Aussage falsch ist (Feedback zum Selbst-Assessment, Selbst-Assessment-Aussage 2 – Fehlerhaftes Selbst-Assessment negativ einschätzen). Während Benno hier den Eindruck erweckt, als würde er die Feedback-Informationen zunächst einmal nur wiedergeben, scheint er nachfolgend ergründen zu wollen, warum ihm an dieser Stelle ein Fehler angezeigt wird. Dem Anschein nach hat das Feedback zur zweiten Selbst-Assessment-Aussage bei Benno einen kognitiven Konflikt ausgelöst und dazu geführt, dass er eine Lösung reflektiert (Feedback zum Selbst-Assessment, Selbst-Assessment-Aussage 2, Feedback zur Aufgabe, Eigene Lösung – Eigene Lösung reflektieren). Benno kommt zu dem Schluss, dass die Siebenundzwanzig im Antwortsatz nicht richtig ist (Feedback zum Selbst-Assessment, Selbst-Assessment-Aussage 2, Feedback zur Aufgabe, Eigene Lösung – Fehlerhafte eigene Lösung negativ einschätzen) und erklärt, dass er beim Bearbeiten der Aufgabe davon ausgegangen sei, dass die Gesamtzahl der Punkte nach dem Verschieben des Rechteckbildes hätte eingetragen werden müssen (Feedback zum Selbst-Assessment, Selbst-Assessment-Aussage 2, Feedback zur Aufgabe, Eigene Lösung – Äußerung zum eigenen Verständnis tätigen). Bennos Äußerung zufolge hat er also einerseits erkannt, den Antwortsatz nicht wie von der App intendiert ausgefüllt zu haben und andererseits scheint ihm bewusst geworden zu sein, dass sich die zweite Selbst-Assessment-Aussage auf den Antwortsatz bezieht.

Epistemische Mediation:

- Keine Mediationsprozesse feststellbar

Reflexive Mediation:

- Feedback zum Selbst-Assessment, Selbst-Assessment-Aussage 2 – Fehlerhaftes Selbst-Assessment negativ einschätzen
- Feedback zum Selbst-Assessment, Selbst-Assessment-Aussage 2, Feedback zur Aufgabe, Eigene Lösung – Eigene Lösung reflektieren
- Feedback zum Selbst-Assessment, Selbst-Assessment-Aussage 2, Feedback zur Aufgabe, Eigene Lösung – Fehlerhafte eigene Lösung negativ einschätzen

- Feedback zum Selbst-Assessment, Selbst-Assessment-Aussage 2, Feedback zur Aufgabe, Eigene Lösung – Äußerung zum eigenen Verständnis tätigen

Epistemisch-Reflexive Mediation:

- Keine Mediationsprozesse feststellbar

Während der Aufgabenbearbeitung wurde das Theorem-in-Aktion *Erhöhung des ersten Faktors als Erhöhung der Zeilenanzahl* rekonstruiert. Eine Veränderung des der Aufgabe zugrundeliegenden Verständnisses konnte im Laufe der Bearbeitung nicht festgestellt werden. Beim Prozessschritt des Selbst-Assessments stellte Benno hinsichtlich der ersten Aussage korrekterweise fest, dass diese auf seine Lösung zutraf. Der zweiten Aussage stimmte er hingegen zu, obwohl seine Lösung die in der Aussage aufgegriffene Eigenschaft einer richtigen Lösung nicht erfüllte. Als Ursache für fehlerhafte Beantwortung der zweiten Aussage wird der für Benno nicht eindeutig erkennbare Zusammenhang zwischen Aussage und Antwortsatz angenommen. Dieser Zusammenhang scheint ihm dann aber durch das Feedback im letzten Prozessschritt der Aufgabe deutlich zu werden, im Rahmen dessen Benno zunächst die Fehlerhaftigkeit seiner Antwort auf die zweite Selbst-Assessment-Aussage feststellte und nach Reflektion seiner Lösung zu dem Schluss kam, dass er nicht die Gesamtzahl der Punkte nach dem Verschieben des Malwinkels im Antwortsatz hätte eintragen sollen (Abbildung 8.96).

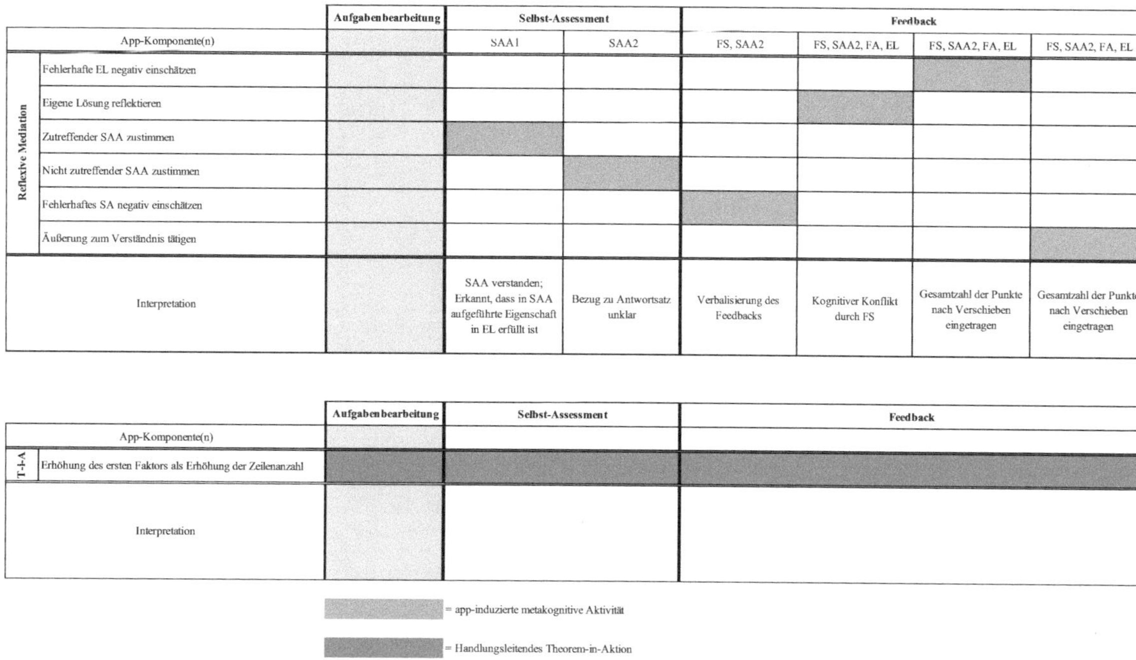

Abbildung 8.96 Überblick über die Mediationsprozesse in Aufgabe 4 im Fall „Benno“. (Quelle: Eigene Darstellung)

8.7 Fall „Paul"

Aufgabe 1: Malaufgaben am Zahlenstrahl erkennen

Aufgabenbearbeitung
Kurz nachdem Paul die erste Aufgabe in der App geöffnet hat, schaut er sich diese an. Er stellt fest, dass er Aufgaben dieses Typs in der Grundschule nicht kennengelernt hat:

„‚Ergänze die Rechnung zum Bild'. Ich gucke mir das Bild an (---) und dann kann ich sehen- (4 s) das hatten wir in der Grundschule (auch?) nicht."

Auf seine Feststellung entgegnet die Interviewerin, dass es sein kann, dass nicht alle der Aufgaben bekannt seien aber Benno trotzdem versuchen solle, die Aufgabe zu lösen. Paul denkt einen Augenblick nach (5 s), zeigt dann nacheinander auf die Sprünge am Zahlenstrahl, offenbar um diese abzählen und sagt dann:

„Sechs (trägt für den ersten Faktor eine Sechs ein) mal (2 s) drei (trägt für den zweiten Faktor eine Drei ein) gleich (2 s) achtzehn (trägt für das Ergebnis eine Achtzehn ein) achtzehn" (Abbildung 8.97).

Dass Paul die Sprünge am Zahlenstrahl abzählt und anschließend das Ergebnis seiner Zählung als ersten Faktor notiert deutet darauf hin, dass er den ersten Faktor mit der Sprunganzahl in Verbindung bringt. Die Annahme, dass wenn eine Multiplikation am Zahlenstrahl erkannt werden soll, der erste Faktor gleich der Anzahl der Sprünge sein muss, stellt ein Theorem-in-Aktion dar. Dieses Theorem-in-Aktion wird *Sprunganzahl als erster Faktor* genannt und folgendermaßen formuliert:

<Wenn ich eine Malaufgabe am Zahlenstrahl erkennen möchte, dann muss der ||erste Faktor|| gleich der ||Anzahl der Sprünge|| sein>.

Neben diesem Theorem-in-Aktion wird ein zweites Theorem-in-Aktion als der Bearbeitung der Aufgabe zugrunde liegend angesehen. Da Paul für den zweiten Faktor eine Drei einträgt wird vom Theorem-in-Aktion *Sprunglänge als zweiter Faktor* ausgegangen:

<Wenn ich eine Malaufgabe am Zahlenstrahl erkennen möchte, dann muss der ||zweite Faktor|| gleich der ||Länge der Sprünge|| sein>.

Das Ergebnis der Rechnung scheint Paul laut seiner Aussage nicht durch Herstellen eines Zusammenhangs zwischen Term und Bild, sondern durch Multiplikation von sechs und drei zu ermitteln. Aus diesem Grund wird für das Ergebnis kein Theorem-in-Aktion rekonstruiert.

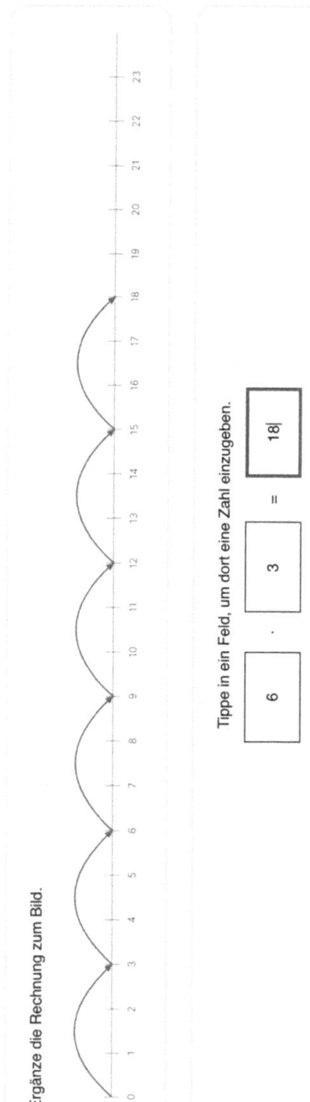

Abbildung 8.97 Paul, Aufgabe 1, Aufgabenbearbeitung

Theoreme-in-Aktion:

- *Sprunganzahl als erster Faktor*:
  <Wenn ich eine Malaufgabe am Zahlenstrahl erkennen möchte, dann muss der ||erste Faktor|| gleich der ||Anzahl der Sprünge|| sein>
- *Sprunglänge als zweiter Faktor*:
  <Wenn ich eine Malaufgabe am Zahlenstrahl erkennen möchte, dann muss der ||zweite Faktor|| gleich der ||Länge der Sprünge|| sein>

Selbst-Assessment

Reflexive Mediation:
Nachdem Paul seine Lösung abgegeben hat, scrollt er bei der Selbst-Assessment-Ansicht nach unten zur Musterlösung. Als er diese sieht, verkündet er sichtlich erfreut:

„*Ja! (2 s) Richtig.*"

Das Betrachten der Musterlösung führt bei Paul also dazu, dass er seine Lösung als richtig einschätzt (Musterlösung, Eigene Lösung – Korrekte eigene Lösung positiv einschätzen). Wahrscheinlich gründet sich seine positive Einschätzung darauf, dass seine Lösung mit der Musterlösung übereinstimmt.

Nach der Feststellung, dass seine Lösung richtig ist, beschäftigt sich Paul mit den Selbst-Assessment-Aussagen. Er liest sich die Aussage durch, wählt zunächst die Antwort „Ja" aus, klickt dann auf „Nein" und unmittelbar darauf wieder auf „Ja" (Abbildung 8.98). Dazu hält er fest:

„*Ok, man kann (auch?) tauschen.*"

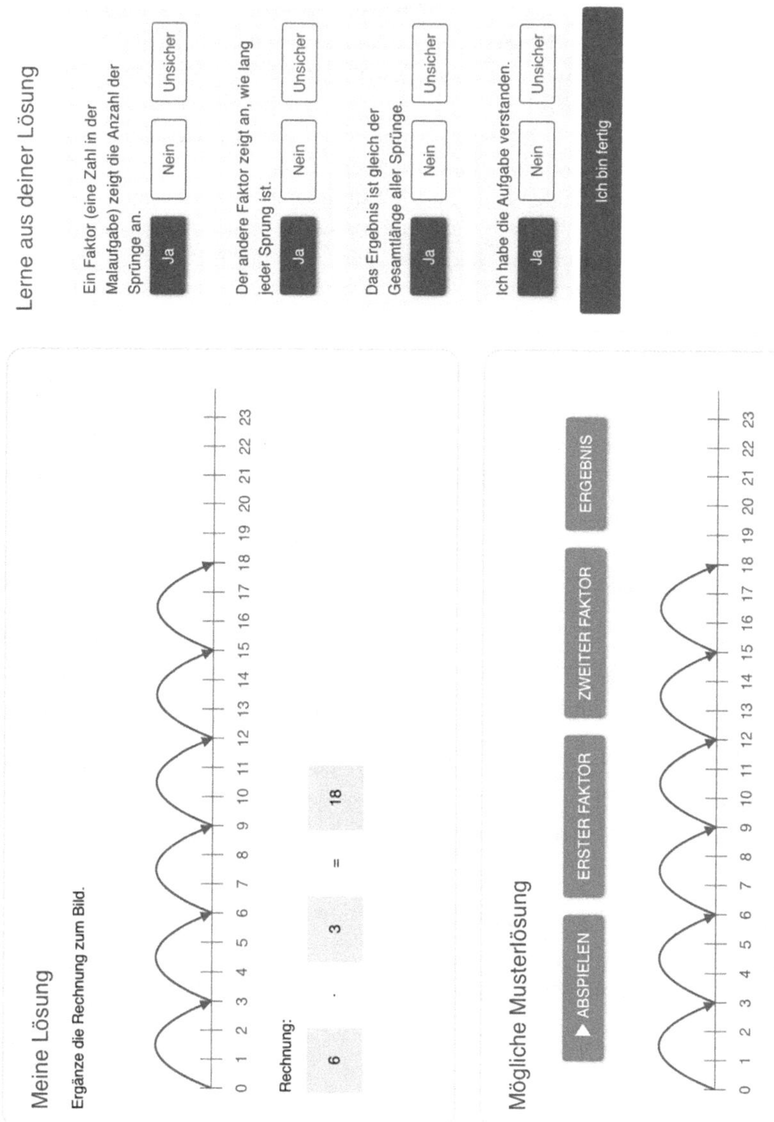

Abbildung 8.98 Paul, Aufgabe 1, Selbst-Assessment

Seine Aussage, dass man die Antworten tauschen könne, deutet darauf hin, dass die Änderung der Antworten keine inhaltlichen Gründe hat, sondern Ausdruck dessen ist, dass sich Paul mit der Benutzeroberfläche vertraut macht und testet, ob die ausgewählte Antwort auch noch einmal geändert werden kann. Dem Wechsel zwischen den Antworten wird an dieser Stelle folglich keine Bedeutung zugemessen. Mit der positiven Beantwortung der ersten Selbst-Assessment-Aussage schätzt Paul seine Lösung korrekt ein, denn in der Tat zeigt sein erster Faktor die Anzahl der Sprünge am Zahlenstrahl an (Selbst-Assessment-Aussage 1 – Zutreffender Selbst-Assessment-Aussage zustimmen). Es ist anzunehmen, dass er die Aussage verstanden und erkannt hat, dass seine Lösung die dort angegebene Eigenschaft erfüllt. Da er beim Beantworten der zweiten und dritten Selbst-Assessment-Aussage einen konzentrierten sowie sicheren Eindruck macht, wird die gleiche Deutung auch für diese beiden Aussagen übernommen, die Paul ebenfalls richtigerweise mit „Ja“ beantwortet (Selbst-Assessment-Aussage 2 – Zutreffender Selbst-Assessment-Aussage zustimmen; Selbst-Assessment-Aussage 3 – Zutreffender Selbst-Assessment-Aussage zustimmen). Das Selbst-Assessment schließt er damit ab, dass er bei der letzten Aussage angibt, die Aufgabe verstanden zu haben.

Epistemische Mediation:

- Keine Mediationsprozesse feststellbar

Reflexive Mediation:

- Selbst-Assessment-Aussage 1 – Zutreffender Selbst-Assessment-Aussage zustimmen
- Selbst-Assessment-Aussage 2 – Zutreffender Selbst-Assessment-Aussage zustimmen
- Selbst-Assessment-Aussage 3 – Zutreffender Selbst-Assessment-Aussage zustimmen

Epistemisch-Reflexive Mediation:

- Keine Mediationsprozesse feststellbar

Feedback

Reflexive Mediation:
Als Paul in der App das Feedback zu seiner Lösung und seiner Selbsteinschätzung angezeigt bekommt (Abbildung 8.99), verschiebt er die Ansicht mehrmals nach oben

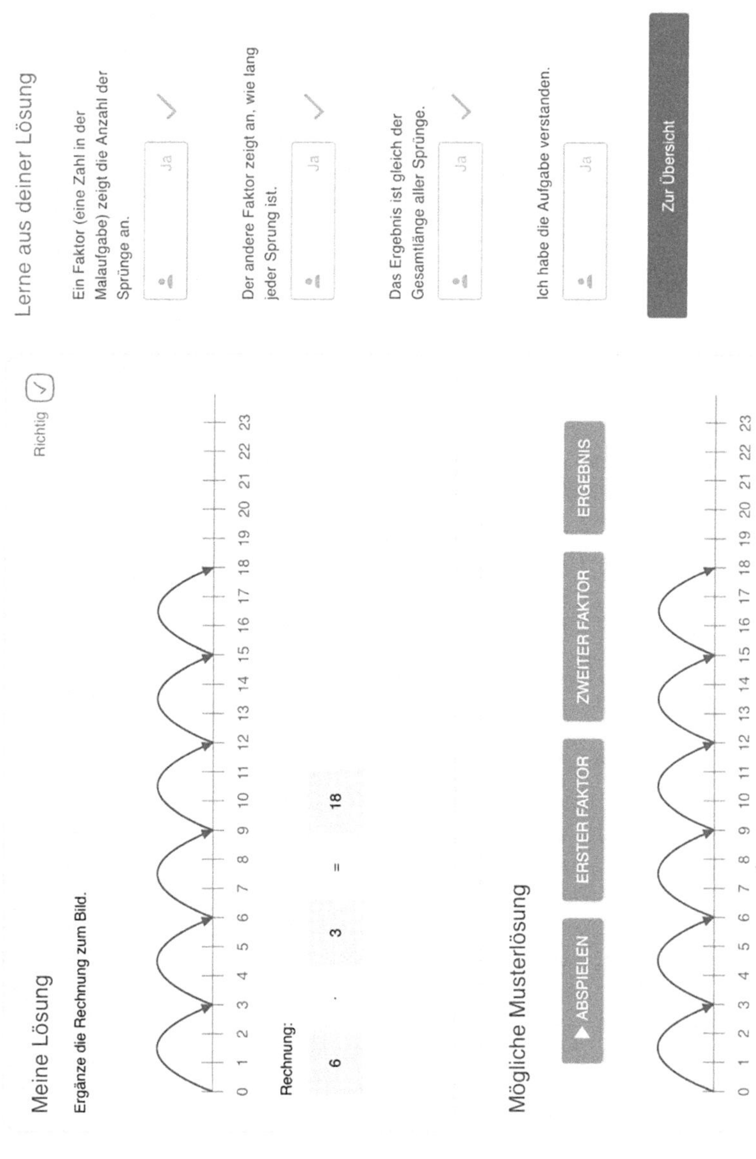

Abbildung 8.99 Paul, Aufgabe 1, Feedback

und unten, bevor er in der Musterlösung auf „Abspielen" drückt. Dann wählt er kurz nacheinander die Hinweise zum ersten und zweiten Faktor sowie zum Ergebnis aus, bevor er etwas sagt.

„Ja, verstanden (.) und dann kann ich zur Übersicht."

Offenbar wird Paul durch das Abspielen der Musterlösung und das Betrachten der Hinweise darin bestätigt, dass er die Aufgabe verstanden hat, sodass er dies hier ganz explizit äußert (Abspiel-Button in der Musterlösung, Interaktive Hinweise in der Musterlösung – Äußerung zum Verständnis tätigen) und damit die erste Aufgabe abschließt.

Epistemische Mediation:

- Keine Mediationsprozesse feststellbar

Reflexive Mediation:

- Abspiel-Button in der Musterlösung, Interaktive Hinweise in der Musterlösung – Äußerung zum Verständnis tätigen

Epistemisch-Reflexive Mediation:

- Keine Mediationsprozesse feststellbar

Zu Beginn der Aufgabe ließ sich rekonstruieren, dass Paul in Bezug auf den Darstellungswechsel vom Bild zum Term die Sprunganzahl mit dem ersten Faktor und die Sprunglänge mit dem zweiten Faktor in Verbindung brachte. Dieses Verständnis blieb über die gesamte Aufgabe hinweg unverändert und wurde weder durch die Beantwortung der Selbst-Assessment-Aussagen noch durch das Feedback beeinflusst. Vor der Beantwortung der Selbst-Assessment-Aussagen setzte sich Paul mit der Musterlösung auseinander und schätzte in Bezug auf diese seine Lösung als richtig ein. Anschließend beantwortete er die Selbst-Assessment-Aussagen zur Überprüfung seiner Lösung. Die Tatsache, dass er alle Aussagen entsprechend seiner Lösung mit „Ja" beantwortete, ließ die Vermutung zu, dass eine verständige Einschätzung erfolgte. Dass Paul seiner Auffassung nach die Aufgabe verstanden hat, gab er einerseits über die positive Beantwortung der letzten Selbst-Assessment-Aussage an, äußerte dies dann aber auch noch einmal ausdrücklich beim Betrachten der dynamischen und interaktiven Elemente in der Musterlösung bei Erhalt des Feedbacks (Abbildung 8.100).

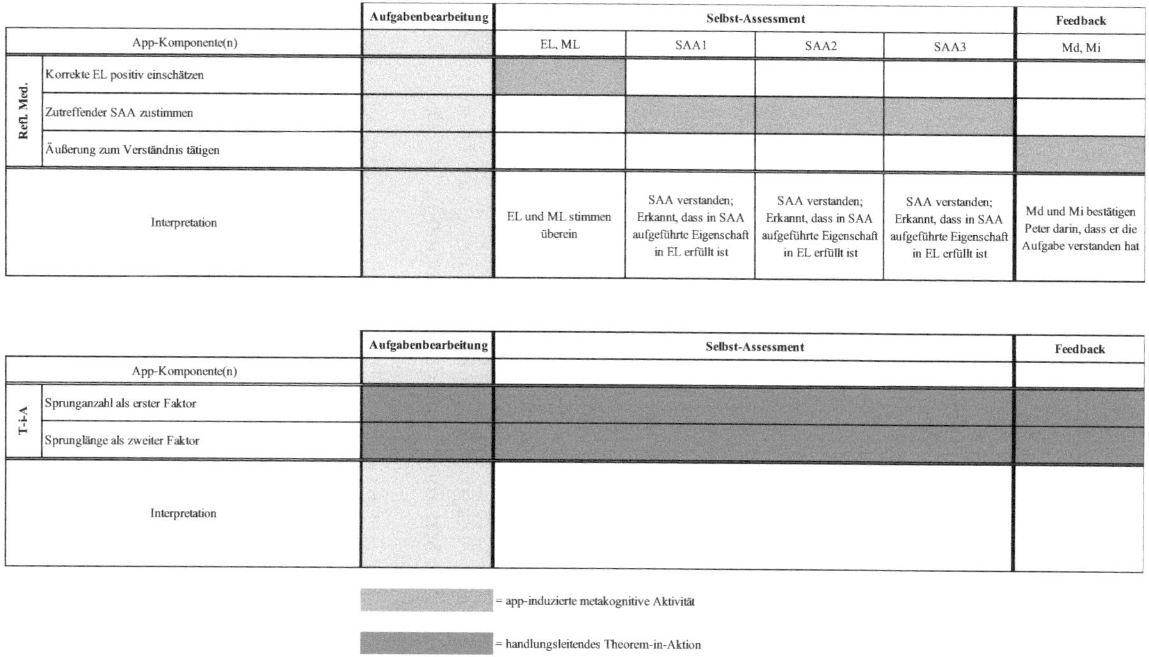

Abbildung 8.100 Überblick über die Mediationsprozesse in Aufgabe 1 im Fall „Paul“. (Quelle: Eigene Darstellung)

Aufgabe 2: Malaufgaben am Zahlenstrahl darstellen

Aufgabenbearbeitung
Nachdem sich Paul die Aufgabenstellung und die Hinweise zur Eingabe der Lösung durchgelesen hat, zeichnet er am Zahlenstrahl fünf Fünfer-Sprünge ein. Die Interviewerin bittet Paul, kurz zu erklären, wie er auf diese Zeichnung gekommen ist. Daraufhin antwortet er:

„Äh, weil da (zeigt auf die Aufgabenstellung) steht ja fünf mal vier und dann muss man – ah falsch. (---). Ich würde den nochmal wegmachen (versucht, den letzten Sprung zu löschen, indem er diesen von rechts nach links nachzeichnet). Hä?".

Die Interviewerin erklärt ihm, dass er zum Löschen des Sprunges auf den Button „Rückgängig" klicken müsse, was Paul dann auch tut (Abbildung 8.101). Anschließend führt er aus:

„Ähm, weil fünf (zeigt auf die Fünf in der Aufgabenstellung) mal vier. Deshalb macht man immer Fünfer-Bögen (zeigt auf die Sprünge, die er am Zahlenstrahl eingezeichnet hat) und zwar vier mal."

Bei seinem ersten Versuch, die Aufgabe zu lösen, zeichnet Paul fünf Fünfer-Sprünge ein. Durch die Aufforderung, seine Lösung zu erklären, fällt Paul auf, dass er einen Sprung zu viel eingezeichnet hat. Er löscht den letzten Sprung und beschreibt, dass man vier Fünfer-Sprünge einzeichnen müsse, da er erste Faktor gleich Fünf und der zweite Faktor gleich Vier ist. Im Gegensatz zur ersten Aufgabe, bei welcher Paul die Sprunganzahl für den ersten und die Sprunglänge für den zweiten Faktor einträgt, scheint er die Rolle der Faktoren in der zweiten Aufgabe in umgekehrter Weise zu betrachten. Da Paul hier den ersten Faktor zur Bestimmung der Sprunglänge heranzieht, wird das Theorem-in-Aktion *Erster Faktor als Sprunglänge* rekonstruiert:

<Wenn ich eine Malaufgabe auf dem Zahlenstrahl darstellen möchte, dann muss die ||Länge der Sprünge|| gleich dem ||ersten Faktor|| sein>.

Darüber hinaus wird das Theorem-in-Aktion *Zweiter Faktor als Sprunganzahl* als leitend für die Bearbeitung der zweiten Aufgabe angesehen:

<Wenn ich eine Malaufgabe auf dem Zahlenstrahl darstellen möchte, dann muss die ||Anzahl der Sprünge|| gleich dem ||zweiten Faktor|| sein>.

Wie auch schon in der Aufgabe zuvor geht Paul allerdings nicht auf das Ergebnis der Rechnung und dessen Entsprechung im Zahlenstrahl-Bild ein. Ein Theorem-in-Aktion zum Ergebnis wird daher auch an dieser Stelle nicht rekonstruiert.

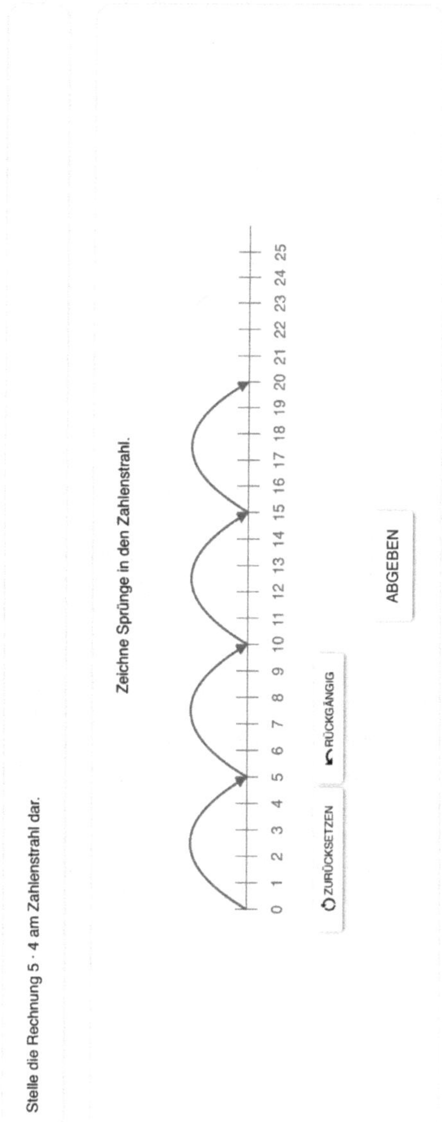

Abbildung 8.101 Paul, Aufgabe 2, Aufgabenbearbeitung

Theoreme-in-Aktion:

- *Erster Faktor als Sprunglänge*:
  <Wenn ich eine Malaufgabe auf dem Zahlenstrahl darstellen möchte, dann muss die ||Länge der Sprünge|| gleich dem ||ersten Faktor|| sein>
- *Zweiter Faktor als Sprunganzahl*:
  <Wenn ich eine Malaufgabe auf dem Zahlenstrahl darstellen möchte, dann muss die ||Anzahl der Sprünge|| gleich dem ||zweiten Faktor|| sein>

Selbst-Assessment

Reflexive Mediation:
Als Paul zur Selbst-Assessment-Ansicht weitergeleitet wird, wirft er zunächst einen Blick auf die Musterlösung und beantwortet dann die Selbst-Assessment-Aussagen:

„Meine Lösung (scrollt herunter zur Musterlösung). (---) Mögliche Musterlösung (3 s) (scrollt wieder nach oben). Ähm (---) ‚Die Anzahl der Sprünge der Sprünge ist gleich (.) einem Faktor (einer Zahl in der Malaufgabe)', ja (klickt bei der ersten Selbst-Assessment-Aussage auf ‚Ja'). (---) ‚Die Länge eines Sprunges ist gleich dem anderen Faktor', (.) ja (klickt bei der zweiten Selbst-Assessment-Aussage auf ‚Ja'). (---) ‚Die Gesamtlänge aller Sprünge ist gleich dem Ergebnis', ja (klickt bei der dritten Selbst-Assessment-Aussage auf ‚Ja'). ‚Ich habe die Aufgabe verstanden', ja (klickt bei der vierten Selbst-Assessment-Aussage auf ‚Ja')" (Abbildung 8.102).

Alle Selbst-Assessment-Aussagen beantwortet Paul nach dem Lesen dieser umgehend mit „Ja" und schätzt seine Lösung in Bezug auf die Aussagen somit korrekt ein (Selbst-Assessment-Aussage 1 – Zutreffender Selbst-Assessment-Aussage zustimmen; Selbst-Assessment-Aussage 2 – Zutreffender Selbst-Assessment-Aussage zustimmen; Selbst-Assessment-Aussage 3 – Zutreffender Selbst-Assessment-Aussage zustimmen). Dass er nicht lange nachdenken muss, um die passende Antwort auszuwählen, deutet darauf hin, dass er sich bezüglich seiner Selbst-Einschätzung sicher ist. Es ist wahrscheinlich, dass er die Aussagen versteht und sie in Beziehung zu seiner Lösung setzt. Diese Annahme wird auch mit Pauls positiver Beantwortung der letzten Selbst-Assessment-Aussage bestätigt, bei der er angibt, die Aufgabe seiner Meinung nach verstanden zu haben.

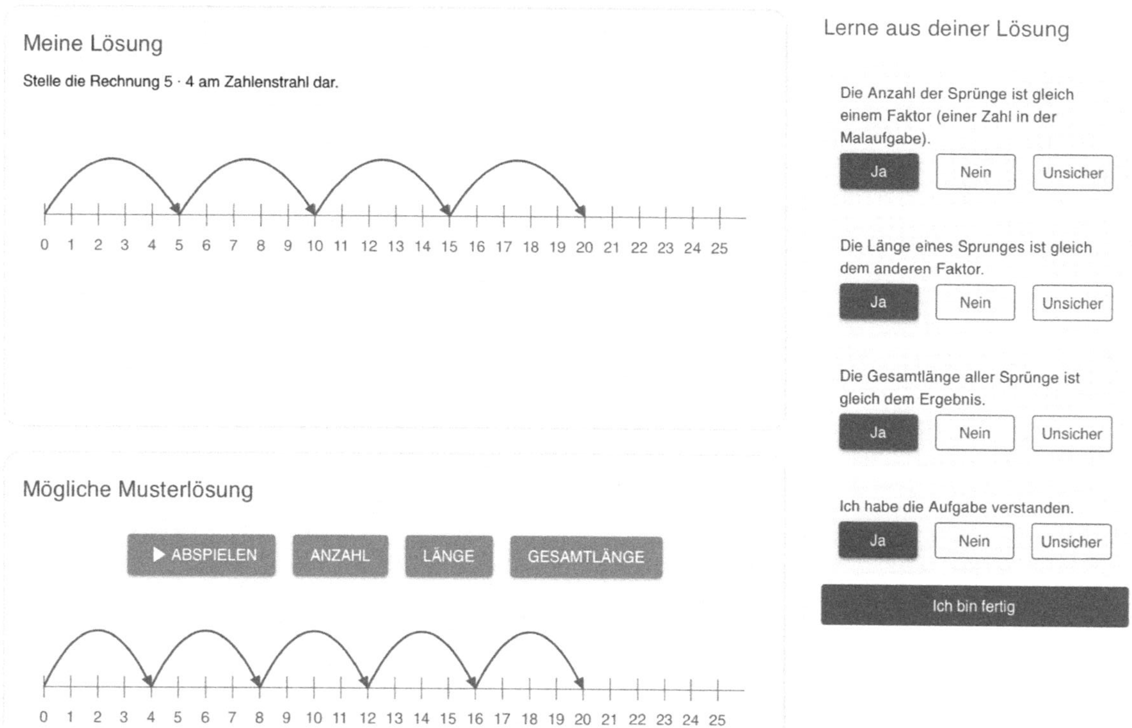

Abbildung 8.102 Paul, Aufgabe 2, Selbst-Assessment

Epistemische Mediation:

- Keine Mediationsprozesse feststellbar

Reflexive Mediation:

- Selbst-Assessment-Aussage 1 – Zutreffender Selbst-Assessment-Aussage zustimmen
- Selbst-Assessment-Aussage 2 – Zutreffender Selbst-Assessment-Aussage zustimmen
- Selbst-Assessment-Aussage 3 – Zutreffender Selbst-Assessment-Aussage zustimmen

Epistemisch-Reflexive Mediation:

- Keine Mediationsprozesse feststellbar

Feedback

Reflexive Mediation:
Indem Paul auf „Ich bin fertig" klickt schließt er die Beantwortung der Selbst-Assessment-Aussagen ab und ihm wird sein Feedback angezeigt (Abbildung 8.103). Er äußert unverzüglich, dass seine Lösung richtig sei (Feedback zur Aufgabe, Eigene Lösung – Korrekte eigene Lösung positiv einschätzen):

„*Ich bin fertig (klickt auf ‚Ich bin fertig') (---) und äh meine Lösung ist richtig.*"

Vermutlich gibt er hier zunächst die ihm durch das Feedback bereitgestellten Informationen wieder, ohne sich allerdings vertieft mit dem Feedback auseinanderzusetzen. Denn schon einen kurzen Augenblick später (2 s) widerruft Paul seine Aussage und äußert, dass seine Lösung nicht richtig sei:

„*Ne, ist nicht richtig. Hä, aber warum ist hier richtig? (5 s) (Scrollt etwas nach oben und nach unten). Das ist doch nicht gleich? (---) [I: Mhm]. Hier, also hier (zeigt in seiner Lösung auf den Endpunkt des vorletzten Sprunges) geht der Sprung bis Fünfzehn und hier (zeigt in der Musterlösung auf den Endpunkt des vorletzten Sprunges) geht er nur bis Sechszehn. Aber es ist trotzdem richtig.*"

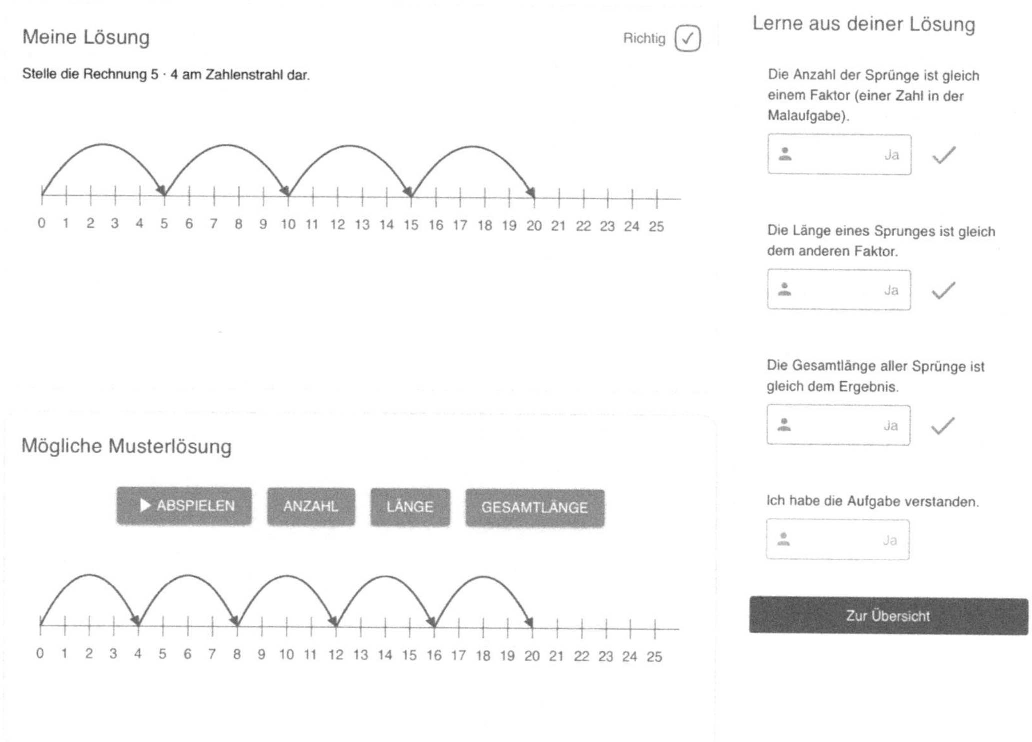

Abbildung 8.103 Paul, Aufgabe 2, Feedback

Vermutlich führt die Erkenntnis, dass seine Lösung nicht mit der Musterlösung übereinstimmt, dazu, dass Paul seine Lösung als „nicht richtig“ einschätzt (Eigene Lösung, Musterlösung – Korrekte eigene Lösung negativ einschätzen). Die Tatsache, dass seine Lösung und die Musterlösung verschieden sind scheint für Paul in Konflikt damit zu stehen, dass seine Lösung in der App als richtig bewertet wird. Seine Äußerungen legen nahe, dass dieser Konflikt Paul dazu veranlasst, seine Lösung zu reflektieren (Feedback zur Aufgabenlösung, Eigene Lösung, Musterlösung – Eigene Lösung reflektieren). Im Rahmen der Reflexion gibt er an, dass seine Lösung und die Musterlösung nicht übereinstimmen (Eigene Lösung, Musterlösung – Nicht-Übereinstimmung von eigener Lösung und Musterlösung feststellen). Er geht auf die Unterschiede zwischen den beiden Lösungen ein und fokussiert hierbei jeweils den Endpunkt des vorletzten Sprunges, der in seiner Lösung gleich Fünfzehn und in der Musterlösung gleich Sechszehn ist. Es bleibt offen, ob er die Endpunkte der vorletzten Sprünge als einzigen Unterschied zwischen den beiden Lösungen wahrnimmt oder ob ihm bewusst ist, dass die Rolle der Faktoren in der Musterlösung im Gegensatz zu seiner Lösung vertauscht ist. Sicher ist, dass Paul einen Unterschied zwischen den Lösungen wahrnimmt, was ihn in Bezug auf die Korrektheit seiner Lösung verunsichert. Er erweckt den Eindruck, als würde sich seine Unsicherheit hinsichtlich der Korrektheit seiner Lösung aufgrund der Abweichung von der Musterlösung bis zur Rückkehr zur Aufgabenübersicht, die kurz nach seiner obenstehenden Äußerung erfolgt, nicht auflösen.

Epistemische Mediation:

- Keine Mediationsprozesse feststellbar

Reflexive Mediation:

- Feedback zur Aufgabe, Eigene Lösung – Korrekte eigene Lösung positiv einschätzen
- Eigene Lösung, Musterlösung – Korrekte eigene Lösung negativ einschätzen
- Feedback zur Aufgabenlösung, Eigene Lösung, Musterlösung – Eigene Lösung reflektieren
- Eigene Lösung, Musterlösung – Nicht-Übereinstimmung von eigener Lösung und Musterlösung feststellen

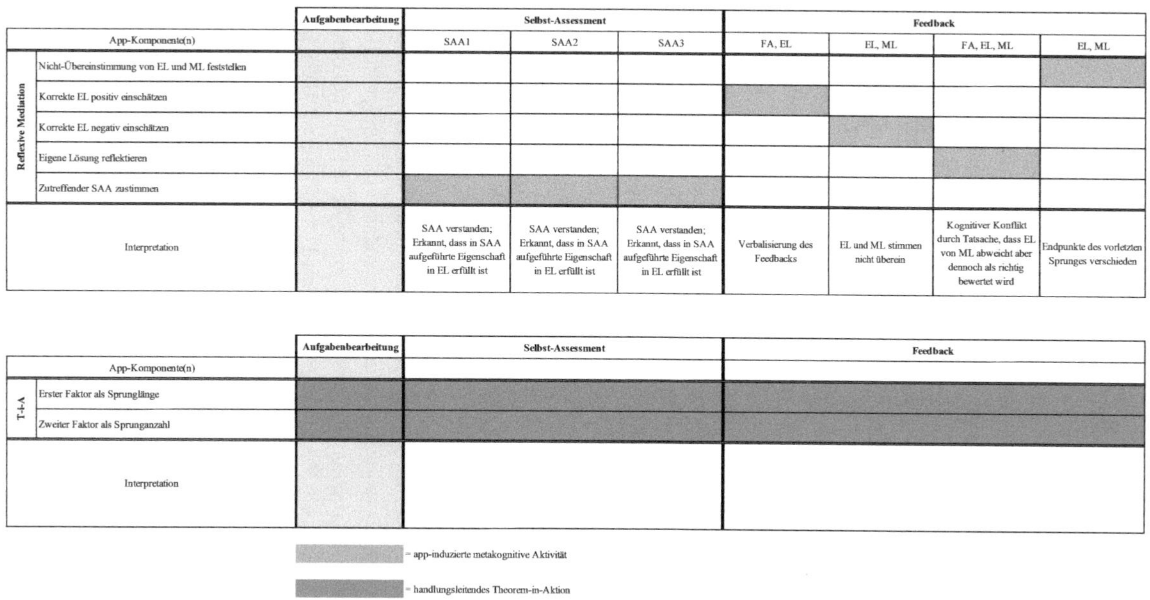

Abbildung 8.104 Überblick über die Mediationsprozesse in Aufgabe 2 im Fall „Paul“. (Quelle: Eigene Darstellung)

Epistemisch-Reflexive Mediation:

- Keine Mediationsprozesse feststellbar

Bei der Bearbeitung der Aufgabe, im Rahmen derer Paul den ersten Faktor durch die Länge und den zweiten Faktor durch die Anzahl der Sprünge darstellte, machte er bis auf einen kleinen Flüchtigkeitsfehler zu Beginn einen verständigen sowie sicheren Eindruck. Dass er beim Selbst-Assessment alle Aussagen, ohne zu zögern und passend zu seiner Lösung mit „Ja" beantwortete, lässt ebenfalls den Schluss zu, dass sich Paul bis zu diesem Zeitpunkt sicher im Umgang mit der Aufgabe fühlte. Dies änderte sich allerdings im letzten Prozessschritt der Aufgabe. Nachdem Paul aufgrund des Feedbacks, dass seine Lösung richtig ist, diese zunächst positiv einschätzte, kam kurz darauf Unsicherheit bezüglich der Korrektheit seiner Lösung auf, als er feststellte, dass seine Lösung nicht der Musterlösung entspricht. Die Rückmeldung, dass seine Lösung richtig ist, schien für ihn widersprüchlich zu der Tatsache zu sein, dass seine Lösung von der Musterlösung abweicht. Paul reflektierte seine Lösung daraufhin und bestimmte über die Endpunkte der vorletzten Sprünge den Unterschied zwischen seiner Lösung und der Musterlösung (Abbildung 8.104).

Aufgabe 3: Malaufgaben als Rechteckbild darstellen

Aufgabenbearbeitung

Die Bearbeitung der dritten Aufgabe beginnt Paul mit dem Lesen der Aufgabenstellung. Er denkt einen Moment nach (10 s), bevor er damit beginnt, die Rechnung fünf mal drei als Rechteckbild darzustellen. Beim Darstellen der Rechnung zeichnet er zunächst von unten nach oben fünf Punkte. Anschließend zeichnet er rechts von dem obersten Punkt zwei weitere Punkte ein, sodass eine Dreier-Zeile entsteht. Beginnend unterhalb des rechten Punktes dieser Dreier-Zeile füllt Paul dann spaltenweise Punkte auf, sodass ein Rechteck gebildet wird (Abbildung 8.105). Er schließt die Aufgabenbearbeitung damit ab, dass er oberhalb seines gezeichneten Rechtecks einen weiteren Punkt einfügt, unmittelbar danach wieder löscht und folgendes feststellt:

„*Ok, ich kann keine Punkte machen (---) äh also keine Schrift.*"

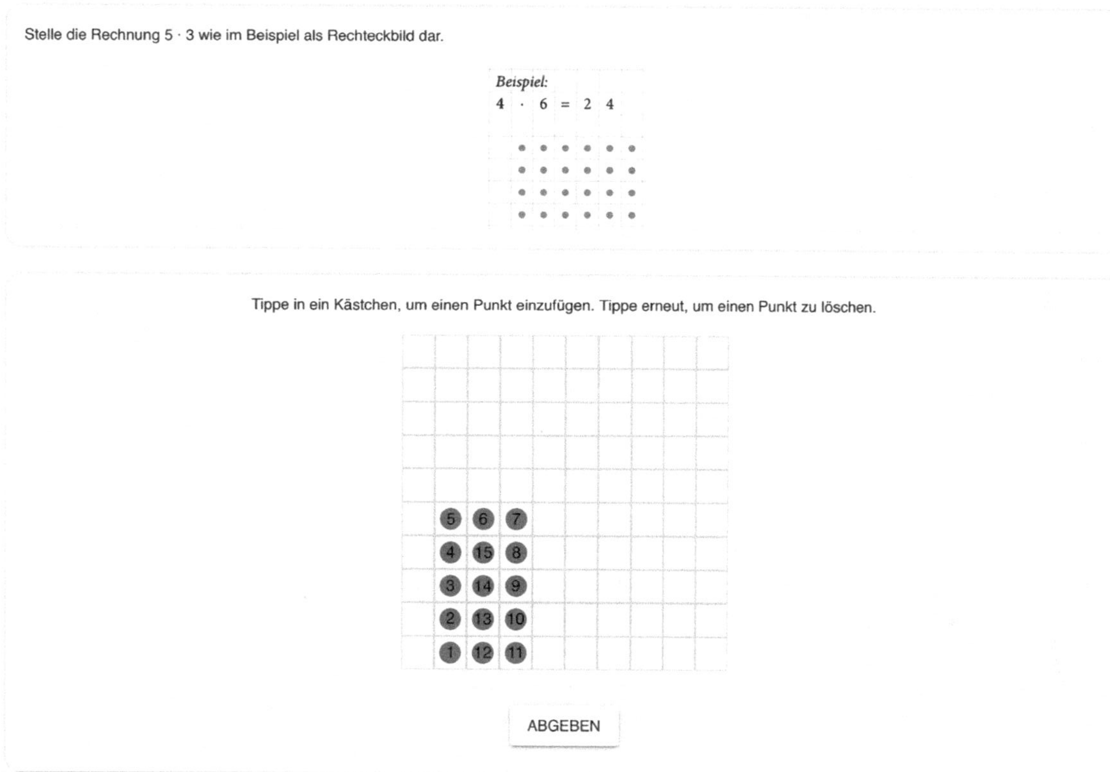

Abbildung 8.105 Paul, Aufgabe 3, Aufgabenbearbeitung – Nummerierung im Rechteckbild nachträglich eingefügt

Beim Lösen der Aufgabe geht Paul so vor, dass er zunächst eine Fünfer-Spalte zeichnet. Nachdem er ausgehend vom oberen Punkt dieser Spalte zwei weitere Punkte ergänzt hat, füllt er die Punkte spaltenweise auf. Sein Vorgehen deutet darauf hin, dass er sich beim Erstellen seiner Lösung am Beispiel unterhalb der Aufgabenstellung orientiert und den zweiten Faktor als Anzahl der Spalten eines Rechtecks sowie den ersten Faktor als Anzahl der Punkte in jeder Spalte betrachtet. Die Frage, inwiefern das Ergebnis der Rechnung beim Erstellen der Lösung Berücksichtigung findet, kann auf Grundlage von Pauls Handlungen nicht beantwortet werden. Da er sein Vorgehen bis auf die oben genannte Äußerung auch nicht weiter kommentiert, wird davon ausgegangen, dass Pauls Fokus einzig auf den beiden Faktoren liegt. Im Theorem-in-Aktion *Erster Faktor als Anzahl der Punkte pro Spalte eines Rechtecks* wird die Annahme formuliert, dass der erste Faktor im Rechteckbild über die Anzahl der Punkte pro Spalte dargestellt werden muss. Diese Annahme wird als handlungsleitend für die Aufgabe erachtet:

<Wenn ich eine Malaufgabe als Rechteckbild darstellen möchte, dann muss ich ein ||Rechteck|| zeichnen, bei dem die ||Anzahl der Punkte pro Spalte|| gleich dem ||ersten Faktor|| ist>.

Daneben wird das Theorem-in-Aktion *Zweiter Faktor als Anzahl der Spalten eines Rechtecks* als zweites, handlungsleitendes Theorem angenommen:

<Wenn ich eine Malaufgabe als Rechteckbild darstellen möchte, dann muss ich ein ||Rechteck|| zeichnen, bei dem die ||Anzahl der Spalten|| gleich dem ||zweiten Faktor|| ist>.

Am Ende des Bearbeitungsprozesses scheint Paul noch den Versuch zu unternehmen, oberhalb seines Rechteckbildes die zugehörige Rechnung zu notieren, so wie es auch in dem Beispiel gemacht wurde. Er stellt schnell fest, dass nur Punkte, jedoch keine Ziffern mithilfe der Eingabemaske eingefügt werden können.

Theoreme-in-Aktion:

- *Erster Faktor als Anzahl der Punkte pro Spalte eines Rechtecks*:
  <Wenn ich eine Malaufgabe als Rechteckbild darstellen möchte, dann muss ich ein ||Rechteck|| zeichnen, bei dem die ||Anzahl der Punkte pro Spalte|| gleich dem ||ersten Faktor|| ist>
- *Zweiter Faktor als Anzahl der Spalten eines Rechtecks*:
  <Wenn ich eine Malaufgabe als Rechteckbild darstellen möchte, dann muss ich ein ||Rechteck|| zeichnen, bei dem die ||Anzahl der Spalten|| gleich dem ||zweiten Faktor|| ist>

Selbst-Assessment

Reflexive Mediation:
Unmittelbar nach Abgabe seiner Lösung scrollt Paul in der Selbst-Assessment-Ansicht nach unten, sodass er die Musterlösung vollständig sehen kann. Er schaut sich die Musterlösung, in der ein Rechteckbild mit fünf Dreier-Spalten dargestellt ist, einen Augenblick an (4 s). Dann klickt er auf den Drehen-Button, sodass das Rechteckbild in der Musterlösung in ein Rechteckbild mit drei Fünfer-Spalten überführt wird. Indem Paul sagt:

„*Ja, gleich.*"

stellt er fest, dass seine Lösung und die Musterlösung nach dem Drehen übereinstimmen (Drehen-Button in der Musterlösung, Eigene Lösung – Übereinstimmung von eigener Lösung und Musterlösung feststellen). Im weiteren Verlauf beantwortet er die Selbst-Assessment-Aussagen. Ohne lange über die einzelnen Aussagen nachzudenken, entscheidet er sich passend zu seiner Lösung in allen Fällen für die Antwort „Ja" (Selbst-Assessment-Aussage 1 – Zutreffender Selbst-Assessment-Aussage zustimmen; Selbst-Assessment-Aussage 2 – Zutreffender Selbst-Assessment-Aussage zustimmen; Abbildung 8.106). Die kurze Bedenkzeit beim Auswählen der Antworten lassen vermuten, dass Paul die Selbst-Assessment-Aussagen verstanden hat. Zudem schien es ihm möglich zu sein, die Aussagen auf seine Lösung zu beziehen und somit entsprechend seiner Lösung zu beantworten.

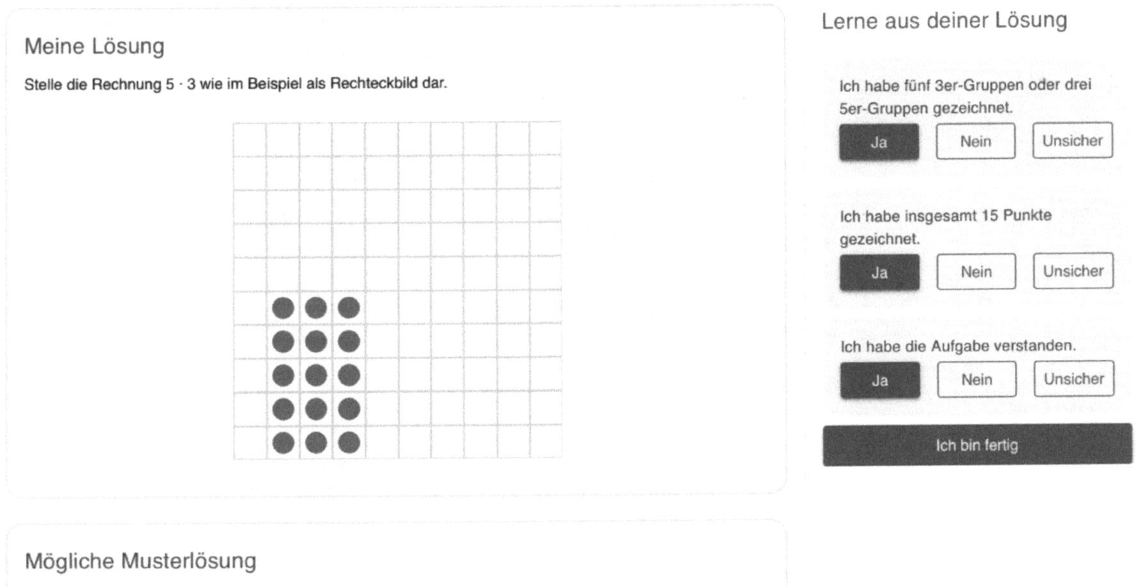

Abbildung 8.106 Paul, Aufgabe 3, Selbst-Assessment

Epistemische Mediation:

- Keine Mediationsprozesse feststellbar

Reflexive Mediation:

- Selbst-Assessment-Aussage 1 – Zutreffender Selbst-Assessment-Aussage zustimmen
- Selbst-Assessment-Aussage 2 – Zutreffender Selbst-Assessment-Aussage zustimmen

Epistemisch-Reflexive Mediation:

- Keine Mediationsprozesse feststellbar

Feedback
Als Paul nach Abschluss seines Selbst-Assessments das Feedback angezeigt bekommt (Abbildung 8.107), scrollt er ein paar Mal kurz hoch und runter. Dann klickt er in der Musterlösung auf den Drehen-Button, sodass seine Lösung und die Musterlösung übereinstimmen. Ohne auf die Musterlösung oder das Feedback einzugehen, schließt er die dritte Aufgabe ab und kehrt zur Übersicht zurück. Pauls Handlungen deuten weder darauf hin, dass sein Verständnis der Aufgabe durch die App beeinflusst wird, noch lassen sich metakognitive Aktivitäten in Bezug auf die App ausmachen.

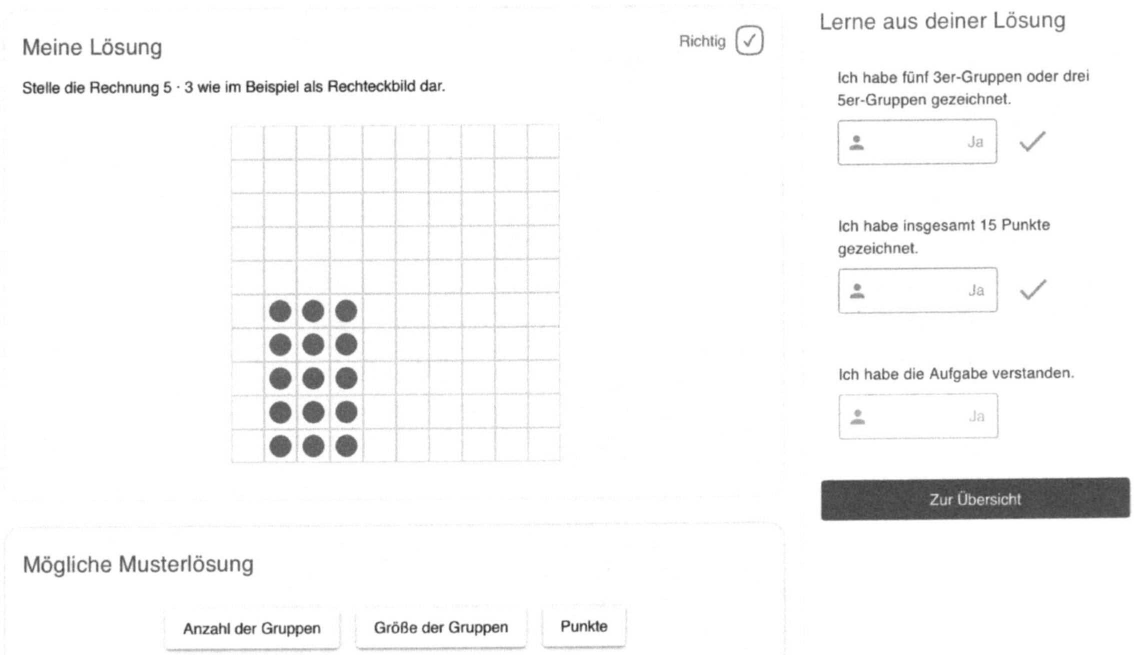

Abbildung 8.107 Paul, Aufgabe 3, Feedback

Epistemische Mediation:

- Keine Mediationsprozesse feststellbar

Reflexive Mediation:

- Keine Mediationsprozesse feststellbar

Epistemisch-Reflexive Mediation:

- Keine Mediationsprozesse feststellbar

Im Zuge der Aufgabenbearbeitung wurden die beiden Theoreme-in-Aktion *Erster Faktor als Anzahl der Punkte pro Spalte eines Rechtecks* sowie *Zweiter Faktor als Anzahl der Spalten eines Rechtecks* rekonstruiert. Diese Theoreme-in-Aktion wurden von der App-Nutzung nicht beeinflusst und blieben über die gesamte Aufgabe hinweg stabil. Metakognitive Aktivitäten in Bezug auf App traten nur in sehr geringem Umfang auf. So stellte Paul nach Betätigung des Drehen-Buttons in der Musterlösung fest, dass seine Lösung und die Musterlösung gleich sind. Dann schätzte er seine Lösung in Bezug auf die Selbst-Assessment-Aussagen korrekt ein. Auf das Feedback am Ende der Aufgabe ging Paul nicht ein (Abbildung 8.108).

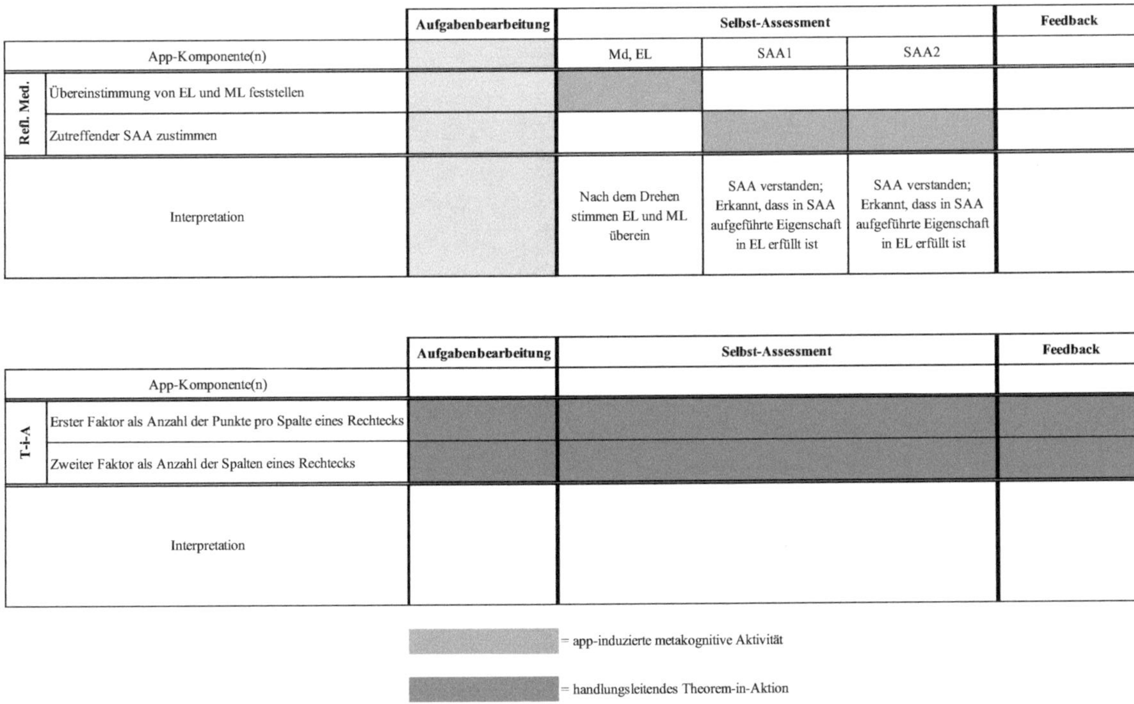

Abbildung 8.108 Überblick über die Mediationsprozesse in Aufgabe 3 im Fall „Paul“. (Quelle: Eigene Darstellung)

Aufgabe 4: Rechteckbilder verändern

Aufgabenbearbeitung
Nach dem Öffnen der vierten Aufgabe liest sich Paul zuerst die Aufgabenstellung durch. Anschließend versucht er, den Malwinkel um eine Zeile nach unten zu verschieben. Aufgrund von Schwierigkeiten im Umgang mit der Eingabemaske gelingt ihm dies nicht unmittelbar. Erst mit Unterstützung der Interviewerin schafft er es, den Malwinkel wie gewünscht zu bewegen. Dann stellt er fest:

„*Es sind neun Punkte mehr geworden.*“

Während Paul diese Aussage tätigt, trägt er in das erste Feld des Antwortsatzes eine Neun ein und wählt beim zweiten Feld „mehr“ aus (Abbildung 8.109), bevor er auf „Abgeben“ klickt.

Auch wenn es Paul im ersten Anlauf nicht gelingt, den Malwinkel zu verschieben, lässt sich an seiner Handlung eindeutig erkennen, dass er das Ziel hat, den Malwinkel um eine Zeile nach unten zu verschieben. Daraus lässt sich folgern, dass er die Erhöhung des ersten Faktors von Zwei auf Drei mit einer Erhöhung der Zeilenanzahl um Eins in Verbindung bringt. Die zugrundeliegende Annahme wird im Theorem-in-Aktion *Erhöhung des ersten Faktors als Erhöhung der Zeilenanzahl* formuliert: <Wenn ich eine Malaufgabe im Rechteckbild verändern möchte, dann muss ich den Malwinkel so verschieben, dass sich bei einer ||Erhöhung des ersten Faktors um eins|| die ||Anzahl der Zeilen um eins erhöht||>.

Paul gelingt es aber nicht nur, die Veränderung zwischen den Malaufgaben zwei mal neun und drei mal neun korrekt im Rechteckbild darzustellen. Er schafft es auch, die Veränderung im Antwortsatz explizit anzugeben, indem er einträgt, dass es neun Punkte mehr geworden sind.

Theorem-in-Aktion:

- *Erhöhung des ersten Faktors als Erhöhung der Zeilenanzahl*:
  <Wenn ich eine Malaufgabe im Rechteckbild verändern möchte, dann muss ich den Malwinkel so verschieben, dass sich bei einer ||Erhöhung des ersten Faktors um eins|| die ||Anzahl der Zeilen um eins erhöht||>

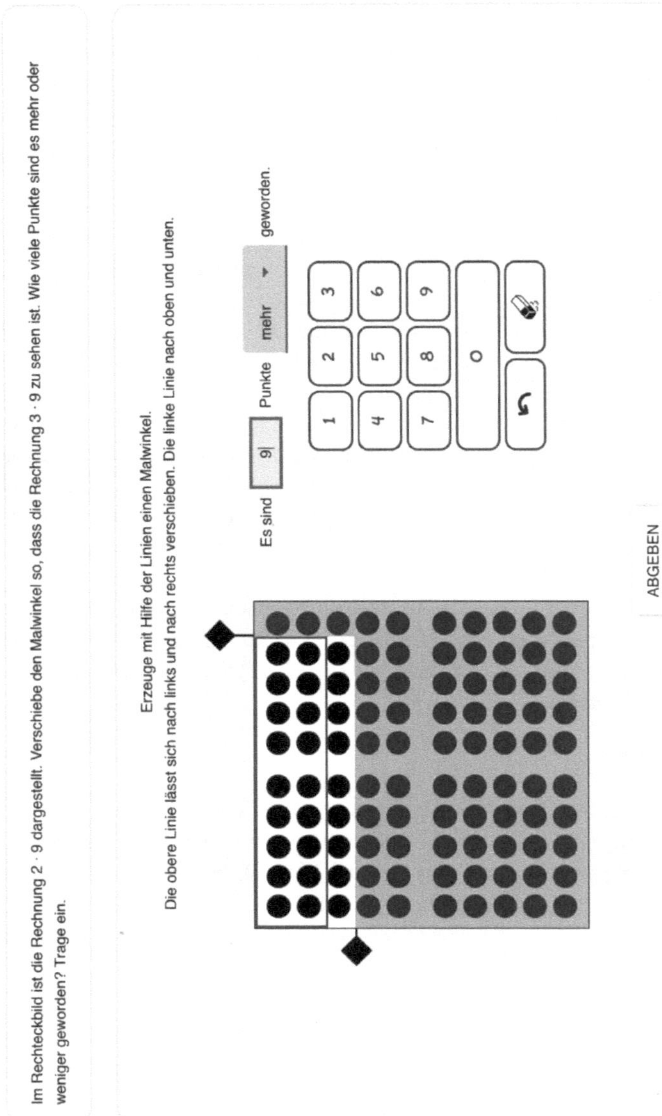

Abbildung 8.109 Paul, Aufgabe 4, Aufgabenbearbeitung

Selbst-Assessment

Reflexive Mediation:
Nach der Abgabe seiner Lösung scrollt Paul, wie bereits bei den vorangegangenen Aufgaben, direkt hinunter zur Musterlösung. Er lässt sich die beiden Lösungsmöglichkeiten allerdings nicht durch Klick auf „1. Lösung" oder „2. Lösung" anzeigen, sondern scrollt wieder nach oben, um die Selbst-Assessment-Aussagen zu beantworten. Er wirft einen kurzen Blick auf die Aussagen (2 s) und wählt dann direkt hintereinander für jede Aussage die Antwort „Ja" aus (Selbst-Assessment-Aussage 1 – Zutreffender Selbst-Assessment-Aussage zustimmen; Selbst-Assessment-Aussage 2 – Zutreffender Selbst-Assessment-Aussage zustimmen; Abbildung 8.110). Zwar sind alle in den Aussagen genannten Eigenschaften in Pauls Lösung erfüllt und er hat die Aussagen somit korrekt beantwortet. Aufgrund der Schnelligkeit, mit der Paul seine Auswahl trifft, erscheint es jedoch unwahrscheinlich, dass er sich in dieser kurzen Zeit mit den Aussagen inhaltlich auseinandergesetzt und diese in Zusammenhang mit seiner Lösung gebracht hat. Es lässt sich eher vermuten, dass sich Paul nach den ersten drei Aufgaben nun bewusst darüber ist, dass bei einer mathematisch korrekten Lösung die Antwort auf die Selbst-Assessment-Aussagen immer „Ja" sein muss. Da Paul vermutlich davon ausgeht, bei der vierten Aufgabe eine richtige Lösung generiert zu haben, beantwortet er daher alles Aussagen positiv, ohne weiter über diese nachzudenken. Diese Erklärung erscheint insbesondere vor dem Hintergrund plausibel, dass sowohl seine Lösungen als auch seine Antworten auf die Selbst-Assessment-Aussagen bislang immer richtig gewesen sind. Inwiefern die Erklärung aber tatsächlich Pauls Beweggründen für die schnelle Zustimmung zu den Aussagen entspricht, lässt sich aufgrund fehlender Erläuterungen seinerseits nicht mit Sicherheit feststellen.

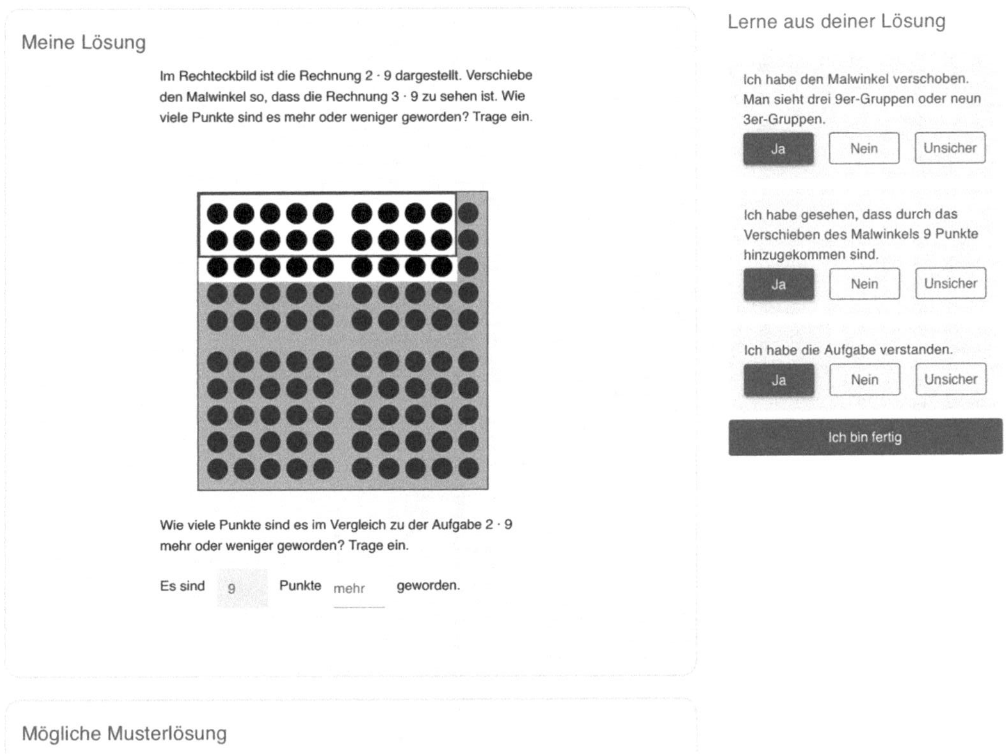

Abbildung 8.110 Paul, Aufgabe 4, Selbst-Assessment

Nachdem Paul allen Aussagen zugestimmt hat, liest er den ersten Teil der Aufgabenstellung laut vor und scrollt dann noch einmal hinunter zur Musterlösung. In Bezug auf die Musterlösung merkt er an, dass dort gar keine Lösung stehen würde. Die Interviewerin macht ihn darauf aufmerksam, dass er auf die Buttons klicken müsse, was Paul daraufhin auch macht:

„(Klickt auf ‚1. Lösung'). Ja, so habe ich es. (Klickt auf ‚2. Lösung'). (2 s) So habe ich es nicht. Äh und wo steht der Satz? Achso. ‚Es sind neun Punkte mehr geworden'. Ja, das habe ich ja."

Erst durch den Hinweis der Interviewerin realisiert Paul, dass er aktiv die Lösungsmöglichkeiten auswählen muss, damit ihm diese in der Musterlösung eingeblendet werden. Als er sich dann die erste Lösung anzeigen lässt, kommt er zu dem Schluss, dass der Malwinkel hier genau wie in seiner Lösung verschoben wurde (Musterlösung, Eigene Lösung – Übereinstimmung von eigener Lösung und Musterlösung feststellen). Bei der zweiten Lösung, die ihm nach Klick auf den entsprechenden Button angezeigt wird, stellt Paul in Bezug auf den Malwinkel eine Abweichung zu seiner Lösung fest und sagt aus, dass er es in seiner Lösung nicht so gemacht habe, wie in der Musterlösung. (Musterlösung, Eigene Lösung – Nicht-Übereinstimmung von eigener Lösung und Musterlösung feststellen). Schließlich scheint Paul überprüfen zu wollen, ob er den Antwortsatz in Übereinstimmung mit der Musterlösung vervollständigt hat. Offenbar ist für ihn aber nicht auf den ersten Blick ersichtlich, wo der Antwortsatz in der Musterlösung zu finden ist. Paul fragt nach, wo denn der Satz stehen würde, entdeckt diesen aber gleich danach selbstständig in der Musterlösung. Er erkennt, dass sein Antwortsatz dem Antwortsatz in der Musterlösung gleicht (Musterlösung, Eigene Lösung – Übereinstimmung von eigener Lösung und Musterlösung feststellen) und schließt mit dieser Erkenntnis die Beantwortung der Selbst-Assessment-Aussagen ab.

Epistemische Mediation:

- Keine Mediationsprozesse feststellbar

Reflexive Mediation:

- Selbst-Assessment-Aussage 1 – Zutreffender Selbst-Assessment-Aussage zustimmen
- Selbst-Assessment-Aussage 2 – Zutreffender Selbst-Assessment-Aussage zustimmen
- Musterlösung, Eigene Lösung – Übereinstimmung von eigener Lösung und Musterlösung feststellen

- Musterlösung, Eigene Lösung – Nicht-Übereinstimmung von eigener Lösung und Musterlösung feststellen
- Musterlösung, Eigene Lösung – Übereinstimmung von eigener Lösung und Musterlösung feststellen

Epistemisch-Reflexive Mediation:

- Keine Mediationsprozesse feststellbar

Feedback
Wie bereits in der Aufgabe zuvor lässt sich auch im letzten Prozessschritt der vierten Aufgabe weder eine Beeinflussung des Verständnisses noch eine Anregung von metakognitiven Aktivitäten durch die App-Nutzung ausmachen. Als Paul die Rückmeldung zur Richtigkeit seiner Lösung sowie seines Selbst-Assessments erhält (Abbildung 8.111) kommentiert er diese lediglich mit „Ja“ und scrollt kurz hinunter zur Musterlösung, ohne sich die Lösungsmöglichkeiten anzeigen zu lassen. Zum Schluss navigiert er wieder nach oben, um die vierte Aufgabe abzuschließen.

Epistemische Mediation:

- Keine Mediationsprozesse feststellbar

Reflexive Mediation:

- Keine Mediationsprozesse feststellbar

Epistemisch-Reflexive Mediation:

- Keine Mediationsprozesse feststellbar

Indem Paul beim Bearbeiten der Aufgabe den Malwinkel um eine Zeile nach unten verschoben hat, zeigte er, dass er die symbolische Veränderung zwischen den Malaufgaben adäquat mit dem Malwinkel im Rechteckbild darstellen kann. Auf Grundlage seiner Handlung wurde das Theorem-in-Aktion *Erhöhung des ersten Faktors als Erhöhung der Zeilenanzahl* rekonstruiert, welches sich im weiteren Verlauf der Aufgabe stabil zeigte. Beim Beantworten der Selbst-Assessment-Aussagen wählte Paul dann für alle drei Aussagen entsprechend seiner Lösung die Antwort „Ja“ aus, nahm sich hierbei jedoch wenig bis keine Zeit, um sich die Aussagen

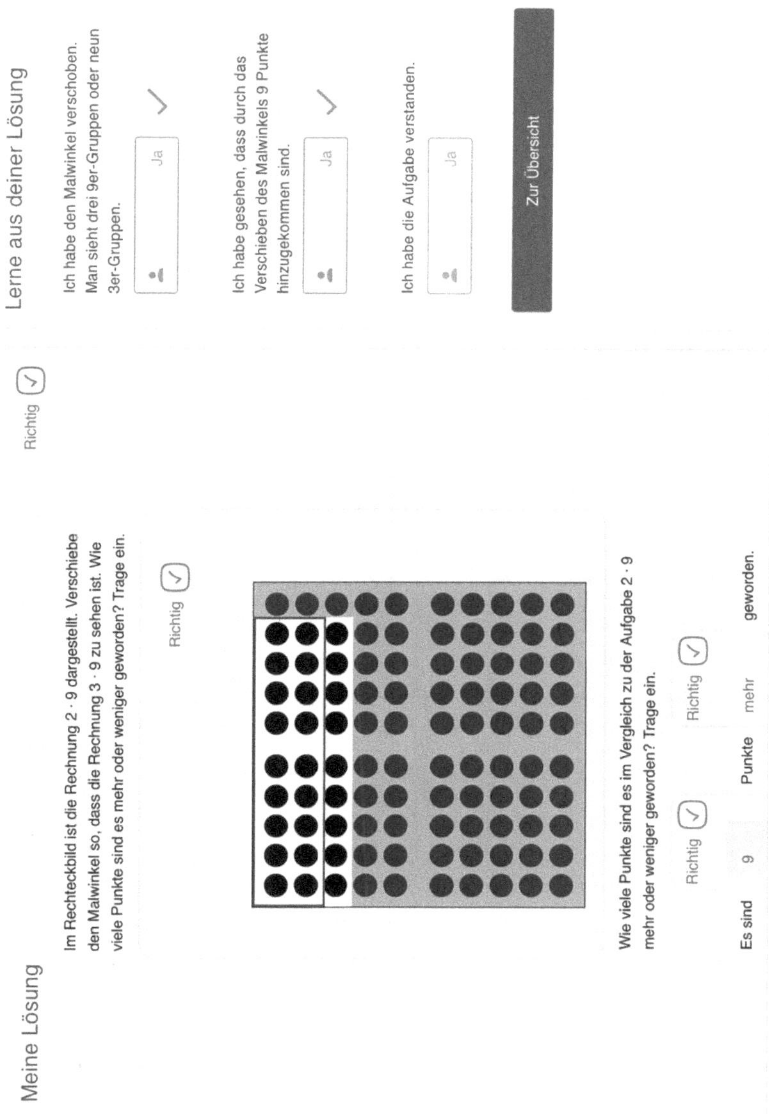

Abbildung 8.111 Paul, Aufgabe 4, Feedback

		Aufgabenbearbeitung	Selbst-Assessment					Feedback
App-Komponente(n)			SAA1	SAA2	ML, EL	ML, EL	ML, EL	
Refl. Med.	Übereinstimmung von EL und ML feststellen							
	Nicht-Übereinstimmung von EL und ML feststellen							
	Zutreffender SAA zustimmen							
Interpretation			?	?	EL stimmt mit erster Lösungsmöglichkeit in ML überein (Malwinkel)	EL stimmt mit zweiter Lösungsmöglichkeit in ML nicht überein (Malwinkel)	Antwortsatz in ML ist derselbe wie in EL	

		Aufgabenbearbeitung	Selbst-Assessment	Feedback
App-Komponente(n)				
T-i-A	Erhöhung des ersten Faktors als Erhöhung der Zeilenanzahl			
Interpretation				

= app-induzierte metakognitive Aktivität

= handlungsleitendes Theorem-in-Aktion

Abbildung 8.112 Überblick über die Mediationsprozesse in Aufgabe 4 im Fall „Paul“. (Quelle: Eigene Darstellung)

durchzulesen oder über diese nachzudenken. Aufgrund dessen wurde die Vermutung aufgestellt, dass Paul aus dem Grund allen Selbst-Assessment-Aussagen zustimmte, weil er von der Richtigkeit seiner Lösung ausging und wusste, dass bei einer richtigen Lösung die Selbst-Assessment-Aussagen immer mit „Ja“ beantwortet werden müssen. Nachdem Paul dann dem Hinweis der Interviewerin gefolgt war und auf die Buttons in der Musterlösung klickte, um sich die Lösungsmöglichkeiten anzeigen zu lassen, stellte er fest, dass seine Lösung mit der ersten Möglichkeit übereinstimmte und auch der Antwortsatz in beiden Lösungen gleich ist. Bei der zweiten Lösungsmöglichkeit gab er hingegen an, dass sich seine Lösung von dieser unterscheidet (Abbildung 8.112).

8.8 Fall „Klara“

Aufgabe 1: Malaufgaben am Zahlenstrahl erkennen

Aufgabenbearbeitung

Nachdem sich Klara die Aufgabenstellung durchgelesen hat, scheint sie einige Zeit über diese nachzudenken (55 s). Dann trägt sie eine Rechnung ein:

„Ähm ich (mach?) – ich weiß jetzt nicht ganz (trägt für den ersten Faktor eine Neun ein), was ich hier machen soll, deswegen (trägt für den zweiten Faktor eine Zwei ein) mache ich einfach das hier (trägt für das Ergebnis eine Achtzehn ein)“ (Abbildung 8.113).

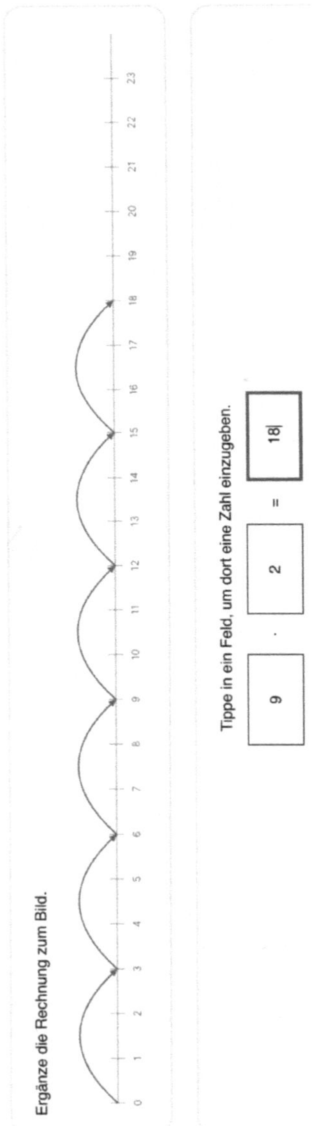

Abbildung 8.113 Klara, Aufgabe 1, Aufgabenbearbeitung

Die lange Zeit, die zwischen dem Lesen der Aufgabenstellung und dem Eintragen der Rechnung liegt, deutet darauf hin, dass Klara Schwierigkeiten mit der Aufgabe hat. So sagt sie selbst aus, dass sie nicht genau wisse, was bei der Aufgabe gemacht werden solle, bevor sie schlussendlich die Rechnung $9 \cdot 2 = 18$ einträgt.

Dass Klara eine Rechnung einträgt, deren Ergebnis gleich achtzehn ist, deutet darauf hin, dass sie sich beim Erstellen ihrer Lösung an dem Endpunkt des letzten Sprunges orientiert. Vermutlich geht sie davon aus, dass eine Rechnung eingetragen werden muss, deren Ergebnis gleich dem Endpunkt des letzten Sprunges ist und hat aus diesem Grund neun mal zwei gleich achtzehn eingetragen. Für die erste Aufgabe wird somit das Theorem-in-Aktion *Endpunkt des letzten Sprunges als Ergebnis* rekonstruiert:

<Wenn ich eine Malaufgabe am Zahlenstrahl erkennen möchte, dann muss das ||Ergebnis|| der Rechnung gleich dem ||Endpunkt des letzten Sprunges|| sein>.

Die Anzahl sowie die Länge der Sprünge am Zahlenstrahl berücksichtigt Klara in ihrer Lösung nicht. So trägt sie für die beiden Faktoren zwei Zahlen ein, die zwar multipliziert miteinander achtzehn ergeben, die jedoch nicht der Sprunganzahl oder Sprunglänge entsprechen. Zwischen den Faktoren und dem Bild stellt sie somit keine Beziehung her.

Theorem-in-Aktion

- *Endpunkt des letzten Sprunges als Ergebnis*:
  <Wenn ich eine Malaufgabe am Zahlenstrahl erkennen möchte, dann muss das ||Ergebnis|| der Rechnung gleich dem ||Endpunkt des letzten Sprunges|| sein>

Selbst-Assessment

Reflexive Mediation:
Nach Abgabe ihrer Lösung scrollt Klara in der Selbst-Assessment-Ansicht nach unten, schaut sich die Musterlösung an und schätzt ihre Lösung in Bezug auf diese positiv ein (Eigene Lösung, Musterlösung – Fehlerhafte eigene Lösung positiv einschätzen), indem sie sagt:

„Ok, ich habe es fast richtig."

Es lässt sich vermuten, dass die Gleichheit der Ergebnisse in Klaras Lösung und in der Musterlösung zu dieser Einschätzung führt, Klara ihre Lösung aber nur als „fast richtig" bewertet, weil die Faktoren in der Musterlösung nicht den Faktoren in ihrer Lösung entsprechen. Nach der Einschätzung ihrer Lösung als „fast richtig" setzt sich Klara mit den Selbst-Assessment-Aussagen auseinander. Sie liest sich die erste Selbst-Assessment-Aussage durch und beantwortet sie mit „Ja" (Abbildung 8.114). Während sie ihre Antwort auswählt, sagt sie:

Abbildung 8.114 Klara, Aufgabe 1, Selbst-Assessment

„Ja, denke ich schon.“

Da keiner der beiden Faktoren in Klaras Lösung gleich der Anzahl der Sprünge ist, stimmt sie an dieser Stelle einer Selbst-Assessment-Aussage zu, die auf ihre Lösung nicht zutrifft (Selbst-Assessment-Aussage 1 – Nicht zutreffender Selbst-Assessment-Aussage zustimmen). Die Ursache dafür, dass Klara ihre Lösung in Bezug auf die erste Aussage falsch einschätzt, bleibt unklar. Es wäre denkbar, dass sie die Aussage missverstanden hat und ihre Lösung folglich auf eine Eigenschaft hin überprüft, die in der Aussage nicht gefragt ist. Auch wäre es möglich, dass Klara die Aussage zwar verstanden hat, sie aber nicht in Beziehung zu ihrer Lösung setzen kann und aufgrund dessen eine falsche Antwort auswählt.

Bei der zweiten Selbst-Assessment-Aussage, in der danach gefragt ist, ob ein Faktor anzeige, wie lang jeder Sprung ist, wählt Klara die Antwort „Unsicher“ aus und begründet ihre Einschätzung bezugnehmend auf ihre Lösung folgendermaßen (Selbst-Assessment-Aussage 2, Eigene Lösung – Unsicherheit bzgl. der Selbst-Assessment-Aussage feststellen):

„Hm ne, ich glaube nicht, weil ich da zwei hingeschrieben habe.“

Anscheinend geht Klara davon aus, dass die zweite Selbst-Assessment-Aussage in ihrer Lösung nicht erfüllt ist. Sie begründet ihre Einschätzung damit, dass sie in ihrer Lösung für den zweiten Faktor eine Zwei notiert hat. Offenbar ist sie sich bezüglich ihrer Einschätzung aber nicht ganz sicher und entscheidet sich daher anstatt für die Antwort „Nein“ für die Antwort „Unsicher“. Da Klara in ihrer kurzen Begründung nur auf ihre Rechnung eingeht, aber keinen expliziten Bezug zu den Sprüngen am Zahlenstrahl herstellt, bleibt ungewiss, ob sie für die Beantwortung der Aussage tatsächlich eine Verbindung zwischen ihrer Rechnung und dem Bild hergestellt hat. So wäre es einerseits denkbar, dass sie den Term und das Bild in Beziehung gesetzt und festgestellt hat, dass die Länge der Sprünge gleich Drei ist und damit nicht dem zweiten Faktor in ihrer Rechnung entspricht. Andererseits macht Klara die Verbindung zwischen Term und Bild nicht explizit und die Tatsache, dass sie durch Auswahl der entsprechenden Antwort ihre Unsicherheit zu bekennen gibt, deutet auf Schwierigkeiten bei der Interpretation der Selbst-Assessment-Aussage beziehungsweise bei der Herstellung eines Zusammenhangs zwischen dieser und ihrer eigenen Lösung hin.

Nach der Beantwortung der zweiten Aussage liest sich Klara die dritte Selbst-Assessment-Aussage durch und wählt die Antwort „Ja“ aus. Ihre Antwort begründet sie wie folgt:

„‚Ja‘, glaube ich schon. Ich habe ja da achtzehn raus und da (scrollt kurz nach unten, sodass man die Musterlösung vollständig sehen kann) auch.“

Der dritten Aussage stimmt Klara bezugnehmend auf ihre Lösung und die Musterlösung zutreffenderweise zu (Selbst-Assessment-Aussage 3, Eigene Lösung, Musterlösung – Zutreffender Selbst-Assessment-Aussage zustimmen), denn das

Ergebnis ihrer Rechnung, achtzehn, entspricht in der Tat der Gesamtlänge aller Sprünge. Die Entsprechung zwischen dem Ergebnis der Rechnung und der Gesamtlänge aller Sprünge am Zahlenstrahl scheint jedoch weniger der Anlass für die positive Beantwortung der dritten Aussage zu sein. Vielmehr fokussiert sich Klara auf die Übereinstimmung von ihrer Lösung und der Musterlösung in Bezug auf das Ergebnis (Selbst-Assessment-Aussage 3, Eigene Lösung, Musterlösung – Übereinstimmung von eigener Lösung und Musterlösung feststellen). Somit lässt ihre Erläuterung vermuten, dass sie der dritten Selbst-Assessment-Aussage aus dem Grund zustimmt, weil das Ergebnis in ihrer Lösung dem Ergebnis der Musterlösung gleicht.

Nach der Zustimmung zur dritten Selbst-Assessment-Aussage erfolgt abschließend die Beantwortung der letzten Aussage. Bei dieser gibt Klara durch Auswahl der Antwort „Unsicher" Zweifel daran an, die Aufgabe verstanden zu haben. Diese Einschätzung passt zu ihrer Bemerkung, welche sie bereits beim Bearbeiten der Aufgabe machte und im Rahmen derer sie mitteilte, dass sie nicht wisse, was bei der Aufgabe gemacht werden müsse. Möglicherweise fließt neben dem Verständnis der Aufgabenstellung auch Klaras Verständnis der Selbst-Assessment-Aussagen in ihre Einschätzung ein. Denn zumindest in Bezug auf die zweite Aussage brachte Klara ihre Unsicherheit zum Ausdruck, indem sie die entsprechende Antwort auswählte. Welche Aspekte der Aufgabe in die finale Einschätzung der Aufgabe miteinfließen, bleibt aufgrund fehlender Erläuterungen seitens Klara jedoch ungewiss. Denn ohne ihre Antwort auf die letzte Aussage zu begründen, schließt Klara das Selbst-Assessment ab und wechselt zur nächsten App-Ansicht.

Epistemische Mediation:

- Keine Mediationsprozesse feststellbar

Reflexive Mediation:

- Eigene Lösung, Musterlösung – Fehlerhafte eigene Lösung positiv einschätzen
- Selbst-Assessment-Aussage 1 – Nicht zutreffender Selbst-Assessment-Aussage zustimmen
- Selbst-Assessment-Aussage 2, Eigene Lösung – Unsicherheit bzgl. der Selbst-Assessment-Aussage feststellen
- Selbst-Assessment-Aussage 3, Eigene Lösung, Musterlösung – Zutreffender Selbst-Assessment-Aussage zustimmen
- Selbst-Assessment-Aussage 3, Eigene Lösung, Musterlösung – Übereinstimmung von eigener Lösung und Musterlösung feststellen

Epistemisch-Reflexive Mediation:

- Keine Mediationsprozesse feststellbar

Feedback

Reflexive Mediation:
Als Klara das Feedback erhält (Abbildung 8.115), schaut sie sich dieses einen Augenblick an (5 s) und zeigt anschließend in halbkreisförmigen Bewegungen nacheinander auf die Selbst-Assessment-Aussagen. Danach scrollt sie hinunter zur Musterlösung, verschiebt die Ansicht kurze Zeit später wieder nach oben und sagt:

„Ok, ich habe es leider falsch aber (lassen?) wir gehen jetzt zurück zur Übersicht.“

Da Klara ihre Äußerung macht, nachdem sie sich kurz die Musterlösung angeschaut hat und weil sie ausschließlich in Bezug auf ihre Lösung ein eindeutig negatives Feedback erhält, wird die Annahme getroffen, dass sie sich mit „ich habe es leider falsch“ auf ihre Lösung bezieht. Klaras Aussage ist somit als negative Einschätzung einer fehlerhaften Lösung zu kategorisieren (Feedback zur Aufgabenlösung, Eigene Lösung – Fehlerhafte eigene Lösung negativ einschätzen). In ihrer Äußerung verbalisiert sie ausschließlich das, was das Feedback ihr an Informationen bereitstellt. Eine einhergehende Beschäftigung mit dem Feedback erfolgt nicht. Sie kehrt unmittelbar nach ihrer Aussage zurück zur Übersicht.

Epistemische Mediation:

- Keine Mediationsprozesse feststellbar

Reflexive Mediation:

- Feedback zur Aufgabenlösung, Eigene Lösung – Fehlerhafte eigene Lösung negativ einschätzen

Epistemisch-Reflexive Mediation:

- Keine Mediationsprozesse feststellbar

Beim Bearbeiten der Aufgabe war sich Klara unsicher darüber, was bei der Aufgabe zu machen sei. In ihrer Lösung fokussierte sie sich ausschließlich auf den Endpunkt des letzten Sprunges, den sie als Ergebnis in ihrer Rechnung eintrug. Entsprechend wurde ihr Verständnis in Bezug auf die Aufgabe durch das Theorem-in-Aktion

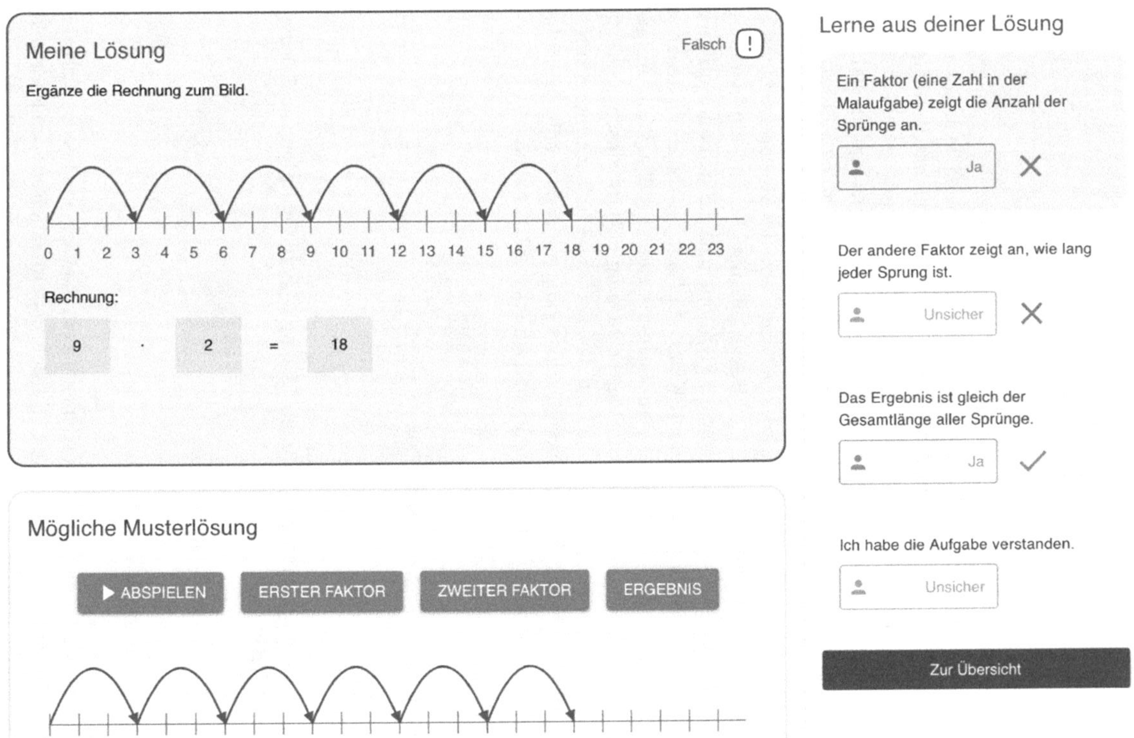

Abbildung 8.115 Klara, Aufgabe 1, Feedback

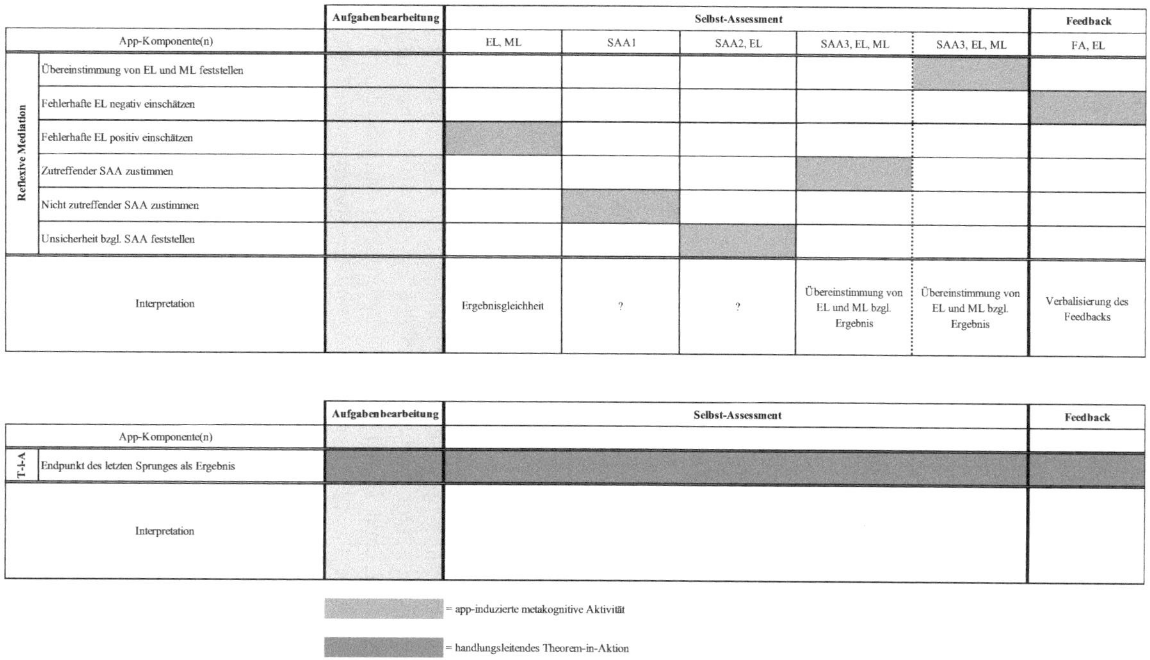

Abbildung 8.116 Überblick über die Mediationsprozesse in Aufgabe 1 im Fall „Klara“. (Quelle: Eigene Darstellung)

Endpunkt des letzten Sprunges als Ergebnis konzeptualisiert. Dieses Verständnis hat sich im Laufe der Aufgabe nicht nachweislich verändert. Beim Prozessschritt des Selbst-Assessments warf sie zunächst einen Blick auf die Musterlösung und schätzte ihre Lösung in Bezug auf diese als fast richtig ein, wobei ihre Einschätzung vermutlich auf der Gleichwertigkeit der Rechnungen beruhte. Der ersten Selbst-Assessment-Aussage stimmte sie aus ungeklärter Ursache fälschlicherweise zu. Die zweite Aussage beantwortete sie mit „Unsicher". Auch hier ließ sich keine eindeutige Begründung finden. Bei der dritten Selbst-Assessment-Aussage machte Klara deutlich, dass ihre Zustimmung zu der zutreffenden Aussage erfolgte, da das Ergebnis in ihrer Lösung dem Ergebnis der Musterlösung gleicht und stellte somit gleichzeitig auch eine Übereinstimmung zwischen den beiden Lösungen in Bezug auf das Ergebnis fest. Die erste Aufgabe schloss sie dann mit einer Verbalisierung der Feedback-Informationen ab, nach denen ihre Lösung als falsch zu bewerten ist (Abbildung 8.116).

Aufgabe 2: Malaufgaben am Zahlenstrahl darstellen

Aufgabenbearbeitung
Klara betrachtet die Ansicht zur Bearbeitung der Aufgabe einen Moment lang (7 s) und beginnt anschließend mit dem Einzeichnen der Sprünge. Da sie dabei mit ihrem Finger zunächst oberhalb und nicht auf der Höhe des Zahlenstrahls ansetzt, gelingt ihr dies nicht unmittelbar. Nach einem Hinweis der Interviewerin, dass sie weiter unten ansetzen müsse, schafft Klara es, die Eingabekomponente richtig zu verwenden und Sprünge am Zahlenstrahl einzuzeichnen. Sie stellt die Rechnung fünf mal vier durch vier Fünfer-Sprünge dar (Abbildung 8.117). Indem Klara in ihrer Zeichnung den ersten Faktor als Länge und den zweiten Faktor als Anzahl der Sprünge repräsentiert, stellt sie im Gegensatz zur ersten Aufgabe einen Zusammenhang zwischen den Faktoren der Rechnung und den Sprüngen am Zahlenstrahl her. Demzufolge scheint der Aufgabenbearbeitung die Annahme zugrunde zu liegen, dass der erste Faktor als Länge der Sprünge dargestellt werden muss. Diese Annahme lässt sich als Theorem-in-Aktion *Erster Faktor als Sprunglänge* wie folgt formulieren:

<Wenn ich eine Malaufgabe auf dem Zahlenstrahl darstellen möchte, dann muss die ||Länge der Sprünge|| gleich dem ||ersten Faktor|| sein>.

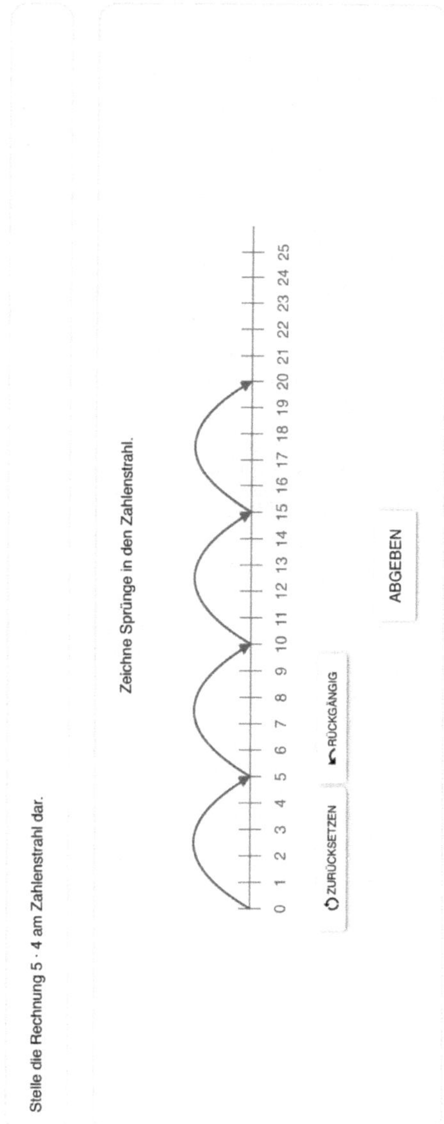

Abbildung 8.117 Klara, Aufgabe 2, Aufgabenbearbeitung

Da Klara den zweiten Faktor durch die Anzahl der Sprünge darstellt, wird zudem das Theorem-in-Aktion *Zweiter Faktor als Sprunganzahl* als handlungsleitend für die Aufgabe angenommen:

<Wenn ich eine Malaufgabe auf dem Zahlenstrahl darstellen möchte, dann muss die ||Anzahl der Sprünge|| gleich dem ||zweiten Faktor|| sein>.

Darüber, inwiefern Klara neben den Faktoren auch das Ergebnis der Rechnung in ihrer Zeichnung berücksichtigt, lässt sich auf Grundlage ihrer Bearbeitung keine gesicherte Aussage treffen. Insbesondere die Tatsache, dass sie ihre Lösung nicht kommentiert, erschwert eine vollständige Rekonstruktion ihres Verständnisses an dieser Stelle. Da im Zuge der ersten Aufgabe der Zusammenhang zwischen dem Endpunkt des letzten Sprunges und dem Ergebnis der einzige war, den Klara erkannt hat, erscheint es allerdings wahrscheinlich, dass sie sich über diesen Zusammenhang auch in der vorliegenden, zweiten Aufgabe bewusst ist.

Aus diesem Grund wird neben den beiden oben rekonstruierten Theoremen ein weiteres Theorem-in-Aktion, *Ergebnis als Endpunkt des letzten Sprunges,* als der Aufgabenbearbeitung zugrundeliegend angenommen:

<Wenn ich eine Malaufgabe auf dem Zahlenstrahl darstellen möchte, dann muss der ||Endpunkt des letzten Sprunges|| gleich dem ||Ergebnis|| sein>.

Theoreme-in-Aktion

- *Erster Faktor als Sprunglänge*:
  <Wenn ich eine Malaufgabe auf dem Zahlenstrahl darstellen möchte, dann muss die ||Länge der Sprünge|| gleich dem ||ersten Faktor|| sein>
- *Zweiter Faktor als Sprunganzahl:*
  <Wenn ich eine Malaufgabe auf dem Zahlenstrahl darstellen möchte, dann muss die ||Anzahl der Sprünge|| gleich dem ||zweiten Faktor|| sein>
- *Ergebnis als Endpunkt des letzten Sprunges:*
  <Wenn ich eine Malaufgabe auf dem Zahlenstrahl darstellen möchte, dann muss der ||Endpunkt des letzten Sprunges|| gleich dem ||Ergebnis|| sein>

Selbst-Assessment

Reflexive Mediation:
Nach Abgabe ihrer Lösung scrollt Klara nach unten, sodass sie ihre Lösung mit vier Fünfer-Sprüngen und die Musterlösung mit fünf Vierer-Sprüngen vollständig sehen kann. Als nächstes zählt sie sehr leise und schnell bis vier, wobei sich ihr Zeigefinger rhythmisch auf und ab bewegt. Diese Bewegung führt sie allerdings unterhalb des Tablets durch, sodass anhand der Position des Fingers keine Rückschlüsse darauf gezogen werden kann, ob sie in ihrer Lösung oder in der Musterlösung etwas abzählt.

Da sie bis Vier zählt, könnte die Vermutung aufgestellt werden, dass sie die Länge der Sprünge in der Musterlösung bestimmt. Zudem wäre es möglich, dass sie die Anzahl der Sprünge in ihrer Lösung zählt. Eventuell hat sie aber auch die Länge der Sprünge in ihrer Lösung ermittelt und dabei nur die Messstriche am Zahlenstrahl gezählt, die innerhalb eines Sprunges zu sehen sind, anstatt auch den entsprechenden Messstrich beim Endpunkt eines Sprunges mitzuzählen.

Sicher ist, dass Klara im Anschluss an diesen ersten Zählprozess die Anzahl der Sprünge in der Musterlösung ermittelt. Denn sie zeigt offensichtlich mit ihrem Finger nacheinander auf die Sprünge in der Musterlösung und zählt währenddessen leise bis fünf. Anschließend wählt sie die Hilfe zur Länge der Sprünge aus, lässt sich dann kurz darauf den Hinweis zur Gesamtlänge anzeigen und klickt einen Augenblick später erneut auf den Button „Länge" in der Musterlösung. Der entsprechende Hinweis, der durch Klick auf diesen Button angezeigt wird, veranlasst Klara augenscheinlich dazu, die Länge der Sprünge in ihrer Lösung zu bestimmen. Das wird dadurch erkennbar, dass sie in ihrer Lösung nacheinander auf die Messstriche des zweiten Sprunges zeigt, bevor sie zu der folgenden Einsicht kommt:

„*Ok, ich habe es andersherum gemacht.*"

Ihrer Äußerung zufolge stellt Klara eine Abweichung zwischen den beiden Lösungen fest (Interaktiver Hinweis in der Musterlösung, Eigene Lösung – Nicht-Übereinstimmung von eigener Lösung und Musterlösung feststellen). Sie scheint zu der Erkenntnis gekommen zu sein, die Anzahl und die Länge der Sprünge in ihrer Lösung in umgekehrter Weise dargestellt zu haben, als es in der Musterlösung der Fall ist. Mit dieser Erkenntnis beendet sie die Betrachtung der beiden Lösungen und richtet ihre Aufmerksamkeit auf die Selbst-Assessment-Aussagen.

Dadurch, dass Klara den Text der ersten beiden Aussagen mit dem Finger nachfährt, lässt sich folgern, dass sie sich die Aussagen durchliest. Sie lässt allerdings sowohl die erste als auch die zweite Selbst-Assessment-Aussage unbeantwortet und wählt zuerst bei der dritten Aussage eine Antwort, „Ja", aus (Selbst-Assessment-Aussage 3 – Zutreffender Selbst-Assessment-Aussage zustimmen; Abbildung 8.118). Auf ihre Auswahl geht sie nicht weiter ein, sodass ihre Gründe für diese ungeklärt bleiben und an dieser Stelle nur vermutet werden können. Denkbar wäre, dass Klara die Aussage inhaltlich verstanden und ihre Lösung in der Folge daraufhin überprüft hat, ob die Gesamtlänge der von ihr eingezeichneten Sprünge gleich dem Ergebnis ist. Möglicherweise hat sie festgestellt, dass dies der Fall ist und der dritten Selbst-Assessment-Aussage daher zugestimmt. In diesem Fall würde es sich um eine verständige Zustimmung handeln. Bei der Beantwortung der dritten Aussage im Zuge der ersten Aufgabe hat Klara allerdings die Übereinstimmung von ihrer Lösung und der Musterlösung in Bezug auf das Ergebnis als Begründung für ihre Zustimmung benannt. Daher wäre es auch denkbar, dass die

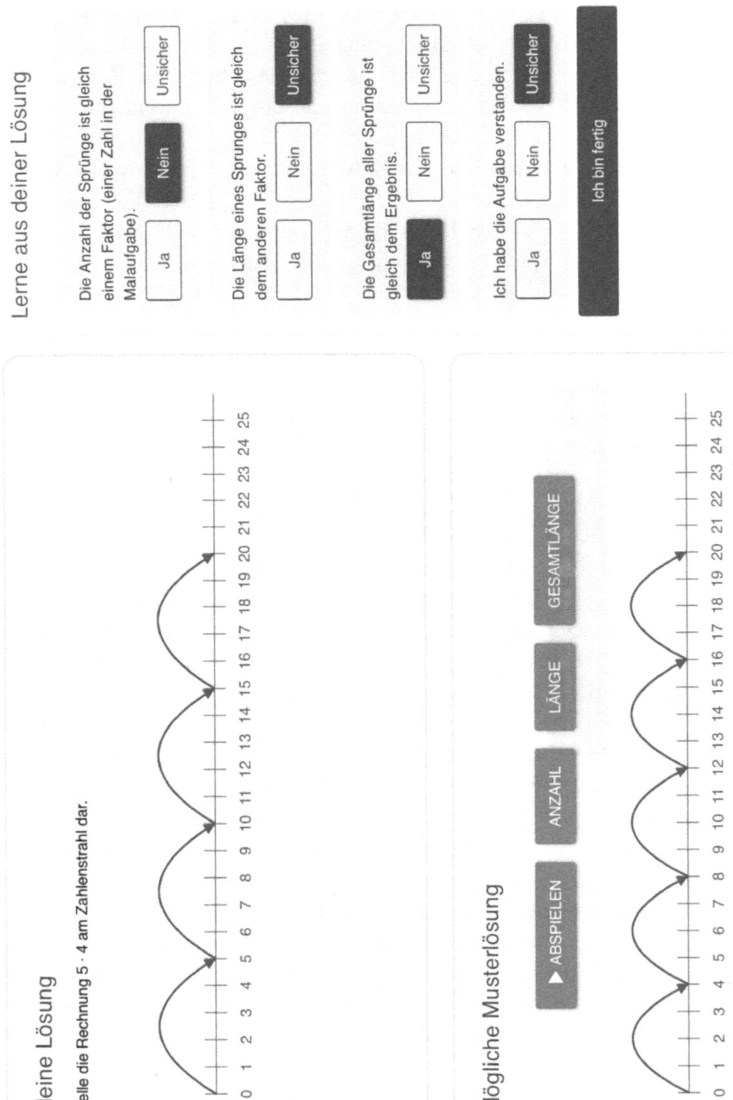

Abbildung 8.118 Klara, Aufgabe 2, Selbst-Assessment

Übereinstimmung der beiden Lösungen bezüglich der Gesamtlänge der Sprünge hier der Grund dafür ist, dass Klara die dritte Aussage positiv beantwortet.

Nach Beantwortung der dritten Selbst-Assessment-Aussage beantwortet sie die letzte Aussage mit „Unsicher" und kommentiert ihre Auswahl wie folgt:

„Ich bin immer noch unsicher, weil ich das irgendwie nicht k- verstehe."

Schon bei der ersten Aufgabe konnte nicht endgültig festgestellt werden, ob sich das Gefühl des Unverständnisses bei Klara ausschließlich auf die Aufgabenstellung oder auch auf die Selbst-Assessment-Aussagen bezieht. Da Klara bei der zweiten Aufgabe keine Probleme mit der Aufgabenstellung zu haben schien, liegt die Vermutung nahe, dass sie sich mit ihrer Äußerung an dieser Stelle eher auf die Selbst-Assessment-Aussagen bezieht. Insbesondere die Tatsache, dass die ersten beiden Aussagen bislang unbeantwortet gelassen wurden, stützt diese These.

Um die Antworten auf die Selbst-Assessment-Aussagen zu vervollständigen, wendet sich Klara nach der Beantwortung der letzten beiden Aussagen noch einmal den ersten beiden Aussagen zu. Bei der zweiten Selbst-Assessment-Aussage entscheidet sie sich für die Antwort „Unsicher" (Selbst-Assessment-Aussage 2 – Unsicherheit bzgl. der Selbst-Assessment-Aussage feststellen), geht jedoch nicht auf ihre Entscheidung ein. Es gibt verschiedene Ursachen, die zu Klaras Unsicherheit geführt haben könnten. Eine mögliche Ursache wäre, dass Klara die Aussage nicht verstanden hat und aufgrund dessen nicht weiß, woraufhin sie ihre Lösung überprüfen soll. Unter der Voraussetzung, dass Klara die Aussage verstanden hat, wäre es auch möglich, dass sie nicht genau weiß, wie sie die Länge der Sprünge in ihrer Lösung bestimmen soll und aus diesem Grund Unsicherheiten angibt. Analog zu der Vermutung, welche bereits hinsichtlich der dritten Selbst-Assessment-Aussage aufgestellt wurde, bestünde aber darüber hinaus auch noch die Möglichkeit, dass Klara ihre Lösung in Beziehung zur Musterlösung setzt, statt den Zusammenhang zwischen Term und Bild in ihrer Lösung zu fokussieren. Es könnte also sein, dass sie sich unsicher hinsichtlich dessen ist, ob die Länge der Sprünge in ihrer Lösung mit der Länge der Sprünge in der Musterlösung übereinstimmt. Welche der Ursachen Klaras Zweifel aber tatsächlich bedingen, bleibt aufgrund fehlender Erläuterungen letztlich unklar.

Im Anschluss an die Beantwortung der zweiten Aussage setzt sich Klara schlussendlich mit der ersten Selbst-Assessment-Aussage auseinander. Sie denkt einige Sekunden (12 s) über diese nach, bevor sie sich wie folgt zu der Aussage äußert:

„Nein (klickt auf ‚Unsicher'). (2 s) Äh nein (klickt auf ‚Nein'), Entschuldigung. Weil da ist fünf mal sowas (zeigt auf die Sprünge in der Musterlösung) und ich habe nur vier (zeigt auf die Sprünge in ihrer Lösung."

Nachdem Klara offenbar aus Versehen auf die Antwort „Unsicher“ geklickt hat, wählt sie die Antwort „Nein“ aus. Damit lehnt sie eine zutreffende Aussage ab, denn schließlich entspricht die Anzahl der Sprünge, die sie in ihrer Lösung eingezeichnet hat, dem zweiten Faktor (Selbst-Assessment-Aussage 1, Musterlösung, Eigene Lösung – Zutreffende Selbst-Assessment-Aussage ablehnen). Als Begründung für die Ablehnung der Aussage gibt sie an, dass in der Musterlösung fünf Sprünge dargestellt sind, während sie in ihrer Lösung nur vier Sprünge eingezeichnet hat (Selbst-Assessment-Aussage 1, Musterlösung, Eigene Lösung – Nicht-Übereinstimmung von eigener Lösung und Musterlösung feststellen).

Die Tatsache, dass Klara der dritten Selbst-Assessment-Aussage in der ersten Aufgabe zustimmt, weil die Ergebnisse der Rechnungen in ihrer Lösung sowie in der Musterlösung gleich sind und die erste Selbst-Assessment-Aussage in der zweiten Aufgabe ablehnt, da die Sprunganzahl in ihrer Lösung nicht mit der Anzahl in der Musterlösung übereinstimmt, verstärkt den Verdacht einer Missinterpretation der Selbst-Assessment-Aussagen. Offensichtlich überprüft Klara mindestens in diesen beiden Fällen ihre Lösung nicht danach, ob die in der Aussage genannte Eigenschaft in ihrer Lösung erfüllt ist, sondern ob ihre Lösung und die Musterlösung hinsichtlich des erstgenannten Konzepts in der Selbst-Assessment-Aussage, also dem Ergebnis beziehungsweise der Anzahl der Sprünge, übereinstimmen. Dieser Interpretationsansatz würde auch dazu passen, dass sie die dritte Selbst-Assessment-Aussage in der vorliegenden, zweiten Aufgabe mit „Ja“ beantwortet. Zudem würde der Ansatz dafürsprechen, dass bei der zweiten Selbst-Assessment-Aussage, die sowohl in der ersten als auch in der zweiten Aufgabe von Klara mit „Unsicher“ beantwortet wurde, Schwierigkeiten hinsichtlich dessen bestehen, zu bestimmen, ob die beiden Lösungen hinsichtlich ihrer Faktoren beziehungsweise in Bezug auf die Länge der Sprünge als übereinstimmend zu bewerten sind.

Epistemische Mediation:

- Keine Mediationsprozesse feststellbar

Reflexive Mediation:

- Interaktiver Hinweis in der Musterlösung, Eigene Lösung – Nicht-Übereinstimmung von eigener Lösung und Musterlösung feststellen
- Selbst-Assessment-Aussage 3 – Zutreffender Selbst-Assessment-Aussage zustimmen
- Selbst-Assessment-Aussage 2 – Unsicherheit bzgl. der Selbst-Assessment-Aussage feststellen

- Selbst-Assessment-Aussage 1, Musterlösung, Eigene Lösung – Zutreffende Selbst-Assessment-Aussage ablehnen
- Selbst-Assessment-Aussage 1, Musterlösung, Eigene Lösung – Nicht-Übereinstimmung von eigener Lösung und Musterlösung feststellen

Epistemisch-Reflexive Mediation:

- Keine Mediationsprozesse feststellbar

Feedback

Reflexive Mediation:
Als Klara das Feedback erhält (Abbildung 8.119), wundert sie sich offenbar über die Rückmeldung zur ersten Selbst-Assessment-Aussage und sagt:

„*Oh (vergrößert die erste Selbst-Assessment-Aussage auf dem Tablet durch Zoomen) das ist richtig? Ok, egal.*“

Ihre Bemerkung zur ersten Selbst-Assessment-Aussage ist nicht ganz eindeutig. So könnte es einerseits sein, dass Klara das Feedback falsch verstanden und derart aufgefasst hat, als würde das grüne Häckchen die Korrektheit ihrer Selbst-Einschätzung anzeigen. In diesem Fall könnte ihre Bemerkung Verwunderung darüber ausdrücken, dass sie sich bezüglich der ersten Aussage korrekt eingeschätzt hat. Alternativ wäre es denkbar, dass Klara das Feedback wie intendiert interpretiert hat und sich darüber wundert, dass die richtige Antwort auf die erste Selbst-Assessment-Aussage „Ja“ hätte lauten müssen. Unabhängig davon, was die tatsächliche Ursache für ihre Verwunderung ist, erfolgt allerdings keine tiefergehende Auseinandersetzung mit dem Feedback, da dieses offenbar keine Bedeutung für Klara hat. Sie navigiert zurück zur Übersicht und wählt die nächste Aufgabe zur Bearbeitung aus.

Epistemische Mediation:

- Keine Mediationsprozesse feststellbar

Reflexive Mediation:

- Keine Mediationsprozesse feststellbar

Epistemisch-Reflexive Mediation:

- Keine Mediationsprozesse feststellbar

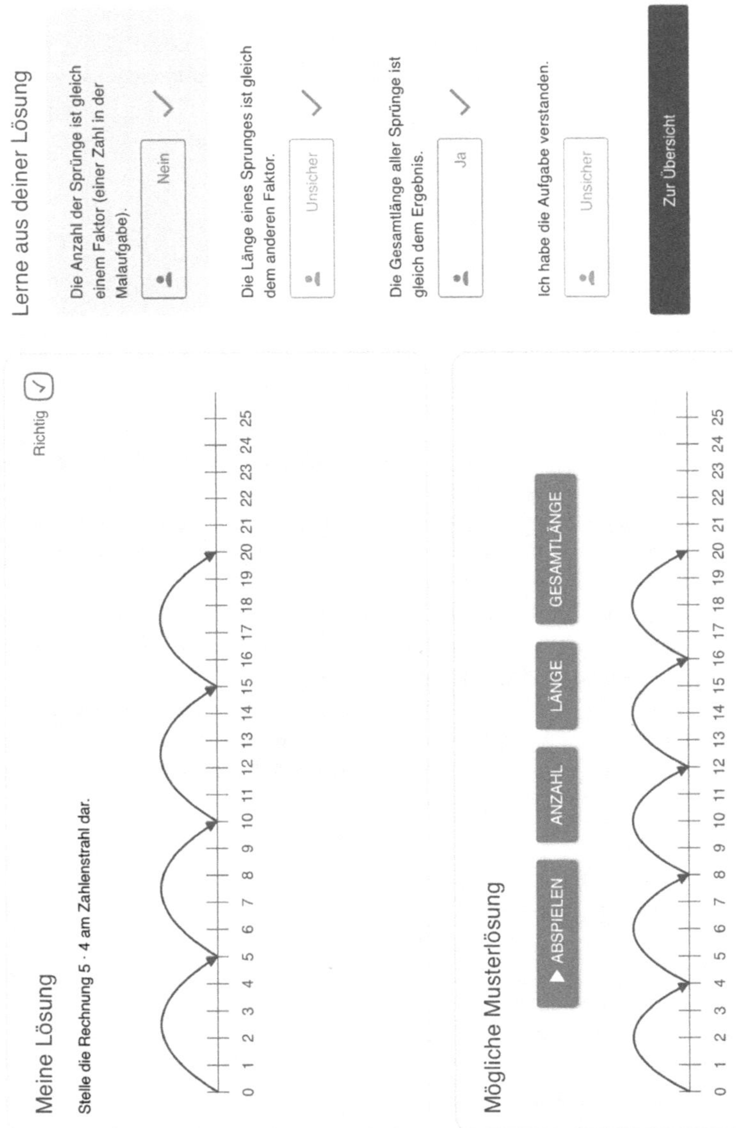

Abbildung 8.119 Klara, Aufgabe 2, Feedback

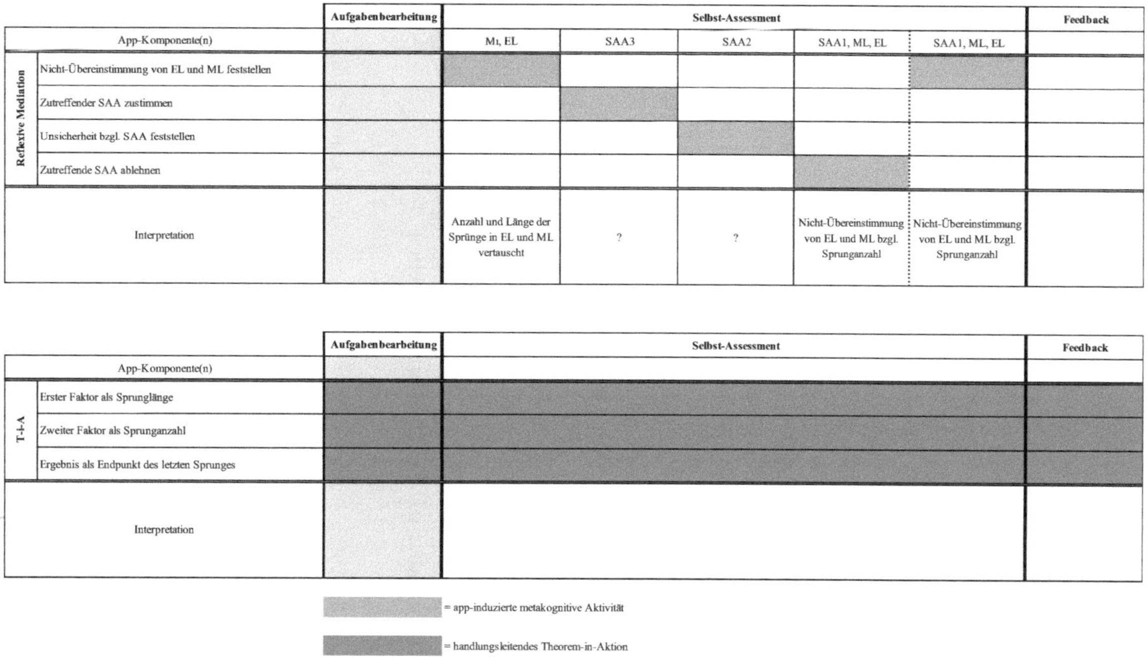

Abbildung 8.120 Überblick über die Mediationsprozesse in Aufgabe 2 im Fall „Klara“. (Quelle: Eigene Darstellung)

Bezugnehmend auf die erste Aufgabe und die Zeichnung, welche Klara im Zuge der Bearbeitung der zweiten Aufgabe erstellt, wurden die drei Theoreme-in-Aktion *Erster Faktor als Sprunglänge*, *Zweiter Faktor als Sprunganzahl* und *Ergebnis als Endpunkt des letzten Sprunges* rekonstruiert. Beim Betrachten der Musterlösung und die Nutzung des interaktiven Hinweises zur Länge der Sprünge stellte Klara dann fest, dass die Rolle der Faktoren in ihrer Lösung im Vergleich zu der Musterlösung vertauscht ist. Diese Feststellung zeigte keine Auswirkung auf das Verständnis von Klara. Auch beim Beantworten der Selbst-Assessment-Aussagen konnten keine Einflüsse auf die Theoreme-in-Aktion ausgemacht werden, die der Aufgabe zugrundeliegen. Die Aussagen beantwortete Klara nicht von oben nach unten, sondern wählte zuerst bei der dritten Selbst-Assessment-Aussage eine Antwort aus. Indem sie hier auf „Ja" klickte, stimmte sie eine zutreffen Selbst-Assessment-Aussage zu. Inwiefern es sich hierbei um eine verständige Einschätzung handelte, konnte allerdings nicht festgestellt werden. Auch blieb unklar, warum Klara nachfolgend angab, bezüglich der zweiten Selbst-Assessment-Aussage unsicher zu sein. Die erste Aussage lehnte sie ab, obwohl ihre Lösung die entsprechende Eigenschaft erfüllte. Allerdings zog Klara zur Beantwortung der Aussage nicht den Zusammenhang von Term und Bild heran, sondern verglich ihre Lösung mit der Musterlösung. Die Verschiedenheit der beiden Lösungen nahm sie dann zum Anlass, bei der ersten Selbst-Assessment-Aussage „Nein" auszuwählen. Das Feedback, welches sie dann im folgenden Prozessschritt zu dieser Aussage erhielt, löste kurz Verwunderung bei Klara aus, führte jedoch nicht zu einer Auseinandersetzung mit den Feedback-Informationen, welche die App ihr bereitstellte (Abbildung 8.120).

Aufgabe 3: Malaufgaben als Rechteckbild darstellen

Aufgabenbearbeitung
Klara schaut sich die Aufgabe eine Weile an (16 s) und beginnt dann mit deren Bearbeitung. Sie setzt zunächst beim dritten Kästchen von links unten an und zeichnet ausgehend von dort vertikal nach oben drei Punkte ein. Währenddessen hält sie fest:

„*Hier die drei und (zeichnet rechts vom obersten Punkt einen weiteren Punkt ein) hier die – oh.*"

Sie löscht ihre Eingabe und beginnt noch einmal von vorne:

„*(Zeichnet rechts beim dritten Kästchen von unten beginnend in linksgerichteter Richtung fünf Punkte ein). Eins, zwei, drei, vier, fünf. (Zeichnet unterhalb des fünften Punktes von oben nach unten zwei weitere Punkte ein). Eins, zwei. (Füllt die fehlenden Punkte spaltenweise auf)*" (Abbildung 8.121).

In ihrem ersten Versuch, ein Rechteckbild zu erstellen, erzeugt Klara eine Spalte mit drei Punkten und weist darauf hin, dass sie „[h]ier die drei" zeichnet. Dass sie

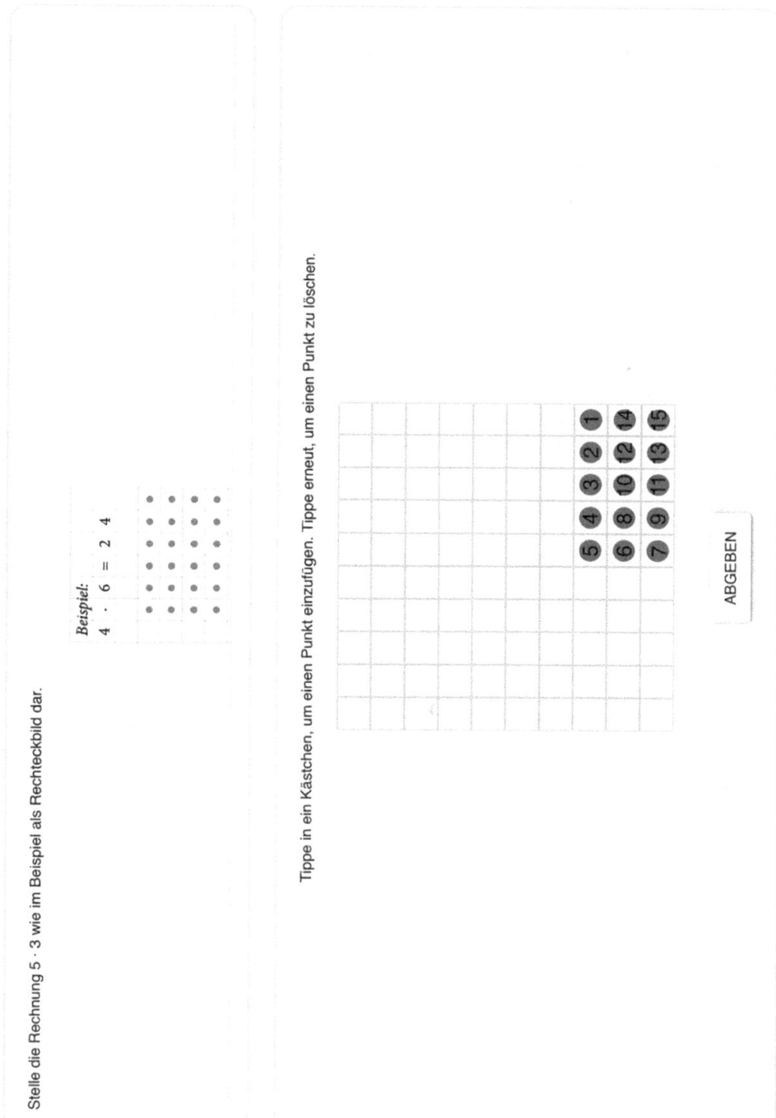

Abbildung 8.121 Klara, Aufgabe 3, Aufgabenbearbeitung – Nummerierung im Rechteckbild nachträglich eingefügt

ihre Zeichnung dann löscht und vermutlich das gleiche Rechteckbild, was sie vorher schon vorgesehen hatte zu zeichnen, an anderer Stelle in der Eingabemaske platziert, hängt möglicherweise mit dem Beispiel zusammen, welches ihr unterhalb der Aufgabenstellung angezeigt wird. In dem Beispiel in das Rechteckbild rechts unten platziert, sodass Klara davon ausgehen dürfte, dass sie ihr Rechteckbild hinsichtlich der Kästchen ebenfalls derart platzieren muss. Damit ihr das gelingt, zeichnet sie rechts beginnend zuerst eine Fünfer-Zeile ein. Sie ergänzt anschließend unterhalb des linken Punktes zwei weitere Punkte und erzeugt auf diese Weise eine Spalte mit drei Punkten. Ihre Bearbeitung schließt Klara damit ab, dass sie die übrigen Spalten mit jeweils zwei Punkten auffüllt, sodass insgesamt fünf Dreier-Spalten entstehen. Bevor sie zur nächsten Ansicht wechselt, scheint sie ihre Lösung zu überprüfen. So deutet sie mit ihrem Finger an, die Anzahl der Spalten nachzuzählen und klickt erst dann auf den Button „Abgeben".

In Anbetracht dessen, dass Klara bei ihrem ersten Ansatz, die Aufgabe zu lösen, zuerst eine Dreier-Spalte einzeichnet und zudem bei ihrem zweiten Ansatz spaltenweise die Punkte ergänzt, wird davon ausgegangen, dass sie den ersten Faktor als Anzahl der Spalten und den zweiten Faktor als Anzahl der Punkte pro Spalte ansieht. Ausgehend von dieser Annahme liegt der Bearbeitung der Aufgabe einerseits das Theorem-in-Aktion *Erster Faktor als Anzahl der Spalten eines Rechtecks* zugrunde: <Wenn ich eine Malaufgabe als Rechteckbild darstellen möchte, dann muss ich ein ||Rechteck|| zeichnen, bei dem die ||Anzahl der Spalten|| gleich dem ||ersten Faktor|| ist>.

Andererseits wird das Theorem-in-Aktion *Zweiter Faktor als Anzahl der Punkte pro Spalte eines Rechtecks* als handlungsleitend betrachtet:

<Wenn ich eine Malaufgabe als Rechteckbild darstellen möchte, dann muss ich ein ||Rechteck|| zeichnen, bei dem die ||Anzahl der Punkte pro Spalte|| gleich dem ||zweiten Faktor|| ist>.

Theoreme-in-Aktion

- *Erster Faktor als Anzahl der Spalten eines Rechtecks*:
  <Wenn ich eine Malaufgabe als Rechteckbild darstellen möchte, dann muss ich ein ||Rechteck|| zeichnen, bei dem die ||Anzahl der Spalten|| gleich dem ||ersten Faktor|| ist>
- *Zweiter Faktor als Anzahl der Punkte pro Spalte eines Rechtecks:*
  <Wenn ich eine Malaufgabe als Rechteckbild darstellen möchte, dann muss ich ein ||Rechteck|| zeichnen, bei dem die ||Anzahl der Punkte pro Spalte|| gleich dem ||zweiten Faktor|| ist>

Selbst-Assessment

Reflexive Mediation:
Bei der Selbst-Assessment-Ansicht scrollt Klara als erstes nach unten, um sich die Musterlösung anzuschauen. Nachdem sie einen kurzen Blick auf diese geworfen hat, scrollt sie wieder nach oben und führt das Selbst-Assessment durch. Als erstes beantwortet sie die erste Selbst-Assessment-Aussage:

„*(Klickt bei der ersten Selbst-Assessment-Aussage auf ‚Ja'). Ja, habe ich, sieht man ja hier (zoomt in ihre Lösung hinein)*" (Abbildung 8.122).

Wie Klara richtig erkennt, hat sie in ihrer Lösung fünf Dreier-Gruppen beziehungsweise drei Fünfer-Gruppen gezeichnet. Somit kann ihre Handlung als Zustimmung zu einer zutreffenden Selbst-Assessment-Aussage identifiziert werden, bei der sie explizit einen Bezug zu ihrer eigenen Lösung herstellt (Selbst-Assessment-Aussage 1, Eigene Lösung – Zutreffender Selbst-Assessment-Aussage zustimmen). Da sie bei der Beantwortung der Aussage keine Unsicherheiten erkennen lässt und richtigerweise bemerkt, dass sie in ihrer Lösung die gefragte Anzahl und Größe an Gruppen dargestellt hat, hinterlässt Klara den Eindruck, als hätte sie die Selbst-Assessment-Aussage verstanden. Zudem scheint sie erkannt zu haben, dass ihre Lösung die in der Aussage beschriebene Eigenschaft erfüllt. Die gleiche Annahme lässt sich auch hinsichtlich der zweiten Selbst-Assessment-Aussage treffen, welche Klara ebenfalls richtigerweise mit „Ja" beantwortet und somit erneut einer zutreffenden Selbst-Assessment-Aussage zustimmt (Selbst-Assessment-Aussage 2 – Zutreffender Selbst-Assessment-Aussage zustimmen). Auch wenn sie auf die Auswahl ihrer Antwort nicht eingeht, lässt auf Grundlage der zielsicheren Beantwortung der Aussage folgern, dass es um eine verständige Zustimmung handelt. Klara scheint sich darüber bewusst zu sein, in ihrer Lösung insgesamt fünfzehn Punkte gezeichnet zu haben. Diese Annahme wird gestützt durch Klaras subjektive Einschätzung, die Aufgabe verstanden zu haben. Mit dieser Einschätzung schließt sie das Selbst-Assessment ab und klickt auf „Ich bin fertig".

Epistemische Mediation:

- Keine Mediationsprozesse feststellbar

Reflexive Mediation:

- Selbst-Assessment-Aussage 1, Eigene Lösung – Zutreffender Selbst-Assessment-Aussage zustimmen
- Selbst-Assessment-Aussage 2 – Zutreffender Selbst-Assessment-Aussage zustimmen

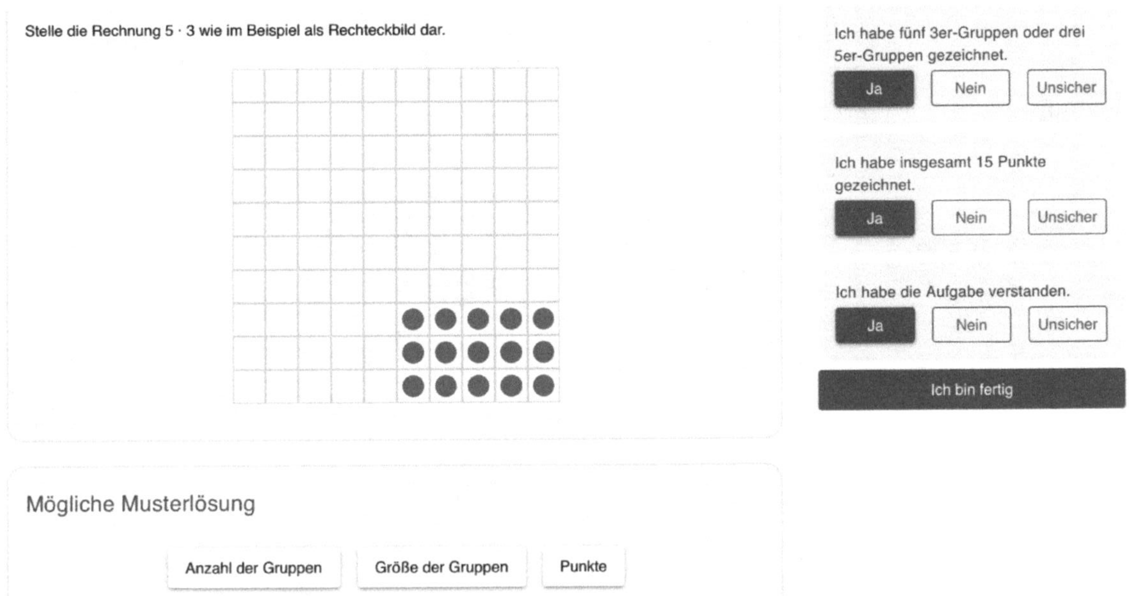

Abbildung 8.122 Klara, Aufgabe 3, Selbst-Assessment

Epistemisch-Reflexive Mediation:

- Keine Mediationsprozesse feststellbar

Feedback
Auf das Feedback zur Aufgabenlösung und zum Selbst-Assessment (Abbildung 8.123) zeigt Klara keine bedeutende Reaktion. Sie scrollt lediglich herunter zur Musterlösung und verschiebt die Ansicht unmittelbar darauf wieder nach oben. Es lässt sich nicht erkennen, dass das Feedback Veränderungen in Klaras Verständnis angestoßen oder sie zu metakognitiven Aktivitäten angeregt hat. Somit sind keinerlei Mediationsprozesse feststellbar.

Epistemische Mediation:

- Keine Mediationsprozesse feststellbar

Reflexive Mediation:

- Keine Mediationsprozesse feststellbar

Epistemisch-Reflexive Mediation:

- Keine Mediationsprozesse feststellbar

Bei Bearbeitung der Aufgabe ließ sich rekonstruieren, dass Klara den ersten Faktor mit der Anzahl der Spalten und den zweiten Faktor mit der Anzahl der Punkte pro Spalte in Verbindung brachte. Eine Beeinflussung dieses Verständnisses in Bezug auf die Aufgabe fand im weiteren Verlauf nicht statt. In Bezug auf die metakognitiven Aktivitäten könnte allerdings festgestellt werden, dass Klara beiden, auf ihre Lösung zutreffenden Aussagen zustimmte und damit den Eindruck erweckte, die Selbst-Assessment-Aussagen verstanden zu haben und auf ihre eigene Lösung beziehen zu können. Im letzten Prozessschritt der Aufgabe waren keine reflexiven Mediationsprozesse erkennbar (Abbildung 8.124).

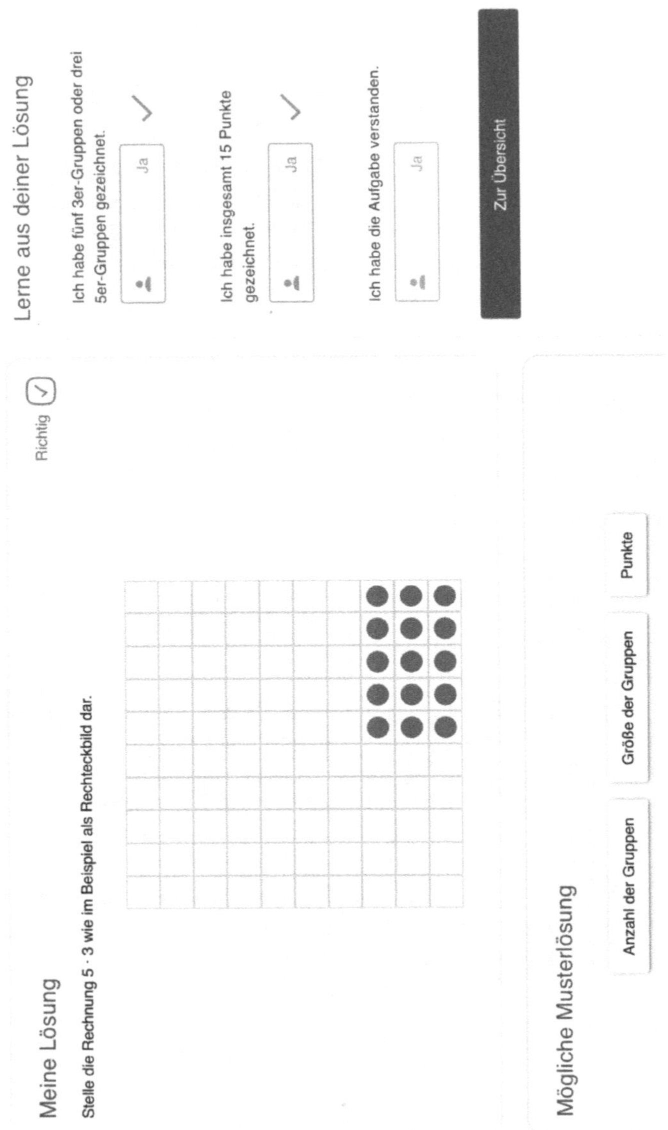

Abbildung 8.123 Klara, Aufgabe 3, Feedback

		Aufgabenbearbeitung	Selbst-Assessment		Feedback
App-Komponente(n)			SAA1, EL	SAA2	
R. M.	Zutreffender SAA zustimmen				
Interpretation			SAA verstanden; Erkannt, dass in SAA aufgeführte Eigenschaft in EL erfüllt ist	SAA verstanden; Erkannt, dass in SAA aufgeführte Eigenschaft in EL erfüllt ist	

		Aufgabenbearbeitung	Selbst-Assessment	Feedback
App-Komponente(n)				
T-i-A	Erster Faktor als Anzahl der Spalten eines Rechtecks			
	Zweiter Faktor als Anzahl der Punkte pro Spalte eines Rechtecks			
Interpretation				

= app-induzierte metakognitive Aktivität

= handlungsleitendes Theorem-in-Aktion

Abbildung 8.124 Überblick über die Mediationsprozesse in Aufgabe 3 im Fall „Klara“. (Quelle: Eigene Darstellung)

Aufgabe 4: Rechteckbilder verändern

Aufgabenbearbeitung

Zuerst liest Klara die Aufgabenstellung laut vor. Sie nimmt sich etwas Zeit (20 s), um über diese nachzudenken und verschiebt im Anschluss den Malwinkel um eine Spalte nach rechts. Dann vervollständigt sie den Antwortsatz. Hierbei fokussiert Klara zunächst den zweiten Teil und gibt an, dass es mehr Punkte geworden sind. Nachdem sie gezählt hat, wie viele Punkte nach dem Verschieben des Malwinkels im Rechteckbild zu sehen sind, trägt sie im ersten Eingabefeld des Antwortsatzes die Zahl Zwanzig ein. Dabei merkt sie an:

„*Es sind zwanzig Punkte (.) und es sind mehr gewe – äh geworden, weil ich es einen nach rechts gemacht habe (verschiebt den Malwinkel noch einmal zurück in die Ausgangsposition und dann wieder um eine Spalte nach rechts)*“ (Abbildung 8.125).

Nachdem sich Klara die Aufgabenstellung durchgelesen hat, in der eine Veränderung der Rechnung zwei mal neun zur Rechnung drei mal neun gefordert wird, verschiebt sie den Malwinkel um eine Spalte nach rechts. Dadurch erzeugt sie jedoch nicht die Rechnung drei mal neun, sondern die Rechnung zwei mal zehn. Das Theorem-in-Aktion, welches sich auf Grundlage ihrer Handlung rekonstruieren lässt, lautet *Erhöhung des ersten Faktors als Erhöhung der Spaltenanzahl*:

<Wenn ich eine Malaufgabe im Rechteckbild verändern möchte, dann muss ich den Malwinkel so verschieben, dass sich bei einer ||Erhöhung des ersten Faktors um eins|| die ||Anzahl der Spalten um eins erhöht||>.

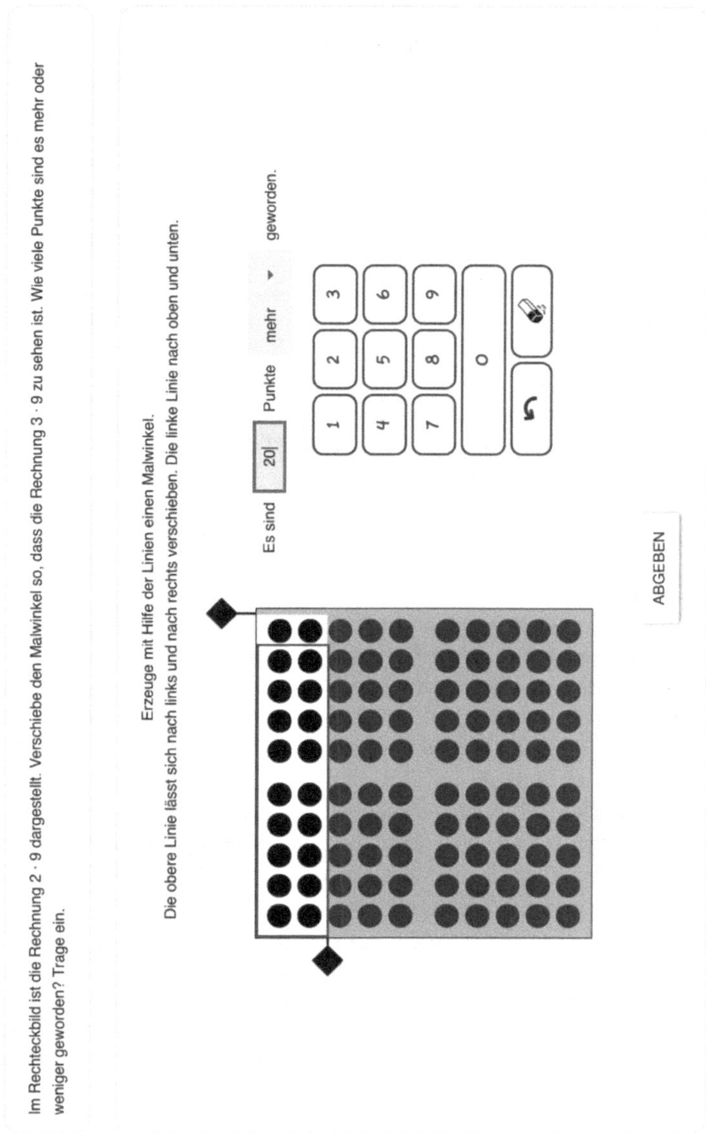

Abbildung 8.125 Klara, Aufgabe 4, Aufgabenbearbeitung

Indem Klara die Erhöhung des ersten Faktors in dieser Aufgabe durch eine Erhöhung des Spaltenanzahl im Rechteckbild darstellt, zeigt sie, dass sie die Veränderung zwischen den Rechnungen mit dem Malwinkel im Rechteckbild nicht darstellen kann. Aufgrund der fehlerhaften Verschiebung des Malwinkels in Bezug auf die Aufgabenstellung gelingt es ihr auch nicht, den Antwortsatz korrekt zu vervollständigen. Dabei stellt nicht nur ihre fehlerhafte Teillösung in Bezug auf das Rechteckbild ein Hindernis dar, sondern Klara scheint zudem auch nicht bewusst zu sein, dass ausschließlich nach der Veränderung der Punktanzahl gefragt ist. Statt anzugeben, wie viele Punkte es durch das Verschieben mehr oder weniger geworden sind, trägt sie ein, wie viele Punkte nach dem Verschieben des Malwinkels im Rechteckbild insgesamt sichtbar sind.

Theorem-in-Aktion

- *Erhöhung des ersten Faktors als Erhöhung der Spaltenanzahl*:
  <Wenn ich eine Malaufgabe im Rechteckbild verändern möchte, dann muss ich den Malwinkel so verschieben, dass sich bei einer ||Erhöhung des ersten Faktors um eins|| die ||Anzahl der Spalten um eins erhöht||>

Selbst-Assessment

Reflexive Mediation:
Nachdem Klara ihre Lösung abgegeben hat, verschiebt sie die Ansicht nach unten. Sie klickt in der möglichen Musterlösung nacheinander auf die Buttons „Anzahl der Gruppen“ und „Größe der Gruppen“. Da sie allerdings noch keine der beiden Lösungsmöglichkeiten ausgewählt hat, werden ihr keine Lösungen und folglich auch keine Hinweise in den Lösungen angezeigt. Die Interviewerin macht Klara daher darauf aufmerksam, dass sie auf „1. Lösung“ klicken müsse, damit ihr etwas angezeigt wird, was sie daraufhin auch macht. Als sie die erste Lösung sieht, kommt sie vermutlich aus dem Grund, weil diese von ihrer Lösung abweicht, zu dem Schluss, dass ihre Lösung falsch ist (Musterlösung, Eigene Lösung – Fehlerhafte eigene Lösung negativ einschätzen):

„Ok, ich habe es leider falsch gemacht.“

Zu vermuten wäre, dass Klara durch diese Einschätzung ihre Annahme, dass sich die Erhöhung des ersten Faktors durch die Erhöhung der Spaltenanzahl darstellen lässt, in Frage stellt. Ob dies tatsächlich der Fall ist, darauf kann auf Grundlage ihrer Äußerung allerdings nicht mit Sicherheit schließen. Da sie augenscheinlich keine Zeit dafür aufwendet, zu verstehen, wie die Erhöhung des ersten Faktors statt über die Erhöhung der Spaltenanzahl alternativ dargestellt werden müsse, lässt sich keine Veränderung ihres Theorems-in-Aktion feststellen. Das oben rekonstruierte Theorem-in-Aktion wird somit weiterhin als ihrer Handlung zugrundeliegend angenommen.

Nach der Einschätzung, dass ihre Lösung falsch ist, scrollt Klara nach oben und wendet sich den Selbst-Assessment-Aussagen zu. Sie liest sich die erste Aussage leise durch und zählt nachfolgend in ihrer Lösung die Punkte ab, die nach dem Verschieben des Malwinkels zu sehen sind. Dabei scheint sie die Punkte immer in Dreier-Gruppen zu bündeln und zählt insgesamt sieben Gruppen ab. Da diese Gruppenanzahl offensichtlich nicht den neun Dreier-Gruppen entspricht, die in der ersten Selbst-Assessment-Aussage angeführt werden, lehnt Klara die Aussage richtigerweise ab und klickt auf „Nein" (Selbst-Assessment-Aussage 1, Eigene Lösung – Nicht zutreffende Selbst-Assessment-Aussage ablehnen; Abbildung 8.126). Die gleiche Antwort gibt sie, ebenfalls bezugnehmend auf ihre Lösung, bei der zweiten Selbst-Assessment-Aussage und lehnt damit auch hier eine Aussage ab, die nicht auf ihre Lösung zutrifft (Selbst-Assessment-Aussage 2, Eigene Lösung – Nicht zutreffende Selbst-Assessment-Aussage ablehnen). Sie begründet ihre Auswahl wie folgt:

„Nein (klickt auf ‚Nein'), weil ich nach rechts gemacht habe."

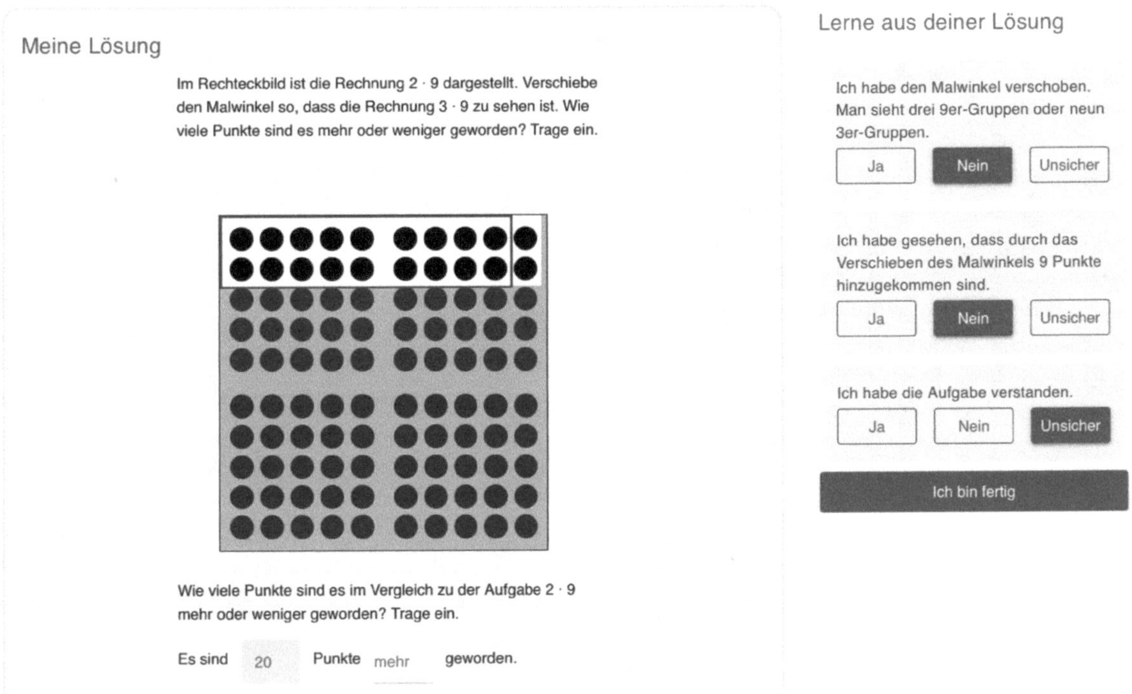

Abbildung 8.126 Klara, Aufgabe 4, Selbst-Assessment

Ihre Begründung weist darauf hin, dass Klara die zweite Selbst-Assessment-Aussage verstanden hat und weiß, dass es in ihrer Lösung nicht neun Punkte sind, die durch das Verschieben des Malwinkels hinzugekommen sind. Offenbar scheint ihr auch bewusst zu sein, dass durch eine Verschiebung des Malwinkels nach rechts die geforderte Veränderung in Bezug auf die Punktanzahl nicht dargestellt hätte werden können.

Zum Ende des Selbst-Assessments gibt Klara zusammenfassend an, dass sie sich unsicher ist:

„Und ich bin unsicher (klickt auf ‚Unsicher').“

Was genau das Gefühl der Unsicherheit bei ihr erzeugt, macht sie nicht deutlich. Es wäre denkbar, dass sie sich mit ihrer Einschätzung auf die Aufgabenstellung bezieht und Zweifel daran hat, diese richtig verstanden zu haben. Da sie die Selbst-Assessment-Aussagen offenbar verständig beantwortet und richtig einschätzt, dass die in den Aussagen genannten Eigenschaften in ihrer Lösung nicht erfüllt sind, erscheint es eher unwahrscheinlich, dass es in Bezug auf die Selbst-Assessment-Aussagen Verständnisprobleme gibt. Eventuell wählt Klara auch die Antwort „Unsicher“ aus, da sie, wie sie beim Vergleich mit der Musterlösung bereits feststellte, die Aufgabe nicht richtig gelöst hat.

Epistemische Mediation:

- Keine Mediationsprozesse feststellbar

Reflexive Mediation:

- Musterlösung, Eigene Lösung – Fehlerhafte eigene Lösung negativ einschätzen
- Selbst-Assessment-Aussage 1, Eigene Lösung – Nicht zutreffende Selbst-Assessment-Aussage ablehnen
- Selbst-Assessment-Aussage 2, Eigene Lösung – Nicht zutreffende Selbst-Assessment-Aussage ablehnen

Epistemisch-Reflexive Mediation:

- Keine Mediationsprozesse feststellbar

Feedback

Nach Abgabe ihres Selbst-Assessments erhält Klara das Feedback zur Richtigkeit ihrer Aufgabenlösung und ihres Selbst-Assessments (Abbildung 8.127). Sie zoomt kurz in die Ansicht hinein und vergrößert die erste Selbst-Assessment-Aussage.

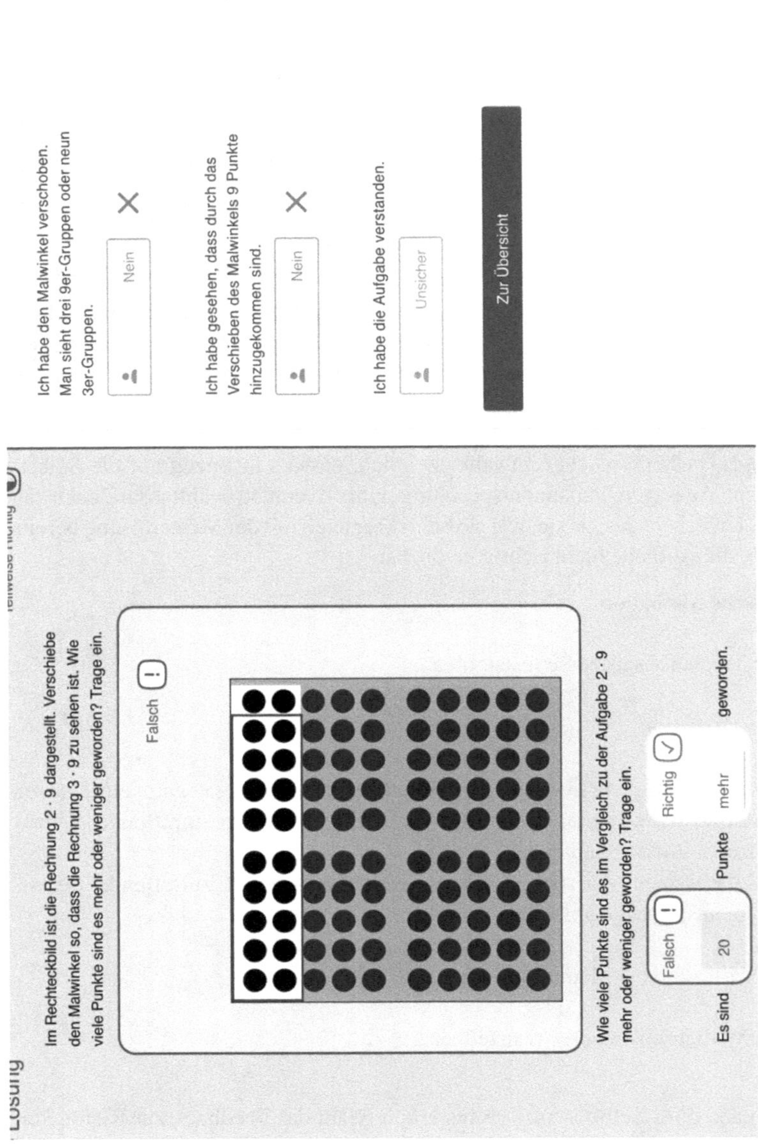

Abbildung 8.127 Klara, Aufgabe 4, Feedback

Dann zoomt sie wieder hinaus, scrollt etwas nach unten, sodass sie das Feedback zur Aufgabenlösung vollständig sehen kann und sagt „*Ok.*“,

womit sie den letzten Prozessschritt abschließt. In diesem Prozessschritt lassen sich also, wie bereits bei der zweiten sowie dritten Aufgabe, keine Momente ausmachen, in denen Klaras Verständnis durch die App beeinflusst wird. Auch reflexive Mediationsprozesse sind nicht erkennbar.

Epistemische Mediation:

- Keine Mediationsprozesse feststellbar

Reflexive Mediation:

- Keine Mediationsprozesse feststellbar

Epistemisch-Reflexive Mediation:

- Keine Mediationsprozesse feststellbar

Hinsichtlich der vierten Aufgabe zeigte sich, dass Klara Schwierigkeiten damit hatte, die Veränderungen von der Rechnung zwei mal neun zur Rechnung drei mal neun mithilfe des Malwinkels im Rechteckbild darzustellen. Statt die Erhöhung des ersten Faktors mit einer Erhöhung der Zeilenanzahl in Verbindung zu bringen, erhöhte sie die Spaltenanzahl, woraufhin das Theorem-in-Aktion *Erhöhung des ersten Faktors als Erhöhung der Spaltenanzahl* rekonstruiert wurde. Auch wenn Klara beim Betrachten der Musterlösung feststellte, dass ihre Lösung falsch ist, ließ sich eine Veränderung ihres Theorems-in-Aktion aufgrund einer fehlenden Auseinandersetzung mit ihrem Fehler nicht rekonstruieren. Als sie sich dann nach dem Betrachten der Musterlösung mit den Selbst-Assessment-Aussagen beschäftigte, lehnte sie beide überprüfbaren Aussagen ab. Damit zeigte Klara, dass sie erkannt hatte, dass ihre Lösung die in den Aussagen aufgeführten Eigenschaften nicht erfüllt (Abbildung 8.128).

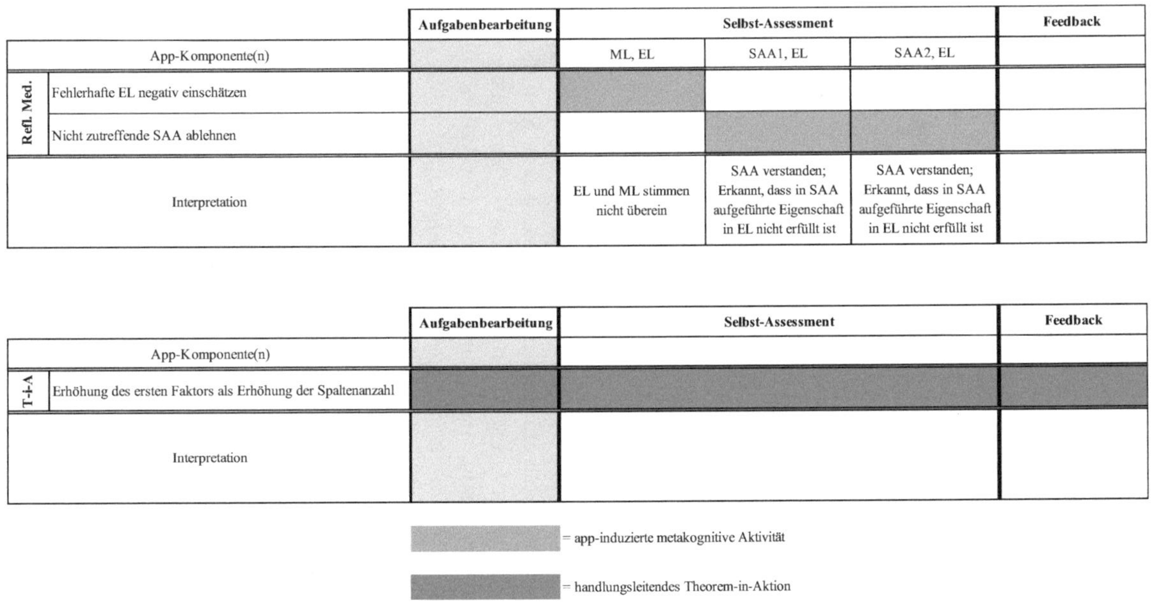

Abbildung 8.128 Überblick über die Mediationsprozesse in Aufgabe 4 im Fall „Klara“. (Quelle: Eigene Darstellung)

Teil IV
Diskussion, Fazit und Ausblick

Zusammenfassung und Diskussion 9

Während die Forschung zu Selbst-Assessments bereits vielfältige Erkenntnisse zu Wahrnehmungen von Lernenden, zu Effekten auf selbstreguliertes Lernen und schulische Leistungen sowie zur Genauigkeit von Selbst-Assessment-Ergebnissen bereitstellt, ist bislang wenig darüber bekannt, ob und welche kognitiven und metakognitiven Aktivitäten stattfinden, wenn Lernende in Selbst-Assessments-Settings dazu angeregt werden, sich selbst einzuschätzen. Insbesondere die Potenziale interaktiver und dynamischer Musterlösungen sowie automatischen Feedbacks zur Unterstützung von Selbst-Assessments im Kontext digitaler Settings sind bislang kaum untersucht worden.

Die vorliegende Arbeit setzte genau an dieser Forschungslücke an und untersuchte die Nutzung einer Selbst-Assessment-App, die interaktive und dynamische Musterlösungen, inhaltsbezogene Selbst-Assessment-Aussagen sowie automatisches Feedback auf Aufgaben- und Selbstregulationsebene bereitstellt. Die App enthält Aufgaben, die die Lernenden dazu auffordern, zwischen mathematisch-symbolischen und bildlichen Darstellungen der Multiplikation zu wechseln und adressiert somit grundlegende Aspekte des Multiplikationsverständnisses.

Bei der Untersuchung der App-Nutzung stand nicht nur die Frage im Fokus, ob die Nutzung der App und ihrer Elemente Veränderungen im Multiplikationsverständnis oder metakognitive Aktivitäten hervorrief, sondern vor allem, wie und warum sie bestimmte Prozesse anregte.

- Forschungsfrage 1 untersuchte diesbezüglich, inwiefern die App-Nutzung Veränderungen im Multiplikationsverständnis und damit epistemische Mediationen auslöste.

L. Graewert, *Aus den eigenen Lösungen lernen*, MINTUS – Beiträge zur mathematisch-naturwissenschaftlichen Bildung,
https://doi.org/10.1007/978-3-658-53095-2_9

- Forschungsfrage 2 richtete den Blick auf reflexive Mediationen und somit darauf, inwiefern die Nutzung der Selbst-Assessment-App die Lernenden zu metakognitiven Aktivitäten anregte.
- Forschungsfrage 3 schließlich fragte danach, ob und welche Wechselwirkungen zwischen dem Auftreten metakognitiver Aktivitäten und Veränderungen im Multiplikationsverständnis bestanden. Prozesse, in denen durch die Nutzung der App sowohl Veränderungen im Multiplikationsverständnis als auch metakognitive Aktivitäten angeregt werden und beide dabei eng miteinander verflochten in einer wechselseitigen Beziehung auftreten, werden in dieser Arbeit als epistemisch-reflexive Mediationen bezeichnet.

Durch die vertiefte Analyse von acht Fällen konnte feingranular aufgezeigt werden, inwiefern die verschiedenen App-Elemente dazu beitrugen, dass epistemische, reflexive oder epistemisch-reflexive Mediationen auftraten.

Es werden nachfolgend die theoretischen und empirischen Ergebnisse zusammengefasst und diskutiert. Dabei wird im ersten Teilkapitel (9.1) auf die in dieser Arbeit entwickelten Theorieelemente eingegangen, bevor im zweiten Teilkapitel (9.2) die empirischen Ergebnisse aufgegriffen werden. In Abschnitt 9.3 erfolgt eine abschließende Zusammenfassung.

9.1 Zusammenfassung und Diskussion der theoretischen Ergebnisse

In diesem Kapitel werden die im Rahmen dieser Arbeit entwickelten Theorieelemente diskutiert. Dazu zählen zum einen die Definition und die Typologie für Selbst-Assessments aus Abschnitt 2.1.1, auf die in Abschnitt 9.1.1 Bezug genommen wird. Anschließend wird in Abschnitt 9.1.2 das in Abschnitt 2.1.2 entwickelte Ebenen-Modell von Selbst-Assessment thematisiert. Abschließend steht in Abschnitt 9.1.3 die Typologie für Selbst-Assessment-Settings im Fokus, die im Rahmen von Abschnitt 2.1.3 entwickelt wurde. Die drei Theorieelemente bilden den zentralen theoretischen Bezugsrahmen der vorliegenden Arbeit und stellen zugleich ein eigenständiges Produkt dieser Arbeit dar.

9.1.1 Definition und Typologie für Selbst-Assessment

In der einschlägigen Literatur mangelt es bislang an einer klaren Präzisierung des Konstruktes Selbst-Assessment, weshalb in der vorliegenden Arbeit zunächst eine eigene Definition sowie Typologie entwickelt wurden. Die Definition basiert auf zentralen und in der Forschung häufig rezipierten Selbst-Assessment-Definitionen von Brown und Harris (2013), Panadero et al. (2016), Yan und Brown (2017), Andrade (2010) sowie Boud und Brew (1995). Durch einen systematischen Vergleich dieser Ansätze konnten gemeinsame Kernelemente identifiziert werden, die die Grundlage der vorgeschlagenen Definition bilden:

Selbst-Assessment bezeichnet allgemein einen Prozess, in dem Lernende ihre eigene Lernleistung selbst einschätzen.

Aufbauend auf den inhaltlichen Unterschieden zwischen den verschiedenen Selbst-Assessment-Definitionen wurde zusätzlich eine Typologie für Selbst-Assessment entwickelt, die verschiedene Formen von Selbst-Assessment unterscheidbar macht:

Je nach **Handlungsumfang, Bezug und Strukturiertheit** des Selbst-Assessments können verschiedene Formen von Selbst-Assessment unterschieden werden:

Handlungsumfang
- Beschreibendes Selbst-Assessment:
  Die Lernenden beschreiben ihre Lernleistung und schätzen diese ein.
- Reflektierendes Selbst-Assessment:
  Die Lernendenden reflektieren ihre Lernleistung und schätzen diese ein.

Bezug der Handlungen
- Fähigkeitsbezogenes Selbst-Assessment:
  Die Lernenden schätzen ihre eigenen schulischen Fähigkeiten ein.
- Prozessbezogenes Selbst-Assessment:
  Die Lernenden schätzen ihren eigenen Lernprozess ein.
- Produktbezogenes Selbst-Assessment:
  Die Lernenden schätzen ihr eigenes Lernprodukt ein.

Strukturiertheit der Handlungen

- Kriteriengeleitetes Selbst-Assessment:
  Die Lernenden schätzen ihre Lernleistung anhand von Kriterien ein.
- Intuitives Selbst-Assessment:
  Die Lernenden schätzen ihre Lernleistung intuitiv ein.

Sie trägt dazu bei, eine Vermischung unterschiedlicher Prozessformen zu vermeiden und verhindert somit, dass verschiedene Aktivitäten unter dem Begriff des „Selbst-Assessments" zusammengefasst werden. Inwiefern sich die in der Typologie beschriebenen Formen von Selbst-Assessment in den empirischen Daten rekonstruieren lassen, wird in der Diskussion der empirischen Ergebnisse (Abschnitt 9.2) noch einmal explizit herausgearbeitet. Bereits an dieser Stelle lässt sich jedoch festhalten, dass entsprechende Selbst-Assessment-Formen in den Daten erkennbar werden, was die Anschlussfähigkeit und praktische Nutzbarkeit der Typologie verdeutlicht. Da bislang keine Typologien vorliegen, die sich eindeutig und ausschließlich auf Prozesse des Selbst-Assessments konzentrieren, leistet die entwickelte Typologie einen wesentlichen Beitrag zur theoretischen Fundierung und Vergleichbarkeit von Forschung zu Selbst-Assessments.

9.1.2 Ebenen-Modell von Selbst-Assessment

Neben definitorischen Unschärfen zeigte sich in der Literatur, dass eine systematische Unterscheidung zwischen Selbst-Assessment verstanden als mentaler Prozess und dem Setting, unter denen diese Prozesse angeregt werden, weitgehend fehlt. Ausgehend von diesem Befund wurde ein Ebenen-Modell von Selbst-Assessment entwickelt, das zwischen einer strukturellen Ebene – dem Setting – und einer mentalen Ebene – den internen Selbst-Assessment-Prozessen – unterscheidet. Diese Unterscheidung wird um eine zweite Dimension ergänzt, die zwischen formalen und informalen Settings und Prozessen differenziert und sich am Grad der Geplantheit und Zielgerichtetheit orientiert (Abbildung 9.1).

Das Ebenen-Modell macht explizit, dass das Setting, in dem Selbst-Assessment stattfindet, nur die strukturelle Ebene bildet, während die eigentlichen mentalen Prozesse davon zu unterscheiden sind. Das Modell schafft somit eine Basis, um verschiedene Aspekte von Selbst-Assessment klarer zu verorten und trägt damit langfristig zu einer systematischeren Forschung in diesem Bereich bei.

Der wesentliche Beitrag des Modells liegt daher in der theoretischen Strukturierung und der Schärfung von Begrifflichkeiten. Eine direkte analytische Funktion für die Auswertung und Interpretation der Ergebnisse hat das Modell in dieser Arbeit hingegen nicht übernommen.

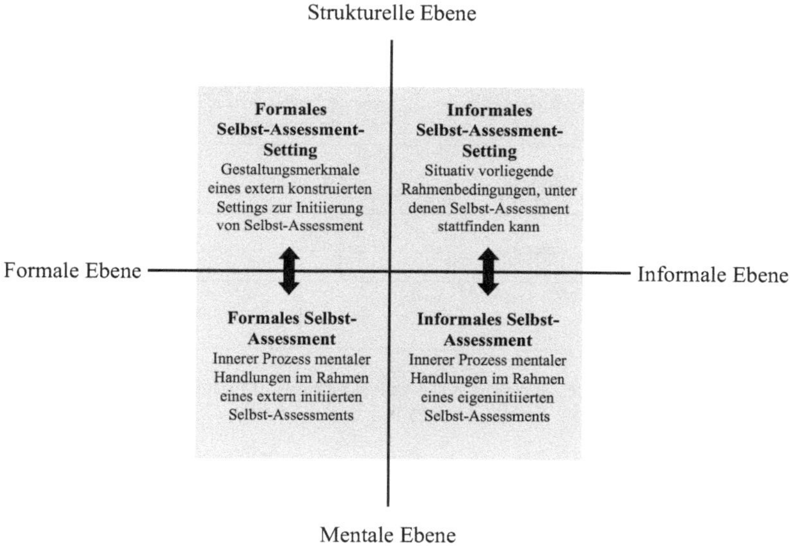

Abbildung 9.1 Ebenen von Selbst-Assessment. (Quelle: Eigene Darstellung)

9.1.3 Typologie für Selbst-Assessment-Settings

Während die Typologie für Selbst-Assessment unterschiedliche Formen mentaler Prozesse unterscheidbar macht, fehlte es bislang an einer vergleichbar systematischen und eindeutigen Typologie für die formalen Selbst-Assessment-Settings, also die äußeren Rahmenbedingungen, durch die Lernende zum Selbst-Assessment angeregt werden. Aufbauend auf den Arbeiten unter anderem von Andrade (2010, 2019), Harris und Brown (2018) und Taras (2010) wurde daher eine Typologie für formale Selbst-Assessment-Settings entwickelt. Diese

Typologie unterscheidet innerhalb der Dimensionen „Ziel“, „Verortung im Lernprozess“, „Bezug“, „Strukturiertheit“ und „Involviertheit der Lernenden“ jeweils verschiedene Ausprägungen (Abbildung 9.2).

<table>
<tr><th>Dimensionen</th><th colspan="12">Ausprägungen</th></tr>
<tr><td>Ziel</td><td colspan="6">summativ</td><td colspan="6">formativ</td></tr>
<tr><td>Verortung im Lernprozess</td><td colspan="4">vor dem Bearbeiten einer Aufgabe</td><td colspan="4">während dem Bearbeiten einer Aufgabe</td><td colspan="4">nach dem Bearbeiten einer Aufgabe</td></tr>
<tr><td>Bezug</td><td colspan="4">Fähigkeiten</td><td colspan="4">Lernprozess</td><td colspan="4">Lernprodukt</td></tr>
<tr><td>Strukturiertheit</td><td colspan="3">keine Kriterien</td><td colspan="3">Beurteilungsraster</td><td colspan="3">Checkliste</td><td colspan="3">Ratingskala</td></tr>
<tr><td>Involviertheit der Lernenden</td><td colspan="6">fremdbestimmt</td><td colspan="6">ko-konstruiert</td></tr>
</table>

Abbildung 9.2 Typologie für Selbst-Assessment-Settings. (Quelle: Darstellung in Anlehnung an Gandenberger et al., S. 253, Abb. 2)

Mit ihrer Hilfe ließ sich das in dieser Arbeit eingesetzte Selbst-Assessment-Setting in seinen Eigenschaften präzise beschreiben. Die Typologie trägt somit dazu bei, Settings theoretisch besser fassbar zu machen und bietet eine Grundlage, die Rahmenbedingungen, unter denen Selbst-Assessments angeregt werden, differenziert zu beschreiben. Damit stellt sie, ähnlich wie die Typologie für Selbst-Assessments, einen wichtigen theoretischen Beitrag dar, indem sie die Transparenz und Vergleichbarkeit von Studien durch eine klare Typisierung von Selbst-Assessment-Settings erhöht.

9.2 Zusammenfassung und Diskussion der empirischen Ergebnisse

Dieses Teilkapitel widmet sich der Zusammenfassung und Diskussion der empirischen Ergebnisse. Die Darstellung erfolgt integrativ über alle Forschungsfragen hinweg, da diese inhaltlich eng miteinander verknüpft sind. Zunächst wird auf das

Zusammenspiel von Veränderungen im Multiplikationsverständnis und dem Auftreten metakognitiver Aktivitäten eingegangen (Abschnitt 9.2.1) und die geringe Häufigkeit des Auftretens von Veränderungen im Multiplikationsverständnis über die analysierten Fälle hinweg diskutiert (Abschnitt 9.2.2), um das Gesamtbild der beobachteten Mediationen sichtbar zu machen. Darauf aufbauend wird in den folgenden Kapiteln detailliert dargestellt, ob und wie die einzelnen App-Elemente zu Mediationen beitragen konnten. Dabei wird zuerst die Rolle der Selbst-Assessment-Aussagen betrachtet (Abschnitt 9.2.3), bevor anschließend die Bedeutung der interaktiven und dynamischen Musterlösungen (Abschnitt 9.2.4) sowie des automatischen Feedbacks diskutiert wird (Abschnitt 9.2.5).

9.2.1 Kopplung epistemischer Mediationen an reflexive Mediationen

Die Analyse der Fälle zeigt, dass Veränderungen im Multiplikationsverständnis durch die App-Nutzung stets in Zusammenhang damit auftraten, dass Lernende ihre Lösung reflektierten und negativ einschätzten, sie also als fehlerhaft bewerteten.

In der ersten Diagnoseaufgabe etwa wurde sowohl bei Bea als auch bei Benno durch das Feedback zur Aufgabenlösung, das ihnen die Fehlerhaftigkeit ihrer Lösungen aufzeigte, offenbar ein kognitiver Konflikt ausgelöst. Dieser Konflikt führte bei beiden Lernenden dazu, dass sie ihre Lösung mithilfe der Musterlösung reflektierten und negativ einschätzten, was mit einer Anpassung ihres Multiplikationsverständnisses einherging. Bei Benno ergab sich dabei hinsichtlich der Tragfähigkeit seines Multiplikationsverständnisses keine Verbesserung. Bei Bea hingegen trug diese epistemisch-reflexive Mediation zu einer kleinen Verbesserung ihres Multiplikationsverständnisses bei. In der zweiten Aufgabe wurde Benno erneut durch das Feedback zur Aufgabenlösung zur Reflexion und negativen Einschätzung seiner Lösung angeregt. Indem er dabei Bezug auf die Musterlösung nahm, gelang es ihm im Gegensatz zur ersten Diagnoseaufgabe, sein Multiplikationsverständnis zu verbessern. Dies gelang Matteo im Rahmen der dritten Diagnoseaufgabe nicht. Zwar wurde er durch die Selbst-Assessment-Aussagen dazu angestoßen, seine Lösung zu reflektieren und einzuschätzen. Die damit verbundenen Veränderungen seines Multiplikationsverständnisses führten jedoch nicht zu einem tragfähigeren Verständnis.

Somit lässt sich zunächst festhalten, dass bei allen Lernenden, bei denen sich ein verändertes Multiplikationsverständnis rekonstruieren ließ, dieser Prozess mit der Reflexion und negativen Einschätzung der eigenen Lösung verknüpft war.

Dieser Befund steht in Einklang mit den theoretischen Annahmen von Sjuts (2003) sowie Veenman et al. (2006), die metakognitiven Aktivitäten eine koordinierende Funktion zuschreiben und den Zusammenhang zwischen kognitiven und metakognitiven Aktivitäten als zirkulär beschreiben (Abschnitt 2.4). Neben dem engen Zusammenhang zwischen Kognition und Metakognition zeigen die Ergebnisse aber auch, dass Veränderungen im Multiplikationsverständnis, die im Zusammenhang mit metakognitiven Aktivitäten auftraten, nicht zwangsläufig positiv waren. Sowohl bei Benno in der ersten Diagnoseaufgabe als auch bei Matteo in der dritten Diagnoseaufgabe führte die App-Nutzung zu einer Veränderung ihres multiplikativen Verständnisses. Diese Veränderung stellte jedoch keine Verbesserung dar und trug somit nicht zur Tragfähigkeit des Multiplikationsverständnisses bei. Diese Befunde lassen sich durch die Ergebnisse von Thiede et al. (2003, S. 70) stützen, die im Rahmen einer Studie zum Textverstehen nachweisen konnten, dass eine unzureichende metakognitive Überwachung wie etwa eine ungenaue Reflexion mit einer weniger effektiven Regulation von Lernprozessen einhergeht. Zudem bietet das Konzept der Selbstreparatur eine passende theoretische Grundlage, um dieses Ergebnis zu verstehen. Eine Selbstreparatur bezeichnet in Anlehnung an Chi (2000) den Prozess, bei dem Lernende Fehler oder Lücken in ihrem eigenen Verständnis erkennen und überarbeiten, sodass ein tragfähigeres Verständnis entsteht. Safadi und Yerushalmi (2009, 2013) betonen, dass eine Selbstreparatur nur dann erfolgen kann, wenn Lernende die signifikanten Unterschiede zwischen ihrer eigenen Lösung, die ihr individuelles Verständnis widerspiegelt und Repräsentationen des wissenschaftlichen Modells, etwa in Form von Musterlösungen oder Selbst-Assessment-Kriterien, identifizieren. Darüber hinaus müssen sie die konkreten Konflikte zwischen ihrem Verständnis und dem wissenschaftlichen Modell erkennen und anschließend lösen können (Abschnitt 2.2.1). Wenn jedoch, wie im Fall von Benno, nicht alle signifikanten Unterschiede erkannt oder, wie im Fall von Matteo, Unterschiede falsch interpretiert werden, ist zwar davon auszugehen, dass Konflikte wahrgenommen und bearbeitet werden. Diese Konflikte entsprechen dann jedoch nicht den tatsächlich bedeutsamen Konflikten zwischen dem eigenen Verständnis und dem wissenschaftlichen Modell, sondern basieren auf subjektiv wahrgenommen Differenzen. Eine Lösung solcher subjektiven Konflikte führt daher nicht unbedingt zu einer Verbesserung des Verständnisses, sondern lediglich zu einer Veränderung, die weiterhin unzureichend bleibt und nicht zu einem tragfähigeren Verständnis beiträgt. Solche Prozesse werden bezugnehmend auf Chi (2000) nachfolgend als fehlgeschlagene Selbstreparaturprozesse bezeichnet. Chi (2008,

S. 70) selbst spricht in diesem Zusammenhang von „robusten Fehlvorstellungen“, die trotz erfolgter Anpassungen des eigenen Verständnisses nicht in ein tragfähiges Verständnis umgewandelt werden können.

Insgesamt verdeutlichen die Ergebnisse, dass Veränderungen im Multiplikationsverständnis durch die App-Nutzung nur in solchen Situationen angeregt werden konnten, in denen die App zugleich eine Reflexion und negative Einschätzung der eigenen Lösung auslöste. Gleichzeitig zeigen die Befunde jedoch, dass diese epistemisch-reflexiven Mediationen nicht automatisch zu einer Weiterentwicklung des inhaltsbezogenen Verständnisses führten. Die App konnte somit zwar epistemisch-reflexive Mediationen initiieren, deren Beitrag zu einem tragfähigeren Verständnis hing jedoch davon ab, inwieweit die Lernenden die App-Elemente angemessen interpretierten und nutzten. In manchen Situationen konnten die durch die App-Nutzung angeregten metakognitiven Aktivitäten somit die Qualität des Lernens verbessern (Gourgey, 1998), in anderen Situationen konnten sie jedoch nicht zu einem tragfähigeren Verständnis beitragen.

9.2.2 Seltenes Auftreten epistemisch-reflexiver Mediationen

Epistemisch-reflexive Mediationen konnten im Rahmen der Fallanalysen nur selten rekonstruiert werden. Die Häufigkeit des Auftretens epistemisch-reflexiver Mediationen ist jedoch vor dem Hintergrund des Multiplikationsverständnisses der Lernenden differenziert zu betrachten.

Verdichtung der rekonstruierten Theoreme-in-Aktion zu Typen von Multiplikationsverständnis

In den Fallanalysen wurde dieses Verständnis für jede lernende Person und jede Diagnoseaufgabe auf Grundlage der rekonstruierten Theoreme-in-Aktion detailliert beschrieben. Aufgrund ihres hohen Differenzierungsgrades sind die einzelnen Theoreme-in-Aktion jedoch nur eingeschränkt geeignet, eine übergreifende Einordnung des seltenen Auftretens epistemisch-reflexiver Mediationen vorzunehmen. Daher wird im Folgenden zunächst eine kriteriengeleitete Verdichtung vorgenommen. Ziel dieser Verdichtung ist es, die rekonstruierten Theoreme-in-Aktion so zusammenzuführen, sodass strukturelle Gemeinsamkeiten und Unterschiede im Multiplikationsverständnis sichtbar werden und in Beziehung zu möglichen Mediationen gesetzt werden können.

Die Verdichtung basiert auf zwei Dimensionen:

1. Der Vollständigkeit des Darstellungswechsels, also inwiefern alle relevanten Elemente der mathematisch-symbolischen und bildlichen Darstellung in Beziehung zueinander gesetzt werden, sowie
2. der Flexibilität der Deutung, also inwiefern die Rollen der Faktoren flexibel interpretiert werden.

Auf dieser Grundlage lassen sich die rekonstruierten Theoreme-in-Aktion zu vier Typen von Multiplikationsverständnis verdichten, die sich hinsichtlich ihrer Tragfähigkeit unterscheiden:

- *Tragfähiges Multiplikationsverständnis*
  Ein tragfähiges Multiplikationsverständnis liegt vor, wenn die im Rahmen einer Diagnoseaufgabe rekonstruierten Theoreme-in-Aktion zeigen, dass die lernende Person beide Faktoren und gegebenenfalls auch das Ergebnis in bildlichen Darstellungen erkennen beziehungsweise bildlich darstellen und die Rolle der Faktoren flexibel deuten kann. Dies wird exemplarisch deutlich an den für Bea in der zweiten Diagnoseaufgabe rekonstruierten Theoremen-in-Aktion *Erster oder zweiter Faktor als Sprunganzahl, Erster oder zweiter Faktor als Sprunglänge und Ergebnis als Endpunkt des letzten Sprunges.*

- *Eingeschränkt tragfähiges Multiplikationsverständnis*

  a) *Einseitig-fixiertes Multiplikationsverständnis*
  Ein einseitig-fixiertes Multiplikationsverständnis wird dann angenommen, wenn die Theoreme-in-Aktion erkennen lassen, dass die lernende Person beide Faktoren und gegebenenfalls auch das Ergebnis in bildlichen Darstellungen erkennen beziehungsweise bildlich darstellen, jedoch die Rolle der Faktoren nicht flexibel deuten kann. Dies zeigt sich beispielsweise in den für Klara in der dritten Diagnoseaufgabe rekonstruierten Theoreme-in-Aktion *Erster Faktor als Anzahl der Spalten eines Rechtecks* und *Zweiter Faktor als Anzahl der Punkte pro Spalte eines Rechtecks.*

b) *Unvollständiges Multiplikationsverständnis*
Ein unvollständiges Multiplikationsverständnis liegt vor, wenn die Theoreme-in-Aktion darauf hindeuten, dass die lernende Person nur einen der beiden Faktoren und das Ergebnis erkennen beziehungsweise bildlich darstellen kann. Exemplarisch hierfür sind die Theoreme-in-Aktion, die für Clemens in der ersten Diagnoseaufgabe rekonstruiert wurden: *Sprunglänge als erster Faktor* und *Endpunkt des letzten Sprunges als Ergebnis.*

- *Nicht tragfähiges Multiplikationsverständnis*
Ein nicht tragfähiges Multiplikationsverständnis wird dann angenommen, wenn die Theoreme-in-Aktion erkennen lassen, dass keine passenden Verknüpfungen zwischen mathematisch-symbolischen und bildlichen Darstellungen hergestellt werden können. Sichtbar wird dies zum Beispiel in den Theoremen-in-Aktion, die für Matteo in der dritten Diagnoseaufgabe rekonstruiert wurden: *Erster Faktor als vertikale Schenkellänge eines (auszufüllenden) rechten Winkels* und *Zweiter Faktor als horizontale Schenkellänge eines (auszufüllenden) rechten Winkels.*

Die Typenbildung stellt eine abstrahierende Zusammenfassung der rekonstruierten Theoreme-in-Aktion dar und ermöglicht es im Folgenden, das seltene Auftreten epistemisch-reflexiver Mediationen relativ zum Multiplikationsverständnis zu deuten.

Auftreten epistemisch-reflexiver Mediationen vor dem Hintergrund des Typs des Multiplikationsverständnisses

Tabelle 9.1 stellt für jede lernende Person und für jede einzelne Diagnoseaufgabe dar, welchem Typ von Multiplikationsverständnis das jeweilige Verständnis zugeordnet werden kann. In den Zellen ist somit der Grad der Tragfähigkeit des Multiplikationsverständnisses der Lernenden bezogen auf die jeweilige Aufgabe abgebildet.

Tabelle 9.1 Typen von Multiplikationsverständnis

	Clemens	Joel	Matteo	Bea	Gabriel	Benno	Paul	Klara
Aufgabe 1	⊖	–	–	– ⊖	+	– –	⊕	–
Aufgabe 2	⊖	–	⊕	+	+	– ⊕	⊕	⊕
Aufgabe 3	⊕	⊕	– –	⊕	+	–	⊕	⊕
Aufgabe 4	+	–	–	+	+	+	+	–
+	tragfähiges Multiplikationsverständnis							
⊕	einseitig-fixiertes Multiplikationsverständnis							
⊖	unvollständiges Multiplikationsverständnis							
–	nicht tragfähiges Multiplikationsverständnis							

Zellen mit einem einzelnen Symbol kennzeichnen, dass das Multiplikationsverständnis im Verlauf der Auseinandersetzung mit der Diagnoseaufgabe keine Veränderung erfahren hat. Zellen mit zwei Symbolen weisen darauf hin, dass im Zuge der App-Nutzung ein epistemisch-reflexiver Mediationsprozess stattgefunden hat, in dessen Verlauf sich das Multiplikationsverständnis verändert hat. Dabei gibt das erste Symbol an, welchen Typ von Multiplikationsverständnis die Lernenden während der Bearbeitung der Diagnoseaufgabe zeigen. Das zweite Symbol zeigt, welchem Typ ihr Verständnis nach einem durch die App-Nutzung angestoßenen epistemisch-reflexiven Mediationsprozess zugeordnet werden kann.

Mit Blick Tabelle 9.1 wird deutlich, dass von insgesamt 32 Prozessen, in denen sich die Lernenden im ersten Durchlauf mit einer der Diagnoseaufgaben auseinandersetzten, lediglich vier epistemisch-reflexive Mediationen identifiziert werden konnten. Diese traten bei Bea und Benno in der ersten Diagnoseaufgabe, bei Benno zusätzlich in der zweiten und bei Matteo in der dritten Aufgabe auf. Diese Situationen wurden im vorangegangenen Abschnitt 9.2.1 bereits kurz skizziert.

Dass es bei den Lernenden, deren Multiplikationsverständnis von Beginn an tragfähig (+) war, zu keiner Veränderung der Tragfähigkeit kam, ist als positives Ergebnis zu bewerten. Die Theorie der kognitiven Entlastung beschreibt im Zusammenhang mit dem Expertise-Effekt, dass Lernende mit einem hohen Kenntnisstand auf bereitgestellte, für sie häufig redundante Informationen, etwa in Form von Musterlösungen, auf zwei Arten reagieren können. Entweder lösen diese Informationen keine Veränderung des Verständnisses aus oder ihre Verarbeitung führt zu einer Überlastung des Arbeitsgedächtnisses, die sich negativ auf das Lernen auswirken kann (Kalyuga, 2007; Kalyuga et al., 1998; Sweller et al., 2011). In den vorliegenden Daten zeigte sich, dass das tragfähige Verständnis bei allen Lernenden stabil blieb und sich nicht verschlechterte. Dies betrifft Gabriel in allen vier Diagnoseaufgaben, Bea in der zweiten und vierten Aufgabe sowie Clemens, Benno und Paul in der vierten Aufgabe.

Kritischer sind die Ergebnisse für jene Lernenden zu bewerten, die ein unvollständiges oder nicht tragfähiges Multiplikationsverständnis (⊖ oder -) aufwiesen und bei denen grundsätzlich noch Entwicklungspotenzial bestanden hätte. In diesen Fällen wäre das Auftreten epistemisch-reflexiver Mediationen wünschenswert gewesen, die zu einer Weiterentwicklung des Verständnisses hätten beitragen können. Die Ergebnisse zeigen jedoch, dass entsprechende Mediationsprozesse in der Auseinandersetzung mit der App häufig nicht angestoßen wurden.

Zusammenfassend lässt sich hinsichtlich der Häufigkeit des Auftretens epistemisch-reflexiver Mediationen festhalten, dass diese insgesamt nur selten beobachtet werden konnten. Für die Lernenden, die in Bezug auf eine Diagnoseaufgabe bereits ein tragfähiges Multiplikationsverständnis zeigten, ist dieses Ergebnis positiv zu bewerten. Denn es weist darauf hin, dass die Nutzung der App zu keiner Verschlechterung des vorhandenen Verständnisses geführt hat, was im Sinne des Expertise-Effekts durchaus denkbar gewesen wäre. In Bezug auf die Aufgaben, in denen Lernende ein unvollständiges oder nicht tragfähiges Multiplikationsverständnis aufwiesen und somit grundsätzlich Entwicklungspotenzial bestand, konnte dieses Potenzial hingegen häufig nicht ausgeschöpft werden. In diesen Fällen traten nur selten epistemisch-reflexive Mediationen auf, die zu einer Verbesserung des Multiplikationsverständnisses beitrugen.

Während in den Abschnitten 9.2.1 und 9.2.2 eine eher globale Perspektive auf die Ergebnisse eingenommen wurde, wird in den folgenden Kapiteln nun spezifischer auf die Rolle der einzelnen App-Elemente eingegangen, nämlich auf die Selbst-Assessment-Aussagen, die dynamischen und interaktiven Musterlösungen sowie das automatische Feedback.

9.2.3 Zusammenhang zwischen Multiplikationsverständnis und durch Selbst-Assessment-Aussagen angeregten metakognitiven Aktivitäten

Im Rahmen der Analyse reflexiver Mediationen wurde untersucht, inwiefern die Lernenden durch die Nutzung der Selbst-Assessment-App zu metakognitiven Aktivitäten angeregt wurden. Zur Rekonstruktion reflexiver Mediationen wurden zunächst die durch die App-Nutzung angeregten metakognitiven Aktivitäten kategoriengeleitet erfasst und anschließend mögliche Ursachen für deren

Auftreten rekonstruiert. Spezifisch für die Selbst-Assessment-Aussagen kann ein enger Zusammenhang zwischen dem Multiplikationsverständnis und den durch sie angeregten metakognitiven Aktivitäten festgestellt werden. Um diesen Zusammenhang herauszuarbeiten, werden im Folgenden zwei Verdichtungen aufeinander bezogen. Erstens werden die im vorherigen Abschnitt entwickelten Typen von Multiplikationsverständnis aufgegriffen. Diese beruhen auf einer Verdichtung der rekonstruierten Theoreme-in-Aktion entlang der Vollständigkeit des Darstellungswechsels und der Flexibilität der Deutung der Faktoren (Abschnitt 9.2.2). Zweitens werden die beim Beantworten der Selbst-Assessment-Aussagen identifizierten metakognitiven Aktivitäten unter Einbezug der rekonstruierten Ursachen ihres Auftretens zu unterschiedlichen Formen von Selbst-Assessment verdichtet. Diese Verdichtung erfolgt unter Rückbezug auf die in Abschnitt 2.1.1 theoretisch entwickelte Typologie von Selbst-Assessment. Die dort eingeführten Dimensionen des Bezugs sowie der Strukturiertheit der mentalen Handlungen dienen dabei als theoretischer Rahmen für die Interpretation der empirisch rekonstruierten Prozesse. Dadurch können die Zusammenhänge zwischen Multiplikationsverständnis und Selbst-Assessment-Formen zusammenfassend aufgezeigt werden.

Verdichtung der metakognitiven Aktivitäten zu Formen von Selbst-Assessment

Hinsichtlich der beim Beantworten der Selbst-Assessment-Aussagen auftretenden metakognitiven Aktivitäten wurde zwischen fünf verschiedenen Aktivitäten unterschieden (Abschnitt 7.4.3). Lernende konnten

- einer zutreffenden Selbst-Assessment-Aussage zustimmen,
- eine nicht zutreffende Selbst-Assessment-Aussage ablehnen,
- eine zutreffende Selbst-Assessment-Aussage ablehnen,
- einer nicht zutreffenden Selbst-Assessment-Aussage zustimmen oder
- Unsicherheiten bezüglich einer Selbst-Assessment-Aussage feststellen.

Berücksichtigt wurde in den Fallanalysen jedoch nicht ausschließlich, welche dieser metakognitiven Aktivitäten im Zusammenhang mit den Selbst-Assessment-Aussagen auftraten. Es wurden auf Grundlage der Handlungen und Aussagen der Lernenden auch mögliche Ursachen für deren Auftreten rekonstruiert. Die Rekonstruktion dieser Ursachen ermöglicht Rückschlüsse darauf, ob die Antworten auf die Selbst-Assessment-Aussagen tatsächlich als Ergebnis eines Selbst-Assessment-Prozesses zu interpretieren sind und welcher Form von Selbst-Assessment sie zugeordnet werden können. Die im Folgenden vorgenommenen Zuordnungen orientieren sich dabei an der in Abschnitt 2.1.1 entwickelten Typologie für Selbst-Assessment. Insbesondere werden die dort theoretisch unterschiedenen Dimensionen des Bezugs sowie der Strukturiertheit der Handlungen herangezogen, um die empirisch rekonstruierten Prozesse einzuordnen:

Wurde für eine Handlung der Code „zutreffender Selbst-Assessment-Aussage zustimmen“ oder „nicht zutreffende Selbst-Assessment-Aussage ablehnen“ vergeben und konnte als Ursache rekonstruiert werden, dass die lernende Person die Aussage verstanden und erkannt hatte, dass diese in der eigenen Lösung erfüllt ist, wird dies als produktbezogenes, kriteriengeleitetes Selbst-Assessment mit korrektem Ergebnis interpretiert. Die identifizierten metakognitiven Aktivitäten und ihre Ursachen sprechen in diesen Situationen dafür, dass die Lernenden ihre eigene Lösung anhand des durch die Aussage repräsentierten Kriteriums einschätzten und zu einer zutreffenden Selbsteinschätzung gelangten.

Wurde hingegen der Code „nicht zutreffender Selbst-Assessment-Aussage zustimmen“ oder „zutreffende Selbst-Assessment-Aussage ablehnen“ vergeben und konnten Ursachen rekonstruiert werden, die das Zustandekommen dieser Antworten erklärten, wird dies ebenfalls als produktbezogenes, kriteriengeleitetes Selbst-Assessment interpretiert, jedoch mit einem fehlerhaften Selbst-Assessment-Ergebnis. Die rekonstruierten Ursachen legen in diesen Situationen nahe, dass die Lernenden ihre eigene Lösung grundsätzlich anhand der Selbst-Assessment-Aussage einschätzten und lieferten Gründe, warum die Lernenden im Rahmen dieses Prozesses zu einem fehlerhaften Selbst-Assessment-Ergebnis gelangten.

Wurden dagegen Unsicherheiten bezüglich einer Selbst-Assessment-Aussage festgestellt, wird dies als ausbleibendes Selbst-Assessment interpretiert. In diesen Fällen konnte nicht rekonstruiert werden, dass die Lernenden ihre eigene Lösung anhand der jeweiligen Aussage einschätzten.

Auf Grundlage der vorangegangenen Erläuterungen lassen sich drei Formen von Selbst-Assessments unterscheiden, die empirisch rekonstruierte Ausprägungen der theoretisch entwickelten Typologie darstellen. Darüber hinaus wird berücksichtigt, ob das Selbst-Assessment zu einer korrekten oder fehlerhaften Selbsteinschätzung führte:

- *Produktbezogenes, kriteriengeleitetes Selbst-Assessment mit korrektem Ergebnis*
  Die identifizierten metakognitiven Aktivitäten und die Rekonstruktion der Ursachen ihres Auftretens sprechen dafür, dass die lernende Person ihre eigene Lösung anhand der Selbst-Assessment-Aussage einschätzt und zu einer zutreffenden Selbsteinschätzung gelangt.

- *Produktbezogenes, kriteriengeleitetes Selbst-Assessment mit fehlerhaftem Ergebnis*
  Die identifizierten metakognitiven Aktivitäten und die Rekonstruktion der Ursachen ihres Auftretens sprechen dafür, dass die lernende Person ihre eigene Lösung anhand der Selbst-Assessment-Aussage einschätzt, im Rahmen dieses Prozesses jedoch zu einer fehlerhaften Selbsteinschätzung gelangt.
- *Kein Selbst-Assessment*
  Die Beantwortung der Selbst-Assessment-Aussage ist nicht als Ergebnis eines Selbst-Assessments interpretierbar.

Die Formenbildung stellt eine abstrahierende Zusammenführung der rekonstruierten metakognitiven Aktivitäten und ihrer Ursachen dar. Sie ermöglicht es im Folgenden, den Zusammenhang zwischen der Tragfähigkeit des Multiplikationsverständnisses und den durch die Selbst-Assessment-Aussagen angeregten beziehungsweise nicht angeregten Selbst-Assessments darzustellen.

Nachdem im vorangegangenen Kapitel Typen des Multiplikationsverständnisses herausgearbeitet und in diesem Kapitel die metakognitiven Aktivitäten beim Beantworten der Selbst-Assessment-Aussagen zu Formen von Selbst-Assessments verdichtet wurden, werden nun die Zusammenhänge zwischen beiden Verdichtungen betrachtet. Zunächst werden Lernende in den Blick genommen, deren Multiplikationsverständnis in einer Diagnoseaufgabe als tragfähig oder einseitig-fixiert eingeordnet wurde. Anschließend werden Lernende mit unvollständigem oder nicht tragfähigem Multiplikationsverständnis betrachtet.

Formen von Selbst-Assessment bei Lernenden mit tragfähigem oder einseitig-fixiertem Multiplikationsverständnis

Für Lernende mit einem tragfähigen oder einseitig-fixierten Multiplikationsverständnis konnte auf Grundlage ihres Verhaltens überwiegend rekonstruiert werden, dass sie die Selbst-Assessment-Aussagen verstanden und erkannt hatten, dass diese in ihrer Lösung erfüllt sind. Entsprechend ist davon auszugehen, dass die Lernenden in diesen Fällen produktbezogene, kriteriengeleitete Selbst-Assessments durchführten und dabei korrekte Selbst-Assessment-Ergebnisse erzielten (Abbildung 9.3).

Dieser Befund steht im Einklang mit Ergebnissen aus Studien zur Genauigkeit von Selbst-Assessment-Ergebnissen. Verschiedene Untersuchungen zeigen konsistent, dass gute schulische Leistungen und umfassendes inhaltliches Wissen, wie es sich in einem tragfähigen Verständnis widerspiegelt, mit einer höheren

Übereinstimmung zwischen Selbst-Assessment-Ergebnissen und externen Bewertungsmaßstäben einhergehen (Barnett & Hixon, 1997 nach Brown et al., 2015, S. 447; León et al., 2023, S. 81).

Sonderfall: Automatisierte Beantwortung der Selbst-Assessment-Aussagen
Wie im Folgenden am Fall von Paul gezeigt wird, ist ein tragfähiges Multiplikationsverständnis jedoch nicht zwingend damit verbunden, dass durch die Selbst-Assessment-Aussagen tatsächlich Selbst-Assessments initiiert werden. Zwar konnte Paul im Rahmen der vierten Diagnoseaufgabe allen zutreffenden Aussagen zustimmen, die Interpretation seiner Aktivitäten legte jedoch nahe, dass es sich hierbei eher um ein automatisiertes Antwortverhalten handelte und keine Selbst-Assessments stattfanden. Zwar stimmte Paul allen Selbst-Assessment-Aussagen zu und wählte damit die Antworten aus, die in Bezug auf seine Lösung korrekt waren. Doch aufgrund der Schnelligkeit, mit der Paul seine Auswahl traf, erschien es unwahrscheinlich, dass seine Antworten die Ergebnisse tatsächlicher Selbst-Assessment-Prozesse waren. Vielmehr ist anzunehmen, dass Paul durch vorangegangene Diagnoseaufgaben verinnerlicht hatte, wie die Aussagen zu beantworten sind, wenn eine richtige Lösung vorliegt.

Kasakowskij et al. (2023, S. 338) beschreiben ein solches Verhalten, bei dem Lernende ohne vertieftes Nachdenken alle Selbst-Assessment-Kriterien als erfüllt angeben, als „oberflächliches Selbsteinschätzungsverhalten". Auch Nieminen und Boud heben hervor, dass in Selbst-Assessment-Settings die Gefahr besteht, dass

> „students learn how to *perform* a certain kind of self-assessment" (2025, S. 641, Herv. im Original)

anstatt sich ehrlich und authentisch selbst einzuschätzen.

Das Beispiel von Paul zeigt somit, dass selbst korrekte Antworten auf Selbst-Assessment-Aussagen nicht zwangsläufig als Ergebnis eines tatsächlich vollzogenen Selbst-Assessments-Prozesses betrachtet werden können (Abbildung 9.3).

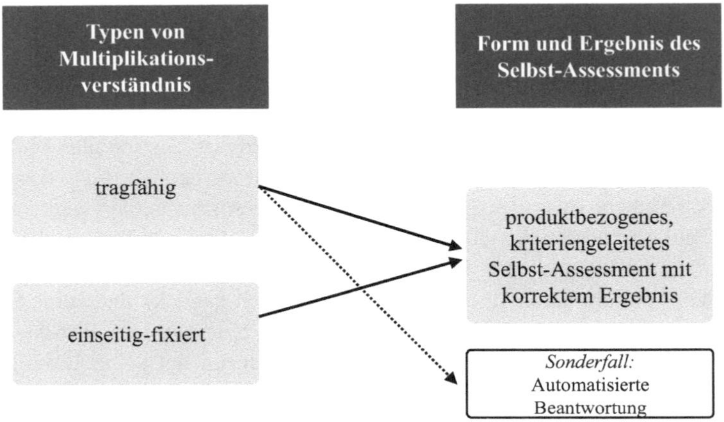

Abbildung 9.3 Lernende mit tragfähigem oder einseitig-fixiertem Multiplikationsverständnis. (Quelle: Eigene Darstellung)

Formen von Selbst-Assessment bei Lernenden mit unvollständigem oder nicht tragfähigem Multiplikationsverständnis

Für Lernende mit einem unvollständigen oder nicht tragfähigen Multiplikationsverständnis deuteten die festgestellten metakognitiven Aktivitäten und die Rekonstruktion ihrer Ursachen darauf hin, dass unterschiedliche Formen von Selbst-Assessment stattgefunden haben.

In einigen Situationen sprechen die Aktivitäten und Ursachen dafür, dass die Lernenden ihre eigenen Lösungen grundsätzlich anhand der Selbst-Assessment-Aussagen einschätzten. Damit ist zu vermuten, dass produktbezogene, kriteriengeleitete Selbst-Assessment-Prozesse stattgefunden haben. Hier zeigen die Rekonstruktionen jedoch auch, dass die Lernenden im Rahmen dieser Selbst-Assessment-Prozesse oftmals zu fehlerhaften Selbst-Assessment-Ergebnissen gelangten, also Fehleinschätzungen auftraten (Abbildung 9.4). Dafür konnten zwei Ursachen eindeutig identifiziert werden.

1. Ursache: Missinterpretation der Selbst-Assessment-Aussage

Eine Ursache bestand in der Missinterpretation der jeweiligen Selbst-Assessment-Aussage. Dies zeigte sich besonders bei Matteo, der mehrere Selbst-Assessment-Aussagen vor dem Hintergrund seines eigenen Multiplikationsverständnisses interpretierte. Dieses Verhalten entspricht dem in der Kognitionspsychologie beschriebenen Bestätigungsfehler („confirmation bias“):

> „The confirmation bias is the tendency to search for, interpret, favor and recall information in a way that confirms one's preexisting beliefs or hypotheses“ (Sleegers et al., 2019, S. 76).

In der ersten Diagnoseaufgabe stimmte Matteo beispielsweise der ersten Selbst-Assessment-Aussage fälschlicherweise zu, da er sie so verstand, als würde nach der Sprunglänge statt nach der Anzahl der Sprünge gefragt werden. In der dritten Selbst-Assessment-Aussage fokussierte er statt der Gesamtlänge aller Sprünge lediglich die Länge der ersten drei Sprünge, auf die er sich bei der Erstellung seiner Lösung konzentriert hatte. Auch in der dritten Diagnoseaufgabe interpretierte Matteo die erste Selbst-Assessment-Aussage so, als würde ausschließlich nach der Gruppengröße und nicht zusätzlich nach der Gruppenanzahl gefragt werden. Dies führte erneut zu einer Fehleinschätzung.

Dieser Befund steht im Einklang mit der in der Metaanalyse von León et al. (2023) beschriebenen Tendenz zur Überschätzung der eigenen Leistung. Bei Matteo ließ sich dies konkret auf eine Missinterpretation der Selbst-Assessment-Aussagen zugunsten seines eigenen Multiplikationsverständnisses zurückführen. Indem er die Aussagen so deutete, dass sie sein Verständnis bestätigten, konnte er ihnen zustimmen, auch wenn diese in seiner Lösung nicht vollständig erfüllt waren. Im Sinne des „Unrealistic Optimism“ überschätzte er die Qualität seiner Lösung und ignorierte relevante Informationen in den Selbst-Assessment-Aussagen, die auf die Fehlerhaftigkeit seiner Lösung sowie auf Merkmale einer korrekten Lösung verwiesen hätten (Dunning et al., 2004, S. 72).

2. Ursache: Anwendung der Selbst-Assessment-Aussagen auf falsche Bezugselemente

Eine zweite Ursache für Fehleinschätzungen lag in der Anwendung der Selbst-Assessment-Aussagen auf falsche Bezugselemente. Dies zeigte sich bei Bea in der ersten Diagnoseaufgabe. Sie ging davon aus, dass für den ersten Faktor die Sprunglänge und für das Ergebnis der Endpunkt des letzten Sprunges plus die Länge eines weiteren Sprunges herangezogen werden muss. Die Selbst-Assessment-Aussagen interpretierte sie im intendierten Sinne, bezog sie jedoch nicht auf die am Zahlenstrahl dargestellten Sprünge, sondern auf diejenigen, die sich ergeben hätten, wenn ein weiterer Sprung hinzugefügt worden wäre. Sie führte somit zwar produktbezogene, kriteriengeleitete Selbst-Assessments durch, die Ergebnisse dieser Prozesse waren jedoch fehlerhaft, da die Selbst-Assessment-Aussagen auf falsche Elemente der bildlichen Zahlenstrahldarstellung angewendet wurden.

Während die Missinterpretation der Selbst-Assessment-Aussagen und deren Anwendung auf falsche Bezugselemente eindeutig als Ursachen für Fehleinschätzungen beim Selbst-Assessment identifiziert werden konnten, bleibt in anderen Fällen unklar, warum sich die Lernenden anhand einer gegebenen Aussage nicht ihrer Lösung entsprechend eingeschätzt haben. Hier können lediglich Vermutungen angestellt werden. Aus der Literatur ist bekannt, dass Lernende mit unzureichendem oder fehlendem fachlichen Wissen Schwierigkeiten damit haben, ihre Lernleistung korrekt einzuschätzen. Kruger und Dunning (1999) bezeichneten dieses Phänomen als Doppelbelastung („dual burden"): Personen mit geringen fachlichen Kompetenzen erbringen nicht nur schlechtere Leistungen, sondern ihre fehlende Kompetenz verhindert zugleich, dass sie diese Schwäche erkennen. Es scheint daher auch in Bezug auf die Fallanalysen plausibel, dass ein unzureichendes Verständnis bei manchen Lernenden in bestimmten Situationen dazu führte, dass zwar ein Selbst-Assessment stattfand, das Ergebnis dieses Prozesses jedoch fehlerhaft ausfiel.

Anders als in den Situationen, in denen die rekonstruierten metakognitiven Aktivitäten und ihre Ursachen darauf hindeuten, dass Lernende mit einem unvollständigen oder nicht tragfähigen Multiplikationsverständnis zwar produktbezogene, kriteriengeleitete Selbst-Assessments durchführten, innerhalb dieser Prozesse jedoch zu fehlerhaften Selbst-Assessment-Ergebnissen gelangten, lässt sich in anderen Situationen vermuten, dass Selbst-Assessments gar nicht stattgefunden haben (Abbildung 9.4). Hinweise hierauf ergeben sich insbesondere dann, wenn Lernende die Option „unsicher" auswählten.

Konkrete Ursachen, die das Auftreten von Selbst-Assessments verhinderten, ließen sich häufig nicht eindeutig rekonstruieren. Analog zu den Ursachen fehlerhafter Selbst-Assessment-Ergebnisse ist jedoch denkbar, dass fehlendes inhaltliches Wissen das Auftreten eines Selbst-Assessments verhindert hat (Dunning et al., 2004; Kruger & Dunning, 1999). Darüber hinaus könnten auch sprachliche Schwierigkeiten oder Probleme beim Herstellen von Bezügen zwischen den Selbst-Assessment-Aussagen und der eigenen Lösung vorgelegen haben.

Sonderfall: Aussagenbezogene Doppelbelastung

Auch bei einem Lernenden mit nicht tragfähigem Multiplikationsverständnis zeigt sich ein Sonderfall. Der Schüler Joel, für den in der ersten Diagnoseaufgabe ein nicht tragfähiges Multiplikationsverständnis rekonstruiert werden konnte, zeigte im Rahmen dieser eine interessante Kombination verschiedener Formen von Selbst-Assessment in Bezug auf die Selbst-Assessment-Aussagen. Joel konnte ausschließlich die dritte Selbst-Assessment-Aussage korrekt beantworten, die in seiner

Lösung erfüllt war. Hinsichtlich der übrigen Aussagen, die auf seine Lösung nicht zutrafen, gab er an, unsicher zu sein. Dies deutet darauf hin, dass er seine Lösung dort zutreffend einschätzen konnte, wo er über ausreichend inhaltliches Verständnis verfügte, während fehlendes Verständnis bei anderen Aussagen zu Unsicherheiten führte (Dunning et al., 2004; León et al., 2023), sodass Selbst-Assessments ausblieben (Abbildung 9.4). Dies zeigt, dass die sogenannte „Doppelbelastung" (Kruger & Dunning, 1999) sich nicht nur auf Personen insgesamt beziehen muss, sondern auch in Bezug auf einzelne Selbst-Assessment-Aussagen auftreten kann.

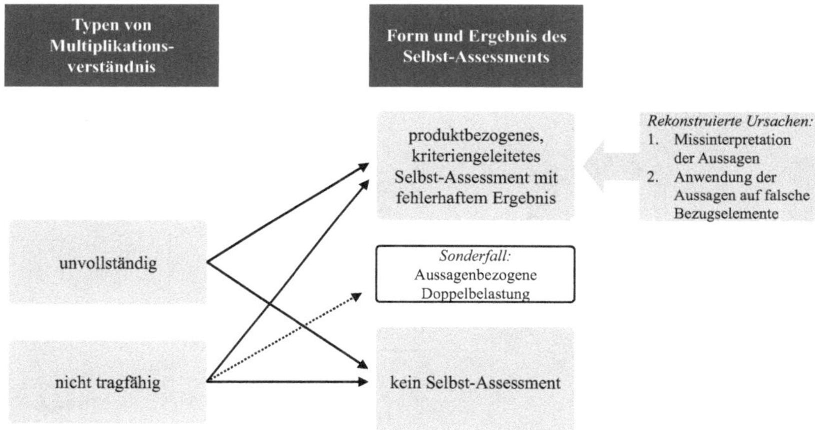

Abbildung 9.4 Lernende mit unvollständigem oder nicht tragfähigem Multiplikationsverständnis. (Quelle: Eigene Darstellung)

Zusammenfassend zeigt sich für die Selbst-Assessment-Aussagen ein enger Zusammenhang zwischen der Tragfähigkeit des rekonstruierten Multiplikationsverständnisses und der durch die Aussagen angeregten metakognitiven Aktivitäten. Lernende mit einem tragfähigen oder einseitig-fixierten Multiplikationsverständnis schienen in der Regel produktorientierte, kriteriengeleitete Selbst-Assessments durchführen und ihre Lösungen zutreffend einschätzen zu können. Dagegen schienen Lernende mit einem unvollständigen oder nicht tragfähigen Multiplikationsverständnis, etwa aufgrund der Missinterpretation der Selbst-Assessment-Aussagen oder wegen Anwendung dieser auf falsche Bezugselemente, häufiger fehlerhafte Selbst-Assessment-Ergebnisse zu produzieren oder führten vermutlich wegen fehlenden inhaltlichen Wissens keine Selbst-Assessments durch. Dieser Zusammenhang zwischen der Tragfähigkeit des Multiplikationsverständnisses und der Form des Selbst-Assessments wird in Abbildung 9.5 dargestellt.

Damit verdeutlichen die Fallanalysen, dass Selbst-Assessment-Aussagen zwar als Kriterien für die Einschätzung der eigenen Lösung bereitgestellt werden können, die effektive Nutzung der Aussagen als Selbst-Assessment-Kriterien jedoch nicht voraussetzungslos gelingt. Ob Lernende die Aussagen verstehen, auf die relevanten Elemente ihrer eigenen Lösung beziehen und daraus eine zutreffende Selbsteinschätzung ableiten können, hängt wesentlich mit ihrem fachlichen Verständnis zusammen.

Zugleich zeigen die Ergebnisse, dass die Bereitstellung von Selbst-Assessment-Aussagen innerhalb eines Selbst-Assessment-Settings nicht automatisch dazu führt, dass tatsächlich Selbst-Assessment-Prozesse stattfinden.

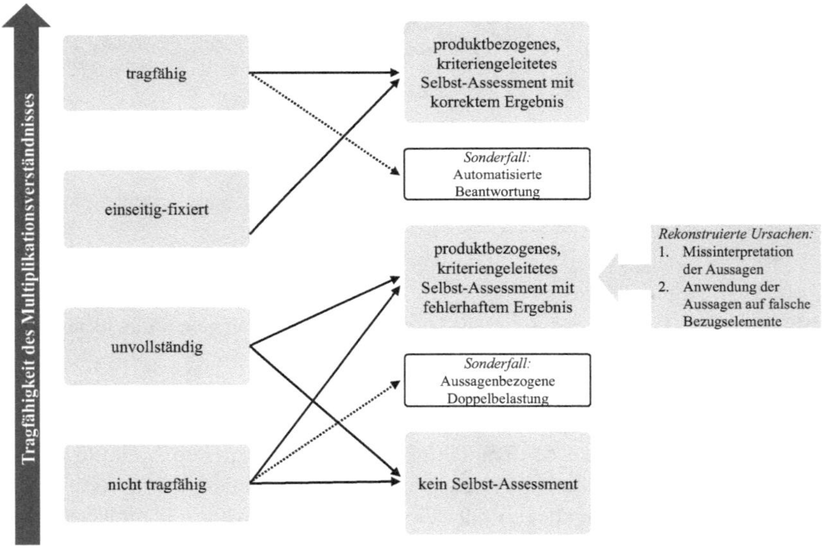

Abbildung 9.5 Zusammenhang zwischen der Tragfähigkeit des Multiplikationsverständnisses sowie Formen und Ergebnissen von Selbst-Assessments. (Quelle: Eigene Darstellung)

9.2.4 Begrenztes Potenzial der interaktiven und dynamischen Musterlösungen

Nach Abschluss der Aufgabenbearbeitung wurde den Lernenden zur Unterstützung des Selbst-Assessments in jeder Diagnoseaufgabe eine Musterlösung zur Verfügung gestellt. Diese konnte dynamisch abgespielt oder gedreht werden und bot den Lernenden außerdem die Möglichkeit, bei Bedarf Hinweise auszuwählen, in denen die verschiedenen Zusammenhänge zwischen Ursprungsdarstellung und Zieldarstellung der Multiplikation visuell und sprachlich hervorgehoben wurden. Die Fallanalysen zeigen, dass die dynamischen und interaktiven Musterlösungen nur in begrenztem Umfang Mediationen anregen konnten. Zwar gab es Situationen, in denen sie erwünschte Mediationen initiierten. Es kam jedoch auch vor, dass sie nicht erwünschte Mediationen auslösten oder aufgrund einer oberflächlichen oder ausbleibenden Nutzung keine Mediationen hervorriefen.

Erwünschte Mediationen

Musterlösung als Unterstützung bei der Selbstreparatur
Die Musterlösungen konnten bei Bea in der ersten und bei Benno in der zweiten Diagnoseaufgabe zu erwünschten epistemisch-reflexiven Mediationen beitragen, indem ihre Betrachtung Prozesse der Selbstreparatur unterstützte. Die durch das Feedback zur Aufgabenlösung offenbar ausgelösten kognitiven Konflikte führten dazu, dass beide Lernende ihre eigene, fehlerhafte Lösung reflektierten. In diesem Reflexionsprozess bezogen sie die jeweilige Musterlösung ein. Die Betrachtung der Musterlösung konnte in beiden Fällen dazu beitragen, dass sich das Multiplikationsverständnis der Lernenden verbesserte und damit von einem nicht tragfähigen zu einem zumindest eingeschränkt tragfähigen Verständnis weiterentwickelte (Tabelle 9.1). Somit gelang beiden Lernenden ein Prozess der Selbstreparatur im Sinne von Chi (2000), der sich von den von Safadi und Yerushalmi (2013) beschriebenen Fällen darin unterschied, dass er nicht durch einen direkten Vergleich der eigenen Lösung mit der Musterlösung ausgelöst, sondern durch das Feedback angestoßen wurde, wobei die Musterlösungen in diesen Prozess einbezogen waren. Die dynamischen und interaktiven Elemente leisteten keinen Beitrag zu den erwünschten Mediationsprozessen. Dies deutet darauf hin, dass die statischen Darstellungen der Musterlösungen für diese Art der Mediation ausreichend waren.

Musterlösung zur Verifikation der eigenen Lösung
Erwünschte, durch die Musterlösungen ausgelöste reflexive Mediationen zeigten sich auch in den Situationen, in denen deren Betrachtung die Verifikation der eigenen Lösung initiierte. Durch die Auseinandersetzung mit den Musterlösungen wurden

die Lernenden dazu angeregt, ihre eigene korrekte Lösung positiv, also als korrekt einzuschätzen.

So folgerte beispielsweise Paul in der ersten Diagnoseaufgabe aufgrund der Betrachtung der Musterlösung, dass seine Lösung richtig ist, nachdem er während der Aufgabenbearbeitung für die am Zahlenstrahl dargestellten sechs Dreier-Sprünge die Rechnung $6 \cdot 3 = 18$ notiert hatte. Diese Verifikationen der eigenen Lösung erfolgten stets ohne Einbezug der dynamischen oder interaktiven Elemente, sondern ausschließlich auf Grundlage der statischen Darstellungen der Musterlösungen. Es ist auch an dieser Stelle davon auszugehen, dass die in den statischen Musterlösungen enthaltenen Informationen für die entsprechenden Lernenden ausreichend waren, um ihre eigene Lösung passend einzuschätzen.

Partiell erwünschte Mediationen

In einer Situation im Fall von Klara konnte eine partiell erwünschte Mediation festgestellt werden. Hierbei regte die Musterlösung die Schülerin dazu an, die Fehlerhaftigkeit ihrer eigenen Lösung zu erkennen. Dies wird im Folgenden diskutiert.

Musterlösung zur reinen Feststellung der Fehlerhaftigkeit der eigenen Lösung
In der vierten Aufgabe hatte Klara den Malwinkel während der Aufgabenbearbeitung um eine Spalte nach rechts statt um eine Zeile nach unten verschoben. Dadurch entstand eine fehlerhafte Lösung, die zeigte, dass ihr Verständnis der Variation der Multiplikation nicht tragfähig war. Nach der Abgabe ihrer Lösung durch die Auseinandersetzung mit der Musterlösung stellte Klara fest, dass ihre Lösung falsch ist. Eine Identifikation konkreter Fehler und ihrer Ursachen erfolgte jedoch nicht, sodass eine Veränderung und damit die Möglichkeit zur Verbesserung des Multiplikationsverständnisses ausblieb.

Vermutlich fehlte Klara hierfür das sogenannte negative Wissen, das laut Heemsoth und Heinze (2016, S. 103) sowie Oser und Spychiger (2005) notwendig ist, um konkrete Fehler zu erkennen und zu erklären. Klara erfüllte damit nur den ersten von drei Schritten, die laut Safadi und Yerushalmi (2009, 2013) für das Lernen aus Musterlösungen notwendig sind: Die Identifikation von Unterschieden zwischen der eigenen Lösung und der Musterlösung. Die beiden weiteren Schritte, nämlich das Erkennen und Überwinden von konkreten Konflikten zwischen dem eigenen Verständnis und dem der Musterlösung zugrundeliegenden wissenschaftlichen Modell, blieben aus. Dieses Ergebnis deckt sich mit den Befunden von Safadi und Yerushalmi (2013), wonach bei Lernenden auf die Identifikation der Fehlerhaftigkeit der eigenen Lösung häufig weder ein Erkennen noch ein Lösen von Konflikten folgt.

Während zuvor erwünschte oder zumindest partiell erwünschte Mediationen festgestellt werden konnten, die durch die Musterlösungen angeregt beziehungsweise durch diese unterstützt werden konnten, zeigte sich in den Fallanalysen jedoch auch, dass die Musterlösungen unerwünschte Mediationen hervorriefen. Diese unerwünschten Mediationen werden im Folgenden diskutiert und, wenn möglich, Ursachen für diese aufgezeigt.

Unerwünschte Mediationen

Musterlösung als beitragender Faktor einer fehlgeschlagenen Selbstreparatur
Im Fall von Benno kam es im Rahmen der ersten Diagnoseaufgabe durch das Feedback zur Aufgabenlösung zu einer epistemisch-reflexiven Mediation. In diesem Prozess reflektierte Benno seine eigene Lösung unter Einbezug der Musterlösung und passte daraufhin sein Multiplikationsverständnis an. Dieses neue Verständnis erwies sich jedoch als ebenso wenig tragfähig wie sein ursprüngliches. Auf einen solchen Prozess wird im Folgenden als „fehlgeschlagene Selbstreparatur" Bezug genommen.

Bereits unmittelbar nachdem Benno seine Lösung abgegeben und sich mithilfe der interaktiven Hinweise mit der Musterlösung auseinandergesetzt hatte, vermutete er, dass statt der Endpunkte des ersten und letzten Sprunges die Endpunkte des zweiten und ersten Sprunges hätten multipliziert werden müssen. Durch das Feedback zur Aufgabenlösung, dass Benno darauf hinwies, dass seine Lösung falsch ist, übernahm er schließlich diese fehlerhafte Annahme.

Daran zeigt sich, dass die interaktiven Hinweise Benno zwar zu einer intensiven Auseinandersetzung mit der Musterlösung anregen (Atkinson & Renkl, 2007), jedoch keine Förderung seines Multiplikationsverständnisses bewirken konnten. Benno interpretierte die interaktive Musterlösung vor dem Hintergrund seines eigenen Verständnisses, sodass auch an dieser Stelle von einen Bestätigungsfehler (Sleegers et al., 2019) auszugehen ist. Aufgrund dieses Bestätigungsfehlers schien Benno die interaktive Musterlösung nur selektiv wahrzunehmen und zu missinterpretieren, wodurch eine Weiterentwicklung seines Verständnisses gehemmt wurde.

Musterlösung zur Bestätigung einer inkorrekten Lösung
Ein Bestätigungsfehler (Sleegers et al., 2019) könnte auch erklären, warum die Musterlösung in der ersten Diagnoseaufgabe Klara dazu veranlasste, ihre inkorrekte Lösung positiv einzuschätzen. Die Rekonstruktion von Klaras Verständnis während der Aufgabenbearbeitung zeigte, dass sie ausschließlich den Zusammenhang zwischen dem Endpunkt des letzten Sprunges und dem Ergebnis der Rechnung

fokussierte (Kuhnke, 2013, S. 157–168), während die Rolle der Faktoren unberücksichtigt blieb. Beim Vergleich ihrer Lösung mit der Musterlösung schien Klara vorrangig die Übereinstimmung der Ergebnisse wahrzunehmen. Diese selektive Fokussierung auf die Ergebnisse führte dazu, dass sie ihre Lösung als richtig einschätzte. Damit deckt sich die Beobachtung mit Befunden von Ruchniewicz (2022) sowie Safadi und Yerushalmi (2009, 2013), wonach Lernende signifikante Unterschiede zwischen der eigenen Lösung und der Musterlösung, die für eine korrekte Lösung relevant sind, häufig nicht erkennen.

Die Möglichkeiten, die Sprünge am Zahlenstrahl abzuspielen oder zusätzliche Hinweise anzeigen zu lassen, nutzte Klara nicht. In Anlehnung an Smith et al. (2022) kann vermutet werden, dass das Lernen mit einer dynamischen und interaktiven Musterlösung für Klara neu und ungewohnt war, da Lernmaterialien häufig statische Musterlösung enthalten. Gegebenenfalls schöpfte sie daher das damit verbundene Potenzial nicht aus. Es ist jedoch denkbar, dass insbesondere die Nutzung der Hinweise zum ersten und zweiten Faktor sie auf Zusammenhänge zwischen der mathematisch-symbolischen und der bildlichen Darstellung hätten aufmerksam machen können, die ihr zuvor nicht bewusst gewesen waren. Da Klara die Hinweise jedoch nicht nutzte, blieb ihr die Möglichkeit verwehrt, deren Potenzial zur Weiterentwicklung ihres Multiplikationsverständnisses auszuschöpfen.

Musterlösung als Auslöser von Unsicherheit bezüglich einer korrekten Lösung
Eine unerwünschte reflexive Mediation durch die Musterlösung zeigte sich in einer Situation, in der die Musterlösung Unsicherheiten hinsichtlich der Korrektheit der eigenen Lösung verursachte, obwohl die Lösung richtig war. Dies trat bei Paul auf, der im Rahmen des Feedbacks zur zweiten Diagnoseaufgabe die Rückmeldung erhielt, dass seine Lösung richtig ist. Beim anschließenden Vergleich mit der Musterlösung stellte er jedoch fest, dass seine Lösung nicht identisch mit dieser ist, was bei ihm Zweifel an der Richtigkeit seiner Lösung hervorrief. Tatsächlich unterschied sich die Musterlösung lediglich darin, dass die Rolle der Faktoren im Vergleich zu Pauls Lösung vertauscht war, was für die Korrektheit seiner Lösung jedoch irrelevant gewesen ist.

Dieses Verhalten entspricht den Beobachtungen von Safadi und Yerushalmi (2009, 2013), die zeigen konnten, dass Lernende oftmals nicht-signifikante Unterschiede im Vergleich mit einer Musterlösung identifizieren, die für die Korrektheit der eigenen Lösung keine Rolle spielen. Sie schlussfolgerten daraus, dass diese Lernenden Musterlösungen als ultimative Vorlagen betrachten, sich hauptsächlich auf die Oberfläche sowie die visuell dominanten Elemente der Musterlösung fokussierten und jegliche Abweichung von dieser als Mangel oder Schwäche ihrer Lösung wahrnehmen.

Während sich verschiedene Situationen identifizieren ließen, in denen die Musterlösungen sowohl erwünschte als auch unerwünschte Mediationen anstießen, gab es auch Situationen, in denen sie keine Mediationen auslöste.

Keine Mediationen

In vielen Situationen ignorierten die Lernenden die Musterlösungen oder setzten sich nur oberflächlich mit diesen auseinander. Insbesondere wurden die Musterlösungen in vielen Situationen isoliert von der eigenen Lösung und den Selbst-Assessment-Aussagen betrachtet, sodass keine Zusammenhänge zwischen diesen App-Elementen hergestellt wurden. Dabei zeigte sich eine ausbleibende oder oberflächliche Nutzung gerade in den Diagnoseaufgaben, in denen für die Lernenden ein nicht-tragfähiges oder eingeschränkt tragfähiges Verständnis rekonstruiert werden konnte und eine intensivere Auseinandersetzung mit den Musterlösungen Potenzial zur Anregung metakognitiver Aktivitäten und zur Förderung des Multiplikationsverständnisses gehabt hätte. Eine oberflächliche Auseinandersetzung ließ sich zum Teil sogar dann beobachten, wenn die interaktiven Hinweise in den Musterlösungen genutzt wurden, etwa bei Benno im Rahmen der dritten oder bei Joel im Rahmen der vierten Diagnoseaufgabe. Entgegen der Ergebnisse von Atkinson und Renkl (2007) konnten die interaktiven Hinweise in der Selbst-Assessment-App in diesen Situationen nicht dazu beitragen, dass sich die Lernenden effektiv mit den Musterlösungen auseinandersetzten.

Zusammenfassend lässt sich festhalten, dass die dynamischen und interaktiven Musterlösungen nur begrenztes Potenzial zeigten. Zwar konnte festgestellt werden, dass sie sowohl gelungene Selbstreparaturprozesse ermöglichten als auch zur Verifikation korrekter Lösungen anregten. Allerdings traten auch unerwünschte Mediationen auf, indem die Musterlösungen zu fehlgeschlagenen Selbstreparaturen beitrugen, zur Bestätigung einer fehlerhaften Lösung anregten oder Unsicherheiten hinsichtlich einer korrekten Lösung verursachten (Abbildung 9.6).

Dadurch, dass die Nutzung der Musterlösungen häufig ausblieb oder nur oberflächlich und isoliert erfolgte, wurde ihr Potenzial zur Förderung eines tragfähigen Multiplikationsverständnisses nicht ausgeschöpft. Insbesondere die dynamischen und interaktiven Elemente der Musterlösungen wurden selten und, wenn überhaupt, nur wenig vertiefend genutzt. Sie führten kaum zu einer intensiven Auseinandersetzung mit den Musterlösungen und zu einem Verständnis der Zusammenhänge zwischen mathematisch-symbolischen und bildlichen Darstellungen. Die Beobachtungen widersprechen damit den Ergebnissen von Atkinson und Renkl (2007), die interaktiven Hinweisen in Musterlösungen eine vertiefende Wirkung zuschreiben, sowie den Befunden von Belski (2011) sowie Lusk und Atkinson (2007), die das

Abbildung 9.6 Epistemisch-reflexive Mediationen (blau-grün) und reflexive Mediationen (grün) im Zusammenhang mit den Musterlösungen. (Quelle: Eigene Darstellung)

besondere Potenzial dynamischer Musterlösungen hervorheben. Zugleich stehen sie jedoch in Einklang mit Befunden von Smith et al. (2022) und Morphew et al. (2020) an, denen zufolge der Grad der Dynamik der Musterlösung keinen Einfluss auf das Lernen mit Musterlösungen hat. Zudem weisen Forschungsergebnisse von Steichen und Fu (2019) sowie Rolfes et al. (2020a) darauf hin, dass interaktive Visualisierungen kein Verständnis garantieren.

9.2.5 Begrenztes Potenzial des automatischen Feedbacks

Am Ende jeder Diagnoseaufgabe erhielten die Lernenden ein automatisches Feedback. Dieses umfasste einerseits ein Knowledge of result/response-Feedback auf Aufgabenebene. Auf dieses wird im Rahmen dieser Arbeit als „Feedback zur Aufgabenlösung" Bezug genommen. Im Rahmen dieses Feedbacks wurde den Lernenden zurückgemeldet, ob ihre Lösung richtig oder falsch ist. Andererseits wurde ein Feedback auf Selbstregulationsebene angezeigt, das „Feedback zum Selbst-Assessment". Dieses beinhaltete sowohl ein Knowledge of result/response- als auch ein Knowledge of the correct response-Feedback. Den Lernenden wurde mitgeteilt, ob ihre ausgewählten Antworten in Bezug auf die Selbst-Assessment-Aussagen korrekt waren oder nicht. Zudem wurde ihnen angezeigt, welche Antwort bei den einzelnen Aussagen bezüglich ihrer Lösung korrekt gewesen wäre.

Die Fallanalysen zeigen, dass das automatische Feedback in manchen Situationen erwünschte Mediationen anregen konnte. Jedoch traten auch unerwünschte Mediationen auf. Zudem gingen die Lernenden häufig nicht auf das Feedback ein oder setzten sich nur oberflächlich mit diesem auseinander, sodass eine Anregung von metakognitiven Aktivitäten oder von Veränderungen des Multiplikationsverständnisses ausblieb.

Erwünschte Mediationen

Feedback zur Aufgabenlösung als Auslöser einer Selbstreparatur
Wie bereits im Zusammenhang mit der Musterlösung angesprochen, konnte durch das Feedback zur Aufgabenlösung sowohl bei Bea in der ersten als auch bei Benno in der zweiten Diagnoseaufgabe ein Prozess der Selbstreparatur im Sinne von Chi (2000) angestoßen werden. In beiden Fällen initiierte das Feedback einen Reflexionsprozess in Bezug auf die jeweils fehlerhaften Lösungen. Unterstützt durch die Musterlösung konnten die Lernenden ihr Multiplikationsverständnis weiterentwickeln. Dass ihnen eine Selbstreparatur gelungen ist, deutet auf einen erfolgreichen Feedback-Prozess hin. Die Lernenden nahmen die Feedback-Informationen bezüglich ihrer Lösung wahr, interpretierten und nutzten sie in intendierter Weise, sodass sie ihre fehlerhaften Lösungen reflektieren und ein tragfähigeres Verständnis der Multiplikation ausbilden konnten (Leighton, 2019). Das Potenzial externen Feedbacks zur Aufgabenlösung in Selbst-Assessment-Interventionen wird durch die Ergebnisse der Metaanalyse von Yan et al. (2023b) gestützt. Die Autor:innen zeigen, dass Selbst-Assessment-Interventionen mit Feedback zur Aufgabenlösung deutlich größere positive Effekte auf die Leistung der Lernenden haben als Interventionen ohne solches Feedback. Diese Befunde sprechen dafür, dass externes Feedback Selbstreparaturprozesse initiieren oder zumindest unterstützen kann.

Feedback zur Verifikation
Manche Lernende, die während der Aufgabenbearbeitung eine korrekte Lösung generiert und im darauffolgenden Prozessschritt korrekte Selbst-Assessment-Ergebnisse erzielt hatten, wurden durch das automatische Feedback dazu angeregt, entweder ausschließlich ihre Lösung oder ihre Lösung und ihre Antworten auf die Selbst-Assessment-Aussagen positiv einzuschätzen. Eine Verifikation der eigenen Lösung konnte durch das Feedback zur Aufgabenlösung etwa bei Gabriel in den ersten drei Diagnoseaufgaben angeregt werden. Im Vergleich dazu nutzte beispielsweise Clemens über das Feedback zur Aufgabenbearbeitung hinaus auch das Feedback zum Selbst-Assessment und schätzte nicht nur seine Lösung, sondern auch seine Selbst-Assessment-Ergebnisse zutreffenderweise als richtig ein.

Während das Feedback manchen Situationen erwünschte Mediationen auslöste, konnten in anderen Situationen Mediationen festgestellt werden, die lediglich als partiell erwünscht eingestuft werden können.

Partiell erwünschte Mediationen

Feedback zur reinen Feststellung von Fehlern
Im Vergleich zu den oben genannten Situationen, in denen durch das automatische Feedback Selbstreparaturprozesse initiiert werden konnten, zeigt sich in anderen Situationen, dass das Feedback zwar zur Feststellung von Fehlern beitragen, jedoch keine tiefen Reflexionsprozesse anregen konnte, in deren Verlauf diese Fehler aufgeklärt werden konnten.

Bei Klara zeigte sich eine entsprechende Vorgehensweise in Bezug auf das Feedback zur Aufgabenlösung in der ersten Diagnoseaufgabe, welches sie dazu anregte, ihre eigene Lösung negativ einzuschätzen. Eine tiefere Auseinandersetzung mit ihrer Lösung erfolgte im weiteren Verlauf jedoch nicht. Ähnlich stellte sich die Situation bei Benno in der vierten Diagnoseaufgabe dar. Benno wurde durch das Feedback zum Selbst-Assessment dazu motiviert, sich mit seiner Lösung auseinanderzusetzen und kam zu dem Schluss, dass sein Antwortsatz falsch ist. Darauf, wie aber der Antwortsatz stattdessen hätte ausgefüllt werden müssen, ging er jedoch nicht ein.

Somit lässt sich festhalten, dass das Feedback zur Aufgabenlösung beziehungsweise zum Selbst-Assessment von den beiden Lernenden offenbar wahrgenommen, richtig interpretiert und zur negativen Einschätzung der eigenen Lösung anregen konnte. Sie konnten diese Informationen jedoch nicht nutzen, ihre Fehler zu überwinden und ihr Multiplikationsverständnis weiterzuentwickeln. Wahrscheinlich fehlte Klara und Benno in diesen Situationen das negative Wissen, um ihre konkreten Fehler zu erkennen beziehungsweise ihre Fehler zu erklären (Heemsoth & Heinze, 2016; Oser & Spychiger, 2005).

Unerwünschte Mediationen

Wie bei der Musterlösung kam es auch beim Feedback vor, dass dieses unerwünschte Mediationen initiierte. Diese äußerten sich einerseits in Missinterpretationen des Feedbacks zum Selbst-Assessment und andererseits in Fehldiagnosen von Fehlerursachen.

Missinterpretation des Feedbacks zum Selbst-Assessment
Matteos Reaktion auf das Feedback zum Selbst-Assessment in der dritten Diagnoseaufgabe deutete darauf hin, dass er das Knowledge of result/response-Feedback missinterpretiert hatte. Im Rahmen dieses Feedbacks erhielten die Lernenden durch eine grüne oder rote Markierung ihrer Selbst-Assessment-Aussagen eine Rückmeldung darüber, ob die von ihnen ausgewählte Antwort in Bezug auf ihre Lösung richtig gewesen ist oder nicht.

Matteo hatte in seiner Lösung lediglich die Ränder des Rechtecks dargestellt und im anschließenden Selbst-Assessment korrekt erkannt, dass er nicht 15 Punkte eingezeichnet hatte. Dieses richtige Ergebnis wurde im Feedback grün markiert. Statt die grüne Markierung als Bestätigung seines korrekten Selbst-Assessment-Ergebnisses zu verstehen, interpretierte Matteo sie jedoch als Hinweis darauf, dass die entsprechende Selbst-Assessment-Aussage in seiner Lösung erfüllt sei und somit alle 15 Punkte eingezeichnet seien. Damit zeigte er, dass er die Bedeutung der farblichen Markierung der Selbst-Assessment-Aussagen nicht richtig verstanden hatte. Dieses Beispiel veranschaulicht im Sinne von Leighton (2019, S. 800), dass Feedback nur dann seine beabsichtigte Wirkung entfalten kann, wenn es von der Lernenden Person richtig interpretiert und verarbeitet wird.

Diese Feststellung wird auch durch den Fall von Clemens bestätigt. Im Unterschied zu Matteo missinterpretierte er nicht das Knowledge of result/response-Feedback, sondern das Knowledge of the correct response-Feedback zum Selbst-Assessment. Durch ein grünes Häkchen oder ein rotes Kreuz wurde den Lernenden hierbei zurückgemeldet, ob die richtige Antwort auf die Selbst-Assessment-Aussage „Ja“ oder „Nein“ hätte lauten müssen. Clemens, der sowohl in der ersten als auch in der zweiten Diagnoseaufgabe bei der zweiten und dritten Selbst-Assessment-Aussage die falsche Antwort ausgewählt hatte, deutete die grünen Häkchen jedoch als Zeichen dafür, dass seine Antworten richtig seien. Es ist anzunehmen, dass solche Missinterpretationen die positiven Effekte von Feedback zum Selbst-Assessment auf die Genauigkeit von Selbst-Assessment-Ergebnissen behindern, wie sie Thawabieh (2017) in seiner Studie beschreibt.

Fehldiagnose von Fehlerursachen im Zusammenhang mit dem Feedback
Ein weiterer unerwünschter Prozess, der zwar nicht unmittelbar auf die inhaltliche oder visuelle Gestaltung des automatischen Feedbacks zurückzuführen ist, aber wiederholt in Zusammenhang mit diesem beobachtet wurde, besteht darin, dass Lernende die Ursachen ihrer Fehler bei der Verarbeitung der Feedback-Informationen falsch einschätzten. Dies zeigte sich erstens bei Bennos Versuch der Selbstreparatur, der durch das Feedback zur Aufgabenlösung ausgelöst wurde, jedoch scheiterte, da er die Musterlösung falsch interpretiert hatte. Zweitens trat in derselben Aufgabe eine Fehldiagnose bei Matteo auf. Diese Fehldiagnose bezog sich jedoch nicht auf einen Fehler in seiner Lösung, sondern auf einen Fehler bei einem seiner Selbst-Assessment-Ergebnisse. Matteo deutete das Feedback zum Selbst-Assessment zwar wie intendiert als Hinweis auf eine fehlerhafte Antwort, interpretierte jedoch die entsprechende Selbst-Assessment-Aussage aufgrund eines Bestätigungsfehlers (Sleegers et al., 2019) vor dem Hintergrund seines eigenen Verständnisses falsch. Statt die Aussage auf seine eigene Lösung zu beziehen, bezog er sie auf die Menge aller möglichen Lösungen und vermutete dadurch eine unzutreffende Ursache für seinen Fehler. Drittens identifizierte Bea in der vierten Diagnoseaufgabe mithilfe

des Feedbacks zum Selbst-Assessment und zur Aufgabenlösung zwar einen Fehler in ihrer Lösung, konnte dessen Ursache jedoch nicht korrekt begründen.

Diese Beobachtungen verdeutlichen, dass das Reflektieren und Begründen eigener Fehler nicht automatisch zu einem besseren Verständnis führen. Die Forschung zeigt zwar, dass Fehlerreflexion grundsätzlich ein wirksamer Mechanismus zur Förderung von Wissenserwerb ist (Heemsoth & Heinze, 2016). Werden jedoch falsche Ursachen herangezogen, kann dieser Prozess einen unerwünschten Verlauf nehmen und Fehlvorstellungen befördern.

Neben Situationen, in denen das automatische Feedback sowohl erwünschte als auch unerwünschte Mediationen anregte, gab es häufig auch Situationen ohne feststellbare Mediationen. Besonders kritisch ist dies für die Situationen zu bewerten, in denen dadurch Fehler in den Lösungen oder in den Antworten auf die Selbst-Assessment-Aussagen unerkannt blieben.

Keine Mediationen

Bei manchen Lernenden konnte das automatische Feedback keine reflexiven oder reflexiv-epistemischen Mediationen initiieren. Als Ursachen zeigten sich zum einen eine oberflächliche Auseinandersetzung mit dem Feedback, wie sie beispielsweise häufiger bei Joel beobachtet wurde. Zum anderen ließ sich in manchen Situationen keinerlei Auseinandersetzung mit dem Feedback feststellen. In diesen Situationen blieb unklar, ob die Lernenden die Feedback-Informationen auf Aufgaben- und Selbstregulationsebene überhaupt wahrgenommen hatten. Eine solche Situation zeigte sich etwa bei Matteo im Rahmen der zweiten Diagnoseaufgabe. Damit blieb das Potenzial des automatischen Feedbacks zur zeitnahen Erkennung und Korrektur von Fehlvorstellungen und Fehleinschätzungen (Cao, 2025; Ibabe & Jauregizar, 2009) in diesen Situationen ungenutzt. Dies unterstreicht die Notwendigkeit, neben dem Inhalt der bereitgestellten Informationen auch den Feedback-Prozess in den Blick zu nehmen und zu analysieren, ob Lernende diese Informationen wahrnehmen und, sofern dies der Fall ist, wie sie diese interpretieren und nutzen (Leighton, 2019).

Insgesamt zeigte sich, dass durch das automatische Feedback zur Aufgabenlösung sowohl die Verifikation eigener korrekter Lösungen als auch Prozesse der Selbstreparatur angeregt werden konnten. Dadurch trug das Feedback zur Bestärkung und Weiterentwicklung des Multiplikationsverständnisses bei. Beim Feedback zum Selbst-Assessment zeigten sich hingegen Schwierigkeiten in der korrekten Interpretation. Zudem traten im Zusammenhang mit dem Feedback Fehldiagnosen von Fehlerursachen als unerwünschte reflexive Mediationen auf (Abbildung 9.7).

Darüber hinaus wurde deutlich, dass die Potenziale des automatischen Feedbacks, wie sie von Cao (2025) sowie Ibabe und Jauregizar (2009) beschrieben werden, häufig ungenutzt blieben, da eine Auseinandersetzung der Lernenden mit dem Feedback oftmals nur oberflächlich erfolgte oder ganz ausblieb. Damit zeigte auch das automatische Feedback insgesamt nur ein begrenztes Potenzial.

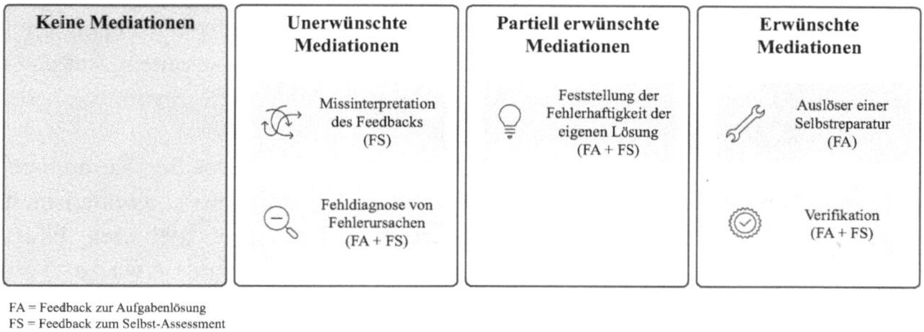

Abbildung 9.7 Epistemisch-reflexive Mediationen (blau-grün) und reflexive Mediationen (grün) im Zusammenhang mit dem Feedback. (Quelle: Eigene Darstellung)

9.3 Abschließende Zusammenfassung

Das vorliegende Abschlusskapitel dient der zusammenfassenden Darstellung der zentralen Ergebnisse der empirischen Untersuchung und orientiert sich dabei an den in Abschnitt 7.1 formulierten Forschungsfragen.

Inwiefern wirkt sich die Nutzung einer Selbst-Assessment-App auf das Multiplikationsverständnis von Lernenden aus (epistemische Mediation)?

In der vorliegenden Untersuchung konnten keine rein epistemischen Mediationen rekonstruiert werden. Veränderungen des Multiplikationsverständnisses traten im Rahmen der Fallanalysen ausschließlich in Verbindung mit metakognitiven Aktivitäten auf. Diese Prozesse sind daher nicht als epistemische, sondern epistemisch-reflexive Mediationen zu interpretieren und werden im Zusammenhang mit der dritten Forschungsfrage zusammenfassend dargestellt.

Inwiefern regt die Nutzung einer Selbst-Assessment-App Lernende zu metakognitiven Aktivitäten an (reflexive Mediation)?

In Bezug auf die metakognitiven Aktivitäten und deren Ursachen, die beim Beantworten der Selbst-Assessment-Aussagen rekonstruiert wurden, konnten Zusammenhänge zum Multiplikationsverständnis der Lernenden hergestellt werden. Dabei zeigte sich, dass Lernende mit einem tragfähigen oder einseitig-fixierten Multiplikationsverständnis in der Regel in der Lage waren, produktbezogene, kriteriengeleitete Selbst-Assessments durchzuführen und hierbei zu korrekten Selbst-Assessment-Ergebnissen zu gelangen. Lernende mit unvollständigem oder nicht tragfähigem Multiplikationsverständnis führten in der Regel entweder ebenfalls produktbezogene, kriteriengeleitete Selbst-Assessments durch, erzielten dabei jedoch infolge von Missinterpretationen der Selbst-Assessment-Aussagen oder deren Anwendung auf falsche Bezugselemente fehlerhafte Ergebnisse, oder sie führten keine Selbst-Assessments durch.

Für die Musterlösung und das Feedback ließ sich ein solcher Zusammenhang zwischen Multiplikationsverständnis und metakognitiven Aktivitäten nicht in gleicher Weise aufzeigen. Die Musterlösung konnte in mehreren Fällen erwünschte, reflexive Mediationen initiieren, indem sie Lernende etwa zur Verifikation der eigenen richtigen Lösung anregte. Gleichzeitig führte ihre Nutzung jedoch stellenweise auch zu unerwünschten Mediationen, etwa zur Auslösung von Unsicherheiten bei eigentlich korrekten Lösungen oder dazu, dass fehlerhafte Lösungen fälschlicherweise als korrekt bewertet wurden. Den interaktiven und dynamischen Elementen der Musterlösung kam in diesen erwünschten wie unerwünschten Prozessen in der Regel keine eigenständige Bedeutung zu.

Hinsichtlich des Feedbacks zeigt sich, dass sowohl das Feedback zur Aufgabenlösung als auch das Feedback zum Selbst-Assessment Lernende dazu anregen konnte, korrekte Aufgabenlösungen oder zutreffende Selbst-Assessment-Ergebnisse zu verifizieren. In manchen Fällen konnte das Feedback jedoch aufgrund von Missinterpretationen nicht wie intendiert genutzt werden. Zudem traten im Zusammenhang mit dem Feedback Fehldiagnosen von Fehlerursachen auf, insbesondere dann, wenn ergänzende Informationen etwa aus der Musterlösung nicht korrekt interpretiert wurden.

Welche Wechselwirkungen bestehen zwischen Veränderungen im Multiplikationsverständnis und den metakognitiven Aktivitäten, die durch die Nutzung einer Selbst-Assessment-App angeregt werden (epistemisch-reflexive Mediation)?

Veränderungen im Multiplikationsverständnis traten im Rahmen der App-Nutzung ausschließlich in solchen Situationen auf, in denen Lernende ihre eigene Lösung reflektierten und negativ einschätzten. Damit waren Veränderungen des Multiplikationsverständnisses stets an metakognitive Aktivitäten gekoppelt. Die in der empirischen Untersuchung rekonstruierten Veränderungen sind folglich als epistemisch-reflexive Mediationen zu verstehen.

Diese epistemisch-reflexiven Mediationen konnten insgesamt nur selten identifiziert werden. Dieses Ergebnis im Hinblick auf die Tragfähigkeit des Multiplikationsverständnisses der Lernenden differenziert zu betrachten. Für Lernende mit einem tragfähigen Verständnis ist positiv zu bewerten, dass die App-Nutzung nicht mit einer Verschlechterung des Verständnisses einherging. Bei Lernenden mit unvollständigem oder nicht tragfähigem Verständnis wären hingegen häufiger Mediationen wünschenswert gewesen, die zu einer Weiterentwicklung des Verständnisses hätten beitragen können. In den wenigen Situationen, in denen durch die App-Nutzung Veränderungen angestoßen wurden, waren diese überwiegend auf das Feedback zur Aufgabenlösung zurückzuführen und waren mit der Reflexion und negativen Einschätzung der eigenen Lösung auf. In der Regel wurde dabei auch die Musterlösung in diese sogenannten Selbstreparaturprozesse einbezogen. Ob diese epistemisch-reflexiven Mediationen zu einer Verbesserung des Multiplikationsverständnisses führten, hing davon ab, ob die Lernenden signifikante Unterschiede zwischen ihrer eigenen Lösung und der Musterlösung beziehungsweise den in den Selbst-Assessment-Aussagen beschriebenen Eigenschaften erkannten und diese Unterschiede zutreffend interpretierten. Nur unter dieser Voraussetzung konnten epistemisch-reflexive Mediationen zu einer Weiterentwicklung des Multiplikationsverständnisses beitragen.

Limitationen der Arbeit

10

Wie jede qualitative Untersuchung weist auch die vorliegende Studie bestimmte Limitationen auf, die bei der Interpretation der Ergebnisse berücksichtigt werden sollten. Im Rahmen der Studie wurden acht Schülerfälle bei erstmaliger Nutzung der Selbst-Assessment-App eingehend untersucht. Aufgrund der geringen Fallzahl ist davon auszugehen, dass die gewonnenen Ergebnisse nicht in gleicher Form reproduziert werden können und eine statistische Verallgemeinerbarkeit nicht möglich ist. Aufgrund des kurzen Untersuchungszeitraums können zudem keine Aussagen über die Langfristigkeit und Nachhaltigkeit der Ergebnisse getroffen werden.

Bezüglich der Stichprobe ist festzuhalten, dass alle untersuchten Lernenden die fünfte Jahrgangsstufe eines Gymnasiums besuchten und weder sprachliche Schwierigkeiten noch ein Bedarf an sonderpädagogischer Förderung bekannt waren. Die Ergebnisse beziehen sich somit auf eine relativ homogene Lerngruppe. Es ist anzunehmen, dass Lernende anderer Schulformen oder mit anderen Lernvoraussetzungen Besonderheiten im Umgang mit der Selbst-Assessment-App gezeigt hätten, die in dieser Studie nicht erfasst wurden. Hinzu kommt, dass sich die Ergebnisse ausschließlich auf den Lerngegenstand der Multiplikation beziehen und unter Nutzung einer spezifischen Selbst-Assessment-App generiert wurden. Die Übertragbarkeit auf andere Lerngegenstände oder andere Selbst-Assessment-Settings ist daher nur bedingt möglich.

Auch hinsichtlich der Datenerhebung ergeben sich Einschränkungen. Die Durchführung der aufgabenbasierten Interviews im Einzelsetting könnten das Verhalten der Lernenden beeinflusst haben, sodass sie möglicherweise anders agierten, als wenn sie ohne Beisein einer weiteren Person mit der App interagiert

L. Graewert, *Aus den eigenen Lösungen lernen*, MINTUS – Beiträge zur mathematisch-naturwissenschaftlichen Bildung,
https://doi.org/10.1007/978-3-658-53095-2_10

hätten. Hinsichtlich der Methode des lauten Denkens ist festzuhalten, dass simultane, unstrukturierte Verbalisierungen die Gedankengänge der Lernenden in der Regel angemessen widerspiegeln und diese tendenziell nicht beeinflussen. Aber es ist davon auszugehen, dass nicht alle mentalen Prozesse durch die Methode erfasst werden konnten, selbst wenn die Lernenden ausdrücklich zur Verbalisierung aufgefordert wurden. Insbesondere da die Methode des lauten Denkens für die meisten Lernenden ungewohnt gewesen sein dürfte, könnte dies dazu geführt haben, dass sie nur einen Teil ihrer Gedanken äußerten oder diese weniger präzise formulierten. Zudem lassen sich manche Gedankengänge möglicherweise nicht vollständig oder adäquat verbalisieren und bleiben daher implizit.

Fazit und Ausblick

11

Die vorliegende Arbeit wird durch die Beobachtung motiviert, dass Selbst-Assessments zwar das Potenzial besitzen, Lernprozesse positiv zu beeinflussen, Lernende im Unterricht jedoch nur selten zu solchen angeregt werden. Digitale Technologien, die die praktischen Herausforderungen bei der Anregung zu Selbst-Assessments reduzieren und deren Potenziale gezielt zur systematischen Unterstützung solcher Prozesse genutzt werden könnten, finden bislang nur selten Anwendung. Es besteht somit einerseits Bedarf an der Entwicklung digitaler Selbst-Assessment-Settings. Andererseits ist empirische Forschung erforderlich, die die Potenziale digitaler Technologien im Kontext von Selbst-Assessments untersucht. Damit die potenziellen Vorteile digitaler Technologien für die Unterstützung von Selbst-Assessments wirksam werden können, bedarf es einer detaillierten Untersuchung digital gestützten Selbst-Assessments, die aufzeigt, ob und in welchem Umfang sich tatsächlich ein Mehrwert für Lernende in digitalen Selbst-Assessment-Settings ergibt.

Daraus ergab sich als übergeordnetes Ziel dieser Arbeit, den Entwicklungs- und Forschungsbedarf digital gestützter Selbst-Assessments aufzugreifen. Zum einen sollte eine Selbst-Assessment-App entwickelt werden, die Lernende zur Einschätzung ihres mathematischen Verständnisses anregt und sie durch dynamische und interaktive Musterlösungen sowie automatisches Feedback in ihrer Selbsteinschätzung unterstützt. Zum anderen sollten empirische Ergebnisse über die durch die App und ihre Elemente angeregten kognitiven und metakognitiven Aktivitäten von Lernenden gewonnen werden. Dabei bildete das Multiplikationsverständnis den inhaltlichen mathematischen Schwerpunkt, vor dessen Hintergrund sowohl der Entwicklungs- als auch der Forschungsbedarf in dieser Arbeit adressiert wurde.

L. Graewert, *Aus den eigenen Lösungen lernen*, MINTUS – Beiträge zur mathematisch-naturwissenschaftlichen Bildung,
https://doi.org/10.1007/978-3-658-53095-2_11

Im zweiten Kapitel wurde eine Definition und Typologie von Selbst-Assessment als theoretische Grundlage dieser Arbeit entwickelt. Zudem wurden die Potenziale interaktiver und dynamischer Musterlösungen sowie automatischen Feedbacks zum Selbst-Assessment beleuchtet und die Metakognitionstheorie als Rahmen eingeführt, um Selbst-Assessment-Prozesse von Lernenden zu analysieren.

Im Anschluss wurde im dritten Kapitel der mathematische Lerngegenstand spezifiziert. Dabei wurde auf die Grundvorstellungen zur Multiplikation sowie auf die Darstellungsformen der Multiplikation eingegangen, bevor der Wechsel zwischen bildlichen und mathematisch-symbolischen Darstellungen erläutert und die Potenziale digitaler Technologie für diesen Wechsel aufgezeigt wurden.

Das vierte Kapitel schloss den theoretischen Hintergrund ab und definierte die Auseinandersetzung von Lernenden mit dem mathematischen Inhalt der Multiplikation über die Selbst-Assessment-App als Artefakt-vermittelte Aktivität, innerhalb derer sich epistemische und reflexive Mediationen als Interaktionsformen unterscheiden lassen.

Aufbauend auf den ersten drei Kapiteln der Arbeit konnten im fünften Kapitel Designprinzipien für die Selbst-Assessment-App entwickelt werden, entlang derer die App gestaltet wurde.

Die konkrete Umsetzung der Designprinzipien innerhalb der App-Struktur wurde im Rahmen von drei Entwicklungszyklen erprobt. Die in diesen Zyklen gewonnenen Beobachtungen wurden jeweils genutzt, um die App weiterzuentwickeln. Die Entwicklungszyklen wurden im sechsten Kapitel beschrieben, das mit der Vorstellung des Lernangebots „Malaufgaben in Bildern" in der finalen Version der App abschloss, welches im Fokus der empirischen Untersuchung dieser Arbeit stand.

Nach der Formulierung der Forschungsfragen und der Darlegung des Studiendesigns im siebten Kapitel wurden im achten Kapitel die empirischen Ergebnisse zu den durch die App-Nutzung angeregten Veränderungen im Multiplikationsverständnis und metakognitiven Aktivitäten der Lernenden vorgestellt.

In diesem Kapitel werden die zentralen Ergebnisse noch einmal kurz zusammengefasst (Abschnitt 11.1). Daran anschließend werden einige Implikationen für die Weiterentwicklung und Nutzung der Selbst-Assessment-App im Mathematikunterricht abgeleitet (Abschnitt 11.2), bevor abschließend mögliche weiterführende Forschungsfragen formuliert werden, die sich aus der vorliegenden Arbeit ergeben (Abschnitt 11.4).

11.1 Zusammenfassung zentraler empirischer Ergebnisse

Die vorliegende Arbeit lieferte erste Erkenntnisse darüber, inwiefern sich die Nutzung einer Selbst-Assessment-App mit interaktiven und dynamischen Musterlösungen sowie automatischem Feedback auf das Multiplikationsverständnis sowie die metakognitiven Aktivitäten von Lernenden auswirkt.

Ganz allgemein zeigte sich erstens, dass Veränderungen im Multiplikationsverständnis immer in Wechselwirkung mit der Reflexion und der negativen Einschätzung der eigenen Lösung auftraten. Die Daten zeigten jedoch, dass das Auftreten solcher epistemisch-reflexiver Mediationen durch die Nutzung der App keine Garantie für eine Weiterentwicklung im Sinne der Verbesserung des Multiplikationsverständnisses darstellte.

Zweitens ließ sich insgesamt feststellen, dass epistemisch-reflexive Mediationen durch die App-Nutzung nur selten aufgetreten sind. Während dieses Ergebnis für Lernende mit einem tragfähigen Verständnis positiv zu bewerten ist, wäre es für Lernende mit einem unvollständigen oder nicht tragfähigen Multiplikationsverständnis wünschenswert gewesen, wenn häufiger Mediationen aufgetreten wären, die zu einer Verbesserung des Verständnisses hätten beitragen können.

Drittens zeigte sich ein Zusammenhang zwischen der Tragfähigkeit des Multiplikationsverständnisses sowie der Art und Ursache der durch die Selbst-Assessment-Aussagen angeregten metakognitiven Aktivitäten. Für Lernende, die in Bezug auf eine Diagnoseaufgabe über ein tragfähiges oder einseitig-fixiertes Multiplikationsverständnis verfügten, konnte überwiegend rekonstruiert werden, dass sie in der Regel produktbezogene, kriteriengeleitete Selbst-Assessments durchführten und dabei zu korrekten Selbst-Assessment-Ergebnissen gelangten. Lernende mit einem unvollständigen oder nicht tragfähigen Multiplikationsverständnis führten hingegen meist entweder ebenfalls produktbezogene, kriteriengeleitete Selbst-Assessments durch, beantworteten die Aussagen jedoch mit Blick auf ihre Lösung falsch oder führten kein Selbst-Assessment durch.

Viertens konnte im Rahmen der Fallanalysen festgestellt werden, dass die dynamischen und interaktiven Musterlösungen erwünschte Mediationen anregen konnten, indem ihre Betrachtung Lernende beispielsweise zur Verifikation der eigenen Lösungen anregte oder sie bei Selbstreparaturen unterstützte. Zugleich waren die Musterlösungen Teil von Prozessen fehlgeschlagener Selbstreparatur oder veranlassten Lernende aufgrund selektiver Wahrnehmung der Musterlösung dazu, die eigene fehlerhafte Lösung als richtig einzuschätzen. Häufig wurden die

Musterlösungen zudem ignoriert oder lediglich oberflächlich betrachtet, sodass keine Mediationen stattfanden. Insbesondere wurden die dynamischen und interaktiven Elemente der Musterlösungen kaum berücksichtigt, wodurch ihr Potenzial zur Weiterentwicklung oder Stärkung des Multiplikationsverständnisses ungenutzt blieb.

Fünftens zeigte sich, dass auch in Bezug auf das automatische Feedback sowohl erwünschte als auch unerwünschte Mediationen auftraten. Erwünschte Mediationen äußerten sich etwa darin, dass Lernende das Feedback zur Verifikation einer korrekten Lösung oder korrekter Selbst-Assessment-Ergebnisse nutzten oder durch das Feedback zur Aufgabenlösung zu einer gelungenen Selbstreparatur angeregt wurden. Unerwünschte Mediationen traten beispielsweise dann auf, wenn Lernende das Feedback missinterpretierten und ihre fehlerhafte Lösung dadurch fälschlich als korrekt einschätzten. Darüber hinaus zeigten sich Fehldiagnosen von Fehlerursachen im Zusammenhang mit dem Feedback. Wie bereits bei den Musterlösungen kam es auch beim Feedback vor, dass keine oder lediglich eine oberflächliche Auseinandersetzung stattfand.

11.2 Implikationen für die Weiterentwicklung und den Einsatz der Selbst-Assessment-App im Mathematikunterricht

Aus den empirischen Ergebnissen dieser Arbeit können für die Weiterentwicklung der Selbst-Assessment-App und für ihren Einsatz im Mathematikunterricht Implikationen abgeleitet werden. Diese werden im Folgenden dargestellt.

Implikation 1:
Adaptive Anpassung der Struktur der Diagnoseaufgaben an das Verständnis der Lernenden
Lernende, die ein tragfähiges oder zumindest einseitig-fixiertes Multiplikationsverständnis zeigten und eine korrekte Lösung zu einer vorgegebenen Diagnoseaufgabe generieren konnten, waren meist in der Lage, Selbst-Assessments durchzuführen und dabei korrekte Selbst-Assessment-Ergebnisse zu erzielen. Sie schienen wenig Schwierigkeiten mit der App-Struktur zu haben. Dies trifft auf die Lernenden mit einem unvollständigen oder nicht tragfähigen Verständnis häufig nicht zu.

Eine Möglichkeit diese Lernenden besser in ihrem Selbst-Assessment zu unterstützen, bestünde darin, die Struktur der Diagnoseaufgaben zu verändern, wenn die generierte Lösung fehlerhaft ist (Abbildung 11.1). In diesem Fall könnte das automatische Feedback zur Aufgabenlösung unmittelbar nach Abgabe der Lösung angezeigt werden, gemeinsam mit der Musterlösung und einer Aufforderung, beide Lösungen miteinander zu vergleichen. Wenn Lernende bereits zu diesem Zeitpunkt darüber informiert werden, dass ihre Lösung fehlerhaft ist, setzen sie sich möglicherweise eher mit der interaktiven und dynamischen Musterlösung auseinander. Unterhalb der Musterlösung könnte ein Button platziert werden, der bei Betätigung die Selbst-Assessment-Aussagen für die Lernenden einblendet. Dies hätte einerseits den Vorteil, dass die Lernenden zunächst die gesamte Musterlösung betrachten müssen, bevor sie mit der Beantwortung der Aussagen fortfahren. Andererseits würden sie kognitiv entlastet, in ihnen nicht gleichzeitig die eigene Lösung, die Musterlösung sowie die Selbst-Assessment-Aussagen angezeigt werden. Nach der Beantwortung der Aussagen und deren Bestätigung über den „Ich bin fertig“-Button könnte anschließend auf der rechten Seite ergänzend das Feedback zum Selbst-Assessment angezeigt werden. Die zeitliche Entkopplung der Anzeige der Feedback-Informationen, also die unmittelbare Rückmeldung zur Aufgabenlösung nach Abgabe der eigenen Lösung sowie das Feedback zum Selbst-Assessment direkt nach Beantwortung der entsprechenden Aussagen, könnte dazu beitragen, dass für die Lernenden klarer ersichtlich wird, worauf sich die jeweiligen Feedbacks beziehen.

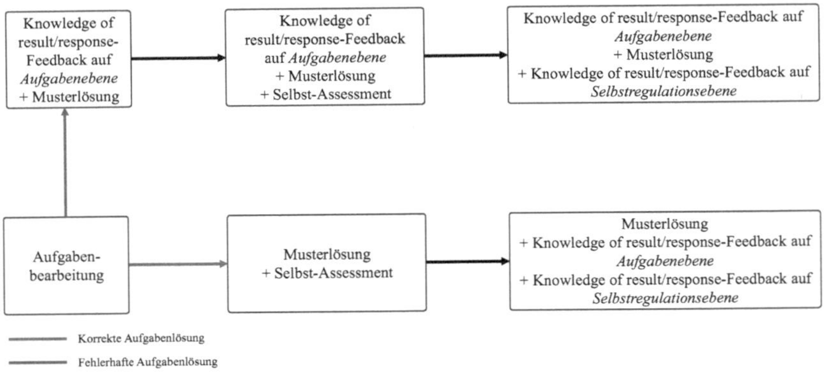

Abbildung 11.1 Mögliche App-Struktur in Abhängigkeit von der Korrektheit der Lösung

Implikation 2:
Visuelle und inhaltliche Überarbeitung der dynamischen und interaktiven Musterlösungen
Um die Nutzung der Musterlösungen intuitiver zu gestalten und zu erreichen, dass insbesondere Lernende mit fehlerhaften Lösungen diese häufiger verwenden, könnten ergänzend zur Anpassung der Struktur der Diagnoseaufgaben die Musterlösungen visuell und inhaltlich überarbeitet werden. Die Buttons könnten deutlicher hervorgehoben werden. Eine Änderung der Beschriftung könnte Lernenden zudem helfen, den Zweck besser zu erkennen. Statt einer Beschriftung anhand der Elemente der Zieldarstellung wie Anzahl, Länge oder Gesamtlänge in der zweiten Diagnoseaufgabe könnten die Buttons explizit mit Tipp 1, Tipp 2 und Tipp 3 bezeichnet werden. Zusätzlich könnte ein Icon wie eine Glühbirne integriert werden, da dieses Symbol im Kontext digitaler Lernsettings verbreitet und den Lernenden möglicherweise vertraut ist.

Im Rahmen einer inhaltlichen Überarbeitung könnte der Zusammenhang zwischen den Ausgangs- und Zieldarstellungen visuell und sprachlich deutlicher hervorgehoben werden, indem im Kontext der ersten Diagnoseaufgabe etwa formuliert wird: „Die Anzahl der Sprünge ist gleich dem ersten Faktor". Besonders für die ersten beiden Diagnoseaufgaben könnte es zudem hilfreich sein, möglichst alle korrekten Lösungen in der Musterlösung darzustellen. Dies ließe sich beispielsweise durch einen Switch-Button umsetzen, sodass die Lösungen nicht zu viel Platz einnehmen.

Implikation 3:
Unterstützung beim Verstehen der Selbst-Assessment-Aussagen
Die Lernenden, bei denen ein unvollständiges oder nicht tragfähiges Multiplikationsverständnis rekonstruiert wurde, hatten häufig Schwierigkeiten, die Selbst-Assessment-Aussagen inhaltlich und sprachlich zu verstehen. Eine Möglichkeit, diese Lernenden beim Verstehen der Aussagen zu unterstützen, besteht darin, eine Vorlesefunktion zu integrieren, sodass sich die Lernenden die Aussagen vorlesen lassen können. Dadurch könnten Schwierigkeiten im Leseverständnis verringert werden. Zur Förderung des inhaltlichen Verständnisses könnten Fachbegriffe in den Aussagen mit kurzen Erklärungen verlinkt werden, die erscheinen, sobald auf den jeweiligen Begriff geklickt wird. Besonders das Verständnis der Begriffe „Faktor“ und „Gruppen“ könnte auf diese Weise unterstützt werden.

Implikation 4:
Visuelle und inhaltliche Überarbeitung des automatischen Feedbacks zum Selbst-Assessment
Um die Wahrscheinlichkeit von Missinterpretationen des automatischen Feedbacks zum Selbst-Assessment zu verringern, könnte zu den Selbst-Assessment-Aussagen ausschließlich ein Knowledge of result/response-Feedback angezeigt werden (Abbildung 11.1). Das bedeutet, dass den Lernenden nur mitgeteilt wird, zu welchen Selbst-Assessment-Aussagen sie in Bezug auf ihre Lösung eine korrekte oder inkorrekte Antwort ausgewählt haben. Im Fall von Unsicherheiten oder einer inkorrekten Antwort würde jedoch nicht mehr angezeigt werden, welche Antwortoption richtig gewesen wäre. Visuell könnte das Feedback zum Selbst-Assessment an das Feedback zu Aufgabenlösung angelehnt werden, sodass die Aussagen weiterhin rot oder grün markiert werden und zusätzlich der Text „Richtig“ in Kombination mit einem Häkchen oder der Text „Falsch“ in Kombination mit einem Ausrufezeichen erscheint. Bei Auswahl der Antwortoption „Unsicher“ könnte eine farbliche Markierung entfallen.

Abbildung 11.2 zeigt exemplarisch, wie eine Weiterentwicklung der Selbst-Assessment-App unter Berücksichtigung der in den Implikationen 1–4 abgeleiteten Änderungsvorschläge aussehen könnte.

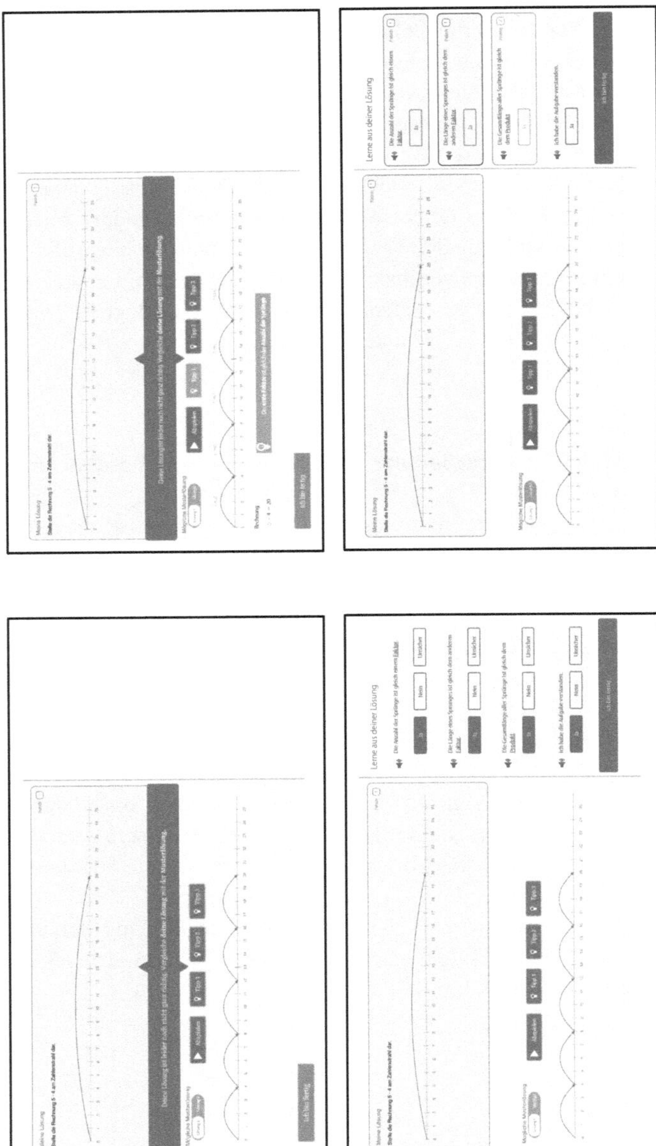

Abbildung 11.2 Mögliche Ansichten einer weiterentwickelten App-Version unter Berücksichtigung der Implikationen 1–4. (Quelle: Eigene Darstellung)

Implikation 5:
Gründliche App-Einführung und begleitende Unterstützung durch die Lehrkraft

Die Ergebnisse der empirischen Untersuchung legen nahe, dass eine gründliche Einführung in die Selbst-Assessment-App wichtig ist, um Lernenden die Struktur der App verständlich zu machen und ihnen die Relevanz und den Zweck der einzelnen Elemente, also der Musterlösung, der Selbst-Assessment-Aussagen sowie des Feedbacks, zu verdeutlichen. Vor dem Hintergrund einer angepassten App-Struktur wie in Zusammenhang mit Implikation 1 vorgeschlagen, sollten die Lernenden insbesondere dazu angeleitet werden, bei einer fehlerhaften Lösung diese mit der Musterlösung zu vergleichen und Zusammenhänge zwischen den Lösungen herzustellen, bevor sie mit der Beantwortung der Selbst-Assessment-Aussagen fortfahren. Zudem sollten ihnen die Bedeutung der beiden Feedbackarten, insbesondere des Feedbacks zum Selbst-Assessment, explizit erläutert werden. Es erscheint empfehlenswert, als Lehrkraft Beispiele für mögliche Lösungen und Ergebnisse gelegentlich im Plenum zu besprechen und gemeinsam zu diskutieren, wie die App-Elemente genutzt werden können und wie das Feedback zu interpretieren ist. Wenn Lernende noch nicht häufig mit der App gearbeitet haben, ist es sinnvoll, ihnen im Mathematikunterricht Zeit einzuräumen, um eigenständig mit der App zu arbeiten. Dadurch kann die Lehrkraft zeitnah auf Rückfragen reagieren und die Lernenden dabei unterstützen, sich an die Struktur der App und damit an das selbstständige Lernen zu gewöhnen. Um darüber hinaus zusätzliche Kommunikationsanlässe zu schaffen, können ausgewählte Aufgaben in Paaren oder Kleingruppen diskutiert werden.

11.3 Bedeutung der Ergebnisse für Schule und Gesellschaft

Die Ergebnisse der vorliegenden Arbeit lassen sich nicht nur mit Blick auf die Weiterentwicklung und den Einsatz der untersuchten Selbst-Assessment-App im Mathematikunterricht deuten. Sie verweisen darüber hinaus auf eine grundlegende Herausforderung schulischer Bildung: Lernende zur Einschätzung der eigenen Lernleistung zu befähigen und damit ihre Verantwortung für das eigene Lernen zu stärken. Damit wird ein Anliegen aufgegriffen, das bereits in der Einleitung dieser Arbeit als zentraler Bildungsauftrag von Schule herausgestellt wurde.

Die Ergebnisse der vorliegenden Arbeit zeigen, dass Selbst-Assessment-Aussagen und automatisches Feedback in einem digitalen Selbst-Assessment-Setting Potenzial besitzen, Lernende zum Selbst-Assessment anzustoßen, sofern diese wie intendiert verstanden und genutzt werden. Gleiches gilt für Musterlösungen, deren Nutzung Lernende im Rahmen solcher Prozesse unterstützen kann. Die Ergebnisse machen jedoch ebenso deutlich, dass die Anregung von Lernenden zum Selbst-Assessment weder dessen tatsächliche Durchführung garantiert noch sicherstellt, dass Lernende zu einer zutreffenden Einschätzung ihrer eigenen Lernleistung gelangen. Dies scheint insbesondere dann zu gelten, wenn fachliche Schwierigkeiten seitens der Lernenden bestehen und die innerhalb des Settings bereitgestellten Informationen nicht genutzt, nicht verstanden oder falsch interpretiert werden.

Die Fähigkeit zum Selbst-Assessment und zur Nutzung von Unterstützungselementen sollte daher nicht als selbstverständlich verfügbare Kompetenz betrachtet werden. Vielmehr handelt es sich um eine anspruchsvolle Praxis, die von Lernenden erst entwickelt werden muss. Diese Praxis umfasst die Fähigkeit, die eigene Lösung zutreffend einzuschätzen und setzt voraus, Kriterien für fachlich tragfähige Lösungen zu verstehen, diese Kriterien auf die eigene Lösung zu beziehen, Rückmeldungen angemessen zu interpretieren und daraus Konsequenzen für den weiteren Lernprozess abzuleiten. Die Ergebnisse dieser Arbeit lassen vermuten, dass diese Praxis im Mathematikunterricht und darüber hinaus bislang eher selten systematisch in den Blick genommen wird. Damit stellt sich die Frage, inwiefern Schule ihrem Auftrag, die Rolle von Lernenden als verantwortliche Akteurinnen und Akteure ihres eigenen Lernprozesses zu stärken (Kultusministerkonferenz, 2021, S. 11), bereits hinreichend gerecht wird. Gerade weil diese Verantwortungsübernahme bedeutsam dafür ist, Lernende auf eine aktive Teilhabe an der gegenwärtigen und zukünftigen Gesellschaft vorzubereiten (Kultusministerkonferenz, 2022a, S. 6), erscheint es notwendig, Selbst-Assessment nicht nur als punktuelles methodisches Element, sondern als langfristig aufzubauende schulische Praxis zu verstehen.

Für Unterricht und Forschung ergibt sich daraus die Frage, wie Lernende mit unterschiedlichen Voraussetzungen individuell dabei unterstützt werden können, Selbst-Assessments erfolgreich durchzuführen und für den Auf- und Ausbau fachlichen Verständnisses zu nutzen. Langfristig geht es somit um die Herausforderung, Selbst-Assessments als festen Bestandteil fachlicher Lernprozesse nachhaltig im Unterricht zu verankern. Damit dies gelingen kann, müssen auch Lehrkräfte entsprechend ausgebildet und durch geeignete Materialien unterstützt werden, damit sie Lernende adäquat in Selbst-Assessment einführen, sie durch diese Prozesse begleiten und Selbst-Assessments als wiederkehrenden Bestandteil fachlichen Lernens im Unterricht etablieren können.

11.4 Weiterführende Forschungsfragen

Die vorliegende Arbeit konnte differenzierte Einblicke geben, inwiefern durch die Nutzung einer Selbst-Assessment-App mit interaktiven und dynamischen Musterlösungen sowie automatischem Feedback Veränderungen im Multiplikationsverständnis und metakognitive Aktivitäten angeregt werden können. Es ließ sich aufzeigen, dass die bereitgestellten Unterstützungselemente Lernende zum Selbst-Assessment anregen und diese Prozesse unterstützen können. Zugleich zeigen die Ergebnisse, dass Selbst-Assessment eine anspruchsvolle Praxis darstellt, deren Gelingen nicht allein durch die Aufforderung zum Selbst-Assessment und die Bereitstellung von Unterstützungselementen gesichert ist.

Aus den Ergebnissen ergibt sich als naheliegender Ansatzpunkt für weiterführende Forschung die Gestaltung der Selbst-Assessment-Aussagen. Diese Aussagen stellen das zentrale Element dar, das die Selbst-Assessment-Prozesse von Lernenden leiten soll. In den Analysen konnten Missinterpretationen der Aussagen sowie deren Anwendung auf falsche Bezugselemente als Ursachen für unzutreffende Selbst-Assessment-Ergebnisse rekonstruiert werden. Damit stellt sich die Frage, wie Selbst-Assessment-Aussagen formuliert und strukturiert sein müssen, damit sie Lernende nicht nur zum Selbst-Assessment anregen, sondern sie in diesem Prozess auch wirksam unterstützen.

Darüber hinaus schließen an die Ergebnisse Fragen nach den Voraussetzungen und Wirkungen von Selbst-Assessment an. Die vorliegende Arbeit zeigte Zusammenhänge zwischen dem fachlichen Verständnis der Lernenden und dem Selbst-Assessment auf. Weiterführend ist zu untersuchen, ob und inwiefern darüber hinaus personenbezogene Merkmale mit der Nutzung und Wirkung von Selbst-Assessment-Settings zusammenhängen. Ebenso stellt sich die Frage, ob eine wiederholte Nutzung von Selbst-Assessment-Settings solche Merkmale langfristig beeinflussen kann.

Vor diesem Hintergrund ergeben sich die folgenden weiterführenden Forschungsfragen:

- Gestaltung von Selbst-Assessment-Aussagen:
  Wie können Selbst-Assessment-Aussagen gestaltet werden, damit sie Lernende bei der zutreffenden Selbsteinschätzung ihrer eigenen Lernleistung und beim Aufbau fachlichen Verständnisses unterstützen?

- Personenbezogene Voraussetzungen:
  Welche personenbezogenen Merkmale stehen in Zusammenhang damit, wie Lernende Selbst-Assessment-Settings nutzen und welche Wirkungen diese entfalten?
- Personenbezogene Wirkungen:
  Inwiefern beeinflusst die langfristige Nutzung eines Selbst-Assessment-Settings personenbezogene Merkmale wie Selbstwirksamkeit, Autonomie, Motivation und Selbstregulation?

Literaturverzeichnis

Abels, N. (2025). *Argumentation und Metakognition bei geometrischen Beweisen und Beweisprozessen—Eine Untersuchung von Studierenden im Grundschullehramt*. Springer Spektrum. https://doi.org/10.1007/978-3-658-46468-4

Abraham, M. (2025). *Multirepräsentationstools in digitalen Lehr-Lern-Umgebungen—Design-Research- und Interventionsstudie zum Multiplikationsverständnis* [Unveröffentlichte Dissertation]. Technische Universität Dortmund.

Abraham, M., & Prediger, S. (2025). Scaffolding Fifth Graders' Learning with a Digital Multi-Representation Applet: Design Research on Focusing Multiplicative Structures with Dynamic Dot Arrays. *Digital Experiences in Mathematics Education, 11*(2), 219–246. https://doi.org/10.1007/s40751-024-00156-7

Achilles, H. (2011). Selbst organisierte Prüfungsvorbereitung mithilfe von Selbsteinschätzungsbogen unterstützen. *Praxis der Mathematik in der Schule, 53*(41), 17–22.

Aflalo, E. (2022). Changes in Students' Perceptions of Self-Assessment in Courses with Different Approaches to Assessment. *Australian Journal of Teacher Education, 47*(11). https://doi.org/10.14221/1835-517X.5684

Akinwunmi, K., Selter, C., Deutscher, T., Mosandl, C., Nührenbörger, M., Ademmer, C., Totaro, D., Dohle, A., Prediger, S., & Bönig, L. (2025). Mathe sicher können – Didaktischer Kommentar zu N4A: Multiplikation und Division verstehen. In C. Selter, S. Prediger, M. Nührenbörger, & S. Hußmann (Hrsg.), *Mathe sicher können. Diagnose- und Förderkonzept zur Sicherung mathematischer Basiskompetenzen* (2. Aufl., S. 33).

Ambrus, A. (2016). Use of Worked-Out Examples in Mathematics Teaching. In T. Fritzlar, D. Aßmus, K. Bräuning, A. Kuzle, & B. Rott (Hrsg.), *Problem Solving in Mathematics Education—Proceedings of the 2015 Joint Conference of ProMath and the GDM Working Group on Problem Solving* (S. 11–22). WTM.

Andrade, H. L. (2010). Students as the Definitive Source of Formative Assessment: Academic Self-Assessment and the Self-Regulation of Learning. In H. L. Andrade & G. J. Cizek (Hrsg.), *Handbook of Formative Assessment* (1. Aufl., S. 90–105). Routledge. https://doi.org/10.4324/9780203874851

Andrade, H. L. (2019). A Critical Review of Research on Student Self-Assessment. *Frontiers in Education, 4*(87), 1–13. https://doi.org/10.3389/feduc.2019.00087

L. Graewert, *Aus den eigenen Lösungen lernen*, MINTUS – Beiträge zur mathematisch-naturwissenschaftlichen Bildung,
https://doi.org/10.1007/978-3-658-53095-2

Andrade, H. L., & Valtcheva, A. (2009). Promoting Learning and Achievement Through Self-Assessment. *Theory Into Practice*, *48*(1), 12–19. https://doi.org/10.1080/00405840802577544

Anh, T. T. N., Nguyen, N. T., & Nguyen, A. T. T. (2023). The Impact of Online Self-Assessment on Learning Outcomes and Self-Assessment Skills Among Grade 11 Students in Vietnam. *International Journal of Learning, Teaching and Educational Research*, *22*(4), 21–35. https://doi.org/10.26803/ijlter.22.4.2

Atkinson, R. K., & Renkl, A. (2007). Interactive Example-Based Learning Environments: Using Interactive Elements to Encourage Effective Processing of Worked Examples. *Educational Psychology Review*, *19*, 375–386. https://doi.org/10.1007/s10648-007-9055-2

Bakos, S., & Sinclair, N. (2019). Pips (times) Pods: Dancing towards Multiplicative Thinking. In U. T. Jankvist, M. Van den Heuvel-Panhuizen, & M. Veldhuis (Hrsg.), *Proceedings of the Eleventh Congress of the European Society for Research in Mathematics Education (CERME11, February 6 – 10, 2019).* (S. 2209–2216). Freudenthal Group & Freudenthal Institute, Utrecht University and ERME.

Batiibwe, M. S. K. (2019). Using Cultural Historical Activity Theory to Understand How Emerging Technologies Can Mediate Teaching and Learning in a Mathematics Classroom: A Review of Literature. *Research and Practice in Technology Enhanced Learning*, *14*(12), 1–20. https://doi.org/10.1186/s41039-019-0110-7

Bauer, A. (2014). Einfluss externer multipler und dynamischer Repräsentationen auf Schülerargumentationen. In J. Roth & J. Ames (Hrsg.), *Beiträge zum Mathematikunterricht 2014* (S. 129–132). WTM.

Baumanns, L., & Rott, B. (2023). Identifying Metacognitive Behavior in Problem-Posing Processes: Development of a Framework and a Proof of Concept. *International Journal of Science and Mathematics Education*, *21*(5), 1381–1406. https://doi.org/10.1007/s10763-022-10297-z

Béguin, P., & Rabardel, P. (2000). Designing for Instrument-Mediated Activity. *Scandinavian Journal of Information Systems*, *12*(1), 173–190.

Belski, I. (2011). Dynamic and Static Worked Examples in Student Learning. *Australasian Association for Engineering Education Conference 2011: Developing Engineers for Social Justice: Community Involvement, Ethics & Sustainability 5–7 December 2011, Fremantle, Western Australia*, 396–401.

Black, P. (2013). Formative and Summative Aspects of Assessment: Theoretical and Research Foundations in the Context of Pedagogy. In J. H. McMillan (Hrsg.), *SAGE Handbook of Research on Classroom Assessment* (S. 167–178). SAGE. https://doi.org/10.4135/9781452218649

Black, P., & Wiliam, D. (1998). Assessment and Classroom Learning. *Assessment in Education: Principles, Policy & Practice*, *5*(1), 7–74. https://doi.org/10.1080/0969595980050102

Böhme-Dürr, K. (1997). Technische Medien der Semiose. In R. Posner, K. Robering, & T. A. Sebeok (Hrsg.), *Ein Handbuch zu den zeichentheoretischen Grundlagen von Natur und Kultur* (Bd. 1, S. 357–384). De Gruyter. https://doi.org/10.1515/9783110095845.1.2.357

Boud, D. (1995). *Enhancing Learning Through Self Assessment* (1. Aufl.). Routledge.

Boud, D., & Brew, A. (1995). Developing a Typology for Learner Self-Assessment Practices. *Research and Development in Higher Education*, *1*(18), 130–135.

Boud, D., & Molloy, E. (2013). Rethinking Models of Feedback for Learning: The Challenge of Design. *Assessment & Evaluation in Higher Education, 38*(6), 698–712. https://doi.org/10.1080/02602938.2012.691462

Brown, G. T. L., Andrade, H. L., & Chen, F. (2015). Accuracy in Student Self-Assessment: Directions and Cautions for Research. *Assessment in Education: Principles, Policy & Practice, 22*(4), 444–457. https://doi.org/10.1080/0969594X.2014.996523

Brown, G. T. L., & Harris, L. R. (2013). Student Self-Assessment. In J. H. McMillan (Hrsg.), *SAGE Handbook of Research on Classroom Assessment* (S. 367–393). SAGE.

Buholzer, A., Baer, M., Zulliger, S., Torchetti, L., Ruelmann, M., Häfliger, A., & Lötscher, H. (2020). Formatives Assessment im alltäglichen Mathematikunterricht von Primarlehrpersonen: Häufigkeit, Dauer und Qualität. *Unterrichtswissenschaft, 48*, 629–661. https://doi.org/10.1007/s42010-020-00083-7

Cao, J. (2025). Assessing the Effectiveness of Automatic Feedback in Self- Assessment for Enhancing Student Learning from Mistakes. In A. Rajala, A. Cortez, R. Hofmann, A. Jornet, H. Lotz-Sisitka, & L. Markauskaite (Hrsg.), *Proceedings of the 19th International Conference of the Learning Sciences—ICLS 2025* (S. 1489–1493).

Chi, M. T. H. (2000). Self-Explaining Expository Texts—The Dual Processes of Generating Inferences and Repairing Mental Models. In R. Glaser (Hrsg.), *Advances in Instructional Psychology—Educational Design and Cognitive Science* (1. Aufl., Bd. 5, S. 161–238). Lawrence Erlbaum Associates.

Chi, M. T. H. (2008). Three Types of Conceptual Change: Belief Revision, Mental Model Transformation, and Categorical Shift. In S. Vosniadou (Hrsg.), *International Handbook of Research on Conceptual Change* (1. Aufl., S. 61–82). Routledge.

Clement, J. (2000). Analysis of Clinical Interviews: Foundations and Model Viability. In A. E. Kelly & R. A. Lesh (Hrsg.), *Handbook of Research Design in Mathematics and Science Education* (1. Aufl., S. 341–385). Routledge.

Closser, A. H., Yun-Chen Chan, J., Smith, H., & Ottmar, E. (2022). College Students' Input on the Design of Worked Examples for Online Environments. In A. E. Lischka, E. B. Dyer, R. S. Jones, J. N. Lovett, J. Strayer, & S. Drown (Hrsg.), *Proceedings of the Forty-Fourth Annual Meeting of the North American Chapter of the International Group for the Psychology of Mathematics Education* (S. 1598–1606).

Cohors-Fresenborg, E., & Kaune, C. (2007a). Kategorisierung von Diskursen im Mathematikunterricht bezüglich metakognitiver und diskursiver Anteile. In P.-K. Andrea & A. Bikner-Ahsbahs (Hrsg.), *Mathematische Bildung—Mathematische Leistung* (S. 233–248). Franzbecker.

Cohors-Fresenborg, E., & Kaune, C. (2007b). Modelling Classroom Discussions and Categorising Discursive and Metacognitive Activities. In D. Pitta-Pantazi & G. Philippou (Hrsg.), *Proceedings of the Fifth Congress of the European Society for Research in Mathematics Education* (S. 1180–1189). University of Cyprus and ERME.

Cole, M. (1996). *Cultural Psychology: A Once and Future Discipline.* Harvard University Press.

Creswell, J. W. (2007). *Qualitative Inquiry & Research Design—Choosing Among Five Approaches* (2. Aufl.). SAGE.

Döring, N. (2023). *Forschungsmethoden und Evaluation in den Sozial- und Humanwissenschaften* (6. Aufl.). Springer Berlin Heidelberg. https://doi.org/10.1007/978-3-662-64762-2

Drijvers, P., Ball, L., Barzel, B., Heid, M. K., Cao, Y., & Maschietto, M. (2016). *Uses of Technology in Lower Secondary Mathematics Education: A Concise Topical Survey*. Springer. https://doi.org/10.1007/978-3-319-33666-4

Drijvers, P., & Trouche, L. (2008). From Artifacts to Instruments: A Theoretical Framework Behind the Orchestra Metaphor. In G. W. Blume & M. K. Heid (Hrsg.), *Research on Technology and the Teaching and Learning of Mathematics. Volume 2: Cases and Perspectives* (S. 363–392). Information Age.

Dunning, D., Heath, C., & Suls, J. M. (2004). Flawed Self-Assessment: Implications for Health, Education, and the Workplace. *Psychological Science in the Public Interest, 5*(3), 69–106. https://doi.org/10.1111/j.1529-1006.2004.00018.x

Duval, R. (2006). A Cognitive Analysis of Problems of Comprehension in a Learning of Mathematics. *Educational Studies in Mathematics, 61*(1–2), 103–131. https://doi.org/10.1007/s10649-006-0400-z

Elkjær, M., & Hodgen, J. (2022). The Components of Vergnaud's Notion of Scheme as Frame for Designing Diagnostic Tasks in the Area of Linear Equation Solving. In J. Hodgen, E. Geraniou, G. Bolondi, & F. Ferretti (Hrsg.), *Proceedings of the Twelfth Congress of the European Society for Research in Mathematics Education (CERME12)* (S. 4127–4134). Free University of Bozen-Bolzano and ERME.

Engeström, Y., & Sannino, A. (2021). From Mediated Actions to Heterogenous Coalitions: Four Generations of Activity-Theoretical Studies of Work and Learning. *Mind, Culture, and Activity, 28*(1), 4–23. https://doi.org/10.1080/10749039.2020.1806328

Ericsson, K. A., & Simon, H. A. (1993). *Protocol Analysis: Verbal Reports as Data* (2. Aufl.). The MIT Press. https://doi.org/10.7551/mitpress/5657.001.0001

Etzold, H., Kortenkamp, U., & Ladel, S. (2018). ACAT-Review-Guide – Ein tätigkeitstheoretischer Blick auf die Beurteilung von Mathematik-Apps. In S. Ladel, U. Kortenkamp, & H. Etzold (Hrsg.), *Mathematik mit digitalen Medien – konkret* (1. Aufl., S. 91–98). WTM. https://doi.org/10.37626/GA9783959870788.0.07

Fetzer, M., & Tiedemann, K. (2022). Multiplication as a Matter of Grundvorstellungen, Strategies and Representations. In J. Hodgen, E. Geraniou, G. Bolondi, & F. Ferretti (Hrsg.), *Proceedings of the Twelfth Congress of the European Society for Research in Mathematics Education (CERME12)* (S. 372–397). Free University of Bozen-Bolzano and ERME.

Fox, M. C., Ericsson, K. A., & Best, R. (2011). Do Procedures for Verbal Reporting of Thinking Have to Be Reactive? A Meta-Analysis and Recommendations for Best Reporting Methods. *Psychological Bulletin, 137*(2), 316–344. https://doi.org/10.1037/a0021663

Fraile, J., Panadero, E., & Pardo, R. (2017). Co-Creating Rubrics: The Effects on Self-Regulated Learning, Self-Efficacy and Performance of Establishing Assessment Criteria with Students. *Studies in Educational Evaluation, 53*, 69–76. https://doi.org/10.1016/j.stueduc.2017.03.003

Gandenberger, C., Gotsch, M., & Miemiec, M. (2017). Strategische Elemente nachhaltigen Wirtschaftens. *UmweltWirtschaftsForum, 25*, 247–254. https://doi.org/10.1007/s00550-017-0466-3

Gehrke, J. P. (2016). *Übungen zum Brückenkurs Mathematik* (2. Aufl.). De Gruyter. https://doi.org/10.1515/9783110463385

Goldin, G. A. (2000). A Scientific Perspective on Structured, Task-Based Interviews in Mathematics Education Research. In A. E. Kelly & R. A. Lesh (Hrsg.), *Handbook of*

Research Design in Mathematics and Science Education (1. Aufl., S. 517–545). Routledge.

Götze, D., Selter, C., & Zannetin, E. (2020). *Das KIRA-Buch: Kinder rechnen anders – Verstehen und Fördern im Mathematikunterricht* (2. Aufl.). Kallmeyer und Klett.

Gould, J. D., & Lewis, C. (1985). Designing for Usability: Key Principles and What Designers Think. *Communications of the ACM*, *28*(3), 300–311. https://doi.org/10.1145/3166.3170

Gourgey, A. F. (1998). Metacognition in Basic Skills Instruction. *Instructional Science*, *26*, 81–96. https://doi.org/10.1023/A:1003092414893

Graewert, L., Neitemeier, A., Dohmen, Y., Thurm, D., Hußmann, S., & Barzel, B. (2023). Potenziale und Hindernisse beim Einsatz eines digitalen Selbst-Assessment-Tools zur Förderung des arithmetischen Basiswissens. In A. Buholzer & D. Brovelli (Hrsg.), *Formatives Assessment: Perspektiven für Unterricht und Lehrerinnen- und Lehrerbildung* (S. 17–34). Waxmann.

Graewert, L., Thurm, D., Hußmann, S., & Barzel, B. (2024). Hilf dir selbst mit Mathe-GO – Arithmetische Basiskompetenzen verstehensorientiert und digital aufarbeiten. *Mathematik lehren*, (247), 12–15.

Gray, E. M., & Tall, D. O. T. (1994). Duality, Ambiguity, and Flexibility: A „Proceptual" View of Simple Arithmetic. *Journal for Research in Mathematics Education*, *25*(2), 116–140.

Gregersen, R. M. (2024). Analysing Instrumented Justification: Unveiling Student's Tool Use and Conceptual Understanding in the Prediction and Justification of Dynamic Behaviours. *Digital Experiences in Mathematics Education*, *10*. https://doi.org/10.1007/s40751-024-00134-z

Hankeln, C., & Prediger, S. (2025). Language Is Essential for Avoiding Surface Translations: Associations of Students' Spontaneous Use of Meaning-Related Phrases for Explicating Structures With Conceptual Understanding of Multiplication. *Educational Studies in Mathematics*, *120*(1), 57–79. https://doi.org/10.1007/s10649-025-10414-z

Harris, L. R., & Brown, G. T. L. (2018). Self-Assessment, Self-Regulated Learning, and Formative Assessment. In L. R. Harris & G. T. L. Brown (Hrsg.), *Using Self-Assessment to Improve Student Learning* (1. Aufl., S. 23). Routledge.

Hartley, J. (2004). Case Study Research. In C. Cassell & G. Symon (Hrsg.), *Essential Guide to Qualitative Methods in Organizational Research* (S. 323–333). SAGE. https://doi.org/10.4135/9781446280119.n26

Hasselhorn, M. (1992). Metakognition und Lernen. In G. Nold (Hrsg.), *Lernbedingungen und Lernstrategien: Welche Rolle spielen kognitive Verstehensstrukturen? Tübinger Beiträge zur Linguistik* (Nummer 366, S. 35–63). Narr. https://doi.org/10.25656/01:2001

Hasselhorn, M., & Artelt, C. (2018). Metakognition. In D. H. Rost, J. R. Sparfeldt, & S. Buch (Hrsg.), *Handwörterbuch Pädagogische Psychologie* (5. Aufl., S. 520–525). Beltz.

Hattie, J., & Timperley, H. (2007). The Power of Feedback. *Review of Educational Research*, *77*(1), 81–112. https://doi.org/10.3102/003465430298487

Heemsoth, T., & Heinze, A. (2016). Secondary School Students Learning From Reflections on the Rationale Behind Self-Made Errors: A Field Experiment. *The Journal of Experimental Education*, *84*(1), 98–118. https://doi.org/10.1080/00220973.2014.963215

Heine, L., & Schramm, K. (2007). Lautes Denken in der Fremdsprachenforschung—Eine Handreichung für die empirische Praxis. In H. J. Vollmer (Hrsg.), *Synergieeffekte in der*

Fremdsprachenforschung—Empirische Zugänge, Probleme, Ergebnisse (Bd. 27, S. 167–206). Peter Lang.

Henderson, M., Ajjawi, R., Boud, D., & Molloy, E. (2019). Identifying Feedback That Has Impact. In *The Impact of Feedback in Higher Education* (S. 15–34). Springer International Publishing. https://doi.org/10.1007/978-3-030-25112-3_2

Hering, L., & Jungmann, R. (2019). Einzelfallanalyse. In N. Baur & J. Blasius (Hrsg.), *Handbuch Methoden der empirischen Sozialforschung* (S. 619–632). Springer. https://doi.org/10.1007/978-3-658-21308-4_41

Herrmann, A., & Ableitinger, C. (2013). Was macht eine „gute" Musterlösung aus? In G. Greefrath, F. Käpnick, & M. Stein (Hrsg.), *Beiträge zum Mathematikunterricht 2013* (S. 468–471). WTM.

Hiebert, J., & Carpenter, T. P. (1992). Learning and Teaching with Understanding. In D. A. Grouws (Hrsg.), *Handbook of Research on Mathematics Teaching and Learning—A Project of the National Council of Teachers of Mathematics* (S. 65–97). Macmillan.

Hosein, A., & Harle, J. (2018). The Relationship between Students' Prior Mathematical Attainment, Knowledge, and Confidence on Their Self-Assessment Accuracy. *Studies in Educational Evaluation, 56*, 32–41. https://doi.org/10.1016/j.stueduc.2017.10.008

Huang, Y., & Gui, M. (2015). Articulating Teachers' Expectations afore: Impact of Rubrics on Chinese EFL Learners' Self-Assessment and Speaking Ability. *Journal of Education and Training Studies, 3*(3), 126–132. https://doi.org/10.11114/jets.v3i3.753

Hüser, A. (2024). *Zum Gebrauch von Darstellungen beim Verallgemeinern distributiver Zusammenhänge—Eine epistemologisch-interaktionistische Untersuchung von Verallgemeinerungsprozessen bei Grundschulkindern* (Bd. 12). Springer Spektrum. https://doi.org/10.1007/978-3-658-46470-7

Hußmann, S., & Selter, C. (2013a). Das Projekt dortMINT. In S. Hußmann & C. Selter (Hrsg.), *Diagnose und individuelle Förderung in der MINT-Lehrerbildung—Das Projekt dortMINT* (S. 15–26). Waxmann.

Hußmann, S., & Selter, C. (2013b). dortMINT-Leitbild. In S. Hußmann & C. Selter (Hrsg.), *Diagnose und individuelle Förderung in der MINT-Lehrerbildung—Das Projekt dortMINT* (S. 9–10). Waxmann.

Ibabe, I., & Jauregizar, J. (2009). Online Self-Assessment With Feedback and Metacognitive Knowledge. *Higher Education, 59*, 243–258. https://doi.org/10.1007/s10734-009-9245-6

Kalyuga, S. (2007). Expertise Reversal Effect and Its Implications for Learner-Tailored Instruction. *Educational Psychology Review, 19*(4), 509–539. https://doi.org/10.1007/s10648-007-9054-3

Kalyuga, S., Chandler, P., & Sweller, J. (1998). Levels of Expertise and Instructional Design. *Human Factors: The Journal of the Human Factors and Ergonomics Society, 40*(1), 1–17. https://doi.org/10.1518/001872098779480587

Kaput, J. J. (1986). *Information Technology and Mathematics: Opening New Representational Windows.*

Karaman, P. (2021). The Impact of Self-assessment on Academic Performance: A Meta-analysis Study. *International Journal of Research in Education and Science, 7*(4), 1151–1166. https://doi.org/10.46328/ijres.2344

Kasakowskij, R., Joerg M. Haake, & Seidel, N. (2023). Self-Assessment Task Processing Behavior of Students in Higher Education. In Mingyu Feng, T. Käser, & Partha Talukdar

(Hrsg.), *Proceedings of the 16th International Conference on Educational Data Mining* (S. 334–341). Zenodo. https://doi.org/10.5281/ZENODO.8115707

Kaun, S. (2023). *Strategieverwendung bei der Multiplikation zweistelliger Zahlen—Eine Untersuchung mithilfe von Rechenweganalysen unter Berücksichtigung auftretender Fehler* (1. Aufl.). Springer Spektrum. https://doi.org/10.1007/978-3-658-42394-0

Kippers, W. B., Wolterinck, C. H. D., Schildkamp, K., Poortman, C. L., & Visscher, A. J. (2018). Teachers' Views on the Use of Assessment for Learning and Data-Based Decision Making in Classroom Practice. *Teaching and Teacher Education, 75*, 199–213. https://doi.org/10.1016/j.tate.2018.06.015

Kira.dzlm.de/180. (2025). https://kira.dzlm.de/arithmetik/operationsverständnis/operationsverständnis-multiplikation

Kira.dzlm.de/node/671. (2025). https://kira.dzlm.de/node/671?width=660&height=420

Kirby, N. F., & Downs, C. T. (2007). Self-Assessment and the Disadvantaged Student: Potential for Encouraging Self-Regulated Learning? *Assessment & Evaluation in Higher Education, 32*(4), 475–494. https://doi.org/10.1080/02602930600896464

Kluger, A. N., & DeNisi, A. (1996). The Effects of Feedback Interventions on Performance: A Historical Review, a Meta-Analysis, and a Preliminary Feedback Intervention Theory. *Psychological Bulletin, 119*(2), 254–284. https://doi.org/10.1037/0033-2909.119.2.254

Konrad, K. (2020). Lautes Denken. In G. Mey & K. Mruck (Hrsg.), *Handbuch Qualitative Forschung in der Psychologie. Band 2: Designs und Verfahren* (2., erweiterte und überarbeitete Auflage, S. 373–393). Springer.

Krell, C., & Lamnek, S. (2024). *Qualitative Sozialforschung* (7. Aufl.). Beltz.

Kruger, J., & Dunning, D. (1999). Unskilled and Unaware of It: How Difficulties in Recognizing One's Own Incompetence Lead to Inflated Self-Assessments. *Journal of Personality and Social Psychology, 77*(6), 1121–1134. https://doi.org/10.1037/0022-3514.77.6.1121

Kruse, J. (2015). *Qualitative Interviewforschung—Ein integrativer Ansatz* (2. Aufl.). Beltz Juventa.

Kuckartz, U. (2018). *Qualitative Inhaltsanalyse. Methoden, Praxis, Computerunterstützung* (4. Aufl.). Beltz.

Kuckartz, U., & Rädiker, S. (2024). *Qualitative Inhaltsanalyse. Methoden, Praxis, Umsetzung mit Software und künstlicher Intelligenz* (6. Aufl.). Beltz Juventa.

Kuhn, D., & Dean, Jr., D. (2004). Metacognition: A Bridge Between Cognitive Psychology and Educational Practice. *Theory Into Practice, 43*(4), 268–273. https://doi.org/10.1207/s15430421tip4304_4

Kühn, P. (2021). *Die Rolle von technologiegestütztem Feedback beim formativen Selbst-Assessment im Inhaltsbereich der Multiplikation* [Unveröffentlichte Masterarbeit].

Kuhnke, K. (2013). *Vorgehensweisen von Grundschulkindern beim Darstellungswechsel—Eine Untersuchung am Beispiel der Multiplikation im 2. Schuljahr* (Bd. 10). Springer. https://doi.org/10.1007/978-3-658-01509-1

Kultusministerkonferenz. (2021). *Lehren und Lernen in der digitalen Welt—Die ergänzende Empfehlung zur Strategie „Bildung in der digitalen Welt"*.

Kultusministerkonferenz. (2022a). *Bildungsstandards für das Fach Mathematik Erster Schulabschluss (ESA) und Mittlerer Schulabschluss (MSA)*.

Kultusministerkonferenz. (2022b). *Bildungsstandards für das Fach Mathematik Primarbereich*.

Ladel, S., & Kortenkamp, U. (2014). Tätigkeitsorientiert zu einem flexiblen Verständnis von Stellenwerten – Ein Ansatz aus Sicht der Artefact-Centric Activity Theory. In S. Ladel & C. Schreiber (Hrsg.), *Von Audiopodcast bis Zahlensinn* (1. Aufl., S. 151–176). WTM. https://doi.org/10.37626/GA9783942197632.0.08

Ladel, S., & Kortenkamp, U. (2016). Artifact-Centric Activity Theory—A Framework for the Analysis of the Design and Use of Virtual Manipulatives. In P. S. Moyer-Packenham (Hrsg.), *International Perspectives on Teaching and Learning Mathematics with Virtual Manipulatives* (Bd. 7, S. 25–40). Springer. https://doi.org/10.1007/978-3-319-32718-1_2

Ladel, S., Kortenkamp, U., Larkin, K., & Etzold, H. (2018). Evaluation of Apps using the ACAT Framework. In H.-G. Weigand, A. Clark-Wilson, A. Donevska-Todorova, E. Faggiano, N. Grønbæk, & J. Trgalova (Hrsg.), *Proceedings of the Fifth ERME Topic Conference on Mathematics Education in the Digital Age (MEDA)* (S. 171–178).

Leighton, J. P. (2019). Students' Interpretation of Formative Assessment Feedback: Three Claims for Why We Know So Little About Something So Important. *Journal of Educational Measurement*, *56*(4), 793–814. https://doi.org/10.1111/jedm.12237

León, S. P., Panadero, E., & García-Martínez, I. (2023). How Accurate Are Our Students? A Meta-analytic Systematic Review on Self-assessment Scoring Accuracy. *Educational Psychology Review*, *35*, 106. https://doi.org/10.1007/s10648-023-09819-0

Lohmann-Weiß, A. (2015). *Die Entwicklung kognitiver Fähigkeiten von Kindern im Alter von 3 bis 5 Jahren: Analyse der Fähigkeitsbereiche Theory of Mind, mentale Zeitreise sowie Sprache und Gedächtnis*. Universität der Bundeswehr München.

Lusk, M. M., & Atkinson, R. K. (2007). Animated Pedagogical Agents: Does Their Degree of Embodiment Impact Learning From Static or Animated Worked Examples? *Applied Cognitive Psychology*, *21*(6), 747–764. https://doi.org/10.1002/acp.1347

Maher, C. A., & Sigley, R. (2020). Task-Based Interviews in Mathematics Education. In S. Lerman (Hrsg.), *Encyclopedia of Mathematics Education* (2. Aufl., S. 821–824). Springer. https://doi.org/10.1007/978-3-030-15789-0

Mannion, J. (2022). Beyond the Grade: The Planning, Formative and Summative (PFS) Model of Self-Assessment for Higher Education. *Assessment & Evaluation in Higher Education*, *47*(3), 411–423. https://doi.org/10.1080/02602938.2021.1922874

Martínez, V., Mon, M. A., Álvarez, M., Fueyo, E., & Dobarro, A. (2020). E-Self-Assessment as a Strategy to Improve the Learning Process at University. *Education Research International*, *2020*, 1–9. https://doi.org/10.1155/2020/3454783

Mayring, P. (2022). *Qualitative Inhaltsanalyse—Grundlagen und Techniken* (13. Aufl.). Beltz.

Meijer, J., Veenman, M. V. J., & Van Hout-Wolters, B. H. A. M. (2006). Metacognitive Activities in Text-Studying and Problem-Solving: Development of a Taxonomy. *Educational Research and Evaluation*, *12*(3), 209–237. https://doi.org/10.1080/13803610500479991

Miles, M. B., & Huberman, A. M. (1994). *Qualitative Data Analysis—An Expanded Sourcebook* (2. Aufl.). SAGE.

Misfeldt, M., Jankvist, U. T., & Møllegaard Iversen, S. (2018). Mixed Notation and Mathematical Writing in Danish Upper Secondary School. In E. Norén, H. Palmér, & A. Cooke (Hrsg.), *Nordic Research in Mathematics Education—Papers of NORMA 17—The Eighth Nordic Conference on Mathematics Education Stockholm, May 30—June 2, 2017* (Bd. 12, S. 89–98). Svensk förening för MatematikDidaktisk Forskning (SMDF).

Morphew, J. W., Gladding, G. E., & Mestre, J. P. (2020). Effect of Presentation Style and Problem-Solving Attempts on Metacognition and Learning From Solution Videos. *Physical Review Physics Education Research, 16*(1), 1–18. https://doi.org/10.1103/physrevphyseducres.16.010104

Moser Opitz, E. (2013). *Rechenschwäche/Dyskalkulie: Theoretische Klärungen und empirische Studien an betroffenen Schülerinnen und Schülern* (2. Auflage). Haupt Verlag.

Narciss, S. (2008). Feedback Strategies for Interactive Learning Tasks. In J. M. Spector, M. D. Merrill, J. J. G. van Merriënboer, & M. P. Driscoll (Hrsg.), *Handbook of research on educational communications and technology* (Third edition). Lawrence Erlbaum Associates, Taylor & Francis Group.

Narciss, S. (2018). Feedbackstrategien für interaktive Lernaufgaben. In H. Niegemann & A. Weinberger (Hrsg.), *Lernen mit Bildungstechnologien* (S. 1–24). Springer. https://doi.org/10.1007/978-3-662-54373-3_35-1

Narciss, S., Prescher, C., Khalifah, L., & Körndle, H. (2022). Providing External Feedback and Prompting the Generation of Internal Feedback Fosters Achievement, Strategies and Motivation in Concept Learning. *Learning and Instruction, 82*, 1–11. https://doi.org/10.1016/j.learninstruc.2022.101658

Neugebauer, P. (2022). *Unterrichtsqualität im sprachbildenden Mathematikunterricht—Eine quantitative Studie zum Prozente-Unterricht* (Bd. 48). Springer Spektrum. https://doi.org/10.1007/978-3-658-36899-9

Nieminen, J. H., & Boud, D. (2025). Placing Authenticity at the Heart of Student Self-Assessment: An Integrative Review. *Teaching in Higher Education, 30*(3), 640–662. https://doi.org/10.1080/13562517.2024.2367669

Oser, F., & Spychiger, M. (2005). *Lernen ist schmerzhaft. Zur Theorie des Negativen Wissens und zur Praxis der Fehlerkultur*. Beltz.

Padberg, F., & Benz, C. (2021). *Didaktik der Arithmetik: Fundiert, vielseitig, praxisnah* (5. Aufl.). Springer Spektrum.

Padberg, F., & Büchter, A. (2015). *Einführung Mathematik Primarstufe—Arithmetik* (2. Aufl.). Springer. https://doi.org/10.1007/978-3-662-43449-9

Palm, T., Andersson, C., Boström, E., & Vingsle, C. (2017). A Review of the Impact of Formative Assessment on Student Achievement in Mathematics. *Nordic Studies in Mathematics Education, 22*(3), 25–50. https://doi.org/10.7146/nomad.v22i3.148889

Panadero, E., Alonso-Tapia, J., & Reche, E. (2013). Rubrics vs. Self-Assessment Scripts Effect on Self-Regulation, Performance, and Self-Efficacy in Pre-Service Teachers. *Studies in Educational Evaluation, 39*(3), 125–132. https://doi.org/10.1016/j.stueduc.2013.04.001

Panadero, E., Brown, G. T. L., & Strijbos, J.-W. (2016). The Future of Student Self-Assessment: A Review of Known Unknowns and Potential Directions. *Educational Psychology Review, 28*(4), 803–830. https://doi.org/10.1007/s10648-015-9350-2

Panadero, E., Fernández, J., Pinedo, L., Sánchez, I., & García-Pérez, D. (2024). A Self-Feedback Model (SEFEMO): Secondary and Higher Education Students' Self-Assessment Profiles. *Assessment in Education: Principles, Policy & Practice, 31*(3–4), 221–253. https://doi.org/10.1080/0969594x.2024.2367027

Panadero, E., Fernández-Ruiz, J., & Sánchez-Iglesias, I. (2020). Secondary Education Students' Self-Assessment: The Effects of Feedback, Subject Matter, Year Level, and Gender. *Assessment in Education: Principles, Policy & Practice, 27*(6), 607–634. https://doi.org/10.1080/0969594x.2020.1835823

Panadero, E., Jonsson, A., & Botella, J. (2017). Effects of Self-Assessment on Self-Regulated Learning and Self-Efficacy: Four Meta-Analyses. *Educational Research Review, 22*, 74–98. https://doi.org/10.1016/j.edurev.2017.08.004

Panadero, E., Lipnevich, A., & Broadbent, J. (2019). Turning Self-Assessment into Self-Feedback. In M. Henderson, R. Ajjawi, D. Boud, & E. Molloy (Hrsg.), *The Impact of Feedback in Higher Education—Improving Assessment Outcomes for Learners* (S. 147–163). Palgrave Macmillan. https://doi.org/10.1007/978-3-030-25112-3_9

Panadero, E., Pérez, D. G., Ruiz, J. F., Fraile, J., Sánchez-Iglesias, I., & Brown, G. T. L. (2023). University Students' Strategies and Criteria During Self-Assessment: Instructor's Feedback, Rubrics, and Year Level Effects. *European Journal of Psychology of Education, 38*, 1031–1051. https://doi.org/10.1007/s10212-022-00639-4

Pellegrino, J. W., DiBello, L. V., & Goldman, S. R. (2016). A Framework for Conceptualizing and Evaluating the Validity of Instructionally Relevant Assessments. *Educational Psychologist, 51*(1), 59–81. https://doi.org/10.1080/00461520.2016.1145550

PIKAS. (2025a). *Operationsvorstellungen Multiplikation – Punktebilder*. https://pikas-kompakt.dzlm.de/sites/pikaskp/files/uploads/07-OperationsvorstellungenMultiplikation/unterricht_guteaufgaben_pikaskompakt_multiplikationverstehen_punktebilder.pdf

PIKAS. (2025b). *Operationsvorstellungen Multiplikation – Zahlenstrahl*. https://pikas-kompakt.dzlm.de/sites/pikaskp/files/uploads/07-OperationsvorstellungenMultiplikation/unterricht_guteaufgaben_pikaskompakt_multiplikationverstehen_zahlenstrahl.pdf

Pintrich, P. R. (2000). The Role of Goal Orientation in Self-Regulated Learning. In M. Boekaerts, P. R. Pintrich, & M. Zeidner (Hrsg.), *Handbook of Self-Regulation* (S. 451–502). Academic Press. https://doi.org/10.1016/B978-012109890-2/50043-3

Pintrich, P. R. (2002). The Role of Metacognitive Knowledge in Learning, Teaching, and Assessing. *Theory Into Practice, 41*(4), 219–225. https://doi.org/10.1207/s15430421tip4104_3

Prediger, S. (2009). Inhaltliches Denken vor Kalkül – Ein didaktisches Prinzip zur Vorbeugung und Förderung bei Rechenschwierigkeiten. In A. Fritz & S. Schmidt (Hrsg.), *Fördernder Mathematikunterricht in der Sekundarstufe I – Rechenschwierigkeiten erkennen und überwinden* (S. 213–234). Beltz.

Prediger, S. (2010). „Aber wie sag ich es mathematisch?" – Empirische Befunde und Konsequenzen zum Lernen von Mathematik als Mittel zur Beschreibung von Welt. In D. Höttecke (Hrsg.), *Entwicklung naturwissenschaftlichen Denkens zwischen Phänomen und Systematik—Gesellschaft für Didaktik der Chemie und Physik—Jahrestagung in Dresden 2009* (1. Aufl., S. 6–20). LIT.

Prediger, S. (2019). Mathematische und sprachliche Lernschwierigkeiten—Empirische Befunde und Förderansätze am Beispiel des Multiplikationskonzepts. *Lernen und Lernstörungen, 8*(4), 247–260. https://doi.org/10.1024/2235-0977/a000268

Prediger, S., Hankeln, C., & Voss, L. (2025). Oberflächenübersetzung oder tiefgehende Darstellungsvernetzung? Digitale Diagnosen zum Multiplikationsverständnis von Kindern. In B. Thöne, A. Körner, J. von Ostrowski, R. Rink, J. Scharlau, & D. Walter (Hrsg.), *„Was* *hast du dir dazu überlegt?" Denkwege von Kindern und Inhalte gleichermaßen in den Blick nehmen: Festschrift für Dagmar Bönig* (S. 55–65). WTM.

Prediger, S., Hußmann, S., Brauner, U., Matull, I., Seifert, G., & Verschraegen, J. (2011). *Mathewerkstatt 5—Rechenbausteine Handbuch* (S. Hußmann, S. Prediger, B. Barzel, & T. Leuders, Hrsg.; 1. Aufl.). Cornelsen.

Prediger, S., & Wessel, L. (2011). Darstellen – Deuten – Darstellungen vernetzen—Ein fach- und sprachintegrierter Förderansatz für mehrsprachige Lernende im Mathematikunterricht. In S. Prediger & E. Özdil (Hrsg.), *Mathematiklernen unter Bedingungen der Mehrsprachigkeit—Stand und Perspektiven der Forschung und Entwicklung in Deutschland* (S. 163–184). Waxmann.

Prediger, S., & Zindel, C. (2017). School Academic Language Demands for Understanding Functional Relationships: A Design Research Project on the Role of Language in Reading and Learning. *EURASIA Journal of Mathematics, Science and Technology Education, 13*(7b), 4157–4188. https://doi.org/10.12973/eurasia.2017.00804a

Raaijmakers, S. F., Baars, M., Paas, F., van Merriënboer, J. J. G., & van Gog, T. (2019). Effects of Self-Assessment Feedback on Self-Assessment and Task-Selection Accuracy. *Metacognition and Learning, 14*, 21–42. https://doi.org/10.1007/s11409-019-09189-5

Rabardel, P. (2002). *People and Technology: A Cognitive Approach to Contemporary Instruments*. 182.

Rabardel, P., & Béguin, P. (2005). Instrument Mediated Activity: From Subject Development to Anthropocentric Design. *Theoretical Issues in Ergonomics Science, 6*(5), 429–461. https://doi.org/10.1080/14639220500078179

Rabardel, P., & Bourmaud, G. (2003). From computer to instrument system: A developmental perspective. *Interacting with Computers, 15*(5), 665–691. https://doi.org/10.1016/S0953-5438(03)00058-4

Rahn, A., & Götze, D. (2022). Förderung multiplikativen Denkens mit Hilfe der App 1·1tool – Einblicke in heterogene Entwicklungsverläufe. In J. Bonow, T. Dexel, R. Rink, C. Schreiber, & D. Walter (Hrsg.), *Digitale Medien und Heterogenität—Chancen und Herausforderungen für die Mathematikdidaktik* (1. Aufl., Bd. 9, S. 117–132). WTM-Verlag. https://doi.org/10.37626/GA9783959872362.0.09

Rahn, A., & Götze, D. (2023). Das Nachdenken über enaktive Handlungen initiieren: Ein Potenzial der App 1·1tool. In IDMI-Primar Goethe-Universität Frankfur (Hrsg.), *Beiträge zum Mathematikunterricht 2022* (S. 75–78). WTM-Verlag. https://doi.org/10.37626/GA9783959872089.0

Rezat, S. (2009). *Das Mathematikbuch als Instrument des Schülers—Eine Studie zur Schulbuchnutzung in den Sekundarstufen* (1. Aufl.). Vieweg+Teubner. https://doi.org/10.1007/978-3-8348-9628-5

Rezat, S. (2021). How Automated Feedback From a Digital Mathematics Textbook Affects Primary Students' Conceptual Development: Two Case Studies. *ZDM Mathematics Education, 53*(6), 1433–1445. https://doi.org/10.1007/s11858-021-01263-0

Rickey, N., Panadero, E., & DeLuca, C. (2025). How Do Students Self-Assess? Examining the Metacognitive Processes of Student Self-Assessment. *Metacognition and Learning, 20*(25), 29. https://doi.org/10.1007/s11409-025-09430-4

Rieß, M. (2018). *Zum Einfluss digitaler Werkzeuge auf die Konstruktion mathematischen Wissens*. Springer Spektrum. https://doi.org/10.1007/978-3-658-20644-4_2

Rolfes, T., Roth, J., & Schnotz, W. (2020a). Learning the Concept of Function With Dynamic Visualizations. *Frontiers in Psychology, 11*, 16. https://doi.org/10.3389/fpsyg.2020.00693

Rolfes, T., Roth, J., & Schnotz, W. (2020b). Learning the Concept of Function With Dynamic Visualizations. *Frontiers in Psychology, 11*, 693. https://doi.org/10.3389/fpsyg.2020.00693

Rott, B. (2013). *Mathematisches Problemlösen: Ergebnisse einer empirischen Studie* (cohors). WTM.

Ruchniewicz, H. (2022). *Sich selbst diagnostizieren und fördern mit digitalen Medien—Forschungsbasierte Entwicklung eines Tools zum formativen Selbst-Assessment funktionalen Denkens.* Springer. https://link.springer.com/book/10.1007/978-3-658-35611-8

Sadler, D. R. (1989). Formative Assessment and the Design of Instructional Systems. *Instructional Science, 18*, 119–144. https://doi.org/10.1007/BF00117714

Safadi, R. (2018). Knowledge-Integration Processes and Learning Outcomes Associated with a Self-Diagnosis Activity: The Case of 5th-Graders Studying Simple Fractions. *International Journal of Science and Mathematics Education, 16*, 929–948. https://doi.org/10.1007/s10763-017-9798-2

Safadi, R., & Yerushalmi, E. (2009). Students' Perceptions of a Self-Diagnosis Task. In M. Sabella, C. Henderson, & C. Singh (Hrsg.), *AIP Conference Proceedings* (Bd. 1179, S. 257–260). AIP Publishing. https://doi.org/10.1063/1.3266730

Safadi, R., & Yerushalmi, E. (2013). Students' Self-Diagnosis Using Worked-Out Examples. *Creative Education, 4*(3), 205–216. https://doi.org/10.4236/ce.2013.43031

Sandmann, A. (2014). Lautes Denken – die Analyse von Denk-, Lern- und Problemlöseprozessen. In D. Krüger, I. Parchmann, & H. Schecker (Hrsg.), *Methoden in der naturwissenschaftsdidaktischen Forschung* (S. 179–188). Springer Spektrum. https://doi.org/10.1007/978-3-642-37827-0_15

Sargeant, J. (2008). Toward a Common Understanding of Self-Assessment. *Journal of Continuing Education in the Health Professions, 28*(1), 1–4. https://doi.org/10.1002/chp.148

Schneider, W., & Artelt, C. (2010). Metacognition and Mathematics Education. *ZDM Mathematics Education, 42*, 149–161. https://doi.org/10.1007/s11858-010-0240-2

Schoenfeld, A. H. (2010). Research Methods in (Mathematics) Education. In L. D. English & D. Kirshner (Hrsg.), *Handbook of International Research in Mathematics Education* (2. Aufl., S. 467–519). Routledge. https://doi.org/10.4324/9780203930236

Schraw, G. (1998). Promoting General Metacognitive Awareness. *Instructional Science, Neuropsychology and Cognition, 26*, 113–125. https://doi.org/10.1007/978-94-017-2243-8_1

Schraw, G., & Moshman, D. (1995). Metacognitive Theories. *Educational Psychology Review, 7*(4), 351–371. https://doi.org/10.1007/BF02212307

Schulz, A. (2023). Situationen und Zahlen verstehen—Grundvorstellungen zur Multiplikation und Division. *Mathematik lehren, 236*, 12–15.

Schulz, A., & Wartha, S. (2021). *Zahlen und Operationen am Übergang Primar-/Sekundarstufe—Grundvorstellungen aufbauen, festigen, vernetzen.* Springer Spektrum. https://doi.org/10.1007/978-3-662-62096-0

Schworm, S. (2004). *Lernen aus Beispielen—Computerbasierte Lernumgebungen zum Erwerb argumentativer und didaktischer Fertigkeiten.* Albert-Ludwigs-Universität.

Scott, B. M., & Levy, M. (2013). Metacognition: Examining the Components of a Fuzzy Concept. *Educational Research eJournal*, *2*(2), 120–131. https://doi.org/10.5838/erej.2013.22.04

Seifert, T., & Feliks, O. (2019). Online Self-Assessment and Peer-Assessment as a Tool to Enhance Student-Teachers' Assessment Skills. *Assessment & Evaluation in Higher Education*, *44*(2), 169–185. https://doi.org/10.1080/02602938.2018.1487023

Selter, C. (2002). ‚Einführung' des Einmaleins durch Umweltbezüge. *Die Grundschulzeitschrift*, *152*(16), 12–15.

Sfard, A. (1991). On the Dual Nature of Mathematical Conceptions: Reflections on Processes and Objects as Different Sides of the Same Coin. *Educational Studies in Mathematics*, *22*(1), 1–36. https://doi.org/10.1007/BF00302715

Sfard, A., & Linchevski, L. (1994). The Gains and the Pitfalls of Reification—The Case of Algebra. *Educational Studies in Mathematics*, *26*, 191–228. https://doi.org/10.1007/BF01273663

Shute, V. J. (2008). Focus on Formative Feedback. *Review of Educational Research*, *78*(1), 153–189. https://doi.org/10.3102/0034654307313795

Sjuts, J. (2003). Metakognition per didaktisch-sozialem Vertrag. *Journal für Mathematik-Didaktik*, *24*(1), 18–40. https://doi.org/10.1007/BF03338964

Sjuts, J. (2022). Metakognition innerhalb von Aufgaben und Aufgabenbearbeitungen in Mathematik. *Zeitschrift für Mathematikdidaktik in Forschung und Praxis*, *3*, 1–54. https://doi.org/10.48648/r2r9-6d11

Sleegers, W. W. A., Proulx, T., & van Beest, I. (2019). Confirmation Bias and Misconceptions: Pupillometric Evidence for a Confirmation Bias in Misconceptions Feedback. *Biological Psychology*, *145*, 76–83. https://doi.org/10.1016/j.biopsycho.2019.03.018

Smith, H., Closser, A. H., Ottmar, E., & Chan, J. Y. (2022). The Impact of Algebra Worked Example Presentations on Student Learning. *Applied Cognitive Psychology*, *36*(2), 363–377. https://doi.org/10.1002/acp.3925

Song, Y. (2015). *An Authoring and Presentation Environment for Interactive Worked Examples*. University of Glasgow.

Stake, R. E. (1995). *The Art of Case Study Research*. SAGE.

Stake, R. E. (2003). Case Studies. In N. K. Denzin & Y. S. Lincoln (Hrsg.), *Strategies of Qualitative Inquiry* (2. Aufl., S. 134–164). SAGE.

Steichen, B., & Fu, B. (2019). Towards Adaptive Information Visualization—A Study of Information Visualization Aids and the Role of User Cognitive Style. *Frontiers in Artificial Intelligence*, *2*, 22. https://doi.org/10.3389/frai.2019.00022

Steinke, I. (2007). Qualitätssicherung in der qualitativen Forschung. In U. Kuckartz, H. Grunenberg, & T. Dresing (Hrsg.), *Qualitative Datenanalyse: Computergestützt* (S. 176–187). VS Verlag für Sozialwissenschaften. https://doi.org/10.1007/978-3-531-90665-2_11

Steinweg, A. S. (2013). *Algebra in der Grundschule—Muster und Strukturen Gleichungen – funktionale Beziehungen*. Springer Spektrum. https://doi.org/10.1007/978-3-8274-2738-0

Stenzel, T. (2023). *Mathematisches Problemlösen in der Studieneingangsphase—Untersuchung von Bearbeitungsprozessen typischer Übungsaufgaben und zyklische Entwicklung einer Fördermaßnahme im Rahmen vorlesungsbegleitender Übungen*. Springer. https://doi.org/10.1007/978-3-658-39052-5

Sweller, J., Ayres, P., & Kalyuga, S. (2011). The Expertise Reversal Effect. In J. Sweller, P. Ayres, & S. Kalyuga (Hrsg.), *Cognitive Load Theory* (1. Aufl., S. 155–170). Springer. https://doi.org/10.1007/978-1-4419-8126-4_12

Tan, K. H.-K. (2001). *Conceptions of Student Self-Assessment* [Unveröffentlichtes Bestätigungsschreiben zur Doktorarbeit].

Tangible Mathematics Project. (2019). *TouchTimes* [iPad Application]. www. touchtimes.ca

Taras, M. (2010). Student Self-Assessment: Processes and Consequences. *Teaching in Higher Education, 15*(2), 199–209. https://doi.org/10.1080/13562511003620027

Tejeiro, R. A., Gómez-Vallecillo, J. L., Romero, A. F., Pelegrina, M., Wallace, A., & Emberley, E. (2012). Summative Self-Assessment in Higher Education: Implications of Its Counting Towards the Final Mark. *Electronic Journal of Research in Educational Psychology, 10*(2), 789–812.

Thawabieh, A. M. (2017). A Comparison between Students' Self-Assessment and Teachers' Assessment. *Journal of Curriculum and Teaching, 6*(1), 14–20. https://doi.org/10.5430/jct.v6n1p14

Thiede, K. W., Anderson, M. C. M., & Therriault, D. (2003). Accuracy of Metacognitive Monitoring Affects Learning of Texts. *Journal of Educational Psychology, 95*(1), 66–73. https://doi.org/10.1037/0022-0663.95.1.66

Thurm, D., & Kühn, P. (2022). Mehr als richtig oder falsch? Digitales formatives Selbst-Assessment verstehensorientiert gestalten. In Birgit Brandt, L. Bröll, & H. Dausend (Hrsg.), *Digitales Lernen in der Grundschule III – Fachdidaktiken in der Diskussion* (S. 367–380). Waxmann. https://doi.org/10.31244/9783830995913

Timmis, S., Broadfoot, P., Sutherland, R., & Oldfield, A. (2016). Rethinking Assessment in a Digital Age: Opportunities, Challenges and Risks. *British Educational Research Journal, 42*(3), 454–476. https://doi.org/10.1002/berj.3215

Transchel, S. (2020). *Gemeinsames Lernen multiplikativer Zusammenhänge—Strukturfokussierende Deutungen bei Kindern mit Schwierigkeiten im Fach Mathematik* (Bd. 45). Springer. https://doi.org/10.1007/978-3-658-29237-9

Trouche, L. (2004). Managing the Complexity of Human/Machine Interactions in Computerized Learning Environments: Guiding Students' Command Process through Instrumental Orchestrations. *International Journal of Computers for Mathematical Learning, 9*(3), 281–307. https://doi.org/10.1007/s10758-004-3468-5

Van der Stel, M., Veenman, M. V. J., Deelen, K., & Haenen, J. (2010). The Increasing Role of Metacognitive Skills in Math: A Cross-Sectional Study From a Developmental Perspective. *ZDM Mathematics Education, 42*(2), 219–229. https://doi.org/10.1007/s11858-009-0224-2

Veenman, M. V. J., Van Hout-Wolters, B. H. A. M., & Afflerbach, P. (2006). Metacognition and Learning: Conceptual and Methodological Considerations. *Metacognition and Learning, 1*(1), 3–14. https://doi.org/10.1007/s11409-006-6893-0

Vergnaud, G. (1998). A Comprehensive Theory of Representation for Mathematics Education. *The Journal of Mathematical Behavior, 17*(2), 167–181. https://doi.org/10.1016/S0364-0213(99)80057-3

Vergnaud, G. (2009). The Theory of Conceptual Fields. *Human Development, 52*(2), 83–94. https://doi.org/10.1159/000202727

Verillon, P., & Rabardel, P. (1995). Cognition and Artifacts: A Contribution to the Study of Though in Relation to Instrumented Activity. *European Journal of Psychology of Education, 10*(1), 77–101. https://doi.org/10.1007/BF03172796

Vygotskij, L. S. (1992). *Geschichte der höheren psychischen Funktionen* (A. Métraux, Hrsg.; R. Kämper, Übers.). Lit.

Vygotskij, L. S. (1997). *Problems of the Theory and History of Psychology* (R. W. Rieber & J. L. Wollock, Hrsg.; R. van der Veer, Übers.). Plenum Press.

Wang, W. (2017). Using Rubrics in Student Self-Assessment: Student Perceptions in the English as a Foreign Language Writing Context. *Assessment & Evaluation in Higher Education, 42*(8), 1280–1292. https://doi.org/10.1080/02602938.2016.1261993

Wartha, S., & Schulz, A. (2011). *Aufbau von Grundvorstellungen (nicht nur) bei besonderen Schwierigkeiten im Rechnen*. IPN.

Wertsch, J. V. (1997). *Vygotskij und die gesellschaftliche Bildung des Bewußtseins* (G. Rückriem, Hrsg.). BdWi-Verlag.

Wessel, L. (2015). *Fach- und sprachintegrierte Förderung durch Darstellungsvernetzung und Scaffolding—Ein Entwicklungsforschungsprojekt zum Anteilbegriff* (Bd. 19). Springer Fachmedien Wiesbaden. https://doi.org/10.1007/978-3-658-07063-2

Winstone, N., Boud, D., Dawson, P., & Heron, M. (2022). From Feedback-as-Information to Feedback-as-Process: A Linguistic Analysis of the Feedback Literature. *Assessment & Evaluation in Higher Education, 47*(2), 213–230. https://doi.org/10.1080/02602938.2021.1902467

Yan, Z. (2020). Self-Assessment in the Process of Self-Regulated Learning and Its Relationship With Academic Achievement. *Assessment & Evaluation in Higher Education, 45*(2), 224–238. https://doi.org/10.1080/02602938.2019.1629390

Yan, Z., & Brown, G. T. L. (2017). A Cyclical Self-Assessment Process: Towards a Model of How Students Engage in Self-Assessment. *Assessment & Evaluation in Higher Education, 42*(8), 1247–1262. https://doi.org/10.1080/02602938.2016.1260091

Yan, Z., Brown, G. T. L., Lee, J. C.-K., & Qiu, X.-L. (2020). Student Self-Assessment: Why Do They Do It? *Educational Psychology, 40*(4), 509–532. https://doi.org/10.1080/01443410.2019.1672038

Yan, Z., Lao, H., Panadero, E., Fernández-Castilla, B., Yang, L., & Yang, M. (2022). Effects of Self-Assessment and Peer-Assessment Interventions on Academic Performance: A Meta-Analysis. *Educational Research Review, 37*, 1–15. https://doi.org/10.1016/j.edurev.2022.100484

Yan, Z., Wang, X., Boud, D., & Lao, H. (2023a). The Effect of Self-Assessment on Academic Performance and the Role of Explicitness: A Meta-Analysis. *Assessment & Evaluation in Higher Education, 48*(1), 1–15. https://doi.org/10.1080/02602938.2021.2012644

Yan, Z., Wang, X., Boud, D., & Lao, H. (2023b). The effect of self-assessment on academic performance and the role of explicitness: A meta-analysis. *Assessment & Evaluation in Higher Education, 48*(1), 1–15. https://doi.org/10.1080/02602938.2021.2012644

Yin, R. K. (2018). *Case Study Research and Applications: Design and Methods* (6. Aufl.). SAGE.

Zamora, Á., Suárez, J. M., & Ardura, D. (2018). Error Detection and Self-Assessment as Mechanisms to Promote Self-Regulation of Learning among Secondary Education Students. *The Journal of Educational Research, 111*(2), 175–185. https://doi.org/10.1080/00220671.2016.1225657

Zhang, L. J., & Zhang, D. (2019). Think-Aloud Protocols. In J. McKinley & H. Rose (Hrsg.), *The Routledge Handbook of Research Methods in Applied Linguistics* (1. Aufl., S. 302–311). Routledge.

Zindel, C. (2019). *Den Kern des Funktionsbegriffs verstehen—Eine Entwicklungsforschungsstudie zur fach- und sprachintegrierten Förderung* (Bd. 40). Springer. https://doi.org/10.1007/978-3-658-25054-6

Zumbach, J. (2021). *Digitales Lehren und Lernen* (1. Aufl.). Kohlhammer. https://doi.org/10.17433/978-3-17-036572-8

Zwetzschler, L., & Prediger, S. (2013). Conceptual Challenges for Understanding the Equivalence of Expressions – A Case Study. In B. Ubuz, Ç. Haser, & M. A. Mariotti (Hrsg.), *Proceedings of the Eighth Congress of the European Society for Research in Mathematics Education* (S. 558–567). Middle East Technical University and ERME.

FSC
www.fsc.org
MIX
Papier | Fördert gute Waldnutzung
FSC® C083411

Kolibri 360 GmbH
Ferdinand-Jühlke-Straße 7
99095 Erfurt, Deutschland
produktsicherheit@kolibri360.de